U0315989

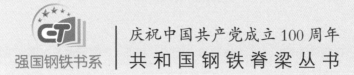

庆祝中国共产党成立100周年
共和国钢铁脊梁丛书

强国钢铁书系

中国废钢铁

ZHONGGUO FEIGANGTIE

◎ 中国废钢铁应用协会　编

北京

冶金工业出版社

2021

内 容 提 要

本书全面地总结了新中国成立以来废钢铁行业的发展历程，包括废钢铁资源、废钢铁在钢铁生产中的应用、废钢铁加工工艺及装备、废钢铁质量标准体系建设、废钢铁国际贸易与对外交流、废钢铁相关产业政策、废钢铁文化及学科建设、废钢铁产业发展前景、冶金渣等与废钢铁相关产业、废钢铁行业典型企业和服务机构等内容。

本书可供废钢铁及相关领域的有关人员阅读参考。

图书在版编目(CIP)数据

中国废钢铁／中国废钢铁应用协会编 . —北京：冶金工业出版社，2021.12

（共和国钢铁脊梁丛书）

ISBN 978-7-5024-8995-3

Ⅰ.①中…　Ⅱ.①中…　Ⅲ.①废钢—金属加工—科技发展—中国—文集　②废铁—金属加工—科技发展—中国—文集　Ⅳ.①TF4-53

中国版本图书馆 CIP 数据核字（2021）第 243813 号

中国废钢铁

出版发行	冶金工业出版社	**电　话**	(010)64027926
地　址	北京市东城区嵩祝院北巷 39 号	**邮　编**	100009
网　址	www.mip1953.com	**电子信箱**	service@mip1953.com

责任编辑　刘小峰　美术编辑　彭子赫　版式设计　孙跃红　禹　蕊
责任校对　李　娜　责任印制　李玉山

北京捷迅佳彩印刷有限公司印刷

2021 年 12 月第 1 版，2021 年 12 月第 1 次印刷

787mm×1092mm　1/16；38.75 印张；888 千字；589 页

定价 279.00 元

投稿电话　（010）64027932　投稿信箱　tougao@cnmip.com.cn
营销中心电话　（010）64044283
冶金工业出版社天猫旗舰店　yjgycbs.tmall.com
（本书如有印装质量问题，本社营销中心负责退换）

丛书编委会

丛书总序

中国共产党的成立，是开天辟地的大事变，深刻改变了近代以后中华民族发展的方向和进程，深刻改变了中国人民和中华民族的前途和命运，深刻改变了世界发展的趋势和格局。中国共产党人具有钢铁般的意志，带领全国人民无惧风雨，凝心聚力，不断把中国革命、建设、改革事业推向前进，中华民族伟大复兴展现出前所未有的光明前景。

新中国钢铁工业与党和国家同呼吸、共命运，秉持钢铁报国、钢铁强国的初心和使命，从战争的废墟上艰难起步，伴随着国民经济的发展而不断发展壮大，取得了举世瞩目的辉煌成就。炽热的钢铁映透着红色的基因，红色的岁月熔铸了中国钢铁的风骨和精神。

1949年，鞍钢炼出了新中国第一炉钢水；1952年，太钢成功冶炼出新中国第一炉不锈钢；1953年，新中国第一根无缝管在鞍钢无缝钢管厂顺利下线；1956年，新中国第一炉高温合金在抚钢试制成功；1959年，包钢试炼出第一炉稀土硅铁合金；1975年，第一批140毫米石油套管在包钢正式下线；1978年，第一块宽厚钢板在舞钢呱呱坠地；1978年，第一卷冷轧取向硅钢在武钢诞生……1996年，中国钢产量位居世界第一！2020年中国钢产量10.65亿吨，占世界钢产量的56.7%。伴随着中国经济的发展壮大，中国钢铁悄然崛起，钢产量从不足世界千分之一到如今占据半壁江山，中国已成为名副其实的世界钢铁大国。

在走向钢铁大国的同时，中国也在不断向钢铁强国迈进。在粗钢产量迅速增长的同时，整体技术水平不断提升，形成了世界上最完整的现代化钢铁工业体系，在钢铁工程建设、装备制造、工艺技术、生产组织、产品研发等方面已处于世界领先水平。钢材品种质量不断改善，实物质量不断提升，为"中国制造"奠定了坚实的原材料基础，为中国经济的持续、快速发展提供了重要支撑。在工业强基工程中，服务于十大领域的80种关键基础材料中很多是钢铁材料，如海洋工程及高技术船舶用高性能海工钢和双相不锈钢、轨道交通用高性能齿轮渗碳钢、节能和新能源领域用高强钢等。坚持绿色发展，不断提高排放标准，在节能降耗、资源综合利用和改善环境方面取得明显进步。到2025年年底前，重点区域钢铁企业基本完成、全国80%以上产能将完成国内外现行标准的最严水平超低排放改造。2006年以来，在满足国内消费需求的同时，中国钢铁工业为国际市场提供了大量有竞争力的钢铁产品和服务；展望未来，中国钢铁将有可能率先在绿色低碳和智能制造方面实现突破，继续为世界钢铁工业的进步、为全球经济发展做出应有的贡献。

今年是中国共产党成立100周年，是"十四五"规划的开局之年，也是顺利实现第一个百年目标、向第二个百年目标砥砺奋进的第一年。为了记录和展现我国钢铁工业改革与发展日新月异的面貌、对经济社会发展的支撑作用、从钢铁大国走向钢铁强国的轨迹，在中国钢铁工业协会的支持下，冶金工业出版社联合陕钢集团、中信泰富特钢集团、太钢集团、中国特钢企业协会、中国特钢企业协会不锈钢分会、中国废钢铁应用协会等单位共同策划了"强国钢铁书系"之"共和国钢铁脊梁丛书"，包括《中国螺纹钢》《中国特殊钢》《中国不锈钢》和《中国废钢铁》，以庆祝中国共产党成立100周年。

写书是为了传播，正视听、展形象。进一步改善钢铁行业形象，应坚持三个面向。一是面向行业、企业内部的宣传工作，提升员工的自豪感、荣誉感，树立为了钢铁事业奉献的决心和信心；二是面向社会公众，努力争取各级政府和老百姓的理解和支持；三是面向全球，充分展示中国钢铁对推进世界钢铁业和世界经济健康发展做出的努力和贡献。如何向钢铁人讲述自己的故事，如何向全社会和全世界讲述中国钢铁故事，是关乎钢铁行业和钢铁企业生存发展的大事，也是我们作为中国钢铁工业大发展的亲历者、参与者、奋斗者义不容辞的时代责任！

希望这套丛书能成为反映我国钢铁行业波澜壮阔的发展历程和举世瞩目的辉煌成就，指明钢铁行业未来发展方向，具有权威性、科学性、先进性、史料性、前瞻性的时代之作，为行业留史存志，激励今人、教育后人，推动中国钢铁工业高质量发展，向中国共产党成立100周年献礼。

中国钢铁工业协会党委书记、执行会长

2021年10月于北京

序

党的十九大报告指出，经过长期努力，我国社会主要矛盾已经转化为人民日益增长的美好生活需要和不平衡不充分的发展之间的矛盾。中国钢铁工业转型升级，要着力解决好发展不平衡不充分问题，要大力提升发展质量和效益，要更好地满足国家、人民和社会对发展质量、供应质量、服务质量、生态环境质量日益增长的新需求。

习近平总书记在第七十五届联合国大会上提出中国二氧化碳排放力争于2030年前达到峰值，努力争取2060年前实现碳中和。钢铁工业是国民经济的重要基础产业，资源、能源消耗量大，碳排放总量在各行业中位居前列，要实现碳达峰、碳中和目标，必须践行低碳、绿色、循环发展。废钢作为可循环利用的绿色铁素资源，其重要性将越来越明显，在生产建筑用长材等领域做好废钢的合理利用、合理流向，鼓励全废钢电炉工艺发展，发挥短流程工艺的低碳绿色优势，将是钢铁行业转型升级的重要途径之一。

在未来20年内，我国废钢资源将快速增长，并对钢铁工业流程结构、钢厂模式和钢厂布局、铁素资源消耗结构、能源消耗及其结构和钢铁工业碳排放产生重要影响，进而对社会的绿色化与生态和谐做出贡献。

本世纪以来，我国废钢铁加工行业迅速崛起并发展壮大，成为新兴产业之一。国家有关部门对此高度重视，自2012年开始，工信部发布了《废钢铁加工行业准入条件》和《废钢铁加工行业准入公告管理暂行办法》，将废钢铁加工行业纳入到工业体系，并对废钢铁加工企业进行规范管理。到"十三五"末，进入公告的废钢铁加工企业达到478家，年加工能力达到1.3亿吨以上，初步建立了废钢铁加工配送体系，形成了废钢铁"回收—加工—配送"产业链。

中国废钢铁应用协会自1994年成立以来，发挥了行业与政府间的桥梁纽带作用，在政策研究、信息统计、技术咨询、交流合作、行业自律等各方面积极为行业服务、为企业服务、为政府服务，及时反映行业变化和诉求，积极为政府部门建言献策，提出行业发展的意见和建议，为废钢铁产业的健康发展做出了应有的贡献。同时，积极贯彻政府的方针政策、管理法规等，引导废钢铁行业健康发展。

在中国共产党成立100周年之际，中国废钢铁应用协会和冶金工业出版社共同策划组织出版《中国废钢铁》一书，非常及时，也非常必要。这是一本关于中国废钢铁的综合性书籍，内容丰富，对研究了解中国废钢铁行业情况大有裨益。书中回顾了新中国成立以来废钢铁行业的发展历程，对废钢铁行业的资源、市场、装备、标准、政策、文化、统计数据、相关产业及典型企业等多个方面的情况做了全面细致的介绍。这是废钢铁领域第一次从全行业的角度进行全面总结，完整地描绘了我国废钢铁产业的发展历程、现状和发展前景，既可以为政府部门制定政策提供有力的支撑，也可以帮助企业在投资经营中正确选择、高效决策，还可以为全行业的人才培养、技术进步及国内外的沟通交流发挥重要作用，意义十分重大。

当前，我国正处于转变发展方式、优化经济结构、转换增长动力的关键期。绿色发展是我国经济发展的首要前提，也是钢铁工业转型升级的必由之路。因此，中国废钢铁产业受到业内人士的广泛关注。《中国废钢铁》填补了废钢铁领域综合性图书的空白，必将为废钢铁产业的健康发展，为钢铁行业转型升级，绿色、低碳、循环发展，为推进我国生态文明建设、实现碳达峰碳中和目标做出贡献。

殷瑞钰

2021年9月23日

前　言

在庆祝中国共产党成立100周年之际，全国各行各业及各族人民在以习近平同志为核心的党中央领导下，"不忘初心、牢记使命"，顽强拼搏，推进我国改革开放和社会主义现代化建设健康发展，我国国民经济已由高速增长阶段转向高质量发展阶段。

新中国成立时工业基础薄弱，1949年我国钢产量仅15.8万吨。经过70余年的不懈努力，2020年我国钢产量10.65亿吨，连续25年世界钢产量排名第一，已成为名副其实的钢铁大国，正在向钢铁强国迈进。中国钢铁工业在经历了近20余年的高速发展后，进入了低碳绿色化、高质量发展阶段。

废钢铁简称废钢，是指不能按原用途继续使用，而可以反复回炉作为原料利用的铁素原料。伴随着钢铁工业的发展，作为钢铁工业的"食粮"，废钢铁产生量正进入稳定增长期，近年来钢铁冶炼用废钢比例开始稳步提高。"十二五"期间，我国炼钢生产中的废钢比为11.3%，废钢消耗量达4.36亿吨；"十三五"期间废钢比达到18.8%，提高7.5个百分点，废钢消耗量达8.74亿吨。废钢铁行业在钢铁工业转型升级、绿色低碳发展的过程中发挥了重要作用。同时，废钢铁的产业化发展也进入历史的新阶段，废钢铁加工配送体系建设进入常态化，一个绿色的、可持续的新兴废钢铁产业正在崛起。

为了切实保障废钢铁行业在新时期健康有序发展，中国废钢铁应用协会和冶金工业出版社组织编纂了《中国废钢铁》，内容涉及：废钢铁及废钢铁产业的概念、废钢铁产业发展历程、废钢铁资源、废钢铁在钢铁生产中的应用、废钢铁加工工艺及装备、废钢铁质量标准体系建设、废钢铁国际贸易与对外交流、废钢铁相关产业政策、废钢铁文化及学科建设、废钢铁产业发展前景、冶金渣等与废钢铁相关产业、废钢铁行业典型企业和服务机构等。

书中精选了冶金系统老领导历年来对废钢铁行业的题词和重要论述，表达了他们对废钢铁行业寄予的厚望和期盼；梳理了国家及相关部委为保证废钢铁行业规范有序发展制定的政策法规，体现了国家层面对废钢铁行业的规划和指导；汇总了废钢铁行业不同时期的发展规划，展现了废钢铁行业的发展历程和坚定信心。回顾过去，中国废钢铁行业筚路蓝缕，砥砺前行，硕果累累；如今迈步新征程，栉风沐雨，踵事增华，踔厉奋发；展望未来，不忘初心，逐梦前行，无限风光。

本书的组织、编写和出版工作得到业内同仁的大力支持。冶金工业出版社基于对中国钢铁工业和废钢铁行业的全面了解，向中国废钢铁应用协会发出选题邀约，并积极推进本书的编写组织工作。社长、总编辑全程参与了本书编写组织、审稿定稿、编辑出版工作。同时，本书的编写工作还得到了行业内的钢铁企业、废钢铁加工企业、设备制造企业以及资讯金融等服务类企业的广泛关注和支持，也得到了中国物资再生协会、中国再生资源回收利用协会、中国拆船协会、中国铸造协会等兄弟协会的鼎力相助。

特别感谢殷瑞钰院士在百忙中为本书作序。殷院士长期关注废钢铁行业发展，多年以前就提出了废钢铁行业要"产业化、产品化、区域化"发展，还曾亲自为废钢铁行业发展撰写院士建议，为行业的发展指明了方向。

在本书定稿时，我们拜访了第十一届全国政协经济委员会副主任、国家统计局原局长李德水，原冶金工业部副部长吴溪淳，中国工程院院士、原冶金工业部副部长翁宇庆，中国科学院院士李依依，原冶金部物资供应运输局局长卢和煜，原冶金部物资供应运输局副局长（正局级）宋景林，中钢集团原党委书记王炳根，中钢集团原总裁白葆华，以上各位老领导对本书提出了很多宝贵意见。

衷心感谢为本书出版给予热心帮助的各位老前辈和相关部门的朋友！希望本书能起到抛砖引玉的作用，期待各界专家学者和业内同仁建言献策，共同推进传统而又年轻的废钢铁产业健康成长，在新时代助力我国钢铁工业绿色、高质量发展，为实现碳达峰、碳中和目标做出更大的贡献。

本书编委会

2021 年 10 月

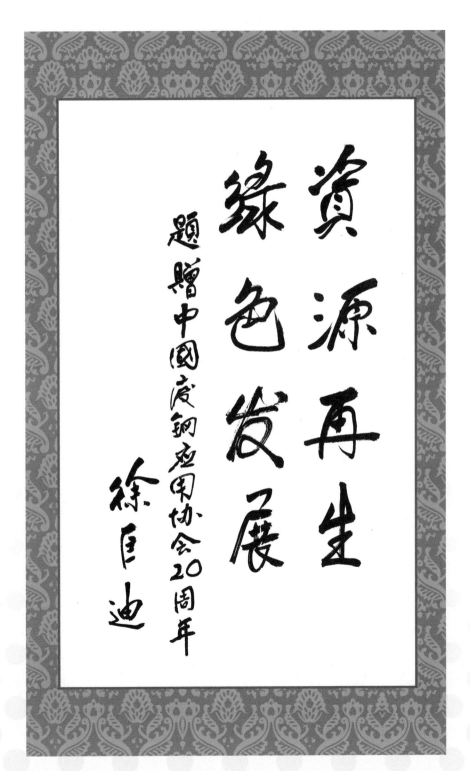

大力推动废钢加工利用，
促进循环经济发展。

骆瑞铭

二〇一〇年六月十六日

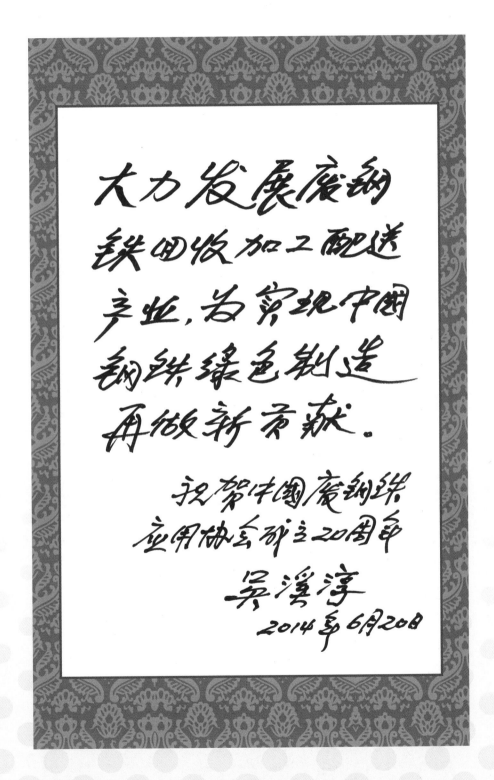

大力发展废钢
铁回收加工配送
产业，为实现中国
钢铁绿色制造
再做新贡献。

祝贺中国废钢铁
应用协会成立20周年

吴溪淳
2014年6月20日

努力完善废钢的加工配送体系，

进一步科学发展涂加更多废钢进入钢铁

冶炼系统，进一步减少CO₂的排放及能耗，使

我国电冶金流程有更大的发展！

祝中国废钢铁应用协会成立中周年

翁宇庆

二〇一四年二月十三日

充分利用废钢铁资源
为加快钢铁工业发展作贡献

刘　淇

一九九五·二·廿六

废钢铁是发展钢铁工业最有
利的重要资源。
钢铁工业愈发展，就愈需要加
强废钢铁的供应能力。

王彬寿

一九九五
一、廿八日

搞好废钢铁综合利用，
利在当代，功在千秋

吕东

一九九五年
二月一日

续扬其流　物尽
其用深化改革
再展宏图

金属资源利用十周年纪念

康克敬贺

搞好废钢铁综合利用功在千秋

乙亥年

李东冶

祝贺废钢铁应用协会成立

立足国内开发
开拓国际市场
扩大废钢资源
满足炼钢需要

高扬文　一九九三年春节

大力开发和利用废钢铁
资源，为钢铁工业的发展作
贡献。祝贺中国废钢铁应
用协会成立！

袁宝华

一九九五年元月

增强竞争意识，
　　搞好废钢供应。

徐大铨 一九九五.二.十

目　　录

冶金系统老领导关于废钢铁的论述 ·· 1

总论 ·· 17

第一章　废钢铁产业概述 ··· 21

　第一节　废钢铁概述 ·· 21

　　一、基本定义 ··· 21

　　二、废钢铁的使用价值 ·· 23

　第二节　废钢铁的应用领域 ·· 24

　　一、钢铁生产 ··· 24

　　二、铸造工业 ··· 26

　第三节　废钢铁的应用情况 ·· 27

　　一、废钢铁的利用方法和途径 ·· 27

　　二、废钢铁的利用水平 ·· 28

第二章　废钢铁产业发展历程 ·· 30

　第一节　废钢铁管理体制变革历程回顾 ·· 30

　　一、1986 年以前计划经济时期 ··· 30

　　二、1986~1994 年废钢管理机制改革过渡时期 ································· 33

　　三、1994 年至今废钢铁产业化发展时期 ······································· 35

　　四、冶金部金属回收公司发展历程回顾 ·· 37

　第二节　行业规范和国家准入政策推进废钢铁产业快速发展 ······················ 50

　　一、全力提升废钢铁加工配送能力，实现产业化发展 ···························· 50

　　二、废钢铁产业快速发展为精料入炉提供有力保障 ······························ 56

　第三节　废钢铁市场化发展进程 ··· 57

　　一、废钢铁市场化的进程 ··· 57

　　二、交易方式的演变 ··· 58

　第四节　"十一五"至"十三五"废钢铁发展规划及实施情况 ····················· 60

　　一、废钢铁产业"十一五"发展规划及实施情况 ································· 61

　　二、废钢铁产业"十二五"发展规划及实施情况 ································· 72

　　三、废钢铁产业"十三五"发展规划及实施情况 ································· 91

第三章　废钢铁资源 ·········· 101

　第一节　废钢铁资源分类 ·········· 101

　　一、自产废钢 ·········· 102

　　二、社会废钢 ·········· 102

　　三、进口废钢 ·········· 104

　第二节　废钢铁替代资源 ·········· 105

　　一、直接还原铁 ·········· 105

　　二、热压铁块 ·········· 106

　　三、金属化球团矿 ·········· 107

　第三节　废钢铁资源的分布区域及特点 ·········· 107

　　一、分布不均衡，经济发达地区废钢铁资源量大 ·········· 108

　　二、主要交易地集中于废钢铁资源量大的区域 ·········· 109

　第四节　废钢铁资源量预测 ·········· 109

第四章　废钢铁与钢铁生产 ·········· 111

　第一节　现代钢铁生产工艺 ·········· 112

　　一、钢铁生产流程 ·········· 112

　　二、废钢在不同钢铁生产流程中的应用对比 ·········· 113

　第二节　长流程工艺对废钢铁的应用 ·········· 115

　第三节　短流程工艺对废钢铁的应用 ·········· 116

　　一、电炉炼钢发展情况 ·········· 116

　　二、短流程工艺对废钢铁的应用 ·········· 120

　　三、发展电炉短流程的相关政策与要求 ·········· 121

　　四、我国电炉短流程的发展趋势 ·········· 122

第五章　废钢铁加工工艺与装备 ·········· 123

　第一节　废钢铁加工设备发展历程 ·········· 123

　　一、计划经济时期（1976 年以前） ·········· 124

　　二、改革开放的十年（1979~1989 年） ·········· 124

　　三、改革开放的第二个十年（1990~2000 年） ·········· 125

　　四、中国进入 WTO 后的十年（2001~2010 年） ·········· 126

　　五、废钢加工设备需求快速发展的新时期（2011 年以后） ·········· 127

　第二节　废钢加工工艺与设备 ·········· 128

　　一、废钢加工工艺 ·········· 128

　　二、废钢加工设备基本情况 ·········· 131

　　三、主要加工设备类型及特点 ·········· 132

第三节　废钢尾料的环保处理 ……………………………………………… 144

　　一、废钢尾料的概述 ……………………………………………………… 145

　　二、废钢尾料处理设备和工艺流程 ……………………………………… 146

第六章　废钢铁质量标准体系建设与发展 ………………………………… 150

第一节　我国废钢铁标准制定发展历程 ………………………………… 150

　　一、废钢铁标准制定的重要意义 ………………………………………… 150

　　二、废钢铁标准制定发展回顾 …………………………………………… 151

　　三、中国废钢铁标准 ……………………………………………………… 153

第二节　国外废钢铁标准 ………………………………………………… 154

　　一、美国废钢铁标准 ……………………………………………………… 155

　　二、欧盟废钢铁标准 ……………………………………………………… 157

　　三、日本废钢铁标准 ……………………………………………………… 159

第三节　现行废钢铁产业技术标准 ……………………………………… 161

　　一、GB/T 4223—2017 废钢铁 …………………………………………… 161

　　二、YB/T 4717—2018 废不锈钢回收利用技术条件 …………………… 174

　　三、YB/T 4737—2019 炼钢铁素炉料（废钢料）加工利用技术条件 …… 179

　　四、GB/T 39733—2020 再生钢铁原料 ………………………………… 194

第四节　废钢铁质量标准体系建设 ……………………………………… 213

第七章　国际贸易与对外交流 ……………………………………………… 215

第一节　中国进口废钢历史 ……………………………………………… 215

　　一、1986 年以前的计划经济时期 ………………………………………… 215

　　二、1986~1994 年废钢管理机制改革过渡时期 ………………………… 215

　　三、1994~2011 年废钢产业化发展初期 ………………………………… 216

　　四、2012~2020 年废钢新发展时期 ……………………………………… 216

第二节　国际废钢市场 …………………………………………………… 217

　　一、国际废钢市场特点 …………………………………………………… 217

　　二、美国废钢行业发展概况 ……………………………………………… 218

　　三、欧盟废钢行业发展概况 ……………………………………………… 219

　　四、日本废钢行业发展概况 ……………………………………………… 220

　　五、土耳其废钢行业发展概况 …………………………………………… 221

　　六、韩国废钢行业发展概况 ……………………………………………… 222

　　七、俄罗斯废钢行业发展概况 …………………………………………… 222

第三节　废钢国际贸易 …………………………………………………… 223

　　一、全球废钢外部贸易量 ………………………………………………… 223

　　二、主要废钢进口国家和地区 …………………………………………… 223

　　三、主要废钢出口国家和地区 …………………………………… 224

　第四节　中国废钢铁行业对外合作交流 …………………………… 225

　　一、主要合作交流对象 …………………………………………… 225

　　二、重要出国访问和接待来访 …………………………………… 226

第八章　废钢铁产业政策的变革 ……………………………………… 232

　第一节　废钢进口管理政策的变化 ………………………………… 232

　第二节　废钢行业税收政策的变化 ………………………………… 234

　　一、废钢行业增值税政策沿革 …………………………………… 235

　　二、废钢铁加工行业税收现状 …………………………………… 236

　　三、完善再生资源回收利用税收政策的意义 …………………… 238

第九章　废钢铁产业文化与人才培养 ………………………………… 240

　第一节　废钢铁产业文化的发展历程 ……………………………… 240

　　一、废钢铁产业文化的发展阶段 ………………………………… 240

　　二、废钢铁文化产业的发展 ……………………………………… 241

　第二节　废钢铁产业的先进人物与人才培养 ……………………… 242

　　一、废钢铁产业的先进人物 ……………………………………… 242

　　二、废钢铁产业人才培养 ………………………………………… 248

　　三、废钢铁产业的宣传教育 ……………………………………… 257

　第三节　废钢铁文化产业与产品 …………………………………… 259

　　一、创办《中国废钢铁》专业杂志 ……………………………… 259

　　二、出版废钢论著 ………………………………………………… 260

　　三、废钢铁雕塑艺术品创作 ……………………………………… 262

　第四节　相关绿色产业与产品 ……………………………………… 266

　　一、绿化厂区和生产环境 ………………………………………… 266

　　二、发展其他产业与多元化经营 ………………………………… 267

　　三、用工业积累反哺社会 ………………………………………… 268

第十章　废钢铁产业发展前景 ………………………………………… 271

　第一节　创新理念，打造废钢铁产业发展一体化的新格局 ……… 271

　　一、废钢铁在钢铁绿色产业链的重要性 ………………………… 271

　　二、废钢铁产业的发展趋势 ……………………………………… 272

　　三、废钢铁产业的远期规划 ……………………………………… 273

　第二节　废钢铁产业"十四五"发展规划 ………………………… 275

　　一、废钢铁产业"十三五"发展情况 …………………………… 275

　　二、废钢铁产业"十四五"发展规划 …………………………… 279

三、钢铁绿色循环发展相关产业规划要点 ……………………………… 280

四、"十四五"发展废钢铁产业政策建议 ………………………………… 281

第十一章 废钢铁相关产业的发展 ……………………………………… 283

第一节 冶金渣（钢渣与高炉渣） ……………………………………… 283

一、冶金渣开发利用回顾 ………………………………………………… 283

二、钢铁渣产生利用现状 ………………………………………………… 293

三、钢铁渣处理先进技术和装备发展 …………………………………… 296

四、钢铁渣资源化综合利用标准体系的建立 …………………………… 301

五、冶金渣资源利用需要解决的问题 …………………………………… 303

第二节 直接还原铁 ……………………………………………………… 304

一、直接还原铁产业发展概况 …………………………………………… 305

二、我国直接还原铁"十四五"发展规划 ……………………………… 315

第三节 拆船产业 ………………………………………………………… 317

一、我国拆船产业概况 …………………………………………………… 317

二、"十五"期间拆船产业发展回顾 …………………………………… 320

三、"十一五"期间拆船产业发展回顾 ………………………………… 320

四、"十二五"期间拆船产业发展回顾 ………………………………… 323

五、"十三五"期间拆船产业发展回顾 ………………………………… 324

第四节 汽车拆解产业 …………………………………………………… 326

一、汽车市场概况 ………………………………………………………… 326

二、我国报废机动车回收拆解情况 ……………………………………… 328

三、汽车拆解行业发展趋势 ……………………………………………… 333

第十二章 废钢铁行业典型企业发展情况 ……………………………… 334

欧冶链金再生资源有限公司 …………………………………………… 334

江苏沙钢集团张家港市沙钢废钢加工供应有限公司 ………………… 338

鞍山钢铁集团鞍钢绿色资源科技发展有限公司 ……………………… 341

北京建龙重工集团有限公司 …………………………………………… 347

四川冶控集团有限公司 ………………………………………………… 350

湖北兴业钢铁炉料有限责任公司 ……………………………………… 354

天津德天再生资源利用有限公司 ……………………………………… 358

广州市万绿达集团有限公司 …………………………………………… 362

张家港华仁再生资源有限公司 ………………………………………… 366

嘉兴陶庄城市矿产资源有限公司 ……………………………………… 369

水发环保集团有限公司 ………………………………………………… 374

山东鲁丽钢铁有限公司 ………………………………………………… 379

天津城矿再生资源回收有限公司 ·················· 383

马钢诚兴金属资源有限公司 ·················· 386

陕西隆兴物资贸易有限公司 ·················· 390

无锡新三洲再生资源有限公司 ·················· 393

湖北力帝机床股份有限公司 ·················· 397

江苏华宏科技股份有限公司 ·················· 403

江苏大圣博环保科技股份有限公司 ·················· 407

中再生纽维尔资源回收设备（江苏）有限公司 ·················· 412

临沂朱氏伟业再生资源设备有限公司 ·················· 415

宁波宝丰冶金渣环保工程有限责任公司 ·················· 418

上海钢联电子商务股份有限公司 ·················· 424

辽宁金链科技有限公司 ·················· 428

第十三章 行业组织和服务机构 ·················· 432

第一节 组织机构概况和工作情况 ·················· 432

一、中国废钢铁应用协会 ·················· 432

二、中国废钢铁应用协会章程 ·················· 435

三、中国废钢铁应用协会秘书处组织机构 ·················· 445

四、协会秘书处开展的主要工作及成果 ·················· 447

五、中国金属学会废钢铁分会 ·················· 456

第二节 协会大事记 ·················· 459

一、协会历届理事会主要活动和主要负责人 ·················· 459

二、重要专业会议活动 ·················· 473

附录 ·················· 479

附录一 国内外废钢铁相关统计数据 ·················· 479

国内废钢铁相关统计数据 ·················· 479

国外废钢铁相关统计数据 ·················· 484

附录二 废钢铁相关法律法规节录 ·················· 488

中华人民共和国固体废物污染环境防治法 ·················· 488

国务院办公厅关于建立完整的先进的废旧商品回收体系的意见 ·················· 505

中华人民共和国统计法实施条例 ·················· 508

国务院办公厅关于印发禁止洋垃圾入境推进固体废物进口管理制度改革实施

方案的通知 ·················· 514

报废机动车回收管理办法 ·················· 518

国务院关于加快建立健全绿色低碳循环发展经济体系的指导意见 ·················· 521

国家发展改革委 财政部关于开展城市矿产示范基地建设的通知 ·················· 526

国家发展改革委关于印发《"十二五"资源综合利用指导意见》和《大宗固体
　　废物综合利用实施方案》的通知 …………………………………………… 530

国家发展改革委办公厅　工业和信息化部办公厅关于推进大宗固体废弃物综合
　　利用产业集聚发展的通知 ………………………………………………… 542

财政部　国家税务总局关于印发《资源综合利用产品和劳务增值税优惠目录》
　　的通知 …………………………………………………………………………… 547

国家税务总局关于发布《企业所得税税前扣除凭证管理办法》的公告 ………… 556

生态环境部　商务部　国家发展和改革委员会　海关总署关于调整《进口废物
　　管理目录》的公告 ………………………………………………………………… 559

生态环境部　国家发展和改革委员会　海关总署　商务部　工业和信息化部关于
　　规范再生钢铁原料进口管理有关事项的公告 ……………………………… 561

《废钢铁加工行业准入条件》和《废钢铁加工行业准入公告管理暂行
　　办法》 ……………………………………………………………………………… 562

工业和信息化部办公厅关于加强废钢铁加工已公告企业管理工作的通知 ……… 567

工业和信息化部办公厅关于做好已公告再生资源规范企业事中事后监管的
　　通知 ………………………………………………………………………………… 568

商务部　财政部关于加快推进再生资源回收体系建设的通知 …………………… 569

商务部关于进一步推进再生资源回收行业发展的指导意见 ……………………… 573

附录三　全国废钢铁加工准入企业名单 …………………………………………… 577

冶金系统老领导关于废钢铁的论述

徐匡迪 2021 年在全国钢铁行业庆祝建党 100 周年座谈会上的视频讲话节选

我们虽然有 10 亿吨的产量产能，但是现在面临很大的一个压力，就是我们的环境问题。不但是钢铁厂所在的这些城市地区的环境问题，而且要从整个国家的碳排放来考虑，从全球的气候变化来考虑。这个问题对我们钢铁工业是一个极大的挑战。

我们的钢铁工业是一个能源消耗大户，是碳消耗大户，将来可能把社会上的废旧钢铁收回来，白天的时候把它破碎，把它挤压成块，到晚上之后就开炉炼钢。这也是我们实现碳达峰、碳中和这个战略目标的一个有效的技术方案。

（徐匡迪，第十五届、十六届中央委员，第十届全国政协副主席，
中国工程院原院长，中国金属学会原理事长）

干勇 2021 年为本书撰写的
《建设废钢产业数字化平台　支撑钢铁工业高质量发展》

废钢铁是唯一可大量替代铁矿石的铁素原料，是可以无限循环的绿色再生资源。随着钢铁工业的高速发展，废钢铁产业也得到了优化提升，从废钢铁回收到加工配送以及质量保证和环保管控也得到了长足进步，形成了完整的加工配送产业链，废钢铁循环应用比例已达到 20% 以上，但在"双碳"背景下钢铁工业的高质量发展更需要一个绿色的数字化废钢铁供应链的支撑。

钢铁生产中多用 1 吨废钢可减少约 1.6 吨碳排放，加强废钢铁的综合利用，提高废钢比，将是钢铁工业减少碳排放量的重要途径之一。但传统的废钢铁产业链已不能满足高质量钢铁行业发展需求，因此引入信息化建立数字化废钢铁产业平台是实现绿色健康发展的重要路径。充分利用互联网平台和人工智能（AI）等前沿技术来实现废钢远程无人智能判级系统，即从废钢铁产业的规范化、标准化，包括回收、储运、加工处理、分销和冶炼使用等一体化建设中，引入5G、区块链、数字化、可视化等数字技术，推动废钢铁上下游产业链的协同发展。

废钢铁是重要的二次资源，在"双碳经济"下显得非常重要，在我国有非常大的市场，急需有效的管理和完善的平台交易系统，其产业化、绿色化、智能化发展迫在眉睫。因此，必须通过大数据、云计算和区块链等前沿数字技术建立平台，解决监管合规、数据真实、风险规避以及质量保证等实际问题，将废钢铁的回收、加工、储运、配送、使用等数字化，为监管部门提供决策数字依据，通过实现跨越性信息共享，最终达到生命周期管理、质量追溯、供应链优化，为钢铁冶炼提供绿色原料。

总之，废钢铁产业的建设要以打造数字化、智能化的二次资源产业链为基础，为钢铁行业实现高质量、绿色化发展赋能。

（干勇，中国工程院原副院长，中国金属学会理事长）

李德水 2018 年撰写的
《积极推进我国废钢铁产业的大发展》节选
（此报告曾得到党和国家领导人重要批示）

充分利用废钢铁资源对于大力推动钢铁工业向节能、低耗、环保转型升级，降低我国铁矿石的对外依存度，减少雾霾、改善空气质量（特别是京津冀地区钢和焦炭产量均占全国 1/3 左右、加上空气扩散条件较差，是全国雾霾的重灾区）等，都有着十分重要的意义。

目前，我国钢铁工业已经进入发展新阶段的两个重要标志：一是粗钢产量基本触顶。一个国家的钢产量往往随着工业化的阶段不同而表现为初步成长期、快速发展期和稳定期等。自 21 世纪以来，我国确实进入了人类历史上最大规模的基础设施建设和工业化建设阶段。国际经验表明，一国的经济可以不断增长，而钢的产量不可能总是与经济同步提升的。今后一段时间我国钢产量也许还会有一定增长，但从总体上看，随着产业结构的转型和优化升级，钢的产量已经基本见顶，进入相对稳定期，然后还将逐步有所回落。二是废钢铁资源进入了高产出期。我国社会钢铁蓄积量正在迅速增加。我国不仅钢产量雄踞世界第一，废钢铁资源产出也是世界最多的。可以预见，今后二三十年我国都将处于废钢铁资源的高产出期。但是，我国废钢铁资源的利用率还是很低的。废钢铁回收、加工、配送环节非常薄弱，回收、加工能力不足，国家已给予这些企业的税收政策远未落地，废钢铁交易市场不健全等。要实现废钢铁产业的大发展还需要付诸很大的努力。

（李德水，第十一届全国政协经济委员会副主任，国家统计局原局长）

殷瑞钰在 1993 年全国冶金企业金属回收工作会议上的 讲话《废钢和钢铁工业的发展问题》节选

说到废钢，大家都很重视，因为这与搞好当前生产、保证资源供应、争取更好的经济效益都有直接的关系。废钢问题涉及资源、供销、运输、价格等一系列问题，大家都关心。无疑这些方面都是重要的。与此同时，如果我们站得更高一点来看，废钢问题将涉及钢铁工业的战略发展问题，有中国钢铁工业的发展战略，也有世界钢铁工业的发展战略。因此，废钢问题对我们来说，不仅仅是当前的工业生产问题，而且关系到长远发展问题，发达国家如此，发展中国家也如此，中国也在其内。

从钢铁工业发展本身来看，要依靠国内资源的开发与矿山的开发，这无疑是主要的。但光靠国内矿山的开发，怎么也满足不了 1 亿吨钢产量的要求，所以必须要依靠国际资源。国际资源是仅进口矿石，在一棵树上吊死呢，还是矿石也进口，废钢也要进口？个人认为我国要依靠增加矿石进口，同时也要依靠进口废钢，而且废钢的进口量不是多进 30 万吨、50 万吨，而是要多进几百万吨的问题。

总的来说，世界废钢资源是丰富的，价格还是比较稳定、便宜的，但如果我国多头购买，分散进口，很可能像炒股票一样，把价格炒高了，所以这个问题要大家一起统筹研究，总的方向应该是抱成一团去采购废钢。甚至从总体上看，长远之计应到外国去买海岸线，在外国建码头，在那里坐地收废钢，联合起来进口废钢。要不价格非高不可。这件事情很要紧。

（殷瑞钰，中国工程院院士，原冶金工业部副部长）

殷瑞钰在1994年全国冶金企业金属回收工作会议上的讲话《废钢与钢铁工业结构的关系》节选

我认为，电炉流程的发展和废钢资源的开发利用这两个问题是连在一起的，这是中国钢铁工业结构优化的一个重要组成部分。讲电炉流程要发展不是指遍地开花，而是指有条件的地方发展电炉的问题，并不是笼而统之地讲电炉代替转炉、高炉。

我们搞废钢不能蒙头看废钢，不看到生铁也是个问题，应看到废钢与生铁是什么关系。废钢从总体上来看是一种商品；生铁从很大意义上是过程产品，该不该去买卖，不完全一样。废钢价格主要取决于供求关系，取决于废钢产生量、废钢的收集费用、废钢的处理费用和运输费用、废钢的关税等。从这个角度看，商品的属性是非常明朗的。废钢作为载能体虽然是零，但实际上是有能量的。废钢对钢的质量有影响。废钢中对钢的质量影响最大的是炼钢过程中无法去掉的几个元素：钨、钼、镍、铜、铅、锌、铬等。生铁是过程产品，过剩了，才浇成铁块。卖铁块才能变商品，卖铁水极少，要靠得很近才行。生铁的价格主要取决于投资量，取决于矿石、焦煤的价格，生铁形成价格的情况与废钢是不大一样的。总的来说，废钢价格低于生铁价格，废钢价格高于生铁价格是不正常的。

抓信息我觉得首先应是价格，如各地的废钢价格能不能真实，应非常真实地反映各地的价格情况。其次应收集的是进出口量，各地区、各企业的供销数量，这些数据应做到按横向加、纵向加、按港口加都能一致。另外，各企业、地区的回收量调查也应该逐步搞起来。这废钢的回收量应该是全国的，而不是冶金系统的。要有商业、物资系统（现已改为国内贸易部）的数据。回收量是很重要的信息，要搞起来，需要联合大家，以协会这种形式联合大家，因为他们也面临着这种问题。信息资源是可以共享的。回收量、利用量到底多少？有些废钢可以直接利用，不一定要回炉。最后还有废钢处理能力、仓储能力等。类似这些数据作为信息统计资料把它搞起来，这对推动全国废钢资源的合理利用是很有价值的。而且对各个企业来讲，无论是回收利用企业、经销企业，都有好处。

（殷瑞钰，中国工程院院士，原冶金工业部副部长）

吴溪淳在 1994 年冶金企业金属回收工作会议上的
讲话《要根据中国特色开拓废钢工作》节选

现在对充分利用废钢发展短流程的认识是一致的，不存在不同意见，现在的问题是结合中国实际，看看我国在利用废钢问题上主要有哪些制约因素。我国去年钢产量是世界第二位，超过美国。但利用废钢在世界上排不到前十名，原因何在？就是钢铁蓄积量少，资源不足，不是废钢铁多了不用。

废钢的价格实际上决定于生铁价格，跟生铁走，生铁基本跟煤价和矿石走。现国际上铁矿石价格下落供大于求。国内废钢价跟国际废钢和国内生铁价走。

国际上如吃废钢不便宜，比高炉生铁贵，也就不会再多发展电炉流程。驱动力是经济效益。废钢将有两种变化，一是清洁废钢，这有可能比生铁贵；二是不锈钢废钢，不锈钢在国际上用量越来越大。不锈钢的成本决定于用不锈废钢的量，用得越多，成本就越低。将来争夺不锈钢废钢资源会是一个热点。

（吴溪淳，原冶金工业部副部长）

翁宇庆 2013 年在中国废钢铁应用协会五届四次理事会上的报告《电炉钢与废钢的相关性》节选

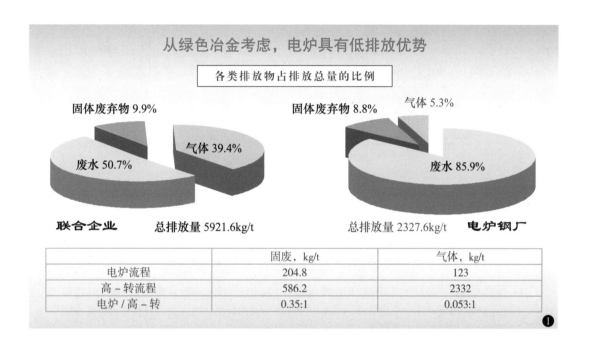

	固废，kg/t	气体，kg/t
电炉流程	204.8	123
高－转流程	586.2	2332
电炉/高－转	0.35:1	0.053:1

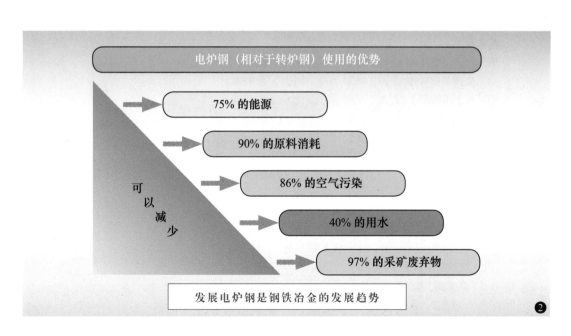

废钢的"净化技术"在发展，但从经济观点讲，还应：

（1）废钢加工，分选；

（2）采用直接还原铁（DRI），热压铁块（HBI）掺加；

（3）发展"净化技术"；

> 低温（液氮）破碎，脆化部分后磁选；
> 自动识别分类；
> 采用"转底炉"类似技术，形成"氧化或硫化脱 Cu，脱 Sn"。

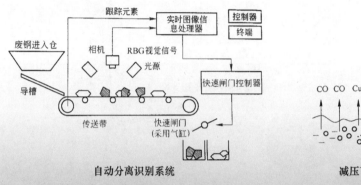

自动分离识别系统

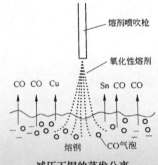

减压下铜的蒸发分离

❸

做好废钢的采选分离和加工，是扩大废钢在电炉钢中应用的重要途径

1、提升废钢回收量首先需要经营和管理好再生金属市场。废钢回收量的多少依赖于从各种废弃物、废弃产品中分离金属的成本以及初级金属的价格。换言之，只有努力降低废钢价格（废钢收集成本不高），分选加工成本要努力降低，市场才有发展前景。

2、国际回收局（BIR）数据显示，全球 2012 年与 2011 年比较，废钢消费量（5.7 亿吨），基本持平。

第一废钢消费群体 欧盟（27 国）9410 万吨，同比下降 6%；

第二废钢消费群体 中国，8520 万吨，同比下降 8.8%；

钢厂废钢采购量 3.7 亿吨，占废钢消费比 64.9%；

　　　　其中废弃废钢：2.5 亿吨

　　　　　　加工废钢：1.2 亿吨

钢厂自产废钢 2.0 亿吨，占废钢消费量 35.1%；

　　　　自产废钢在转炉厂供转炉降温使用，中国在 6000 万～9000 万吨之间，不作为电炉钢原料。

3、作为废钢的加工，还需努力做好以下事项：

（1）把废钢采选分离和加工的成本降下来，价格降下来！

（2）废钢加工后余下的约 5%"垃圾"，如何处理？

（3）分类加工废钢和钢厂如何合作，为优质钢铁服务？

　　　　努力发展"加工废钢"是我们的努力方向。

❹

（翁宇庆，中国工程院院士，原冶金工业部副部长）

李依依 2014 年在第七届中国金属循环应用国际研讨会上报告《废钢的思考》节选

全球主要产钢国快速增长期 Growth Spurts of Major Global Steel Producers

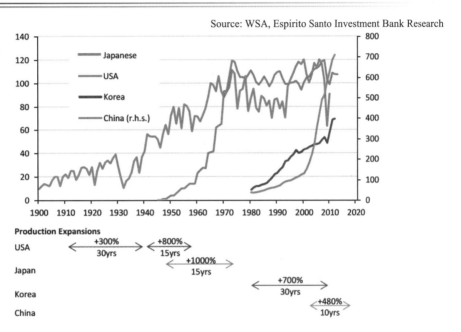

寿命终结再循环率，简称循环率 EOL (the end-of-life) recycling rate

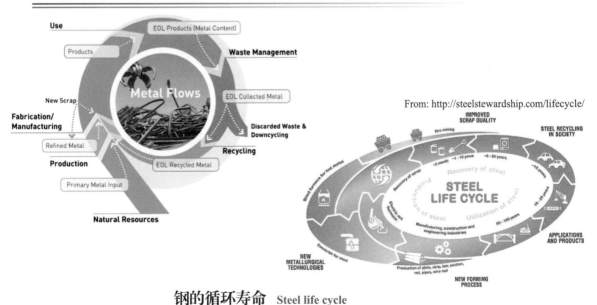

钢的循环寿命 Steel life cycle

预计 2016~2020 年间中国废钢供应量将开始丰富

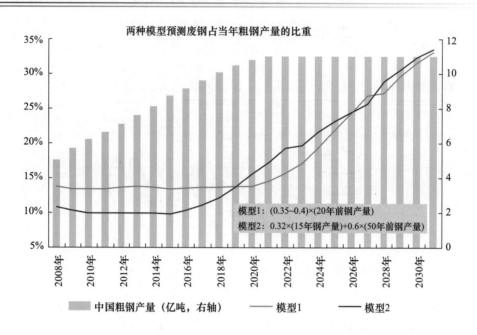

两种模型预测废钢占当年粗钢产量的比重

模型1：(0.35~0.4)×(20年前钢产量)
模型2：0.32×(15年钢产量)+0.6×(50年前钢产量)

中国粗钢产量（亿吨，右轴） —— 模型1 —— 模型2

加强市场废钢回收激励政策以及制定相应的法规

· 市场废钢回收主要国家都有激励政策以及相应的法规

· 我国废钢稀缺，更应该加强废钢政策及法规的制定，激励大家送好废钢返回炼钢

· 加强废钢的管理：政策和法规要使社会废钢统一管理才有利

· 社会废钢要经过加工处理，有成分有规格才能入炉使用，以保证炼钢质量

· 土耳其产钢 36Mt，占全球 3%，进口废钢占全球 20%

· 韩国产钢 70Mt，占全球 6%，进口废钢占全球 10%

· 中国产钢 715.6Mt，占全球 48%，进口废钢占全球 5%

· 从这些国家炼钢用废钢以及各国进口废钢的情况看，我国应大力加强优质废钢的进口，代替部分铁矿石

· 进口废钢代替进口铁矿石从价格上比较为 2500 元对 1000 元，如果按两吨铁矿石及相应辅料价格炼一吨钢，即使相差较多，还可以减少排放、节约能源、提高产量、抑制铁矿价格，是值得的

（李依依，中国科学院院士，中国科学院金属研究所原所长）

周传典 1993 年为《废钢铁》杂志撰写的
发刊词《大力回收利用废钢铁是长远的战略方针》节选

从现在和长远考虑，发展钢铁工业都存在着两个问题：一个是矿石不足；一个是能源不足。解决这两个问题的难度都相当大，我们已经提出许多措施，需要大量投资的项目较多，也有一些项目的投资比较小，这是我们当前要下大力气去抓的。充分挖掘和利用废钢资源，炼钢多吃废钢，是投资不大而节省矿石和能源的最重要的措施之一。

炼钢多吃废钢是项硬指标，没有切实的措施，不下大力量去组织是上不去的，大力回收利用废钢铁，不是权宜之计，而是长远的战略方针。

冶金系统的各级领导同志，要尽快地把废钢铁这个第二矿业高度重视起来。首先，要组织好废钢铁的加工；其次，要制定废钢铁使用政策；最后，还要抓好回收和炼钢这两个环节，采取一些切实可行的措施，把炼钢的废钢比促上去。

（周传典，原冶金工业部副部长）

徐大铨在 1994 年全国冶金企业金属回收工作会议上的讲话《废钢工作 举足轻重》节选

我们的钢铁工业要发展，没有充足的原料供应，甚至如果没有充足的精料供应，要想在产量、品种、质量、效益等方面取得成效，是不可能的。废钢铁是炼钢的重要原材料之一，尤其对于电炉炼钢，更是离不开的大宗原料。现在我国废钢单耗低，综合能耗高，只能说我国的废钢短缺。用废钢铁炼钢，可以省却从采矿到炼铁的整套工序，节省大量的能源、运力和物资消耗，这一点大家都很清楚。世界上许多国家都在发展电炉炼钢工艺，废钢需求量在不断增加。

我国钢铁生产的任务是繁重的。可以预计，废钢的供需矛盾将会更加突出，为了使废钢铁供应满足钢铁生产发展需要，我们必须把废钢铁资源（包括国内和国际两种资源）的开发利用工作，提到战略高度，列入议事日程。

搞国际、国内废钢铁资源的开发，是一项系统工程，牵涉到规划、资源收集、码头建设、国际国内贸易、运输接卸、加工各个环节以及相互之间的衔接配合。现在钢铁工贸集团和一些企业已经在考虑走联合开发规模经营的路子，包括在国外建点，在国内建设废钢专用码头和收集、接卸、加工基地，以及搞自己的运输船队等设想。今后工贸集团采取集中决策、分散经营这种模式。应当肯定，联合起来，把各自分散的资金集中起来，办一些各自无法办到的大事，为企业提供既稳定可靠，又品质优良的废钢，这是开发废钢资源的重要举措。

（徐大铨，原冶金工业部副部长）

单亦和 2001 年发表的
《钢铁工业可持续发展的资源 · 废钢篇》节选

废钢是钢铁工业可持续发展的重要资源，特别是电炉炼钢重要的、必不可缺少的原料。

随着人类渴望良好环境的意愿日趋强烈，降低污染、减少废气排放是钢铁产业的责任。采用废钢的电炉炼钢，其排出的 CO_2 约为高炉—转炉流程的 1/4。随着世界能源消耗剧增及其不可再生性，工程师们都在寻求节能之路。废钢实际上是一种载能体。用废钢炼钢主要是完成其熔化过程的物理热增值，故其能耗在理论上要比高炉—转炉流程低得多。理想情况下，用废钢炼钢所需的能量仅为由矿石炼钢的 1/3 左右，因为矿石还原所需的化学能占整个冶炼能耗的 2/3 左右。

电炉钢产量确实为废钢市场的晴雨表，也是消耗废钢的平衡器。反之，废钢也是制约电炉钢发展的主要因素。短期内，废钢资源短缺的矛盾难以缓解。

由于废钢的载能优势、成本的低廉和对环保的贡献，废钢已成为钢铁工业可持续发展的可再生优势资源，废钢的未来产生量及利用率愈加显示出其宝贵的潜在价值。

确立废钢的产业地位，系统地、科学地最佳化回收、利用、管理、加工，使社会回收、钢厂自产、国外进口三条废钢来源渠道都不可偏废，以平衡废钢市场的稳定，以支持我国钢铁工业的持续、健康、稳定发展。

（单亦和，原国家冶金局副局长）

卢和煜 1993 年发表的
《废钢铁回收加工要上新台阶》节选

废旧金属是一大笔可贵的金属资源财富。金属回收是国家资源管理的一项重要内容。随着经济、技术的发展，物质资源的消费大幅度增长，但是矿产资源是有限的，人类为了自身的生存，必须遏制资源（尤其是能源与金属）的无度消费，金属回收利用是节约金属资源的主要措施，必须引起人们的高度重视。金属回收利用是一项涉及多学科的系统工程，需要大批的、几代的科学家、技术专家和实业家去钻研、开发。

废钢回收加工企业或钢厂中废钢加工分厂应该实行"精料经营"。所谓"精料经营"，就是入炉废钢料的加工工艺、加工设备、加工质量标准以及技术培训等一系列生产经营管理都按"精料"的标准来要求，提高加工和销售（供应）服务的技术档次，为钢铁工业上新台阶做出优质贡献。

我们的废钢加工企业及钢厂的废钢加工分厂推行"精料经营"，从技术改造、设备选购，到人员配备、职工培训，都围绕着"精料"的要求。为炼钢炉提供精料，既是钢铁工业上新台阶的需要，也是废钢回收加工业自身发展的需要。

（卢和煜，原冶金部物资供应运输局局长）

卢和煜 1997 年发表的《论钢铁回收》节选

钢铁本来就是可以回收重熔再制的，钢铁的边屑余料和使用过的老旧钢铁都可以回收重新熔炼再制成新的钢材以供使用。损坏了的锅炉报废后，它的旧钢管、旧钢板仍是可以循环再用的钢铁原料，可以重新熔炼再制成新的钢材，所以，虽然这台锅炉报废了，但钢铁并不废，犹如老旧金银首饰并不是废金废银一样。过去把回收的钢铁称为废钢铁，这个叫法不科学，容易导致忽视钢铁资源可永续利用的特性和价值。

珍惜自然矿藏，降低铁钢比，发展钢铁循环利用，当属题中应有之要义。这是世界钢铁工业发展的趋势所向，也是社会经济发展的必然规律。

钢铁界关于短流程的议论已经多年，这已是趋势所向，但不少论者主张"适度发展短流程"，之所以要强调"适度发展"，皆因回收钢铁供应不足，DRI 资源有限，短流程虽有诸多好处，只得"适度发展"。

为加强社会钢铁回收，须从以下几个方面着手：

（1）政府要旗帜鲜明地提倡回收钢铁，大力扶持钢铁回收加工行业，政策上要有所倾斜，使钢铁回收加工企业有一个较为宽松优越的经营发展环境，使之能吸引更多的资金、人才和技术投入钢铁回收加工企业，促其加快发展。

（2）培育、健全回收钢铁市场。市场的健康发育要得到法律、法规、法令的保护，所有的地方、部门都要积极支持钢铁回收加工，均不得任意横加干涉、阻挠。

（3）进行全国的回收钢铁资源调查。全国各地、各行业有多少钢铁蓄存量，其役龄、寿命、报废、回收情况，各地、各行业使用消耗多少钢铁，其金属利用率（或回收钢生成率）、钢铁回收情况等，都应经过调查，做到心中有数。无论是宏观调控或微观经营，都要了解和掌握这些情况。

（4）广泛开展社会宣传，加强资源回收永续利用的宣传教育。旧残废弃，到处都有，不仅生产上产生残废料，生活中产生的废物也无处不有。应当使全社会人人都提高废弃物资回收利用的观念，人人动手，家家厉行。有的国家已经做到家家都把垃圾分类装袋，有机的、无机的、塑料的、金属的，玻璃垃圾还把有色的、无色的分开，便于分别回收处理利用；生产岗位上人人都将残屑余料分类收集，钢铁余料按钢号区别堆放，省去很多分选的麻烦。别的国家可以做到，我们社会主义国家也应该可以做到，使全社会都来关心资源循环永续利用事业。

（卢和煜，原冶金部物资供应运输局局长）

总　　论

　　废钢铁（简称废钢）被称为绿色载能资源，是因为它相对于铁矿石，每炼 1 吨钢可节省 50%的能源、减少 1.6 吨的 CO_2 排放，还可减少大量的固废和废水的排放。废钢是唯一可以替代铁矿石作为炼钢原料的铁素资源，废钢的充分利用，可减轻我国对国外进口铁矿石的依赖，支撑我国钢铁工业的绿色、可持续发展。废钢与钢铁就像孪生兄弟，它的产生伴随着钢铁生产及钢铁制品生产及应用的全过程。铁矿石属原生资源，据了解世界已探明铁矿石资源储量约 1800 亿吨，每年消耗超过 20 亿吨，其作为原生资源在逐年减少。我国作为世界第一产钢大国，钢产量占世界钢产量的一半以上，国内铁矿石资源相对匮乏，而且品位低，不得不从国外大量进口，目前对外依存度已超过 80%。废钢作为铁矿石的替代原料，其产生量随着钢铁蓄积量的增加而持续增加，且由于其具有的节能、环保的特性，钢铁生产利用废钢的比例呈上升趋势。

　　到 2020 年末，我国炼钢废钢比已达到 21.85%，预计今后会逐年上升。世界其他国家的炼钢平均废钢比超过 50%，有些国家的废钢比甚至超过 80%。由于我国钢铁生产是从 21 世纪初才开始快速增长的，而废钢产生量增长滞后，造成钢产量增长而废钢比下降。废钢的资源量不足也影响着以废钢为主要原料的电炉炼钢的发展。由于近 20 年来我国钢铁蓄积量的快速增长（到 2020 年我国钢铁蓄积量已超过 100 亿吨），今后十年我国的废钢资源供应量将达到每年 3 亿~4 亿吨，会助力钢铁生产的废钢比接近世界平均水平，同时将支撑电炉炼钢的发展，废钢产业将会有很大的发展空间。

　　回顾新中国成立以来废钢业所走过的历程，大体分为三个主要阶段：

　　一是 1986 年以前的计划经济时期。

　　1986 年以前，废钢铁作为国家统配物资，实行计划管理，钢铁企业除自产废钢内循环外，多数废钢要从社会上采购，社会废钢分别由国家物资部的金属回收系统和商务部供销社系统负责回收并按国家计划上交，由冶金部按国家计划下达给各钢厂，并按统配钢材指标核准废钢供应量组织社会废钢订货。1976 年经国务院批准、冶金部发文正式成立了废钢铁管理机构（申报和批复都是在一天内完成的），从计划、统计到加工、管理，以及废次钢材、切头调拨和供应废钢工作被列入冶金部重要议事日程。国家在大力发展钢铁工业的同时，非常重视废钢的各项工作，为保质保量满足废钢供应，冶金部会同有关部门一方面组织进口国外先进的废钢打包机和剪切机等加工设备配备给钢厂，实现精料入炉；另一方面，为了弥补国内废钢资源的不足，稳定废钢比，积极组织从国外进口废钢，由于进口的废钢都是加工好的合格产品，很受钢厂欢迎，进口量高峰时每年超过 1000 万吨。

二是 1986~1994 年的废钢管理机制改革过渡时期。

1986 年年底，国家计划委员会、国家经济委员会下达了《关于改革废钢铁计划管理体制的通知》，决定从 1987 年起取消回收废钢铁的指令性计划，废钢在各种钢铁原料中率先退出统配，钢厂所需废钢用钢材去社会自行串换和采购，通过这种过渡方式延续到 20 世纪 90 年代初，废钢完全进入市场化运作。

三是 1994 年以来的废钢铁产业化发展时期。

1993 年，冶金部批准成立了"中国废钢铁应用协会"，并于 1994 年经民政部批准正式注册。作为我国废钢行业唯一的社团组织，中国废钢铁应用协会的职能是配合政府部门，开展废钢和冶金渣的资源利用相关工作。

伴随着钢铁产量急速增长，废钢消耗量较大的平炉炼钢被淘汰，以废钢为主要原料的电炉炼钢增长缓慢，钢铁行业废钢比从历史最高点 1983 年的 36%，一路下滑到 2015 年的历史最低点 10.4%，废钢行业经受了严峻的考验。

经过近十年的努力，一批长期从事废钢业务的行业精英脱颖而出，他们励精图治、探索创新，为改变废钢业的落后面貌，创新思变、不畏艰难、默默耕耘，一批规范的、信誉好的、装备精良并有一定生产规模的废钢加工企业应运而生，初步尝试了与上游的回收企业和下游的钢厂密切合作，打造相对稳定的废钢回收加工供应产业链，实现钢厂所需要的废钢加工配送，收到了很好的效果，深受钢厂的欢迎和支持。废钢协会从行业角度，制定加工配送企业规范条件，根据企业的管理水平和规模分别授予"废钢铁加工配送中心"和"废钢铁加工配送中心示范基地"的称号，并在行业内推进产业化发展模式。

2008 年，中国工程院殷瑞钰院士对废钢的产业化发展方向给予了充分肯定，建议废钢业要跟上钢铁工业的发展步伐，做到产业化、产品化、区域化发展。

2010 年 4 月，温家宝总理就专家提出的"要重视废钢的循环利用，降低对铁矿石依赖"的建议亲自作了"此项建议值得重视"的重要批示意见。废钢业终于迎来改革创新发展的新机遇。

2011 年，在废钢协会的建议下，工信部《钢铁工业"十二五"发展规划》首次将废钢产业化的发展列入钢铁工业发展规划序列，提出"加快建立适应我国钢铁工业发展要求的废钢循环利用体系。依托符合环保要求的国内废钢加工配送企业，重点建设一批废钢加工示范基地，完善加工回收配送产业链，提高废钢加工技术装备水平和废钢产品质量。积极研究制定进口废钢的优惠政策措施，鼓励在海外建立废钢回收加工配送基地。"

2012 年，工信部发布了《废钢铁加工行业准入条件》，提出了"规范废钢铁加工行业发展，提高废钢铁综合利用水平，实现钢铁产业节能减排"的目标，并制定了《废钢铁加工行业准入公告管理暂行办法》，标志着废钢业开始了产业化进程。

在废钢业最艰难的 2012~2015 年，一些行业志士艰辛拼搏、规范创业，使得废钢加工准入企业很快达到了 120 家。2015 年国家发布《资源综合利用产品和劳务增值税优惠目录》（财税 78 号文），给废钢准入企业即征即退 30% 增值税的优惠政策，调动了废钢从业者规范发展的积极性。截至 2021 年初，废钢加工准入企业已达 478 家，加工能力超过 1.3

亿吨（占到全国废钢资源总量的约50%）。废钢加工准入企业，在满足钢厂对废钢的稳定供应、保障质量、规范运作等方面起到了积极作用。

废钢加工体系建立的时间短，产业化发展还刚刚起步，为了助力钢铁工业的产业升级，废钢产业必须加快自身的产业升级步伐。工信部的"准入"政策是废钢产业升级的助推器，要早日实现产业化目标，还要依靠全行业乃至全社会的共同努力，进一步实施废钢行业的规范管理，提升人员素质、推动技术进步、加强行业贯标、研究合理布局、促进规模经营、不断完善产业结构，提升产业水平，废钢加工行业任重而道远。工信部针对废钢加工行业的阶段性发展，提出了新的目标，要求废钢产业向着回收、拆解、加工、利用一体化目标继续努力。优化物流环节、降低生产成本、提高产品质量，最终使废钢产业与钢铁工业同步发展，这是废钢产业化发展的长远目标。

废钢曾被冠以多个头衔：第二矿业、再生资源、综合利用、循环经济、城市矿产、铁素资源、绿色资源、载能原料……实际上，废钢就是不可或缺的炼钢原料。废钢的资源量和质量直接关系到钢铁工业的绿色和可持续发展，也直接关系到钢铁工业"碳达峰、碳中和"目标的实现。

废钢的资源量与社会的钢铁积蓄量是成正比的。新中国成立初期，我国工业底子薄，钢铁积蓄量少，废钢资源量一直不能满足钢铁生产的需要。1996年我国钢产量达到10124万吨，废钢消耗量2280万吨，废钢比22.5%；2008年钢产量达到51234万吨，废钢消耗量7380万吨，废钢比14.4%，废钢消耗由于社会供应量不足而增长明显滞后；2020年，钢产量达到106477万吨，废钢消耗量23262万吨，废钢比21.85%。钢产量24年（1996～2020年）增长了10倍之多，废钢消耗量也增长了10倍。特别是进入"十四五"以来，废钢资源量已开始进入稳定增长期，我国的废钢产业也将开始进入健康发展的新阶段。

为了实现废钢产业与钢铁工业同步发展，在大力推进废钢产业化发展的同时，有必要加强废钢产业的理论研究。为此，中国工程院把废钢单独列为一个学科，中国钢研科技集团有限公司（原钢铁研究总院）、冶金工业信息标准研究院、冶金工业规划研究院、北京科技大学等科研院所和大专院校，都重视对废钢产业的深层次研究。

废钢铁作为新学科的建立，是废钢产业化发展的需要，也是支撑我国钢铁工业强国战略的重要举措。该学科需要研究的课题包括：（1）社会废钢资源的产生和分布规律及资源预测，对各类废钢铁来源、数量与性质的持续跟踪和信息采集；（2）对社会废钢铁的有序分类、回收、拆解、加工、配送，做到废钢能根据钢铁生产的需要，按料型和合金成分加工配送做到精料入炉，便于炼钢生产精确掌握其物性参数和加入量，为今后炼钢新技术研发奠定重要基础；（3）废钢加工、检测、尾料的深度处理与综合利用，实现零排放等一些高科技课题的研究；（4）废钢加工工艺装备的自动化、智能化；（5）废钢现代化物流与互联网平台的推广应用（正在兴起的数字化区块网络贸易平台由于其废钢的交易透明和规范，对税收和金融信用监管已显现出积极的效果）；（6）冶金渣等固废资源的深度处理、高效利用最终实现零排放以及直接还原铁（海绵铁）的生产工艺、装备升级等。

废钢的产业化发展，还要走很长的路，重点包括以下几个方面：（1）产业结构布局；（2）产业学科研究；（3）产业政策落实；（4）产业产品贯标及废钢期货；（5）产业升级培训；（6）产业统计完善；（7）废钢的国际贸易及国际化；（8）产业长远规划等。

　　实现现代化升级是废钢产业的重要使命和目标。要实现这一目标，就必须要提高全行业的整体素质，大力推进科技创新，不仅要依靠废钢界的全体同仁不懈的共同努力，更要依靠国家政策的扶持以及关心废钢产业的各界朋友的鼎力支持。

第一章 废钢铁产业概述

废钢铁作为节能环保可无限循环利用的铁素资源，在钢铁工业绿色发展的产业链中具有不可替代的重要地位。了解废钢铁，科学认识废钢铁，有利于提高社会对废旧资源利用的认识，提升废钢铁资源开发利用的积极性，节省宝贵的原生资源，增加再生资源应用的力度，实现可持续发展的长远目标。

本章简要介绍了废钢铁的定义、废钢铁的使用价值、废钢铁的应用领域等方面的情况，供大家对废钢铁有一个初步的认识与了解。

第一节 废钢铁概述

一、基本定义

废钢铁是对钢铁生产过程中产生的不合格产品、钢铁材料应用中的加工废弃物，以及钢铁制品使用后报废回收的钢铁材料的总称，简称废钢。

考古资料显示，人类使用金属物质从事生产活动，已有几千年的历史，14 世纪已用原始高炉炼铁，19 世纪发明了转炉和平炉炼钢，并开始在英国、德国、美国、俄国、日本等国慢慢兴起。炼钢工业的兴起，同时产生了大量工业废钢。伴随着平炉的出现，大量的废钢回炉重熔，废钢的回收、加工、运输业应运而生，废钢也成为钢铁生产不可或缺的原料。

废钢按其来源分为自产废钢、加工废钢和折旧废钢。

自产废钢，也称内部废钢，它是指在钢铁生产过程中钢厂内部产生的废钢，如渣钢、中间包铸余、切头、边角料、废次材等（见图 1-1），这些废钢通常只在钢厂内部循环使用，基本不进入钢铁生产流程以外的社会大循环中。

图 1-1 自产废钢

加工废钢，指制造加工工业在对钢铁产品进行机械加工时产生的废钢（见图1-2），一般情况下，这种废钢是不久前生产出来的钢铁产品演变而成的，所以，这种废钢称为"短期废钢"。

图 1-2　加工废钢

折旧废钢，指各种钢铁制品（机械设备、汽车、飞机、轮船等耐用品、建筑物、容器以及民用物品等）使用一定年限后报废形成的废钢（见图1-3）。这些钢铁制品的使用寿命较长，一般在 10 年以上（除个别钢铁制品，如易拉罐等寿命很短），所以，这种废钢也称为"长期废钢"。

图 1-3　折旧废钢

广义上的废钢铁是指金属回收利用过程中对黑色金属废料的统称，包括废钢、废铁、冶金废渣、氧化铁皮等。

通俗的理解，废钢铁就是钢铁厂生产过程中不成为产品的钢铁废料，如炼钢环节产生的钢渣，轧钢进程中产生的氧化铁皮、切边、切头、切尾及用于再回炉炼钢的废次材等，以及在钢铁产品的加工制造中产生的不能进入消费领域的不合格产品、边角余料；另外还有使用后报废的设备、构件中的钢铁材料。其中，成分为钢的叫废钢，成分为生铁的叫废铁（比如铸铁件），统称废钢铁。

废钢由于其产生的情况不同，而存在各种不同的形状，其性能与产生此种废钢铁的成材基本相同，但也受到时效性、有效性（长时间堆积生成的锈蚀）、疲劳性（加工后的成品钢材随年月增长导致的元素变化）等因素的影响，性能有所降低。

目前，我国执行的废钢铁标准是由国家质量监督检验检疫总局、国家标准化管理委员会发布的中华人民共和国国家标准《废钢铁》（GB/T 4223—2017），自2018年7月1日起正式实施。根据该标准，废钢铁的分类可为以下几种形式：

（1）按照化学成分，分为废钢和废铁。

1）废钢：碳（C）含量一般小于2.0%，硫含量、磷含量一般不大于0.050%。非合金废钢中残余元素应符合以下要求：镍不大于0.30%、铬不大于0.30%、铜不大于0.30%。除锰、硅以外，其他残余元素含量总和不大于0.60%。

2）废铁：碳（C）含量一般大于2.0%，Ⅰ类废铁的硫（S）含量和磷（P）含量分别不大于0.07%和0.40%。Ⅱ类废铁、合金废铁的硫含量和磷含量分别不大于0.12%和1.00%。高炉添加料的含铁量不小于65.0%。

（2）按照用途，分为熔炼用废钢和非熔炼用废钢。

1）熔炼用废钢：熔炼用废钢按其外形尺寸和单件重量分为8个类别：重型废钢、中型废钢、小型废钢、轻薄料废钢、打包块、破碎废钢、渣钢、钢屑。熔炼用废钢按其化学成分分为：非合金废钢、低合金废钢和合金废钢。非合金废钢、低合金废钢参照GB/T 13304的规定。熔炼用合金废钢按化学成分主要合金元素含量分为8个钢类49个钢组。

2）非熔炼用废钢：对于非熔炼用废钢不再进行分类，由供需双方协议确定。

二、废钢铁的使用价值

（一）替代铁矿石的大宗钢铁原料

废钢铁的回收利用可以缓解我国铁矿石资源紧张的局面。由于我国高品位矿石资源相对短缺，每年需要进口大量铁矿石才能满足钢铁生产需求，发展废钢铁产业，提高废钢铁供应量，可有效缓解这一现状。

（二）具有节能环保的优势

废钢铁是载能绿色资源。大型钢铁生产企业，从铁矿石开始到焦化、烧结、炼铁、炼钢，整个工艺流程中能源消耗和污染排放主要集中在炼铁及铁前工序，一般占综合能耗的60%。与使用铁矿石冶炼相比，用废钢铁可以节约这部分能源，大幅降低钢铁生产综合能耗。具体来看，每利用1吨废钢可节约1.7吨的铁精粉、0.4吨的焦炭和0.28吨的石灰石，且可以无限循环利用。

使用废钢冶炼更有利于节能减排，可减少炼铁、焦化、烧结等铁前工序废水、废渣、废气的产生，最多可减少76%的废水、72%的废渣、86%的废气排放。若加上铁矿石选矿过程所产生的尾矿渣、炼焦和烧结过程中产生的粉尘等，可减少排放废渣97%。采用废钢炼钢可以大量减少"三废"产生，降低碳排放。

在未来的钢铁原料配置中，废钢铁将逐步取代铁矿石的地位。大量使用废钢铁资源，可以提高废钢铁在钢铁工业可持续发展战略中的地位，并且可以降低资源和能源消耗、减轻环境压力，助力我国循环经济的发展。

（三）可无限循环利用，永不枯竭

钢材—成型—使用—报废，可无限循环反复使用，每利用1吨废钢，可减少4.3吨原矿的开采和3吨固体废弃物的排放。废钢铁与废铜、废铝、废塑料、废纸等其他再生资源不同，不会随着循环次数的增加而降低理化性能指标，降低产品质量。某种意义上，炼钢就是钢水净化的过程，相对于原生资源铁矿石，废钢铁是一种铁元素含量更高的炼钢原料，也是少数可以替代铁矿石资源的优质铁素资源。增加废钢铁供应能力，多用废钢少用铁矿石，是缓解对铁矿石依赖的重要途径。

第二节 废钢铁的应用领域

一、钢铁生产

废钢铁产品主要应用于钢铁工业，作为钢铁生产的原料。在钢铁制造过程中，从炼钢工艺的角度分为"长流程"和"短流程"两类：以高炉—转炉炼钢工艺为中心的生产流程，即长流程；以废钢—电炉炼钢为中心的生产流程，即短流程。

长流程炼钢（见图1-4）以铁矿石为主要原料，废钢为辅料，首先通过高炉对铁矿石、焦炭、石灰石等炉料进行炼制得到铁水，并辅以少量废钢精料，进一步冶炼得到粗钢。

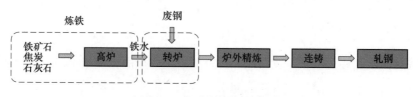

图1-4 长流程炼钢示意图

短流程炼钢（见图1-5）以废钢铁为主要原料，依据粗钢品种要求配加不同合金元素和辅料冶炼得到粗钢。

图1-5 短流程炼钢示意图

（一）转炉使用废钢情况

1. 废钢铁在转炉炼钢中的作用和经济性分析

通过加入废钢控制转炉温度，同时可降低铁矿石的用量；在废钢的成本低于铁水成本时，多吃废钢可以降低炼钢成本；钢厂的炼钢能力如果大于炼铁能力，可以通过消耗大量废钢来提高产量。

2. 转炉使用废钢的比例

转炉用废钢铁炼钢要严格执行规程要求，目前使用量受到一定限制。转炉使用废钢的比例一般在15%~25%，也有企业在特定条件下在转炉中加入更高比例的废钢，以提高钢产量。

（二）电炉使用废钢情况

1. 废钢在电炉炼钢中的作用和经济性分析

由于电炉可以实现全废钢冶炼，所以当废钢收购成本低于高炉铁水成本时，电炉炼钢能达到最大的经济效益。但是当废钢收购成本高于高炉铁水成本时，多数钢厂还是倾向于选择高炉—转炉炼钢。

2. 电炉使用废钢的比例

电炉使用废钢的比例可以达到100%，但受废钢成本和电耗成本影响，目前我国还有大量钢厂在电炉冶炼中添加铁水。

（三）不同炼钢工艺流程炼钢对废钢的要求

运到炼钢炉前待冶炼的废钢铁是按照国家标准或行业标准加工合格的废钢铁产品，是符合钢铁企业冶炼装备要求的精品炉料。必须满足不同流程、不同装备的特殊要求。

转炉：转炉同样需要根据铁水成分选择废钢种类，需保持两者成分一致。同时，转炉的炉衬比较脆弱，需要使用更小的剪切料等（见图1-6）。

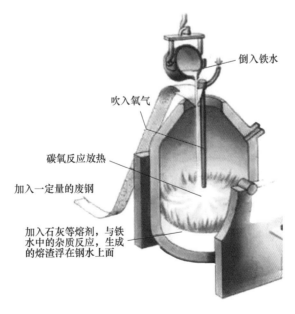

图1-6 转炉炼钢示意图

电炉：由于电炉可以 100% 使用废钢，所以对入炉的废钢仅要求是同一类型的废钢即可。受电力和废钢资源等因素影响，在我国，电炉通常用于冶炼价值较高的钢种（见图 1-7）。

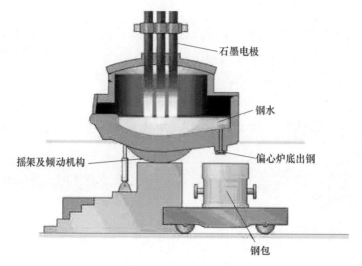

图 1-7　电炉示意图

二、铸造工业

我国铸造工业废钢铁应用量在钢铁工业废钢铁应用量之后。近年来，随着我国制造业的快速发展，铸造工业在过去四年里保持 11% 左右的增长率。2020 年我国铸件产量达到5195 万吨，其中黑色铸造产量占总量的 80% 以上，年消耗废钢铁约 2000 万吨。

经过多年的发展，在现代的铸造生产中，炉料逐渐以废钢铁为主。此举可以节约能源，同时降低铸造生产成本，但是最大的问题在于废钢在铸造中的质量控制。目前普遍采用的质量控制方法有如下几种。

（一）按元素成分选择废钢铁

在铸造生产中，废钢与生产铸件的匹配很重要，需要根据铸件的材质和牌号来确定使用哪类废钢。如生产高锰钢铸件，则需要使用高锰废钢，这样才有利于节约生产成本；生产高牌号灰铸铁，需要使用锰含量较高的废钢；生产铁素体球墨铸铁时，则需要选择低锰、低铬废钢。

（二）废钢材料必须除锈、分类和入库管理

用废钢生产铸件必须严格遵循规范的处理流程，包括除锈、挑拣分类、废钢材料入库管理等。

（1）除锈：要获得高质量的铁水，用废钢生产出优质铸件，除锈环节非常必要。使用除锈后的废钢熔炼出来的铁水纯清，有利于保证铁水的质量。

（2）挑拣分类：国内目前废钢收购分类粗放、杂质裹入较多。鉴于此，铸造厂采购的废钢入库后，必须对采购的废钢进行挑拣分类，将里面含铬、钼等元素较多的高合金挑出

来，以免因硬化、相关合金含量超标而造成铸件硬度超标，使铸件报废。另外，挑拣过程中，也可将密封罐类造成炉前爆炸的危险品挑出来，避免发生安全事故。

（3）废钢材料入库管理：包括采购商信息、入库时间、上一批次与下一批次间炉前熔炼铁水质量的变化。

（三）熔炼配料

使用废钢生产铸铁，无论是灰铸铁，还是球墨铸铁，必须进行严格的配料计算，且在熔炼环节需注意以下问题：

（1）增碳剂的选用：增碳效果好与坏和增碳剂关系非常大，吸收率好的增碳剂与吸收率差的增碳剂增碳效果差距超过10%。所以，要根据企业实际情况选择适合的增碳剂。

（2）装料：熔炼过程中，不合理的装料方式会造成很多缺陷问题，如熔炼时间延长、电能消耗加大、合金损耗过大，进而增加了生产成本。加热不合理、装料不合理，还会造成坩埚的损坏，所以加料工序一定要按工艺要求进行。

（3）铁水净化：在使用废钢进行铸造生产时，铁水中会裹入一些气体、杂质。对铁水进行相应的净化、除杂，是保证产品质量的必要手段。

第三节　废钢铁的应用情况

一、废钢铁的利用方法和途径

废钢铁之所以称为"废"，是相对于钢材及制品使用后失去原有的价值。但是由于其无限次的重新利用，包括重新回炉或改变其用途，因此业内人士经常有句口头语叫"废钢不废"。

废钢利用的方法大致有三种，即直接利用、改质利用和综合利用（见图1-8）。

废钢铁利用的途径很多，除了作为炼钢与铸造的炉料之外，还可以用于农业、轻工业、化工业和手工业（见图1-9）。

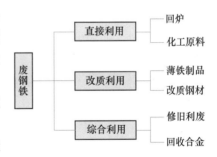

图1-8　废钢铁再生利用的方法

低品位铁素资源中的废钢铁也应该得到合理利用。所谓低品位资源是指含铁量较低的钢铁废料、废渣，主要有冶金炉渣、废型砂、炉尘和含铁污泥及氧化铁皮等。这些废钢铁料尽管含铁量较低，但比用铁矿石便宜，而且数量又较多，是一种潜在的资源。以冶金炉渣来说，每生产1吨生铁大约会产生300~350千克高炉渣，渣中平均含铁约1%；每炼1吨钢大约产生110~130千克钢渣，渣中平均含铁为20%~30%，其中金属铁为5%~10%。1吨钢铁渣通过破碎、磁选后约可回收废钢铁40千克左右，此外还可以回收一些高炉用精矿。另外，钢铁厂排出的炉气、炉尘中含有大量含铁物质，加热炉的熔渣和轧钢或锻造时产生的铁皮都是含铁很高的物质，应当充分加以利用，一般可以将其作为烧结矿的原料或直接造球后加入高炉或用于炼钢。

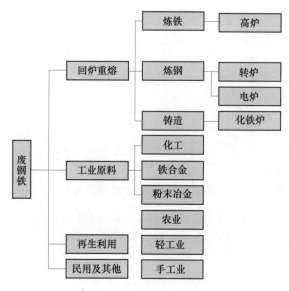

图 1-9 废钢铁再生利用的途径

二、废钢铁的利用水平

目前，世界发达国家生产的钢铁已经有 2/3 以上的原料来自废钢，不仅自给自足，还可以出口。2020 年，包括我国在内的世界钢铁业的废钢铁应用量占粗钢总产量的 37% 左右。

我国钢铁工业的快速发展，对废钢铁原料的需求量大幅增长。据中国废钢铁应用协会资料，2020 年炼钢废钢铁消耗 23262 万吨，比 1994 年协会成立时的 3120 万吨增加 20142 万吨，是其 7.5 倍。从 1994 年到 2020 年全国炼钢累计消耗废钢铁约 21.2 亿吨，废钢铁产业为我国钢铁工业的发展做出了突出贡献。

废钢利用率方面，在废钢协会成立的 1994 年，我国的炼钢废钢比达 33.7%，接近目前全球废钢比的水平。"九五"时期，废钢比保持在 20% 以上。"十五"末期我国钢铁工业持续快速发展，粗钢产量年平均增长 22.6%。由于废钢铁的消耗量与粗钢的增长量不同步，"十五"以来废钢铁消耗"总量增加，单耗下降"的态势一直在延续。"十一五"的废钢比年平均为 14.4%，"十二五"的废钢比年平均为 11.3%。

"十三五"时期，国内钢厂废钢应用情况发生好转。据中国废钢铁应用协会统计，2020 年我国粗钢产量 10.65 亿吨，同比增长 7%，生铁产量 8.88 亿吨，同比增长 4.3%；2020 年全国炼钢用废钢铁消耗总量 2.33 亿吨，同比增加 1669 万吨，增幅 7.7%。由于废钢铁消耗总量的增长幅度较大，2020 年废钢铁消耗一跃跳出"总量增加，单耗下降"的怪圈，废钢铁单耗 218.5kg/t，同比增加 1.8kg/t，增幅 0.8%，综合废钢比 21.85%。"十三五"的废钢比年平均为 18.8%，比"十二五"时期增加 7.5 个百分点（见图 1-10）。

我国废钢铁的产出和应用量处于逐步增长的阶段，但由于粗钢产量的基数大，即使是废钢消耗量创纪录的 2020 年，也仅占粗钢产量的 21.85%。目前，无论在人均钢铁资源拥有量、废钢应用水平还是循环利用率上仍落后于世界平均水平，我国废钢铁产业的发展空间巨大。

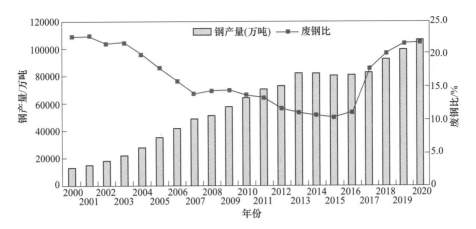

图 1-10　2000~2020 年钢产量与废钢比情况

第二章　废钢铁产业发展历程

废钢铁的回收量在再生资源的回收总量中一直位列榜首。经过漫长的发展，废钢铁加工行业逐渐走上了产业化发展之路，特别是改革开放以来，在国家的产业政策支持下，废钢行业从业者积极探索发展之路，在市场经济的大潮中成长壮大，废钢产业的发展在循环经济、绿色经济中越来越受到重视。

回顾新中国成立以来废钢业所走过的历程，大体分为三个主要阶段：一是 1986 年以前的计划经济时期；二是 1986~1994 年的废钢管理机制改革过渡时期；三是 1994 年以来的废钢铁产业化发展时期。

本章从不同的历史时期，重点介绍了自新中国成立以来废钢铁行业管理体制、市场化发展等方面经历的几次重大变化，记录了废钢铁回收应用从粗放型废旧物资经营到再生资源管理，发展成为新兴的废钢加工产业并逐渐走上工业化道路的不平凡历程。

第一节　废钢铁管理体制变革历程回顾

一、1986 年以前计划经济时期

1986 年以前，废钢铁作为国家统配物资，实行计划管理。钢铁企业除自产废钢内循环外，所用的多数废钢要从社会上采购，社会废钢分别由国家物资部的金属回收系统和商务部供销社系统负责回收并按国家计划上交，由冶金工业部（简称冶金部）按国家计划下达给各钢厂，并按统配钢材指标核准废钢供应量组织社会废钢订货。

1976 年以前，冶金部没有废钢管理机构，每年由主管生产的副部长组织临时工作组开展废钢的计划调拨、分配、加工等各项工作。1976 年，冶金部经国务院批准正式成立废钢铁管理机构，从计划、统计到加工、管理，以及废次钢材、切头调拨和供应废钢工作被列入原冶金部重要议事日程。当时国内的炼钢生产工艺主要有平炉、电炉、转炉，全国炼钢综合废钢比最高达到 36%。

国家在大力发展钢铁工业的同时，非常重视废钢的有关各项工作，为保质保量满足废钢供应，冶金部会同有关部门一方面组织进口国外先进的废钢打包机和剪切机等加工设备并配备给钢厂，帮助钢厂实现精料入炉；另一方面，为了弥补国内废钢资源的不足，稳定废钢比，积极组织从国外进口废钢。由于进口的废钢都是加工好的合格产品，很受钢厂欢迎，进口量最多时一年超过 1000 万吨。

（一）冶金部专职机构成立以前的废钢管理情况

1953 年是国家第一个"五年计划"的开始，国家生产、建设急需大量的废金属。其中，1953 年需要废金属 66 万吨，占当年钢产量的 37%，1954 年需要废金属 88 万吨。

当时，中央人民政府重工业部提出"随着大规模经济建设的快速发展，对钢铁产量、质量的要求，也将日益提高，为满足这种需要，除了在钢铁及有色金属冶炼生产过程中加强技术管理外，必须在炼钢（炼铁）原料——废金属的技术供应上加强管理，以保证数量和质量上的供应。但目前本部各局（公司）对废金属的管理情况及管理机构是很不健全的，必须立即加强。"

1953 年 4 月 7 日，重工业部发出《关于成立废金属管理机构的命令》（见图 2-1）。提出"各局接此命令后立即进行筹划，须于五月份内建立起来……并于五月末以前将机构建立结果报部。"

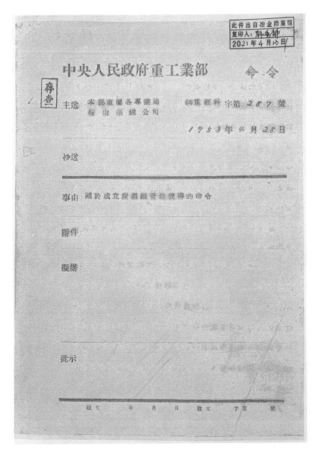

图 2-1　重工业部关于成立废钢铁管理机构的命令

1954 年 4 月 28 日，时任政务院副总理的邓小平签发，同意重工业部《关于成立废金属回收管理局的报告》。废金属回收管理局成立后，内设计划处、黑色金属处、有色金属处、加工基建处、财务处、人事处、秘书科等，在全国六大区设立了办事处和直属加工厂，在各省会城市设立了回收站，实施了计划定量回收，从此全国的废钢铁和废有色金属实现了统一管理。

"废金属回收管理局"自此存续了四年时间，1958年被撤销。同时，在冶金部供应局下设金属回收处，只负责冶金系统的金属回收工作，废钢铁实施归口管理。

五年后的1963年6月1日，国务院批转了国家经济委员会《关于建议恢复金属回收管理机构的报告》，在国家物资总局成立废金属回收管理局，由冶金部代管。第二届金属回收局成立于1963年6月，隶属于冶金部、物资部双重领导，由冶金部代管，人员主要来自冶金部供应局、行政局、物资部综合局等。金属回收局对外开展工作的全称是"冶金部金属回收局"，各地办事处也是如此。1966年5月冶金部金属回收局成建制划入物资部，当时由刘炳华副部长带队搬入物资部办公。

1965年，废金属回收管理局被划归物资部。为工作上的便利，废金属回收管理局作为国家物资总局的一个职能部门，由冶金工业部负责领导。恢复金属回收管理机构后，废金属回收管理局在六大区建立了办事处，在28省、自治区、直辖市和22个城市里建立了金属回收站或加工厂，至1965年，金属回收系统已有职工770多人。1966年初，中国金属总公司成立，把废金属回收的管理和经营统一起来，重点抓好厂矿企业的废金属的回收和经营工作，金属回收工作走上了正轨。

1970年3月召开的全国计划会上，国务院决定在国家计委设金属回收小组，国家计委副主任马毅任组长，由国家计委物资局代管，负责全国废金属回收管理工作，各地区也相应建立了金属回收办公室或金属回收小组，负责本地区的金属回收管理工作，废金属的经营由当地的商业部门和物资部门共同负责。

（二）冶金部成立专职机构以后废钢管理情况

为了理顺关系，推动废钢铁有序管理，经国务院批准，冶金部于1976年成立废钢铁独立管理机构（申报和批复都是在一天内完成的，如图2-2所示）——在冶金部物供局内部增设金属回收处，对外为冶金部金属回收公司，一个机构两块牌子。废钢铁行业建立了由冶金部、物资部、商业部协调分配统配物资的体制。

为进一步加强废钢铁回收、加工工作，以适应"五五"计划发展的需要，1976年和1977年，冶金工业部先后组织召开了"金属回收、加工工作会议"和"冶金重点企业金属回收工作会议"。

1977年5月9日，冶金工业部供运局组织召开了废钢铁工作座谈会。鞍钢、武钢、包钢、太钢、马钢、首钢六家单位在会上介绍了各自废钢铁回收、加工、调发的相关经验。会后，参会企业联合发布了《多收多用和提高废钢铁加工效率　保钢跑步学大庆倡议书》，提出"现在钢铁产量持续上升，形势喜人，形势逼人……努力搞好废钢加工，保证炼钢需要；降低钢铁料消耗，提高废钢配比"。5月14日，冶金部供运局在此基础上又发出了《函送废钢工作座谈会的倡议书》，并抄报国家计委金属回收小组，抄送各省、市、自治区冶金（重工）局和冶金部各大区供应管理处。

重新回到有序管理下的废钢铁产业，呈现出了更积极、更富有活力的面貌。

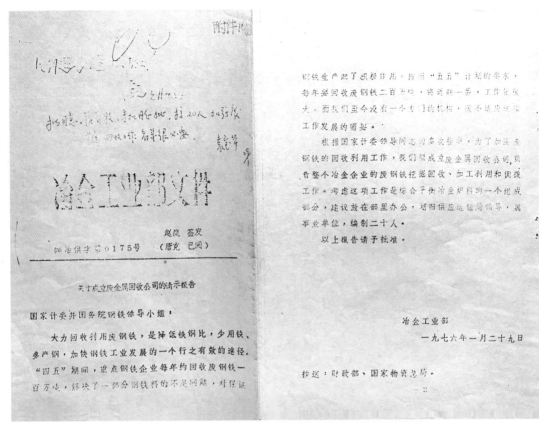

图 2-2　冶金部成立金属回收公司的批文

随着国家生产建设的快速发展，废钢铁供需矛盾越来越突出，部门和地方上交的废钢铁已不能满足钢厂的需要。为解决这一矛盾，经与国家计委研究决定，在全国实施上交废钢铁和国家分配钢材计划相结合的暂行办法，国家计委印发了《关于上交废钢铁和国家分配钢材计划相结合的暂行办法》。部门和地方上交废钢铁，相应地按比例扣减国家分配的钢材。从 1985 年、1986 年两年实施的结果看，大大促进了部门和地方的回收上交废钢铁的主动性，取得了较好的效果。

为解决国内废钢资源不足的问题，国家把眼光瞄准了国外废钢资源。从 1984 年开始，国家批准冶金部进口废钢，以补充国内资源缺口。进口废钢由冶金部管理，实施统一进口、统一分配，每年进口计划约在 40 万~100 万吨左右，按照国外废钢与国内废钢差价部分，国家给予 80% 的财政补贴，20% 由钢厂自己消化，保证了钢铁生产的原料供应。

此时社会废钢所占比例较小，钢厂自产废钢占比达 50%~60%。

二、1986~1994 年废钢管理机制改革过渡时期

1986 年，我国社会主义市场经济发展日益活跃，冶金部放开废钢市场的计划管理，取消指令性计划，由钢厂按原冶金部核定的指标留用统配钢材自行串换和采购废钢。

1986 年年底，国家计划委员会、国家经济委员会下达了《关于改革废钢铁计划管理体制的通知》（见图 2-3），决定从 1987 年起取消回收废钢铁的指令性计划，废钢在各种钢铁原料中率先退出统配，钢厂所需废钢用钢材去社会自行串换和采购，用这种过渡方式延续到 20 世纪 90 年代初，废钢已完全进入市场化运作。

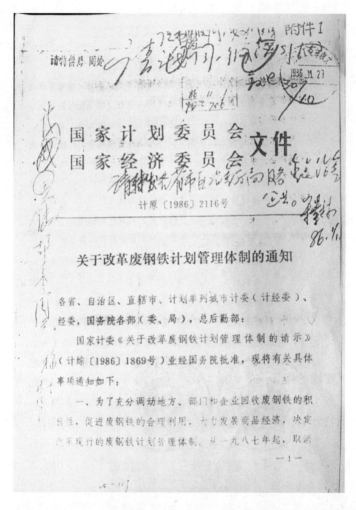

图 2-3　国家计划委员会、国家经济委员会《关于改革废钢铁计划管理体制的通知》

1988 年，冶金部精简机构撤销物供局，成立了中国钢铁炉料总公司，作为过渡仍代行原物供局的一些行政职能，这一时期钢厂自产废钢占比下降至 30%～40%，社会废钢所占份额上升至 60%～70%，废钢市场日趋活跃。

废钢铁实行市场调节，也是当时生产资料市场第一个放开的品种，由此废钢铁市场发生了巨大变化。随着市场的逐步放开，其他统配原料，如煤炭、铁矿石等也都改用钢材串换。而且，这一时期我国钢产量也在逐年增长，钢铁企业自身对废钢的需求不断加大，为废钢产业的发展打下了基础。

废钢从国家统配物资转为商品在市场中经营，由于废钢的资源分布范围广、产业链尚未形成，曾一度出现过小、散、乱及个别企业不规范经营的现象，国家因此暂时取消了税收优惠政策，要求行业加强管理、规范经营。钢厂外购废钢一度受到影响，废钢经营进入了磨合期。

从1986年开始到1994年，是计划经济与市场经济并行的双轨制串换时期，也是废钢管理机制改革过渡时期，完全的市场采购及供应，进入行业的协调阶段。在这一阶段，我国废钢管理仍分为三大体系，即冶金系统、物资系统和供销社系统。

1993年，冶金部以批准成立了"中国废钢铁应用协会"（简称"废钢协会"）（见图2-4），并于1994年经民政部批准正式注册。作为我国废钢行业唯一的社团组织，其职能是配合政府部门，开展废钢和冶金渣的资源利用相关工作。废钢铁产业由此正式步入了市场化发展时期。

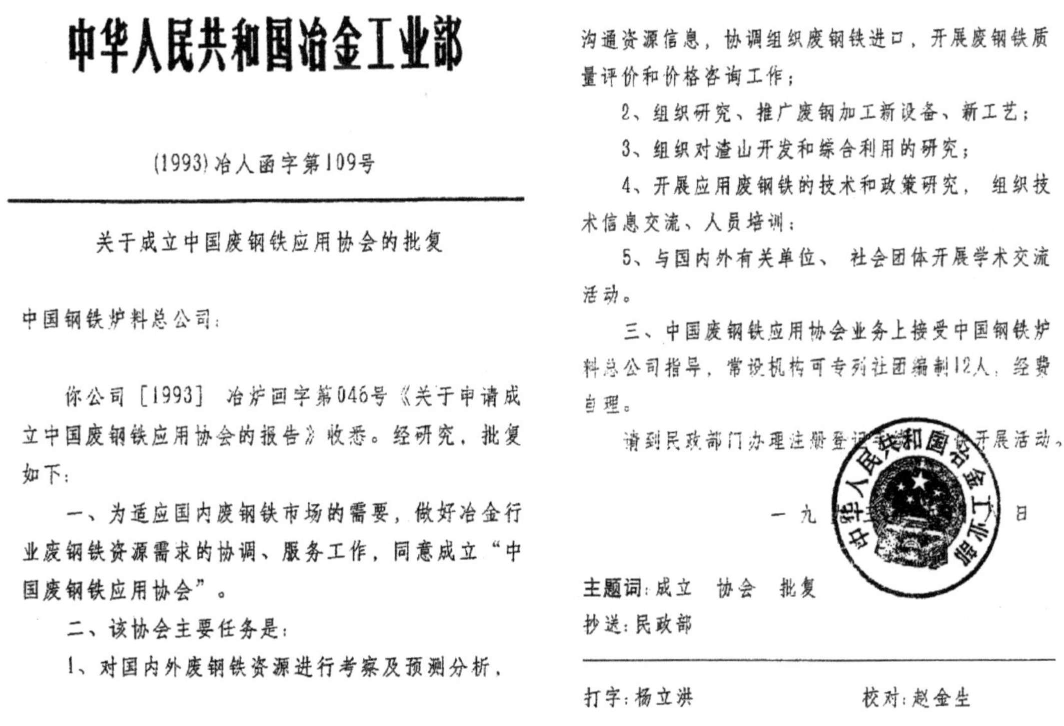

中华人民共和国冶金工业部

(1993)冶人函字第109号

关于成立中国废钢铁应用协会的批复

中国钢铁炉料总公司：

你公司 [1993] 冶炉回字第046号《关于申请成立中国废钢铁应用协会的报告》收悉。经研究，批复如下：

一、为适应国内废钢铁市场的需要，做好冶金行业废钢铁资源需求的协调、服务工作，同意成立"中国废钢铁应用协会"。

二、该协会主要任务是：

1、对国内外废钢铁资源进行考察及预测分析，沟通资源信息，协调组织废钢铁进口，开展废钢铁质量评价和价格咨询工作；

2、组织研究、推广废钢加工新设备、新工艺；

3、组织对渣山开发和综合利用的研究；

4、开展应用废钢铁的技术和政策研究，组织技术信息交流、人员培训；

5、与国内外有关单位、社会团体开展学术交流活动。

三、中国废钢铁应用协会业务上接受中国钢铁炉料总公司指导，常设机构可专列社团编制12人，经费自理。

请到民政部门办理注册登记手续后开展活动。

一九九三年　　月　　日

主题词：成立　协会　批复

抄送：民政部

打字：杨立洪　　　　　　校对：赵金生

图 2-4　成立中国废钢铁应用协会的批复

三、1994年至今废钢铁产业化发展时期

（一）1994~2011年废钢铁产业化发展第一阶段

废钢铁经过了计划调拨分配、钢材串换过渡阶段，到1994年，完全进入市场采购。

废钢铁进入市场后处于初期探索时期，整个行业存在形态可描述为：

前期，以公有制回收企业为主，集体、私营、股份制企业为辅，钢铁企业试探性成立联营公司等，多种经济成分共同参与市场竞争。

中期，回收企业改制步伐加快，民营回收公司成为再生资源回收系统的主力军，市场化运作逐步深化，与钢铁企业的合作日益强化。

经过近十年的努力，一批规范的、信誉好的、装备精良并有一定生产规模的废钢加工企业应运而生，一些长期从事废钢业务的行业精英脱颖而出。他们励精图治、探索创新，为改变我国废钢业的落后面貌，创新思变、不畏艰难、默默耕耘，初步尝试了与上游的回收企业和下游的钢厂密切合作，打造相对稳定的废钢回收加工供应产业链，尝试废钢的加工配送，收到了很好的效果，深受钢厂欢迎和支持。

废钢协会从行业角度，制定加工配送企业规范条件，根据企业的管理水平和规模分别授予"废钢加工配送中心"和"废钢加工配送中心示范基地"的称号，并在行业内推进产业化发展模式。2008 年，中国工程院殷瑞钰院士对废钢的产业化发展方向给予了充分肯定，建议废钢行业要跟上钢铁工业的发展步伐，做到产业化、产品化、区域化发展。2010 年 4 月，温家宝总理就专家提出的"要重视废钢的循环利用，降低对铁矿石依赖"的建议亲自作了"此项建议值得重视"的重要批示。废钢业迎来了改革创新发展的新机遇。

进入 21 世纪后，我国钢铁工业快速发展，钢铁工业对废钢的需求量不断增长，质量要求日益提高。华北、华东等地区的一些钢厂，培养了一批经营规范、信誉良好、装备精良、有一定规模的废钢供应商，开展了直接配送，稳定了废钢供应。中国废钢铁应用协会以行业授牌的形式，积极在全国推广。经过五年时间，被授予"废钢铁加工配送中心和废钢铁加工配送中心示范基地"的企业达 20 余家，这种模式在全国同行业产生很大影响。随着废钢铁加工配送中心和示范基地的建立，中国废钢铁应用协会在"十一五"后期制定了《废钢铁加工配送中心、示范基地准入标准及管理办法（暂行）》，通过行业自律、自我完善和自我发展，积极推进企业规范化发展，重点规范企业行为，因势利导，努力争取纳入国家工业体系。

这些示范基地由于规范行为、规模经营，纷纷成为了当地的纳税大户，也得到当地政府的大力支持，普遍受到了钢铁企业的欢迎。

废钢行业的规范化发展模式，得到了国家相关部门的重视，支持行业协会做好废钢行业的协调和自律，建立全社会有序的废钢铁加工配送体系，改变之前社会废钢铁行业的"小、散、乱"的现象，做到小而分散的废钢回收、拆解企业通过加工配送规范企业把废钢加工成合格精料直接配送给钢铁冶炼企业，真正形成我国特有的废钢铁产业链，实现废钢铁加工配送体系产业工业化、产品标准化、区域规模化，真正体现出废钢铁作为节能载能的绿色资源的战略地位和重要性。

21 世纪的前十年，尤其在"十一五"末期和"十二五"时期，在废钢行业涌现出一批具有创新思路、责任感强、坚持规范经营的企业精英，他们逆势前行，从众多回收、拆解、加工企业中脱颖而出。废钢协会及时把他们组织起来，通过规范、挂牌，在全行业起到了很好的示范作用，为废钢产业的形成和规范打下了良好的基础。工信部在钢铁工业"十二五"发展规划中，首次将废钢的加工配送体系建设，纳入到了钢铁工业的发展体系之中，也明确了废钢铁业产业化发展并最终与钢铁工业同步发展的长远发展目标。

（二）2011 年至今废钢铁产业化发展第二阶段

2012 年，工信部颁布了《废钢铁加工行业准入条件》，"规范废钢铁加工行业发展，提高废钢铁综合利用水平，实现钢铁产业节能减排"，并制定了《废钢铁加工行业准入公告管理暂行办法》，标志着废钢业开始了产业化发展进程。

伴随着新世纪钢铁产量急速增长，废钢消耗量较大的平炉炼钢被淘汰，以废钢为主要原料的电炉炼钢增长缓慢，钢铁行业废钢比从历史最高点 1983 年的 36%，一路下滑到 2015 年的历史最低点 10.36%，废钢行业经受了严峻的考验。

在废钢行业最艰难的 2012 年到 2015 年，一些行业志士艰辛拼搏，规范创业，使得废钢加工准入企业很快达到了 120 家。2015 年国家以"财税 78 号文"给废钢准入企业即征即退 30%增值税的优惠政策，调动了废钢从业者规范发展的积极性。截至 2021 年初，废钢加工准入企业已达 478 家，加工能力超过 1.3 亿吨（占到全国废钢消耗总量的约 50%）。

废钢加工准入企业，在满足钢厂对废钢的稳定供应、保障质量、规范运作等方面起到了积极作用。废钢加工体系建立的时间短，产业化发展还刚刚起步，为了助力钢铁工业的产业升级，废钢产业必须加快自身的产业升级步伐。工信部的"准入"政策是废钢产业升级的助推器，要早日实现既定目标，还要依靠全行业乃至全社会在多方面的共同努力，进一步实施废钢行业的规范管理，通过提升素质、技术进步、行业贯标、合理布局、规模经营，不断完善产业结构，提升产业水平。

废钢加工产业化发展任重而道远。工信部针对废钢加工行业的阶段性发展，提出了新的目标，要求废钢产业向着回收、拆解、加工、利用一体化目标继续努力。优化物流环节、降低生产成本、提高产品质量，最终使废钢产业与钢铁工业相同步，是废钢产业化发展的终极目标。

四、冶金部金属回收公司发展历程回顾

回首我国冶金系统废钢铁产业发展与壮大的进程，不能不提到冶金部金属回收公司和其后成立的中国废钢铁应用协会。这两个机构和组织，在钢铁工业发展的不同时期，对于制定和执行有关方针政策、理解和掌控行业发展方向、组织和引领废钢铁的技术进步、凝聚行业实力、稳定市场秩序等方面，都发挥了极其重要的作用，做出了重大的贡献。

冶金部金属回收公司是在我国结束了"文化大革命""十年动乱"后的 1976 年成立的，从成立到 1998 年机构改革冶金部撤并，经历了计划经济时期的管理，也经历了计划经济向市场经济的转变时期和市场经济时期的各种变化。

冶金部金属回收公司存在的这 20 年间，正是我国钢铁工业从艰难爬坡到转向正轨、钢产量不断增长的时期，也是我国改革开放，各项政策、技术、经营方式等不断创新和蓬勃发展的时期。废钢铁事业，也和这个时期的发展相适应，虽然我国废钢铁回收、加工、利用工作底子薄、起步晚、资源短缺、设备落后、加工分散、规模小、质量差，金属回收公司坚持加强领导，坚持改革创新，坚持努力扩大资源，保障生产供应，为炼钢提供精料，为资源节约和企业发展服务的方针，在废钢铁加工设备研制和引进、加工技术和质量

提高、供销模式转变、现代化加工、规模化经营等方面进行了不懈的努力，取得了很大的进步。特别是在我国钢铁生产快速发展的时期，废钢战线的广大干部职工，在各级领导的支持和带领下，团结一心、不断进取，以充分挖掘和利用好废钢资源，努力提高废钢铁供应能力和加工水平为己任，努力拼搏，在繁杂而实际的工作中，保障了钢产量增长对废钢铁不断增加的需求，在组织资源、创新设备技术、争取和应对政策变化、加强全国钢铁企业联系、集聚行业力量、保证供应等方面，都取得了显著的成绩，为我国废钢铁产业化发展和技术进步，做出了积极的贡献。

（一）冶金部金属回收公司成立的历史背景

我国冶金系统的废钢铁回收利用工作，是随着钢铁生产的需要，逐步开展起来的。

新中国成立初期，百业待兴，钢铁是急需的原材料，首当其冲地摆到了优先发展的位置上。但由于起步阶段的底子太薄，设备、煤、电、原料、运输等都极端困难和缺乏，因此，在20世纪的50~60年代，我国的钢铁生产还处于发展缓慢、产量很低的阶段（年产量在2000万吨以下），废钢的消耗量也很少（不超过600万吨/年），因此还没有专门的机构和人员来统一管理钢铁企业的废钢铁计划、回收、加工、利用等各项工作。尽管如此，冶金部和钢铁企业也早已认识到，我国废钢铁资源虽然短缺，但钢铁企业在生产过程中产生的废钢铁、设备报废或维修产生的废钢铁、渣钢处理回收的废钢铁等，都应该充分回收和加以利用。这一期间，冶金部为解决部分钢厂的重型废钢加工问题，就已经在一些钢厂进行了投资，建设了一部分爆破坑等加工措施。

1966~1976年间，受"文化大革命"的影响，我国的钢铁工业处于停滞、起伏、徘徊的状态。虽然国务院、国家计委、冶金部等经过努力，于1968年开始对钢铁工业开展了恢复和整顿工作，但由于当时的大环境影响，加上管理、人员、资金、设备、能源、资源、运输等各方面的问题，我国的钢铁工业在1976年仍处于十分低迷的状态。正是在这个时间段上，我国连续三年（1975~1977年）未完成年产钢2600万吨的产量计划，即当时所称的"三打2600"。为完成"三打2600"任务，当时冶金部供运局原料处组织六个大区原料科负责，抽调在京院所人员，于1974年到1975年组成"保钢小组"，对六大区的冶金重点企业废钢回收、加工、利用情况进行检查、督促，提高废钢利用，为"三打2600"做出努力。1976年我国粗钢产量仅为2045万吨。钢铁工业主要技术经济指标也都处于低水平状态下。

1976年是中国政治、经济发生历史性转折的一年，国家将工作重点开始转移到生产建设上来，发展经济成为了全党全国各项工作的中心任务。我国的钢铁工业也从这时开始了新一轮的恢复和整顿，机构、人员、队伍的整顿和建设，各项规章制度的恢复和健全，生产经济技术指标的建立和考核等一系列措施的实施，使我国钢铁工业从此又开始了新的起步。

钢铁工业发展，受到来自各方面的制约和影响，有经济的、技术的、资源的、能源的、运输的等，而炉料资源的组织、供应和管理，则是首先需要解决的问题。所谓"兵马未动，粮草先行"，炼钢没有炉料之"粮草"，则犹如"巧妇难为无米之炊"。

炼钢所需要的主要大宗原材料，一个是生铁，一个是废钢。炼铁需要铁矿石，我国原生矿短缺且品位低,国内资源无法满足大量生产的需要。废钢铁是电炉炼钢的主要原料,但由于我国钢铁工业起步晚,废钢铁资源同样十分短缺。

由于废钢铁资源的紧缺,钢铁企业在生产过程中产生的切头切尾、中间轧废、锭模废坯、设备报废或维修换下的零部件、钢厂堆积如山的冶金渣等废钢铁的回收、处理和利用,就显得十分重要,需要认真加以管理和有效利用。另外,计划经济体制下生产所需原料的计划平衡、社会废钢的调拨协调、废钢铁加工处理设备与技术的组织领导、炼钢炉料供应的生产调度和统计等,都需要有一个专门的机构来承担。这个问题在当时受到了国务院、国家计委、冶金部等各级领导的高度重视,认为搞好废钢铁的回收和加工利用,是降低铁钢比、少用铁、多产钢,加快钢铁工业发展的一个行之有效的途径。为了适应钢铁工业生产发展的需要,很有必要成立一个专门的机构,充实专职人员,来加强对这方面工作的领导和管理。在这样的形势下,冶金部金属回收公司应运而生了。

(二) 冶金部金属回收公司成立及机构人员情况

1976年1月,冶金部向国家计委并国务院钢铁领导小组上报《关于成立废金属回收公司的请示报告》。该报告很快得到了时任国家计委副主任袁宝华、国务院副总理谷牧等同志的批复同意。按请示报告,该公司放在冶金部里办公,划归供应运输局领导,编制20人,属事业单位。

得到公司批准成立的批复后,冶金部马上开始了公司的组建工作。组建机构、充实人员、明确任务,很快进入角色开展工作。在人员配备方面,冶金部首先委派抗日战争时期就参加了革命工作的原冶金部物资供应运输局的老处长王修堦同志任公司首任经理,紧接着又任命了也是抗战时期的新四军老革命彭卉同志为副经理。调集毕业于清华大学的蔡荣洲工程师、曾经留苏的卢茂琛工程师、就职于老重工业部和冶金部的任明科工程师、来自北京矿冶研究院的王冠宝工程师,以及藤慧兰、国瑞琴、刘铁钧、王玉珍、金世昆等一批老冶金和陈燕、钱桂宝、郑怀明等年轻同志,分别从原各自不同岗位或不同地区汇集而来,组成了公司组建初期的骨干力量。

关于启用"冶金工业部金属回收公司"印章的通知及印章如图2-5所示。公司对外称冶金部金属回收公司,属事业单位,对内则归冶金部物资供应运输局领导,属物供局下属的金属回收处,两块牌子,一套人马,担负起全国冶金系统废钢铁回收、加工、利用的计划、管理、资源调拨、加工设备与技术措施、生产调度协调与统计信息等项主要业务工作。

从那时起,位于北京东四西大街46号院的冶金部办公大楼二层,212、215、216等几个房间就多了这样一个机构和一批繁忙出入于此的工作人员。此后,为加强领导,当时的局负责人、后来曾任中钢集团党委书记的王炳根同志也曾任公司领导。为充实公司力量,从1977年起,又陆续有王镇武、王孝颐、孙泉有、王萍、李志民、何冬久、尹敬、田运兴、张立信、闫景坛、邹友兰、冯鹤林等同志陆续调入,在冶金部金属回收公司存续期间曾经来到公司工作过的同志还有:王鸣、孙建生、扈守勇、于建华、臧家宏、齐保定、赵伦、张露波、佟湘燕、侯永泉、孙洪亮、陆海峰、韩莹、赫彦君、罗洪生、沈炜、盛莉、马跃、牛东、高信贵等。

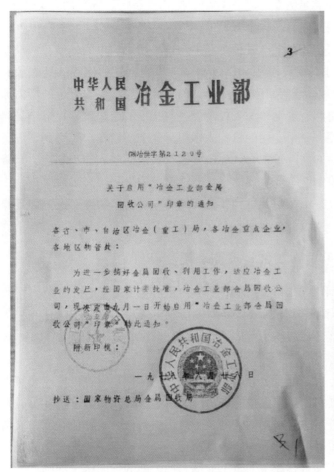

图 2-5　关于启用"冶金工业部金属回收公司"印章的通知及印章照片

　　王修堦是公司的首任经理，为公司的建设发展倾注了极大的心血和精力。他待人和气，工作勤奋，敢做敢为，有极高的工作干劲和工作能力。那时到企业了解情况，检查指导工作，一个一个企业连续走，往往一次出差就是半个月、一个月甚至更长，而且不少时间是夜间坐车船赶路，白天工作，不辞辛苦。王修堦对记数和记人有着过目不忘的非凡表现，报表看过后就印在了脑子里，过去一段时间后还能脱口而出；见过一个人后，再过几年相见时，仍能随口叫出姓名，说出是哪个单位的。王修堦的忘我工作精神给大家留下了深刻印象，受到公司同志们的尊重和爱戴，也为公司的建设和发展打下了坚实的基础。

（三）冶金部金属回收公司开展的主要工作

　　冶金部金属回收公司期间开展的主要工作从理顺废钢铁管理体系和关系，到加强技术创新、推进技术进步和装备升级，再到宣传统计和业务交流，涵盖各个方面，为全国废钢铁系统走上健康、规范的发展道路做出了不可磨灭的贡献。

　　（1）建立起了全国冶金系统的废钢铁管理体系，理顺了关系，保证了废钢铁各项计划、调拨、加工设备建设、统计信息等各项工作的部署与落实。

公司以冶金部名义发文，要求各钢铁企业建立废钢铁管理机构，充实专门管理人员，负责各企业的废钢铁管理工作，理顺了冶金部金属回收公司、冶金部各大区办事处、钢铁企业废钢铁管理处为基础的工作关系，保证了废钢铁各项任务的部署与落实。强调各级废钢铁组织机构的建设，配备专职工作人员，给予相应的职责权力，提高对废钢铁回收和加工利用工作重要意义的认识和重视程度。当时，冶金部东北、西北、华北、华东、中南、西南六个大区办事处都成立了废钢科，冶金部直管的钢铁企业普遍成立了废钢处，统管本企业的废钢铁各项业务。在当时计划经济条件下，这种从上至下的组织体系建设，有力地保障了废钢铁各项任务的上通下达和组织落实。

废钢铁行业由于历史原因，基础薄弱，废钢专业人士贫乏。王修楷老处长十分重视此问题，在其主持下，20世纪80年代初在北戴河举办首届废钢管理人员培训班，为期一月有余。参加人员是各大钢厂废钢主管人员以及各办事处工作人员，主讲人是鞍钢设计院谢开慧工程师。

当时的冶金部各大区办事处及以后的中国钢铁炉料各地区公司，从领导到业务主管人员，都在我国金属回收事业的发展中，发挥了极其重要的作用，做出了积极的贡献。从初建阶段开始，冶金部金属回收公司即每年以"冶供字"发文，召集冶金企业由各级部门领导和业务人员参加的"全国冶金系统金属回收工作会议"，及时部署冶金部关于保产的各项工作，布置工作，交流经验，对于凝聚行业力量、组织完成各项任务指标、保证炼钢炉料供应，起到了十分重要的作用。

（2）加强了对钢铁企业废钢铁加工设备和加工技术的组织、协调、领导工作，千方百计增加加工能力，促进了钢铁企业废钢铁加工设施从无到有的转变，为废钢铁机械加工开始奠定基础。

计划经济时期，钢厂所用的废钢铁除钢铁企业自产废钢之外，都由物资部和供销社系统所属的废钢回收部门按国家计划组织上交给钢厂。由于当时的废钢加工手段非常落后，很多上交给钢厂的废钢未经加工、质量较差，无法直接供应给炉前炼钢使用，需要钢铁企业添置加工设备进行加工后方能满足炼钢需要。另外，由于当时的炼钢技术所限，钢铁企业普遍有很多生产过程中产生的大铁砣等废钢需要进行加工，才能作为炉料使用。而在当时，这些加工设施在钢厂还微乎其微，一切都还处于起步阶段，可谓"白手起家"。因此，从国家计划中落实资金，为钢厂添加加工设备，提高废钢加工能力，组织加工技术交流等项工作，就成了当务之急。

1）"6、9、20废钢铁加工项目"的开展。

针对当时钢铁企业废钢铁资源的料型特点，轻薄料多需要进行打包加工，提高密实度，减少加料次数；钢铁砣、锭模、大件重型废钢等，需要爆破解体或落锤破碎加工，以适应加料尺寸要求，公司经研究决定从在企业建设爆破坑、落锤和废钢打包机项目入手，开展废钢铁加工的基本建设，初步解决我国重点冶金企业废钢铁加工设备落后的问题。

经过对企业需求和条件进行调研，公司召开了有关会议讨论研究，并上报冶金部批准和落实资金后，确定了冶金系统废钢加工技术措施"6、9、20项目"，即：建设6个爆破坑、9 个高架落锤和 20 台废钢打包机项目。公司对项目的调研、审核、拨款、组织、落实、协调等各个环节都进行了细致的布置和落实，与冶金部各大区办事处同志及钢铁企业同志一起共同努力，在我国一些钢铁企业中，建起了一批废钢铁加工设施，初步武装了我国冶金企业的废钢加工单位，形成了一定的加工能力。这些措施和装备在以后的钢铁生产中发挥了积极的作用，同时也为我国废钢铁加工行业的发展迈出了第一步。

在当时的废钢加工技术措施中，还包括了废钢加工料场改造、栈桥、龙门吊建设等配套设施的投资。

1979 年 6 月，公司在江西钢厂组织召开了"300 吨打包机建设生产经验现场交流会"，包括使用单位、打包机制造单位、各大区办事处、北京钢院、物资总局、冶金部机动司、江西省冶金局等单位的 60 多人参加了会议。会议对江苏冶金机械厂生产的 300 吨打包机的安装、使用情况进行了现场参观和技术交流，通报了各厂的打包机建设情况、存在问题，总结了打包机的制造、安装、生产经验，对"6、9、20 项目"的推动和落实，起到了促进作用。

2）对大型废钢的切割加工，组织了氧割技术交流、技术比赛等。

在那一时期，我国还没有大型废钢剪切机，对于结构类废钢和大型废钢，氧气切割、氧矛切割等还是废钢加工的重要手段，其加工量也在总加工量中占有很大比例，切割工作完成的好坏，对于完成加工计划，保证炼钢炉料供应，占据着举足轻重的位置。为了推动废钢加工工作，不断提高氧割技术水平、交流经验，公司曾在这一时期多次组织企业开展这方面的技术交流，1978 年、1979 年在太原、秦皇岛分别举行了切割竞赛会议和评比会议。1979 年还由冶金部西南物资供应管理处和贵阳钢厂共同组织当地的冶金重点企业开展了切割技术表演赛现场会议，以生动活泼的方式，推动了加工技术的互相学习、互相交流和互相促进。通过这些活动，也不断促进着各企业对废钢铁加工工作的重视，促进了全行业废钢加工工作的顺利开展。

3）推广"520 射孔弹"技术，召开技术交流会。

对大件重型废钢铁及铁砣等类废钢的处理，当时主要采取爆破的方法。那时太钢、大冶等厂的爆破工作开展得较好。冶金战线的老劳模太钢的李双良同志当时还在废钢的爆破工段，为了安全、高效开展爆破工作，他们在实践中除了对爆破坑不断进行改造外，也在不断寻求采用新的工艺和方法。"射孔弹"技术，就是太钢废钢处与当地的军工企业"江阳化工厂"合作，开展的爆破新工艺技术。用炸药射孔，比用吹氧管烧眼装药爆破操作更简单、金属损耗更小，兼具改善劳动强度、节省能源、提高经济效益等优点。对于这项新工艺新方法，公司及时帮助组织进行了经验总结和技术推广。1981 年 6 月在太钢召开了"520 射孔弹技术鉴定会"，对该项技术进行了鉴定、交流和推广。

（3）建立废钢统计系统及此阶段废钢计划、调出调入、组织、完成情况。

废钢铁统计工作是关系到行业发展的极其重要的基础工作，公司从成立开始，就对重点钢铁企业的废钢铁的回收、加工、消耗、调出、调入、库存等情况开展了调度和统计。

1978 年，国家正式将废钢铁的统计数字列入了国家统计局的统计范围，开始以国家统计局制订的统物九表的方式进行统计。

20世纪80年代，随着钢产量和废钢铁消耗量的增加，废钢铁管理工作得到了加强，废钢铁统计工作作为计划经济体制下落实国家下达的钢铁工业生产计划、考核各项指标的执行情况、指导钢铁生产的顺利进行的重要手段，得到了很高的重视。冶金部每年召开的全国金属回收工作会议，都要对统计工作进行部署；对统计数字的整理和分析，更是指导工作必不可少的重要内容，是日常的重要工作之一。

当时的统计范围是27家冶金重点企业，其钢产量占全国钢产量的70%~80%。统计内容侧重于废钢铁各项指标的计划完成情况，尤其是切头和废次材的调出、调入情况等。

1987年放开废钢铁计划管理，放开价格，钢厂所需的废钢铁由钢厂留钢材自行串换采购解决，使废钢铁成为冶金诸多原材料中率先进入市场经济的重要生产资料。在这一过程中，废钢铁统计工作对于分析形势起到了十分重要的作用。使用统物九表进行统计的工作一直坚持到了1989年。

20世纪90年代初期到中期，是我国改革开放继续深入发展的时期，计划经济开始逐步向市场经济过渡。1990年之后，国家统计局不再要求废钢铁统计以统物九表的方式进行统计和上报，但报表制度并没有中止，而改由冶金部继续管理。

统计范围和统计内容仍延续以前的报表方式和内容。此时，冶金部已经感到报表的内容和统计数字很难适应形势发展的需要，急需进行统计制度和方法的改革。

1995年，冶金部颁发了《冶金部办公厅关于建立冶金系统废钢铁统计制度的通知》，正式建立了冶金系统废钢铁统计制度。

根据文件精神，当时的冶金部金属回收公司、冶金部金属回收办公室会同冶金部信息研究中心，召开了全国冶金系统废钢铁统计工作会议，对废钢铁统计范围、统计方法、报表内容等进行了修改，提出了增加覆盖面、提高准确度、注重实用性以及采用现代化管理手段，逐步实现统计工作计算机联网等要求。

会后，冶金部信息中心很快编制出了废钢铁统计程序软件，又组织了两次企业统计人员和通信网站人员参加的研讨和培训，进行了上机实际操作实习。经过一段时间的计算机试报之后，于1996年1月份开始正式通过计算机网络传输废钢铁报表工作。

这一举措，使废钢铁统计工作实行现代化手段进行操作和管理迈出了关键性的一步。

（4）引进废钢加工设备与技术，推动我国废钢加工机械化、国产化、现代化进程。

20世纪70~80年代，我国的废钢加工技术与设备还比较落后。20世纪70年代末，300吨和630吨的打包机虽然已经开始制造和安装，但仍处于起步阶段，数量不多，技术上也还有待完善和提高，特别是630吨以上压力的大型打包机还没有生产制造先例。到20世纪80年代中期，我国还没有一台门式液压废钢剪切机。而在这时的美国、德国等工业发达国家，废钢打包机、剪切机、破碎机等先进加工设备都已经在废钢加工厂普遍配备。

为了尽快提升我国废钢铁加工设备生产制造技术，尽快为钢铁企业配备一批先进的废钢加工机械，以满足炼钢生产对优质炉料的需求，我国从20世纪80年代初开始，就与德国、美国、日本等一些国家开展了有关的技术交流，冶金部物资供应运输局与机械部大型局共同商定，从设备、技术引进入手，通过引进部分样机或合作制造的方式，进行技术上的学习和消化，逐步掌握先进的制造技术，最终实现国产化制造。由此开始了一轮引进废钢加工设备与技术的交流、研讨、考察、谈判、比较、合作制造、引进、安装、调试、国内消化、国内自主生产制造、不断总结改进提高的废钢加工设备引进—消化—国产化的进程。

1979 年，由公司老领导带队，与江西钢厂的同志一起赴捷克考察并引进了我国第一台废钢打包机，在江西钢厂的废钢加工中发挥了积极的作用。

1983 年，为了加快解决钢铁企业在废钢铁加工方面的迫切需要，加快我国在废钢铁加工设备和技术方面的前进步伐，冶金部组织部分钢铁企业开展了进口废钢剪切机的谈判和引进工作。当时鞍钢、武钢希望配备 1250 吨的废钢剪，而上海冶金局、韶关钢铁厂等则侧重 800 吨级别的废钢剪。其间，冶金部物供局和外事司多次邀请美国、德国、日本、捷克等国生产废钢剪切机的企业进行技术交流，进行分析和比较，最终把引进意向定在了德国和日本两国的产品之间。而在具体进口哪一家的产品上，意见并不统一。鞍钢从预压缩和推料方式、料箱结构、剪切效率等技术方面考虑，倾向于进口德国亨息尔公司的产品，准备订购两台，其中一台采取合作制造方式，由机械部沈阳重型机械厂参与合作制造。当时的外贸部中国技术进出口公司、鞍钢、冶金部金属回收公司共同与亨息尔公司经过艰苦谈判，最终签下合同，实现了满足企业要求的同时进口设备与技术、合作制造，以利消化吸收和国产化的目的。1985 年 10 月，鞍钢、沈阳重型机械厂派工程技术人员赴德国亨息尔公司现场进行了实习监造。一台 1250 吨废钢剪切机在鞍钢的废钢铁加工中发挥了十分重要的作用。除鞍钢外，武钢、韶钢等企业则进口了日本手冢兴产公司的废钢剪切机共 8 台。

这些设备和技术的引进，有力地推动了我国钢铁企业废钢铁加工能力和加工质量的提高，同时也促进了我国废钢铁加工设备和技术的发展，缩短了加工设备技术国产化、现代化的进程。

1985 年，由公司牵头，组织江苏冶金机械厂、上海冶金设计院就 600 吨废钢剪切机的研制项目开展了工作。由于我国当时制造的液压泵、阀件等存在一定问题，机械在高压工作状态下漏油严重，该项目决定采用与德国力士乐公司合作，进口其液压系统进行配套。1985 年年底该项目组的同志对力士乐公司的产品进行了考察，多次进行技术交流，针对该剪切机的泵、阀、电机、控制系统等关键技术问题，进行了详细的讨论、学习和消化，从中学习和掌握了不少先进技术。1986 年开始，由上海冶金设计院设计、江苏冶金机械厂加工制造，液压系统由德国配套的 600 吨液压废钢剪切机，进入了设计、制造阶段，经过一年多的努力，于 1988 年在唐山钢铁公司安装、鉴定并交付使用。

20 世纪 80 年代末期至 90 年代初，随着冶金部西安冶金机械厂研制的 1000 吨液压废钢剪切机安装投产以及湖北宜昌机床集团公司引进德国亨息尔公司技术，经引进消化，自主研发，国产化为太钢制造的 1000 吨液压废钢剪切机研制成功，以及西安冶金机械厂、衡阳冶金机械厂及其他一些废钢加工设备制造企业的发展，我国在废钢打包机、废钢剪切机的生产制造技术方面已经有了长足的进步，不少钢铁企业在国家技术改造专项资金支持和自筹资金投资下，建成了一批从 300 吨到 1250 吨废钢打包机、600 吨至 1250 吨剪切机以及配套的装卸设备、厂房、栈桥等加工设施，使 20 世纪 70 年代废钢加工的落后面貌，得到改善。

据不完全统计，20 世纪 80 年代末期，我国冶金重点企业和部分地方钢铁企业已安装了 25 台废钢打包机、15 台废钢剪切机；20 世纪 90 年代中期则有了打包机 38 台、剪切机

34 台，加上落锤、爆破坑等加工措施，废钢年加工能力到达了 1700 万吨以上，入炉废钢的质量也有了大幅度提高。

钢铁生产发展的需求，是废钢加工设备技术发展的动力，各级领导的重视、决策和支持以及钢铁企业、设备制造企业、研究设计部门广大工程技术人员和职工的共同努力，成就了那一时期我国废钢铁加工设备、技术从无到有，从引进、消化到国产化、创新、普及的快速捷径发展历程，实践证明这是一条正确的道路。

（5）成立废钢铁利用情报网和出版发行《废钢铁》杂志，有力地促进了行业内的业务交流和技术进步。

1982 年 12 月，当时的冶金部金属回收公司、冶金部情报标准研究总所、中国金属学会废钢铁委员会共同组织成立了"冶金工业部废钢铁利用情报网"，作为行业内第一个专注于技术研究和交流的组织，冶金部物资供应运输局卢和煜局长亲任领导，冶金部情报标准研究所王淑珍处长直接操办，工作很快展开，发展网员单位 130 多家，就废钢铁资源研究、废钢铁加工装备制造、废钢铁加工工艺、废钢铁管理、冶金渣回收、资源开发和综合利用等问题，开展了卓有成效的工作。1983~1989 年，举办了液压废钢剪切机专题讨论会、电炉废钢加工与设备讨论会、废钢加工工艺总体布置讨论会、进口废钢剪切机研讨会、300 吨打包机改造研讨会等专题技术交流，1992 年编辑了《废钢铁利用情报网十周年专刊》，一批较高水平的技术专论和专题调研，对于行业的发展起到了积极的推动作用。

到 20 世纪 90 年代中期，随着机构的变动，冶金部废钢铁利用情报网的工作由中国金属学会废钢铁专业委员会和中国废钢铁应用协会接替并得以延续。

《废钢铁》杂志于 1983 年创刊，当时是作为冶金部废钢铁利用情报网的内部刊物，从废钢铁回收、加工、利用的专业视角，宣传、报道、总结、交流、普及、推广业内的新闻、方针、政策、动向和新知识、新技术、新经验、新设备等，是行业内部技术业务交流的平台。当时的主编单位是冶金部金属回收公司，总编辑为王修楷、王镇武，责任编辑王冠宝、陆星，编辑有柏天健、周中江（主要国内部分）、谢开慧、王大钧（主要国外部分）。时任冶金部副部长周传典同志，为杂志撰写了发刊词《大力回收利用废钢铁是长远的战略方针》，鼓励办好刊物，为加快钢铁工业发展服务。

1986 年中国金属学会废钢铁委员会成立，旨在努力提高废钢铁在冶金工业中的作用和地位，更好地为炼钢生产服务。中国金属学会废钢铁委员会的任务是抓质量、管理、教育，对废钢铁标准管理、应用方面做出应有贡献。此后，《废钢铁》杂志成为情报网与学会合办刊物。1994 年中国废钢铁应用协会成立，协会替代情报网成为了《废钢铁》杂志的主管单位，杂志的办刊宗旨不变，成为联系协会成员单位、凝聚行业实力、为行业发展服务的重要渠道和平台。

应当指出，在办刊过程中，《废钢铁》杂志编辑部的人员克服了很多困难，在人员不足、资金缺乏、条件很差的情况下，凭着对事业的追求和热爱，坚持不懈的努力，才使《废钢铁》杂志得以连续不断地坚持出版至今。特别是常务副主编陆星，在长达 20 多年的工作中，一直勤勤恳恳、任劳任怨，克服种种困难，为《废钢铁》杂志的创办和坚持出版做出了突出的贡献。

2005 年,《废钢铁》杂志更改刊名为《中国废钢铁》,从季刊变为双月刊,进一步加大了对国家政策法规、环保、税收等方面的宣传、废钢铁市场分析、废钢管理、冶金渣开发利用、设备技术更新、技术推广、废钢铁统计资料等方面的报道,受到业内人士的好评。

杂志从 1983 年创刊到 2020 年,共出版 184 期,虽然其间主编单位、编委会人员、编辑部人员、主编人员、责任编辑人员等都有所变化,但都始终坚持了以为钢铁工业发展服务,为废钢铁产业发展服务的方向,突出专业特点,不断改进和提高办刊质量,发行量不断加大,影响力也逐步扩大,对企业的发展和行业的业务、技术进步起到了很好的推动作用。

除杂志外,行业还陆续出版了部分有关炼钢及废钢方面的书籍和资料,编纂了有关国内外废钢动态资料,对废钢知识的普及起到了积极的作用。1983~2002 年编辑了《废钢铁通讯》国内版、国外版、内部版共 400 余期,对废钢铁的消耗等统计数据及有关业内情况有所记载。

《废钢铁》杂志以其独有的专业特色,充分体现了它是我国研究钢铁资源永续循环利用的理论园地,是资源综合利用、环保、节能及经济可持续发展政策在诸多领域内生产实践的反映,是我国几代冶金人努力拼搏在金属资源战线上的真实写照。

(6) 举办全国废钢铁质量管理会议和废钢铁质量管理展览。

冶金部金属回收公司从成立时起一以贯之地坚持废钢供应的精料方针,反复强调提高入炉废钢的质量。1986 年,正处于计划经济向市场经济过渡的时期,针对当时发往钢铁企业的废钢铁质量严重下降,封闭容器、爆炸物增多,杂质及有害元素过高,打包块掺杂使假,废钢以次充好等现象,冶金部金属回收公司找到当时负责企业物资回收和社会废旧物资回收的原国家物资局金属回收局、商业部国家供销合作总社等有关部门,并一起商量,筹备召开一次全国性的废钢铁质量管理工作会议,并拟在此期间举办废钢铁质量管理展览,拍摄一部有关加强废钢铁加工,提高入炉废钢质量的宣传片,以此来大力宣传加强废钢铁质量管理对炼钢生产和钢材质量的极端重要性,推动认真贯彻国家废钢铁标准,努力提高入炉废钢质量,表扬质量先进单位,打击弄虚作假等行为。当时的国家经委、国家计委对提高废钢铁质量管理工作十分重视,决定以国家经委、国家计委、冶金工业部、国家物资局、商业部的名义,联合召开全国废钢铁质量管理会议,同时举办全国废钢铁质量管理展览会,主办单位国家经委、国家计委,承办单位冶金工业部、国家物资局、商业部。

会议的筹备和展览、摄影等准备工作,得到了各有关单位领导的高度重视和企业的大力支持,抽调专门人员成立了准备会议资料、编辑、制作展板、组织拍摄影像资料等各项工作的小组,开始了认真的筹备工作。这件事得到钢铁企业的大力支持,企业抽调人才,担负起了展览、摄像的编辑工作,上海冶金局、天津冶金局、冶金部各地区办事处、江苏冶金机械厂等单位派出的同志,不辞辛苦,分工负责,认真敬业,充分体现了齐心协力、团结高效的精神,经过半年多的辛苦努力,圆满地完成了 60 多块展板版面的设计制作和一部内容丰富的废钢展览宣传片的拍摄工作,及宣传片的语音介绍,邀请了中央电视台的著名播音员罗京、李瑞英配音,收到了非常好的效果(扫码可观看宣传片)。

废钢质量与炼钢生产

经过精心准备,1986 年 12 月"全国废钢铁质量管理工作会议"在北京召开，时任国家经委副主任的叶青、国家计委副主任的林宗棠以及冶金部、商业部、国家物资局等领导出席了会议并讲话。与会代表观看了影视宣传片，参观了质量展览，对会议、展览、宣传片等给予了很好的评价。这一系列活动的举办，树立了废钢铁产业的崭新形象，宣传了废钢铁标准，提高了大家对贯彻标准、提高废钢铁质量的认识，推动了我国废钢铁加工业的发展，对我国废钢铁加工质量的提高起到了促进作用，获得了业界的一致好评。

（7）开展废钢进口工作和取得的成绩。

在计划经济时期，钢铁企业生产所需要的废钢铁，由国家计划统一调拨解决。由于我国废钢铁资源一直处于紧缺状态，因此，国内废钢供应不足部分，由国家下达进口废钢计划，冶金部组织钢铁企业从国外购买废钢补充国内资源缺口。进口废钢价格高出国内废钢的价差部分，由国家财政补贴80%，企业负担20%。进口废钢实行进口许可证控制。那时钢铁生产企业没有外贸权，不能直接办理进口废钢事宜。当时的进口废钢工作，是由冶金部向外经贸部申领进口废钢许可证，由冶金部物资供应运输局（具体由冶金部金属回收公司）与中国冶金进出口公司共同操作实施。

在1984~1987年期间，冶金部金属回收公司与中国冶金进出口公司密切配合，按照国家计划和企业的需求，组织钢铁企业共同组团到国外考察和购买废钢。这一期间，共组织进口废钢230多万吨（其中1984年47.4万吨，1985年69.4万吨，1986年67.9万吨，1987年37.9万吨），支出外汇总计近3亿美元。在组织进口废钢的具体工作中，冶金部金属回收公司和冶金进出口公司及中国五矿公司一起，看货、谈判、签约、监装、接货，以及和外贸、海关、商检、口岸、环保、运输、码头等有关部门协调，出色地完成了为企业进口废钢的任务，得到了企业的一致好评。

1986年以后，废钢铁计划管理体制进行了改革，取消了废钢铁国家调拨计划，企业所需废钢铁，由企业留材串换、采购解决，国家也取消了外汇拨款和给企业的国内外废钢价差补贴政策，改由冶金部用计划内统一留部分钢材，交冶金部物资供应运输局（具体由冶金部金属回收公司操作）在市场串换部分外汇和人民币，专项用于进口废钢。1987~1994年，冶金部金属回收公司用钢材组织外汇，帮助企业进口了部分废钢，补充了国内资源不足。

1995年以后，由于个别外系统企业进口废钢不够慎重，出现了"放射性""洋垃圾"等问题，国家因此出台了进口废钢工作由国家环保局管理和审批的政策。冶金部金属回收公司和后来的中国废钢铁应用协会协助企业，与国家环保局、海关总署、商检总局等管理部门就企业废钢需要量、废钢国内外经营废钢铁业务企业名单、进口废钢分类和检验验收标准、企业进口废钢过程中出现的问题以及企业的意见和要求等，进行了不断的沟通和协调。

（8）废钢计划管理体制改革。

废钢铁计划首先放开，钢铁企业所需废钢铁改用钢材串换，这一政策的实施，为企业的生产和发展带来了活力。

20世纪80年代，是我国钢铁工业艰难爬坡的时期，同时也是我国解放思想、改革开放开始活跃的时期，国家鼓励企业改革开放、加快发展的有关政策相继出台，如企业承包制、上缴利润递增包干、超产钢材自行销售、职工工资奖金与企业经济效益挂钩等改革，给企业的发展增添了活力。

在此期间，钢铁工业的计划体制和价格机制也开始改革，1984年国务院做出了扩大企业自主权的"十条规定"，钢铁产品价格开始出现"双轨制"，1985年钢铁产品全面进入价格"双轨制"，发展趋势朝着钢材放开，退出统配，走向市场的方向发展。

在这一轮改革开放的大潮中，废钢铁计划管理体制和价格机制的改革走到了前列。针对当时废钢铁资源紧缺，质量下降，调拨计划无法完成，钢铁生产所需废钢铁不能保障供应，部分企业已经开始用部分超产钢材到社会上串换废钢铁的形势和实践，冶金部主管废钢铁业务的物供局、金属回收公司根据企业的要求和呼吁，向国家建议废钢铁计划管理体制改革，取消废钢铁调拨计划，改为在计划内为企业留出一部分钢材，企业所需废钢铁用这部分钢材到社会上去串换。经过与国家计委等部门的研究商讨，国家计委、国家经委于1986年10月发出《关于改革废钢铁计划管理体制的通知》。通知指出，从1987年起，取消回收废钢铁的指令性计划，开放废钢铁市场，国家不再上调废钢铁。重点钢铁企业所需废钢铁，由企业用钢材自行串换和采购解决。

除重点钢铁企业留钢材串换外，还有一部分不生产钢材的重点冶金机修厂、铸造企业、铁合金企业等，也需用废钢铁。另外，即使留钢材的重点钢铁企业，也有一个品种不对路，需要调换品种的问题。为解决这些问题，又在国家钢铁生产计划中，增加了"部换废钢统留材"一项，以后的留材串换外汇进口废钢用材，也是在"部换废钢统留材"项下开展的。

自1987年起，直至1994年结束，冶金部金属回收公司每年都要派员参加部里组织的计划会、排产会、钢材订货会等会议，按照排定的生产计划，按照数量、品种，与生产企业进行核实、沟通和必要的协调，为需要调钢材、调品种的企业落实资源、进行协调。

为了推动废钢计划管理体制改革，当时冶金部物资供应运输局的主要领导解放思想、大刀阔斧、严格把关，由冶金部金属回收公司具体操作，公司相关人员做了大量沟通、协调和政策制定等多方面的工作。由于这项工作是新生事物，在具体工作中，遇到许多复杂问题，在钢铁企业、冶金部各大区办事处等各方面领导、工作人员的大力支持和帮助下，同志们对手中资源严格把关、奉公正己，付出了很大的努力，最终圆满完成了任务，取得了很好的效果。

（9）用计划内统一留材串换外汇，用于进口废钢，扩大了我国利用进口废钢的渠道，解决了国内资源不足的问题，保障了钢铁工业快速发展的需求。

1987年，随着废钢铁计划管理体制改革、钢铁企业留材串换废钢工作的开展，钢铁企业在国内串换废钢的工作也遇到了国内废钢资源不足和只能串换到一般废钢，炼钢所需的一部分优质废钢和重料废钢只能靠进口解决的问题。当时国际废钢市场的废钢价格高于国内废钢，计划内的废钢进口，差价部分国家给予一定的补贴。而走向市场后的废钢进口，没有差价补贴，过高的价格企业又无法承担。同时，1987年后，国家外汇紧张，又削减了废钢进口数量，这就给进口废钢工作带来了很大的困难。

为了解决国内废钢资源不足，充分利用国外资源保障我国钢铁工业快速发展和解决国家外汇紧张、企业资金困难等诸多问题，国家计委、国家外汇管理局、冶金部等经商定后同意，在企业串换废钢留用钢材的基础上，另划出一部分部换废钢统一用材，以企业钢材出厂价计价，作为国家专项用于进口废钢的资金，由冶金部金属回收公司具体操作，在市场上以市场价格换取外汇额度和部分配套人民币，以解决进口废钢的外汇和资金问题。

从1987年起，冶金部金属回收公司按照部换废钢统一用材中划拨的数量、品种，在钢材订货会上与生产企业落实资源，并与需用钢材且能用外汇支付、有合格资质的单位签订订货协议，开具订货单给予订货。此举极大地促进了企业进口废钢工作的开展，为我国钢铁工业快速发展和解决国家外汇不足等问题，做出了积极的贡献。

曾轰动一时的废钢串材换汇补贴进口废钢工作，在冶金部领导、物供局领导、金属回收公司全体成员及全国各大区办事处及钢铁企业的默契配合、共同努力下，画出了一个圆满的句号。

（10）冶金渣的开发利用工作。

20世纪50~60年代，钢铁企业还没有特别顾及到对冶金渣的开发处理工作，钢铁生产过程中产生的冶金渣一般都是堆积和抛弃，那时每个钢厂都有一座渣山，既占用空间又影响环境。20世纪70年代以后，尤其是冶金部金属回收公司成立后，出于对废钢铁资源的开发利用，冶金部在每年下达给钢铁企业的生产计划中，将冶金渣中回收废钢铁量作为非生产性回收的重要内容之一，进行统计和考核。

据对我国重点钢铁企业的不完全统计，1976~1980年非生产回收中的渣钢回收量约为170万吨，1981~1985年约为215万吨，1986~1990年约为280万吨，1981~1995年约为830万吨，1996~1998年约为300万吨，22年间，从渣山中共回收废钢铁约1800万吨。

开发渣山是挖掘企业内部废钢铁资源的重要措施，同时也是企业开展环境治理、资源综合利用切入点和新的效益增长点。20世纪80年代，钢铁企业对开发渣山资源和综合治理工作的认识进一步提高。太钢在老劳模李双良的带领下，把多年堆积的渣山搬掉、填平，不但回收了上百万吨的废钢铁，创造了上亿元的经济效益；而且开展综合利用，用钢渣制砖把渣场建成了美丽的城堡和绿树成荫、优美宜人的花园式环境。冶金部金属回收公司在工作会议上及时号召全国钢铁企业学习太钢开发渣山经验，评选李双良为先进模范。后来，李双良还被联合国环境规划署授予"保护及改善环境卓越成果全球500佳"奖章。李双良的经验推动了钢铁行业渣山治理和综合利用工作，李双良精神也成为了全行业学习的榜样。鞍钢、武钢、马钢、唐钢、安阳、青岛、南京、新疆八一钢铁厂等一大批企业都在冶金渣开发利用和综合治理方面做出了成绩。冶金渣处理工艺也创新了水淬、风淬、热闷、滚筒等多种方式。在以后的工作中，冶金渣的处理和综合利用工作更在冶金部建筑研究总院等科研机构和钢铁企业、设备制造企业等的共同努力下，全部消灭了企业积存的老渣山。现在钢铁企业正向着钢渣的更科学处理方式、更广泛综合利用领域、深度处理、高效利用、最终实现"零排放"的方向发展。

（11）成立中国废钢铁应用协会。

20世纪80年代后期，全国的政府机构改革工作紧锣密鼓，首先对国家各部委的物资供应部门进行了精简和撤并。1988年冶金部物资供应运输局撤销，成立了中国钢铁炉料总公司。20世纪90年代初，在面临着进一步机构改革的形势面前，钢铁企业从事废钢铁工作的同志们提出，为保证我国废钢铁行业的长期稳定发展，建议成立群众性的社团组织——废钢铁协会。经过一段时间的酝酿，中国钢铁炉料总公司、冶金部金属回收公司与中国钢铁炉料总公司各地区公司、各钢铁企业、废钢设备制造企业、废钢加工企业、有关废钢科研部门、大专院校等，进行了多方面的沟通和协调，并进行了必要的准备工作。1993 年 6 月，中国钢铁炉料总公司向冶金部提交了《关于申请成立中国废钢铁应用协会的报告》。同年 9 月，冶金工业部批复同意成立中国废钢铁应用协会（以下简称废钢协会）。按照国家民政部关于社团组织申报的有关规定，筹备组准备了各项资料，于 1994 年 3 月上报给了民政部。民政部于当年 7 月给予批复。在正式完成了社会团体的登记手续后，获得了民政部颁发的社会团体登记证书。

1995 年 2 月，在海南省三亚市召开了中国废钢铁应用协会成立大会（见图 2-6）。在以后的工作中，随着冶金部的撤并，冶金部金属回收公司（冶金部金属回收管理办公室）也完成了其历史使命，我国废钢铁行业的管理和服务工作，就顺利过渡给了废钢协会。

图 2-6　全国冶金系统金属回收工作会暨中国废钢铁应用协会成立大会代表合影

第二节　行业规范和国家准入政策推进废钢铁产业快速发展

一、全力提升废钢铁加工配送能力，实现产业化发展

《废钢铁产业"十二五"发展规划》中明确指出：提高废钢加工配送应用能力。达成这一目标，须举全国之力，要全行业齐心奋斗，也要有国家政策的支持。除此之外，各相关协会、学会、院所及企业、专家、学者等协力进行调研和试验、撰写论文、课题论证，千方百计为钢厂在现有条件基础上多吃废钢、精料入炉创造条件。加快废钢铁加工、配送体系的建设与发展，推进我国废钢铁产业化、产品化、区域化的进程。

按照产业化、产品化、区域化的原则，全力打造废钢铁回收、拆解、加工、配送这一新兴产业。在各个环节有机形成一个规范的产业链。由地方数十万户的回收网点把社会上的零散废钢铁收集起来，销售给具有一定规模的加工配送企业，加工配送企业在国家标准基础上的行业标准对社会废钢进行筛选，加工成合格产品后，配送到符合国家钢铁产业政策的钢铁企业投入炼钢生产，并建立起相互信赖的市场运作，体现双赢的长期稳定供货渠道，既保质量又降成本。这样，就使有限的废钢铁资源进入一个良好的循环应用之中，实现精料入炉、节能减排的目的。

形成这样的产业链，还可以促使社会废钢和进口废钢的流向得到合理有效控制。经过加工配送中心和示范基地产出的合格废钢，可控制资源不会流向落后产能的地方小钢厂、小电炉。如果将这部分废钢资源合理配置，将对钢铁工业的发展和节能减排产生很大的影响。这项工作受到国家工信部节能与综合利用司、原材料司的高度重视，也得到了中国物资再生协会、中国再生资源回收利用协会、中国拆船协会的一致赞同。

（一）加快废钢加工示范基地建设，实现行业规范化发展

1. 废钢铁加工示范基地是时代创新产物

废钢铁加工示范基地是我国废钢铁行业在产业供需体制改革中诞生的产物，是一个专门从事废钢铁采购、加工、销售、配送及夹杂物资源再生、无害化处理的专业化废钢铁加工贸易的企业群体。

在我国初步形成的废钢铁产业链中，以废钢加工企业为中心，上游是收集废钢铁原料的回收网点，下游是应用废钢铁产品的钢铁冶炼企业。废钢铁加工示范基地的功能，就是将回收、采购的废钢铁原料按照行业标准进行分选、加工生产成各种废钢铁产品，直接供应给钢铁冶炼企业回炉炼钢。

废钢加工配送是进入21世纪之后，借鉴发达国家废钢铁市场运行机制的优点和经验，结合我国国情创立的一种新兴的企业模式。这一模式在国内迅速壮大，发展成为一个独立于钢铁企业之外的现代化新兴产业。

所谓现代化，就是采用现代化的废钢铁加工处理技术、现代化加工处理设备、现代化经营管理模式、现代化经营理念与价值观。这一新型的废钢铁加工配送企业有着诸多核心优势，充满活力，深受业内和市场的推崇，发展很快、效果显著，构成了我国未来废钢铁产业的核心企业集群。

20世纪90年代初，"抓精料，促多吃、搞好加工""建立大型废钢接卸、集散、加工、供应基地""发展废钢加工事业要走联合的道路，回收企业、钢厂和炉料流通企业联合起来，产、供、销相结合，有利于经营开拓""创建废钢行业专业厂"的理念已在业内萌生；而在20世纪80年代冶金系统实施"6、9、20项目"（6个爆破坑、9座高架落锤、20台废钢打包机）抢建项目及进口国外先进设备组织消化、移植引进工作，延续到90年代重点钢铁企业废钢加工装备的提升，构成了废钢加工专业化思维的物质基础；"为下游的冶炼企业提供合格精料"则是一系列相关工作的目的。废钢协会成立以后，顺应经济改

革的需要，废钢行业实行规范化、专业化、集团化发展的时机日益成熟。

1996年中国粗钢产量突破1亿吨，2020年粗钢产量达到10.65亿吨。24年间，废钢资源量以每年上千万吨的产量递增。到2020年我国钢铁积蓄量已超过100亿吨，废钢铁资源量已达2.6亿吨。为废钢铁行业走规模化、专业化的加工配送之路创造了良好的条件。

1987年废钢铁供需管理体制的改革，使担负社会废钢铁回收、加工主力军的物资、供销社系统的回收行业发生了很大的变化：国有回收公司逐渐退出，承包经营和股份制等多种经营模式陆续出现。依据适者生存的规律，在探索纳入钢铁产业链的过程中，供需双方合作搞废钢加工的模式也得到一些钢厂认可和发展。在一些钢厂的倡导下，废钢铁回收的经营者投资废钢铁加工设备，形成了社会化的废钢铁加工网络。一批信誉良好的个体经营者按照钢厂的要求回收加工废钢，废钢进厂后直接入炉，减少了钢厂的储运、装卸环节和建设废钢加工设施的投资。当时，社会化供需双方合作加工废钢的运营方式在华北、华东地区发展较快。个体经营者在与钢厂的合作中，既增加了企业经济效益、壮大了企业规模，也提升了自身的素质。建设工厂化的废钢铁加工企业成为废钢从业者新的理念。

"十五"末期，废钢协会会员企业中出现了一批场地整洁、装备优良、管理规范、以机械加工为主的工厂化废钢铁加工企业。这是在市场机制下诞生的新生事物，也是在中国钢铁工业飞速发展、废钢铁消耗量大幅增长的历史环境下时代的产物。为保护和推广废钢铁加工企业新的发展模式，废钢协会及时于2005年颁布了《中国废钢铁应用协会废钢加工配送中心示范基地准入标准（试行）》，强化废钢铁加工配送体系建设，引导、推动废钢铁产业迈向规范发展的轨道，其中对会员的资质、厂区面积、设备的配置和加工能力、环保设施、质量管理等方面做了严格的规定，并提出了具体的管理办法。经会员企业申报，协会组织现场实地考察，2005年8月28日，张家港丰立集团等首批被授予"中国废钢铁应用协会废钢铁示范基地"称号。榜样的力量是无穷的，看准方向就走下去，多批会员企业到张家港考察、学习，按照高标准加快新建和改扩建的步伐。

废钢协会废钢加工示范基地的迅速、稳健推进，是继国家颁布《钢铁产业发展政策》后，我国废钢供需体制改革中的重大举措。长期以来，我国钢铁企业炼钢用废钢多以自行采购和加工为主，与废钢企业之间只是一种单纯的买卖关系，供应商散乱无序。这种供需体制的弊端十分明显：一是供应不稳定，质量得不到保证；二是重复设库，重复运输，增加钢厂的生产成本。对废钢加工配送企业来说，生产加工规模、加工技术水平长期得不到提高，全心全意为钢厂服务的经营理念和品牌意识没有得到体现，经济利益在无序竞争中也难以保证，由于商家太多而且不稳定，出了质量问题难以追究。

加工示范基地的建立，为逐步消除上述弊端奠定了基础，提供了供需双方良性互动的平台。这种新型的废钢供需体制，使整个行业向现代化迈出了坚实的一步。

2. 经营理念的转变是产业化发展的思想根基

多年来，从"小散乱"到规范经营，再到加工示范基地的建立，废钢铁加工行业的变化适应了时代变迁、国家政策调整和下游冶炼行业需求的变化，成果显著。但要进一步实现高质量高水平的产业化发展，废钢铁加工行业必须在转变经营理念上下大力气。

一是要从单纯的买卖关系向建立相互依存、相互促进的双赢机制转变。废钢加工配送体系的用户是钢厂，满足用户的需要，是废钢加工配送企业的经营宗旨。因此，废钢加工配送行业必须摒弃"急功近利""一锤子买卖"的思想，树立与钢厂长期合作、共同发展的理念，克服一切困难，千方百计地满足钢厂生产的需要。与此同时，钢厂也应考虑废钢供应企业的利益，建立双赢机制，共同从降低钢厂生产成本中求效益，彼此之间要做到共进退、共发展。

二是从企业发展的"自我规划"转变到自觉围绕钢厂的发展目标来制订企业的发展规划。废钢加工配送行业要从数量、质量、时间上全面满足钢厂的需求；根据钢厂的生产计划制订废钢生产计划，做到百分之百地按需求配送，并满足钢种品牌的要求。因此，废钢加工配送企业的发展规模、加工设备的技术水平、运输能力以及发展速度都与钢厂的发展相匹配。

三是要树立"一切从钢厂需要出发，全心全意为钢厂服务"的经营理念。废钢企业要及时了解钢厂的需求信息，按钢厂生产计划配送废钢。因此，废钢企业应当延伸售后服务，建立定期走访制度或派专人参加钢厂的生产调度会议。

在树立新的经营理念的同时，应从以下三个方面对废钢加工配送行业进行战略调整。

第一，顺应钢铁行业组织结构调整的改革方向，提高废钢行业的集中度。钢铁企业正在向集团化方向发展。钢铁工业组织结构调整的方针，也是指导废钢企业发展的方针。我国废钢企业无论是加工配送规模，还是装备水平和配送能力都应满足"基地功能"的要求。要改变这种状况，仅靠现有废钢加工配送企业的"单打独斗"是不行的。因为要建成基地，就必须要在资金、技术上大量投入，而且还要有满足企业规模扩大、技术装备升级的其他外部条件。

提高现有废钢加工配送企业的加工工艺和装备的现代化水平，不断扩大加工配送的规模并提高配送能力。所有废钢加工配送企业都要在现有土地、厂房、设备的基础上，加强技术投入，适当购置大型的、全自动的剪切机、打包机、压块机和粉碎机，以及自动生产线，提高加工配送能力。

鉴于当时整个废钢加工配送行业的生产水平和技术水平都比较低，很难像钢铁企业那样实现强强联合，重组成大型企业集团。因此，有专家建议废钢加工企业先与钢铁企业的废钢供应系统结成供需联盟，使若干个废钢加工配送企业成为名副其实的钢厂废钢配送基地。这种联盟可以使钢厂加工能力的优势和废钢配送行业的资源采购和粗加工优势紧密结合，带动废钢行业加工手段和能力的提升，同时也可实现提高员工素质、按生产计划配送的目的，有利于建立废钢行业与钢铁企业的双赢机制。下一步则可以实行剥离重组，形成废钢加工配送集团。如果废钢加工企业经过一段时间的运行，完全能满足钢厂的需求。钢厂可以将废钢加工供应系统剥离出来，与废钢加工配送企业进行兼并重组，通过股份制改造或成立分公司、子公司的形式，组成跨地区、跨行业的废钢加工配送集团。在进行跨地区、跨行业兼并重组时，要遵循优势互补原则，优先选择那些有资源优势、加工配送能力强、运输条件较好的企业。通过兼并重组达到降低成本，提高效益，全方位发挥废钢加工配送基地功能的目的。

第二，紧跟钢铁行业产品结构调整的发展方向，树立品牌意识，提高精料供应能力。根据废钢行业目前的状况，在提高废钢质量方面必须要做好以下几方面的工作：

废钢加工企业要在废钢清洁度上下功夫。废钢加工企业不仅要清除废钢中的所有夹杂物、封闭体、爆炸物，更重要的是要清除附着在废钢上的混凝土、镀层、油污、化学物质，以及混杂在废钢中的有色金属、橡胶、劣质废钢以及有害物质，保证配送到钢厂的废钢清洁度。废钢加工企业要在粗加工的基础上贯彻"精料"方针，生产出可以直接入炉的精料废钢产品。废钢加工企业要创立自己的品牌。在创立品牌的过程中，要对废钢的内在品质展开深入研究。例如，特殊钢种对废钢的碳、硅、磷、硫、锰、铜等化学成分都有一定的要求。废钢加工企业就要有针对性地创建出高碳的、低碳的、低硫的、低磷的、低锰的、低铜的等各种废钢品牌。

第三，坚持可持续发展理念，提高环保监控能力和污染治理能力。

废钢加工企业要提高对放射性和有毒、有害物质的监控能力，配置相应的检测、监控设备，对进库废钢进行抽查和检测。同时，废钢加工企业要提高再生利用能力，增加废品物资的生产加工线，对橡胶、塑料、玻璃、镀层等其他物资进行回收加工，作为原料销售给相关企业。这样既保护了生态环境，又可以变废为宝，促进经济与环境的和谐发展。

2010年5月，国家发改委、财政部下发了《关于开展城市矿产示范基地建设的通知》，并要求中央和地方财政给予资金支持和金融、土地、税收优惠政策。

2010年5月27日中国废钢铁应用协会四届三次会员大会暨四届四次理事会通过《中国废钢铁应用协会废钢加工配送中心、示范基地准入标准及管理办法》（修订版）。

废钢加工示范企业从社会上的废钢铁回收、拆解行业中脱颖而出，以其管理规范、设备先进、产品合格、环保达标，基本实现了工厂化管理，为钢铁企业所认可，成为引领新兴的废钢加工产业快速发展的排头兵。

（二）废钢铁加工企业准入管理，是废钢铁行业的重大变革

为推动废钢铁资源综合利用工作深入开展，加强废钢铁加工行业管理，规范废钢铁加工行业生产经营行为，积极推进废钢铁供需衔接，提高集约化加工经营水平和废钢铁加工质量，加强废钢铁产业规模化、现代化、优化资源配置，实现精料入炉，促进废钢铁加工行业科学健康可持续发展，工信部依据国家有关产业政策要求，于2012年制定了《废钢铁加工行业准入条件》和《废钢铁加工行业准入公告管理暂行办法》。

2015年财政部和国家税务总局联合发布《关于印发〈资源综合利用产品和劳务增值税优惠目录〉的通知》，对进入准入公告的废钢铁加工企业生产的炼钢炉料产品销售到工信部规范钢铁企业和铸造企业的给予增值税即征即退30%的优惠政策，并于同年7月1日起正式执行。此次财税优惠政策的出台，对于废钢铁加工配送体系建设起着举足轻重的作用。该政策提振了我国废钢行业实现规范化发展的信心，而长期来看，也有利于提升钢厂废钢使用量，以及推动国家在相关领域的税收改革进程。

2012年以来，工业和信息化部节能与综合利用司分八批公布了符合《废钢铁加工行

业准入条件》的企业名单，由于改名、合并、重组、撤销等各种情况，截至 2021 年初有 478 家企业符合准入条件，年加工生产能力共计 1.3 亿吨。

我国废钢铁准入企业发展时间表如下所示：

2012 年 10 月 11 日，工信部发布《废钢铁加工行业准入条件》；

2012 年 10 月 30 日，工信部印发《废钢铁加工行业准入公告管理暂行办法》；

2013 年 5 月 15 日，第一批 44 家废钢加工准入企业公告；

2014 年 2 月 19 日，第二批 49 家废钢加工准入企业公告；

2014 年 9 月 12 日，第三批 38 家废钢加工准入企业公告（其中变更 1 家）；

2015 年 12 月 31 日，第四批 22 家废钢加工准入企业公告，变更 4 家，撤销 1 家；

2017 年 1 月 13 日，工信部发布修订后的《废钢铁加工行业准入条件》《废钢铁加工行业准入公告管理暂行办法》；

2017 年 6 月 23 日，第五批 38 家废钢加工准入企业公告；

2018 年 9 月 21 日，第六批 72 家废钢加工准入企业公告，变更 3 家；

2020 年 4 月 7 日，第七批 148 家废钢加工准入企业公告，撤销 21 家；

2021 年 1 月 20 日，第八批 101 家废钢加工准入企业公告，变更 2 家，撤销 2 家。

前八批废钢准入企业分布见表 2-1。

表 2-1 前八批废钢准入企业分布

批次	一	二	三	四	撤销	五	六	七	撤销	八	撤销	累计
北京	1		1							2		2
天津	2	2				1	2	6		13	-1	13
河北	4	6	1			3	2	14	-2	28		33
山西	3						2	6		11		12
内蒙古	2		1				2	1		6		10
辽宁	3		2	1	-2	1	7	21		33		38
吉林						1	3	2		6		6
黑龙江			1			3	5	8		17		18
上海	1	3							-2	2		3
江苏	10	5	7	3	-2	4	6	12	-7	38		45
浙江		1		2		2	4	6	-1	16		18
安徽	4	5	2	2	-1	3	3	4	-1	21		26
福建							2	6		8		15
江西		6	2	1	-1	4	2	2		16		23
山东	3	3	3	4		1	6	12	-1	31		41
河南	3	3	2	3	-1	1	4	9	-1	23		29
湖北	3	2	5	4	-1	4	6	6	-1	9		36
湖南		1	2		-1	2	2	4		3		13
广东	4	2	2				1	3	-2	12		22

续表 2-1

批次	一	二	三	四	撤销	五	六	七	撤销	八	撤销	累计
广西			1	1			2	6	-1	3		12
海南		1										1
重庆	1		1				1	5		3	-1	10
四川						4	1	2				7
贵州		2				2	4	4				12
云南						2	2			4		10
西藏												0
陕西		2					3	3		2		10
甘肃		1						2	-1	1		3
青海								1				1
宁夏				1				1	-1			1
新疆		6								2		8
总数	44	49	37	21	-9	38	72	148	-21	101	-2	478

《废钢铁加工准入条件》根据我国废钢铁行业发展现状，对准入企业提出了 8 个方面的规定标准，从土地资源、环境保护、节能减排、安全生产、装备配置和加工能力等方面对废钢铁企业的建设和发展做了规范。

经过近十几年的快步发展，国内废钢铁产业的面貌发生了历史性的变化，为钢铁工业实现"精料入炉"、低碳发展、绿色发展提供了可靠的保障。

二、废钢铁产业快速发展为精料入炉提供有力保障

多吃废钢可以节能减排、降低成本，这是实践的总结。但现实的钢铁生产中却因这样或那样的理由而落实困难。尤其是精料入炉方针一直是废钢行业的行动准则。

所谓精料入炉，就是通过对废钢铁原料的净化处理使其纯净度达到最大化，把废钢中的杂质拒于炉门之外。

精料入炉是"我国钢铁产业发展政策"所规定的炉料方针，也是我国废钢铁产业一贯追求的科学的发展目标。近几年，炼钢企业对这一科学理念的关注度和重视程度不断提高。炼钢过程在某种意义上讲就是钢水净化的过程，应用清洁、纯净的废钢炉料能简化冶炼操作、缩短冶炼时间、节约能源、节约合金、降低炼钢成本、提高炼钢产品的质量。精确掌握其物性参数和加入量是控制炼钢入口条件的前提，是实现自动化炼钢的基础条件之一。

我国专业化、集约化废钢加工配送基地的兴起，为废钢加工新技术、新工艺、新设备的推广应用提供了广阔的发展平台。先进的加工设备和加工技术才能生产出符合炼钢生产所需要的高品质的废钢。当今世界普遍采用的破碎料废钢生产线就是最典型的代表。破碎料废钢生产线所生产的废钢表面清洁，内在纯净（低碳、低硫、低磷），虽质地轻薄，但都是高质量的。提高废钢质量，实施精料入炉是炼钢发展清洁生产的必由之路。

因此，迫切需要对各类废钢的化学成分、堆密度、规格、合理利用尺寸、有害元素限量、熔化速度、吸热速率等内容进行持续跟踪、技术鉴别、有序分类和开展系统深入的研究，推进废钢产业跟上钢铁冶炼发展的脚步，提高废钢产业的科技含量，终极目标是实现废钢产业化发展能与钢铁工业相同步。

第三节　废钢铁市场化发展进程

废钢作为一种载能资源和环保资源，在中国钢铁业越来越注重发展循环经济、实现节能环保和清洁生产的趋势下，发挥着日益重要的作用。对废钢行业的管理，1949 年新中国成立以来，经历了几次重要的变革，我国走出了一条从无到有、从粗放到规范，进而逐渐走向现代化的道路。

一、废钢铁市场化的进程

（一）计划经济时期的废钢行业和"市场"管理

1976 年之前，废钢行业的管理工作主要归属于冶金部组织专家成立的"废钢工作小组"。

1976 年 1 月 29 日，冶金部主管生产的赵岚副部长签发、唐克部长签批的《关于成立冶金部废金属回收公司的请示报告》文件报到国家计委。在此背景下，冶金部金属回收公司正式宣告成立，也称为"物供局金属回收处"，属处级单位建制，隶属冶金部物资供应运输局。在计划经济时期，该处负责全国钢铁行业 26 家重点钢厂废钢的消耗、生产回收、非生产回收，调入、调出（金属边角料，普钢厂调给电炉钢的切头），废钢加工设备的统计及计划、分配、管理，钢渣管理等工作。

1976~1986 年，冶金重点企业废钢业务主要由冶金部金属回收公司进行统筹管理。1984 年开始，国家批准冶金部进口废钢补充国内资源不足，由金属回收公司与当时的外贸公司合作（由五矿公司和冶金进出口公司负责），统一进口、统一分配，国家提供专项外汇额度用于进口废钢。企业进口废钢，国家负担差价的 80%，企业负担差价的 20%，保证了钢铁生产的原料供应。

进口废钢初期时有质量问题，包括尺寸不合格、短重、垃圾、因装载不规范使港口难卸造成滞期被罚款等。对此工作人员不断总结，逐步改变购买方式，通过金属回收公司工作人员和企业同志多年的努力，进口废钢工作逐步走上了运行比较顺畅、质量有所保障、企业能够接受的局面，减少了企业的损失。

随着进口废钢贸易的增多，1986 年废钢铁作为冶金部首项计划物资退出统配，进入市场，而废钢铁也成为最早走向市场经济改革的钢铁原材料。

（二）结束价格双轨制，废钢产业逐步市场化

1986 年 11 月，国家计委、经委下达文件，对废钢市场实行放开管理，取消指令性计

划，国家计划的钢铁生产所需废钢由钢厂按冶金部核定的留用统配钢材自行串换解决。

至此，废钢成为钢铁行业第一个"走向市场"的品种，并逐步显现出市场经济环境下商品的特征。

在这一阶段的初期，市场上采取以钢材串换废钢的形式进行交易。随着市场的逐步放开，能串换钢材产品范围不断扩大。此后，体制改革进一步推进，我国开始实行钢材生产销售的双轨制，但包括废钢、煤炭等物资运输的车皮仍由国家统一调配。

1988年，中国钢铁炉料总公司成立，废钢供应工作也随之放开。为增加废钢供应，开始关注废船、废车拆解产业的发展，并在大连、烟台、上海、江苏等地相继开展相关拆船、废车拆解工作。

20世纪90年代初，我国的政治体制和经济体制开始发生重大变革。在国有企业改制、政府职能转变、计划经济向市场经济过渡、国家旧的经济管理体制逐步淘汰、改革继续深入发展的关键时刻，全国废钢铁战线迫切要求成立自己的行业组织，在中国钢铁炉料总公司的牵头下，"中国废钢铁应用协会"开始筹建。

（三）行业协会成立，废钢市场运行日益规范

1994年7月，中国废钢铁应用协会注册成立，属全国性工商领域行业协会，作为非营利性、自律性的具有社团法人资格的中国废钢铁行业管理组织。1995年，中国废钢铁应用协会加入世界回收组织国际回收局（BIR），成为该国际组织的金卡会员单位。

这一阶段，中国废钢铁应用协会承担了废钢行业协调的职能，做了很多行之有效的工作，使得废钢行业管理日益规范。2004年，中国废钢铁应用协会适时制定了《中国废钢铁应用协会废钢加工配送中心示范基地准入标准（试行）》。

2012年底，工业和信息化部发布《废钢铁加工行业准入条件》。在各级政府的扶助和大力支持下，企业克服各种困难，积极创造条件，按准入标准建设、改造自身企业，提升企业整体素质。

废钢已经走上产业化、产品化和区域化发展之路，实现了传统的小型、个体回收向工厂化转型的历史过渡。企业的规模、经营管理模式、产品的加工手段和加工现场的环境发生了根本性的变化，有效增强了企业抵御市场风险的能力。

二、交易方式的演变

（一）市场化交易

废钢铁的市场化交易并未在充分竞争的市场中实现。从废钢铁来源来看，废钢市场化交易标的主要指社会废钢中的加工废钢、折旧废钢以及进口废钢；从废钢铁的回收主体或者回收渠道来看，废钢市场化交易主体主要为钢铁企业与废钢供应商，而废钢供应商包括下游制造业企业、废钢中间回收商等能提供或者集聚废钢资源的企业。

当前废钢市场化交易的定价机制仍由钢厂决定，即钢厂规定某日或者某一时期废钢的采购价格，当作与废钢供应商的送货结算价，而这一结算价又直接决定了废钢供应商的售

价或者供应商之间的贸易价格。

由于钢厂能够直接决定废钢的采购价格，因此当钢厂在利润较好时，不论高炉还是电炉企业均希望能够增加钢材产出，增加企业利润，进而对废钢采购积极，废钢需求增多后其价格大概率上涨，反之则大概率下跌。MySSpic 废钢绝对价格指数如图 2-7 所示。

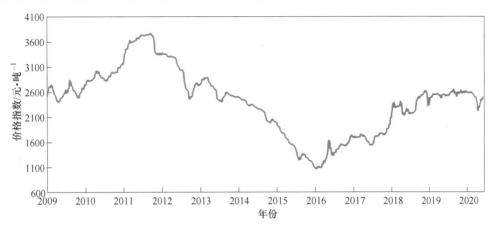

图 2-7 MySSpic 废钢绝对价格指数：综合（日）

数据来源：钢联数据

2012 年之后，由于国内钢铁行业产能一度出现过剩，钢材价格持续走低至 2015 年末，钢厂利润也被压缩至盈亏平衡线附近，废钢价格也出现了较为明显的调整，从 2011 年的 3700 元/吨左右跌至 2015 年末的 1000 元/吨左右。但随着 2016 年供给侧结构性改革的深入推进，国内钢材市场开始向好，钢厂利润有所改善，废钢用量增多，价格也持续上涨。可见，废钢的定价机制与钢铁行业的供需息息相关，大多数时候依附于钢厂利润或者钢材价格的变动，形成被动跟随的定价机制。

（二）电子交易与期货市场

虽然我国是全球最大的废钢生产国与消费国，且废钢在钢铁生产中的用量持续增长，但废钢还没融入相关的电子交易市场和金融衍生品的领域。

从目前废钢电子交易市场的探索以及相关衍生品市场的发展来看，部分重大问题尚未完全解决，导致其距离螺纹钢、铁矿石等大宗商品的衍生品市场发展仍有较大差距。

一是废钢标准仍有待进一步规范。目前国内现行的废钢标准有两个，其一是国标《废钢铁》（GB/T 4223—2017），主要是从废钢的来源进行划分，包括钢厂自产废钢、加工废钢（制造业边角料等）、折旧废钢（即社会回收废钢，来自建筑、设备、车船、生活等产生的废钢）等；其二是行业标准《炼钢铁素炉料（废钢铁）加工利用技术条件》（YB/T 4737—2019），主要是从废钢用途来划分，分为熔炼用废钢和非熔炼用废钢，按元素成分分为非合金废钢、低合金废钢、合金废钢，按外形（厚度/尺寸）来分，可分为重废、中废、小废、轻薄料、打包块、破碎料；涂镀废钢品单列，加工废钢中增加钢屑。目前市场上的废钢类型基本全部纳入到这两个标准里，但废钢的具体检验鉴定方法在标准中没有进行详细说明。

二是市场上仍然缺少权威的废钢检验方法和检验机构。在现货交易方面，由于钢厂为买方，废钢在送货到厂后，检验方式大多以目测或者经验检验为主。但由于各钢铁企业的最终检验标准基本由企业自身决定，导致市场上废钢的检验方法并不统一，影响废钢的现货流通。此外，进口废钢受政策及市场影响，资源不稳定、质检业务量少。考虑到废钢期货上市后将是一个标准化的合约，最终买卖双方对质量结果要有一致的观点，若检验方法缺乏统一，交易双方难免存在争议，且在交割环节叠加买卖双方不确定性，势必会增加异议的风险。因此，废钢期货的发展必须要制定完善的品质检验规范和流程，即需要有说服力的检验方法和鉴定机构。

三是废钢交割仓库和交割方式仍然需要进一步研究。由于废钢的杂乱等特点很有可能导致抽样时误差较大，且市场上缺乏储存废钢的标准仓库。因此对于交割来说，完成废钢交割的难度较大，若强行再另设一些仓库，将会增加较大的物流和仓储成本。因此，将废钢加工企业作为车板交货场所，将加工企业或钢厂作为厂库进行交割，可能是最优的选项。但考虑到库容问题，需要交割双方必须及时出库或引入滚动交割，这对废钢合约的设置会提出更高要求。

此外，废钢期货的合理指定交割区域，合约标的等方面仍需要进一步研究，参考实际交易中的诉求。

值得一提的是，2019 年 3 月 26 日，大连商品交易所与中国废钢铁应用协会签署战略合作协议，双方将在废钢期货上市、行业标准宣传、市场培育等方面开展深入合作，这意味着废钢期货上市脚步进一步加快。

（三）废钢交易平台建设

由于我国废钢行业起步晚，企业较为分散，且规模参差不齐，参与者也不尽相同，我国废钢交易平台的发展仍处于起步阶段，其中税票问题是废钢交易平台发展的最大制约因素。从废钢回收过程中来看，自然人、小规模纳税人到税务局代开的增值税发票年销售额总量有限，较大程度上制约了废钢收购数量，同时废钢来源于各散杂加工点和个人，废钢企业经常面临开票难、开票限额等问题，严重影响了企业的正常经营和行业发展。

在财税 78 号文精神的指导下，国内各地区对废钢加工准入企业开具的发票税收返还比例为 30%，但部分地区为促进当地废钢行业的发展，在地方财政充裕的情况下，加大了税收返回比例，出现了个别"税收洼地"。这种现象随着国家税收政策的不断完善，而进入正常的合理发展阶段，帮助废钢加工业不断规范，实现健康发展。

第四节 "十一五"至"十三五"废钢铁发展规划及实施情况

进入 21 世纪以来，全球推进低碳经济成为主流，我国已逐步进入"循环经济""科学发展""可持续发展"的新经济时期。废钢是一种优质的再生资源，可以无限循环利用，可以节约原生矿的开采；废钢铁还是一种"载能资源"，含有多道工序沉淀的大量的能源；

同时，废钢铁也是一种低碳环保资源，吸纳了钢铁全生命周期的环保沉淀，可以大幅度减少"三废"排放。

"少吃矿石，多吃废钢"已经成为全球钢铁生产的大趋势，我国废钢铁产业是国家再生资源回收利用领域的支柱产业，受到国家及各级政府的高度关注、大力扶持和投资者的青睐。

中国废钢铁产业发展速度之快、规模之大异乎寻常。在认真研究分析我国废钢铁产业的发展所面临的国内外经济形势、自身发展现状的基础上，经过科学的评估和认证，废钢协会制定了我国废钢铁"十一五""十二五""十三五"发展规划。

一、废钢铁产业"十一五"发展规划及实施情况

我国废钢铁产业"十一五"期间的工作重点为：改革我国废钢回收利用体制，建立回收利用的激励规范，提高整体加工技术水平，规范市场管理，丰富废钢资源，保障供给；树立循环经济的概念，提高环境保护和资源综合利用的水平，提升冶金工业固体废物（冶金渣）处理的科技水平，力争实现"零排放"，促进我国钢铁工业的健康发展。

（一）废钢铁产业"十一五"发展规划

"十一五"废钢铁回收利用行业发展规划

《中共中央关于制定国民经济和社会发展第十一个五年规划的建议》中指出，"要把节约资源作为基本国策，发展循环经济、保护生态环境，加快建设资源节约型，环境友好型社会，促进经济发展与人口、资源、环境相协调。"发展循环经济，是建设资源节约型、环境友好型社会和可持续发展的重要途径。

我国废钢铁应用行业主要由废钢回收利用、冶金渣处理利用、废钢和冶金渣加工设备的研制、相关科学技术研究三大产业四大领域组成。每年要回收利用6000万吨废钢，处理利用1亿吨冶金渣，是我国废旧物资再生利用和固体废物处理应用的主体。所以，坚持科学发展观，推动科技进步，深化体制改革，加强科学管理，着力提高资源利用率，降低物资消耗，保护生态环境，坚持节约发展，清洁发展，安全发展，实现可持续性发展，是我国废钢铁行业"十一五"发展规划的指导方针和主体思想。

一、我国废钢铁回收利用基本情况

（一）"十五"废钢铁回收利用总量

我国是世界第一钢铁大国，也是废钢应用大国，同时也是一个废钢进口大国。

（1）2004年我国粗钢产量为2.7亿吨，炼钢利用废钢为5400万吨，国内自产废钢5000万吨，进口废钢1023万吨，余量为铸造行业、小五金制造行业等其他用废钢。

（2）2005年预计钢产量为3.3亿~3.4亿吨，炼钢利用废钢6300万吨，国内自产废钢5700万吨，需要进口废钢1100万吨左右，以弥补我国废钢铁资源的不足。

（3）"十五"期间我国废钢回收利用基本状况见表2-2。

表2-2 "十五"期间我国废钢回收利用统计表 （万吨）

年份	粗钢产量	利用废钢	自产废钢	国内采购	进口废钢	废钢消耗/千克· (吨钢)$^{-1}$
2001	15103	3440	1334	1900	979	227
2002	18225	3920	1344	2284	785	215
2003	22234	4820	1530	3216	929	216
2004	27279	5400	1700	3300	1023	199
2005 预计	33000	6300	1800	3800	1100	191
合计	115841	23880	7708	14500	4816	210（平均）

（二）我国废钢铁回收体系

（1）冶金工业系统废钢回收体系。各个钢铁企业都建立了自己的废钢铁回收、加工供应机构。生产和检修中所产生的废钢铁得到了很好的回收和利用。"十五"期间，我国冶金企业自产废钢铁平均每年为1540万吨左右，占整个消耗量的32%。由于平炉炼钢、模铸工艺的逐步淘汰和全连铸工艺的推广，轧制技术的进步，产废百分比从2001年到2004年，下降了2.6个百分点，生产废钢回收量2001年为1334万吨，到2004年增长为1700万吨，总量增幅不大。

（2）社会废钢回收系统。主要指居民生活和其他加工、制造、运输、建筑等行业所产生的废钢资源的回收。它主要由分布在全国城乡的废钢铁回收网点和拾零人员来完成，据统计全国废钢物资回收企业有5000多家，16万个网点。从业人员140万人，年回收再生物资5000万吨以上，其中废钢铁为主要成分。"十五"期间，我国从社会上采购废钢铁平均每年为2840万吨，占废钢铁供应量的59%，是我国废钢铁资源的重要来源。

（3）拆船业。我国的拆船业已具相当规模，年拆解能力已达到250万轻吨，居世界前列。由于国内报废船只较少，多为内陆船只，且吨位较小，主要依赖进口。近几年中国购进废船150万轻吨左右，每年向冶金工业提供废钢30万~50万吨。

（4）报废汽车拆解业。是我国的新兴产业，规模小、布点分散、资源少、拆解技术比较落后。全国控制总数为367家，从业人员38万人。预计我国2005年汽车保有量将达到2500万辆以上，年报废汽车100万辆以上，产生废钢铁100万吨左右。

（三）我国直接还原铁生产利用情况

为了给炼钢提供优质炉料，世界上一些钢铁工业发达国家，利用铁矿石和氧化铁皮，采用煤基或气基直接还原，生产直接还原铁块和还原铁粉，替代优质废钢，并广泛用于粉末冶金、汽车、家电、化工、通信等产业。

2004年我国应用还原铁（块）230万吨左右，还原铁粉20万吨左右。其中，自产还原铁块80万吨左右，进口154万吨。我国直接还原铁的生产能力较低，应用市场较小，产业发展比较缓慢，在生产技术和应用技术上还比较落后，在转炉炼钢和电炉炼钢的应用技术有待研究，应用市场有待发展。

二、我国冶金工业固体废物处理利用的基本情况

（一）我国冶金渣处理开发的现状

在钢铁冶炼的过程中，产生大量的高炉渣、钢渣、粉尘、污泥和其他废渣等固体废物，我国钢铁企业每年产生量为1亿吨左右，其中含有少量的废钢铁以还原铁、氧化铁、铁矿石的形式混合在内，其含铁量高炉流为3%左右，钢渣为10%左右，尘泥为30%左右，尤其是尾法的综合利用，具有很高的开发价值。我国经过多年的科学研究，开发了一批具有国际先进水平，拥有知识产权的技术和产品。我国对冶金渣的开发利用经历了三个阶段：

第一阶段：20世纪50~70年代属丢弃阶段，钢铁企业将熔渣直排大自然，填沟占地，一个钢厂，一座渣山。

第二阶段：20世纪80~90年代中期，属粗放型开发阶段。用人工或机械将钢渣简单分离。废钢回炉，尾渣用于回填、铺路。

第三阶段：20世纪90年代末至21世纪属综合开发利用阶段。在钢渣分离的基础上，研制开发尾渣的深加工产品。一是将磁选后尾渣进一步粉碎，将废钢铁微粒选出烧结回炉；二是将剩余的废弃物深加工，制成冶炼溶剂、矿棉、墙体材料、水泥添加剂等；三是将除尘灰、工业污泥、氧化铁皮处理加工成球团矿回炉炼钢；四是用高科技手段，进行高价值深层次的开发研究，如钢渣水泥、磁性材料的研制，稀土、钛、钒、铬、铌等稀有金属的提取研究等。

现在我国所有的老钢渣山已被基本开发处理完毕，新法即排即加工。我国钢渣处理能力和处理技术在世界上居领先地位，但尾渣的利用率下降，这是科研领域应该下功夫解决的问题。

（二）"十五"期间我国冶金渣产生利用情况

"十五"期间我国冶金渣产生利用情况见表2-3。

表 2-3 "十五"期间我国冶金渣产生利用统计表　　　　（万吨）

年份	粗钢产量	钢渣产量	钢渣利用率/%	生铁产量	高炉渣产生量	铁渣利用率/%	钢铁渣总量	综合利用率/%
2001	15220	2283	26	14654	4980	76	7260	50
2002	18155	2723	27	17079	5806	76	8526	50
2003	22234	3335	10	20231	6878	65	10123	40
2004	27245	4085	10	25185	8560	65	12646	40
2005预计	33000	4800	20	31000	10700	70	15500	45
合计	115841	17226	24	108149	36924	70	54055	45

说明：

（1）钢、铁渣利用率是指磁选废钢铁后的尾渣的综合利用。

（2）造成尾渣利用率下降的主要原因是原有利用途径逐步淘汰，新产品的研制和推广使用还有待努力。

三、我国废钢加工和冶金渣加工设备制造业的基本情况

我国废钢铁加工设备的研制已有多年的历史，但真正作为一个单独的产业去发展应从 20 世纪 90 年代开始。在此之前我国废钢的加工工艺主要以落锤、爆破、氧割为主。加工工艺粗放，工人劳动条件很差。钢铁企业所拥有的打包机、剪切机大多为进口设备，数量不多，价格昂贵。

十年来，我国设备制造企业通过科学研究、技术引进、技术合作和技术开发，使废钢加工设备得到快速的发展，填补了我国多项空白。产品从小到大，品种比较齐全，特别是中小型设备，性能质量达到或超过了国际先进水平，几乎占据了国内废钢回收加工企业所有的市场。并逐步进入国际市场，销往东南亚、东欧国家和港澳台地区。现已基本形成剪切、打包、压块、破碎、剥离等五大系列上百个品种的定型产品。特别是在大型设备的研制上取得了长足的进步。在宝钢、太钢、酒钢、一汽、香港等企业得到很好的应用。

我国引进研制的抓钢机、电磁设备也广泛用于全国废钢料场和码头、货站。我国生产的冶金渣加工球磨机、磁选机在一些中小型加工厂里得到普遍应用。但大型的、高水平的研磨设备还有赖于进口。

四、国家政策支撑体系基本情况

（1）2002 年以前，废钢回收贸易企业被定为特殊行业管理范畴，从业者必须持有公安部门发放的许可证。2002 年底，国家在减少审批项目中，被划为一般经营类，但必须在公安部门备案。

（2）为了鼓励废钢铁的回收利用，国家给予废钢回收经营企业免增值税政策，利用废钢企业抵扣 10% 的进项税的政策，进口废钢国家给予了免关税的优惠政策。

（3）2004 年国家颁布了新的《废钢铁国家标准》（GB 4223—2004），为废钢的回收、利用、贸易、环境保护提供了新的检验标准和法律基础。

五、我国废钢铁行业发展存在的制约因素

我国新颁布的《钢铁产业发展政策》明确规定，"逐步减少铁矿石的比例和增加废钢的比重"，但如何实现这一重大战略决策，有诸多制约因素要引起国家相关部门的关注和重视。

（1）我国废钢铁社会积蓄量不高。我国的钢铁工业自 1949 年以后才开始兴起，改革开放以后，才得到快速发展，到 2004 年底我国粗钢积累量为 27.66 亿吨，社会废钢积蓄量约为 13 亿吨，年产生废钢仅 3500 万吨左右。

（2）我国同时也是一个铁矿石资源较贫乏的国家，且矿石品位较低，开采成本高，每年我国要从国外进口 2 亿多吨铁矿石来满足钢铁生产的需要，占我回铁矿石消耗的50% 以上。2005 年进口铁矿石价格暴涨 71.5%，价格昂贵。

（3）我国废钢铁回收经营体制过散过乱，产业集中度不够。废汽车拆解业秩序混乱，非法倒卖旧零部件，非法拼装整车现象有所回升，致使废钢不能全部回炉。

（4）废钢加工工艺比较粗放，加工技术比较落后，废钢产品结构单一，二次污染控制能力较差，夹杂物的综合利用率不高，管理不规范。整体综合技术水平较低。

（5）进口废钢市场管理不能满足市场的需要，进口废钢不受准入的限制，多头对外，恶意竞争，使我现在国际废钢市场定价话语权地位较低，采购成本较高，国家利益屡遭损失。

（6）我国废钢及冶金渣加工利用的技术支撑体系还比较薄弱。冶金渣开发研制的新技术、新产品，得不到及时的鉴定，新的标准和应用规范不能及时出台，产品得不到及时推广应用，不能顺利转产，影响该产业的快速发展。

（7）国家对废钢回收利用的税收政策是好的，但由于监管不力，也出了些问题。全国没有及时统一纠正，各地方税务制定了许多土政策，如增加 3%～6% 的税收，发行百元收购小票，百元版发票，一本小票，限制回收经营量，限制跨省市贸易等，给废钢回收经营企业造成很大的困难，给行业的发展造成很大的混乱和困境。

六、我国废钢铁产业"十一五"发展规划的建议

我国新的《钢铁产业发展政策》指出，我国是一个发展中国家，在经济发展的相当长时期内钢铁需求较大，产量已多年居世界第一，但钢铁产业的技术水平和物耗与国际先进水平相比还有差距，今后的发展的重点是技术升级和结构调整，发展循环经济降低物耗能耗，重视环境保护，最大限度地提高废气、废水、废物的综合利用水平，实现产业升级，使我国成为世界钢铁生产的大国和具有竞争力的强国。这是我国钢铁产业发展的大纲，也是我国废钢铁产业"十一五"发展规划的基本方针。如何改革我国废钢回收利用体制，建立回收利用的激励机制，提高整体加工技术水平，规范市场管理，丰富废钢资源，保障供给；树立循环经济的理念，提高环境保护和资源综合利用的水平，

提升冶金工业固体废物处理的科技水平，力争实现"零排放"。促进我国钢铁工业的健康发展，是我国废钢铁行业"十一五"期间工作重点。

（一）"十一五"废钢需求量预测

我国要加快工业化进程，钢铁工业将持续快速发展。预计"十一五"期间我国的粗钢年产量将保持在3.5亿吨左右，可能还有新的突破。年需要矿石量将超过7亿吨，年需求废钢量将近7000万吨，其中钢铁企业产生废钢2000万吨，社会产生废钢4000万吨，进口废钢1200万~1400万吨。如何搞好资源配置，寻求新的废钢来源，将是我国废钢铁行业"十一五"期间的重大课题。

（二）加快体制改革，建立新型的废钢加工配送体制

我国现行的废钢供需体系，一是钢铁企业还沿袭着计划经济下"自己回收，自己采购，自己加工，自己应用"的"小而全"的旧模式；二是社会专业回收经营企业规模小，分布滥，加工技术落后，供应能力差。这种旧的供需体制已经无法适应快速发展的钢铁工业生产的需要。为此，必须加快改革，提高产业集中度，走集约化道路。在国家政策法规的支持下，按照统筹规划，统一布点，分步实施，先试点后推广的原则，逐步建立起我国新型的专业化的废钢配送体系。实行"大批量采购，集中加工，统一配送"的新的供需体制。有利于减少内耗，降低采购成本；有利于增加废钢仓储量，提高抵御国际市场冲击的能力，减少采购风险；有利于提高废钢资源和夹杂物的综合处理利用能力，提高资源利用率；有利于强化污染控制和环境保护；有利于促进先进加工工艺的应用和废钢品种质量的提高。协会计划用5~10年的时间使我国的废钢配送体系初具规模，与国际接轨。

（三）加快技术进步，提高废钢加工处理工艺和应用技术

《钢铁产业发展政策》指出，"要积极采用精料入炉"，要淘汰落后的粗放型废钢加工工艺，"粗粮细作"，将回收的废钢经过先进的工艺和设备进行净化处理加工，提高废钢产品质量和品位。实施精料入炉有利于缩短冶炼时间降低炉料消耗，降低能耗，降低成本，有利于清洁生产，减少排废，有利于提高钢材质量和精品钢的生产。废钢供应企业要树立"品牌效应"的理念，生产优质品牌废钢，以过硬的品牌求利润求发展，加大资金投入和科技投入，提高自主创新能力和行业的科技底蕴。

（四）加快炼钢工艺的改进，完善多吃废钢的激励机制

废钢是一种可以再生的循环利用的资源，钢铁制品经过使用、报废，变成废钢，废钢回收加工，回炉炼钢。每20年左右一个轮回，且自然损耗很低。

废钢铁也是一种载能资源和环保资源。权威资料表明，用废钢直接炼钢和用矿石炼铁后再炼钢相比可节约能源60%，节水40%，并大幅度降低废气、废水、废渣的污染，可分别减少86%、76%和97%。

因此，要加快炼钢工艺的改进，完善废钢利用的技术支撑体系，构建多吃废钢的激励机制。多吃废钢，少吃矿石，遏制我国废钢单耗逐年下滑的不良趋势。2004年我国平均废钢单耗为199千克/吨钢，和世界450千克/吨钢相比有较大的差距。尽管有诸多制约因素，但在"十一五"期间一定要扭转下滑趋势，使其回升，提高资源利用率，节约原生资源。

（五）加快科学研究，提高冶金渣的综合处理利用水平

在冶金渣处理工艺和高价值资源化利用方面要加快科学研究和技术进步。"十一五"期间要开发推广一批具有国际先进水平的、拥有知识产权的技术和产品，提高综合利用水平。

（1）炉渣处理应淘汰池式法泡渣工艺，推广轮法急冷工艺。

（2）热态钢渣处理应淘汰热泼洒水冷却工艺，推广热闷工艺。

（3）渣钢回收应淘汰湿磨磁选工艺，推广干磨磁选工艺。

（4）新产品开发应在钢渣水泥，高品位墙体材料的研制和应用，冶金尘泥的应用，氧化铁皮的开发和应用，磁性材料的研制及对钛、钒、铬、铌等稀有金属的提取等技术上要有新的突破，提高尾渣的综合利用率，努力实现冶金工业固体废物"零排放"的目标。

（六）加快技术引进，促进我国直接还原铁产业的发展

我国有较丰富的氧化铁皮资源，每年产生的炼钢、轧钢氧化铁皮500万~600万吨，铁分很高，是很好的还原铁原料。除了30万~40万吨用于还原铁粉的生产之外，大都用于烧结矿炼铁，应用价值较低。"十一五"期间应加快产业整合和高价值的开发利用。在提高生产技术的同时，加快应用技术的研究和推广，以缓解我国优质废钢的紧张局面，逐步满足我国粉尘冶金、汽车、家电、化工产业的市场需求。

（七）加快废钢加工设备和冶金渣加工设备的研制

加快废钢加工设备，冶金渣加工设备的研制，加强与世界同行的合作和交流，积极引进、推广新技术、新工艺、新设备。"十一五"期间要研制一批符合中国国情，达到世界先进水平的废钢剪切机、打包机、粉碎机、抓钢机、冶金渣研磨机、磁选机等，以满足我国废钢行业的需要，进而扩大出口。特别在粉碎机、研磨机的研制上要有新的突破。

（八）加快我国废旧物质回收利用税收政策的调整与改革

税收的改革要有利于我国循环经济的发展，有利于废旧物质的回收利用，有利于资源利用率的提高和环境保护。废旧物资回收利用行业是一个微利产业，一个弱势群体，该产业的发展有赖于政策的倾斜和支持。因此，建议在"十一五"期间实行"两免一抵扣"的税赋政策。即对回收经营企业实行免增值税，免所得税，利用企业抵扣10%进项税。激励回收利用产业的健康发展。地方税务制定的各种增加税赋的土政策和对废钢回收经营的种种限制应彻底清理废除。

（九）加快国家行政管理部门的体制改革

加快国家行政管理部门的体制改革，要进一步明确调整废旧物资再生利用产业的主管部门，改变现行有发改委源环司和商务部改革发展司共同管理的局面。节约资源，发展循环经济是我国基本国策，主管部门要尽快重组、理顺。

（十）进一步放开废钢进口，加强规范管理

进一步放开废钢进口，在不违背国家进出口政策和环保政策的前提下，尽量简化审批程序。同时加强进口废钢市场的行业规范管理，实行准入制度，取消逐级审批程序，保证顺利废钢进口。逐步增加产业集中度，减少多头对外。建立采购联盟，统一步调，提高我国作为世界废钢消耗大国在国际废钢市场中应有的主动权。

废汽车的压件的进口应尽快恢复。在废钢进口方面，对废钢加工配送基地要多给予政策上的扶持和帮助。促进我国废钢加工配送体系的迅速形成。

（十一）加强国际合作，扩大废钢资源

鼓励企业在境外建立废钢供应基地。逐步与废钢出口国建立良好的供需合作伙伴关系，充分利用国内外两个市场、两个资源。繁荣市场，丰富市场，发展市场。稳定废钢资源的供应。

（十二）积极引进外资，增加投入

加快废铜回收加工企业的技术改造和体制改革。国家也应给予国债投资的倾斜和支持，促进产业科技发展和产业升级。有条件的企业和地区也应积极引进外资，争取国外技术和资金的支持与合作，寻求行业的共同发展。

结束语

《中共中央关于制定国民经济和社会发展第十一个五年规划的建议》对我国"十一五"期间的改革与发展进行了总体部署，着重强调了科学发展观，节约资源，再生利用，环境保护，循环经济，可持续发展。这是历史赋予我们废旧物资回收利用产业的历史使命和发展机遇，任重而道远，目标的实现需全行业的艰苦奋斗，全社会的努力和国家各级政府的关注和政策的支持。

2005 年 12 月 13 日

（二）"十一五"规划目标和具体措施

1. 废钢需求量预测

"十一五"期间我国的粗钢年产量将保持在 3.5 亿吨左右，可能还有新的突破。年需

要铁矿石量将超过 7 亿吨，年需求废钢量接近 7000 万吨，其中钢铁企业产生废钢 2000 万吨，社会产生废钢 4000 万吨，进口废钢 1200 万~1400 万吨。

2. "十一五"规划目标

（1）加快体制改革，建立新型的废钢加工配送体制。

旧的供需体制已无法适应快速发展的钢铁工业的需要，为此，必须加快改革，提高产业集中度，走集约化道路。在国家政策法规的支持下，按照统筹规则，统一布点，分步实施，先试点后推广的原则，逐步建立起我国新型的专业化的废钢配送体系。实行"批量采购，集中加工，统一配送"的新的供需体制。用 5~10 年的时间，使我国的废钢配送体系初具规模，基本适应我国钢铁生产的优质炉料需要，与国际接轨。

（2）加快技术进步，提高废钢加工处理工艺和应用技术。

"要积极采用精料入炉"，要淘汰落后的粗放型废钢加工工艺，"粗粮细作"，将回收的废钢经过先进的工艺和设备进行净化处理加工。

（3）加快炼钢工艺的改进，完善多吃废钢的激励机制。

要加快炼钢工艺的改进，完善废钢利用的技术支撑体系，构建多吃废钢的激励机制。多吃废钢，少吃矿石，遏制我国废钢单耗逐年下降的不良趋势。"十一五"期间要扭转下滑趋势，使其回升，提高资源利用率，节约原生资源。

（4）加快科学研究，提高冶金渣的综合处理利用水平。

1）炉渣处理应淘汰池式法泡渣工艺，推广轮式急冷工艺；

2）热态钢渣处理应淘汰热泼洒水冷却工艺，推广热闷工艺；

3）渣钢回收应淘汰湿磨磁选工艺，推广干磨磁选工艺；

4）新产品开发应在钢渣水泥，高品位墙体材料的研制和应用，冶金尘泥的应用，氧化铁皮的开发和应用，磁性材料的研制及对钛、钒、铬、铌等稀有金属的提取等技术上有新的突破，提高尾渣的综合利用率，努力实现冶金工业固体废钢"零排放"的目标。

（5）加快技术引进，促进我国直接还原铁产业的发展。

我国有较丰富的氧化铁皮资源，"十一五"期间应加快产业整合和高价值的开发利用。在提高生产技术的同时，加快应用技术的研究和推广，以缓解我国优质废钢的紧张局面，逐步满足我国粉末冶金、汽车、家电、化工产业的市场需求。

（6）加快废钢加工设备和冶金渣加工设备的研制。

加快废钢加工设备、冶金渣加工设备的研制，加强与世界同行的合作和交流，积极引进、推广新技术、新工艺、新设备。"十一五"期间要研制一批符合中国国情，达到世界先进水平的废钢剪切机、打包机、破碎机、抓钢机、冶金渣研磨机、磁选机等，不仅要满足我国废钢行业的需求，还要扩大出口，占领国际市场。特别在破碎机、研磨机的研制上要有新的突破。

（7）加快我国废旧物资回收利用税收政策的调整和改革。

废旧物资回收利用行业是一个微利行业，一个弱势群体，该产业的发展有赖于国家政策的倾斜和支持。因此，在"十一五"期间实行"两免一抵扣"的税赋政策，即对回收经营企业实行免增值税，免所得税，利用企业抵扣10%的进项税。地方税务制定的各种增加税赋的土政策和对废钢回收经营的种种限制应彻底清理废除。

（8）进一步放开废钢进口，加强规范管理。

进一步放开废钢进口，在不违背国家进出口政策和环保政策的前提下，尽量简化审批程序。同时加强进口废钢市场的行业管理规范，实行准入制度，取消逐级审批程序，保证废钢顺利进口。逐步增加产业集中度，减少多头对外。对废钢加工配送基地要多给予政策上的扶植和帮助，促进我国废钢加工配送体系的迅速成长。

（9）加强国际合作，扩大废钢资源。

鼓励企业在境外建立废钢供应基地，逐步与废钢出口国建立良好的供需合作关系，充分利用好国内外两个市场，两种资源。

（10）积极引进外资，增加投入。

加快废钢回收加工企业的技术改造和体制改革，国家也应给予投资方面的倾斜和支持，促进科技发展和产业升级。有条件的企业和地区也应积极引进外资，争取国外技术和资金的支持和合作，寻求行业的共同发展。

（三）"十一五"规划完成情况

总体来说，"十五"以来废钢铁消耗"总量增加，单耗下降"的趋势一直在延续。"十一五"期间，我国的废钢铁消耗总量达到3.8亿吨，比"十五"期间的2.39亿吨增加了60%左右，占世界同期总量（约25亿吨）的15%，比"十五"期间平均每年增长2600万吨，废钢单耗从2005年的160千克/吨钢降低到2010年的138千克/吨钢，降低22千克/吨钢。这一指标远远低于世界平均水平（376千克/吨钢）。废钢单耗逐年降低的根本原因是，废钢资源逐年增加的速度远远滞后于粗钢产量增长的速度，从而造成过度依赖于进口铁矿石增加产能。"十一五"的废钢比平均为14.4%；钢铁企业年平均自产废钢占废钢铁消耗总量的比例为40%；社会废钢铁采购量为22180万吨，环比增加54.2%；进口废钢3191万吨，较"十五"期间减少1540万吨，负增长率为32.55%，其中2009年金融危机期间，我国进口废钢1369万吨，达到历史巅峰。

"十一五"是我国钢铁工业发展史上极不平凡的五年，既是快速发展，为我国经济稳步增长做出巨大贡献的五年，又是加快结构调整，转变发展方式，提高综合竞争力，向钢铁强国转变奠定坚实基础的五年，这五年更是废钢铁产业伴随钢铁行业取得辉煌成就和长足发展的五年。

1. 废钢铁加工配送产业有了长足的发展

我国废钢铁产业的发展，按照国家宏观经济体制改革的大背景，可分为三个阶段，即计划经济阶段、改革开放阶段、科学发展阶段。无论是生产经营体系、市场配送体系、技术装备体系都在随着国家工业化进程与时俱进，健康发展。

20世纪80年代中期，废钢铁行业在钢铁生产众多的原燃料供应体系中，率先进入市场经济改革。经过20世纪最后十年的变迁，我国废钢铁产业供需体制改革初见成效。淘汰钢铁企业"自己采购，自己加工，自己应用""小而全"的旧机制，建立起"批量采购、集中加工、统一配送"的新机制，并在全国蓬勃兴起。一个和我国钢铁工业相配套的现代化、规模化、规范化的废钢加工配送体系开始形成。从 2004 年开始筹建废钢铁加工配送中心和示范基地，短短几年时间，全国年加工配送能力达到 10 万~100 万吨的专业化废钢铁加工配送企业就达 30 余家，年加工配送能力达到 2000 多万吨，占社会回收废钢总量的 35% 以上。以江苏丰立集团和湖北兴业钢铁炉料有限公司为代表的 12 家废钢铁加工配送中心和示范基地脱颖而出。一批信誉好、管理规范、设备先进、产品质量稳定的废钢加工配送企业与钢厂建立稳定的合作关系和供应渠道，受到钢企用户的认可和好评。

2. 冶金渣深度处理、综合利用取得可喜的进步

冶金渣是一种可利用的再生资源，含有一定量的铁素资源。以还原铁、氧化铁、铁矿石的形式混合在其中。含铁量方面，高炉渣为 3% 左右，转炉钢渣为 10% 左右，尘泥为 30% 左右。冶金渣尤其是尾渣的综合利用，具有很高的开发价值。

"十一五"期间，我国冶金渣的开发利用已进入综合利用时代，全国建成上百条高炉渣粉生产线。各钢铁企业和科研部门自主研发成功钢渣"零排放"关键技术，并在全国 30 多家企业得到推广应用。钢铁渣系列标准体系的建立和一系列示范工程建成投产，推动了钢渣"零排放"的进程。到 2010 年末，我国钢铁渣综合利用率由 2005 年以前的 60% 提高到 80% 以上。

中冶建筑研究总院有限公司的钢渣余热自解热闷处理技术，成功解决了钢渣中金属与渣子的分离和钢渣中游离氧化钙、氧化镁的消解，为使钢渣中金属含量降到 1% 以下和实现钢渣的深度细磨、综合利用，并为生产出高附加值产品创造了有利条件。

鞍钢在"十一五"期间投资 5 亿元，引进先进技术和工艺设备，在鞍山与鲅鱼圈共建成 7 条钢渣热闷、磁选深加工生产线，每年从钢铁渣中提取 150 万吨金属原料入炉循环使用。钢渣深度处理技术达到国际先进水平。

宝钢的滚筒造渣技术、武钢的热泼技术、马钢的风淬水淬技术、首钢京唐公司的热闷技术等，从投资、环保、资源循环利用、故障率和成分转化等多层面分析，各有长短利弊，都在各个阶段发挥了很好的作用。

还有不少企业推广应用了钢渣提纯工艺技术；钢铁渣生产用于水泥和混凝土的复合粉技术；钢渣用于制造透水路面和公路材料技术；在转炉沉泥中提纯冶金喷粉技术等。许多企业还引进和制造出一些新的工艺设备投入生产，为"十二五"冶金渣深度加工和综合利用实现"零排放"奠定了坚实的基础。

当然，冶金渣综合利用还存在不少问题，有待"十二五"期间解决。

比如，我国钢铁渣的总体利用率不高，与国外先进国家差距很大，有些关键技术有待突破。

冶金渣综合利用区域发展不平衡，还有死角。

冶金渣的综合利用和深度加工水平低，基础工作薄弱，迫切需要科技支撑和国家政策的扶持等。

3. 废钢铁加工处理技术和设备装备水平有了显著改善

（1）行业装备水平迅速提升。在大型废钢加工配送中心普遍安装有国内或世界最先进的破碎机、剪切机、打包机、抓钢机等废钢加工设备、装卸设备、防辐射设备、环保设备等。仅从湖北力帝和四川邦立两大公司在"十五"和"十一五"期间生产和外销的大型废钢加工设备成倍增长的数字上看，就可以凸显出废钢加工产业的巨大变化。

湖北力帝"十一五"生产销售 1000~2000 马力的破碎机 21 台，比"十五"期间增加了 18 台，800 吨以上门式剪切机 9 台，比"十五"增加 5 台。

四川邦立"十一五"期间生产销售抓钢机 607 台，比"十五"增加 251 台。

（2）废钢加工处理技术不断提升，废钢质量大幅提高。现代化的废钢剪切、打包、粉碎等处理技术，取代了或正在取代传统落后的氧气切割、落锤、爆破等加工工艺，改善了劳动条件，提高了工作效率，促进了安全文明生产。废钢净化处理程度和优质废钢比例较"十五"期间均有大幅提升。

（3）废钢加工处理过程中的二次污染的防治，在规范的废钢加工配送企业逐步得到了有效的控制。废钢中的废有色金属、橡胶、塑料、纤维、渣土等夹杂物得到有效的综合利用和无害化处理，受到国家相关部委的充分肯定。

（4）废钢铁交易市场机制实现了历史性突破。

在进一步规范完善传统的现货交易、定向配送的同时，逐步加快废钢电子商务市场的开发。加快市场的电子化、规范化建设，以适应国内外快速发展的废钢贸易市场的需要，在国家发改委、工信部、地方政府、银行、行业协会和重点废钢企业的支持下，已有企业初步探索在废钢铁行业开展电子商务。

总体上看，"十一五"期间，我国废钢铁产业供需体制改革初见成效，但是和我国钢铁工业相配套的现代化、规模化、规范化的废钢铁加工配送体系的目标还相差很远，国家政策支撑体系和技术支撑体系还比较薄弱；废钢铁消耗总量逐年大幅增加，但是废钢铁供应量的增长率远低于粗钢产量的增长率，使得废钢比一直处于低水平；国内废钢资源产生量每年均有所增长，但仍不能自给自足，资源缺口依然很大；行业技术、装备水平还处于初级水平，废钢铁质量有所提高，但还不能满足炼钢"精料入炉"的需要。

二、废钢铁产业"十二五"发展规划及实施情况

（一）废钢铁产业"十二五"发展规划

废钢铁产业"十二五"发展规划

一、我国废钢铁产业

废钢铁产业的描述：废钢铁是现代钢铁工业不可缺少的重要炼钢原料。以废钢铁回收—采购—加工—贸易—应用构成产业链的主体。在钢铁生产过程中、钢铁制品生产中

和城乡居民的生活中不断产生大量的废钢铁（即不能按原用途使用且必须作为熔炼回收使用的钢铁碎料及钢铁制品）。废钢铁加工供应企业从国内城乡废钢铁回收网点及产生废钢企业或从境外采购批量废钢铁原料，经过废钢加工生产线按不同物品进行分选，按不同废钢品种分类后，进行加工、净化处理，按照国家《废钢铁标准》加工生产出各种清洁的品种废钢，销售或配送给钢铁企业回炉炼钢。以废钢加工配送为生产主体，连接上游的废钢铁回收网点，下游的废钢铁应用企业，以及冶金渣、直接还原铁、钢铁尾矿渣、废钢加工设备等衍生产业，集科、工、贸为一体的一个相对独立的企业及科研群体，构成我国废钢铁产业。原料社会化收集采购，专业化生产加工，产品社会化销售，专业物流配送，定型产品，国家标准，政策法规等构成该产业的基本要素。

废钢铁回收利用有较高的经济、环保、社会效益，"逐渐减少铁矿石比例和增加废钢比重"，实现钢铁物流循环，实现废钢铁工业产品化是该产业的终极目标。这是一个新兴的循环与低碳的朝阳产业，日益受到国家领导人、政府、钢铁行业和业内的关注，有很好的发展前景。

二、废钢铁的利用价值

"十二五"期间我国将加快产业结构调整，改变发展方式，发展低碳经济、循环经济，建设"资源节约型，环境友好型"社会。

发展废钢铁，提高废钢供应能力，减少铁矿石的开采和应用，提高废钢消耗比，从资源配置的源头上规避碳排放，有着较高的实用价值和经济发展战略意义。

（1）废钢铁是一种载能资源。应用废钢炼钢可以大幅降低钢铁生产综合能耗。

炼钢从工序的角度分为"长流程"和"短流程"。

长流程：铁矿石→烧结→炼铁→炼钢→轧钢

　　　　　　焦化↗

短流程：废钢→炼钢→轧钢

长流程一般指转炉炼钢，原料以铁矿石（生铁）为主，废钢为辅。

短流程一般指电炉炼钢，原料以废钢为主，生铁为辅。

在大型的钢铁联合企业，从铁矿石进厂到焦化、烧结、炼铁、炼钢，整个工艺流程中能源消耗和污染排放主要集中在炼铁及前工序，一般占综合能耗的60%。也就是说和铁矿石相比，用废钢直接炼钢可节约能源60%，其中每多用1吨废钢可少用1吨生铁，可节约0.4吨焦炭或1吨左右的原煤。

（2）废钢铁是一种低碳资源。应用废钢炼钢可以大量减少"三废"产生，降低碳排放。

短流程和长流程相比可减少炼铁、焦化、烧结等前工序的废水、废渣、废气的产生，在一般钢铁企业可减少排放 $CO/CO_2/SO_2$ 等废气86%、废水76%、废渣72%。若加上铁矿石选矿过程所产生的尾矿渣，炼焦和烧结过程中产生的粉尘等可减少排放废渣97%。换算成实物量每用1吨废钢可减少炼铁渣0.35吨、尾矿2.6吨，加上烧结焦化产生的粉尘，约减少3吨固体废物的排放。

（3）废钢铁是一种无限循环使用的再生资源。发展废钢铁，增加废钢铁供应能力是缓解对铁矿石依赖的重要途径。

钢材──→设备制造──→使用──→报废，每 8～30 年一个轮回，可无限循环反复使用，且自然损坏很低。大量应用废钢有利于减少原生资源的开采，有利于生态平衡，有利于人和自然的和谐。每多用 1 吨废钢，可减少 1.7 吨精矿粉的消耗，可以减少 4.3 吨原矿的开采，减少 2.6 吨钢铁尾矿渣的排出。

2001 年我国进口铁矿石 9230 万吨，到岸价 27.12 美元/吨。2009 年进口 6.3 亿吨，增长 6.8 倍。2008 年到岸价达 136.21 美元/吨，增长 5 倍（见表 2-4）。海运费也同步上涨。使钢铁成本大幅增加，利润空间越来越小。铁矿石进口长年处于被动的局面。

表 2-4　2001～2009 年我国进口铁矿石统计表

年份	2001	2002	2003	2004	2005	2006	2007	2008	2009
数量/万吨	9230.8	11150	14812	20808	27523	32632	28309	44366	62778
均价/美元·吨$^{-1}$	27.12	24.84	32.79	61.09	66.76	64.12	88.22	136.21	79.87

（4）废钢铁是一种主要的不可缺少的优质炼钢原料，也是唯一可以逐步替代铁矿石的原料。

2009 年我国废钢铁消耗总量为 8300 万吨，占粗钢产量的 14.6%，价值约 2500 亿元人民币。2009 年全球废钢比平均水平为 37.6%，有着广阔的发展空间。

废钢铁和其他再生资源不同，不会随着循环次数的增加而降低理化性能指标，降低产品质量。炼钢从某种意义上讲就是钢水净化过程，可以"百炼成钢"，相对原生资源是一种优质的炼钢原料。

"逐渐减少铁矿石比例和增加废钢比重"应是我国钢铁产业发展政策的既定方针。我国虽然是世界钢铁大国，但是废钢资源不足，钢铁结构不合理，对矿石的依赖尤其是对进口矿石的过度依存，使得我国钢铁生产原料 85% 以上靠矿石。进口矿石超过 60%；世界其他国家如美国废钢比超过 60%，欧洲、印度等国家都是超过 40%。随着全球的钢铁积蓄量不断增加，随着地球原生资源量的急剧减少，实现钢铁物流循环是全钢铁行业的终极目标。随着低碳经济的发展，废钢铁将日益彰显出自身的资源优势和主导趋向。

总之，废钢铁是钢铁工业不可缺少的主要炼钢原料，是节能减排的"绿色资源"，是可以无限循环使用的再生物资，在节能、环保、减少原生资源的开采、维护生态平衡方面有着极高的开发利用价值，将在发展"绿色钢铁"，发展低碳经济，建设"两型"社会中起着重要的支撑作用。

三、废钢铁产业发展状况

"十一五"期间我国废钢铁产业供需体制改革初见成效，但是和我国钢铁工业相配套的现代化、规模化、规范化的废钢加工配送体系目标还相差甚远；国家政策支撑体系和技术支撑体系还比较薄弱；废钢消耗总量逐年大幅增加，但废钢供应量的增长率远低于粗钢产量的增长率,使废钢比一直处于低水平状态;国内废钢资源产生量每年均有所增长,但还不能自给自足,资源缺口依然很大,市场总体格局为供不应求;行业技术、装备水平还处于初级阶段,废钢质量有待提高,还不能满足"精料入炉"的需要。

(一) 废钢供需体制的改革取得了长足的进步

我国废钢铁产业的发展按照国家宏观经济体制改革的大背景,可分为三个阶段,即计划经济阶段、改革开放阶段、科学发展阶段,无论是产业经营体系、市场体系、技术体系都在随着国家工业化进程与时俱进,健康发展。

(1) 20世纪70年代之前,我国正处于计划经济年代,钢企所用的废钢主要以自产为主,由于工业化程度较低,社会废钢产生量很少,由国家统一回收,统一供应,特钢行业所需废钢由国家统一调拨。废钢加工技术以氧割、落锤、爆破为主,设备简陋、工艺粗放。炼钢工艺以平炉炼钢为主,冶炼时间长,对废钢物理和内在质量的要求比较宽松。

(2) 20世纪的末叶,我国进入了改革开放时期,我国钢铁工业开始勃发,1996年我国粗钢产量首次突破1亿吨大关。废钢也作为一种商品进入贸易市场,市场供小于求,开始进口国际废钢。1999年我国全面淘汰了平炉+模铸的落后工艺,完成了转炉(或电炉)+全连铸的新炼钢工艺变革。综合成材率从80%左右提高到95%左右,自产废钢率大幅降低。炼钢对废钢炉料的质量要求也逐步提高。一些大型钢企开始引进先进的加工工艺,进口少量的打包机、剪切机等新型的废钢加工设备。国内废钢铁加工设备制造业开始兴起,废钢加工工艺和废钢品种质量逐步提高,供应量逐步扩大。

废钢回收企业相继进行改制,一批专业化规模化的废钢回收供应的个体、民营和股份制企业应运而生,废钢铁产业开始呈多元化发展。

(3) 进入21世纪,我国钢铁工业进入了快速发展时期,粗钢产量由2000年的1.29亿吨增长到2009年的5.68亿吨。废钢铁消耗总量也从2000年的2900万吨增长到8300万吨,增加了近3倍。炼钢冶炼周期也从3.5小时缩小到30分钟左右,优质钢品种比例大幅提高,对废钢的供应量、废钢的内在质量和清洁度提出了更高的要求。新的废钢需求市场推动着我国废钢铁产业快步进入科学发展的时代。

废钢加工配送体系的建设正在逐步兴起,从2004年开始正式建立专业化、规模化、机械化、现代化废钢加工配送中心,短短几年配送能力达20万~100万吨的大型专业化废钢加工配送公司约20个。协会计划用5~10年的时间使其形成我国现代化、科学化、规范化的产业体系。

(二) 废钢加工处理技术和装备水平有了一定的提高

(1) 行业装备水平迅速提升。在大型废钢加工配送中心普遍安装有国内或世界最先进的剪切机、打包机、破碎机、抓钢机等废钢加工设备,装卸设备,防辐射设备,环保设备等,装备先进。

(2) 废钢加工处理技术不断提升,废钢质量有所提高。废钢净化处理程度和优质废钢比例逐步增加,促进了"精料入炉"。

（3）废钢加工处理过程中的二次污染的防治，在大型的废钢加工中心逐步得到了有效的控制。废钢中的废有色金属、橡胶、塑料、纤维、渣土等夹杂物得到有效的综合利用和无害化处理。

（三）废钢铁交易市场逐渐规范成熟

在进一步规范完善传统的现货交易，转为定向配送的同时，正在加快废钢电子商务市场的开发。加快市场的现代化、科学化、电子化、规范化建设，以适应国内外快速发展的废钢贸易市场的需要。2009年在国家发改委、工信部、地方政府、银行商检、协会和重点废钢企业的支持下，我国第一家废钢电子交易市场已成功上市，运行稳健。提升了废钢市场运行体系，增加了市场活力。

（四）废钢铁供需量逐年大幅增长

（1）2009年及"十一五"期间我国废钢铁消耗总量大幅增加。

2009年我国粗钢产量为5.68亿吨，同比增长13.5%，占世界钢产量12.2亿吨的46.6%。消耗废钢铁总量8310万吨，同比增长15.4%。

2005~2009年我国粗钢产量由3.56亿吨增长到5.68亿吨，增长60%，平均每年以5300万吨的幅度递增（见表2-5）。

2005~2009年我国废钢铁年应用量从6330万吨增长到8310万吨，增长31%，平均每年以495万吨的幅度递增。很显然废钢供应增长的速度远远低于粗钢产量的增长速度，几乎差了一倍，资源缺口很大（见表2-6）。

表2-5 2005~2009年我国粗钢产量统计表

年份	2005	2006	2007	2008	2009
产量/万吨	35579	42102	49490	50049	56784
增幅/%	30.42	18.33	17.5	1.13	13.5
电炉钢产量/万吨	4179	4420	5843	6340	6800
电炉钢比/%	11.7	10.5	11.9	12.4	12

表2-6 2005~2009年我国废钢铁消耗总量统计表

年份	2005	2006	2007	2008	2009
废钢消耗总量/万吨	6330	6720	6850	7200	8310
增长率/%	17.22	6.16	1.93	5.1	15.4

（2）2009年及"十一五"期间，废钢资源缺口很大，供应不足，废钢单耗水平较低。

由于废钢资源供应不足，2009年我国废钢综合平均单耗为146千克/吨钢，同比增长1.4%，虽然近两年有所回升，但增长较慢，总体水平仍然很低。

其中电炉钢废钢单耗从2005年至今基本维持在656千克/吨钢水平。

"十一五"期间我国废钢铁单耗沿袭了"十五"期间的下滑趋势，从 2005 年的 178 千克/吨钢下降到 2009 年的 146 千克/吨钢，下降 18%，2009 年世界平均水平 376 千克/吨钢，废钢比高于我国 23 个百分点（见表 2-7）。

全球近几年平均废钢单耗一直持续在 400~450 千克/吨钢，转炉钢废钢单耗可达 300 千克/吨钢，相比差距很大，废钢应用还有很大的增长空间。

表 2-7　2005~2009 年我国废钢铁综合平均单耗统计表

年份	2005	2006	2007	2008	2009
废钢单耗/千克·吨$^{-1}$	178	160	140	144	146
增长率/%	-6.8	-10.11	-12.5	2.9	1.4

（五）国内废钢铁资源产生量逐年大幅增长，但不能自给自足

我国废钢铁来源三个部分，钢铁企业自产废钢约占资源总量的 35%，社会采购废钢约占 50%，进口废钢约占 15%。"十一五"期间都有较大增长。但低于粗钢增产的速度和世界发达国家废钢的产出率。

（1）自产废钢：2009 年钢企自产废钢 3040 万吨，同比增长 6.3%。钢铁企业自产废钢主要指钢铁生产线上产生的切头、切边、废次材、注余、跑漏、渣钢及设备检修产生的废钢总量。

2005~2009 年，随着粗钢产量的增加，自产废钢总量也有所增加，2005 年自产废钢 2220 万吨，2009 年为 3040 万吨，增长 37%。

废钢的产生率却随着连铸比的增加和综合成材率的提高逐年下降，2005 年废钢产生率为 6.56%，2009 年降到 5.35%，减少了 1.2 个百分点。但下降幅度减缓，基本进入一个相对稳定的阶段（见表 2-8）。

表 2-8　2005~2009 钢企自产废钢产生率统计表

年份	2005	2006	2007	2008	2009
粗钢产量/万吨	35324	41915	48929	51234	56781
钢企自产废钢量/万吨	2220	2750	2700	2860	3040
自产废钢产生率/%	6.36	6.56	5.33	5.58	5.35

注：自产废钢主要指钢企生产线上产生的切头、切边、废次材、注余、跑漏、渣钢及设备检修产生的废钢总量。

（2）社会废钢：2009 年钢企社会采购废钢为 4580 万吨，同比增长 9%。社会采购废钢主要指钢企从国内市场上采购的社会城乡所产生的报废机动车、非机动车、家电、器皿等生活设施所产生的生活废钢，以及钢铁设备制造业、加工业、建筑业、运输业等在生产、施工、检修过程中所产生的边角余料和报废设备等工业废钢。随着我国工业化程度的提高和居民生活水平的改善，钢材消费量逐步提高，废钢产生量也快速增加。

2005~2009 年，社会废钢采购量由 2005 年的 3675 万吨增长到 2009 年的 4580 万吨，

增长25%。平均每年以226万吨的幅度递增。

（六）进口废钢随国际废钢市场价格的升降波动较大

2009年全国共进口废钢1370万吨，同比增长280%。居世界废钢进口国第二位（土耳其第一），占世界废钢贸易量的25%左右。进口海绵铁177万吨，同比增长195%。"十一五"期间年进口量随着国际废钢价格的变化起伏较大。当国际废钢的价格高于国内市场价格时进口量就减少，当低于国内价格时进口量就增加。我国年废钢进口量应不低于1000万吨，废钢进口量的增加反映了对废钢资源的需求强劲（见表2-9）。

表2-9　2005~2009年我国废钢资源产生量统计表　　　　　　（万吨）

年份	2005	2006	2007	2008	2009
自产废钢	2220	2750	2700	2860	3040
社会采购	3675	3800	4310	4200	4580
进口废钢	1014	538	339	359	1369
进口海绵铁	75	31	33	60	177

总之，我国废钢铁产业的快速发展，需要科学的运行机制，规模化的现代企业群体，先进的加工技术，精良的装备，现代化的市场机制，良好的社会环境。需要强有力的技术支撑体系和政策支撑体系，但这都刚刚开始，一切还很薄弱，处于初级阶段。

四、存在的问题

（一）废钢资源供应不足，不能满足我国现代钢铁工业生产的需要

2009年我国钢铁工业消耗废钢铁总量虽然同比有所增长，但是综合平均废钢比却逐年递减。废钢资源严重不足。

如果废钢资源充足，废钢比恢复到我国2000年水平，2009年废钢消耗量应该达到1.3亿吨。达到世界平均水平，废钢消耗量应该超过2亿吨。

造成我国废钢供应不足的主要原因如下：

（1）我国的钢铁消费积蓄量是在近几年内快速增长起来的。按照8~30年的报废期预测，还未进入废钢高产期，还需要10年甚至更长一个时期。

（2）调研数据显示2009年我国钢铁积蓄量超过50亿吨（1949~2009年），理论上2009年社会废钢产生量应为7500万吨，实际上钢铁行业只采购到4500万吨。一是因为该报废的设备没有按期报废，或超期服役或改装、拼装，继续使用；二是因为大量的废钢资源流进了落后产能或非法小钢厂，并占有较大比例。专家预测，钢铁工业之外的年废钢消耗量为2000万~3000万吨。

（二）回收网点尚未形成规范体系

据报道我们从事废旧物资回收的站点有15万家左右。经过近几年的治理整顿和规

范管理有很大进步，但管理仍相对松散，尤其是对具有一定初加工处理能力的中、小公司，工艺落后、缺乏监管，二次污染控制能力差，资源向非法小钢厂流失严重。报废汽车拆解业，国家实行了资质企业总量控制，相继下发了"报废汽车拆解管理办法""技术规范""环保标准"，但至今国内还没有现代化的废汽车拆解线。

（三）整体装备水平偏低，废钢产品质量有待提高

新型的专业化废钢加工配送公司、加工技术装备水平比较先进，配套相对完备，净化处理效果较好，废钢产品质量大幅提升。但专业化、规模化、现代化的废钢加工配送公司近几年才刚刚兴起，加工配送能力在整个废钢供应中还不占主导地位。一些老式的加工网点，加工技术、设备普遍落后，所生产的废钢产品质量普遍偏低，二次污染防治能力薄弱，距规范的废钢加工技术、装备要求还相差很远，所供应的废钢铁产品质量整体上还不能满足"精料入炉"的标准和需求，需要大量的设备投资和技术改进。

（四）"多吃废钢""精料入炉"的理念还未真正形成共识，成为各钢厂追求的目标

对吃废钢可以节能减排，降低综合成本，这是实践的总结，但现实的钢铁生产中却因这样或那样的理由而落实困难。尤其是"精料入炉"方针喊了几十年却仍然举步维艰。

所谓精料入炉，就是通过对废钢铁原料的净化处理使其纯净度达到最大化，把废钢中的杂质拒之炉门之外。比如优质的破碎料废钢，其纯铁含量可达到95%~98%。精料入炉有利于缩短冶炼时间，减少合金消耗，减少能源消耗，降低炼钢成本；有利于提高钢水内在质量，提高优质钢的比例；有利于特殊钢的研制，促进结构调整，促进钢铁产品的整体升级；有利于减少废水、废气、废渣的产生，降低碳排放，提高环保效益。这是不可争议的真理，但由于企业体制不同，绩效考核的方法不同，落实比较困难。相比之下民营企业比国企认可度要高，应用要好。"多吃废钢，精料入炉"要真正成为钢企的炉料方针，还需要科学的成本核算制度和一个有力的支撑体系。

（五）进口废钢市场需要进一步开放

我国是一个废钢资源比较贫乏的国家，随着钢产量的快速增长和炼钢工艺的改变，国产废钢远不能满足钢铁工业生产的需要，资源缺口越来越大。从20世纪末我国开始进入了废钢净进口时代。

2003年协会协助国家环保部对我国废钢进口市场进行了规范整顿，确定了81家废钢利用企业进口废钢的资质。单纯的废钢贸易供应企业无缘于自主进口废钢。这种机制和国际惯例不太协调，国际铁矿石市场疯涨和垄断倾向，提示我们需要进一步开放废钢进口市场，采取更加灵活的贸易机制，扩大资源渠道，增加进口量，加大废钢的应用和储蓄。2009年底环保部发布了《进口废钢铁环境管理规定》为规模化废钢铁加工配送中心自主进口废钢开了部分绿灯。虽然有所改进，但资质面比较窄，审批困难，进口申

报程序仍然复杂而漫长，不能适应瞬间变幻的国际市场。虽然国家对废钢进口实行零关税的鼓励政策，但因政策+成本+钢材附加值的整体优势薄弱，使得我国在国际废钢市场中的竞争力脆弱。需要调整政策，增加进口市场竞争能力。

（六）税收政策的扶持力度不够

为了鼓励国内废钢的回收利用，国家给予了废钢回收利用企业一系列税收优惠政策。2001 年前我国对废钢增值税实行先征后返的税收政策，即先由税务部门按 17%征收，再由财政部门返回 70%，返税难以落实给企业带来很大困难。2001 年以后修改为"两免一抵扣"的优惠政策，即进口废钢免关税，国内废钢免增值税，利用废钢企业凭不含税发票可抵扣 10%的进项税。由于监管不力和市场多元化的发展，发生了一些虚开虚抵的案例，地方政府制定一系列遏制措施，市场严重受阻。为了规范税制和促进再生资源产业的健康发展，2009 年国家恢复征收再生资源增值税政策，两年过渡，2009年返 70%，2010 年返 50%，2011 年全额征收。废钢铁产业是一个微利产业，投资大，利润薄。废钢作为一种再生资源却没有进入再生资源优惠产品目录。在国内外原料市场上竞争力脆弱。

（七）科研和技术支撑体系薄弱

"十一五"期间我国废钢铁加工技术、加工设备、废钢净化处理水平、二次污染防治水平、废钢应用技术、管理水平都有所提高。废钢资源研究，市场信息研究，行业体制研究，相关政策法规、标准、战略规划研究都取得了长足的进步。但这都仅限于行业协会、废钢供应商和应用企业根据自身需要而自我研发的。在废钢科学技术领域，缺乏国家统一管理和规划，没有形成体系、形成规模，没有正式纳入国家科研规范体系。市场发展所需的、必不可少的科研和技术支撑体系极其薄弱。

随着城乡居民生活水平的提高，家电、电脑、汽车报废量越来越大。同时随着复合材料和电子应用技术的发展，这些生活设施的结构和材料成分越来越复杂，合理拆解越来越难。因此，现有的拆解能力、传统的拆解技术和加工设备已远远不能满足现代报废生活设施拆解的需要。国内还没有一条世界水平的报废家电拆解线、报废电脑拆解线及报废汽车拆解线，急需研发和推广应用。

（八）专业技术培训和高等教育体系缺失

我国的职工技术学校、大专或本科院校都没有开设废钢铁加工及应用技术专业。20世纪 90 年代北京科技大学曾应企业需要开设了钢铁循环专业，但后来因生源不足和就业困难而停办，历时一届。企业的技术工人的技能提高、专业管理人员管理科学的教育，完全依赖企业内部培训，言传身教或自学成才。

为了满足废钢供应能力和废钢加工质量的市场需求，大批的现代化的废钢加工配送公司应运而生，且发展很快。这些现代化的专业废钢加工配送公司普遍采用世界或国内先进的废钢加工技术和加工设备，采用现代化的运行模式和先进的管理办法。现代废钢企业的快速发展需要大批的技术工人、专业工程技术人员、高级管理人才和行业专家。权宜之计就是从国企同行中挖掘人才，以解决燃眉之急。因此废钢的专业化技工培训和管理人才高等教育显得尤为重要，应加快规划填补空白。

（九）资金投入不足

"十一五"期间国有钢铁企业下属的废钢公司在技改方面、规模方面，大多数企业没有新的投入和发展。并随着产业集中、企业重组、精干主体、剥离辅助等一系列体制改革，被逐步精简、收缩。将大量的职能（如面向社会收购、分选、加工、技术进步等）转让给了专业化废钢加工配送公司。而钢企则在自己的一个或几个加工配送基地的保障下集中搞好进料、配料和应用，使复杂的废钢采购加工应用体系简单化。

专业化废钢加工配送公司的投资呈多元化发展，有合资企业、股份企业、民营企业，国企独资较少。建立一个年加工配送能力 10 万~40 万吨的现代化公司需要投资 1 亿~2 亿元人民币，年配送能力达 50 万~100 万吨需要投资 3 亿~5 亿元人民币。如果临江、临河加上码头建设投资将更大。

废钢加工配送行业是一个微利行业，投资大、收回期长，需要国家资金的支持。目前国家还没有设立这方面的专项投资基金和投资机构，完全靠企业自筹解决，显得资金力量不足。

（十）行业统计体系薄弱

受国家统计局和中钢协的委托，中国废钢铁应用协会一直承担着对我国废钢铁"收支存"的统计工作，从未间断。为国家政府部门制定政策、法规、规划，为行业的发展，企业的经营决策提供了大量的真实可靠的决策依据。但是由于种种原因，被纳入废钢统计的钢铁企业的钢铁总量仅为全国钢铁总量的 71.4%，还有 28.6% 的钢产量所对应的企业，特别是民营企业一直未被纳入统计。统计面的大小直接影响数据的代表性和科学性，影响决策的准确性。

另外，对全国城乡废钢回收企业的统计，对其他铸造行业、设备制造行业及小钢厂消耗废钢的统计尚属空白。专家预测，这些产业每年消耗废钢 2000 万~3000 万吨，约占全国废钢消耗的 20%。

造成这一统计缺失的原因是多方面的，有国家政策法规层面的原因，有行业管理层面的问题，也有企业法制与统计意识层面的因素。但主要原因是国家统计系统的政策、法规不完善，网络不健全，引导不够。

（十一）国内废钢市场和进口废钢市场体系还不够健全，管理不够规范，秩序不够稳定

政府和行业对市场的调控能力比较薄弱、监管手段缺乏法律依据。境外采购自相抬价、国内市场跟风炒作的恶习还时有发生。废钢市场运行和管理机制的改革显得滞后。

废钢电子市场起步较晚，发展不够迅速，会员结构的社会层面、行业层面、地域层面不够广泛，公民对新市场的熟知度、参与意识还较淡薄，还不能满足废钢市场快速发

展的需要。需要国家主管部门的关心和国家政策方面的引导和扶持，提升我国废钢铁市场体系的现代化建设和运行机制。

五、"十二五"规划目标

（一）"十二五"期间废钢铁产业所面临的形势

（1）国家层面：《中共中央关于制定国民经济和社会发展第十二个五年规划的建议》中要求"坚持把建设资源节约型、环境友好型社会作为加快转变经济发展方式的重要着力点。深入贯彻节约资源和保护环境基本国策，节约能源，降低温室气体强度，发展循环经济，推广低碳技术，积极应对气候变化，促进经济社会发展与人口资源环境相协调，走可持续发展之路。"废钢铁及其衍生产业是促进资源综合利用、钢铁循环、节能减排、低碳环保的新兴产业，是国家新的经济发展战略的支柱产业，有着良好的发展机遇。

（2）钢铁产业层面："逐渐减少铁矿石比例和增加废钢铁比重"是我国《钢铁产业发展政策》的既定方针，是实现钢铁原料科学配置、节能减排、打造绿色钢铁的重要举措和必由之路。在今后的钢铁原料的配置中废钢铁将逐步取代铁矿石的主导地位，电炉钢将逐步取代转炉钢的优势。实现钢铁物流循环是钢铁工业原料保证体系的终极目标。

（3）废钢产业层面：废钢铁产业是一个新兴的朝阳产业，是在我国经济体制改革中逐步发展起来的新生产物。在千家万户的回收企业与用户间建立新型的专业化废钢加工配送体系，形成新的产业结构和国际接轨。我国废钢铁产业正处于发展的初级阶段，距离市场的成熟期或衰退期非常遥远，生命力旺盛，前景光明。

总之，随着我国经济发展方式的转变，国家主要领导人和相关政府部门对废钢产业发展给予高度的关注，进行了一系列扶持政策和发展措施的调研，同时国际钢材市场、废钢市场正向利好发展，国内废钢产出量逐年快速增长。新的经济形势将促进我国废钢铁产业进入新一轮发展周期。

（二）规划编制依据

（1）《钢铁产业发展政策》及《钢铁产业调整和振兴规划》。
（2）《循环经济促进法》及《节能环保产业发展规划》。
（3）《中共中央关于制定国民经济和社会发展第十二个五年计划的建议》及国家领导人、相关部委指示精神。
（4）国家相关法律、法规。
（5）国际和我国废钢铁产业发展的现状统计、评估及前景分析。

（三）规划范围及其期限

（1）规划应用范围为全国废钢铁产业和业内企业。

（2）规划期限为 2011~2015 年。

（3）规划基准年为 2011 年，采用 2009 年和 2000~2010 年相关统计数据。

（四）"十二五"规划指标

（1）提高废钢加工供应能力：2015 年我国粗钢产量若按 7 亿吨左右测算（留有余地），年废钢需求量按 2009 年 14.6%的废钢比测算应为 1 亿吨；按我国 2000 年废钢比水平 22.7%测算，应为 1.6 亿吨，按 2009 年世界平均水平 37.6%测算，应为 2.6 亿吨。"十二五"期间对我国钢铁产业的年废钢供应量应达到 1 亿~1.6 亿吨。废钢综合平均单耗应超过 200 千克/吨钢，即废钢比超过 20%。力争恢复到 227 千克/吨钢的历史最高水平。

（2）加快废钢加工配送体系建设：年废钢加工配送能力 10 万~100 万吨的专业废钢加工配送公司应达到 100 家，年加工供应量应达到 4000 万吨，达到全国废钢供应量的 50%。并按照协会制定的《废钢加工配送中心、示范基地准入标准及管理办法》实施规范管理。

（3）提高技术装备水平：加快新技术、新工艺、新设备的推广和应用，淘汰落后产能。逐步减少人工拆解和氧气切割，普及剪切机、打包机、破碎机、抓钢机、防辐射设备、合金快速分析仪等机械化、自动化、电子化加工和检测设备，行业装备水平要达到国际先进水平。

（4）提高废钢产品质量：提高废钢净化处理技术，提高废钢产品质量，逐步淘汰生活废钢冷压块的生产和使用，提高推广废钢破碎净化处理技术，研发和推广转炉炼钢破碎料废钢的应用技术。废钢炉料的纯铁含量平均应超过 95%，实现精料入炉。

（5）提高二次污染的防治水平：专业化废钢加工配送公司在废钢加工处理过程中，对废水、扬尘、噪声的防治必须达到国家环保标准。全行业达标企业应超过 95%。

对其中的废塑料、橡胶、有色金属、海绵、纤维、木块、渣土等夹杂物要做到分类处理，综合利用，利用率应达到 95%。对有毒有害污染物危险品要做到 100%无害化处理。

（6）提高废钢应用技术：组织科研院所、大专院校、钢铁企业、设备制造企业、废钢加工企业加大废钢应用技术攻关试验的力度，特别是破碎料废钢在转炉炼钢中的应用，"十二五"期间要研发成功并推广应用。

（7）开拓境外市场：鼓励有实力的企业到海外建立废钢基地，拓展资源渠道，争取国家政策支持，年废钢供应能力达到 50 万吨以上跨国公司力争达到 10 家。

（8）行业技术培训：广泛开展技工专业技能培训和管理人员专业知识培训，提高行业职工素质，鼓励院校、培训机构、企业，多层面开展授课、短训、讲座多种形式的教育，技工培训率达到 95%，管理人员培训率达到 95%。

六、发展废钢铁产业的技术路线

我国废钢铁产业在"十二五"期间得到科学、健康、快速的发展，必须遵循一条符合我国国情的科学的技术路线。

（一）技术路线图（见图2-8）

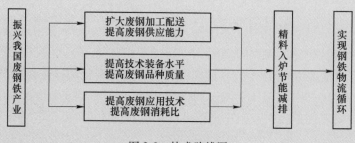

图2-8　技术路线图

（二）技术路线的描述

"十二五"期间，我国废钢铁产业应该在"十一五"健康发展的基础上，加快产业振兴与科学发展。应着重从三个方面入手，扩大产能，提高品质，促进应用，最大限度地满足钢铁工业的需要才能为扩大"精料入炉"提供节能减排的经济环保效益，提供丰腴、优质的资源保证和现代应用技术保证，最终实现钢铁物流循环。一是要继续深入我国废钢供需体制的改革，以专业化、规模化废钢加工配送为主体，因地制宜，多元化发展，建立回收—加工配送的产业链。扩大生产规模，规范管理，提高行业供应能力。逐步建立起能满足我国钢铁工业所需要的科学的废钢加工配送体系。二要提高和推广应用先进的废钢加工处理技术，提高装备水平，提高废钢净化处理水平，提高优质废钢比例，提高我国废钢供应的整体质量。制定行业准入标准、行业技术标准，逐步建立起能推动我国"精料入炉"的质量保证体系。三要加强废钢应用技术的科学研究实验，鉴定不同品质的废钢对冶炼时间、能耗、合金、钢水质量、碳排放的对应数据关系，建立废钢配置控制体系，指导废钢的科学应用。通过产量、质量、应用三大保证体系的建立和运作，实现我国钢铁物流循环。

（三）废钢加工应用的重点技术项目

（1）废钢净化处理技术的完善、研发和扩大应用。重点是破碎料废钢的提纯、制块、增加体密度的加工技术和应用技术的开发和研制。

（2）废合金钢快速分析仪应用技术的研发和应用。重点是和废钢装卸加工设备配套自动识别、自动分离技术的研制。

（3）对废钢中爆炸物自动识别、分离技术的研发和应用。

（4）对超大超厚型废钢加工解体技术、设备的研发和应用。重点是对中间包、钢铁砣的解体技术、设备的研发。

（5）废钢尾渣中有色金属、不锈钢自动分离技术的完善、研发和应用。重点是对分离系统的改造和创新。

（6）对废钢尾渣的综合利用技术的研发和利用。重点是"渣土"制作燃烧块的研发和应用，实现"零排放"。

（7）报废汽车、报废家电、报废电子设备的拆解技术的研发和应用。重点是拆解生产线的研制、贵金属的回收、有毒有害污染物的无害化处理技术的研发。

（8）废钢质量检验技术和监督技术的研发和应用。重点是验质设备的开发研究，逐步取代人工验质判级。

（9）废钢应用技术的完善、研发和应用。重点是提高转炉废钢比、破碎料废钢在转炉炼钢中的应用技术的研发。

（10）废钢科学配料和配送成序软件的开发研究和应用。重点是适应不同钢种及不同冶炼工艺的最佳配料控制系统的开发。

七、主要衍生产业的规划要点

在废钢铁产业中除废钢加工应用之外还涵盖几个相对独立的衍生行业。"废钢加工技术、设备研发产业""冶金渣开发利用产业""直接还原铁产业""钢铁尾矿渣开发利用产业"，我们将在制定废钢铁产业"十二五"发展规划的同时另行制定各衍生产业的专项规划。规划要点分别如下。

（一）废钢加工技术、设备研发产业"十二五"发展规划要点

"十二五"期间，废钢应用要实现"精料入炉"；二次污染达到有效的防治；夹杂物得到有效的综合利用；有毒有害物质要达到100%的无害化处理；提高冶金渣高附加值资源转化率，实现"零排放"的目标。将对处理工艺、加工设备等核心技术的研发提出新的要求。"十二五"期间要加快技术升级，提高设备产品质量；加快研发新技术、新工艺、新设备，实现"中国制造"向"中国创造"的转变，向"节能减排""低碳环保"型设备的转变。

（1）"十一五"期间我国常规的废钢加工技术及加工设备，如剪切机、打包机、破碎机、抓钢机等都得到了快速的发展，制造技术相对成熟，重点应向国产化方向发展。对新技术新设备的研发要加大力度。如废钢破碎机在结构上、寿命上、抗故障能力上，液压系统、防尘系统、噪声消解系统、有色金属及其他夹杂物的分离系统都需要有技术创新和突破，达到世界先进水平。

（2）加工技术及设备的研发方向，除赶超世界先进水平外，应因地制宜，解决企业难题，重点是满足企业需要。如废线材的整理加工，超厚度废钢、中间包、大块渣钢解体技术设备的研制。

（3）抓钢机在"十一五"期间得到了快速的发展和推广应用。国产抓钢机在国内外有1000多台在作业。"十二五"期间应向多功能、多动力、节能环保型发展。开发超大型、超小型及定向配套型产品，加强核心技术的攻关和创新，加快实现国产化。

（4）磁电设备在国内废钢加工和冶金渣处理过程中的应用较为广泛，并以国产设备为主。满足快速发展的工艺更新和技术进步的需要则是研发的重点。如和废钢破碎机

配套的有色金属分离器及其他夹杂物的分离设施，和钢渣粉碎、研磨设备配套的新技术，新设备则是"十二五"期间研发的重点。

（5）粉碎料精细化的加工工艺及装备的研发、推广。

"十二五"期间我国废钢需求量和产生量都将大幅增加，废钢处理质量将大幅提高。因此废钢加工处理量和加工设备需求市场将迅速扩大。现有废钢加工设备的产能和技术水平已经无法满足废钢产业发展的需要，因此要加大专项设备的科研和制造企业的投资，扩大产能，加快新产品开发和研制，实现废钢领域设备制造产业的壮大与振兴，达到世界先进水平。

（二）冶金渣开发利用产业"十二五"发展规划要点

2009 年我国粗钢产量为 5.68 亿吨，年产生钢渣 8000 万吨左右。生铁产量为 5.44 亿吨，年产生铁渣 1.8 亿吨左右。年产生钢铁渣 2.3 亿吨左右。

"十一五"期间我国对钢铁渣的处理技术和能力取得了长足的进步。老的渣山全部处理完毕，新的常规加工处理技术比较普及。基本应用范围：钢渣分离，废钢铁回炉炼钢，尾渣进一步深加工，制成矿渣水泥、钢渣水泥、水泥添加剂、砖块墙体材料综合利用。

2009 年钢渣的利用率约 30%，铁渣的利用率约 70%，综合利用率约 60%，资源利用率不高，浪费很大。

"十二五"期间要加快冶金渣开发利用技术的提升，重点是提高尾渣综合利用率，争取"零排放"。规划已经制定上报要点如下。

1. "十二五"期间规划指标

2015 年，我国粗钢产量若按 7 亿吨测算，则冶金渣产生量约为 3 亿吨。"十二五"期间要努力完成下列目标：

（1）冶金渣的综合利用率力争达到 73% 以上。其中高炉渣的综合利用率达到 86% 以上，钢渣达到 60%，铁合金渣达到 60%。

（2）力争年生产钢铁渣粉 2 亿吨。降低碳排放 1.6 亿吨/年。节电 120 亿千瓦时/年，节煤 2400 万吨/年。节约石灰石 2.5 亿吨/年。

（3）"十二五"期间完成冶金渣综合开发利用 14 亿吨左右，力争实现"零排放"。创造直接经济效益 1500 亿元左右人民币。

（4）"十二五"期间协会将在全国重点地区至少建立十个"冶金渣开发利用示范基地"，并以此为典范，调整结构，淘汰落后，对全行业进行整改提升。推动冶金渣企业科学化、规范化建设。

2. 冶金渣废钢铁分选及用于钢铁循环领域的重点技术项目

（1）钢渣高压热闷处理技术设备的研发和应用。

（2）钢渣滚筒技术的完善、研发和应用。

（3）钢渣风碎水淬技术的完善、研发和应用。

（4）铁合金渣处理技术的研发和应用。

（5）不锈钢渣处理技术的研发和应用。

（6）钢渣高效宽带磁选设备的研发。

（7）冶金尘泥处理和开发应用技术的研发应用。

（8）渣钢产品深加工生产 TFe 大于 90% 的渣钢技术和 TFe 大于 60% 的磁选粉技术的研发和应用。

（9）冶金渣尘泥中矾、钛、稀土、锌等贵金属的提取技术的研发。

（10）冶金渣、尘泥制作精品球团矿的技术研发和应用。

3. 利用冶金渣尾渣生产高附加值产品的重点技术项目

（1）钢铁渣复合粉生产工艺技术研发及应用。

（2）钢渣粉加工技术和设备的研发和应用。

（3）轧钢氧化铁皮生产磁性材料的研发和应用。

（4）钢渣尾渣生产大理石，除锈喷丸等技术的研发和应用。

（三）直接还原铁产业"十二五"发展规划要点

2009 年我国直接还原铁生产量估计在 50 万吨左右，进口 177 万吨，应用量约 200 万吨，市场需求旺盛，但产业发展缓慢。

影响我国海绵铁产业快速发展的主要原因是我国高品位铁矿石贫乏，天然气不足，发展"气基"缺乏资源，主要以"煤基"生产为主，普遍存在工艺落后，高能耗、污染严重、硫含量高、含铁量低、灰分大、强度小、成本高的缺陷。产业发展进入瓶颈期。

直接还原铁可以替代优质废钢、低硫低碳铁。和高炉炼铁相比，节约能源，减少排放，有着广阔发展前景的优势产业。

另外，以冶金尘泥为原料，用直接还原技术生产球团还原矿，用于炼钢和高炉炼铁，也是一个很大的开发领域。消纳废物，节能减排。

"十二五"期间，我们要加快新技术、新工艺、新设备的引进、研发、推广和应用；加快技术改造，加快对落后产能的淘汰；提高产品质量，提升应用技术；加强市场的指导和监督管理；加强信息服务和技术咨询服务；加快产业发展战略的调整，促进我国直接还原铁产业的科学健康发展。

"十二五"研发重点技术项目：

（1）回转窑直接还原技术的改善、研发和应用。重点是低品位原燃料的使用技术的研发。

（2）隧道窑直接还原技术的改造、完善、研发和应用。重点是降低能耗、降低污染的技术改造。

（3）转底炉直接还原技术的完善、研发和应用。重点是降硫、提高铁品位。开发在消纳钢铁尘泥、铁皮渣等固废领域中的应用、技术攻关和研发。

（4）煤制气-竖炉直接还原技术的开发、研究、转产和推广应用。重点是煤制气方法、煤种选择、竖炉工艺、煤制气与竖炉工艺衔接、煤气加热、配置设备等技术的研发和自主创新。

（四）钢铁尾矿渣的开发利用产业"十二五"发展规划要点

我国粗钢产量从1949年的15.8万吨，到2009年增长到5.68亿吨。按照1∶1.7粗钢/矿石（含铁66%精矿）比，废钢比平均按20%测算，消耗铁矿石约70亿吨，其中，进口约30亿吨，国产约40亿吨。按全国平均2.5吨原生矿选1吨含铁矿量为66%的精矿粉水平测算，我国约有60亿吨的钢铁尾矿渣积蓄。同时，我国现在每年采矿量为6亿~8亿吨，又将以每年4亿吨左右的尾矿递增。

尾矿积累，占地污染，给当地居民带来很大的安全隐患。企业每年投入大量的人力、物力、财力进行终身维护。

尾矿中含有大量的铁分和金、铜、钒、钛等其他贵金属的伴生矿，有很大的开发价值。"十一五"期间，有少数尾矿库开始开发，一般采用尾矿二次研磨，二次磁选，二次产生的含铁8%左右的尾矿重新排入新的尾矿库。技术上没有新的突破，80%以上的铁分再次随泥浆进入新的尾矿库。除新选出4%的铁分之外，在资源综合利用上、环保上、安全上没有带来新的效益，反而增加新的污染和安全隐患。我国对尾矿的开发利用相对落后，处于瓶颈期。

"十二五"期间协会将积极争取国家的支持，组织行业和科研力量攻关、试验、转产，逐步铺开。研发的重点技术项目：

（1）对尾矿渣中铁粉的二次磁选，收得率应大幅提高，新排出的尾渣的含铁量应小于3%。转入建筑材料的开发利用工序。

（2）在磁选铁粉的同时应将伴生的金、铜等贵金属选出，减少资源浪费。

（3）在二次产生的尾矿渣综合利用技术上要有突破，实现资源转化，争取"零排放"。重点发展轻型建筑材料。

八、建议

为了加强废钢政策支撑体系，科技支撑体系，市场支撑体系的建设，促进我国废钢铁产业科学快速发展，建议如下：

（1）建议国家组织编制我国再生资源"十二五"振兴发展规划，作为新兴产业正式纳入国家《国民经济和社会发展第十二个五年规划纲要》，纳入科学发展的轨道，促进我国废钢铁产业的科学发展。

（2）建议国家设立发展废钢铁产业建设基金或相应的投资机构，对具有一定规模的废钢加工配送公司在经营、技改或新建项目上给予资金上的帮助。

（3）建议国家对废钢回收加工供应企业实行所得税减免政策。对进口废钢减免增值税，提高国内市场的活力和进口废钢市场的竞争力。

（4）为了鼓励钢铁企业多用废钢，减少对铁矿石依赖的压力，建议参照 2009 年以前实施的对利用废钢的企业实行以普通发票抵扣 10% 进项税政策，以其他转移支付的方式给予补贴和鼓励。

（5）进一步开放废钢铁进口市场，扩大资源渠道，扩大进口量。建议对具有一定规模、一定的废钢加工配送能力、环保达标、遵纪守法的专业化废钢公司，放宽装备标准，给予支持和引导，给予自主进口废钢的资格。

（6）进一步规范废钢进口管理简化申报和审批程序，适应国内市场的快节奏。建议取消每单进口申请都要地方各级环保局层层签字盖章的规定，改成一年一次，并适当增加接货码头的数量，以应对废钢销售中的不确定变故。

（7）为了加快废钢铁行业的科研和技术升级，建议国家将废钢加工应用技术的研究和教育统一纳入国家科研规划和教育培训规划。充分利用院校、科研单位、行业和企业的资源优势，建立以国立为主的科研教育体系，满足废钢产业科学发展的需要。

（8）建议国家统计部门要加快建立和完善有关再生资源产业统计方面的政策和法规。完善国家统计体系，消除空白，为政府和企业提供真实、完整、可靠、科学的决策依据。

（9）国家应在进一步完善和规范国家标准的同时，组织指导支持协会制定行业准入标准和行业技术标准。加快淘汰落后，推广先进，规范管理，满足市场快速发展的需要，促进再生资源产业快速纳入科学发展的轨道。

（10）国家应制定境外废钢开发扶持政策，鼓励废钢企业到国外投资建厂，发展废钢跨国公司，扩大资源渠道，提高一个废钢消耗大国在国际废钢贸易市场中的主动权。

（11）建议国家相关政府部门在进一步规范废钢现货交易市场的同时，加快对电子商务交易市场的开发、培育和规范管理。尤其在市场发展的初期应多给予政策上的引导、优惠和法律上的支持，促进现代化市场的科学快速发展。

（12）建议国家在制定相关政策、法规、标准、计划、项目评估、资质审查、棘手个案的处理等方面多邀请相关协会参与，多听取协会和企业的意见，充分发挥协会的行业优势和桥梁纽带作用。

结束语

我国废钢铁产业是一个新兴的钢铁资源循环产业，其节能减排、低碳环保和不可替代的钢铁原料功效是显著的。我国的废钢铁产业才刚刚起步，有着广阔的发展空间和巨大的潜力。只要坚持科学的规划、科学的研究、科学的管理和有效的政策支持，就能得到科学健康的发展，必将对我国未来钢铁工业的发展发挥巨大作用，在我国循环经济、低碳经济的发展中做出更大的贡献。

2010 年 11 月

（二）"十二五"规划目标和具体措施

（1）"十二五"期间对我国钢铁产业的年废钢供应量应达到1亿~1.6亿吨。废钢综合平均单耗应超过200千克/吨钢，废钢比超过20%，力争恢复到227千克/吨钢的历史最高水平。

（2）加快废钢加工配送体系建设：年废钢加工配送能力10万~100万吨的专业废钢加工配送公司年加工能力达到5000万吨，达到全国废钢供应量的50%，并按照协会制定的《废钢加工配送中心、示范基地准入标准及管理办法》实施规范管理。

（3）提升技术装备水平：加快新技术、新工艺、新设备的推广和应用，淘汰落后产能。逐步减少人工拆解和氧气切割，普及剪切机、打包机、破碎机、抓钢机、防辐射设备、合金快速分析仪等机械化、自动化、电子化加工和检测设备，行业装备水平要达到国际先进水平。

（4）提高废钢产品质量：提高废钢净化处理技术，提高废钢产品质量，逐步淘汰生活废钢冷压块的生产和使用，提高推广废钢破碎净化处理技术，研发和推广转炉炼钢破碎料废钢的应用技术。废钢炉料纯铁含量平均应超过95%，实现精料入炉。

（5）提升二次污染的防治水平：专业化废钢加工配送公司在废钢加工处理过程中，对废水、扬尘、噪声的防治必须达到国家环保标准。全行业达标企业应超过95%。对其中的废塑料、橡胶、有色金属、海绵、纤维、木块、渣土等夹杂物要做到分类处理、综合利用，利用率应达到95%。对有毒有害污染物危险品要做到100%无害化处理。

（6）提升废钢应用技术：组织科研院所、大专院校、钢铁企业、设备制造企业，废钢加工企业加大废钢应用技术攻关试验的力度，特别是破碎料废钢在转炉炼钢中的应用，"十二五"期间要研发成功并推广应用。

（7）开拓境外市场：鼓励有实力的企业到海外建立废钢基地，拓展资源渠道，争取国家政策支持，年废钢供应能力达到50万吨以上，跨国公司力争达到10家。

（8）开展行业技术培训：广泛开展技工专业技能培训和管理人员专业知识培训，提高行业职工素质，鼓励院校、培训机构、企业，多层面开展授课、短训、讲座等多种形式的教育，技工培训率达到95%，管理人员培训率达到95%。

（三）"十二五"规划完成情况

"十二五"期间，废钢铁的循环利用不仅得到政府相关部门的重视，也得到社会的高度认可。在全行业的积极努力下，新兴的废钢铁加工配送体系初步建立，钢渣的综合利用引起企业的重视，其中尾渣加工微粉工艺也开始深度研发，对缓解资源和环境的约束发挥了重要的作用。

（1）废钢铁消耗量持续增长，为钢铁工业的发展提供绿色环保的钢铁原料。2015年底，全国钢铁积蓄量达到80亿吨，社会的废钢铁资源量超过1.6亿吨/年，为废钢铁循环利用量的逐年增长提供了保障。"十二五"我国炼钢消耗废钢铁4.4亿吨，比"十一五"的3.8亿吨增长15.8%。"十二五"期间，用废钢铁炼钢与铁矿石炼钢相比共减少约7亿吨CO_2的排放，减少约13亿吨固体废物的排放，节省原煤4.4亿吨。废钢铁的循环利用，对生态环境的改善有着不可替代的重要作用。

（2）产业规范发展，行业面貌明显改变。"十二五"以来，废钢铁产业规范发展取得明显成果。由协会在行业内倡导建立的废钢铁加工配送中心及示范基地，从"十五"末期开始启动和尝试，由于其管理规范，装备精良，环保达标，走上了产业化、产品化、区域化的健康发展之路，完成了从回收体系向工厂化生产的历史跨越。"定向收购，集中加工配送"的运行模式，为实现钢铁工业的"精料入炉"开创了良好的条件。

（3）工信部《废钢铁加工行业准入条件》的出台，使行业真正进入了规范的体系建设进程。到2015年，全国有151家废钢铁加工企业跨入准入门槛，年加工能力超过5000万吨，提前实现了废钢铁加工配送体系建设的"十二五"规划目标。

（4）"十二五"期间，废钢铁产业文化发展取得新成果。废钢雕塑艺术品的展示、各类文字描绘和媒体对废钢铁循环利用的大力宣传，更新了社会对回收行业的传统认识，对推动废钢铁产业持续健康发展增添了正能量。

三、废钢铁产业"十三五"发展规划及实施情况

（一）废钢铁产业"十三五"发展规划

废钢铁产业"十三五"发展规划

"十三五"（2016～2020年），我国经济发展进入新常态时期。经济增速保持中高速增长，经济发展方式、经济结构、经济发展动力将发生新的变化。

"十三五"是中国钢铁工业转型升级的关键时期，钢铁的绿色、循环发展，是我国工业实现绿色发展、可持续发展的主力军。

"十三五"废钢铁行业处于资源持续增加，废钢铁利用在低谷徘徊，加工体系有序发展，财税政策适时扶持的新常态。编制并实施好废钢铁产业"十三五"发展规划，对发展钢铁绿色循环，节约原生资源，降低能耗，减少钢铁固体废物的排放具有重要意义。

一、废钢铁产业"十二五"发展情况

废钢铁是节能环保的铁素资源，是可无限循环利用的绿色再生资源。"十二五"期间，废钢铁的循环利用不仅得到政府相关部门的重视，也得到社会的深度认可。在全行业的积极努力下，新兴的废钢铁加工配送体系初步建立，钢渣的高效利用微粉工艺也开始推广，对缓解资源和环境的约束发挥了重要的作用。

（一）"十二五"主要成就

1. 废钢铁消耗量持续增长，为钢铁工业的发展提供绿色环保的钢铁原料

2015年底，全国钢铁积蓄量达到80亿吨，社会的废钢铁资源超过1.6亿吨，为废

钢铁循环利用量的逐年增长提供了保障。"十二五"期间,我国炼钢消耗废钢铁4.4亿吨,比"十一五"的3.8亿吨增长15.8%。用废钢铁炼钢数量约占"十二五"粗钢总量的11.3%。与铁矿石炼钢相比,用1吨废钢铁炼钢可减少1.6吨CO_2的排放,可减少3吨固体废物的排放,可节省1吨原煤。"十二五"期间,用废钢铁炼钢与铁矿石炼钢相比共减少约7亿吨CO_2的排放,减少约13亿吨固体废物的排放,节省原煤4.4亿吨。废钢铁的循环利用,对生态环境的改善有着不可替代的重要作用。

2. 产业规范发展,行业面貌明显改变

"十二五"以来,废钢铁产业规范发展取得明显成果。由协会在行业内倡导建立的废钢铁加工配送中心及示范基地,从"十五"末期启动持续健康发展,由于其管理规范,装备精良,环保达标,走上了产业化、产品化、区域化的发展之路,完成了从回收体系向工厂化生产的历史跨越。"定向收购,集中加工、统一配送"的运行模式,为实现钢铁工业的"精料入炉"开创了良好的条件。2014年工信部《废钢铁加工行业准入条件》的出台,使行业真正实现了规范的进程。到2015年,全国有151家废钢铁加工企业跨入准入门槛,年加工能力超过5000万吨,提前实现了废钢铁加工配送体系建设的"十二五"规划目标。"十二五"期间,废钢铁产业文化发展取得新成果,废钢雕塑艺术品的展示,各类文字表述和其他媒体对废钢铁循环利用的大力宣传,更新了社会对回收行业的传统认识,对推动废钢铁产业持续健康发展增添了正能量。

3. 装备企业迎来发展高峰期,多类产品增长迅速

"十二五"期间,废钢铁产业的快步发展,为废钢铁加工设备制造、装载设备、检测设备等企业带来商机。废钢铁破碎线、门式剪切机、液压打包机、抓钢机等产品,成为废钢铁加工企业不可缺少的装备。我国设备制造企业加大科技投入,加快科研创新,强化产品技术服务工作,赢得了废钢铁加工企业的认可,企业生产规模不断扩大,产品品类规格不断增加,为废钢铁加工配送体系建设做出贡献。同时,国外与废钢铁相关的设备厂家也积极参与中国废钢市场的竞争,形成了国产设备为主,进口设备为辅的局面,使我国废钢铁产业的装备水平有很大的提高。

4. 钢铁渣开发利用取得新进展,综合利用率逐年提高

"十二五"时期,我国钢铁工业每年产生的钢铁渣已超过3亿吨。对钢铁渣的开发利用,是钢铁企业落实国家发展循环经济,实现钢铁工业绿色发展的重要任务。经过多年的科技研发,反复探索,我国钢铁渣综合利用技术呈多样化发展趋势。钢铁企业根据本企业的实际情况,采取不同的技术开发利用钢铁渣。目前,钢铁渣的热闷技术以及热泼技术、滚筒技术、风吹水淬技术等,在钢铁渣的开发利用中发挥了重要作用。"十二五"期间,我国钢铁渣的产生量约16.5亿吨,其中高炉渣11.5亿吨,钢渣5亿吨,钢铁渣的开发利用量10.4亿吨,综合利用率63%。其中高炉渣利用量9.3亿吨,利用率

81%；钢渣利用量 1.1 亿吨，利用率 22%。与"十一五"相比，钢铁渣的综合利用率提高 8 个百分点，其中高炉渣利用率提高 9 个百分点，钢渣的利用率提高 7 个百分点。

钢铁渣的开发利用，不仅回收了大量的铁素资源，而且尾渣生产的资源化产品应用到建筑、交通等领域，在节能减排和节省原生资源方面的功效十分显著。用 1 吨钢渣微粉代替水泥，可减少 1.1 吨石灰石和 0.18 吨黏土质原料的原生资源消耗，可减少 121 千克煤耗，可节电 60 千瓦时，可减少 1.815 吨 CO_2 排放。"十二五"期间，用钢铁渣生产水泥和钢铁渣微粉约 8.4 亿吨。节省石灰石和黏土质原料 10.8 亿吨，其中钢渣微粉约 9300 万吨，节煤 1130 吨，节电 55.8 亿千瓦时，减少 CO_2 排放 1.1 亿吨。开发利用钢铁渣 10.4 亿吨，减少土地占用 5.2 万亩。

5. 非高炉炼铁技术研发热度不减，发展思路逐步清晰

非高炉炼铁技术在我国已推广研发多年，对我国发展直接还原技术的思路基本有了清晰的概念。对不同直接还原技术的应用、生产实践中的关键问题进行了深度的探讨和科研攻关。

"十五"和"十一五"期间，我国钢铁、化工界的专家、学者对煤制气-竖炉直接还原技术开展了科研实验工作，取得了大量的数据，如实现工业化生产，将彻底改变我国直接还原铁生产面貌。

"十二五"转底炉直接还原技术在处理钢厂含铁尘泥方面有新的进展，成为发展钢铁绿色循环的亮点。回转窑直接还原技术在提取锌等金属和红土镍矿冶炼生产镍铁中得到应用和推广；隧道窑直接还原技术，经专家和业内人士的不断研发和改造，新的工艺和装备不断涌现。

（二）产业发展面临的形势

世界发达国家钢铁工业采用短流程生产工艺比例较高，废钢铁是电炉炼钢的重要原料。2014 年，世界平均电炉钢比 25.8%，而我国电炉钢比不到 10%，长流程的炼钢工艺目前已成为我国钢铁工业的主流。工艺的选择决定在环保方面仍沿袭先污染后治理的路线，但最终必然走短流程的发展道路。"十二五"以来，钢铁工业产能过剩和环保治理两大问题日益突显，影响了钢铁工业可持续发展的进程。创新驱动，转方式，调结构，在新常态下，钢铁工业必须走绿色发展之路。

随着钢铁积蓄量的不断增长，废钢铁资源会越来越多，为废钢铁产业的发展提供了有利的条件。要及时抓住钢铁工业化解过剩产能、转制升级的机遇，配合钢铁企业在调整原材料结构节能减排工作中，不断推进废钢铁产业深化发展，促进"多吃废钢，精料入炉"方针得到全面落实。

2011~2015 年，我国粗钢产量为 38.8 亿吨，炼钢废钢比为 11.4%，与"十二五"规划目标 20%，相差 8.6 个百分点。2014 年，提前实现了建立 100 家年加工能力 10 万~100 万吨的废钢铁加工企业，总体供应量达到 50% 的规划目标。"十二五"钢铁渣的综合利用有了很大的进展，综合利用率预计达到63%，比"十一五"的55%提高了8个百分点，但与规划目标73%相差10个百分点。

（三）影响废钢铁产业发展的主要问题

（1）"十二五"开局第一年，国家取消了废钢铁的税收优惠政策。从2011年开始，废钢铁加工企业要全额上缴17%的增值税，使企业运营成本上升，进而造成当年废钢铁价格攀升，严重影响了钢铁企业多吃废钢的积极性。钢铁企业把少用废钢铁，多用铁矿石作为降低成本的主要措施，废钢铁加工企业由于钢厂需求减少，加工量不足，设备开动率低，生产经营陷入困境。

（2）废钢铁市场处在规范与不规范两种方式下运行，使规范的钢铁企业和废钢铁加工企业在市场竞争中处于劣势，不仅造成废钢铁资源流向的不合理，也带来国家税源的流失和建筑市场安全的隐患。

（3）对废钢铁的有效合理利用，缺乏具体的激励政策，钢铁企业仍选择相对低成本的长流程工艺生产钢铁产品，而短流程的电炉企业用热铁水代替废钢铁炼钢的势头不减，形成"十二五"期间，炼钢废钢综合单耗逐年下降的局面。

（4）钢铁渣的开发利用，特别是钢渣的深度开发高效利用国家科技投入不足，政策优惠不到位，相关行业的技术壁垒，使钢渣的利用率只有20%左右。

二、废钢铁产业"十三五"发展规划

"十三五"时期是我国全面建成小康社会决胜阶段，是我国大力推进新型工业化、信息化、城镇化、农业现代化和绿色化的重要时期。"十三五"也是钢铁工业结构性改革的关键阶段，钢铁工业化解产能过剩矛盾，节能减排环保治理，发展绿色钢铁的任务十分艰巨。"十三五"钢铁工业调整升级规划提出：加快发展循环经济，推进资源综合利用产业规范化、规模化发展，大力发展循环经济。随着我国废钢资源的积累增加，按照绿色可循环理念，注重以废钢为原料的短流程电炉炼钢的发展机遇。政府的关注和支持，全行业的积极努力，是落实绿色发展理念，促进废钢铁产业持续健康发展，实现"十三五"规划目标的根本保证。

（一）指导思想和基本原则

全面贯彻落实十八大和十八届三中、四中、五中、六中全会精神，牢固树立创新、协调、绿色、开发、共享的发展理念，深入贯彻节约资源和保护环境的基本国策，以钢铁工业绿色发展，提高炼钢废钢比为主线，积极推进绿色低碳循环发展的新模式。利用国家在"十二五"收官之年给予废钢及钢渣处理的财税优惠政策的良好契机，加快废钢铁产业规范化发展，提高废钢铁循环利用量；加快钢铁渣等含铁固废物的深度开发高效利用，提高综合利用率；加快废钢铁、冶金渣加工设备研发创新步伐，满足产业发展的需求。全面贯彻和完善相关法规及标准体系，积极推进废钢铁行业向产业化、产品化、区域化、国际化、电商化的方向持续健康发展。抓住钢铁工业绿色循环发展转型期的机遇，实现废钢铁产业发展的新飞跃。

（1）坚持以市场为导向规范化发展，建立有序的废钢铁市场。强化废钢铁产业管理体系建设，在回收、拆解、加工、配送等环节建立和完善各项法规，开展企业信用建设，树立依法经营，诚实守信理念。建立和完善废钢铁标准体系，满足行业发展的需求。通过电子信息平台等方式，加强废钢铁加工企业的日常管理，协助政府相关部门做好监管工作，创建良好的市场秩序。

（2）坚持突出重点，继续推进钢铁渣的深度处理高效利用，最终实现"零排放"。"十三五"钢铁渣的开发利用要有新突破，特别是钢渣的综合利用率要明显提高。要加快关键技术的研发和推广，逐一解决影响钢渣开发利用的瓶颈问题。加快国外先进渣粉研磨设备的引进消化，尽快实现国产化，降低设备制造成本。要大力宣传推广钢铁渣资源化产品，节省原生资源，减少环境污染。

（3）坚持产业链协调发展，打造一体化的产业体系。废钢铁、冶金渣等设备制造企业，要用科技创新，提高技术水平，在设备的大型化、专业化、国产化方面有所突破，满足国内生产的不同需求，拓展国际市场的份额。直接还原技术要立足国情，尽快实现煤制气或其他气基—竖炉的工业化生产，实现历史的新突破。

（4）坚持建立市场共赢机制，促进供需双方共同发展。废钢铁加工企业要用优质的服务，同钢铁企业建立长期的战略合作关系。实现废钢铁产品直接装包入炉，降低物流费用。钢铁企业要从战略发展着眼，支持废钢铁加工企业的发展，做到困难共担，利益共享，促进钢铁工业的绿色发展。

（二）主要目标

（1）提高炼钢废钢比，"十三五"达到20%以上，其中，转炉废钢比达到15%以上，电炉钢比达到历史最高水平（逐步摆脱电炉转炉化）；

（2）提高废钢铁加工能力，使"准入"企业达到300家，加工量达到年消耗量的50%以上；

（3）提高废钢铁加工装备水平，先进的加工设备（破碎线、门式剪切机、移动加工设备等）能力超过60%，逐步淘汰火焰切割等落后加工方式和落后的加工设备（鳄鱼式剪切机）；

（4）加快钢铁渣开发利用步伐，全力推进钢渣尾渣的高附加值利用及资源化产品的推广应用；

（5）重点开展废钢铁加工企业大型设备和质检等关键岗位人员培训，培训率达到95%以上；

（6）崇尚生态文明价值观，大力发展废钢铁产业文化。

"十三五"废钢铁产业重点工程和项目：

（1）废钢铁加工配送示范工程；

（2）利用互联网+探索建立全方位废钢铁产业管理及商务平台项目；

（3）废钢破碎线杂物分选后深度处理废弃物的再利用项目；

（4）报废汽车拆解与废钢加工产品化示范工程；

（5）提高转炉炼钢废钢比项目；

（6）废钢按合金成分分类配送项目；

（7）移动式废钢剪加工示范项目；

（8）废钢铁产品行业标准项目；

（9）钢渣处理生产工艺国产化流程项目

（10）建立 20 个"钢铁渣零排放"示范项目；

（11）国外废钢铁加工配送基地示范项目。

三、钢铁绿色循环发展相关产业规划要点

"十三五"实现钢铁绿色循环发展，不仅体现在废钢铁循环利用得到充分实施，相关的"钢铁渣开发利用产业、直接还原铁产业、废钢加工设备制造产业、钢铁尾矿渣综合利用等产业"的发展，对各类资源节约高效利用有着重要的作用，是钢铁绿色循环发展不可缺少的构成体系。

（一）"十三五"钢铁渣开发利用规划

推进钢铁工业绿色发展，不仅是产品的转型升级，实现钢铁制造、能源转换和废弃物消纳三大功能的协调统一，是"十三五"钢铁工业去产能、补短板，确保可持续发展的必选之路。为此，"十三五"钢铁渣的开发利用任务十分繁重。

"十三五"规划目标：

（1）2020 年钢铁渣的综合利用率达到 90%，其中钢渣的利用率达到 60% 以上。

（2）全国建立 20 个"钢铁渣零排放"示范企业，形成完善的产业链，推动钢铁渣企业规范发展。

（3）重点推广应用先进的钢铁渣处理工艺技术，加快技术创新，不断提升钢铁渣开发利用的水平。

（4）加快完善推广转底炉、回转窑从冶金尘泥中提取锌、钒、钛等金属的技术工艺，提高固废资源开发利用的综合效益；做好冶金尘泥、氧化铁皮等含铁固废物制作金属球团矿技术工艺的研发和应用。

（5）积极推进钢渣磨粉设备的引进研发进程，降低设备制造成本，提升钢渣微粉的市场竞争力。

（6）做好钢铁渣产品标准和相关行业标准的衔接工作，解决产品应用的技术壁垒，促进钢铁渣产品的推广应用。

（二）"十三五"直接还原铁产业发展规划

直接还原铁是优质废钢的替代品，是电炉冶炼高品质纯净钢不可缺少的原料。

我国直接还原铁技术的研发推广起步较早，但由于铁矿石原料和气基燃料两大因素的影响，产业发展比较缓慢。

2015 年，我国直接还原铁的产量不足百万吨，全球的产量已达 7300 万吨，中国直接还原铁的发展远远落后于世界。

"十二五"以来，国内专家、学者和企业家以持之以恒的毅力，积极求索适合中国国情的直接还原生产技术，经过反复的研讨论证，对煤制气-竖炉直接还原技术将成为我国直接还原铁生产的主要途径形成共识。近两年，在有关科研院校与企业的合作努力下，对高品位铁矿粉的提取技术取得新突破，可完全满足直接还原铁生产企业对原料的需求。煤制气和其他气源的研发也在积极推进中，如果直接还原铁生产的气源问题得到解决，我国直接还原铁产业在"十三五"将会有较快的发展。

"十三五"规划目标：

发展直接还原铁产品，与废钢铁有同样的节能减排的意义。作为世界钢铁工业的一项成熟技术的成果，2015 年，全球炼钢的直接还原铁比达到 4.5%。按此比例推算，中国 8 亿吨粗钢，直接还原铁的应用量应达到 3285 万吨，我国直接还原铁产业的前景是非常广阔的。

（1）提升直接还原铁生产能力，建设年产能 10 万~100 万吨的直接还原铁生产企业 20 家，其中 15 家企业采用气基-竖炉生产工艺；

（2）加快回转窑应用低品位原燃料使用技术的研发，尽早形成适合我国回转窑煤基直接还原生产工艺技术；

（3）完善提升转底炉对冶金尘泥等含铁固废开发利用技术，提高直接还原铁球团的铁品位和其他金属的回收率。

（三）"十三五"废钢铁冶金渣工艺设备产业发展规划

"十二五"以来，废钢铁产业的快速发展，为废钢铁、冶金渣等相关设备制造企业带来发展的机遇。

废钢铁加工企业规范建设，对废钢铁原料由落后的手工火焰切割改为机械加工为主，增加了设备需求量。废钢破碎线、门式剪切机等先进的废钢加工设备逐步成为主导装备，为生产优质废钢提供了保障。机械加工工艺技术，既提高了生产效率，也提升了加工过程中环保治理和再生资源的分类回收，企业现场环境得到明显改善。

"十三五"规划目标：

（1）研发制造完全国产化的汽车拆解生产线，要达到世界先进水平，满足今后汽车报废高潮期的需求，增加废钢铁资源数量。

（2）引进、研发高效现代废钢加工设备。如移动式液压剪，可提高效率，替代火焰切割，改善劳动环境，国外先进国家已普遍采用。

（3）重点专项研发特种废钢处理设备，实现废线材、超厚废钢、中间包、大块渣铁等的机械处理，减少火焰切割的处理量，降低环境污染的影响。

（4）组织科研院所、相关企业全力攻克钢铁渣磨粉设备的研发制造，通过引进消化国外技术，生产出技术先进的国产设备，为尾渣的深加工利用提供精良的装备。

（5）完善钢渣破碎磁选生产线的总体功能，提高产能水平，实现含铁量小于1%的目标，推进钢渣开发利用的进程。

（6）加大设备技术研发和技术创新的投入，提高设备技术水平。在实施"一带一路"倡议进程中，增加设备的出口量，推进企业持续健康发展。

四、"十三五"发展废钢铁产业政策建议

面对原生资源日趋枯竭，生态环境治理任务繁重的严峻形势，在钢铁领域解决源头污染的重大课题在"十三五"应得到有效的落实。期望国家在宏观调控和微观管理上加大对废钢铁产业的扶助和支持，通过税收、信贷、环保、行政干预等手段，加快废钢铁资源的综合利用，促进废钢铁产业持续健康发展。

建议：

（1）建议国家将废钢铁产业作为新兴战略产业纳入《国民经济和社会发展第十三个五年规划纲要》，促进废钢铁产业科学发展。

（2）建议国家尽快出台对规范的废钢铁加工配送企业增值税即增即退政策，并减免企业所得税，解决国内市场不公平竞争问题。

（3）建议修订国标，制定行业废钢产品标准。

（4）建议国家出台鼓励钢铁企业多吃废钢铁的政策，从源头控制和减少污染源的产生。

（5）建议国家支持废钢铁电子商务交易市场的发展，在政策引导、政策优惠等方面推动交易市场健康、快步提升，适应废钢铁产业发展的需要。

（6）建议开放废钢进出口市场，进出口废钢实行零税率，推进废钢贸易国际化。对规范的废钢铁加工企业给予进出口资质，增加废钢铁资源，开发国外资源，相应替代部分铁矿石进口。

（7）建议国家相关部门关注废钢铁统计信息体系建设，授权行业协会依法开展全国性的废钢铁统计信息收集汇总工作，提升信息的全面性、科学性、权威性，为国家宏观决策服务，为会员企业服务。

（8）建议国家组织相关部门和行业协会开展全国废钢铁资源普查工作，摸清家底加快资源开发利用。

（9）建议支持建立废钢产业基金和相关投融资机构，对包括废钢加工体系，钢渣处理体系，除尘灰、尘泥综合处理利用体系，以及尾矿处理等提供建设发展资金，满足钢铁循环利用各个环节的长远发展需要。

（10）建议发挥行业协会、商会等社团组织的作用，制定政策时注意听取相关方面的意见。吸纳协会参与标准制定、课题调研、规划编制等项工作。

结束语

我国废钢铁产业近十年有了较快的发展，得益于国家的支持和企业的努力。创业难守业更难，新常态下废钢铁产业更需要国家的关注和支持，这是实现"十三五"规划目标的根本保障。全行业要继续努力奋斗，创新思维，深化改革，不断提升抵御国内外市场风险的能力，使我国成为管理规范，装备精良，环境整洁，世界一流的废钢铁产品加工循环利用大国，为实现钢铁工业的绿色发展做贡献。

（二）"十三五"规划目标和具体措施

（1）提高炼钢废钢比，"十三五"全国钢铁行业废钢比达到20%以上，其中转炉废钢比，力争达到15%以上，电炉钢比要逐步提高，并力争摆脱电炉转炉化。

（2）提高废钢铁加工能力，使"准入"企业达到300家，加工量达到年消耗量50%以上。

（3）提高废钢铁加工装备水平，先进的加工设备（破碎线、门式剪切机、移动加工设备等）能力超过60%，逐步淘汰火焰切割等落后加工方式和落后的加工设备（鳄式剪切机）。

（4）加快钢铁渣开发利用步伐，全力推进钢渣尾渣的高附加值利用及资源化产品的推广应用。

（5）开展重点人员培训。废钢铁加工企业大型设备和质检等关键岗位人员培训，培训率达到95%以上。

（6）崇尚生态文明价值观，大力发展废钢铁产业文化。

（三）"十三五"规划完成情况

（1）2020年全国炼钢废钢比达到21.85%，早在2018年前三季度，全国炼钢消耗废钢总量已超过1.4亿吨，废钢比达到20.2%，提前两年三个月完成了《废钢铁产业"十三五"发展规划》中提出的废钢比达到20%的目标。"十三五"期间平均废钢比为18.8%，比"十二五"提高7.5个百分点。

（2）废钢铁加工能力显著提高，准入企业达478家。自工信部2012年9月发布《废钢铁加工行业准入条件》以来，到"十三五"末共发布符合准入条件的公告企业八批510家，撤销已公告企业32家，目前剩余已公告企业478家，年废钢铁加工能力已达到1.3亿吨，占我国废钢铁资源总量的一半以上。

（3）废钢铁加工设备不断升级，破碎线产能达7000多万吨。"十三五"期间，随着技术的进步和环保要求的提高，废钢加工设备不断升级，火焰切割和鳄式剪切机等方式逐渐减少。随着"地条钢"的清除，国内轻薄型原料价格下跌，废钢破碎机产能快速增加，经过破碎生产线加工处理的废钢破碎料是洁净的优质废钢，是各大中型主流钢厂理想的炼钢炉料。自2017年开始，废钢破碎线数量在全国大幅增加，据不完全统计，截止到"十三五"末全国已有1000马力以上破碎线500多条，产能达到7000多万吨。

（4）"十三五"期间，冶金渣的"深度处理、高效利用"工作取得很大进展，全国各地涌现出许多好的生产工艺和冶金渣综合利用产品。当前，高炉渣以水淬工艺为主，钢渣以热闷、滚筒、风淬工艺技术为主，在其开发利用中发挥了重要作用。钢渣深度加工成微粉代替水泥成为土壤固化剂，已在宁波等地取得成效，要把这一重大成果抓紧推广。但就目前全国冶金渣，特别是钢尾渣开发利用的实际状况来看，仍然存在着诸多的技术、标准、应用和政策方面的难点问题。

"十三五"期间，国内年粗钢产量为9亿~10亿吨，冶金渣产生量为4亿吨以上，冶金渣综合利用率平均达到 65%，其中高炉水渣、铁合金渣和含铁尘泥利用情况较好，几乎均已得到充分有效利用，高炉渣的综合利用率达到 90% 以上。而钢渣因其自身的稳定性不良、易磨性差、活性较低等原因，2019 年钢渣利用率不足 30%。以上统计数据表明，冶金渣特别是钢尾渣开发利用还有很大的发展空间。

（5）废钢铁加工准入企业关键岗位实现培训后持证上岗，非准入的部分加工企业人员培训率有待进一步提高。

（6）"十三五"期间，废钢铁产业文化得以大力发展和壮大，废钢协会组织举办的废钢雕塑工艺展，受到了国内外同行的好评；一些企业利用废旧汽车零件、废旧钢材制作钢雕机器人，开办以此为主题的钢铁游乐园；还有企业利用回收来的废旧钢铁经焊接、涂镀等工艺后开发成再生资源艺术品，部分废钢雕塑艺术品还入驻了一些地方景区和商业广场。

第三章 废钢铁资源

废钢铁资源主要由自产废钢、社会废钢、进口废钢三部分组成。钢铁工业的快速发展，带来粗钢积蓄量的大幅提升，使我国废钢铁资源总量跃居世界前列。"十三五"期间，废钢铁在我国钢铁企业的应用量逐年增加，提前两年实现了炼钢废钢比20%的规划目标。

本章重点介绍了我国废钢铁资源的分类、废钢铁在钢铁等行业应用情况、废钢铁资源的分布区域特点，并对未来十年我国废钢铁资源量的变化做出了预测。

第一节 废钢铁资源分类

2000年7月中国工程院院士、冶金热能和工业生态学专家、东北大学教授陆钟武在《金属学报》发表《关于钢铁工业废钢资源的基础研究》的报告，指出钢铁产品的生命周期主要有三个阶段：

第一阶段是钢铁生产流程。铁矿石和废钢等含铁物料经钢铁生产流程后，成为钢铁产品（钢材等）。在此过程中，含铁物料由上游工序流向下游工序，一步一步地变成钢铁产品。与此同时，生产过程中产生的含铁废料（其中包括废钢），呈逆向流动，返回上游工序去重新处理。此外，还有些含铁废料，如粉尘、残渣等，作为损失，散失于环境之中。

第二阶段是制造加工工业。钢铁产品经此阶段后，成为各种钢铁制品，或含有钢铁的制品。在此过程中，又有废钢产生，如切下的边角料和车屑等。这些废钢，经回收后返回钢铁工业，进行重新处理。

第三阶段是钢铁制品的使用阶段。各种钢铁制品，或经使用一定年限后报废，成为废钢，或长久埋在地下设施和建筑物中，或散失于环境中。这部分废钢，经回收后，作为原料重新进入钢铁生产流程。

这个循环就是钢铁产品的生命周期。

可见，在钢铁产品的生命周期中，共产生三种不同来源的废钢：钢铁工业的自产废钢、加工废钢、折旧废钢（见图3-1）。

根据其理论研究和实际需要以及现实可行性而定，现将废钢铁资源构成分为三大部分，分别是企业自产废钢、社会废钢（即加工废钢和折旧废钢之和）以及进口废钢。

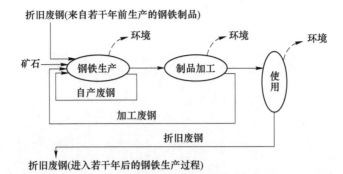

图 3-1 钢铁产品生命周期的铁流图

一、自产废钢

自产废钢，也称内部废钢，指钢厂在生产过程中产生的渣钢、中间包铸余、切头、边角料、废次材等废钢。这些废钢，除边角料、废次材等部分作为小五金工具的原材料外，通常只在钢厂内部循环使用，不进入钢铁生产流程以外的社会大循环中去。Mysteel 调研统计，2020 年我国自产废钢约 5013 万吨，占废钢资源比重为 20%（见表 3-1）。

表 3-1　2010～2020 年我国废钢资源量组成及变化（自产废钢）

年份	自产废钢/万吨	自产废钢占废钢资源比重/%
2010	3582	32
2011	4001	31
2012	4125	30
2013	4351	28
2014	4720	29
2015	4651	27
2016	5112	26
2017	4601	22
2018	4721	21
2019	4252	18
2020	5013	20

数据来源：钢联数据。

二、社会废钢

为满足钢铁生产对废钢铁的需求，钢铁企业每年必须从社会采购大量的废钢铁，购进的数量约占资源总量的 70%。多年来把从社会采购的废钢统称社会废钢，实际应细化分为社会加工废钢和社会折旧废钢。

（一）社会加工废钢

加工废钢，指装备制造业在对钢材进行机械加工时产生的废钢，也称为"新废钢"或者"短期废钢"（见图3-2）。一般加工废钢会直接卖给钢厂或由废钢贸易商回收再进行贸易，是社会废钢的一种。Mysteel 调研统计，2020 年我国加工废钢约 4980 万吨，占废钢资源比重约 20%（见表3-2）。

图 3-2　工业下脚料

表 3-2　2010～2020 年我国废钢资源量组成及变化（加工废钢）

年份	加工废钢/万吨	加工废钢占废钢资源比重/%
2010	3358	30
2011	3715	29
2012	3814	27
2013	4273	27
2014	4256	26
2015	3872	22
2016	4112	21
2017	4253	21
2018	4453	20
2019	4698	19
2020	4980	20

数据来源：钢联数据。

（二）社会折旧废钢

折旧废钢，指各种钢铁制品（机械设备、汽车、飞机、轮船等耐用品、建筑物、容器以及民用物品等）使用一定年限后报废形成的废钢。由于这些钢铁制品的使用寿命较长，一般在 10 年以上（除个别钢铁制品，如易拉罐等寿命很短），所以，也称为"旧废钢"或者"长期废钢"（见图3-3）。折旧废钢也是社会废钢最重要的来源。Mysteel 调研统计，2020 年我国折旧废钢约 14400 万吨，占废钢资源供应量 57%（见表3-3）。

图 3-3　社会折旧废钢

表 3-3　2010~2020 年我国废钢资源量组成及变化（折旧废钢）

年份	折旧废钢/万吨	折旧废钢占废钢资源比重/%
2010	3596	32
2011	4231	33
2012	5231	38
2013	6464	41
2014	6958	42
2015	8432	48
2016	10224	51
2017	11177	54
2018	12618	55
2019	14207	59
2020	14400	57

数据来源：钢联数据。

三、进口废钢

除我国自产废钢外，也从国外进口一部分废钢作为国内废钢资源的补充。2009 年原环境保护部在《进口废钢铁环境保护管理规定（试行）》中规定，进口废钢铁是指列入《自动许可进口类可用作原料的固体废物目录》的"铸铁废碎料""其他合金钢废碎料""镀锡钢铁废碎料""机械加工中产生的钢铁废料（机械加工指车、刨、铣、磨、锯、锉、剪、冲加工）""未列明钢铁废碎料"和"供再熔的碎料钢铁锭"。

2009 年，我国废钢进口量达到近 20 年来峰值，年进口量为 1369 万吨，虽然占我国废钢消耗量的比重不大，但这是国际国内两个市场的重要平衡点。

从 2016 年开始，进口废钢政策逐步趋严，次年 7 月，环保部在《禁止洋垃圾入境推进固体废物进口管理制度改革实施方案》中提出"分批分类调整进口固体废物管理目录"

"逐步有序减少固体废物进口种类和数量"；2018 年 4 月，目录调整，废五金、废船、废汽车压件列入禁止进口，12 月 31 日起执行；废不锈钢列入禁止进口，2019 年底执行；2018 年 12 月，生态环境部、商务部、发展改革委、海关总署联合印发"关于调整《进口废物管理目录》的公告"，将废钢铁、铜废碎料、铝废碎料等 8 个品种固体废物从《非限制进口类可用作原料的固体废物目录》调入《限制进口类可用作原料的固体废物目录》，自 2019 年 7 月 1 日起执行。

数据显示，2018 年，我国废钢进口 134.2 万吨，但 2019 年 7 月 1 日起，国家将废钢铁、铜废碎料、铝废碎料等 8 个品种的固体废物从《非限制进口类可用作原料的固体废物目录》调入《限制进口类可用作原料的固体废物目录》，废钢进口量明显下降。2019 年我国废钢进口量仅为 18.1 万吨，同比减少 86.5%；2020 年废钢进口趋于零（见表 3-4）。

表 3-4　2010~2020 年我国进出口废钢资源量组成及变化

年份	进口废钢/万吨	出口废钢/万吨	净进口废钢/万吨
2010	585	37	548
2011	677	3	674
2012	497	0	497
2013	446	0	446
2014	256	0	256
2015	233	0	233
2016	216	0	216
2017	233	223	10
2018	134	33	101
2019	18	0	18
2020	3	0	3

数据来源：钢联数据。

第二节　废钢铁替代资源

废钢铁替代资源主要包括直接还原铁、热压铁块以及金属化球团矿。

一、直接还原铁

直接还原铁（DRI）是铁精粉或氧化铁在炉内经低温还原形成的低碳多孔状物质（见图 3-4）。其化学成分稳定，杂质含量少，主要用作电炉炼钢的原料，也可作为转炉炼钢的冷却剂，如果经二次还原还可供粉末冶金用。

由于废钢来源不同，化学成分波动大，而且很难掌握、控制，给电炉炼钢作业带来了较大困难。将一定比例的直接还原铁（30%~50%）作为稀释剂与废钢搭配，不仅可增加钢材的均匀性，还可以改善和提高钢的物理性能，从而达到生产优质钢的目的。

目前全球最大的直接还原铁生产国是印度，2019 年产量高达 3690 万吨，占全球直接

图 3-4 直接还原铁

还原铁产量的34%。我国钢铁行业以高炉生产居多，直接还原铁产量较少，以进口为主。2020年我国进口直接还原铁346万吨，同比增长153%（见表3-5）。

表 3-5 2010~2020年我国直接还原铁进口量

年份	直接还原铁进口量/万吨	年同比/%
2010	138	−22
2011	138	0
2012	106	−23
2013	61	−43
2014	40	−33
2015	18	−55
2016	7	−63
2017	2	−71
2018	12	520
2019	137	1024
2020	346	153

数据来源：钢联数据。

二、热压铁块

热压铁块（HBI）采用粉矿直接还原技术生产，通过选矿，将铁矿石铁品位提高到67.5%~68%后，利用天然气加工成H_2和CO作为还原气，铁矿石与还原气逆向流动进行还原反应获得海绵铁，再经过热压成型，即获得最终产品——热压铁（全铁92%~93%，碳1%~1.1%，有害元素0.01%，粉化物含量低于2%）（见图3-5）。热压铁块具备普通海绵铁共有的特性：高纯净、低有害杂质含量，利于优质钢的生产，品质均匀，强度高、粉化率低，更利于安全运输和露天堆存，且冶炼产钢率高，脉石含量低，冶炼能耗少。

虽然热压铁块通常用于电炉生产，同时也应用于高炉、转炉和电炉等各种冶炼工艺，但由于我国钢铁企业多为长流程钢厂，市场中贸易流通的热压铁块较少，并非主要的废钢替代资源。

图 3-5　热压铁块

三、金属化球团矿

金属化球团矿属于预还原球团矿，球团矿经过气体或固体还原剂处理后得到金属化程度不同的产品（见图 3-6）。一般预还原球团矿的金属化率在 60%~95%，企业通常用金属化率高的球团矿（金属化率>85%）替代废钢铁炼钢，金属化率 60%~85% 的球团矿用作高炉原料。

图 3-6　金属化球团矿

美国、俄罗斯等高炉使用金属化球团矿的实践表明：球团矿的金属化率每提高 10%，可降低焦比 4%~6%，产量提高 5%~7%。球团矿金属化率提高有节焦增产效果的原因是：直接还原减少，节省了氧化铁还原消耗的热量，煤气利用得到改善；虽然炉料中焦炭数量减少，料柱透气性变差，但是炉料的软熔温度升高，软熔带位置下移，厚度变薄，有利于煤气流合理分布，而且炉料的堆积密度增加，有利于炉料下降，所以炉料下降并没有变坏而是有所改善，最终实现产量提高。

第三节　废钢铁资源的分布区域及特点

随着工业化进程的发展，我国废钢铁资源量也在不断增加，但资源分布并不均衡，经济发达地区废钢铁资源更丰富，交易也更为集中。

一、分布不均衡，经济发达地区废钢铁资源量大

城镇化、工业化的推进发展，使我国广大城镇既消费了大量的钢材，也积蓄了丰富的社会钢铁，进而产生了大量的社会废钢（加工废钢和折旧废钢）。因此城镇化率高、工业较为发达的地区，废钢产生量较大。

从城镇化率来看，北京（华北）、天津（华北）、上海（华东）等城市城镇化率远高于全国平均水平，这些城市的废钢产生量较多、资源供应量较大。辽宁（东北）、江苏（华东）、浙江（华东）、广东（华南）等地城镇化率次之，废钢资源量与其他地区相比也较为丰富（见表3-6）。

表3-6 2019年各省份城镇化率情况

省份	常住人口城镇化率/%	省份	常住人口城镇化率/%	省份	常住人口城镇化率/%
上海	88.10	湖北	61.00	青海	55.52
北京	86.60	黑龙江	60.90	四川	53.79
天津	83.48	宁夏	59.86	河南	53.21
广东	71.40	山西	59.55	新疆	51.87
江苏	70.61	陕西	59.43	广西	51.09
浙江	70.00	海南	59.23	贵州	49.02
辽宁	68.11	吉林	58.27	云南	48.91
重庆	66.80	河北	57.62	甘肃	48.49
福建	66.50	江西	57.40	西藏	31.50
内蒙古	63.40	湖南	57.22	全国	60.60
山东	61.51	安徽	55.81		

数据来源：国家统计局。

从工业和经济的发达程度来看，广东（华南）、江苏（华东）、山东（华东）等省份，GDP及第二产业增加值占GDP比重明显高于其他省份，且第二产业占比高，是最为重要的废钢资源供应区域。浙江（华东）、河南（华中）、湖北（华中）、四川（西南）、河北（华北）次之，废钢资源量产生量也较大，且未来增长潜力可期。东北三省为老工业基地，废钢产生量维持在一定水平，但近年来经济增速明显低于全国平均水平，后续废钢资源量增长动力不足，不过辽宁第二产业增加值增速相对较高，得益于其钢铁资源的历史积蓄，目前辽宁省废钢资源积蓄量相对较高。其他经济总量、工业发展均相对落后的区域，如西北、部分西南省份等，废钢资源量则较为有限。

整体而言，估算全国超八成的废钢资源分布在东北（辽宁）、华北（北京、天津、河北、山西）、华东（上海、江苏、山东、浙江）、华中（河南、湖北）、四川、广东等工矿企业比较集中、人口比较稠密的省市；其他地区（如西北、大部分西南区域）由于地理条件较差、人口较少、经济落后等因素制约，产生的废钢资源占全国比例不足20%。

二、主要交易地集中于废钢铁资源量大的区域

我国废钢资源分布的不平衡形成了较为复杂的废钢贸易市场。分区域来看，华东地区工业和经济均较为发达，废钢产生量和回收加工量都相对较大。区域内产生的废钢资源除了供应本区域内的钢厂外，还通过船运销往长江中游省份和华北、东北部分省份。

在珠三角经济发达地区，进口加工和区域内回收的废钢除供应区域内的广东、广西等省份外，主要还销往周边的湖南、江西等地区，也有部分通过船运运往华东地区的钢厂。

而华北地区、东北地区，由于当地铁矿石资源丰富，大中型的钢厂多采取长流程的炼钢工艺，对废钢的需求略低于华东地区。当地工矿企业产生的废钢和回收的老旧废钢，主要流向了当地及周边中小型的民营钢厂。

至于废钢资源相对匮乏的西南、西北地区，以重庆为主要废钢回收加工和集散贸易地。这些地区的废钢资源主要供应区域内的四川、重庆、贵州以及周边湖北、湖南等地的钢厂。

第四节　废钢铁资源量预测

随着我国经济发展由高速增长阶段向高质量发展阶段的转换，城镇化、工业化进入后期，消费接棒成为经济增长主要引擎之后，钢铁作为基础原材料，消费已经步入登顶下探区间。未来，随着我国经济结构调整，产业转型升级，钢铁下游主要的房地产、机械、汽车、家电等行业的用钢需求将发生变化，钢材消费总量整体将难以始终维持在高位，但不会出现"断崖式"下跌。结合进出口来看，由于碳达峰要求，国内钢铁产业政策的调整，钢材出口量将下降。未来十年，我国粗钢产量可能会出现缓慢下降。

社会钢铁积蓄量，是指目前以钢或铁的形式存在于某一区域内的正在使用中的钢铁制品总量。它就像一个巨大的钢铁贮存库，随时都有新的钢铁制品投入到这个库，也随时都有钢铁制品因报废而离开这个库。社会钢铁积蓄量是反映一个国家或地区工业化程度的重要指标。

根据我国钢材实际消费量情况，中国废钢铁应用协会综合多家研究机构测算和预测结果，分析得出 2018~2030 年我国社会钢铁积蓄量变化趋势见表 3-7。

表 3-7　2018~2030 年我国社会钢铁积蓄量

年　份	2018 年	2020 年	2025 年底	2030 年底
社会钢铁积蓄量/亿吨	100	114	133	150

数据来源：钢联数据。

在废钢的资源量中，自产废钢和加工废钢资源量可根据粗钢产量及各主要钢材消费领域的用钢量，由一定的折损比例计算得出。而折旧废钢资源量则需要充分考虑钢铁产品的生命周期，以及达到报废期限后的实际报废率和钢铁回收率。因此，以上数据主要通过对钢材主要消费领域，即主要废钢产生领域的废钢资源量进行调研测算，分行业归纳演绎，

并通过构建废钢资源量模型而得出。

本书采用陆钟武院士提出的"钢铁产品生命周期法"对钢铁蓄积量进行计算。这一方法可以较为准确地掌握钢铁制品平均使用寿命和生命周期结束后的实际报废率及钢铁回收率。

钢铁制品的平均使用寿命受到多种因素的影响，如一个国家或地区的经济发展水平、工业化进程、钢材消费结构以及政策等。目前，我国主要钢铁制品或含有钢铁的其他制品的使用寿命大致为：桥梁和大型建筑40~50年、工业和民用建筑30~40年、汽车15~20年、家电8~10年、日用品1~3年、各种容器和铁罐1年左右。废钢资源量模型划分了6大领域，并充分考虑主要细分行业的情况；钢铁及钢铁制品的平均使用寿命及生命周期结束后当年的实际报废率见表3-8。

表3-8　废钢资源量模型有关各行业钢铁及制品报废周期及报废率假定（以1990年为基期）

行　业	建筑	汽车	家电	机械	造船	能源	其他
报废周期/年	20~30	10	10	10	20	30	10
首年报废率/%	30	30	40	30	40	1	50

数据来源：钢联数据。

根据社会实际情况，钢材/钢材制品生命周期结束后并未完全立即报废回收完成，而是在此后的若干年内逐步报废出清。因此，在折旧废钢的预测中多采取分段回收的方法。

由表3-9可见，未来如果粗钢产量和钢材消费量逐渐下降，与其相关联的自产废钢资源量和加工废钢资源量也将随之下降。而折旧废钢在废钢资源总量中所占的比例将逐渐增长。2020年，折旧废钢大约占废钢资源总量的57%，到2025年该比例预计达到73%，而到2030年废钢资源总量中预计接近80%都将是折旧废钢，这种情况与目前的美国等发达国家的情况相类似。

表3-9　未来十年我国废钢资源量预测　　　　　　　　　　　　　（万吨）

年　份	废钢资源量	折旧废钢	加工废钢	自产废钢
2020年	25407	14400	4980	5013
2025年底	32669	24048	4063	4559
2030年底	35479	27271	3982	4226

数据来源：中国海关、钢联数据。

综上所述，2020年，我国社会钢铁蓄积量达到114亿吨，废钢资源总量达到2.6亿吨左右。预计到2025年，我国社会钢铁蓄积量将达到133亿吨，废钢资源总量将达到3.26亿吨左右；预计到2030年，我国社会钢铁蓄积量将达到150亿吨，废钢资源总量达到3.55亿吨左右。按90%的废钢资源用于钢铁工业计算，则2025年和2030年我国钢铁工业可利用的废钢资源总量分别为3亿吨和3.5亿吨。

第四章　废钢铁与钢铁生产

按照标准加工好的废钢铁可直接加入电炉作为炼钢主要原料进入短流程炼钢，或作为炼钢辅料加入转炉中进入长流程炼钢。目前在全球炼钢金属料中，废钢加入量占入炉炉料总量的 35% 左右，由铁矿石炼的生铁占总量的 65% 左右。因此，废钢被称为"第二矿业"。废钢铁也是唯一可替代铁矿石进行钢铁生产的绿色可再生铁素资源，在钢铁工业绿色可持续发展的进程中占据着举足轻重的地位。

本章重点介绍了废钢铁在钢铁生产不同工艺流程中的应用情况及其特点，以及我国电炉钢的现状和发展趋势。

早期人们用平炉以煤气或重油为燃料，在燃烧火焰直接加热的状态下，将生铁和废钢等原料熔化并精炼成钢液，即平炉炼钢，这是当时重要的炼钢方法之一。此为德裔英国发明家西门子（Charles Wilhelm Siemens，1823~1883）和法国炼钢专家马丁（Pierre Emile Martin，1824~1915）所发明的炼钢法，在欧洲一些国家称为西门子-马丁炉或马丁炉。

此法同当时的转炉炼钢法比较有下述特点：

（1）可大量使用废钢，而且生铁和废钢配比灵活。

（2）对铁水成分的要求不像转炉那样严格，可使用转炉不能用的普通生铁。

（3）能炼的钢种比转炉多，质量较好。因此，碱性平炉炼钢法问世后就为各国所广泛采用，成为世界上主要的炼钢方法。在 1930~1960 年的 30 年间，全世界每年钢的总产量中近 80% 是平炉钢。20 世纪 50 年代初期氧气顶吹转炉投入生产，从 60 年代起平炉逐渐失去其主力地位。许多国家原有的炼钢主力——平炉已经或正在陆续被氧气转炉和电炉所代替。平炉消亡的原因，除氮气导致的大量热损失以外，平炉依靠氧在燃烧燃料以后，过剩的氧通过渣层进入金属液，脱碳反应速度很慢，炉气间接加热，效率较低，导致熔池升温慢、冶炼时间长、热损失大，且与连铸不好匹配。

1890 年，"江南机器制造总局"（在上海）建立 3 吨和 15 吨酸性平炉各一座，是我国最早的炼钢平炉。到 1949 年除鞍山有一些较大的平炉外，只有为数不多的小型平炉。新中国成立后，修复、改造原有的平炉，并建设了新的大中型平炉。进入 20 世纪 70 年代后则未再新建平炉（见图 4-1）。

图 4-1　工人在平炉车间取样

第一节　现代钢铁生产工艺

一、钢铁生产流程

目前钢铁生产主要有两种流程：一是以铁矿石为主要原料的高炉—转炉长流程；二是以废钢为主要原料的电炉短流程。对应的炼钢工艺分别为转炉炼钢和电炉炼钢。

转炉炼钢工艺是使用鸭梨形的转炉，以铁水和废钢为原料，以空气或者纯氧为氧化剂，依靠炉内氧化反应热来提高钢水温度，进行快速炼钢的工艺（见图4-2）。

图 4-2　转炉炼钢

电炉炼钢工艺以废钢为主要原料，采用电能作为热源，生产特殊钢和高合金钢，是继转炉和平炉之后出现的又一种炼钢方法，现在成为仅次于氧气转炉的重要炼钢工艺。

与高炉—转炉工艺相比，以废钢为主要原料的电炉炼钢工艺有下述特征：（1）设备投资费用少；（2）可以根据需要的变化灵活调整应对；（3）易于控制熔化气氛和温度，适于精炼高级钢；（4）生产的钢种覆盖范围广。根据电加热原理的不同，炼钢用电炉主要有电弧炉、感应炉、等离子炉、电阻加热炉（如电渣重熔炉）、电子束熔炼炉等几种。通常说的电炉炼钢即碱性电弧炉炼钢工艺（见图4-3）。

废钢—电炉炼钢法的出现，开发了煤的替代能源，使废钢开始了经济回收，最终使钢铁成为世界上最易于回收的原材料。随着冶炼技术的进步，电炉钢产量及其比例始终在稳定增长。特别是20世纪70年代以来，电炉设备和工艺、大型超高功率电炉以及炉外精炼技术的发展，使电炉炼钢技术有了很大进步。但由于发展受到电力资源及废钢供应等方面因素的限制，电炉炼钢在各地区的发展不是很均衡。总体上来讲，废钢—电炉炼钢流程具有较好的经济效益和环境优势，有利于钢铁工业的可持续发展。随着社会工业化程度和废钢资源量的不断提高，以及废钢替代品的有效开发，电炉炼钢将具有良好的发展前景。

转炉炼钢工艺与电炉炼钢工艺之间在功能演变、原料结构、冶炼周期、终点控制、底吹氩、经济性评价及对生产钢种的适应性等诸方面越来越多地表现出它们之间具有的共

图 4-3　电炉炼钢

性，这也决定了二者会在不同历史时期、不同地区，占据不同的比例。当转炉钢的成本低于电炉钢的成本时，电炉可采取生产高附加值钢和加部分铁水冶炼等缩短冶炼周期的措施降低成本；当铁矿、焦煤资源短缺，废钢资源增长时，转炉可采取提高入炉铁水温度、降低出钢温度等措施多加废钢，降低成本。

近期受国际环境和国内经济形势的影响，我国把废钢资源作为重要的战略资源进行对待。一方面，我国的铁矿石对外依存度较高，影响我国钢铁产业链的安全；另一方面，废钢铁是唯一可替代铁矿石的铁素资源，也是可循环利用的绿色载能资源，多利用废钢可大量减少碳排放，有着显著的环境效益，更有利于当前我国"碳达峰""碳中和"目标的早日实现。

二、废钢在不同钢铁生产流程中的应用对比

（一）长短流程投入与排放对比

短流程相对长流程而言，减少了烧结/球团、焦化、高炉等高能耗、高污染的工序，具有投资少、占地小、能耗低、污染轻等优点，见表 4-1。

表 4-1　高炉—转炉长流程与全废钢电炉短流程的对比

流程	投资	占地	铁矿石消耗	CO_2排放	废气排放		固体废物排放	能耗
	元/吨钢	平方米/吨钢	吨/吨钢	吨/吨钢	标立方米/吨钢	吨/吨钢	吨/吨钢	千克标准煤/吨钢
高炉—转炉长流程	约 3000（不含焦化）	约 0.75（不含焦化）	约 1.65	2.0~2.4	31249.3	40.31	铁尾矿：约 2.6 高炉渣：约 0.3 转炉渣：约 0.1	600~700
全废钢电炉短流程	约 1200	约 0.2	0	0.5~0.7	6837.9	8.82	电炉渣：约 0.1	约 350

注：吨钢能耗数据计算的电力折算标准煤系数取等价系数。

由此可知，与用铁矿石生产 1 吨钢相比，用废钢生产 1 吨钢，投资可减少近 2/3；可减少占地面积近 3/4；可节约铁矿石消耗 1.65 吨左右；可降低能源消耗 350 千克标准煤；减少 CO_2 排放近 2/3；减少废气排放近 80%；减少固体废物排放 3 吨左右。可见，提高电炉流程的比例，有利于我国钢铁工业推进节能减排、绿色发展以及低碳发展。

（二）长短流程对废钢喜好的对比

1. 长流程钢厂使用废钢的偏好

废钢在长流程工艺中作为炼钢炉料加入到转炉中，以达到降温脱磷和降低成本的目的。出于冶炼工艺的考虑和装料制度的限制，转炉偏好纯度更高些的重型废钢，金属收得率高，冶炼过程易于造渣，冶炼工艺操作更稳定。

2. 短流程钢厂使用废钢的偏好

废钢在短流程工艺中作为炼钢主料加入到电炉中进行炼钢。由于电炉炼钢是在废钢加入电弧炉后利用石墨电极与废钢之间产生的电弧所发生的热量来熔炼，为点热源，故短流程钢厂偏好轻薄料经过破碎加工以后的破碎料，用破碎料热源分布更均匀，而且此料型熔化速度快，炉内温度分布相对也更均匀。

（三）长短流程及其他工艺对废钢应用对比

2020 年我国废钢资源总量 2.6 亿吨，其中钢铁企业长流程炼钢应用废钢量 15735 万吨，占总资源量的 60%；短流程炼钢应用废钢量 7527 万吨，占总资源量的 29%；铸造企业应用废钢 2000 万吨，占资源量的 8%，具体如图 4-4 所示。

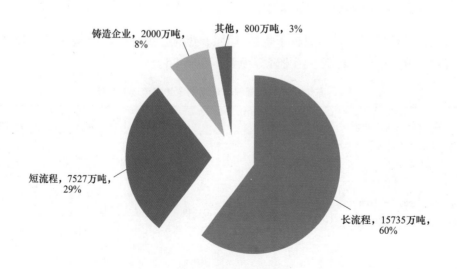

图 4-4　2020 年我国废钢铁资源应用构成

第二节 长流程工艺对废钢铁的应用

长流程工艺是从原燃料（如烧结矿、球团矿、焦炭等）准备开始，原料入高炉经还原冶炼得到液态铁水，经铁水预处理（如脱硫、脱硅、脱碳）进入顶底复吹氧气转炉，经吹炼去除杂质，将钢水倒入钢包中，经炉外精炼（如 RH、LF、VD 等）使钢水纯净化，然后钢水经凝固成型（连铸）成为钢坯，再经轧制工序最后成为钢材。其主要的铁素资源为铁矿石，生产过程中要消耗大量原料和能源。而利用废钢作为原料直接投入转炉进行冶炼，每吨废钢可再炼成近 1 吨钢，金属收得率高，而且可以省去采矿、选矿、炼焦、烧结以及炼铁等前序过程，显然可以节省大量自然资源和能源。当前我国粗钢产量中约 90% 是通过长流程工艺生产的，这也是传统钢铁生产工艺。铁前系统烧结、炼焦和高炉炼铁是能耗大户也是污染环境的大户。

在长流程工艺中，主要的铁素资源为铁矿石，转炉的主要原料是铁水，而废钢铁作为长流程炼钢中重要的金属料之一加入到转炉中，也是冷却效果比较稳定的冷却剂。

目前我国转炉废钢比在 10%～20%，而欧美国家转炉炼钢的废钢比一般为 20% 左右。吹炼高磷铁水时，废钢比可达到 25%～30%。日本转炉废钢比一般为 10% 左右，主要是由于日本转炉钢厂以生产优质板材为主，为了保证钢的纯净度，采用较高的铁水比。高铁水比炼钢还可提高转炉吹炼终点的命中率。

在市场价格适宜的情况下，增加转炉废钢用量，可以降低转炉炼钢成本、能量消耗和辅助材料消耗。研究表明，就如何提高转炉炼钢应用废钢的比例，主要通过以下途径：

（1）建立转炉炼钢合理的温度制度，减少转炉炼钢热损失。

（2）提高转炉作业率，减少空炉热损失。

（3）高效吹氧，缩短冶炼周期。

（4）转炉精料入炉、少渣炼钢，减少热损失。

（5）转炉大型化，减少吨钢的散热损失。

（6）适当提高转炉二次燃烧率。

（7）转炉炼钢补加燃料。在提高废钢使用比例后势必会增加转炉内废钢使用量，从而造成铁水物理热和化学热的减少，对钢水升温热量造成较大影响。为弥补热量损失，需向炼钢转炉内提供载热材料。作为炼钢转炉载热的理想材料，一是要具有较高的热利用系数，二是要确保炼钢转炉的生产效率。

实现转炉多用废钢，必须使废钢的利用符合炼钢规律，研究废钢熔化速度的基础理论以及铁水成分、温度和铁水比、渣量、二次燃烧率、转炉吨位和热效率等对废钢利用量的影响。此外，要取得良好的冶金效果，还需要开展水模试验、热模试验、废钢熔化的工业性试验研究等，当下尚需做很多研究开发工作。提高废钢在转炉炼钢中的应用比例，也是目前很多钢厂重点研究的课题之一。

为了增产的需要，有些钢厂在长流程除转炉外的其他工艺中添加废钢，包括铁包、钢包、鱼雷罐车、精炼炉，甚至个别企业在铁前和高炉中添加废钢，这种做法在行业内引起很大争议。

第三节　短流程工艺对废钢铁的应用

短流程工艺是将回收再利用的废钢经过加工后经预热作为主要炉料直接加入电弧炉中，电弧炉利用电能作为能源熔化废钢，去除杂质（如磷、硫）并合金化后出钢，再经二次精炼获得合格钢水后，进行连铸和轧制，相比长流程工艺而言缩短了工艺流程。短流程工艺更为紧凑，同时因其在投资、效率、环保等方面的优势，已成为世界钢铁生产的两大主要流程之一。

目前我国电炉钢产量占全国粗钢产量的 10% 左右。由于废钢资源、电价、电极等原因，目前我国电炉生产成本较转炉要高，但随着社会工业化进程的发展，社会废钢资源的增长和焦煤资源的局限，直接还原铁技术的进步和政府对节能减排和环境保护要求的进一步提高，短流程炼钢生产成本会有所下降。

一、电炉炼钢发展情况

（一）我国电炉钢生产的发展

我国现代电炉炼钢始于 1993 年。

20 世纪 80 年代末 90 年代初，国外大型直流电炉迅猛发展，主要原因是直流电炉与交流电炉相比较，对电网的冲击小、电极消耗低，在这段时间内，世界上没有哪家公司新建大型交流电炉。

1988 年，傅杰根据对国外现代电炉炼钢技术的跟踪，提出了"对我国发展直流电弧炉技术的建议"。

1993 年 6 月，当时的冶金部和上海市政府在上海举办了"当代电炉流程和电炉工程问题研讨会"（下称"第一次上海会议"）。会上，殷瑞钰副部长做了《当代电炉流程的工程进展评价》学术报告，报告指出：近十年来，在世界性的能源、资源、环境和经济等背景因素的影响下，当代电炉流程在工艺技术、设备以及整体工程等诸多方面取得了长足的进步。这些进步集中地体现在：电炉生产节奏的"转炉化"、钢的炉外精炼的在线化、凝固成型过程的全连铸化、建立在连续轧制基础上的产品专业系列化。电炉流程的工艺结构逐渐向着一台大型超高功率电炉与产品特征相应的精炼炉、一台连铸机及一部主力热连轧机的优化工程体制演进。报告从资源、能源、环境和工程经济等背景分析出发，对比了当代电炉流程和高炉—转炉流程的竞争性；讨论了电炉流程现在与未来的产品领域和市场前景；在对当代电炉流程从原料处理、电炉冶炼、钢的二次冶金、凝固成型、轧制形变以及车间布置等综合分析的基础上，提出了不同类型电炉企业结构优化的参考模式。

徐匡迪副市长做了《现代电炉炼钢的发展趋势》学术报告。他指出，现代电炉炼钢的主要特征是高效、节能，介绍了几种开发中的新型电炉炼钢技术，即 KES 技术、烟道竖炉电炉技术和 Consteel 技术，并预言在几年后，将改变当时直流电炉占主导地位的状况，出现交、直流电炉技术竞争发展的局面。殷瑞钰副部长当时还提出，电炉的生产效率应在 5000 吨/（吨·年），到 21 世纪有可能达到 40 分钟一炉钢的水平，实现每天冶炼 36 炉钢的高效目标，电炉一个公称吨的年产量达到 1 万吨。傅杰在这次会议上做了题为《直流电弧炉炼钢工艺探讨》的发言。这次会议对我国此后十年来现代电炉流程的发展起了指导和推动作用。

图 4-5 为 1993～2020 年我国电炉钢产量及电炉钢比例的变化情况。

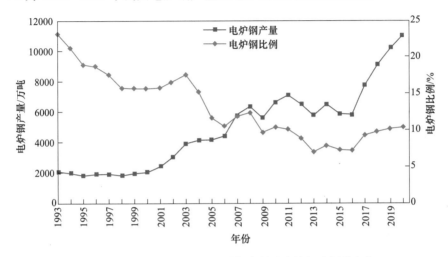

图 4-5　1993～2020 年我国电炉钢产量及电炉钢比例的变化

数据来源：国家统计局和废钢协会

我国电炉经过 20 世纪 90 年代的快速发展，在 2000 年以后与转炉形成竞争局面，且处于不利格局（大量电炉转炉化）；2016 年随着废钢积蓄量的爆发式增长及中频炉产能的强制去除，电炉钢迎来新的增长。由图 4-5 可知，从 1993 年至今，我国电炉钢生产的发展可分为四个阶段。

第一阶段（1993～2000 年）：我国的电炉炼钢主要在 20 世纪 90 年代得到快速发展，宝钢、新疆八一钢铁、韶钢、莱钢、兴澄特钢、贵阳钢厂等一批钢铁企业，纷纷从国外引进了世界一流的电炉炼钢生产线；在我国，尤其是钢铁联合企业，通过在电炉中兑铁水的工艺，大幅降低电费和运营成本，电炉炼钢技术在我国市场得到快速发展。1993 年，我国电炉钢比例达到了 23% 的水平。在此阶段，我国电炉钢产量在 1800 万～2000 万吨波动。随着转炉钢产量的迅速增长，再加上淘汰小电炉后置换的大电炉的产量相对较低，电炉钢比例逐年下降，从 23.2% 下降至 15.7%。

第二阶段（2001～2003 年）：2000 年以后，我国电炉钢比例开始回升，在 2001～2003 年间，我国钢铁生产迅速发展，年增长速率达 20%～22%，远高于世界同期增长速度。电炉钢增长速度更高，达 27%～28%，电炉钢比例回升了约 2 个百分点。电炉钢比例有所回升的原因，除了国民经济发展的拉动以外，主要是由于 20 世纪 90 年代钢铁企业在有关政府部门的引导和支持下，对发展我国现代电炉钢流程进行的一轮投资新增电炉钢生产能力的释放，一批现代电炉流程迅速投产、达产、超产以及我国电炉钢工作者在消化引进国外先进技术的基础上自主创新，在开发具有中国特色的现代电炉炼钢技术方面取得了长足的进步，电炉冶炼周期大大缩短，生产率大大提高。

第三阶段（2004~2016年）：2003年以后，随着我国钢铁工业的飞速发展，传统转炉长流程生产工艺，通过规模效应、能源高效利用、资源循环利用、钢铁界面技术优化等方式，使得电炉炼钢成本难以和转炉炼钢成本进行竞争。电炉炼钢企业不断尝试通过增加兑铁水的比例来降低和转炉炼钢之间的价格差距，国内甚至出现了直接将电炉改装成转炉的案例，但都难以真正实现和转炉流程之间的价格竞争，与此同时，转炉炼钢技术的进步使得过去很多必须由电炉才能生产的特殊钢通过转炉也能实现连续稳定生产，电炉炼钢在这一轮的竞争中越来越处于不利的地位。2016年，我国电弧炉炼钢比例仅占到粗钢产量的7.3%。

第四阶段（2017年以后）：2017年开始，国内电弧炉开启了大批量的新增和产能置换。随着国家政策的支持鼓励，以及中频炉的去除和废钢的增加，原有电炉钢产能逐步释放，落后及一般水平的电炉升级改造，电炉炼钢快速发展，电炉钢产量不断提高，但由于我国钢铁企业以长流程工艺居多，转炉钢产量基数大，导致电炉钢比与国际水平相比还相差甚远。

2017~2020年，全国电弧炉实际新增产能共6394万吨，未来5年内仍计划有873.5万吨产能新增投产。具体见表4-2。

表4-2　2017~2025年电炉产能新增情况　　　　　　　　　　（万吨）

年份	新增产能（包括置换）	退出产能	实际新增产能
2017	2581	0	2581
2018	2044	232	1812
2019	1380	500	780
2020	2311.5	1090	1221.5
2021~2025	2084.5	1211	873.5

数据来源：钢联数据。

截至2020年6月，Mysteel调研全国267座电弧炉，产能为1.70亿吨。其中，华东、华南、华中地区是目前电弧炉较为集中的区域，合计产能占全国的82.38%。华南地区占样本统计的13%，随着未来产能转移，华南地区电炉产能将大幅增加。当前国内电弧炉产能分布情况如图4-6所示。

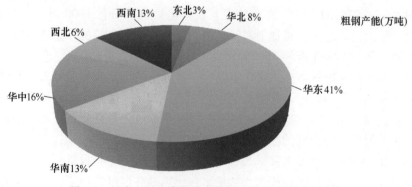

图4-6　国内电弧炉产能分布情况（截至2020年6月）

数据来源：钢联数据

2020 年我国粗钢产量 10.65 亿吨，同比增长 7.0%，电炉钢产量为 1.10 亿吨，占比 10.37%，远低于全球电炉钢比例平均水平 28% 左右。

（二）世界电炉钢生产现状

据世界钢铁协会统计，2019 年全球粗钢产量为 18.7 亿吨，其中电炉钢产量为 5.23 亿吨，占比为 27.9%；除中国外电炉钢产量为 4.22 亿吨，占比为 48.3%，而我国电炉钢比仅为 10.2%，如图 4-7 所示。

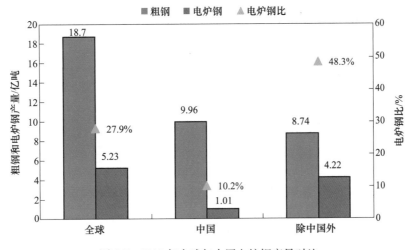

图 4-7 2019 年全球与中国电炉钢产量对比

近五年来，世界电炉钢比基本逐年上升，现为粗钢总产量的 30% 以下，如图 4-8 所示。

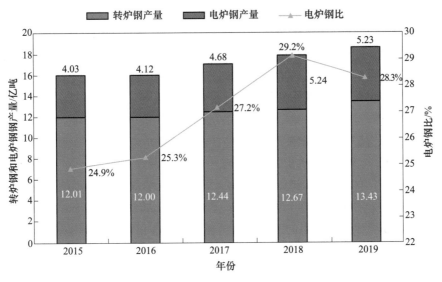

图 4-8 2015~2019 年世界转炉钢和电炉钢产量对比

数据来源：世界钢铁协会

尽管近二十年来我国电炉钢产量逐步增长，特别是 2016 年以后得以快速增长，但电炉钢比例基本上呈下降趋势，2017~2020 年保持在 10% 左右，主要原因是对转炉钢的投资过大，转炉炼钢规模不断扩张，且粗钢体量占到全球的一半以上，大大拉低了全球平均电炉钢比例。

而一些发达国家如美国、韩国、德国和一些发展中国家，近年来电炉钢比例逐年增长或保持在一个较高的水平上。表 4-3 列出了一些发达国家和电炉钢比较高的发展中国家 2019 年转炉钢和电炉钢生产情况。

表 4-3　部分国家 2019 年转炉钢和电炉钢对比

国家和地区	产量/百万吨		占粗钢总量的百分比/%	
	转炉钢	电炉钢	转炉钢	电炉钢
欧盟-28	93.8	65	59.1	40.9
欧洲其他国家	13.4	25.5	34.4	65.6
土耳其	10.9	22.9	32.2	67.8
俄罗斯	45.9	24	64.1	33.6
美国	26.6	61.2	32.2	67.8
伊朗	2.5	29.5	7.7	92.3
印度	48.7	62.6	43.8	56.2
日本	75	24.3	75.5	24.5
韩国	48.7	22.7	68.2	31.8
澳大利亚	4.2	1.5	74.3	25.7
世界	1343.4	523	71.7	27.9

数据来源：国际回收局。

二、短流程工艺对废钢铁的应用

由于电弧炉可以实现 100% 使用废钢炼钢，当废钢收购成本低于高炉铁水成本时，电弧炉能达到最大的经济效益；但当废钢收购成本高于高炉铁水成本时，拥有长流程炼钢工艺的钢厂会往电炉中兑入一定比例的铁水。限于废钢和电极价格以及电耗等成本考量，目前我国存在大量使用铁水+废钢作为原料的电炉钢厂。

2020 年我国钢铁企业废钢消耗总量 2.32 亿吨，其中电炉废钢消耗 7527 万吨，占消耗总量的 32.4%；综合废钢单耗 218.5 千克/吨，电炉废钢单耗 681.5 千克/吨。

近三十年来电炉废钢消耗情况如图 4-9 和图 4-10 所示。

从数据可看出，自 1994 年到 2003 年间，电炉废钢单耗和废钢综合单耗均呈下降趋势，但电炉消耗废钢的比例表现为震荡上行，并在 2003 年达到高点 64%，之后随着国内长流程工艺的大规模建设和技术的进步，长流程炼钢成本相对短流程要低，短流程工艺消耗废钢比例不断下降，2020 年已不到 1/3。

可喜的是，自 2016 年下半年打击地条钢以来，随着国家政策的支持和引导，短流程工艺得以快速发展，电炉消耗废钢量和废钢单耗均逐年递增，电炉废钢单耗基本保持在 650 千克/吨左右，尤其以 2020 年最高，达 681.5 千克/吨，距离全废钢冶炼更近了一步。

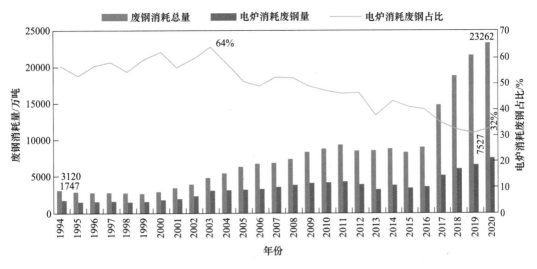

图 4-9　1994~2020 年钢铁企业废钢消耗总量与电炉废钢消耗量对比

数据来源：中国废钢铁应用协会

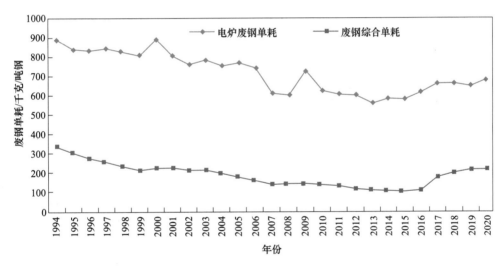

图 4-10　2011~2020 年钢铁企业废钢综合单耗与电炉废钢单耗对比

数据来源：中国废钢铁应用协会

三、发展电炉短流程的相关政策与要求

（1）提高我国钢铁企业炼钢废钢消耗，废钢比不低于 30%。

根据工信部 2015 年 3 月 20 日发布的《钢铁产业调整政策（2015 年修订）（征求意见稿)》，明确要求，"鼓励推广以废钢铁为原料的短流程炼钢工艺及装备应用。到 2025 年，我国钢铁企业炼钢废钢比不低于 30%，废钢铁加工配送体系基本建立"。

（2）建设炼铁、炼钢产能均须分别实施产能置换，且大气污染防治重点区域严禁增加钢铁产能总量，置换比例不低于 1.5∶1，其他地区置换比例不低于 1.25∶1。但退出和建设冶炼设备均为电炉项目时可实施等量置换。

为适应钢铁行业发展新形势，贯彻新发展理念，构建新发展格局，更好地推动高质量发展，按照钢铁煤炭行业化解过剩产能和脱困发展工作部际联席会议安排，工信部对原产能置换实施办法进行了修订，出台了《钢铁行业产能置换实施办法》（以下简称《办法》），自 2021 年 6 月 1 日起施行。

2015 年工信部曾制定发布了《部分产能严重过剩行业产能置换实施办法》，该办法有效期至 2017 年 12 月 31 日。此后，工信部对原产能置换办法进行修订，出台了《钢铁行业产能置换实施办法》，自 2018 年 1 月 1 日起施行，规定京津冀、长三角、珠三角等环境敏感区域置换比例不低于 1.25 ∶ 1，其他地区实施减量置换。各地区钢铁企业内部退出转炉建设电炉的项目可实施等量置换，退出转炉时须一并退出配套的烧结、焦炉、高炉等设备。

2021 版《办法》相比 2018 版，产能置换管控更为严格，置换比例更高，但对于电炉之间的置换可施行等量转换，将有序引导企业优先发展电炉。

四、我国电炉短流程的发展趋势

国家主席习近平在第七十五届联合国大会一般性辩论上发表重要讲话指出，中国将提高国家自主贡献力度，采取更加有力的政策和措施，二氧化碳的碳排放力争于 2030 年前达到峰值，努力争取到 2060 年前实现"碳中和"。

世界钢铁协会统计数据显示，全球平均每生产 1 吨钢会排放 1.6 吨 CO_2，钢铁行业 CO_2 排放量约占全球 CO_2 总排放量的 6.7%。而我国作为钢铁大国，钢铁行业碳排放量约占全国碳排放总量的 15% 左右，是碳排放量最高的制造行业。未来要实现国家的碳减排目标，钢铁工业面临低碳转型压力，需通过推动绿色产业布局、实施节能升级改造、优化用能及流程结构、构建循环经济产业链、推广突破性低碳技术等一系列措施，提升钢铁行业绿色低碳发展水平。

钢铁工业 CO_2 排放总量一方面取决于钢铁工业吨钢 CO_2 排放量，另一方面取决于钢铁工业粗钢总产量，而我国钢铁工业在过去三十年的节能减排工作取得了明显进展，在现有基础上进一步降低吨钢 CO_2 排放量难度加大，必须走脱碳化发展的道路。而发展全废钢电炉短流程工艺，提高全废钢电炉流程的比例，将是我国钢铁工业脱碳化发展的重要且有效路径。

综上，未来长流程工艺因高炉炼铁能耗高、原料消耗量大，迫于环保压力将趋于减少。特别是在碳达峰、碳中和的背景下，全废钢电炉短流程工艺具有良好的发展前景。不仅如此，随着我国钢铁积蓄量的增加，废钢铁资源量将成正比增长，废钢铁供应紧平衡状态得到有效缓解，并在电力供应充足的情况下，未来全废钢电炉短流程制造成本相对长流程工艺将进一步降低，彼时正是其发展的良好时机。

第五章　废钢铁加工工艺与装备

对废钢铁进行加工处理，是相关国家标准和行业标准的要求，是保证钢铁等企业产品质量和生产安全的必备条件。通过机械设备切割、打包、破碎等方式生产出的废钢铁产品，在生产工艺流程中才能实现科学经济的实用价值。

本章介绍了各种废钢铁加工专业设备技术工艺的特点以及废钢铁加工工艺及设备的更迭变化，展示了我国废钢铁加工设备通过引进、消化、技术创新的有益尝试，逐步打造出专业化、系列化、规模化的废钢铁加工装备新格局的发展历程。

第一节　废钢铁加工设备发展历程

废钢铁的回收、加工、利用伴随着钢铁冶炼的全过程。随着冶炼的工艺不断改进，对废钢的料型、尺寸和品种的要求也逐渐提高。

我国整个废钢铁加工工艺装备大体分为四个阶段。第一阶段主要运用火焰切割及简单的机械加工，这些工艺及设备比较落后，劳动强度大，不够安全。第二个阶段主要运用了液压打包工艺及设备，公称压力从100吨到1000多吨，对一些轻薄料废钢和一些丝、带型废钢加工质量明显提高。到了第三阶段，随着世界上一些发达国家的工业化进程的加快以及一些大型废钢的出现，大型液压门式剪切机开始由此引进并装备到我国废钢加工企业，使废钢铁的加工利用进入到工业化发展阶段。到了20世纪90年代初，第四代废钢加工工艺——废钢破碎机引入我国，并陆续由湖北力帝和江苏华宏等机械厂国产化生产。经过数十年的发展，国内企业所需废钢加工设备已基本实现国产化。有些设备，如大型废钢液压打包机、剪切机和废钢破碎机、装载机等已开始出口到东南亚、日本、韩国和欧美等国家。废钢企业的加工工艺和装备不断提升和完善，一些废钢加工准入企业已开始引进和装备更先进的移动式大型液压剪切机，废钢的智能检测及加工尾料的综合利用系统也在快速配置和开展技术研发。中国的废钢产业，已跻身世界先进行列，并有望在今后十年实现工业化进程。

我国废钢加工设备的研发和生产发展的历程，起步于改革开放初期。在计划经济时期，社会回收企业所回收的废钢经简单分类加工后交给钢厂，钢厂自己加工也主要是以落锤、气割、爆破为主，仅有少数由冶金部所属的相关企业生产的加工设备可提供给钢厂用于加工废钢。废钢设备的生产从20世纪70年代末80年代初开始，经过40余年的努力奋斗，已形成打包和压块、预压和剪切、预碎和破碎、分选及净化、装载和输送等五大功能性、多种类系列产品，品种达数百种，不仅满足了国内市场的需求，同时也批量出口国际市场。

一、计划经济时期（1976 年以前）

我国的废钢铁加工装备，在 20 世纪 70 年代以前，还是比较落后的。社会废钢是以手工分选为主，加工量占总回收量的比例（即加工比）不足 20%，主要加工设备是夹板锤、摩擦压力机、丝杠打包机等。钢铁企业由于社会供应的废钢质量差，都设置有废钢加工厂，主要加工手段是火焰切割、落锤破碎、坑式爆破。所以这个时期的废钢行业，工效低、质量不高、水平落后。

二、改革开放的十年（1979～1989 年）

1978 年改革开放的春风吹暖了中国大地，中国加快了社会主义现代化建设的步伐，钢铁行业对废钢铁的质量要求也在不断提高。1979 年，由江苏冶金机械厂利用捷克的技术制造的大型 300 吨液压打包机，在江西钢厂试车成功，开启了我国废钢加工设备的技术升级。到 20 世纪 80 年代初，相继进口了捷克液压打包机，日本、联邦德国的 800 吨和 1250 吨大型门式剪切机，1983 年由西安冶金机械厂制造的 1000 吨液压剪切机安装在韶关钢厂并投入使用，鞍钢从联邦德国进口的 1250 吨门式液压剪切机从 1985 年投入生产连续使用了 30 多年，一直保持正常运转。

原机械部也开始布局专业生产厂家研制生产废钢加工设备。宜昌机床工业公司（湖北力帝的前身）即是由机械部定点为生产废钢加工设备的专业厂家。机械部还在该厂成立了我国第一个金属回收机械所（有 60 余人）。首先研制适用于中国国情的打包机，主要用户为原国家物资总局和原商业部的全国供销合作社所属的回收企业。1982 年原国家经委通知一批报废汽车需要加工处理，国家物资总局有关部门对宜昌机床公司下达了研发生产几种加工设备用于处理报废汽车的要求，机床公司研究所工程师立即到北京汇报并商定产品类型及相关技术参数。（1）设计生产出三种规格的打包机，用于处理东风汽车和解放汽车驾驶室的打包成型加工，包块密度为 2 吨/立方米；（2）设计生产出一种能剪断汽车大梁的鳄式剪切机。

改革开放的十年间，为促进废钢加工设备及生产制造快速发展的契机，有几点特征是值得回顾的。

（一）废钢作为统配物资及双轨制时期的废钢加工设备使用情况

废钢作为统配物资延续到 1986 年，1986 年后为价格双轨制时期。企业根据国家的计划要求生产各类产品，定向销售到有关企业。国家物资总局和供销社系统所属的企业，每年在宜昌召开会议，安排一些企业来宜昌机床工业公司参观培训学习，并订购设备，国家也补贴一些购买设备的资金。统配和双轨制期间，物资和供销两大系统的企业拥有了自己的打包机及鳄式剪等加工设备。在我国快速推广开展用打包机将轻薄料废钢加工成包块，用鳄式剪将废钢中的报废车架、角铁、槽钢等剪切成合格料，最终交付给钢厂。

中国自制的盒盖式打包机的系列化产品得到快速发展，从开始的三种规格的半自动打包机，逐步发展到从 63～400 吨的手动、半自动不同规格的打包机，品种不下几十种，奠定了打包机为主要设备加工废钢的十年。

20 世纪 80 年代，国外的废钢打包机零星进入国内市场，开始用于对废钢进行压缩打包，同时国内也开始了废钢打包机的仿制及研发。除冶金部组织江苏冶金机械厂为钢铁企业生产了几台 300 吨打包机以外，大部分废钢铁加工设备产自湖北力帝和安阳第一锻压设备厂。部分钢厂开始购置打包机、剪切机，但多数为进口设备，设备总量不多，价格昂贵。

（二）　国家统筹外国技术和设备的引进

20 世纪 80 年代初，根据钢厂的需求由冶金部向有关部门申请批准分别向德国、日本、捷克引进大型打包机和门式剪切机，分配到所属各钢厂使用。宜昌机床工业公司申请引进德国亨息尔 800 吨门式剪切机，其技术转让和样机得到批准，开始引进消化生产门式剪切机。1983 年，第一台引进德国技术的 800 吨亨息尔型门式剪在宜昌生产成功后落户中国一汽集团。

（三）　国家主管部门把中国好的产品推向国外

我国在 20 世纪 90 年代前后，经过技术引进，技术合作，研制开发并逐步形成了废钢剪切、打包、压块、破碎、剥离五大系列上百个定型产品。国内也产生了湖北力帝和华宏科技等以生产废钢加工装备为主的制造企业。90 年代初，鳄式剪切机大量进入市场，通过其对废钢进行冷态剪切。90 年代中期，小型的门式剪切机研制成功。国内设备厂家生产的中小型加工设备，性能质量达到了国际先进水平。除了满足国内市场需求以外，还逐步打入国际市场，产品销往东南亚、东欧、南美、俄罗斯和中国香港等地区。

三、改革开放的第二个十年（1990~2000 年）

20 世纪 90 年代是企业进入深化改革逐渐建立现代企业制度的时期，企业开始承包经营，股份制改制等多种形式的改革应运而生，民营企业纷纷诞生。废钢加工企业进入了批量使用鳄式剪切机及国产液压门式剪的时期，这段时期有几点值得回顾的重要事件。

（一）　1994 年价格双轨制终止

由于双轨制的终止，废钢资源完全进入市场交易，企业有了定价权。这样有利于废钢加工后再卖，有较大的升值空间，同时也促进了废钢设备的市场需求。

（二）　企业改制，民营企业进入废钢行业促进废钢产业的发展

20 世纪 90 年代，国企改制，经营管理不断提升，许多钢厂开始转向收购合格的废钢。如广钢以收购合格的剪切料为主，每吨价格可上浮 100 元左右，这样使许多回收加工企业，买鳄式剪切机加工废钢，鳄式剪切机供不应求。由此也催生了一批生产废钢加工设备的制造企业。

（三）战胜 1996 年金融危机及国内"三角债"时期

1996 年的金融危机，对我国企业的生产经营带来了严重的困难，尤其是资金压力。当时全国"三角债"形势严重，为解决"三角债"的问题，各地采取企业改制承包给个人的经营方式，使企业走出困境，促使废钢加工企业逐步向民营化转型。民营企业的特点是自主性高、购买设备决策快。看到废钢加工有升值空间，众多企业积极购买打包机及鳄式剪。这期间，不仅打包机系列产品热销，甚至 Q43Y 系列及鳄式剪系列产品也大量投放市场。

（四）国产化门式剪受到钢厂的青睐

改革开放初期，钢厂开始使用进口门式剪切机后，取得一定的效果，但进口门式剪价格昂贵。随着湖北力帝通过引进消化成功研发国产 800 吨门式剪之后，全国产化 Q91Y-1000 门式剪于 1992 年底投放太原钢厂，这是我国自制的第一台重型门式剪，后通过机械部科技成果的鉴定，属国内领先，达到 20 世纪 80 年代末国外同类产品先进水平，并逐渐占领国内市场。

（五）国产废钢破碎生产线投入使用

在 20 世纪 90 年代中期，我国废钢加工使用的打包机、剪切机等设备属单一设备，用于加工废钢比较普遍，但随着钢铁工业的发展，钢厂平炉逐渐淘汰，转炉和电炉取而代之用于炼钢。由此废钢的质量要求、品种也逐渐提高，需要综合加工优质、清洁废钢的设备。

纵观工业发达国家，20 世纪 30 年代开始使用破碎生产线加工废钢，到 90 年代，全世界已发展到 700 多条破碎线加工废钢。仅中国而言需求量可观。一般废钢按加工总量的 20%~30%需采用破碎线生产加工，所以加快自主国产破碎线的研制刻不容缓。湖北力帝采用引进国外先进破碎线的核心部分，自主研发生产破碎线。1996 年与原美国纽维尔公司签订协议及合同，开始生产 6080 破碎线，后因纽维尔公司破产，湖北力帝独立研制成功 6080 破碎线，首台在广东番禺投产使用，第一条国产破碎生产线诞生。

四、中国进入 WTO 后的十年（2001~2010 年）

中国加入 WTO 后，中国的经济进入快速发展时期，尤其制造业得到迅猛发展，废钢加工产业也不例外。许多大型钢厂开始布局加工基地，作为废钢固定的采购点。钢厂给予一定的优惠政策，以保证废钢原料的来源。此举带动了许多有实力的企业开始添置大型加工设备，主要表现有以下几个方面。

（一）上破碎生产线，满足钢厂精料入炉的需求

广东投产的国产破碎线的制造成功，对国内市场起到巨大的推动作用，迅速实现量化生产，上海、天津、山东、湖北等地区国内需求迅速攀升。2007 年，华宏、力帝通过自主

研发，拥有自主知识产权的国内首台 900 型废钢破碎线研制成功，主流废钢加工的打包、剪切、破碎等工艺的核心技术全部掌握，开启了国内废钢加工技术与国外先进水平全面竞争的阶段。很快，国内自主研发的破碎线系列产品，不仅满足了国内市场，也开始出口国际市场，减少了对国外进口产品的依赖，设备国产化率超过 90%。

（二）各废钢加工厂开始广泛使用大型门式剪切机

随着社会废钢的增多，需要剪切加工的废钢也增多，同时人工成本也在不断地增长。为提高企业的加工能力及水平，逐步淘汰鳄式剪，实现向门式剪的转化。一层料箱、二层料箱及三层料箱不同规格的门式剪断机相继投放市场。从 600 吨到 1250 吨系列产品被广泛使用。最具有代表意义的是湖北力帝生产的中国首台 Q91Y-1250 门式剪切机，在 2005 年通过湖北省科技厅组织的国家科技成果鉴定，达到国际先进水平，填补了国内空白。

（三）打包机开始向大型化发展

2005 年前后，随着房地产行业的兴起及迅速发展，全国生产打包机的厂家逐渐增多。其中，中国首型 Y81-1000 金属液压打包机先后投放于山东、四川。这种打包机与以前生产盒盖式打包机不同，采用了三相挤压并带有上料挤压料箱，可连续加料工作，包块密度不低于 2.5 吨/立方米，在当时具有一定的技术代表性。

五、废钢加工设备需求快速发展的新时期（2011 年以后）

（一）"准入条件"的推行促进废钢铁配送加工主力军的形成

2011 年，国家首次把废钢铁的加工配送体系建设列入钢铁工业"十二五"发展规划之中，2012 年工信部出台了《废钢铁加工行业准入条件》，一些社会上的及钢厂的独立、规范的废钢加工企业如雨后春笋般涌现出来，并迅速发展，每年都有几十家至上百家企业建成投产，对废钢加工设备的需求迅速增加。

《准入条件》要求企业具备打包机、剪切机、破碎线等先进的加工装备及抓钢机、辐射检测仪等辅助设备，这个时期市场设备需求量很大，无论是湖北力帝、江苏华宏这样的老牌企业，还是新出现的很多废钢加工设备生产厂家都得到了较好的发展。

（二）"供给侧改革"促使废钢破碎线需求迅速增长

1. 破碎料的使用剧增使破碎生产线广泛使用

2016 年中国钢铁行业推行供给制结构性改革，关停中频炉炼钢，持续近两年的时间，去落后产能，钢铁行业扭亏为盈，使得原中频炉所需的 8000 万吨废钢资源转向钢厂转炉与电炉所需要的料型。这时期废钢价格下跌，钢厂开始大量使用破碎料。在 2016~2018 年，这三年间国内新增破碎生产线超过 300 条。因破碎线实现批量化生产，由此降低了成本与售价，很多厂家积极采购设备。

2. 破碎机配套设备增多

（1）由于破碎线增多，为解决破碎料原料来源不足的问题，需要将包块破碎，研制出预破碎机。其主要功能是为破碎线配套，提高破碎线的生产能力及提高破碎生产线工作的安全性、防止爆炸等。

（2）抓钢机大量投放废钢加工厂。

（3）破碎功能进一步完善，随着破碎线数量增多，生产出的尾料也增多。除磁选铁金属外，还需进一步筛选出可利用资源。

为进一步提高破碎生产线的水平，结合制造业向智能化迈进，设备制造商逐步开始研制智能化的废金属破碎及分选生产线。

结束语

随着我国市场经济不断地完善，废钢铁加工设备制造业逐步向长江流域和华东地区扩展。废钢加工装备的发展进入精细化竞争阶段，发展的趋势为功能完善、性能提升、绿色节能等，基于大数据、物联网技术的人工智能技术、自诊断技术等开始应用于废钢加工装备。与此同时，废钢铁加工配套设备的研制开发也取得了长足的进步，抓钢机、剪断机发展很快，产品广泛应用于我国废钢铁码头、料场。钢渣破碎研磨设备、磁电设备发展迅速，广泛应用于我国各冶金原料开发现场。

中国废钢加工设备制造业从改革开放开始至今，逐渐从无到有，到各种废钢加工设备门类齐全，抓住了每次重大机遇，迎难而上，不断创新，奠定了为中国废钢产业提供装备的基石。当今国家提出双循环的重大战略调整，相信废钢装备制造企业一定会继续坚持技术创新，围绕资源综合利用，实现零排放目标，会有更多更好的新产品诞生，同时对已有产品从节能、降耗、提高设备生产效率及可靠性等方面，进行智能化控制的提升，更好地满足国内、国际两个市场的需求，真正使中国制造的废钢加工设备成为世界一流。废钢加工工艺及装备的升级，是废钢产业科技进步的最好体现，将助力废钢产业实现更好的发展。

第二节　废钢加工工艺与设备

一、废钢加工工艺

废钢要成为炼钢炉料入炉，需要进行加工分类配送到炉前方可投入料槽入炉，其中加工是最重要环节，要做好加工分类，应对废钢的来源以及冶炼使用的设备、钢的品种等进行分析，以便实现废钢加工效率最大化，提高产品质量。

（一）钢铁冶炼工艺对废钢加工的基本要求

最常见的是转炉炼钢，转炉炼钢的主要原料是铁水，适度加入一定比例的废钢，既可提高产量，又能提高效能，但对废钢加工有一定的要求。

电炉炼钢，可直接以废钢为原料，因减少了前序烧结、炼铁环节，又被称为"短流程炼钢"，是未来炼钢进一步实现"节能减排"的重要手段，废钢资源的不足，导致电炉炼钢还在发展中。电炉设备的规模、入料方式的不同，对废钢加工的要求也不同。

（二）废钢的主要来源

自产废钢 { 炼钢过程中产生的渣钢、钢包块等
轧制过程中产生的切头、切尾、中间报废品等

社会废钢 { 用钢材企业生产过程中产生（主要有机械制造、建筑工地等）
拆解行业拆解回收的废金属（车、船、机械设备、家电等）
社会回收分选出的废金属

（三）废钢的物流

物流是废钢回收—加工—入炉全过程的重要环节，是成本构成的主要部分。

废钢物流主要方式：以水运为主，车运为辅，少量以铁路运输。

（四）废钢加工分类的标准与冶炼设备的关系

转炉炼钢要求堆密度大，装料速度快，因此废钢加工的外形尺寸应尽量小些。电炉炼钢因炉子的大小和装料方式不同，对加工产品的外形要求不同。如果采用步进式传送带加料，就要求废钢外形尺寸不能过长、过大；料槽式加料，对密度要求更高；如冶炼高端品种钢，就对废钢中的化学成分、残余元素要求较高。

（五）主要废钢加工方式和优劣势分析

1. 火焰切割

火焰切割（氧气、乙炔）主要是针对废钢中较厚的大型设备、铸铁件、轧辊、钢轨、管桩等大型结构件及部分钢丝绳切割成符合标准的重、中、小、切头等产品。

优点：投入小、效率高，适用于大型原料。

缺点：加工过程中损耗大、粉尘多。

2. 剪切

剪切加工是最常用的加工方式，主要是用大型液压剪断机（俗称大剪）和小型剪切机（鳄鱼剪）对废钢中的中、小型材，板、管、棒材等用剪刀切成符合标准的剪切料。

优点：收得率高，加工后的料型整齐、干净，深受用户欢迎。

缺点：门式剪一次性投入大。

3. 打包

针对小型废钢、轻薄料、小统料、薄铁皮、社区回收的生活废钢等，用液压打包机压

制成外形尺寸不等的包块。

优点：产品密度高，方便物流，加工效率高，收得率高。

缺点：设备一次性投入大，设备占地面积大，加工后的包块内易含有夹杂物，纯净度低。

4. 落锤

落锤加工主要是对钢厂自产的渣钢、铸铁、渣罐等用落锤锤落破碎成符合产品标准的外形尺寸。

优点：投入小，简单方便，比火焰切割成本低，收得率高。

缺点：有安全风险，噪声大。

5. 破碎

用破碎机对社会回收的中、小、统、轻薄型料，特别是拆解车、家电等进行破碎加工成块状的金属块，是目前废钢加工设备中最先进的加工方式。

优点：加工效率高，加工后的产品应用范围广，炼钢时收得率高，能耗低，在废钢破碎过程中能自动筛选分离出非金属等夹杂物，如对原料加以控制，产品的纯净度、堆密度会高，入炉方便。

缺点：设备一次性投入大，加工过程中损耗大。

6. 分拣

除了用设备加工外，对一些原料来源清楚、料型大多符合标准尺寸的，可进行人工或设备配合进行分拣，使其直接成为产品。

优点：操作简单，纯净度高，收得率高，无损耗。

缺点：基本是用人工操作，适度配有吊机等设备，因此人工成本高。

（六）加工分类的原则

选择什么样的加工方式，既取决于收购原料的料型，也要考虑用户的特殊需要，更要适应废钢加工企业降本增效的要求。但基本原则是：能分拣的不加工，能剪切的不氧割，能打包的不剪切。

对大、中型料应集中到加工企业加工处理，对小、统、轻薄型料在源头加工处理，对料型整齐、干净可采用源头分拣，这样有利于成本控制和物流管理。

（七）环保对废钢加工的要求

火焰切割、破碎加工过程中会产生烟气、粉尘、噪声，应设在工业区或远离居民区的厂房内，并配置除尘等环保设施。

落锤加工应设在远离人员的工作区或自有厂区内，防止噪声和加工物飞溅伤人。

分拣、剪切、破碎等加工过程会产生违禁物等夹杂物，废油污等，应建立处置管理办法，交给专业的人员（企业）回收处理。

对发现的放射物，应按预案迅速收集，装专用箱，报告当地环保部门（机构）处置。

对原料或产品堆放在露天的废钢，应注意将雨水集中到污水处理地集中处理。

对易燃、易爆物品应及时发现，快速回收，放置在安全区域并及时报告当地消防部门回收处置。

（八）产品管理

加工、分拣后的产品，首先应符合行业标准，个别用户如有特别要求，也应按用户要求加工，实现"分类清、加工净、无油污、无杂质"。在"收料—分拣—加工—堆放—配送—结算"全过程中实现信息的管理。

总之，实现"精料入炉"，为用户提高冶炼收得率，提高入炉节奏，提高废钢比重，延长炉龄寿命，是废钢加工配送企业的努力目标，也会使得废钢的管理全过程健康、透明。

二、废钢加工设备基本情况

我国废钢加工装备起步较晚，大约历经了三个十年的跨步发展。从 20 世纪 80~90 年代，鳄式剪切机和国产废钢打包机投入市场，废钢打包加工成压料块的合盖锁紧式打包机是当时我国使用的主要机型；90 年代初，门式剪切机进入市场，至此市场上有了规范的剪切料；2001 年以来，首条国产 PSX-6080 废钢破碎生产线在广东番禺投产，标志着国内市场上开始使用破碎机加工废钢，成品破碎废钢成为钢铁企业青睐的精料，市场对破碎精料的需求逐年加大，对破碎机的需求也逐年增大。

当前最为先进的废钢加工处理设备当属废钢破碎生产线（见图 5-1）。其可将废钢撕裂

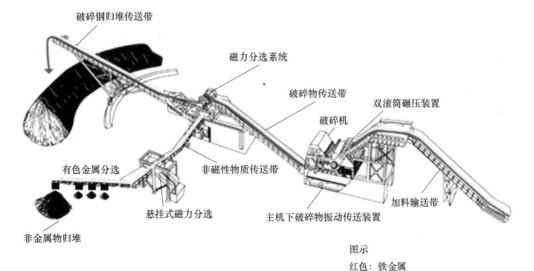

图 5-1 废钢破碎生产线生产工艺流程

和挤压成一定规格的破碎钢，再经分选设备处理，可得到纯度较高的优质破碎废钢。废钢破碎线以其独特的功能受到废钢加工行业的青睐，已成为废钢加工配送中心的主要设备之一。

废钢加工设备在标准化方面，已形成较为完整的行业标准和国际标准，如《鳄鱼式剪断机行业标准》《金属液压打包机行业标准》《废钢破碎生产线行业标准》《重型液压废金属打包机行业标准》等。然而，随着精料入炉和废钢产品化的发展，对传统废钢炉料的认识就不断上升到不同规格品种的废钢产品概念上来。这就需要对废钢产品进行分类管理和分级销售，解决好废钢产品的流程和使用需求。因此，废钢加工设备行业不仅要在行业内统一设备标准（如机器型号、生产效率、能耗比等），而且要形成统一规范的废钢加工产品的行业标准和国际标准，以满足对废钢利用的不同需求和提升废钢的供应水平。

随着废钢加工行业向集约式、工厂化发展，一些废钢加工辅助配套设备也越来越受到重视。废钢加工辅助配套上游设备包括安全环保检测设备、报废汽车拆解设备、撕包机、预破碎机、打捆机、低密度打包机、固定式或移动式抓钢机、集装箱等内部运输机等；废钢加工辅助配套功能设备包括除尘降噪设备、自洁水循环设备等；废钢加工辅助配套下游设备包括各类专用运输机、分选设备、废钢加工垃圾处理设备等。废钢加工设备的集成应用将是废钢加工行业的必然选择。

废钢加工行业经过近三十多年的发展，尤其是近年来在我国政府主导和支持下废钢加工配送中心兴起与发展迅速。短短几年间，专业化、规模化、机械化、现代化的大型废钢配送中心就建立了 150 个左右，每个中心的配送能力达到每年 10 万~100 万吨。废钢加工行业的加工处理技术和装备水平有了一定程度的提高。主要表现在：（1）行业装备水平迅速提升，废钢铁加工设备多样化、大型化，大型废钢加工配送中心普遍拥有了先进的剪切机、打包机、破碎机、抓钢机等废钢加工、装卸、防辐射、环保设备等；（2）废钢加工处理技术不断提升，废钢质量有所提高，废钢净化处理程度和优质废钢比例逐步增加，促进了"精料入炉"；（3）废钢加工处理过程中的二次污染防治在大型废钢加工中心逐步得到了有效的控制，废有色、橡胶、塑料、纤维、渣土等夹杂物得到有效的综合利用和无害化处理。

三、主要加工设备类型及特点

（一）废钢破碎生产线

在废钢铁破碎机制造上形成以美国纽维尔公司为代表的美国制造技术、以德国林德曼公司为代表的欧洲制造技术和以日本富士车辆为代表的日本制造技术。湖北力帝通过早期引进、消化，成功开发出了 746 千瓦的 PSX-6080 废钢铁破碎生产线。

废钢破碎线利用锤子击打的原理，在高速、大扭矩电机的驱动下，主机转子上的锤头轮流击打进入容腔内待破碎物，通过衬板与锤头之间形成的空间，将平均厚度在 0.5~12 毫米的废钢进行破碎，得到较高纯度、堆密度在 1.0~1.8 吨/立方米的废钢破碎料，以实现"精料入炉"。

工作流程：

废钢（或经过预碎后）经抓钢机上料至给料输送机，由进料碾压机控制进入破碎机主机破碎，破碎料经筛网出料至振动出料机，经出料皮带机进入一级磁选机分选出磁性料和非磁性料，磁性料进入二级磁选机精选出高品质磁性料和非磁性料，分选出的高品质磁性料作为成品输送至成品库。非磁性料通过皮带机汇集到一条垃圾出料皮带机上，磁性料回收皮带机用滚筒将磁性料回收皮带机返回一级磁选振动给料机重新磁选，垃圾料输送至非磁性料库房（见图 5-2）。

图 5-2　废钢破碎线

特点：

（1）破碎主机采用反击式锤式破碎，主机结构紧凑，独特的主轴偏心结构为国内仅有，破碎物料堆密度更高。

（2）主机传动保护轴，能更好地保护电机轴承和转子，对主机实现机械过载保护。

（3）生产线实现了全自动控制，通过主电机负载反馈，自动控制链板机和双压辊进料。

（4）主机配有整体底板，采用复合减振系统，减少主机运行对基础冲击力。

（5）物联网远程服务，能实现远程修复、诊断、排除故障。具有及时提醒客户对关键部件的维护和保养，大大减少设备使用过程中故障率。

（6）采用破碎料分级分选技术，提升了不同金属的回收率。

（7）各成品料出料口配备料仓和自动称重系统，实现回收率的即时统计。

（二）打包机

我国现阶段广泛采用液压金属打包机，适用于社会回收及加工废钢铁中的轻薄料废钢铁。其结构简单，普遍采用盒盖锁紧代替垂直挤压机构，有手动和半自动两种。公称压力为 63~1000 吨。大型打包机可配抓钢机以提高生产效率，出包方式有挤压推包和翻包等。

1. 液压金属打包机

液压金属打包机主要用于各种轻薄型塑性黑色和有色金属余废料（边角料、刨花、废钢、废铝、废铜、废不锈钢等）的冷态束块打包，使之形成紧密的长方体包块，便于贮存和运输，是钢厂、有色金属厂、冶炼厂金属废料处理的理想设备（见图5-3）。根据出料的形式，分为翻包、推包、前出包和扛包机。

图 5-3 液压金属打包机

特点：

（1）采用旋转合盖式结构，料箱开口面积大，尤其适用于大、空、薄料；各运动部件采用液压驱动，工作平稳。

（2）打包压力大，束块紧密，打包效率高。

（3）手动或 PLC 控制，操作简单、方便、安全可靠。

（4）主机机架为整体焊接式结构，去除铁锈后油漆（喷丸除锈），并去除锐边毛刺，焊缝平直，外形规整、机械强度高，外观质量好。

（5）侧压头上下、左右四个方向采用独创的限位结构，避免了普通打包机在使用过程中由于侧压头的上下、左右摆动而造成侧压头和侧压油缸损坏情况，使设备使用更加安全可靠，减少维护成本。

（6）衬板均采用耐磨钢板，相比普通材料的衬板更耐磨。用户还可选配进口耐磨钢板（HARDOX500），适合特别耐磨的场合，使用寿命是普通衬板的3~5倍。

（7）智能化检测及控制，凭借触摸屏上大量数据终端，可通过程序对设备的各个动作过程实现控制，对设备各个系统工作状态实施检测、显示和处理，系统具有较强的自诊断功能，工作可靠，维修方便。操作数据也可显示于远程计算机上，实现远程操作和诊断。

2. 高密度金属打包机

高密度金属打包机主要用于各种废金属破碎料和各种刨花料的打包，使之挤压成为紧密的长方形包块，适合作为钢厂回炉的精炼炉料，打包密度超过 3.5 吨/立方米（见图 5-4）。

图 5-4　高密度金属打包机

特点：

（1）门盖油缸的前后销轴衬套等采用无油轴承，降低设备损坏风险，安全可靠。

（2）衬板均采用耐磨钢板，相比普通材料的衬板更耐磨。用户还可选配进口耐磨钢板，适合特别耐磨的场合，使用寿命是普通衬板的 3~5 倍。

（3）主机机架为整体焊接式结构，去除铁锈后油漆（喷丸除锈），并去除锐边毛刺，焊缝平直，外形规整，机械强度高，外观质量好。

3. 三向压缩式打包机

三向压缩式打包机主要用于机械加工类团钢屑的打包（见图 5-5）。

特点：

（1）进料箱为敞开式，当一级压缩头位于它的初始位置时，下一个上料循环即可开始，其中包括将废金属料放到一级压缩头顶面，液压油缸全部装有位移传感器，可在任何时间点上，精确检测压缩头和出料门的准确位置，提升生产效率。

（2）所有与废金属料接触的设备和压缩头表面，都装有可更换耐磨板加以保护，耐磨板材料均为进口耐磨板。

（3）配备剪切装置，可用于剪切伸出在压缩室外面的多余材料。

（4）出料门垂直开闭，出口尺寸可使比设计包块截面规格大 50%的包块顺利出来。

图 5-5　三向压缩式打包机

（三）剪切机

剪切机分为鳄式剪和门式剪两种，鳄式剪广泛用于废钢铁回收加工领域，可将长材剪切加工成炼钢炉料。我国现阶段使用的门式剪有 800~1250 吨的不同类型，分为单层料箱、双层料箱和三层料箱，门式剪自动化程度高、功率大、产量高，适用于有一定规模的废钢铁加工厂。

1. Q43 鳄鱼式剪切机

Q43 鳄鱼式剪切机适用于各种断面形状的金属型材（如圆钢、方钢、槽钢、角钢、工字钢等）以及板材和各种废金属结构件的冷态剪切，使之成为符合要求的炉料，并便于储存和运输。可应用于金属回收业、铸造冶炼业、机械建筑业等行业（见图 5-6）。

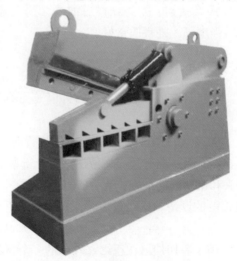

图 5-6　Q43 鳄鱼式剪切机

特点：

（1）采用杠杆原理剪切力放大结构，运行平稳。

（2）液压传动，与机械传动式剪断机相比具有体积小、重量轻、运动惯性小、噪声低、动态性能好、剪切断面大等特点。

（3）采用机、电、液一体化控制，可实现单次、连续工作转换，可以在任意位置起动和停止，易于实现过载保护。

2. Q15 系列龙门式剪断机

Q15 系列龙门式剪断机用于各种轻薄型金属、螺纹钢、镍板等材料的断料、剪切等加工（见图 5-7）。

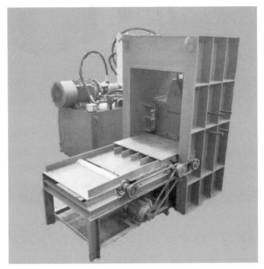

图 5-7　Q15 系列龙门式剪断机

特点：

（1）适合于铝板、镍板、电解铜板等有色金属材料的剪切。

（2）采用机、液、电一体化控制，可实行单次、连续动作转换，可在任意位置进行剪切或停止，使用简单方便。

（3）采用液压传动，易于实现过载保护，操作安全性好。

3. Q91Y 系列龙门式液压废钢剪

Q91Y 系列龙门式液压废钢剪主要用于将各种低碳轻薄型生产和生活废钢、钢材制作的轻金属结构件剪切成合格的废钢炉料，是钢厂、有色金属冶炼行业、精密铸造行业以及原材料生产厂家使用的理想设备（见图 5-8）。

特点：

（1）集剪切、打包、压块于一体，料箱开口大，剪切时也能加料，产量高。

（2）在压料装置、推料箱内壁均安装了高强度耐磨合金钢板，有效延长设备的使用寿命。

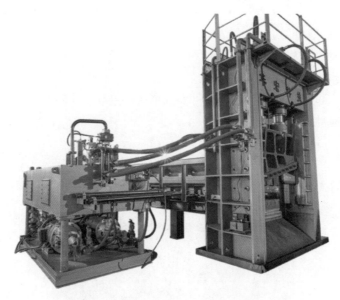

图 5-8　Q91Y 系列龙门式液压废钢剪

（3）剪切角度 12 度，剪切能力比其他剪切角度 9 度的同吨位龙门剪提高了 25%。

（4）主机机架为整体焊接式结构，去除铁锈后油漆（喷丸除锈），并去除锐边毛刺，焊缝平直，外形规整，机械强度高，外观质量好。

（5）导轨间隙快速调整技术和滑块式刀座的导向技术，快速实现刀片调整，大大提高了设备工效。

（6）位移行程自检测技术，能根据工作中压料头压料的实际高度来自动调节剪切滑块的开口高度，减少了剪切油缸的空行程，使液压系统更节能、省时。

（7）可通过程序对设备的各个动作过程实现控制，对设备各个系统工作状态实施检测、显示和处理，系统具有较强的自诊断功能，工作可靠，维修方便。

4. Q91Y 系列多刀式龙门剪

多刀式龙门剪是钢厂、有色金属厂、冶炼厂、废金属回收企业金属废料处理的理想设备（见图 5-9），可剪切各类废旧薄板、厚板、棒材、管材、焊接结构件等。可剪切废钢类型有：厚度不大于 40 毫米、宽度不大于 2000 毫米的废钢；ϕ40 毫米以下棒材；厚度不大于 40 毫米、宽度不大于 2000 毫米的焊接钢构件；各种轻薄型黑色和有色金属废料。

特点：

（1）采用横纵复合刀片排布技术，一次即可剪切出 400 毫米×400 毫米的碎钢板，生产效率高。

（2）刀片之间采用首尾空间螺旋上升设置，改善剪切受力。

（3）采用活动安装的方式，可以根据物料情况，在传统龙门剪和多刀剪之间实现快速切换。

图 5-9　Q91Y 系列多刀式龙门剪

5. 箱式剪

箱式剪适合于各种断面形状的轻薄料（如彩钢瓦、槽钢、钢板等）的冷态剪切，使之成为符合要求的炉料；并便于储存和运输，可以为金属回收业、铸造冶炼业、机械建筑业等众多行业配套服务（见图 5-10）。

图 5-10　箱式剪

特点：

（1）采用液压传动，与机械传动式剪切机相比具有体积小、重量轻、运动惯性小、噪声低、运动平稳、操作灵活、剪切断面大等特点。

（2）采用独特侧墙机构，结构稳定。

（3）采用机、液、电一体化控制，可实行单次、连续动作转换，使用简单方便，可在任意工作位置停止和运行，易于实现过载保护。

（四）屑饼机

屑饼机主要用于将长度不超过 50~80 毫米废熟铁屑、铸铁屑、铜屑、铝屑等金属屑和破碎铁通过特制的模具，使其在极小的面积上承受高压以压制成块，极大方便了金属屑的运输，并在熔炼过程中减少氧化量和烧损，以取得显著的经济效益（见图 5-11）。根据冲压头方向的不同，可分为卧式和立式。

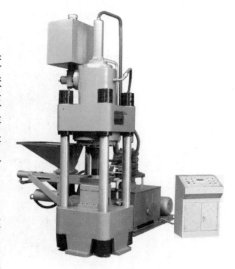

图 5-11　屑饼机

特点：

（1）设备压力大，包块金属度高，密度可达4.5 吨/立方米。

（2）采用 PLC 控制，可实行点动、单次、连续工作转换，自动化程度高，操作方便，生产效率高。

（3）主压油缸采用复合油缸技术，加快了空载和回程速度，提高工作效率。

（4）采用二级预压设计，适合蓬松废料压块。

（5）液压驱动，工作平稳、无振动，安全可靠。

（6）自动出料系统，生产效率高，操作简便。

（五）钢筋切粒机

钢筋切粒机主要用于白色家电、铁皮桶（厚度不超过 3 毫米）、铝型材、硬质塑料、废旧轮胎、园林垃圾以及原始生活垃圾等的破碎处理，便于降低物料的体积，增加堆密度，降低运输费用。

1. 滚剪机

滚剪机适用于经过人工分拣后直径不超过 22 毫米的松散螺纹钢（见图 5-12）。

图 5-12　滚剪机

特点：

（1）料箱开口大，适用于输送带加料出料，变频调速，PLC 联动控制，自动化程度高，产量高，运行平稳。

（2）刀头与刀体为可拆式，便于刀头损坏后快速更换，节约了维护成本和时间。

（3）过载后自动反转，实现过载保护。

（4）采用分体式可换刀片，在破碎作业过程中，能根据损坏的具体情况仅仅对局部的分体刀片而不是整个刀体进行更换，而且不需要将整个主轴拆开，大大降低了刀片的使用成本和维修时间。

（5）采用双轴双变频电机单独驱动，可以根据不同的切碎物料选择不同的转速，相比固定转速的切碎机，能效大幅提高。

（6）变频电机和变频器的配置，可以实现双轴的转速相同或者不同，剪切、撕扯效果增强，处理物料的范围增大，可以在不更换刀片的情况下实现一机多能。

2. 钢筋剪断机

钢筋剪断机用于各种螺纹钢等材料的断料、剪切加工（见图 5-13）。

图 5-13 钢筋剪断机

特点：

（1）具有惯性小、噪声低、运动平稳、操作灵活、安全等特点，与锯割、砂轮切割或气割相比具有工效快、成本低、损耗少等特点，特别适合于螺纹钢材料的剪切。

（2）采用液压传动，易于实现过载保护，操作安全性好。

（六）移动剪

移动式废钢剪切机能适合不同形状的废钢物料剪切、剪断，特别适用于汽车大梁、集装箱等不规则形状的物料剪切、剪断（见图 5-14）。

特点：专门为满足用户实际需求而设计和开发的多用途设备。作为整体移动式设备，可以被拖运到任何作业现场，例如物资回收站、供料场、废车堆积场或建筑垃圾现场。这使其成为需要转场作业或提供废金属加工服务的客户的优选设备。配备先进的 PLC 控制系

图 5-14　移动剪

统，且可利用标准无线遥控装置直接进行操作。操作工可选择不同的剪切或压块/打包设置，包括剪切长度和自动或手动模式。配备的柴油发动机可满足各种场地需要。

（七）其他

1. 预碎机

预碎机主要用于金属包块（截面 400 毫米×400 毫米~800 毫米×800 毫米，长度 500~2000 毫米）的预破碎处理（密度 0.8~1.5 吨/立方米），将其撕裂成条块状，以适应破碎需求，撕碎尺寸不超过 300 毫米×300 毫米，适合 3000HP 以上破碎线应用（见图 5-15）。

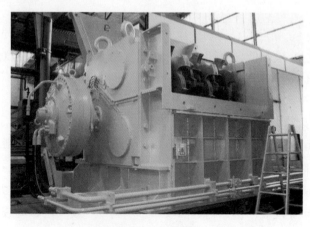

图 5-15　预碎机

特点：

（1）采用卧式双轴，交叉齿撕碎技术，处理面积大。

（2）耙轮采用高强度合金制成。

（3）双液压马达驱动，低速大扭矩，具有高效撕碎能力。

（4）通过本项目预处理，可缩短破碎机破碎时间，从而提高设备生产能力，减少破碎机平均和峰值用电消耗水平。

（5）可显著减少在破碎机内发生爆炸的风险。

2. 卧式金属拆包机

卧式金属拆包机适用于将废旧汽车或者废钢包块进行拆解，以方便破碎线破碎处理或者检查包块有无杂质（见图5-16）。

图 5-16　卧式金属拆包机

特点：

（1）采用液压驱动，工作平稳、噪声低。

（2）科学的钩爪结构，拆包更轻松。

（3）性能优越的移动夹紧座导向，运动平稳、结构可靠。

（4）钩爪、导轨等关键部位耐磨设计，有效延长设备的使用寿命。

随着国民经济的发展和人民生活水平的提高，机械设备、汽车、家用电器等不但数量增多，而且更新周期缩短，社会回收废钢铁的比重将加大。社会回收废钢铁成分复杂，有色金属、非金属以及垃圾有害物品等混杂物较多，对先进废钢处理设备的开发提出了新的要求。为此，在快速推动废钢加工配送中心建设的同时，加快废钢加工装备的研发，提升废钢加工装备科技水平，尤其针对报废汽车和报废家电大量增加的需求，尽快推进该类装备的研发（与环保匹配）及推广速度，适应我国废钢加工配送体系建设，适应国家推广的"城市矿产"工程建设。

提高废钢加工行业装备水平，需要装备制造企业站在行业制高点，不断进行科技创新，满足行业发展产生的新的需求，实现行业产业链的延伸。将废钢加工行业装备逐步延伸、过渡到废金属加工处理、有色金属分选处理、报废汽车回收拆解加工分类处理、报废家电产品回收拆解加工分类处理、尾料垃圾分选处理以及环保除尘净化处理等领域上来，实现废钢加工行业的产业升级和跨越，将成为落在废钢加工装备制造企业肩上的重任。

报废汽车拆解工艺设备示意图如图 5-17 所示。

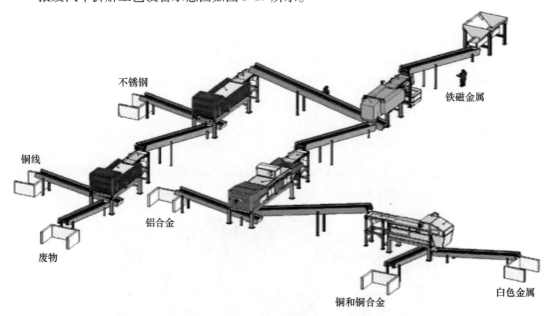

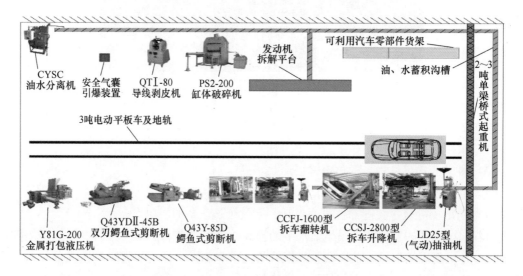

图 5-17　报废汽车拆解工艺设备示意图

第三节　废钢尾料的环保处理

在废钢铁回收、加工、处理的过程中，若处理不当，就可能造成废有色金属、废橡胶、废油、废水、废化学浸出液、烟尘、二噁英、放射性污染物等对环境造成污染，甚至影响人们的健康安全。所以，废钢铁加工过程中，对于二次污染等的防治是必须重视的问题，尤其是对废钢尾料的环保处理，是其中非常重要的一个方面。

一、废钢尾料的概述

废金属处理技术的发展经历了手工处理、压块打包、剪切处理、破碎分选四个阶段。由于破碎处理后的废金属具有附着物少、纯度高、堆密度较大、生产效率高等优点，是目前获得高品质废金属最先进的方法，也是国内废金属处理产业主要方法。废金属在经过破碎线破碎和磁选后，绝大部分黑色金属得到了回收，剩下是尺寸在 10~100 毫米范围内不同形态的铜、锌、铝、镁等有色金属，少量黑色金属，稀有金属和塑料等非金属组成的混合物，称为废钢尾料。因此，必须从破碎混合尾料中进一步分离出铜、锌、铝、镁等有色金属，才能进行再利用。同时，对于被选除金属后的污泥以及污泥废钢混合料（废钢尾料），如果不经处理自然堆放，也将给生态环境带来不利影响，同样需要无害化处理。

（一）废钢破碎料尾料垃圾的主要来源

废钢破碎料尾料垃圾的主要来源包括以下几个方面：
（1）废旧汽车拆解之后的车架、车壳等破碎料垃圾；
（2）废旧家电、冰箱、洗衣机、电脑、电视等拆解后破碎料垃圾；
（3）废品回收站回收的废铁、废钢等铁盒压块破碎料垃圾；
（4）废旧自行车、电动车、摩托车等拆解后剩余的车架料垃圾；
（5）工业裁剪、加工及钢厂废料等破碎精选后的废料垃圾；
（6）拆厂料、钢筋头、彩钢瓦、钢结构料等破碎后的废料垃圾。
破碎尾料如图 5-18 所示。

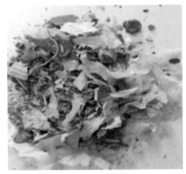  

电瓶壳破碎尾料　　　　　　　　电瓶壳破碎料铅丝　　　　　　电瓶壳破碎尾料提取塑料

图 5-18　破碎尾料

（二）废钢尾料处理要求

将铜、铝、不锈钢等不同成分金属进行识别和自动分选，分选率超过 96%；废钢去除率超过 98%；磁性破碎料产物中非金属含杂率不高于 0.1%；粉尘、污泥能实现自动打包处置。废钢破碎料尾料中含有不锈钢、铜、铝、锌等有回收价值的金属，目前大部分的企业采用涡电流分选机进行分选。废钢破碎料尾料精选跟粗选的主要区别就是分选精度，粗选指的是大体将尾料中的金属等分选出来，精选指的是尽可能地将物料中的小金属都分选出来。

1. 废钢破碎料尾料粗选

粗选指的是物料不经过筛分，直接用分选机进行分选，将大块跟中块的铜、铝、锌等有色金属分选出来。

优点：处理工艺简单，可以直接接到废钢破碎机的垃圾输送机上，让物料直接过一遍分选机，将其中大块和中块的物料分选出来。

缺点：因为分选机是靠分料板来调节物料分选间隙的，如果物料不经过筛选直接进行分选的话，在确保大料垃圾可以落下去的情况下，分料板间隙需要调到很大，但是分料板调大的话物料中的小直径有色金属由于弹力不够，跳不过分料板就落下去了，因此整体来讲分选率会低很多。

2. 废钢破碎料尾料精选

精选是指将物料先筛分后再进行分选，筛分后的大料、中料、小料单独进行分选。

优点：效果最好，分选率也最高。

缺点：当配置一台涡电流分选机时，需要将物料分三次进入分选机，并且针对物料调整刮板间隙还有分选转速、磁辊运行方向等，相对来讲设备处理量会低很多。

一般情况下破碎厂直接分选的是粗选的，客户收料专业分选的是精选的，精选的利润要比粗选高很多。

具体操作中，选择精选还是粗选要根据破碎尾料的价值来定，并不是破碎机下来的垃圾料都包含有色金属。如果仅是破碎油漆桶彩钢瓦之类的轻薄料，磁选过后是没有这些东西的。所以，根据废钢破碎垃圾料里面有色金属含量的不同，其回收价格从每吨几十元到几百元不等。想将破碎尾料里面的有色金属分离出来变废为宝，最简单实用的方法是人工挑选，不过效率较低，适合处理量不大的客户。不过，对于专业从事废钢破碎料回收处理的来讲，一天处理几十上百吨废料，光靠人工是不行的，且人工成本较高，所以使用相应的机器设备是必需的手段。

废钢破碎料尾料的分选方法主要有人工拣选、水洗摇床分选、涡流分选机分选三种，其特点分别如下：

（1）人工拣选通常只能分选废钢破碎料尾料中大块的铜铝不锈钢等。

（2）水洗摇床分选是按照物料的重量来分选的，因此含有大块胶皮塑料等。

（3）涡电流分选机分选是目前效果最好、性价比最高的废钢破碎料分选设备。

二、废钢尾料处理设备和工艺流程

废钢尾料处理设备和工艺流程如图 5-19 所示。废钢破碎尾料的分选工艺主要分为筛分、除铁、分选三个工艺。

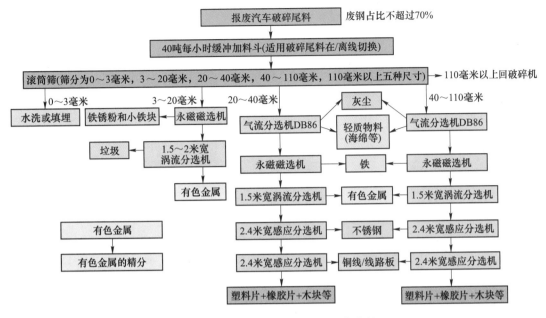

图 5-19　废钢尾料处理设备和工艺流程

（一）筛分

筛分主要是将废钢破碎料按照不同规格大小归类，一般按照要求是分大料、中料、小料三种不同大小规格的物料。决定废钢破碎料分选回收效率最关键的一道流程就是筛分，当物料筛分不均匀时会影响有色金属分选的分选率和杂质含量。目前市面流通的废钢破碎料的筛分装置主要是滚筒筛，滚筒筛的技术已经比较成熟，所以很多厂家采用滚筒筛来作为废钢料的筛分装置。

（二）除铁

除铁主要是将破碎尾料中的磁性物料去除掉，一般就是铁粉、铁锈、大块铁和部分磁性的不锈钢等金属。

（三）分选

分选工艺指的是对废钢破碎料分选铜、铝、镁、锌。有色金属铜、铝通过涡流分选机分选，之后可以回收少量不锈钢（见图 5-20 和图 5-21）。具体如下：

（1）静电分选机：可以分选金属和非金属、导体和非导体混合颗粒物以及部分矿物。比如铝塑锯末分选铝、铜塑线皮提取铜、电路板粉提取铜粒等；砂轮灰提取金属钛、不锈钢等；矿物提取锡、金等。

（2）金属分选机：可以从垃圾或塑料、橡胶里分选铜、铝、锌等有色金属和 201 不锈钢、304 不锈钢等导体金属；塑料里分选各类金属复合物、铝塑复合料、电路板等。

（3）混杂塑料分选机：可以分选各类密度法难以分选的混杂塑料，比如 ABS/PS/PP、

PP/PE、PET/PVC、PC/PMMA、ABS/PC、PPA/PPT 等。

（4）橡胶分选机：可以分选各类塑料橡胶，家电破碎塑料分选硅胶、电瓶壳破碎料分选橡胶帽等。

最终成品类别（五大类）如下：（1）轻飘物；（2）铁质（含铁粉）；（3）有色金属（铜、铝、锌等）；（4）不锈钢；（5）重物质尾渣（主要为橡胶、塑料、石头等）。

20 吨/时尾料分选系统如图 5-20 和图 5-21 所示。

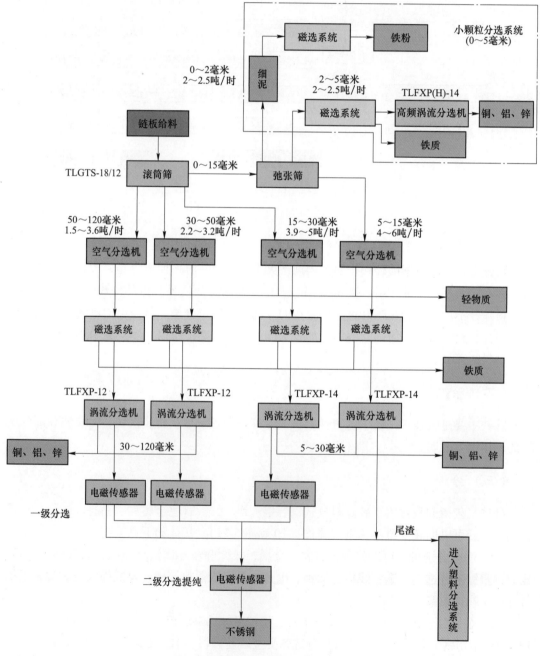

图 5-20　20 吨/时尾料分选系统流程

图 5-21　20 吨/时尾料分选系统效果图

（四）废钢破碎料尾料的分选流程

整套废钢破碎料尾料分选流水线的标准流程为：给料>输送>筛分>二级输送>除铁>分选>三级输送。

（1）废钢破碎料垃圾通过装载机给料到振动给料仓中。

（2）通过振动给料仓下部的振动给料器将物料均匀布料到输送机。

（3）大倾角输送机负责将物料从料仓布料到废钢破碎料直线筛里。

（4）直线筛筛分出来的三种物料通过输送机分别输送到分选机中。

（5）输送机头部安装的除铁滚筒可以将物料里边的磁性金属除掉。

（6）整条流水线中最主要的一步就是分选出其中的铜、铝、镁、锌等金属。

（7）通过三级输送装置将分选后剩余的垃圾料输送到指定位置。

（五）主要尾料处理设备的产品优势

由于大多国内企业机械化集成度不高，在实际的有色废金属分选中通常都采用机械结合人工分选的方法。其分选机械设备大多来自国外厂家，价格昂贵，损坏后维修不便且费用较高，这大大增加了有色废金属分选成本。随着有色金属再生利用得到越来越多的关注，再生有色金属市场逐渐打开，国内越来越多普通厂家开始生产有色金属分选设备。但目前大多数企业受限于技术水平，都只是制造单一设备，无法生产综合系统性的智能有色废金属分选系统来保证分选的精细程度。未来，有色废金属分选生产线形成智能化、精细化、环保无害化的分选方法将逐步成为必然的要求。

第六章　废钢铁质量标准体系建设与发展

　　废钢铁标准是对废钢铁产品的回收、加工、制造和应用所做的统一规定，是废钢铁产业化建设发展不可缺少的支撑体系，也是企业安全生产经营的准则和依据。

　　本章简要回顾了我国废钢铁标准发展的历史和现状，对中、日、欧、美等主要国家和地区的废钢分类标准进行解析，以求进一步加深对废钢铁产品科学涵义的认识，全面领会废钢铁产品化、产业化、区域化的发展趋势。

第一节　我国废钢铁标准制定发展历程

一、废钢铁标准制定的重要意义

　　标准是对重复性事物和概念所做的统一规定，它以科学技术和实践经验结合成果为基础，经有关方面协商一致，由主管机构批准，以特定形式发表，作为共同遵守的准则和依据。

　　在经济全球化的进程中，以技术法规、标准和合格评定程序相互组合形成的技术性贸易措施，已成为世界各国保护本国市场普遍采取的手段。多年来，少数发达国家千方百计控制世界标准化组织，掌握国际标准制定权，采用技术法规、标准和合格评定程序相互组合形成的技术性贸易措施，保护本国的产业和企业，提升其经济和技术在国际市场竞争中的地位，目前，欧盟拥有的技术标准就有 10 万多个，德国的工业标准约有 1.5 万种，日本则有 8200 多个工业标准。

　　我国改革开放以来，不断强化技术标准的制定。标准制定工作已跃升到战略高度，建立科学的标准体系发展战略，加快我国标准化事业的发展成为一项十分紧迫的任务。快速统筹提升标准的适应性和竞争力是我国标准化工作的核心任务。一方面是为了加快与全球经济融通的步伐，在国际标准制定工作中提升我国的参与度，增加我国在国际市场的话语权；另一方面是用标准提升我国在世界市场的份额，扩大国际贸易量，促进我国经济的发展和保障国家经济安全。

　　制定废钢铁标准对于我国废钢铁产业发展、废钢进出口贸易的发展，增加国外废钢铁资源的供给，促进国内废钢铁产业的建设和发展，推进绿色钢铁的进程，都具有重大的意义。

　　我国钢铁工业的快速发展，带来社会钢铁积蓄量的大幅增加，我国已成为废钢铁资源大国。大量废钢铁的回收、加工、销售、应用等流程必须规范有秩序地进行。依据废钢铁标准，把社会和相关行业回收的散乱混杂、长短不齐、重量悬殊、污染污垢的废钢铁，加工成不同类型合格的废钢铁产品，提供给钢铁工业和相关行业，无论是简单的分选还是机械的打包、切割、破碎，都是产品的制造流程，同时也是消除污染保护环境绿色制造的过程。初始回收的废钢铁不仅含有泥块、水泥、砂粒、油污、耐火材料、炉渣、矿渣、橡胶、塑料、油漆等非金属异物，还有对熔炼金属质量和环境产生不良影响的物质，如放射性物质，有色金属，含硫、磷和砷较高的材料等。如果不清理出来妥善处理，带入或混进钢铁冶炼流程中，不但会影响钢铁产品的质量，给相关制造业带来损害，还会危及企业建筑、装备安全和员工人身安全。为此，废钢铁标准对上述非钢铁废物和危废的清理提出强制性的要求和严格的规定。

废钢铁标准不但是废钢铁产业化生存和发展的保障，还为钢铁行业绿色可持续发展提供了支撑和参考，同时，也为国际国内贸易提供了依据。在国际贸易中，我国除了大量铁矿石进口，废钢也是一个重点的进口品类。在废钢进口量最多的 2009 年，我国全年进口废钢达到 1369 万吨。废钢铁标准是废钢铁国际贸易中不可或缺的必要条件，它既是废钢质量约束规则，也是定价的基本条件。国内贸易同样以废钢铁标准作为交易的依据。

二、废钢铁标准制定发展回顾

废钢铁国家标准的发展历程可以概括为四个阶段。

第一阶段是 1964~1995 年。随着国民经济的发展以及废钢铁的回收利用，开始制定废钢铁标准。1964 年制定的冶金工业部标准，当时该标准由三部分组成，分别为《回炉废钢分类及技术条件》（YB 518—1964）、《回炉废铁分类及技术条件》（YB 519—1964）、《合金废钢分类及技术条件》（YB 520—1964）。1984 年，该标准修订为国家标准，分别为《回炉碳素废钢分类及技术条件》（GB 4223—1984）、《回炉废铁分类及技术条件》（GB 4224—1984）和《回炉合金废钢分类及技术条件》（GB 4225—1984）。

第二阶段是 1996~2003 年。随着国内贸易的发展，为了满足贸易的需求，并与国际接轨，有关部门将原标准整合，整合后的标准名称为《废钢铁》（GB/T 4223—1996）。整合后废钢铁按用途分为熔炼用废钢、再生用废钢和一般用途废钢，废铁增加了广泛用作高炉添加料的废铁，合金废钢合并简化成 5 个钢类，67 个钢组，新增加技术术语和共性技术要求等。

第三阶段是 2004~2009 年。随着我国加入 WTO，为适应进出口需要，加强人身安全、环保的放射性物质等方面的要求，提高对废钢铁中有害元素的要求，降低对环境的污染，将该标准修定为强制标准。《废钢铁》（GB 4223—2004）国家标准，增加了对环保控制、放射性物质控制等方面的要求，增加了检验项目和检验方法，将废钢中 P、S 含量标准由 0.08% 以内调整至 0.05% 以内，并对废钢铁单件最大尺寸和重量做出了规定。

第四阶段是 2010 年至今。我国废钢铁产业初具规模，钢铁工业应用废钢铁数量逐年提升，钢材内在品质要求不断升级，环保治理力度强化，钢铁企业"精料入炉"的呼声日益高涨。面对新的形势，工信部相关部门组织中国废钢铁应用协会和部分企业启动对《废钢铁》国家标准的修订工作。在标准归口管理单位冶金标准院的参与指导下，先后在包头、太原、宁波等地召开多次会议研究标准的修订。经过七年的不懈努力，迎来了《废钢铁》（GB/T 4223—2017）国家标准的发布。与 GB 4223—2004 相比，新标准将熔炼用废钢的分类，由原标准的 5 类增加到 8 类，增加了"打包件（压块）的拆包检验"方法和"破碎料堆比重的检验方法"等内容，使标准的适应性进一步提高。为满足废钢铁产业发展的需要，完善废钢铁标准体系，在修订废钢铁国家标准的同时，开展了行业标准的起草制定工作。

2018 年完成了《废不锈钢回收利用条件》（YB/T 4717—2018）的制定，填补了废钢铁回收利用品种的空白。

2019 年《炼钢铁素炉料（废钢铁）加工利用技术条件》（YB/T 4737）发布，于 2020 年 1 月 1 日开始实施，该标准细化了废钢的分类、规定了来源、规范了品名、用代码表示废钢的特性。更加具体细化、具有可操作性，是对现有标准的系统补充。这两个行业标准的实施既弥补了国家废钢铁标准品种的缺位，又细化到大宗单一品类的专用标准，使废钢铁的回收、加工、利用的规则更加严谨精确。

2018 年 12 月，生态环境部等四部委发布“关于调整《进口废物管理目录》的公告”，将废钢铁划为限制进口的固体废物，从 2019 年 7 月 1 日开始停止废钢进口贸易。公告在钢铁行业和相关部门引起很大震动，废钢协会在积极反映诉求的同时，在中国钢铁工业协会的领导下，组织相关企业加快《再生钢铁原料》国家标准的制定工作。经过不懈的努力，国家市场监督管理总局（国家标准化管理委员会）批准发布《再生钢铁原料》（GB/T 39733—2020）推荐性国家标准，该标准于 2021 年 1 月 1 日起正式实施（见图 6-1）。2019 年 12 月 31 日，生态环境部等五部委联合发布印发《关于规范再生钢铁原料进口管理有关事项的公告》，明确符合《再生钢铁原料》（GB/T 39733—2020）标准的再生钢铁原料，不属于固体废物，可自由进口，自 2021 年 1 月 1 日起实施。《再生钢铁原料》（GB/T 39733—2020）作为产品标准，在术语和定义、加工方式、表观特征、分类、牌号、夹杂物及检验、危险废物、取样规则等方面都做了具体的规定。通过《再生钢铁原料》（GB/T 39733—2020）国家标准明确了检验项目、具体检测方法及验收规则，可确保对进口再生钢铁原料的有效监控和检测，实现对国际优质可再生资源的有效利用，为提高国际、国内铁素资源的品质提供重要的标准依据和支撑。

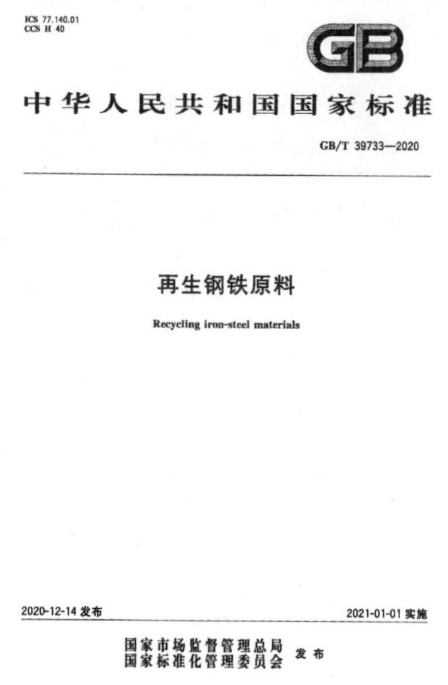
ICS 77.140.01
CCS H 40

GB

中华人民共和国国家标准

GB/T 39733—2020

再生钢铁原料

Recycling iron-steel materials

2020-12-14 发布　　2021-01-01 实施

国家市场监督管理总局
国家标准化管理委员会　发布

图 6-1　《再生钢铁原料》（GB/T 39733—2020）国家标准

《再生钢铁原料》国家标准既适用于国内再生钢铁原料资源的加工处理，又适用于国际符合标准要求的再生钢铁原料资源进口，是在当前生产技术条件下，符合国家法律法规和环保技术要求，为满足我国钢铁行业高质量发展而制定的产品技术标准。新国标的出台，不仅可以推动优质再生钢铁原料资源进口，提高我国铁素资源保障能力，缓解钢铁行业过度依赖铁矿石作为铁素原料境况，还能提高再生钢铁原料的品质，满足我国钢铁行业高质量发展的需求。新标准既适用于国内再生钢铁原料资源的加工及处理，又适用于国际符合标准要求的再生钢铁原料资源进口。

三、中国废钢铁标准

中国废钢铁的标准包括国家标准和行业标准。国家标准代号为 GB 和 GB/T，其含义分别为国家强制性标准和国家推荐性标准，行业标准的代号由国家规定的汉字拼音大写字母组成，也分为强制性和推荐性标准。

强制性标准是指为保障人体的健康、人身、财产安全的标准和法律、行政法规定强制执行的标准，具有法律属性。

推荐性标准是指生产、检验、使用等方面，通过经济手段或市场调节而自愿采用的标准，企业在使用中可以参照执行。

目前，我国的废钢铁有四个推荐性标准。其中，国家标准为《废钢铁》（GB/T 4223—2017）和《再生钢铁原料》（GB/T 39733—2020）；行业标准为《废不锈钢回收利用技术条件》（YB/T 4717—2018）和《炼钢铁素炉料（废钢铁）加工利用技术条件》（YB/T 4737—2019）。标准全文请参见本章附录。

《废钢铁》（GB/T 4223—2017）中把废钢铁分为废钢和废铁两个大类。废铁根据用途再分为熔炼用和非熔炼用两种，其中熔炼用废铁根据形状和质量划分为 A、B、C 三个品种，结合用途和性质再细分为Ⅰ类废铁、Ⅱ类废铁、合金废铁、高炉添加料四类（见表6-1）；而非熔炼用废铁不用再分类，主要由供需双方自由协定确认。

表6-1　废铁分类

项目	类别			典型举例
	A	B	C	
Ⅰ类废铁	长度≤1000mm；宽度≤500mm；高度≤300mm	经破碎、熔断容易成为一类形状的废铁	生铁粉（车削下来的生铁屑未混入异物的生铁）及其冷压块	生铁机械零部件、输电工程各种铸件、铸铁轧辊、汽车缸体、发动机壳、钢锭模等
Ⅱ类废铁				铸铁管道、高磷铁、高硫铁、火烧铁等
合金废铁				合金轧辊、球墨轧辊等
高炉添加料	10mm×10mm×10mm ≤外形尺寸≤200mm×200mm×200mm，单件重量≤5kg			加工压块等
渣铁	500mm×400mm 以下或单重≤800kg，块状			大沟铁、铁水包、鱼雷罐等加工而成（含渣≤10%）

数据来源：《废钢铁》（GB/T 4223—2017）。

注：废铁的碳含量一般大于 2.0%。优质废铁的硫含量（质量分数）和磷含量（质量分数）分别不大于 0.07% 和 0.40%。普通废铁、合金废铁的硫含量（质量分数）和磷含量（质量分数）分别不大于 0.12% 和 1.00%。高炉添加料的含铁量应不小于 65.0%。

废钢也分为熔炼用和非熔炼用两类，其中熔炼用废钢可根据外形尺寸以及重量从大到小再分为重型、中型、小型、轻薄料、打包块、破碎废钢、钢屑等，划分的尺寸间隔大约是 200 毫米（见表6-2）；非熔炼用废钢也不再分类，由供需双方自由协定确认。

表 6-2　废钢分类

项目	类别	外形尺寸及重量要求	供应形状	典型举例
重型废钢	I 类	1200mm×600mm 以下，厚度≥12mm，单重 10~2000kg	块、条、板、型	钢锭和钢坯、切头、切尾、中包铸余、冷包、重机解体类、圆钢、板材、型钢、钢轨头、铸钢件、扁状废钢等
	II 类	800mm×400mm 以下，厚度≥6mm，单重≥3kg	块、条、板、型	圆钢、型钢、角钢、槽钢、板材等工业用料、螺纹钢余料、纯工业用料边角料、满足厚度单重要求的批量废钢
中型废钢	—	600mm×400mm 以下，厚度≥4mm，单重≥1kg	块、条、板、型	角钢、槽钢、圆钢、板型钢等单一的工业余料，各种机器零部件、铆焊件、大车轮轴、拆船废、管切头、螺纹钢头/各种工业加工料边角料废钢
小型废钢	—	400mm×400mm 以下，厚度≥2mm	块、条、板、型	螺栓、螺母、船板、型钢边角余料、机械零部件、农家具废钢等各种工业废钢、无严重锈蚀氧化废钢及符合尺寸要求的工业余料
轻薄料废钢	—	300mm×300mm 以下，厚度<2mm	块、条、板、型	薄板、机动车废钢板、冲压件边角余料、各种工业废钢、社会废钢边角料、但无严重锈蚀氧化
打包块	—	700mm×700mm×700mm 以下，密度≥1000kg/m³	块	各类汽车外壳、工业薄料、工业扁丝、社会废钢薄料、扁丝、镀锡板、镀锌板冷轧边料等加工（无锈蚀、无包芯、夹什）成型
破碎废钢	I 类	150mm×150mm 以下，堆密度≥1000kg/m³		各种汽车外壳、箱板、摩托车架、电动车架、大桶、电器柜壳等经破碎机加工而成
	II 类	200mm×200mm 以下，堆密度≥800kg/m³		各种龙骨、各种小家电外壳、自行车架、白铁皮等经破碎机加工而成
渣钢	—	500mm×400mm 以下或单重≤800kg	块	炼钢厂钢包、翻包、渣罐内含铁料等加工而成（含渣≤10%）
钢屑	—			团状、碎切屑及粉状

数据来源：《废钢铁》（GB/T 4223—2017）。

注：废钢的碳含量一般小于 2.0%，硫含量、磷含量均不大于 0.050%；非合金废钢中残余元素应符合以下要求：镍的质量分数不大于 0.30%、铬的质量分数不大于 0.30%、铜的质量分数不大于 0.30%。除锰、硅以外，其他残余元素含量总和（质量分数）不大于 0.60%。

第二节　国外废钢铁标准

在废钢国际贸易中，废钢铁的标准是必不可少的技术文件。买卖双方在合同契约中对废钢品类的选择，价位的协商确定，都需要以相应的废钢铁标准作为依据，按照规则来完成交易。

　　我国从 20 世纪 80 年代开始从国外进口废钢，补充国内废钢铁资源的缺口。进口数量从 1984 年的几十万吨，发展到 2009 年的 1369 万吨，大量的进口废钢弥补了国内废钢铁资源的不足。多年来，我国进口废钢主要来源于美国、日本、欧盟、俄罗斯等国家和地区。这些国家都有本国的废钢铁标准，各国根据本国废钢铁资源来源渠道、品类等因素制定出各具特色的废钢铁技术标准，成为国际废钢贸易中参照的条件。

一、美国废钢铁标准

　　美国的废钢铁分类标准不划分废铁和废钢，直接通过尺寸和重量分为重废、破碎料、打包块、废渣等。美国废钢铁还根据钢铁的清洁程度分为 A 清洁、B 等外物料、C 残余合金元素、D 偏差，标记在品种、类别上。

　　美国的分类特点是划分标准十分明细，尺度间隔大约 40 毫米左右，识别是否有涂层和合金含量，所以各大类下还有许多型号（见表 6-3）。例如重废就分为 1 号和 2 号重废，其下还划分了 200～206 等 7 个小分类。

表 6-3　美国废钢铁标准

型号	类别	外形尺寸及重量要求	典型举例
1 号重废	200	厚度 ≥ 1/4in，单块尺寸不得超过 60in×24in	需加工成能确保压实装料作业
	201	3ft×18in，废锻铁或废钢，厚度 ≥ 1/4in，单块尺寸不得超过 36in×18in	需加工成能确保压实装料作业
	202	5ft×18in，废锻铁或废钢，厚度 ≥ 1/4in，单块尺寸不得超过 60in×18in	需加工成能确保压实装料作业
2 号重废	203	无涂层的和镀锌的，厚度大于等于 1/8in	装料规格包括不适合做 1 号熔炼用，重废钢的物料，需加工成能确保压实装料作业
	204	无涂层的和镀锌的，最大尺寸为 36in×18in	可包括所有经适当加工的汽车废钢
	205	3ft×18in，无涂层和镀锌，尺寸 ≤36in×18in	可包括经适当加工的汽车废钢，但不含薄铁板和轻薄料
	206	5ft×18in，无涂层和镀锌，尺寸 ≤60in×18in	可包括经适当加工的汽车废钢，但不含薄铁板和轻薄料
破碎料	210	经破碎后用磁力分选出的均质废钢铁，平均密度 50lb/ft³	来源于旧汽车、未加工的 1 号和 2 号废钢、各种打包用料和薄板废钢
	211	经破碎后用磁力分选出的均质废钢铁，平均密度 70lb/ft³	来源于旧汽车、未加工的 1 号和 2 号废钢、各种打包用料和薄板废钢
	212	切碎的边角废钢，废钢铁的平均密度 60lb/ft³	1000 系列的碳钢的切碎边角废钢或薄板料
	213	重熔用切碎的镀锌板罐头盒、可含铅顶盖	不能含铅罐，有色金属（罐头盒结构中的除外）和非金属杂物

续表 6-3

型号	类别	外形尺寸及重量要求	典型举例
打包块	208	1号打包废钢。新的无涂层薄钢板废钢，切边或冲裁残料骨架废钢经压缩或人工打包至装料箱尺寸，重量不小于75lb/ft³	含STANLEY球料、用总棒缠绕的卷料或冲裁残料骨架的卷料、化学脱锡废钢。不可包括旧汽车本身和挡泥板，无镀层、加衬和搪瓷薄板及硅含大于0.5%的电工钢板废料
	209	2号打包废钢。旧的无涂层薄板料和镀锌的钢板废料，经液压压缩至装料箱尺寸，重量不小于75lb/ft³	可包括镀锡、镀铅和搪瓷板废料
	214	3号打包废钢。废旧薄板料，重量不小于75lb/ft³	可包括不适合2号打包废钢的所有镀层废钢
	216	镀铅锡合金钢板打包废钢。新的镀铅锡合金废钢板，切边或冲裁残料骨架废钢，重量不小于75lb/ft³	可包括STANLEY球料，用芯棒缠绕的卷料，要确保牢固
	217	1号打包废钢，厚度1/8in，重量≥75lb/ft³	无各种金属镀层材料
	218	2号打包废钢。废锻铁或废钢，无涂层的和镀锌的，厚度≥1/8in，重量不小于75lb/ft³	气割或人工拆卸的汽车本身和挡泥板，按重计最多可占60%（此百分比有汽车本身、底盘、传动轴和当班组成），应无各种镀层材料，汽车上原有的除外
	207	1号边角废钢。清洁废钢，任何尺寸不得超过12in	包括工厂新的边角废钢（薄钢板切边和冲压废料等），不得包括旧汽车本身和挡泥板，不含镀层、加衬和搪瓷的薄板及硅含量大于0.5%的电工钢板废料
	207A	新的无涂层薄钢板切边废钢。供直接装料用，最大尺寸为8ft×18in	无旧汽车本身和挡泥板，无镀层、加衬和搪瓷薄板及硅含量大于0.5%的电工钢板废料且必须能合适地平放在汽车里
	215	焚烧压块。镀锡板罐头盒废料，重量≥75lb/ft³	废罐头盒需通过公认的垃圾焚烧炉处理

数据来源：ISRI-FS-2020。

注：1. 1in=25.4mm；1lb/ft³=16.018kg/m³。

2. 清洁程度一般标准：

A. 清洁。所有等级废钢都必须无污垢，不含有色金属或任何异物，不能有过多的铁锈和腐蚀。

B. 等外物料。在交货特定品种的废钢铁中含有极少量的尺寸略微超过规定范围以及在质量和种类方面略微不能满足规定要求的物料时，如果能证明在正常加工和搬运中该种废钢铁中含这种等外物料是不可避免的话，则不应该改变交货废钢铁的分类等级。

C. 残余合金元素。在本标准分类中，只要用无金属元素术语之处，系特钢中所含的残余合金元素，并非为炼合金钢而加入的元素。当残余金属元素不超过以下百分比时，可以认为是无合金元素废钢：镍0.45%；钼0.10%；铬0.20%；锰1.65%，除锰外的所有残余元素的总量不得超过0.60%。

D. 偏差。

二、欧盟废钢铁标准

欧盟的分类标准也是不划分废钢和废铁的，主要依据尺寸和重量、新旧程度和合金含量等。欧盟分类标准中备注了 6 个注意事项，分别是：（1）其他杂质占整体的重量；（2）涂层材料；（3）无任何污染物；（4）和（5）其他特殊分类；（＊）未确定方法，附注在各品种、分类中，来明确分类情况。

欧盟分类主要有老旧废钢、次新废钢、破碎料、钢车屑、焚化碎片等。然后再根据尺寸、重量、金属含量划分了 E1~E46 等多个细分，表 6-4 仅展示了部分重要的分类。欧盟分类标准的特点是，会明确要求杂质含量（从表 6-5 中看出，每个品种下都标识了杂质含量）。

表 6-4　欧盟废钢铁标准

类型	种类代码	要　求	尺寸	密度 /kg·m^{-3}	杂质含量 /%
陈旧废钢	E3	陈旧厚废钢，主要指厚度大于 6mm，尺寸不超过 1.5m×0.5m×0.5m 的废钢。保证可直接入炉，可包括管及空心型材；不包括车身废钢和轻型汽车轮胎，不包括钢筋及商品条钢，不含有铜、锡、铅（及合金）及杂质以满足目标成分含量。适用于 B 和 C 等级	厚度≥6mm <1.5m×0.5m×0.5m	≥0.6	≤1
陈旧废钢	E1	陈旧废钢板，主要指厚度小于 6mm，尺寸不超过 1.5m×0.5m×0.5m 的废钢。保证可直接入炉，如需较大密度，建议规定最大尺寸1m。可包括轻型汽车轮胎；不包括车身废钢及家用电器，不包括钢筋及商品条钢，不含有铜、锡、铅（及合金）及杂质以满足目标成分含量。适用于 B 和 C 等级	厚度<6mm <1.5m×0.5m×0.5m	≥0.5	<1.5
陈旧废钢	E2	新产厚废钢，主要指厚度大于 3mm。保证可直接入炉；无涂层（双方协商同意有涂层除外），不包括钢筋及商品条钢，不含有铜、锡、铅（及合金）及杂质以满足目标成分含量。适用于 B 和 C 等级	厚度≥3mm <1.5m×0.5m×0.5m	≥0.6	≤0.3
新产废钢 低残余 无涂层	E8	新产薄废钢，主要指厚度小于 3mm。保证可直接入炉；无涂层（双方协商同意有涂层除外），不可含有零散条钢以免入炉不便，不含有铜、锡、铅（及合金）及杂质以满足目标成分含量。适用于 B 和 C 等级	厚度<3mm <1.5m×0.5m×0.5m （捆包条钢除外）	≥0.4	<0.3

类型	种类代码	要求	尺寸	密度 /kg·m⁻³	杂质含量 /%
新产废钢 低残余 无涂层	E6	新产薄废钢（厚度小于3mm）。压实打包至保证可直接入炉；无涂层（双方协商同意有涂层除外），不可含有零散条钢以免入炉不便，不含有铜、锡、铅（及合金）及杂质以满足目标成分含量。适用于B和C等级		≥1	<0.3
破碎料	E40	废钢破碎料。将陈旧废钢破碎至单件尺寸不超过200mm占95%以上，余下的5%中，单件尺寸不可大于1000mm。保证可直接入炉；无过量水分、零碎铸铁、焚烧炉材料（尤其锡罐），不含有铜、锡、铅（及合金）及杂质以满足目标成分含量。适用于B和C等级		>0.9	<0.4
钢屑	E5H	原始材料已知的同质批次碳钢钢屑，较松散，保证可直接入炉。易切削钢钢屑需明确说明。无有色金属、大型件、研磨粉尘、严重氧化钢屑及其他化工材料。需化学成分预分析			(*)
	E5M	混合批次碳钢钢屑，较松散，保证可直接入炉。易切削钢钢屑需明确说明。无有色金属、大型件、研磨粉尘、严重氧化钢屑及其他化工材料			(*)
高残余 废钢	EHRB (4)	钢筋及商品条钢废钢，可直接入炉。可经切割、破碎或打包，无混凝土及其他建筑材料。不含有铜、锡、铅（及合金）机械件及杂质以满足目标成分含量	最大尺寸 1.5m×0.5m×0.5m	≥0.5	<1.5
	EHRB (5)	不符合其他等级要求的机械件及其部件，保证可直接入炉。可包括铸铁件（家用机械零件为主）；不含有铜、锡、铅（及合金）、轴承外壳、铜质环物等及其他视为杂质，可满足目标成分含量	最大尺寸 1.5m×0.5m×0.5m	≥0.6	<0.7

续表6-4

类型	种类代码	要　　求	尺寸	密度 /kg·m⁻³	杂质含量 /%
焚烧过程废钢破碎料	E46	焚烧处理产生的废钢破碎料。家庭垃圾焚烧处理厂产生的废钢，经磁选、破碎成尺寸不超过200mm破碎料，包括部分镀锡钢罐。不能有过多水分及锈蚀，不含有铜、锡、铅（及合金）及杂质以满足目标成分含量。适用于B和C等级		≥0.8	Fe≥92

数据来源：EFR-EU27。

注：1. 通过磁铁吸过后，其他杂质占整体的重量；

　　2. 涂层材料必须标明；

　　3. 无任何污染物（有色金属、氧化皮、研磨粉尘、化学材料、油污）；

　　4. 钢筋和钢材必须分开分类，因为铜的含量可能会使它们与旧废钢铁和新废钢铁（低残留品位）放在一起；

　　5. 机械部件和发动机部件必须分开分类，主要是因为它们的镍、铬和钼含量可能会使它们与较厚的旧废料和重型新废料（低残留品位）放在一起；

　　（＊）到目前为止，还没有能确定这些值的方法。

表6-5　元素含量

种类	型号	元素含量（残余量）/%				
		铜	锡	铬镍钼	硫	磷
陈旧废钢	E3	≤0.250	≤0.010	∑≤0.250		
	E1	≤0.400	≤0.020	∑≤0.300		
新产废钢 低残余 无涂层	E2	∑≤0.300				
	E8	∑≤0.300				
	E6	∑≤0.300				
破碎料	E40	∑≤0.250	∑≤0.020			
钢屑	E5H	需进行化学预分析				
	E5M	≤0.400	≤0.030	∑≤1	≤0.100	
高残余量 废钢	EHRB	≤0.450	≤0.030	∑≤0.350		
	EHRM	≤0.400	≤0.030	∑≤1.0		
焚烧过程废钢 破碎料	E46	≤0.500	≤0.070			

数据来源：EFR-EU27。

三、日本废钢铁标准

日本的废钢铁分类和我国类似，分为废铁和废钢两大类，再细分为熔炼用废铁和杂用废铁。其中，熔炼用废铁用 A、B 类划分高级废铁和普通废铁，用甲、乙、丙划分重、轻、破碎废铁。熔炼用废钢分为 A、B、C、D、E 五类，根据含杂质量由低到高分为碳素钢、低碳钢、低磷低硫钢、含合金钢、杂用钢。用甲、乙、丙、丁从重量和尺寸（大到小）排序，其中还细分为特1、特2、1、2、3 等小分类。杂用废钢铁也是不作分类的，由供需双方自行确定（见表6-6）。

表 6-6　日本废钢标准

型号		类别	外形尺寸及重量要求
废铁	熔炼用	A 种	高级废铁（机械或工具等）
		B 种	普通废钢（锅、锅炉、炉箅以及诸如此类的废铁）
		甲类	每块废铁的重量在 20kg 以下
		乙类	破碎、熔切等方法易加工成的废铁
		丙类	切屑（铁切屑，未混入杂质）
	杂用	不分种类	
废钢	熔炼用	A 种	碳素钢废钢
		B 种	低铜碳素钢废钢（Cu：0.2%以下）
		C 种	低磷、低硫、低铜碳素钢废钢（P：0.025%以下，S：0.025%以下，Cu：0.15%以下）
		D 种	合金钢废钢
		E 种	杂用废钢
		甲类特1号	厚度 6mm 以上，长度 600mm 以下，宽度或高度 400mm，重量 600kg 以下
		甲类特2号	厚度 3~6mm，长度 600mm 以下，宽度或高度 400mm 以下
		甲类1号	厚度 6mm 以上，长度 1200mm 以下，宽度或高度 500mm 以下，重量 1000kg 以上
		甲类2号	厚度 3~6mm，长度 1200mm 以下，宽度或高度 500mm
		甲类3号	厚度 3mm 以下，长度 1200mm 以下，宽度或高度 500mm 以下
		乙类	易切碎的加工成上述形状的废钢
		丙类1号	钢板切边
		丙类2号	脱锡镀锡板废钢
		丙类3号	普通废钢
		丙类4号	切屑
		丁类钢切斜	
	杂用	不分种类	

注：在上述的废钢分类中，根据与用户的协议，不影响使用，则可以不受上诉规定的限制。

日本废钢铁的分类特点就是，从尺寸、重量和金属含量两个标准来平行区别废钢铁，A~E 和甲~丁类并行。但是尺寸和重量划分没有我国和美国明细，金属含量没有欧盟精确。但总的来说，为供需双方提供更多的选择。

第三节　现行废钢铁产业技术标准

一、GB/T 4223—2017 废钢铁

前　言

本标准按照 GB/T 1.1—2009 给出的规则起草。

本标准代替 GB/T 4223—2004《废钢铁》。本标准与 GB/T 4223—2004 相比，主要技术内容变化如下：

——将原标准中的"优质废铁"和"普通废铁"修改为"Ⅰ类废铁"和"Ⅱ类废铁"（见 4.1.1，2004 年版的 4.1.1）；

——增加了熔炼用废铁分类，由原标准的 4 类增加为 5 类废铁（见 4.1.2.1，2004 年版的 4.1.2.1）；

——增加了熔炼用废钢的分类，由原标准的 5 类增加为 8 类废钢（见 4.2.3.1，2004 年版的 4.2.3.1）；

——修改了熔炼用废钢的外形尺寸及重量要求，进一步明确典型举例中的定义（见 4.2.3.1.1，2004 年版的 4.2.3.1.1）；

——增加了"打包件（压块）的拆包检验"方法（见 6.2.8）；

——增加了"破碎料堆比重的检验方法"（见 6.2.9）；

——将运输和质量证明书中，"进口废钢铁需同时附有放射性检验证明书"修改为"废钢铁需同时附有放射性检验合格资料（见 8.2，2004 年版的 8.2）；

——调整了熔炼用合金废钢的分组，由 6 个钢类 46 个钢组，调整为 8 个钢类 49 个钢组（见附录 A，2004 年版的附录 B）。

本标准由中国钢铁工业协会提出。

本标准由全国生铁及铁合金标准化技术委员会（SAC/TC 318）归口。

本标准起草单位：马钢（集团）控股有限公司、鞍钢股份有限公司、淄博厉拓再生资源有限公司、安庆市吉宽再生资源有限公司、广州市万绿达集团有限公司、重庆渝商再生资源开发有限公司、江苏华宏科技股份有限公司、首钢总公司、本钢集团有限公司、冶金工业信息标准研究院。

本标准主要起草人：沈昶、潘远望、方拓野、张历城、刘玉兰、许吉宽、岳龙强、李远征、朴志民、舒宏富、胡士勇、师莉、朱幼遝、宋超、张险峰、卢春生。

本标准所代替标准的历次版本发布情况为：

——GB 4223—1984、GB/T 4223—1996、GB/T 4223—2004；

——GB 4224—1984；

——GB 4225—1984。

废 钢 铁

1 范围

本标准规定了废钢铁的术语和定义、分类、技术要求、检验项目和检验方法、验收规则、运输和质量证明书。

本标准适用于炼钢、炼铁、铸造及铁合金冶炼时作为炼钢炉料或入炉原料使用的熔炼用废钢铁以及一般用途的非熔炼用废钢铁。

2 规范性引用文件

下列文件对于本文件的应用是必不可少的。凡是注日期的引用文件，仅注日期的版本适用于本文件。凡是不注日期的引用文件，其最新版本（包括所有的修改单）适用于本文件。

GB/T 223.3 钢铁及合金化学分析方法 二安替比林甲烷磷钼酸重量法测定磷量

GB/T 223.4 钢铁及合金 锰含量的测定 电位滴定或可视滴定法

GB/T 223.5 钢铁 酸溶硅和全硅含量的测定 还原型硅钼酸盐分光光度法

GB/T 223.7 铁粉 铁含量的测定 重铬酸钾滴定法

GB/T 223.8 钢铁及合金化学分析方法 氟化钠分离-EDTA 滴定法测定铝含量

GB/T 223.9 钢铁及合金 铝含量的测定 铬天青 S 分光光度法

GB/T 223.11 钢铁及合金 铬含量的测定 可视滴定或电位滴定法

GB/T 223.12 钢铁及合金化学分析方法 碳酸钠分离-二苯碳酰二肼光度法测定铬量

GB/T 223.13 钢铁及合金化学分析方法 硫酸亚铁铵滴定法测定钒含量

GB/T 223.14 钢铁及合金化学分析方法 钽试剂萃取光度法测定钒含量

GB/T 223.16 钢铁及合金化学分析方法 变色酸光度法测定钛量

GB/T 223.17 钢铁及合金化学分析方法 二安替比林甲烷光度法测定钛量

GB/T 223.18 钢铁及合金化学分析方法 硫代硫酸钠分离-碘量法测定铜量

GB/T 223.19 钢铁及合金化学分析方法 新亚铜灵-三氯甲烷萃取光度法测定铜量

GB/T 223.20 钢铁及合金化学分析方法 电位滴定法测定钴量

GB/T 223.21 钢铁及合金化学分析方法 5-Cl-PADAB 分光光度法测定钴量

GB/T 223.22 钢铁及合金化学分析方法 亚硝基 R 盐分光光度法测定钴量

GB/T 223.23 钢铁及合金 镍含量的测定 丁二酮肟分光光度法

GB/T 223.25 钢铁及合金化学分析方法 丁二酮肟重量法测定镍量

GB/T 223.26 钢铁及合金 钼含量的测定 硫氰酸盐分光光度法

GB/T 223.28 钢铁及合金化学分析方法 α-安息香肟重量法测定钼量

GB/T 223.38 钢铁及合金化学分析方法 离子交换分离-重量法测定铌量

GB/T 223.40 钢铁及合金 铌含量的测定 氯磺酚 S 光度法测定

GB/T 223.43 钢铁及合金 钨量的测定 重量法和分光光度法

GB/T 223.47　钢铁及合金化学分析方法　载体沉淀-钼蓝光度法测定锑量

GB/T 223.53　钢铁及合金化学分析方法　火焰原子吸收分光光度法测定铜量

GB/T 223.54　钢铁及合金化学分析方法　火焰原子吸收分光光度法测定镍量

GB/T 223.58　钢铁及合金化学分析方法　亚砷酸钠-亚硝酸钠滴定法测定锰量

GB/T 223.59　钢铁及合金　磷含量的测定　铋磷钼蓝分光光度法和锑磷钼蓝分光光度法

GB/T 223.60　钢铁及合金化学分析方法　高氯酸脱水重量法测定硅含量

GB/T 223.61　钢铁及合金化学分析方法　磷钼酸铵容量法测定磷量

GB/T 223.62　钢铁及合金化学分析方法　乙酸丁酯萃取光度法测定磷量

GB/T 223.63　钢铁及合金化学分析方法　高碘酸钠（钾）光度法测定锰量

GB/T 223.64　钢铁及合金　锰含量的测定　火焰原子吸收光谱法

GB/T 223.66　钢铁及合金化学分析方法　硫氰酸盐-盐酸氯丙嗪-三氯甲烷萃取光度法测定钨量

GB/T 223.67　钢铁及合金　硫含量的测定　次甲基蓝分光光度法

GB/T 223.68　钢铁及合金化学分析方法　管式炉内燃烧后碘酸钾滴定法测定硫含量

GB/T 223.69　钢铁及合金　碳含量的测定　管式炉内燃烧后气体容量法

GB/T 223.70　钢铁及合金　铁含量的测定　邻二氮杂菲分光光度法

GB/T 223.71　钢铁及合金化学分析方法　管式炉内燃烧后重量法测定碳含量

GB/T 223.72　钢铁及合金　硫含量的测定　重量法

GB/T 223.73　钢铁及合金　铁含量的测定　三氯化钛-重铬酸钾滴定法

GB/T 223.76　钢铁及合金化学分析方法　火焰原子吸收光谱法测定钒量

GB 5085.1　危险废物鉴别标准　腐蚀性鉴别

GB 5085.3　危险废物鉴别标准　浸出毒性鉴别

GB 13015　含多氯联苯废物污染控制标准

GB/T 13304.1　钢分类　第 1 部分：按化学成分分类

GB/T 13304.2　钢分类　第 2 部分：按主要质量等级和主要性能或使用特性的分类

GB 16487.6　进口可用作原料的固体废物环境保护控制标准--废钢铁

GB/T 20066　钢和铁　化学成分测定用试样的取样和制样方法

SN/T 0570　进口可用作原料的废物放射性污染检验规程

3　术语和定义

下列术语和定义适用于本文件。

3.1

熔炼用废钢铁　iron and steel scraps for smelting
不能按原用途使用且可以作为熔炼回收使用的钢铁碎料及钢铁制品。

3.2

非熔炼用废钢铁　iron and steel scraps for non-smelting
不能按原用途使用，又不作为熔炼回收和轧制钢材使用而改做它用的钢铁制品。

3.3

有害物　injurant
其存在对熔炼金属质量和环境将产生不良影响的物质。

3.4

夹杂物　inclusion
在收集、包装和运输过程中，混入或夹带在废钢铁中的其他物质。

3.5

交货批　delivery lot
用同一运输工具、一次到达的同一型号类别或多个型号类别的废钢铁。

3.6

检验批　inspection lot
作为检验对象而汇集起来的一批同一型号类别的废钢铁。

4　废钢铁的分类

4.1　分类

废钢铁分为废铁和废钢两大类。

4.2　废铁

4.2.1　废铁按成分分类

废铁的碳含量一般大于 2.0%。Ⅰ类废铁的硫含量和磷含量分别不大于 0.07% 和 0.40%；Ⅱ类废铁、合金废铁的硫含量和磷含量分别不大于 0.12% 和 1.00%。高炉添加料的含铁量不小于 65.0%。

注：本标准中元素含量系质量分数。

4.2.2　废铁按用途分类

废铁按用途分为熔炼用废铁和非熔炼用废铁。

4.2.3　熔炼用废铁

4.2.3.1　熔炼用废铁按重量和形状分类，见表 1。

表1　熔炼用废铁分类

品种	类别			典型举例
	A	B	C	
Ⅰ类废铁	长度≤1000mm；宽度≤500mm；高度≤300mm	经破碎、熔断容易成为一类形状的废铁	生铁粉（车削下来的生铁屑未混入异物的生铁）及其冷压块	生铁机械零部件、输电工程各种铸件、铸铁轧辊、汽车缸体、发动机壳、钢锭模等
Ⅱ类废铁				铸铁管道、高磷铁、高硫铁、火烧铁等
合金废铁				合金轧辊、球墨轧辊等
高炉添加料	10mm×10mm×10mm ≤外形尺寸≤ 200mm×200mm×200mm，单件重量≤5kg			加工压块等
渣铁	500mm×400mm 以下或单重≤800kg，块状			大沟铁、铁水包、鱼雷罐等加工而成（含渣≤10%）

4.2.3.2　铁屑冷压块的堆比重不小于$3000kg/m^3$。在运输和卸货时，散落的铁屑量不大于批重的5%，压块满足脱落性试验。

4.2.3.3　经供需双方协商，也可供应表1规定以外种类和尺寸的废铁。

4.2.4　非熔炼用废铁

非熔炼用废铁不再分类，由供需双方协议确定。

4.3　废钢

4.3.1　废钢成分的一般要求

4.3.1.1　废钢的碳含量一般小于2.0%，硫含量、磷含量一般不大于0.050%。

4.3.1.2　非合金废钢中残余元素应符合以下要求：镍不大于0.30%、铬不大于0.30%、铜不大于0.30%。除锰、硅以外，其他残余元素含量总和不大于0.60%。

4.3.2　废钢按用途分类

废钢按其用途分为熔炼用废钢和非熔炼用废钢。

4.3.3　熔炼用废钢

4.3.3.1　熔炼用废钢按其外形尺寸和单件重量分为10个型号，见表2。

表2　熔炼用废钢分类

型号	类别	外形尺寸及重量要求	供应形状	典型举例
重型废钢	Ⅰ类	1200mm×600mm 以下，厚度≥12mm，单重 10kg~2000kg	块、条、板、型	钢锭和钢坯、切头、切尾、中包铸余、冷包、重机解体类、圆钢、板材、型钢、钢轨头、铸钢件、扁状废钢等
	Ⅱ类	800mm×400mm 以下，厚度≥6mm，单重≥3kg	块、条、板、型	圆钢、型钢、角钢、槽钢、板材等工业用料、螺纹钢余料、纯工业用料边角料、满足厚度单重要求的批量废钢

型号	类别	外形尺寸及重量要求	供应形状	典型举例
中型废钢	一	600mm×400mm以下，厚度≥4mm，单重≥1kg	块、条、板、型	角钢、槽钢、圆钢、板型钢等单一的工业余料，各种机器零部件、铆焊件、大车轮轴、拆船废、管切头、螺纹钢头/各种工业加工料边角料废钢
小型废钢	一	400mm×400mm以下，厚度≥2mm	块、条、板、型	螺栓、螺母、船板、型钢边角余料、机械零部件、农家具废钢等各种工业废钢、无严重锈蚀氧化废钢及其他符合尺寸要求的工业余料
轻薄料废钢	一	300mm×300mm以下，厚度<2mm	块、条、板、型	薄板、机动车废钢板、冲压件边角余料、各种工业废钢、社会废钢边角料、但无严重锈蚀氧化
打包块	一	700mm×700mm×700mm以下，密度≥1000kg/m³	块	各类汽车外壳、工业薄料、工业扁丝、社会废钢薄料、扁丝、镀锡板、镀锌板冷轧边料等加工（无锈蚀、无包芯、夹什）成型
破碎废钢	Ⅰ类	150mm×150mm以下，堆比重≥1000kg/m³		各种汽车外壳，箱板，摩托车架，电动车架，大桶，电器柜壳等经破碎机加工而成
	Ⅱ类	200mm×200mm以下，堆比重≥800kg/m³		各种龙骨，各种小家电外壳，自行车架，白铁皮等经破碎机加工而成
渣钢	一	500mm×400mm以下或单重≤800kg	块	炼钢厂钢包、翻包、渣罐内含铁料等加工而成（含渣≤10%）
钢屑	一			团状、碎切屑及粉状

4.3.3.2 各类型废钢尺寸的正偏差应不大于10%。

4.3.3.3 经供需双方协商，也可供应表2规定以外种类和尺寸的废钢。

4.3.3.4 熔炼用废钢按其化学成分分为非合金废钢、低合金废钢和合金废钢。非合金废钢、低合金废钢按照GB/T 13304.1和GB/T 13304.2的规定执行。

4.3.3.5 熔炼用合金废钢按化学成分及主要合金元素含量分为8个钢类49个钢组，见附录A。

4.3.4 非熔炼用废钢

非熔炼用废钢不再分类，由供需双方协议确定。

5 技术要求

5.1 废钢铁应分类。

5.2 废钢表面无严重及剥落状锈蚀。

5.3 废钢铁内不应混有铁合金；非合金废钢、低合金废钢不应混有合金废钢和废铁；合金废钢内不应混有非合金废钢、低合金废钢和废铁。废铁内不应混有废钢。

5.4 废钢铁表面和器件、打包件内部不应存在泥块、水泥、粘砂、油脂、耐火材料、炉渣、矿渣以及珐琅等，打包块禁止包芯、掺杂等。

5.5 废钢铁中不应混有炸弹、炮弹等爆炸性武器弹药及其他易燃易爆物品，不应混有两端封闭的管状物、封闭器皿等物品。不应混有橡胶和塑料制品。

5.6 废钢铁中不应有成套的机器设备及结构件（如有，则应拆解且压碎或压扁成不可复原状）。各种形状的容器（罐筒等）应全部从轴向割开。机械部件容器（发动机、齿轮箱等）应清除易燃品和润滑剂的残余物。

5.7 废钢铁中不应混有其浸出液中有害物质浓度超过 GB 5085.3 中鉴别标准值的有害废物。

5.8 废钢铁中不应混有其浸出液中超过 GB 5085.1 中鉴别标准值即 pH 值不小于 12.5 或不大于 2.0 的夹杂物。

5.9 废钢铁中不应混有多氯联苯含量超过 GB 13015 控制标准值的有害物。

5.10 钢铁中曾经盛装液体和半固体化学物质的容器、管道及其碎片等，应经过技术处理、清洗干净。进口废钢铁应向检验机构申报容器、管道及其碎片曾经盛装或输送过的化学物质的主要成分。

5.11 废钢铁中不应混有下列有害物：
　　——医药废物、废药品、医疗临床废物；
　　——农药和除草剂废物、含木材防腐剂废物；
　　——废乳化剂、有机溶剂废物；
　　——精（蒸）馏残渣、焚烧处置残渣；
　　——感光材料废物；
　　——铍、六价铬、砷、硒、镉、锑、碲、汞、铊、铅及其化合物的废物，含氟、氰、酚化合物的废物；
　　——石棉废物；
　　——厨房废物、卫生间废物等。

5.12 废钢铁中不应夹杂放射性废物。具体要求按国标 GB 16487.6 执行。

5.13 废旧武器由供方作技术性的安全检查后按有关规定处理。

5.14 非熔炼用废钢铁使用后，其制品的性能指标满足有关标准的规定，且不应对公众人身安全、财产、环保等造成隐患或危害。

6 检验项目和检验方法

6.1 检验项目

检验项目包括：

——单件的外形尺寸、重量和厚度；

——夹杂物及清洁性；

——有害物及放射性物质；

——硫、磷、铬、镍、钼、钨、锰、铜等化学元素的抽样检验；

——打包件的脱落试验和拆包；

——破碎料堆比重。

废钢铁中其他项目的检验，根据到货批的实际情况，进行抽查。

6.2 检验方法

6.2.1 检验所需样品的取样方法由供需双方协商确定。

6.2.2 本标准5.7条检验按 GB 5085.3 的规定进行。

6.2.3 本标准5.8条检验按 GB 5085.1 的规定进行。

6.2.4 本标准5.9条的检验，按 GB 13015 的规定进行。

6.2.5 本标准5.12条的检验，按 SN/T 0570 的规定进行。

6.2.6 废钢铁样品的制样按 GB/T 20066 的规定进行。

6.2.7 废钢铁的化学成分按 GB/T 223.3、GB/T 223.4、GB/T 223.5、GB/T 223.7、GB/T 223.8、GB/T 223.9、GB/T 223.11、GB/T 223.12、GB/T 223.13、GB/T 223.14、GB/T 223.16、GB/T 223.17、GB/T 223.18、GB/T 223.19、GB/T 223.20、GB/T 223.21、GB/T 223.22、GB/T 223.23、GB/T 223.25、GB/T 223.26、GB/T 223.28、GB/T 223.38、GB/T 223.40、GB/T 223.43、GB/T 223.47、GB/T 223.53、GB/T 223.54、GB/T 223.58、GB/T 223.59、GB/T 223.60、GB/T 223.61、GB/T 223.62、GB/T 223.63、GB/T 223.64、GB/T 223.66、GB/T 223.67、GB/T 223.68、GB/T 223.69、GB/T 223.70、GB/T 223.71、GB/T 223.72、GB/T 223.73、GB/T 223.76 规定的或通用方法进行。

6.2.8 对废钢铁的种类、清洁性、夹杂物、外形尺寸、单件重量等项目，使用衡器、卷尺等检验手段或其他检测手段进行测定。

6.2.9 打包件（压块）的脱落试验和拆包检验：

a）打包件（压块）的脱落试验

在一个验收批中随机抽取5块打包件（压块）。打包件（压块）从高于金属板或水泥板1.5m处落下三次（自由落体），此时打包件（压块）不应有大于其重量10%的脱落物。

b）打包件（压块）的拆包检验

在一个验收批中随机抽取 5 块打包件（压块）进行拆包检验。

6.3 破碎料堆比重的检验

用地磅称量一个至少可以容 3t 的方型容器（如货车、翻斗车）的重量 M_1，并测量计算容器容积 V。将破碎料样装入容器中，不得挤压，破碎料表面整体高出容器 150mm 时，用硬直板条或铁锹将破碎料平整至容器表面平齐，称量其重量 M_2。用该容器或另一个相近容器按照上述步骤再对另外的破碎料样进行重复称量，重复次数 5 次。破碎料的堆比重 D 按式（1）计算：

$$D = \frac{M_2 - M_1}{V} \tag{1}$$

式中　M_1——方型容器的重量，单位为千克（kg）；

M_2——破碎料和容器的总重量，单位为千克（kg）；

V——方形容器的容积，单位为立方米（m^3）。

计算每次测定的堆比重，然后求取堆比重的平均值为本批破碎料的堆比重。

7 验收规则

7.1 每个检验批应由同一型号、类别以及同一钢组或牌号（合金钢）废钢铁组成。

7.2 需方可对每批废钢铁进行抽查验收。可将一个交货批分成多个检验批进行验收。

7.3 各交货批废钢铁验收时，应扣除夹杂物、铁锈等杂质的重量。

8 运输和质量证明书

8.1 发运装车（船）时，每车厢（船舱、集装箱）一般只允许装载同一型号（类别）、同一钢组（合金钢）的废钢铁。为补足车厢（船舱、集装箱）载重时，也可装两个以上型号（类别）、钢组的废钢铁，但应隔离，作出明确标识，不应混放。

8.2 废钢铁交货时，每个交货批应附有质量证明书或送货单，废钢铁需同时附有放射性检验合格资料。质量证明书或送货单中应注明：供方名称、废钢铁的型号类别、每批重量，合金废钢还需注明钢组等。

附 录 A

（资料性附录）

熔炼用合金废钢分类

A.1 熔炼用合金废钢分类见表 A.1 、表 A.2、表 A.3。

表 A.1 熔炼用合金废钢分类（合金结构钢、弹簧钢、轴承钢）

分类	序号	钢组	典型牌号	合金元素含量（质量分数）/%					
				Cr	Ni	Mo	W	Mn	其他
合金结构钢	1	Cr（Si，V）	40Cr、38CrSi、40CrV	0.7~1.60					
	2	CrMn（Si，Ti）	40CrMn、20CrMnSi、20CrMnTi	0.40~1.40				0.80~1.40	
	3	CrMnMo	20CrMnMo、40CrMnMo	0.90~1.40		0.20~0.30		0.90~1.20	
	4	CrMnNiMo	18CrNiMnMoA	1.00~1.30	1.00~1.30	0.20~0.30		1.10~1.40	
	5	CrMo（V，Al）	42CrMo、35CrMoV、25Cr2Mo1VA、38CrMoAl	0.30~2.50		0.15~1.10			V：0.30~0.60 Al：0.70~1.10
	6	CrNi	20CrNi	0.45~0.75	1.00~1.40				
			12CrNi2	0.60~0.90	1.50~1.90				
			20CrNi3	0.60~1.60	2.75~3.15				
			20Cr2Ni4	1.25~1.65	3.00~3.65				
	7	CrNiMo（V）	20CrNiMoA	0.40~0.70	0.35~0.75	0.20~0.30			
			40CrNiMo、45CrNiMoV	0.60~1.10	1.25~1.80	0.15~0.30			
	8	CrNiW	25Cr2Ni4WA	1.35~1.65	4.00~4.50		0.80~1.20		
弹簧钢	9	Mn（Si，V，B）	65Mn、60Si2Mn、55SiMnVB、55Si2MnB					0.60~1.30	Si：0.70~2.00
	10	Cr（V，Si）	60Si2CrA、60Si2CrVA、50CrVA	0.70~1.20					Si：1.40~1.80
	11	CrMn（B）	60CrMn、60CrMnB	0.65~1.00				0.65~1.00	
	12	CrMnMo	60CrMnMoA	0.70~0.90		0.25~0.35		0.70~1.00	
	13	WCrV	30W4Cr2VA	2.00~2.50			4.00~4.50		V：0.50~0.80
轴承钢	14	Cr	GCr15	0.35~1.65					
	15	CrMn（Si）	GCr15SiMn	1.40~1.65				0.95~1.25	
	16	CrMo（Si）	GCr18Mo、G20CrMo、G20Cr15SiMo	0.35~1.95		0.08~0.40			
	17	CrNi	G20Cr2Ni4	1.25~1.75	3.25~3.75				
	18	CrNiMo	G20CrNiMo	0.35~0.65	0.40~0.70	0.15~0.30			
			G20CrNi2Mo、G10CrNi3Mo	0.35~1.40	1.60~3.50	0.08~0.30			
	19	CrMnMo	G20Cr2Mn2Mo	1.70~2.00		0.20~0.30		1.30~1.60	

表 A.2 熔炼用合金废钢分类（合金工具钢、高速工具钢）

分类	序号	钢组	典型牌号	合金元素含量（质量分数）/%					
				Cr	Ni	Mo	W	Mn	其他
合金工具钢	20	Cr（Si）	9SiCr、Cr06	0.50~1.25					Si：1.20~1.60
			Cr2、8Cr3	1.30~3.80					
			Cr12	11.50~13.00					
	21	CrMnMo（V，Si）	5CrMnMo、4CrMnSiMoV	0.60~1.50		0.15~0.60		0.80~1.60	
			6CrMnSi2Mo1	0.10~0.50		0.20~1.35		0.60~1.00	Si：1.75~2.25
			5Cr3Mn1SiMo1V	3.00~3.50		1.30~1.80		0.20~0.90	
	22	CrMo（V，Si）	3Cr2Mo	1.40~2.00		0.30~0.55			
			Cr5Mo1V、4Cr5MoSiV1	4.75~5.50		0.90~1.75			V：0.30~1.20
			4Cr3Mo3SiV	3.00~3.75		2.00~3.00			V：0.25~0.75
			Cr12MoV、Cr12Mo1V1	11.00~13.00		0.40~1.20			V：0.30~1.10
	23	CrW（V，Si）	4CrW2Si	1.00~1.30			2.00~2.70		V：0.30~0.50
			3Cr2W8V	2.20~2.70			7.50~9.00		
			4Cr5W2VSi	4.50~5.50			1.60~2.40		V：0.60~1.00
	24	CrWMn	CrWMn	0.50~1.20			0.50~1.60	0.80~1.20	
	25	CrWMoV（Nb）	Cr4W2MoV	3.50~4.00		0.80~1.20	1.90~2.60		V：0.80~1.10
			6Cr4W3Mo2VNb	3.80~4.40		1.80~2.50	2.50~3.50		V：0.80~1.20 Nb：0.20~0.35
			3Cr3Mo3W2V	2.80~3.30		2.50~3.00	1.20~1.80		V：0.80~1.20
			5Cr4W5Mo2V	3.40~4.40		1.50~2.10	4.50~5.30		V：0.70~1.10
			6W6Mo5Cr4V	3.70~4.30		4.50~5.50	6.00~7.00		V：0.70~1.10
	26	CrNiMo	5CrNiMo	0.50~0.80	1.40~1.80	0.15~0.30			
	27	CrMoMnV（Al，Si）	5Cr4Mo3SiMnVAl	3.80~4.30		2.80~3.40		0.80~1.10	V：0.80~1.20
	28	MnCrW-MoVAl	7Mn15Cr2Al3V2WMo	2.00~2.50		0.50~0.80	0.50~0.80	14.50~16.50	V：1.50~2.00 Al：2.30~3.30
	29	Mn（V）	9Mn2V					1.70~2.00	
	30	W	W	0.10~0.30			0.80~1.20		

续表 A.2

分类	序号	钢组	典型牌号	合金元素含量（质量分数）/%					
				Cr	Ni	Mo	W	Mn	其他
高速工具钢	31	WCrV	W18Cr4V	3.80~4.40			17.50~19.00		V: 1.00~1.40
	32	WCrCoV	W18Cr4V2Co8	3.75~5.00		0.50~1.25	17.50~19.00		V: 1.80~2.40 Co: 7.00~9.50
	33	WMoCrV (Al)	W6Mo5Cr4V2、W6Mo5Cr4V2Al	3.80~4.40		4.50~5.50	5.50~6.75		V: 1.75~2.20 Al: 0.80~1.20
			W6Mo5Cr4V3	3.75~4.50		4.75~6.50	5.00~6.75		V: 2.25~2.75
			W2Mo9Cr4V2	3.50~4.00		8.20~9.20	1.40~2.10		V: 1.75~2.25
			W9Mo3Cr4V	3.80~4.40		2.70~3.30	8.50~9.50		V: 1.30~1.70
	34	WMoCrCoV	W6Mo5Cr4V2Co5	3.75~4.50		4.50~5.50	5.50~6.50		V: 1.75~2.25 Co: 4.50~5.50

表 A.3　熔炼用合金废钢分类（不锈耐热耐蚀钢、管线钢、耐候钢）

分类	序号	钢组	典型牌号	合金元素含量（质量分数）/%					
				Cr	Ni	Mo	W	Mn	其他
不锈耐热耐蚀钢	35	Cr (Al, N, Si)	4Cr9Si2	8.00~10.00					Si: 2.00~3.00
			1Cr12、2Cr13、0Cr13Al	11.00~14.50					
			1Cr17、9Cr18	16.00~19.00					
	36	CrMo (V, Si)	1Cr5Mo	4.00~6.00		0.45~0.60			
			4Cr10Si2Mo	9.00~10.50		0.70~0.90			Si: 1.90~2.60
			1Cr11MoV、1Cr13Mo	10.00~14.00		0.30~1.00			
			9Cr18Mo、9Cr18MoV	16.00~18.00		0.40~1.30			
	37	CrNi (Al, Nb, Ti, N, Si)	1Cr17Ni2	16.00~18.00	1.50~2.50				
			0Cr17Ni7Al、0Cr19Ni9N	16.00~20.00	6.00~11.00				Al: 0.75~1.50
			00Cr19Ni10、1Cr18Ni120Cr19Ni10NbN	17.00~20.00	7.50~13.00				
			8Cr20Si2Ni	19.00~20.50	1.15~1.65				Si: 1.75~2.25
	38	CrNiMo (Al, Ti, N, Si)	0Cr15Ni7Mo2Al	14.00~16.00	6.50~7.50	2.00~3.00			Al: 0.75~1.50
			0Cr17Ni12Mo2、00Cr17Ni14Mo2、0Cr19Ni13Mo3	16.00~20.00	10.00~15.00	1.80~4.00			
			00Cr18NI5Mo3Si2	18.00~19.50	4.50~5.50	2.50~3.00			Si: 1.30~2.00

续表A.3

分类	序号	钢组	典型牌号	合金元素含量（质量分数）/%					
				Cr	Ni	Mo	W	Mn	其他
不锈耐热耐蚀钢	39	CrMnNi (N, Si)	1Cr17Mn6Ni5N 1Cr18Mn8Ni5N	16.00~19.00	3.50~6.00			5.50~10.00	
			5Cr21Mn9Ni4N	20.00~22.00	3.25~4.50			8.00~10.00	
			2Cr20Mn9Ni2Si2N	18.00~21.00	2.00~3.00			8.50~11.00	Si：1.80~2.70
	40	CrMnNiMo (N)	1Cr18Mn10Ni5Mo3N	17.00~19.00	4.00~6.00	2.80~3.50		8.50~12.00	
	41	CrNiCu (Nb)	0Cr18Ni9Cu3	17.00~19.00	8.50~10.50				Cu：3.00~4.00
			0Cr17Ni4Cu4Nb	15.50~17.50	3.00~5.00				Cu：3.00~5.00 Nb：0.15~0.45
	42	CrNiMoCu	0Cr18Ni12Mo2Cu2 00Cr18Ni14Mo2Cu2	17.00~19.00	10.00~16.00	1.20~2.75			Cu：1.00~2.50
	43	CrNiMoTi (Al, V, B)	0Cr15Ni25Ti2MoAlVB	13.50~16.00	24.00~27.00	1.00~1.50			Ti：1.90~2.35
	44	CrNiWMo (V)	4Cr14Ni14W2Mo	13.00~15.00	13.00~15.00	0.25~0.40	2.00~2.75		
			1Cr11Ni2W2MoV	10.50~12.00	1.40~1.80	0.35~0.50	1.50~2.00		
			2Cr12NiMoWV	11.00~13.00		0.50~1.00	0.75~1.25	0.70~1.25	
	45	CrMn (Si, N)	3Cr18Mn12Si2N	17.00~19.00				10.50~12.50	Si：1.40~2.20
	46	CrWMo (V)	1Cr12WMoV	11.00~13.00		0.50~0.70	0.70~1.10		
管线钢	47	NiMoCu(Mn)	X70、X80		0.10~0.40	0.10~0.40		1.30~2.00	Cu：0.10~0.30
耐候钢	48	CuNiGr (Mn)	Q460NH、Q550NH	0.3~1.25	0.12~0.65			0.9~1.5	Cu：0.20~0.50
	49	CuNiGrP	Q310GNH、Q355GNH	0.3~1.25	0.25~0.50			0.20~0.50	Cu：0.20~0.55 P：0.07~0.15

A.2 熔炼用合金废钢分类说明：

a）熔炼用合金废钢分组原则是按钢类和钢中所含合金元素分组，钢组内合金钢牌号按元素含量不同分成不同等级。

b）在分类钢组后"（ ）"内的元素是易氧化或微量添加的元素如：B、Si、Al、Ti、V、Nb、N等，在钢组中不予考虑；在各钢组中或"合金元素含量（质量分数）"一栏中没有标明成分的元素，在钢组中不予考虑。

c）该合金废钢钢组后所列"典型牌号"是国际牌号，国外牌号应对照国内牌号纳入相应钢组。

d）没被列入或没有对应分组牌号的国内外合金废钢，应按其中所含元素种类及元素含量范围分类后，纳入相应钢组，不符合钢组条件的合金废钢应单列。

e）高温合金、精密合金、高锰铸钢、含铜钢均按牌号需单独存放、管理、供应。

二、YB/T 4717—2018 废不锈钢回收利用技术条件

前　言

本标准按 GB/T 1.1—2009 给出的规则起草。

本标准由中国钢铁工业协会提出。

本标准由全国生铁及铁合金标准化技术委员会（SAC/TC318）归口。

本标准起草单位：山西太钢不锈钢股份有限公司、永兴特种不锈钢股份有限公司、江苏星火特钢有限公司、浙江富钢金属制品有限公司、冶金工业信息标准研究院。

本标准主要起草人：卢春生、赵鹏伟、张跃良、魏鹏飞、许建国、翟世先、朱柏荣、张彦睿、刘树洲、钱奕好、沈培林、王庆、潘宜杰、张进莺。

废不锈钢回收利用技术条件

1　范围

本标准规定了废不锈钢的术语和定义、分类、技术要求、检验项目和检验方法、检验规则、运输和质量证明书。

本标准适用于冶炼用的废不锈钢。

2　规范性引用文件

下列文件对于本文件的应用是必不可少的。凡是注日期的引用文件，仅注日期的版本适用于本文件。凡是不注日期的引用文件，其最新版本（包括所有的修改单）适用于本文件。

GB 5085.1　危险废物鉴别标准　腐蚀性鉴别

GB 5085.3　危险废物鉴别标准　浸出毒性鉴别

GB 13015　含多氯联苯废物污染控制标准

GB 16487.6　进口可用作原料的固体废物环境保护控制标准——废钢铁

SN/T 0570　进口可用作原料的废物放射性污染检验规程

3　术语和定义

下列术语和定义适用于本文件。

3.1

废不锈钢　stainless steel scrap

因工业制造和不锈钢工艺产生的不锈钢废料或日常生活当中使用过的不锈钢器具。

3.2

压缩块　package

用机械将废不锈钢压缩后的压块。

3.3

密闭容器　closed container

容器的任何一个开口直径小于容器最大直径的三分之一。

4　分类

废不锈钢按照成分不同区分，主要分为以下四类：

4.1　镍铬废不锈钢

镍铬废不锈钢是指镍铬系列不锈钢使用后的回收物，主要含有镍、铬、铁金属元素，其含镍金属元素质量分数不小于7%的不锈钢废料。其主要化学成分要求见表1。

表1　镍铬系废不锈钢化学成分（质量分数） （%）

化学成分	Cr	Ni	Mn	P	S
要求	≥16.0	≥7.0	≤2.0	≤0.045	≤0.030
化学成分	W	Mo	Cu	Pb	Sn
要求	≤0.25	≤0.15	≤0.60	≤0.010	≤0.025

4.2　铬废不锈钢

铬废不锈钢是指铬系不锈钢使用后的回收物，主要含有铬、铁金属元素，其含铬金属元素质量分数不小于11.5%的不锈钢废料，其主要化学成分要求见表2。

表2　铬系废不锈钢化学成分（质量分数） （%）

化学成分	Cr	Ni	Mn	P	S
要求	≥11.5	≤0.6	≤1.0	≤0.04	≤0.030
化学成分	W	Mo	Cu	Pb	Sn
要求	≤0.25	≤0.15	≤0.60	≤0.010	≤0.025

4.3　铬镍锰废不锈钢

铬镍锰废不锈钢是指含铬、镍、锰系列不锈钢使用后的回收物，主要含有铬、镍、锰等金属元素，其含锰金属元素质量分数不小于5.5%的不锈钢废料。其主要化学成分要求见表3。

表3　铬镍锰系废不锈钢化学成分（质量分数） （%）

化学成分	Cr	Ni	Mn	P	S
要求	≥16.0	≥3.5	≥5.5	≤0.05	≤0.030
化学成分	W	Mo	Cu	Pb	Sn
要求	≤0.25	≤0.15	≤0.60	≤0.010	≤0.025

4.4 其他废不锈钢

其他类型的废不锈钢。

5 技术要求

5.1 废不锈钢应分类供应。

5.2 废不锈钢压缩块尺寸不大于2000mm×1000mm×1000mm。

5.3 散装废不锈钢尺寸不大于1500mm×500mm×500mm，单件重量不大于3000kg。

5.4 对于单件表面有锈蚀的废不锈钢，其每面附着的铁锈厚度不大于单件厚度的10%。

5.5 废不锈钢中不应混有非合金废钢、低合金废钢、渣钢、高锰钢、废铁、普碳钢、有害物及有色金属等。

5.6 废不锈钢中不得有泥土、水泥、黏砂、油污、冰块、塑料、橡胶等非钢杂质。

5.7 废不锈钢中严禁混有炸弹、炮弹等爆炸性武器弹药及其他易燃易爆物品，禁止混有两端封闭的管状物、密闭容器等物品。

5.8 废不锈钢中不应有成套的机器设备及结构件（如有，则应拆解且压碎或压扁成不可复原状）。各种形状的器皿（罐筒等）应全部从轴向割开，单独分开供应。机械部件容器（发动机、齿轮箱等）应消除易燃和润滑剂的残余物。

5.9 废不锈钢中禁止混有其浸出液中有害物质浓度超过GB 5085.3中鉴别标准值得有害物质。

5.10 废不锈钢中禁止混有其浸出液中超过GB 5085.1中鉴别标准值即pH值不小于12.5或不大于2.0的夹杂物。

5.11 废不锈钢中禁止混有多氯联苯含量超过GB 13015控制标准值的有害物。

5.12 废不锈钢中曾经盛装液体和半固体化学物质的容器、管道及其碎片，应清洗干净，进口废钢应向检验机构申报容器、管道及其碎片曾经盛装或输送过的化学物质的主要成分。

5.13 废不锈钢中不应混有下列有害物：
　　——医药废物、废药品、医疗临床废物；
　　——农药和除草剂废物、含木材防腐剂废物；
　　——废乳化剂、有机溶剂废物；
　　——精（蒸）馏残渣、焚烧处置残渣；
　　——感光材料废物；
　　——铍、六价铬、砷、硒、镉、锑、碲、汞、铊、铅及其化合物的废物，含氟、氰、酚化合物的废物；
　　——石棉废物；
　　——厨房废物、卫生间废物等。

5.14 废钢铁中禁止夹杂放射性废物。具体要求按 GB 16487.6 执行。

5.15 废旧武器由供方作技术性的安全检查后按有关规定处理。

6　检验项目和检验方法

6.1　检验项目

6.1.1 单件的外形尺寸、重量和厚度。

6.1.2 夹杂物及清洁性。

6.1.3 有害物及放射性物质。

6.1.4 碳、铬、镍、锰、磷、硫、钨、钼、铜、铅、锡等化学元素的检验。

6.1.5 打包件的脱落试验和拆包。

6.1.6 废不锈钢中其他项目的检验，根据到货批的实际情况，进行抽查。

6.2　检验方法

6.2.1 检验所需样品的取样方法由供需双方协商确定。

6.2.2 本标准 5.9 的检验，按 GB 5085.3 的规定进行。

6.2.3 本标准 5.10 的检验，按 GB 5085.1 的规定进行。

6.2.4 本标准 5.11 的检验，按 GB 13015 的规定进行。

6.2.5 本标准 5.12 的检验，按 SN/T 0570 的规定进行。

6.2.6 每批废不锈钢可按比例抽样或者全部入炉融化，再取样品以供测定其化学成分。化学分析方法按附录 A 规定的或通用方法进行。

6.2.7 废不锈钢表面的清洁度、外形尺寸用目测方法进行。必要时可抽取试样进行测定，以直尺量度为准。

6.2.8 打包件（压块）需要进行拆包检验。

7　检验规则

7.1 每个检验批应由同一型号、类别以及同一钢组或牌号的废不锈钢组成。

7.2 需方可对每批废不锈钢进行抽查验收。可将一个交货批分成多个检验批进行验收。

7.3 各交货批废不锈钢验收时，应扣除不应含有的物品等杂质的重量。

8　运输和质量证明书

8.1 发运装车（船）时，每车厢（船舱、集装箱）一般只允许装载同一型号（类别）、同一钢组的废不锈钢。为补足车厢（船舱、集装箱）载重时，也可装两个以上型号（类别）、钢组的废不锈钢，但应隔离，作出明确标识，不应混放。

8.2 废不锈钢交货时、每个交货批应附有质量证明书。质量证明书中注明：供方名称、废不锈钢型号、每批重量及相应的成分。

8.3 每个压缩块应加上唯一的编码标签，做到产品可以追查，以保证产品质量。

附录 A
（规范性附录）
钢铁产品分析方法标准

GB/T 223.3　钢铁及合金化学分析方法　二安替比林甲烷磷钼酸重量法测定磷量

GB/T 223.4　钢铁及合金　锰含量的测定　电位滴定或可视滴定法

GB/T 223.11　钢铁及合金　铬含量的测定　可视滴定或电位滴定法

GB/T 223.12　钢铁及合金化学分析方法　碳酸钠分离-二苯碳酰二肼光度法测定铬量

GB/T 223.18　钢铁及合金化学分析方法　硫代硫酸钠分离-碘量法测定铜量

GB/T 223.19　钢铁及合金化学分析方法　新亚铜灵-三氯甲烷萃取光度法测定铜量

GB/T 223.23　钢铁及合金　镍含量的测定　丁二酮肟分光光度法

GB/T 223.25　钢铁及合金化学分析方法　丁二酮肟重量法测定镍量

GB/T 223.26　钢铁及合金　钼含量的测定　硫氰酸盐分光光度法

GB/T 223.28　钢铁及合金化学分析方法　α-安息香肟重量法测定钼量

GB/T 223.29　钢铁及合金　铅含量的测定　载体沉淀-二甲酚橙分光光度法

GB/T 223.43　钢铁及合金　钨含量的测定　重量法和分光光度法

GB/T 223.50　钢铁及合金化学分析方法　苯基荧光酮-溴化十六烷基三甲基胺直接光度法测定锡量

GB/T 223.53　钢铁及合金化学分析方法　火焰原子吸收分光光度法测定铜量

GB/T 223.54　钢铁及合金化学分析方法　火焰原子吸收分光光度法测定镍量

GB/T 223.58　钢铁及合金化学分析方法　亚砷酸钠-亚硝酸钠滴定法测定锰量

GB/T 223.59　钢铁及合金　磷含量的测定　铋磷钼蓝分光光度法和锑磷钼蓝分光光度法

GB/T 223.61　钢铁及合金化学分析方法　磷钼酸铵滴定法测定磷量

GB/T 223.62　钢铁及合金化学分析方法　乙酸丁酯萃取光度法测定磷量

GB/T 223.63　钢铁及合金化学分析方法　高碘酸钠（钾）光度法测定锰量

GB/T 223.64　钢铁及合金　锰含量的测定　火焰原子吸收光谱法

GB/T 223.66　钢铁及合金化学分析方法　硫氰酸盐-盐酸氯丙嗪-三氯甲烷萃取光度法测定钨量

GB/T 223.67　钢铁及合金　硫含量的测定　次甲基蓝分光光度法

GB/T 223.68　钢铁及合金化学分析方法　管式炉内燃烧后碘酸钾滴定法测定硫含量

GB/T 223.72　钢铁及合金　硫含量的测定　重量法

GB/T 223.79　钢铁　多元素的测定　X-射线荧光光谱法

GB/T 223.83　钢铁及合金　高硫含量的测定　感应炉燃烧红外吸收法

GB/T 223.84　钢铁及合金　钛含量的测定　二安替比林甲烷分光光度法

GB/T 223.85　钢铁及合金　硫含量测定　感应炉燃烧后红外吸收法

GB/T 223.86　钢铁及合金　碳含量测定　感应炉燃烧后红外吸收法

GB/T 11170　不锈钢　多元素含量的测定　火花放电原子发射光谱法（常规法）

GB/T 20127.4　钢铁及合金　痕量元素的测定　第4部分：石墨炉原子吸收光谱法测定铜含量

GB/T 20127.7　钢铁及合金　痕量元素的测定　第7部分：示波极谱法测定铅含量

GB/T 20127.13　钢铁及合金　痕量元素的测定　第13部分：碘化物萃取-苯基荧光酮光度法测定锡含量

GB/T 32548　钢铁　锡、锑、铈、铅和铋的测定　电感耦合等离子体质谱法

YB/T 4396　不锈钢　多元素含量的测定　电感耦合等离子体发射光谱法

三、YB/T 4737—2019 炼钢铁素炉料（废钢料）加工利用技术条件

前　言

本标准按 GB/T 1.1—2009 给出的规则起草。

本标准由中国钢铁工业协会提出。

本标准由全国生铁及铁合金标准化技术委员会（SAC/TC 318）归口。

本标准起草单位：马鞍山马钢废钢有限责任公司、中国废钢铁应用协会、上海期货交易所、江苏沙钢集团有限公司、成都市长峰钢铁集团有限公司、湖北力帝机床股份有限公司、江苏华宏科技股份有限公司、葛洲坝兴业再生资源有限公司、江苏大圣博环保科技股份有限公司、河南金汇不锈钢产业集团有限公司、淄博厉拓再生资源有限公司、广州市万绿达集团有限公司、鞍钢股份有限公司、首钢集团有限公司、冶金工业信息标准研究院。

本标准主要起草人：骆小刚、韩枫、王镇武、李树斌、周林、周迎春、周森明、陆连芳、苏冬、陈磊、徐敦生、王方杰、陈晔、冯夏宗、李明波、尚学岭、胡士勇、葛拥军、陈香偁、冯航、张历城、李远征、张新义、孙红捷、胡品龙、王军、张志忠、曹玉龙、张雪松、卢春生。

炼钢铁素炉料（废钢铁）加工利用技术条件

1　范围

本标准规定了炼钢铁素炉料（废钢铁）的术语和定义、分类、技术要求、交货条件、检验项目与检验方法、验收规则、运输和质量证明书等。

本标准适用于提供给炼钢、铸造及铁合金冶炼时作为铁素炉料使用的熔炼用废钢铁。非熔炼用废钢铁不适用本标准。

2 规范性引用文件

下列文件对于本文件的应用是必不可少的。凡是注日期的引用文件，仅注日期的版本适用于本文件。凡是不注日期的引用文件，其最新版本（包括所有的修改单）适用于本文件。

GB/T 4223—2017 废钢铁

GB 5085.1 危险废物鉴别标准 腐蚀性鉴别

GB 5085.3 危险废物鉴别标准 浸出毒性鉴别

GB 13015 含多氯联苯废物污染控制标准

GB/T 13304.1 钢分类 第1部分：按化学成分分类

GB/T 13304.2 钢分类 第2部分：按主要质量等级和主要性能或使用特性的分类

GB 16487.6 进口可用作原料的固体废物环境保护控制标准——废钢铁

GB/T 20066 钢和铁 化学成分测定用试样的取样和制样方法

SN/T 0570 进口可用作原料的废物放射性污染检验规程

3 术语和定义

下列术语和定义适用于本文件。

3.1

废钢铁 scraps

是指不能按原用途使用且可以作为熔炼原料回收使用的钢铁碎料及废旧钢铁制品。

3.2

有害物 injurant

对熔炼金属质量和环境将产生不良影响的物质。如放射性物质、有色金属、含硫、磷和砷较高的材料等。

3.3

残余元素 residual elements

在制造过程中不是有意加入的，而是钢中残留的某些合金元素。

3.4

杂质（夹杂物） inclusion

指在收集、生产、使用和运输过程中混入或夹带在废钢中的其他物质。如泥块、水泥、黏砂、油污、耐火材料、炉渣、矿渣、橡胶、塑料、油漆等非金属异物。

3.5

堆密度 heap density

堆密度是指一批废钢铁总质量除以该批废钢所占总体积得到的密度。

3.6

自产废钢 home scraps

也称内部废钢，指在炼钢、连铸、轧钢等工序生产过程中产生的渣钢、中间包铸余、切头、边角料、废次材等废钢。

3.7

加工废钢 prompt scraps

产品制造过程中产生的，如生产汽车、船舶、机械、电气用具、容器及建筑施工过程中获得的废钢。

3.8

折旧废钢 obsolete scraps

钢铁制品使用一定年限后形成的，如拆解汽车、船舶、机械、电气用具、容器、建筑物中获得的废钢。

3.9

交货批 delivery lot

用同一运输工具、一次到达的同一型号或多个型号的废钢。

3.10

检验批 inspection lot

作为检验对象而汇集起来的一批同一型号的废钢。

4 分类

废钢铁分为废铁和废钢两大类。

4.1 废铁

废铁分类及技术要求符合 GB/T 4223 的要求。

4.2 废钢

4.2.1 废钢按其用途分为熔炼用废钢和非熔炼用废钢。非熔炼用废钢的使用由供需双方协议确定。

4.2.2 废钢按其化学成分分为非合金废钢、低合金废钢和合金废钢（见表1）。

表1 废钢的分类

分类	来源	品名	首位代码
非合金废钢	折旧废钢	重型折旧废钢	A
		中型折旧废钢	B
		小型折旧废钢	C
		轻薄料折旧废钢	D
		折旧废钢打包块	E
		折旧废钢破碎料	F
		涂镀折旧废钢	G
	加工废钢	重型加工废钢	N
		中型加工废钢	P
		小型加工废钢	Q
		轻薄料加工废钢	R
		加工废钢打包块	S
		加工废钢破碎料	T
		涂镀加工废钢	U
		钢屑	V
	自产废钢	企业内部循环使用，技术条件由企业自主规定	Z
低合金废钢		废低合金耐候钢	W
		废低合金高强度结构钢（硅锰系）	
		废其他低合金钢	
合金废钢		废合金结构钢	X
		废弹簧钢	
		废轴承钢	
		废合金工具钢	
		废高速工具钢	
		废不锈耐热耐蚀钢	
		废管线钢	
		废耐候钢	
	废不锈钢	镍铬废不锈钢	Y
		铬废不锈钢	
		铬镍锰废不锈钢	

5　技术要求

5.1　非合金废钢

5.1.1　分级

5.1.1.1　为了便于收集、加工、流通和使用，按来源、尺寸等进行分类，按化学成分、洁净度、堆密度等进行分级。

5.1.1.2　自产废钢通常只在钢厂内部循环使用，因此自产废钢技术要求由企业自行规定，首位代码用 Z 表示。折旧废钢首位代码用 A～G 表示。加工废钢首位代码用 N～V 表示。

5.1.1.3　折旧废钢和加工废钢按尺寸和加工方式等分为重型废钢、中型废钢、小型废钢、轻薄料废钢等，具体分类见表1。

5.1.1.4　废钢化学成分按残余元素的分级见表2。

表2　化学成分分级　　　　（%）

分级代码	硫	磷	铜	砷
1	≤0.012	≤0.02	≤0.03	≤0.02
2	≤0.035	≤0.02	≤0.03	≤0.02
3	≤0.050	≤0.05	≤0.20	≤0.05

注：化学成分中碳含量质量百分比要求≤2.0%；除 Si、Mn 外，其他残余元素之和质量百分比≤0.60%；如供需方对化学成分有特殊要求，可进行明确约定。

5.1.1.5　洁净度的分级见表3。

表3　洁净度分级

分级代码	描　　述
1	杂质不超过总重量的0.2%
2	杂质不超过总重量的1.0%
3	杂质不超过总重量的1.5%

5.1.1.6　堆密度分级见表4。

表4　堆密度分级

分级代码	描　　述
1	堆密度>1.5t/m³
2	1.2t/m³<堆密度≤1.5t/m³

分级代码	描　述
3	$1.0t/m^3 <$ 堆密度 $\leq 1.2t/m^3$
4	$0.8t/m^3 <$ 堆密度 $\leq 1.0t/m^3$
5	$0.5t/m^3 <$ 堆密度 $\leq 0.8t/m^3$
6	堆密度 $\leq 0.5t/m^3$

5.1.2　加工方式

废钢加工方式见表5。

表5　加工方式

方式代码	加工方式	描　述
1	分拣	按品种、尺寸大小、质量等进行挑选后进行分类、分级。主要为人工等进行分拣作业
2	切割	经过剪切工艺将废钢进行剪断加工。主要为剪切、锯切、折断、等离子切割、火焰切割等
3	打包	利用设备对分散的废钢进行挤压形成堆密度较高的块状物的作业
4	破碎	使用破碎设备将废钢撕断挤压破碎的作业
5	落锤	使用落锤（或爆破）将废钢折断破碎的作业。

5.1.3　品名、代码及典型举例

5.1.3.1　代码说明

为了规范废钢的型号，本标准采用3位代码来描述废钢的特征。以重型加工废钢为例，型号代码为N11，含义如下所示。

N 1 1
　　└─── 废钢铁尺寸范围，适用属性，范围：1~9。
　└───── 废钢铁厚度或品种范围，价值属性，范围：1~9。
└─────── 废钢铁主要特征，来源及质量属性，范围：A~Z（不包括O、I）。

N是指厚度为不小于20.0mm或直径不小于30mm钢坯、切头等重型机械加工余料，规格尺寸满足不大于1200mm×600mm的重型加工废钢。

注：当供需双方对废钢有特殊要求时，可在代码的第4位以数字表示。

5.1.3.2　品名、代码、典型举例

表6~表8分别规定了折旧废钢、加工废钢和废不锈钢的品名、代码、典型特征及厚度和规格尺寸技术要求。

注：表中各类尺寸的规格尺寸正偏差应不大于10%。

5.1.3.2.1　折旧废钢的品名、代码、典型特征及厚度和规格尺寸技术要求应符合表6要求。

表6 折旧废钢的品名、代码、典型特征及厚度和规格尺寸技术要求

品名		典型特征及厚度	规格尺寸/mm	代码
A 重型 折旧废钢	A1	各种报废的重型设备、大型机器、大型建筑等经拆解回收获得的废钢；如火车车轮、车轴、路轨、各种拆解的大型零部件、铸钢件、型钢、板材等；厚度≥20.0mm 或直径≥30mm 实心体；表面无严重锈蚀；单重5~1500kg		A11、A12、A13
	A2	各种报废的设备、机器、建筑等经拆解回收获得的废钢；如矿山用钢、各种建筑拆解型钢、板材等；厚度≥10.0mm 或直径≥20mm 实心体；表面无严重锈蚀；单重5~1500kg		A21、A22、A23
	A3	各种报废的建筑、设备、机器等经拆解回收获得的废钢；如各种解体的结构件、钢管、型钢、板材等；厚度≥6.0mm 或直径≥10mm 实心体；表面无严重锈蚀；单重5~1500kg		A31、A32、A33
	A4	报废船舶拆解后的废钢；厚度≥10.0mm		A41、A42、A43
	A5	报废船舶拆解后的废钢；厚度≥10.0mm，筋板小于150mm		A51、A52、A53
	A6	报废船舶拆解后的废钢；厚度≥6.0mm，筋板小于150mm	第3位代码1：≤1200×600 第3位代码2：≤800×500 第3位代码3：≤500×400	A61、A62、A63
B 中型折旧废钢	B1	各种报废的建筑、设备、机器等经拆解回收获得的废钢；厚度≥4mm 或直径≥8mm 实心体；表面无严重锈蚀		B11、B12、B13
	B2	各种型钢、角钢、槽钢、板材、方圆管及各种螺纹钢圆钢等；厚度≥4mm 或直径≥8mm 实心体；表面无严重锈蚀		B21、B22、B23
C 小型折旧废钢	C1	各种报废的建筑、设备、机器等经拆解回收获得的废钢；如各种型钢、角钢、槽钢、板材、螺纹钢圆钢等，表面无严重锈蚀；厚度≥2mm；表面无严重锈蚀		C11、C12、C13
	C2	各种摩托车架、电瓶车架、自行车架等，表面无严重锈蚀；厚度≥2mm；表面无严重锈蚀		C21、C22、C23
	C3	各种轻钢龙骨、生活五金等；表面无严重锈蚀；厚度≥2mm；表面无严重锈蚀		C31、C32、C33
D 轻薄料折旧废钢	D1	各种报废汽车、建筑、设备等经拆解获得板材、型材、线材等；厚度≥1.0mm；表面无严重锈蚀		D11、D12、D13
	D2	各种报废家电、箱柜等经拆解获得板材、线材、型材等；厚度≥0.5mm；表面无严重锈蚀		D21、D22、D23
	D3	各种报废社会废钢、电器设备经拆解获得板材、线材等；厚度≤0.5mm；表面无严重锈蚀		D31、D32、D33

品名		典型特征及厚度	规格尺寸/mm	代码
E 折旧废钢 打包块	E1	以 B1、B2 类废钢为原料经打包加工成型，无包芯	第3位代码1： 长度大于800，截面不大于700×700 第3位代码2： ≤800×600×600 第3位代码3： ≤600×500×500 第3位代码4： ≤400×300×300	E11、E12、E13、E14
	E2	以 C1 为原料经打包加工成型，无包芯		E21、E22、E23、E24
	E3	以 C2、C3 为原料经打包加工成型，无包芯		E31、E32、E33、E34
	E4	以 D1 为原料经打包加工成型，无包芯		E41、E42、E43、E44
	E5	以 D2 为原料经打包加工成型，无包芯		E51、E52、E53
	E6	以 D3 为原料经打包加工成型，无包芯		E61、E62、E63
F 折旧废钢破碎料	F1	以各种报废汽车车体为主、电气柜、小型折旧废钢（如 B1、B2、C1、C2 等，不允许有涂镀层）等为原料，经破碎设备加工而成的废钢；表面无严重锈蚀	第3位代码1： 堆密度>1.5t/m³ 第3位代码2： 堆密度>1.2t/m³ 第3位代码3： 堆密度>1.0t/m³ 第3位代码4： 堆密度>0.8t/m³ 第3位代码5： 堆密度>0.5t/m³ 第3位代码6： 堆密度≤0.5t/m³ 单块最大尺寸应不大于200mm	F11、F12、F13、F14、F15、F16
	F2	以各种报废家用电器、小型废钢、轻薄废钢等折旧废钢（允许有少量涂镀层）为原料，经破碎设备加工而成的废钢；表面无严重锈蚀		F21、F22、F23、F24、F25、F26
	F3	以各种民用生活废钢为原料，允许有表面涂镀锌、彩钢瓦等，经破碎设备加工而成的废钢；表面无严重锈蚀		F31、F32、F33、F34、F35、F36
	F4	以各种民用生活废钢为原料，允许有表面有涂镀锡、铜、铬等，如易拉罐、罐头盒、油漆桶等，经破碎设备加工而成的废钢；表面无严重锈蚀		F41、F42、F43、F44、F45、F46
G 涂镀折旧废钢	G1	各种表面镀锌/铝废钢	原料以前两位代码表示；打包块以第3位代码表示，第3位代码1： ≤800×600×600 第2位代码2： ≤600×500×500 第3位代码3： ≤400×300×300	G11、G12、G13
	G2	各种表面镀铜/锡废钢		G21、G22、G23
	G3	各种表面镀铬/镍废钢		G31、G32、G33
	G4	各种表面涂漆废钢		G41、G42、G43

5.1.3.2.2 加工废钢的品名、代码、典型特征及厚度和规格尺寸技术要求应符合表7要求。

表7　加工废钢的品名、代码、典型特征及厚度和规格尺寸技术要求

品名等级		典型特征及厚度	规格尺寸/mm	典型代码
N 重型 加工废钢	N1	钢锭、钢坯、切头、切尾，要求100mm×100mm方坯、φ120mm以上；重型机械加工余料，厚板加工余料，厚度≥20.0mm或直径≥30mm；表面无严重锈蚀；单重5~1500kg		N11、N12、N13
	N2	钢锭、钢坯、切头、切尾，要求40mm×40mm方坯、φ60mm以上；重型机械加工余料，厚板加工余料，厚度≥10.0mm或直径≥20mm；表面无严重锈蚀；单重5~1500kg		N21、N22、N23
	N3	型钢、钢板等加工余料；厚板加工余料，厚度≥6.0mm或直径≥10mm；表面无严重锈蚀；单重5~1500kg		N31、N32、N33
P 中型 加工废钢	P1	型钢、圆钢、角钢、钢板等加工余料；板材加工余料，厚度≥4.0mm或直径≥8mm；表面无严重锈蚀；单重5~1500kg	第3位代码1： ≤1200×600 代码2： ≤800×500 代码3： ≤500×400	P11、P12、P13
	P2	钢板等冲压加工余料；板材加工余料，厚度≥4.0mm或直径≥8mm；表面无严重锈蚀；单重1~1500kg		P21、P22、P23
Q 小型 加工 废钢	Q1	型钢、圆钢、角钢、钢板等钢材加工后产生新的边角余料，厚度≥2.0mm或直径≥6mm；表面无严重锈蚀；单重0.5~1500kg		Q11、Q12、Q13
	Q2	钢板等冲压、加工后产生新的边角余料；厚度≥2.0mm或直径≥6mm；表面无严重锈蚀；单重0.5~1500kg		Q21、Q22、Q23
R 轻薄料 加工废钢	R1	汽车板等加工余料		R11、R12、R13
	R2	家电板等加工余料		R21、R22、R23
	R3	无取向硅钢等成分相近加工余料		R31、R32、R33
	R4	取向硅钢成分相近加工余料		R41、R42、R43
	R5	边丝卷、切边段		R51、R52、R53
S 加工 废钢 打包 块	S1	以R1原料经打包加工成型，无包芯	第3位代码1： ≤800×600×600 代码2： ≤600×500×500 代码3： ≤400×300×300	S11、S12、S13
	S2	以R2为原料经打包加工成型，无包芯		S21、S22、S23
	S3	以R3为原料经打包加工成型，无包芯		S31、S32、S33
	S4	以R4为原料经打包加工成型，无包芯		S41、S42、S43
	S5	以R5为原料经打包加工成型，无包芯		S51、S52、S53

品名等级		典型特征及厚度	规格尺寸/mm	典型代码
T 加工废钢破碎料	T1	以各种汽车、家电等加工余料（不允许有涂镀层）为原料，经破碎设备加工而成的破碎废钢。表面无锈蚀（或少量的表面浮锈）	第3位代码1：堆密度>1.5t/m³ 第3位代码2：堆密度>1.2t/m³	T11、T12、T13、T14、T15、T16
	T2	以各种汽车、家电等加工余料（允许有涂镀锌/铝等）为原料，经破碎设备加工而成的破碎废钢。表面无锈蚀（或少量的表面浮锈）	第3位代码3：堆密度>1.0t/m³	T21、T22、T23、T24、T25、T26
	T3	以各种汽车、家电等加工余料（允许有涂镀铜、镀锡彩涂等）为原料，经破碎设备加工而成的破碎废钢。表面无锈蚀（或少量的表面浮锈）	第3位代码4：堆密度>0.8t/m³ 第3位代码5：堆密度>0.5t/m³	T31、T32、T33、T34、T35、T36
	T4	以各种汽车、家电等加工余料（可含有各种涂镀层）为原料，经破碎设备加工而成的破碎废钢。表面无锈蚀（或少量的表面浮锈）	第3位代码6：堆密度≤0.5t/m³ 单块最大尺寸应不大于200mm	T41、T42、T43、T44、T45、T46
U 涂镀加工废钢	U1	各种表面镀锌/铝废钢加工余料	原料以前两位代码表示；打包块以第3位代码表示，第3位代码1：≤800×600×600	U11、U12、U13
	U2	各种表面镀铜/锡废钢加工余料		U21、U22、U23
	U3	各种表面镀铬/镍废钢加工余料	第3位代码2：≤600×500×500	U31、U32、U33
	U4	各种表面涂漆废钢加工余料	第3位代码3：≤400×300×300	U41、U42、U43
V 钢屑	V1	机械加工过程产生的屑、丝、块、粉等废钢	第3位代码1为屑、块等；代码2为丝等；代码3为粉等	V11、V12、V13
	V2	以V1为原料经打包加工压块成型的废钢	钢屑压块代码1：≤400×300×300；代码2：≤200×150×150	V21、V22

5.2 低合金废钢

低合金废钢是指符合 GB/T 13304.1、GB/T 13304.2 的规定的低合金钢，不能按原用途使用且作为熔炼原料回收使用报废的钢。具体见表8。

表8 低合金废钢的种类及规格要求

品名等级		种类	规格尺寸/mm	典型代码
W 低合金废钢	W1	废低合金耐候钢	第3位代码1：≤1200×600	W11、W12、W13
	W2	废低合金高强度结构钢（硅锰系）	代码2：≤800×500	W21、W22、W23
	W3	废其他低合金钢	代码3：≤500×400	W31、W32、W33

5.3 合金废钢

合金废钢是指符合 GB/T 13304.1、GB/T 13304.2 的规定的合金钢，不能按原用途使用且作为熔炼原料回收使用的报废的钢。具体见表 9。

表 9 合金废钢的种类及规格要求

品名等级		典型特征及种类	规格尺寸/mm	典型代码
X 合金废钢	Y1	废合金结构钢	第 3 位代码 1： ≤1200×600 代码 2：≤800×500 代码 3：≤500×400	X11、X12、X13
	X2	废弹簧钢		X21、X22、X23
	X3	废轴承钢		X31、X32、X33
	X4	废合金工具钢		X41、X42、X43
	X5	废高速工具钢		X51、X52、X53
	X6	废不锈耐热耐蚀钢		X61、X62、X63
	X7	废管线钢		X71、X72、X73
	X8	废耐候钢		X81、X82、X83

5.4 废不锈钢

废不锈钢是指报废的镍铬不锈钢、铬废不锈钢、铬镍锰废不锈钢产品，不能按原用途使用且作为熔炼原料回收使用报废的不锈钢。具体见表 10。

表 10 废不锈钢的品名、代码、典型特征及厚度和规格尺寸技术要求

品名等级		典型特征及厚度	规格尺寸/mm	典型代码
Y 废不锈钢	Y1 镍铬废不锈钢	镍铬系列不锈钢使用后的回收物，如机器、设备、器械、结构件、构筑物及生活用品等不锈钢铁部分，主要含有镍、铬、铁金属元素，其含镍金属元素质量分数不小于 7% 的不锈钢废料	散装料以两位代码表示，尺寸不大于 1500×500×500；打包块以三位码表示。第 3 位代码 1：≤800×600×600 第 3 位代码 2：≤600×500×500 第 3 位代码 3：≤400×300×300	Y11、Y12、Y13
	Y2 镍铬废不锈钢余料	镍铬系列不锈钢使用后的回收物，如加工边角余料，如边丝、刨丝及压缩包等不锈钢铁部分，主要含有镍、铬、铁金属元素，其含镍金属元素质量分数不小于 7% 的不锈钢废料		Y21、Y22、Y23
	Y3 铬废不锈钢	铬系不锈钢使用后的回收物，如机器、设备、器械、结构件、构筑物及生活用品等不锈钢铁部分，主要含有铬、铁金属元素，其含铬金属元素质量百分比不小于 11.5% 的不锈钢废料		Y31、Y32、Y33

品名等级		典型特征及厚度	规格尺寸/mm	典型代码
Y 废不锈钢	Y4 铬废不锈钢余料	铬系不锈钢使用后的回收物，如加工边角余料，边丝、刨丝及压缩包等不锈钢铁部分，主要含有铬、铁金属元素，其含铬金属元素质量百分比不小于11.5%的不锈钢废料	散装料以两位代码表示，尺寸不大于1500×500×500；打包块以三位码表示。第3位代码1：≤800×600×600 第3位代码2：≤600×500×500 第3位代码3：≤400×300×300	Y41、Y42、Y43
	Y5 铬镍锰废不锈钢	含铬、镍、锰系列不锈钢使用后的回收物，如机器、设备、器械、结构件、构筑物及生活用品等不锈钢铁部分，主要含有铬、镍、锰等金属元素，其含锰金属元素质量百分比不小于5.5%的不锈钢废料		Y51、Y52、Y53
	Y6 铬镍锰废不锈钢余料	含铬、镍、锰系列不锈钢使用后的回收物，如加工边角余料，边丝、刨丝及压缩包等不锈钢铁部分，主要含有铬、镍、锰等金属元素，其含锰金属元素质量百分比不小于5.5%的不锈钢废料		Y61、Y62、Y63

5.5 其他技术要求应符合 GB/T 4223—2017 中的第 5 章规定。

6 交货条件

6.1 废钢应分类。

6.2 所有废钢的化学成分应满足表 2 的 3 级；对化学成分有特殊要求的废钢必须严格按废钢产生来源区分，以保证废钢残余元素可控，不得与其他废钢混装。

6.3 所有等级废钢都必须无污垢，表面不能有剥落状以及过多的锈蚀。废钢中不得恶意掺杂。

6.4 废钢内不得混有铁合金、有色金属、废铁。

6.5 废钢表面不得有过量的包括但不限于油脂、土砂、水泥、耐火材料、炉渣、覆有橡胶制品等杂物，不得混有表面镀锡、镀铜、镀铬的废钢，有涂层材料必须标明和事先告知。

6.6 废钢中不允许有成套的机器设备及其他未解体部件。

6.7 废钢中不得夹带对人类健康、环境或钢铁生产过程带来危险产生危害的物品，如武器弹药、易燃易爆物品、爆炸物、密封件（容器、构件）、有毒化学物品和医疗垃圾废物等。所有废钢均应需使用适当的放射性检测设备进行放射性检测，确保其放射性满足国家标准要求。

6.8 如同一批废钢混有两种或两种以上型号废钢交货时，应须经供需双方协商后确定。如加工废钢混入折旧废钢，可按折旧废钢交货、验收。

6.9　单件外形尺寸如大于 1200mm×600mm×500mm，或单重超过规定的废钢，应须经供需双方协商后确定。

7　检验项目与检验方法

7.1　检验项目

7.1.1　单件的外形尺寸、重量和厚度。

7.1.2　夹杂物及清洁性。

7.1.3　有害物及放射性物质。

7.1.4　硫、磷、铜、砷、锰、铬、镍、钼、钨等化学元素抽样检验；化学元素检验和要求可由供需双方协商约定。

7.1.5　打包块的脱落试验和拆包。

7.1.6　破碎料堆密度。

7.1.7　废钢铁中其他项目的检验，根据到货批的实际情况，进行抽查。

7.2　检验方法

7.2.1　检验所需样品的取样方法由供需双方协商确定。

7.2.2　含多氯苯废物污染控制标准执行 GB 13015，危险废物鉴别执行 GB 5085.1、GB 5085.3 的规定。

7.2.3　放射性物质的检验按 SN/T 0570 的规定进行。

7.2.4　废钢铁样品的制样按 GB/T 20066 的规定进行。化学分析方法按附录 A 执行。

7.2.5　对废钢铁的种类、清洁性、夹杂物、外形尺寸、单件重量等项目，使用衡器、卷尺等检验手段或其他检测手段进行测定。经双方商定可抽取试样进行测定。

7.2.6　化学成分有特殊要求的废钢交货时需进行成分验收。按照合同量确定检验批次，每 1000t 为一检验批次（含不足 1000t），每批次取样不少于 3 个。如平均值或超过目标值个数超过一半按不合格处理。除有特殊规定，汽车运输废钢需按 50t（含不足 50t）组成一个检验批进行检验，每批次取样不少于 1 个。

7.2.7　废钢铁中放射性物质的检验按 SN/T 0570 检验规程执行。

7.3　打包块类废钢检验

7.3.1　打包块类废钢，交货时需要进行拆包验收。打包块不允许内部与外部不是同一种类的废钢且内部废钢质量明显低于外部废钢的包芯现象。

7.3.2　每 500t 为一检验批次，每批次取样不少于 3 个。除有特殊规定，汽车运输废钢按 50t（含不足 50t）组成一个检验批进行检验，每批次取样不少于 1 个。

7.3.3　打包块的脱落试验和拆包检验：在一个验收批中随机抽取 5 块打包块。打包块从高于金属板或水泥板 1.5m 处落下三次（自由落体），此时打包块不应有大于其重量 10% 的脱落物。

7.4 破碎料堆密度的检验方法

7.4.1 用地磅称量一个不小于 $1m^3$ 的方型容器的重量（M_1），并测量计算容器容积（V）。将破碎料样装入容器中，不得挤压，破碎料表面整体高出容器 150mm 时，用硬直板条或铁锹将破碎料平整至容器表面平齐，称量其重量（M_2）。用该容器或另一个相近容器按照上述步骤再对另外的破碎料样进行重复称量，重复次数 3 次。堆密度（D）按式（1）计算：

$$D = \frac{M_2 - M_1}{V} \tag{1}$$

7.4.2 计算每次测定的堆密度，然后求取堆密度的算术平均值为本批破碎料的堆密度。

8 验收规则

8.1 需方可对每批废钢铁进行抽查验收。可将一个交货批分成多个检验批进行验收。

8.2 每个检验批应由同一型号、类别、同一钢组或牌号废钢铁组成。

8.3 各交货批废钢铁验收后，应扣除杂质等的重量。

8.4 废钢铁中放射性物质的检验结果应达到国标 GB 16487.6 要求。

9 运输和质量证明书

9.1 发运装车（船）时，每车厢（船舱、集装箱）一般只允许装载同一型号（类别）、同一钢组的废钢铁。为补足车厢（船舱、集装箱）载重时，也可装两个以上型号、钢组的废钢铁，但应隔离，作出明确标识，不应混放。

9.2 废钢铁交货时，每个交货批应附有质量证明书或送货单，废钢铁需同时附有放射性检验合格资料。质量证明书或送货单中应注明：供方名称、废钢铁的品名等级、每批重量等，若有特殊要求需注明。

附录 A

（规范性附录）

钢铁产品分析方法标准

GB/T 223.3　钢铁及合金化学分析方法　二安替比林甲烷磷钼酸重量法测定磷量

GB/T 223.4　钢铁及合金　锰含量的测定　电位滴定或可视滴定法

GB/T 223.11　钢铁及合金　铬含量的测定　可视滴定或电位滴定法

GB/T 223.12　钢铁及合金化学分析方法　碳酸钠分离-二苯碳酰二肼光度法测定铬量

GB/T 223.18　钢铁及合金化学分析方法　硫代硫酸钠分离-碘量法测定铜量

GB/T 223.19　钢铁及合金化学分析方法　新亚铜灵-三氯甲烷萃取光度法测定铜量

GB/T 223.23 钢铁及合金 镍含量的测定 丁二酮肟分光光度法

GB/T 223.25 钢铁及合金化学分析方法 丁二酮肟重量法测定镍量

GB/T 223.26 钢铁及合金 钼含量的测定 硫氰酸盐分光光度法

GB/T 223.28 钢铁及合金化学分析方法 α-安息香肟重量法测定钼量

GB/T 223.29 钢铁及合金 铅含量的测定 载体沉淀-二甲酚橙分光光度法

GB/T 223.43 钢铁及合金 钨含量的测定 重量法和分光光度法

GB/T 223.50 钢铁及合金化学分析方法 苯基荧光酮-溴化十六烷基三甲基胺直接光度法测定锡量

GB/T 223.53 钢铁及合金化学分析方法 火焰原子吸收分光光度法测定铜量

GB/T 223.54 钢铁及合金化学分析方法 火焰原子吸收分光光度法测定镍量

GB/T 223.58 钢铁及合金化学分析方法 亚砷酸钠-亚硝酸钠滴定法测定锰量

GB/T 223.59 钢铁及合金 磷含量的测定 铋磷钼蓝分光光度法和锑磷钼蓝分光光度法

GB/T 223.61 钢铁及合金化学分析方法 磷钼酸铵滴定法测定磷量

GB/T 223.62 钢铁及合金化学分析方法 乙酸丁酯萃取光度法测定磷量

GB/T 223.63 钢铁及合金化学分析方法 高碘酸钠（钾）光度法测定锰量

GB/T 223.64 钢铁及合金 锰含量的测定 火焰原子吸收光谱法

GB/T 223.66 钢铁及合金化学分析方法 硫氰酸盐-盐酸氯丙嗪-三氯甲烷萃取光度法测定钨量

GB/T 223.67 钢铁及合金 硫含量的测定 次甲基蓝分光光度法

GB/T 223.68 钢铁及合金化学分析方法 管式炉内燃烧后碘酸钾滴定法测定硫含量

GB/T 223.72 钢铁及合金 硫含量的测定 重量法

GB/T 223.79 钢铁 多元素的测定 X-射线荧光光谱法

GB/T 223.83 钢铁及合金 高硫含量的测定 感应炉燃烧红外吸收法

GB/T 223.84 钢铁及合金 钛含的量测定 二安替比林甲烷分光光度法

GB/T 223.85 钢铁及合金 硫含量测定 感应炉燃烧后红外吸收法

GB/T 223.86 钢铁及合金 碳含量测定 感应炉燃烧后红外吸收法

GB/T 11170 不锈钢 多元素含量的测定 火花放电原子发射光谱法（常规法）

GB/T 20127.4 钢铁及合金 痕量元素的测定 第4部分：石墨炉原子吸收光谱法测定铜含量

GB/T 20127.7 钢铁及合金 痕量元素的测定 第7部分：示波极谱法测定铅含量

GB/T 20127.13 钢铁及合金 痕量元素的测定 第13部分：碘化物萃取-苯基荧光酮光度法测定锡含量

GB/T 32548 钢铁 锡、锑、铈、铅和铋的测定 电感耦合等离子体质谱法

YB/T 4396 不锈钢 多元素含量的测定 电感耦合等离子体发射光谱法

四、GB/T 39733—2020 再生钢铁原料

前　言

本文件按照 GB/T 1.1—2020《标准化工作导则第 1 部分：标准化文件的结构和起草规则》的规定起草。

本文件由中国钢铁工业协会提出。

本文件由全国生铁及铁合金标准化技术委员会（SAC/TC 318）归口。

本文件起草单位：冶金工业信息标准研究院、中国废钢铁应用协会、欧冶链金再生资源有限公司、江苏沙钢集团有限公司、福建三钢闽光股份有限公司、陕西钢铁集团有限公司、大连商品交易所、中国环境科学研究院、广西北部湾新材料有限公司、盐城市联鑫钢铁有限公司、江苏省镔鑫钢铁集团有限公司、天津市新天钢钢铁集团有限公司、南京钢铁股份有限公司、本钢集团有限公司、河北津西国际贸易有限公司、中理检验有限公司、宝山钢铁股份有限公司、湖北力帝机床股份有限公司、江苏华宏科技股份有限公司、柳州钢铁股份有限公司、安徽长江钢铁股份有限公司、中天钢铁集团有限公司、广州市万绿达集团有限公司、连平县昕隆实业有限公司、四川省地方冶金控股集团有限公司、江苏宏大特种钢机械厂有限公司、天津城矿再生资源回收有限公司、山东泰山钢铁集团有限公司、敬业钢铁有限公司、江苏飞达控股集团有限公司、上海海关工业品与原材料检测技术中心、江苏大圣博环保科技股份有限公司。

本文件主要起草人：张龙强、王镇武、黎立璋、严鸽群、杨海峰、李树斌、蔡向东、孙建生、卢春生、周森明，骆小刚、周炳炎、王淑梅、冯鹤林、王方杰、都兴亚、王彪、窦立英、潘料庭、曾锦、吴建中、孟宪成、莫精忠、王长波、李京霖、王科、李明波、胡士勇、陈晓舟、胡小锋、李远征、陈荣、顾卫东、彭可雕、黄正国、陈奕、吴玉红、张少凯、朱国平、葛拥军、王建武、江卫国、郅惠博、马瑾、赵彤、苏冬、刘志国、叶小爽、黄磊、苏仕宝、闫文凯、闫辰、王忠东、谭新星、符杰、万秀娟、苏春明、杨帅、查显文、王娟。

再生钢铁原料

1　范围

本文件规定了再生钢铁原料的分类、技术要求、检验方法、验收规则、运输和质量证明书。

本文件适用于炼铁、炼钢、铸造及铁合金冶炼时作为铁素炉料原料使用的再生钢铁原料。

2　规范性引用文件

下列文件中的内容通过文中的规范性引用而构成本文件必不可少的条款。其中，注

日期的引用文件，仅该日期对应的版本适用于本文件；不注日期的引用文件，其最新版本（包括所有的修改单）适用于本文件。

GB 5085.1　危险废物鉴别标准　腐蚀性鉴别

GB 5085.2　危险废物鉴别标准　急性毒性初筛

GB 5085.3　危险废物鉴别标准　浸出毒性鉴别

GB 5085.4　危险废物鉴别标准　易燃性鉴别

GB 5085.5　危险废物鉴别标准　反应性鉴别

GB 5085.6　危险废物鉴别标准　毒性物质含量鉴别

GB/T 5202　辐射防护仪器 α、β 和 α/β（β 能量大于 60keV）污染测量仪与监测仪

GB/T 8170　数值修约规则与极限数值的表示和判定

GB 18871　电离辐射防护与辐射源安全基本标准

GB/T 12162.3　用于校准剂量仪和剂量率仪及确定其能量响应的 X 和 γ 参考辐射 第 3 部分：场所剂量仪和个人剂量计的校准及其能量响应和角响应的测定

3　术语和定义

下列术语和定义适用于本文件。

3.1

回收料　recycling raw materials

丧失原有利用价值或者虽未丧失利用价值但被抛弃或者放弃的钢铁制品或钢铁碎料。

3.2

再生钢铁原料　recycling iron-steel materials

回收料经过分类及加工处理，可以作为铁素资源直接入炉使用的炉料产品。

3.3

放射性污染物　radioactive materials

再生钢铁原料中含有的放射性物质或放射源。

3.4

爆炸性物品　explosive materials

再生钢铁原料夹带的武器弹药、易燃易爆品、爆炸物等物品。

3.5

夹杂物　carried-waste

在产生、收集、包装和运输过程中混入再生钢铁原料中的非金属物质，包括木废料、废纸、废塑料、废橡胶、废玻璃、石块及粒径不大于 2mm 的粉状物质（灰尘、污泥、木屑、纤维末等），但不包括包装物及在运输过程中使用的其他物质。

3.6

堆密度 bulk density
每立方米再生钢铁原料的质量。

3.7

物理规格 size
再生钢铁原料外观物理尺寸：长度、宽度、高度、厚度或直径。
注：一般以毫米作为计量单位。

3.8

拆解 dismantling
将回收的机器设备、建筑材料、钢结构等钢铁制品分解为一定尺寸，使再生钢铁原料适合于运输、生产使用的加工工艺过程。

3.9

分拣 sorting
将回收的钢铁制品按化学成分、物理规格、用途等要求分类筛选以及与其他物质分离，成为特定类别的再生钢铁原料的过程。

3.10

剪切 cutting
将回收的钢铁制品经过切割或剪断，成为物理规格符合要求的再生钢铁原料的工艺过程。

3.11

破碎 shredding
将回收的钢铁制品使用专业设备加工成为破碎型再生钢铁原料的工艺过程。

3.12

打包 bundling
将回收的钢铁制品使用专业设备压制成型成为包块型再生钢铁原料的工艺过程。

4 分类

4.1 类别名称与代号

再生钢铁原料通过不同的加工方式，按外形和化学成分分为 7 大类。分别为：重型再生钢铁原料、中型再生钢铁原料、小型再生钢铁原料、破碎型再生钢铁原料、包块型再生钢铁原料、合金钢再生钢铁原料、铸铁再生钢铁原料。

再生钢铁原料的类别名称与代号、牌号见表 1，典型照片见附录 A。

表 1　再生钢铁原料的类别与代号、牌号

类别	英文名称	英文缩写	中文简称	代号	牌号
重型再生钢铁原料	heavy recycling iron-steel materials	HRS	重型料	101	HRS101
				102	HRS102
中型再生钢铁原料	medium recycling iron-steel materials	MRS	中型料	201	MRS201
				202	MRS202
小型再生钢铁原料	light recycling iron-steel materials	LRS	小型料	301	LRS301
				302	LRS302
				303	LRS303
破碎型再生钢铁原料	shredded recycling iron-steel materials	SRS	破碎料	401	SRS401
				402	SRS402
				403	SRS403
包块型再生钢铁原料	bundled recycling iron-steel materials	BRS	打包料	501	BRS501
				502	BRS502
				503	BRS503
合金钢再生钢铁原料	alloy recycling iron-steel materials	ARS	合金钢料	601	ARS601
				602	ARS602
				603	ARS603
铸铁再生钢铁原料	cast recycling iron-steel materials	CRS	铸铁料	701	CRS701
				702	CRS702

4.2 分类要求

再生钢铁原料的分类要求见表 2，特征属性见附录 B。

表 2　再生钢铁原料的分类要求

类别	牌号	物理规格	原料来源及典型实例		主要加工方式
			一般来源	典型实例	
重型再生钢铁原料	HRS101	1. 物理规格：厚度≥6.0mm 或直径≥10mm 的实心体；长度≤1500mm；宽度≤600mm；2. 单重≤1500kg	厚度在 6.0mm 以上或直径 10mm 以上的实心体，一定使用年限后退役的钢铁制品：1）各种报废的大型设备；2）铁路报废设备材料；3）各种报废的大型钢结构件；4）各种报废的大型船舶等	1. 大型机床、工矿机械等；2. 各种大型零部件、铸钢件等；3. 钢轨、车轮、车轴、车厢、导轨等铁路器件；4. 各种钢结构、钢管、型钢、板材及各类旧钢材；5. 船舶拆解或维修产生的各种旧钢板、型钢、管材以及机器零部件等	分拣拆解剪切
	HRS102		厚度 6.0mm 以上或直径 10mm 以上的实心体，生产或加工过程中形成的余料或尾料：1）钢铁生产过程中产生的切头切尾、残次品、降级品；2）各种钢材加工过程中形成的余料或尾料	1. 钢锭或钢坯的切头、切尾；2. 钢材坯残次品；3. 钢板轧制的切边、切头、切尾；4. 各种钢材（型钢、圆钢、角钢、钢板等）加工过程中产生的余料、尾料；5. 钢板冲压后产生的余料或尾料	分拣剪切
中型再生钢铁原料	MRS201	1. 物理规格：厚度≥4.0mm 或直径≥8mm 的实心体；长度≤1500mm；宽度≤600mm；2. 单重≤1500kg	厚度在 4.0mm 以上或直径 8mm 以上的实心体，使用一定年限后退役的钢铁制品：1）各种报废的中小型设备；2）各种报废的中型钢结构件；3）各种报废的中小型船舶等	1. 中小型机床、工矿机械等；2. 各种中小型零部件、铸钢件等；3. 各种中小型钢结构、钢管、型钢、板材及各类旧钢材；4. 中小型船舶拆解或维修产生的各种旧钢板、型钢、管材以及机器零部件等	分拣拆解剪切
	MRS202		厚度 4.0mm 以上或直径 8mm 以上的实心体，各种钢材加工过程中形成的余料或尾料	1. 各种钢材（型钢、圆钢、角钢、钢板等）加工过程中产生的余料或尾料；2. 钢板冲压后产生的余料或尾料	分拣剪切

续表2

类别	牌号	物理规格	原料来源及典型实例		主要加工方式
			一般来源	典型实例	
小型再生钢铁原料	LRS301	1. 物理规格：厚度≥2.0mm；长度≤1500mm；宽度≤600mm； 2. 单重≤1500kg	厚度在2.0mm以上，使用一定年限后退役的钢铁制品：1）各种报废的小型设备；2）各种报废的小型机动车或电动车架	1. 各种报废的小型设备如机床、机器等； 2. 各种报废的零部件等； 3. 各种摩托车架、电瓶车架、自行车架、电动车架等； 4. 各种轻骨龙钢、生活五金、发电机拆解的铁芯等； 5. 船舶拆解或维修产生的各种旧钢板、型钢、管材以及机器零部件等	分拣拆解剪切
	LRS302		厚度2.0mm以上，各种钢材加工过程中形成的余料或尾料	1. 各种钢材（型钢、圆钢、角钢、钢板等）加工过程中产生的余料或尾料； 2. 硅钢片余料或尾料； 3. 钢板冲压后产生的余料或尾料	分拣剪切
	LRS303	1. 物理规格：厚度≤2.0mm；长度≤1500mm；宽度≤600mm； 2. 单重≤1500kg	厚度2.0mm以下，各种钢材加工过程中形成的新料	汽车板、家电板加工过程中产生的余料或尾料等	分拣剪切
破碎型再生钢铁原料	SRS401	堆密度≥0.8t/m³，具体按供需双方商定	回收的汽车拆解料	汽车拆解料	分拣拆解破碎
	SRS402		以小型或厚度小于2.0mm的其他型回收料为原料	1. 回收家电； 2. 机器零件； 3. 各种小型设备； 4. 涂镀钢板、彩钢瓦等	分拣破碎
	SRS403		工业加工余料	1. 汽车板加工余料或尾料； 2. 家电板等其他单一的板材加工余料或尾料	分拣破碎

类别	牌号	物理规格	原料来源及典型实例		主要加工方式
			一般来源	典型实例	
包块型再生钢铁原料	BRS501	1. 物理规格：长≤1500mm；宽≤1000mm；高≤1000mm；2. 单重≤2000kg	以汽车板或其他单一品种加工余料或尾料为原料	1. 汽车板冲压后产生的余料；2. 家电板余料；3. 硅钢片余料或尾料；4. 其他加工产品余料或尾料	分拣打包
	BRS502		回收的旧钢筋（螺纹、线材）	由回收的旧钢筋（螺纹钢及线材）打包成型	分拣打包
	BRS503		钢材机械加工过程中产生的钢刨花、钢屑	钢材在机械加工过程中产生的钢刨花、钢屑等	打包装袋
合金钢再生钢铁原料	ARS601	1. 物理规格：长≤1500mm；宽≤1000mm；2. 单重≤1500kg	镍铬系列不锈钢回收件或加工余料，含镍（Ni）量不小于7.0%	1. 镍铬系不锈钢回收件，如机器、设备、器械、结构件中回收的不锈钢部分；2. 镍铬系不锈钢材加工时形成的余料或尾料；3. 船舶拆解或维修产生的各种镍铬系列不锈钢板、管材以及机器零部件等	分拣剪切打包
	ARS602		铬系不锈钢回收件或加工余料：含铬（Cr）量不小于11.5%	1. 铬系不锈钢回收件如机器、设备、器械、结构件等不锈钢部分；2. 铬系不锈钢材加工时形成的余料或尾料	分拣剪切打包
	ARS603		回收的合金钢为原料：1）使用失效的工具钢、模具钢、轴承钢、齿轮钢、高温合金等回收件；2）加工过程中产生的边角余料；3）机械加工产生的刨花、合金钢屑	1. 以工具钢、模具钢、轴承钢、齿轮钢、高温合金等合金钢为原料；2. 合金钢加工余料或尾料	分拣剪切打包装袋

续表2

| 类别 | 牌号 | 物理规格 | 原料来源及典型实例 | | 主要加工方式 |
			一般来源	典型实例	
铸铁再生钢铁原料	CRS701	1. 物理规格：厚度 ≥ 2.0mm；长度 ≤ 1500mm；宽度 ≤ 600mm； 2. 单重≤1500kg	厚度在 2.0mm 以上，使用一定年限后退役的铸铁制品：1）各种回收的铸铁设备；2）各种回收的小型铸铁产品	1. 各种回收的小型铸铁设备； 2. 各种回收的铸铁零部件； 3. 各种回收的小型铸铁产品等	分拣拆解剪切
	CRS702		厚度 2.0mm 以上，各种铸铁件加工过程中形成的余料或尾料	铸件或铸造生产加工后产生的余料或尾料	分拣剪切

4.3　加工方式

不同类别再生钢铁原料的加工流程示意图如图1~图7所示。

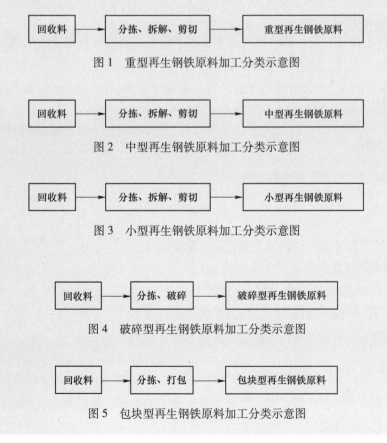

图 1　重型再生钢铁原料加工分类示意图

图 2　中型再生钢铁原料加工分类示意图

图 3　小型再生钢铁原料加工分类示意图

图 4　破碎型再生钢铁原料加工分类示意图

图 5　包块型再生钢铁原料加工分类示意图

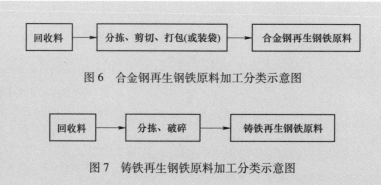

图 6　合金钢再生钢铁原料加工分类示意图

图 7　铸铁再生钢铁原料加工分类示意图

5　技术要求

5.1　贮存要求

再生钢铁原料应分类存放。

5.2　放射性污染物

放射性污染物控制应符合以下要求：

a）不应混有放射性物质；

b）原料（含包装物）的外照射贯穿辐射剂量率不超过所在地正常天然辐射本底值 +0.25μGy/h；

c）原料表面 α、β 放射性污染水平为：表面任何部分的 $300cm^2$ 的最大检测水平的平均值 α 不超过 $0.04Bq/cm^2$，β 不超过 $0.4Bq/cm^2$。

5.3　爆炸性物品

再生钢铁原料中不应混有爆炸性物品。

5.4　危险废物

再生钢铁原料中应严格限制下列危险废物的混入：

a）《国家危险废物名录》中的废物；

b）依据 GB 5085.1～GB 5085.6 鉴别标准进行鉴别，凡具有腐蚀性、毒性、易燃性、反应性等一种或一种以上危险特性的其他危险废物。

再生钢铁原料中危险废物的重量不应超过总重量的 0.01%。

5.5　夹杂物

再生钢铁原料外观应保持清洁，无明显废纸、废塑料、废纤维等夹杂物，夹杂物的要求应符合表 3 的规定。

表3　再生钢铁原料的夹杂物要求

类别	英文名称	英文缩写	中文简称	牌号	夹杂物/% 不大于
重型再生钢铁原料	heavy recycling iron-steel materials	HRS	重型料	HRS101	0.8
				HRS102	0.3
中型再生钢铁原料	medium recycling iron-steel materials	MRS	中型料	MRS201	0.8
				MRS202	0.3
小型再生钢铁原料	light recycling iron-steel materials	LRS	小型料	LRS301	0.8
				LRS302	0.3
				LRS303	0.3
破碎型再生钢铁原料	shredded recycling iron-steel materials	SRS	破碎料	SRS401	1.0
				SRS402	1.0
				SRS403	1.0
包块型再生钢铁原料	bundled recycling iron-steel materials	BRS	打包料	BRS501	0.3
				BRS502	0.8
				BRS503	0.3
合金钢再生钢铁原料	alloy recycling iron-steel materials	ARS	合金钢料	ARS601	0.3
				ARS602	0.3
				ARS603	0.3
铸铁再生钢铁原料	cast recycling iron-steel materials	CRS	铸铁料	CRS701	0.8
				CRS702	0.3

6　检验方法

6.1　分类

再生钢铁原料通过感官检验进行分类，必要时采用衡器、卷尺等检验手段或其他检测手段对其物理规格进行测定。

6.2　放射性污染物

再生钢铁原料的放射性污染物检验按附录C的规定检验。

6.3　爆炸性物品

爆炸性物品用感官检验。

6.4　危险废物

危险废物的检验按照 GB 5085.1~GB 5085.6 的规定执行。

6.5　夹杂物

6.5.1　再生钢铁原料的夹杂物首先用目视感官进行检验，估算质量占比。当不能确定是否符合要求时，按6.5.2检验。

6.5.2 再生钢铁原料的夹杂物检测程序如下：

a）抽取原料样品，称量、记录样品质量 m；

b）对夹杂物实施分拣，记录非金属物质木废料、废纸、废塑料、废橡胶、废玻璃、石块等的质量 m_1；

c）使用 2mm 筛孔的筛子对原料样品进行筛分，记录粒径不大于 2mm 的粉状（灰尘、污泥、木屑、纤维末等）物质的质量 m_2；

d）通过磁选装置，对筛分出来的粉状物质进行磁选，记录磁选出的金属（铁粉、钢屑、氧化铁等）物质的质量 m_3；

按式（1）计算夹杂物含量（W_J），数值以%表示。

$$W_J = \frac{m_1 + m_2 - m_3}{m} \times 100\% \tag{1}$$

式中 W_J——夹杂物含量；

       m_1——大块非金属夹杂物质量，单位为千克（kg）；

       m_2——粒径不大于 2mm 的粉状物质质量，单位为千克（kg）；

       m_3——粒径不大于 2mm 的金属物质质量，单位为千克（kg）；

       m——样品质量，单位为千克（kg）。

7 验收规则

7.1 组批

每个检验批应由同一类别、同一牌号的再生钢铁原料组成；每个检验批应不少于 300t。

7.2 检验项目

应对再生钢铁原料的放射性污染物、爆炸性物品、危险废物、夹杂物进行检验。

7.3 取样

再生钢铁原料检验项目的取样应符合表 4 的规定。

表 4 再生钢铁原料检验项目取样

检验项目	取样规定	要求章条号	试验方法章条号
放射性污染物		5.2	6.2
爆炸性物品	逐批检验	5.3	6.3
危险废物		5.4	6.4
夹杂物	每检验批取不少于 1 份样品 每份样品的质量不少于 50kg	5.5	6.5

7.4 检验结果的判定

7.4.1 检验结果的数值按 GB/T 8170 的规定进行修约，并采用修约值比较法判定。

7.4.2 本文件检验采取随机抽样检验的方式，随机抽样检验的结果作为整批货物检验结果。

7.4.3 放射性污染物、爆炸性物品、危险废物任一项不符合要求，则判定该批再生钢铁原料不符合本文件的规定。

7.4.4 夹杂物检验应事先确定双倍样本。当第一次检验不符合要求时，可对第二份样品进行检验，并与第一次检验结果进行加权平均。加权平均计算结果符合表3规定的，判定该批再生钢铁原料合格；否则判定该批再生钢铁原料不符合本文件的规定。

8 运输和质量证明书

8.1 运输

8.1.1 发运装车（船）时，每车厢（船舱、集装箱）一般只允许装载同一类别、同一牌号的再生钢铁原料。

8.1.2 为弥补亏舱，也可装两个以上类别、牌号的再生钢铁原料，但应尽量隔开，作出明显标识。

8.2 质量证明书

8.2.1 再生钢铁原料交货时，每个交货批应附有质量证明书或送货单。

8.2.2 质量证明书或送货单同时附有放射性检验合格资料或证明，并注明：

    a）供方名称；

    b）质量；

    c）类别、牌号；

    d）如是合金钢再生钢铁原料需要注明钢种及主要合金含量；

    e）不锈钢再生钢铁原料需要注明主要成分（铬、镍）的含量。

附 录 A
（资料性）
再生钢铁原料典型照片

再生钢铁原料典型照片如图 A.1~图 A.12 所示。

图 A.1　重型再生钢铁原料 HRS101　　　　图 A.2　重型再生钢铁原料 HRS102

图 A.3　中型再生钢铁原料 MRS201

图 A.4　中型再生钢铁原料 MRS202

图 A.5　小型再生钢铁原料 LRS301

图 A.6　小型再生钢铁原料 LRS303

图 A.7　破碎型再生钢铁原料 SRS401/402

图 A.8　破碎型再生钢铁原料 SRS 403

图 A.9　包块型再生钢铁原料 BRS501

图 A.10　包块型再生钢铁原料 BRS502

图 A.11 合金钢再生钢铁原料 ARS601/ARS602 　　　图 A.12 铸铁再生钢铁原料 CRS701

附 录 B

（资料性）

再生钢铁原料的特征属性

B.1 表观特征

B.1.1 再生钢铁原料外观应保持清洁，无明显废纸、废塑料、废纤维等物质。

B.1.2 再生钢铁原料外观应无严重锈蚀。

B.1.3 再生钢铁原料应无密闭容器。

B.1.4 钢瓶、钢桶等容器类产品，应剪切、破碎至不具备原容器功能并将原盛装物清除干净。

B.2 化学成分

B.2.1 再生钢铁原料中磷、硫含量分别不大于 0.050%，铜含量不大于 0.300%，砷含量不大于 0.050%。

B.2.2 合金钢再生钢铁原料中，不锈钢再生钢铁原料含镍（Ni）不小于 7.0% 或含铬（Cr）不小于 11.5%。

B.2.3 铸铁、其余合金钢再生钢铁原料的化学成分由供需双方协商商定。

B.3 金属特性

再生钢铁原料应保证优质的金属属性，TFe 含量见表 B.1。

表 B.1 再生钢铁原料的 TFe 含量

类别	英文名称	英文缩写	中文简称	TFe 含量/% 不小于
重型再生钢铁原料	heavy recycling iron-steel materials	HRS	重型料	93.0
中型再生钢铁原料	medium recycling iron-steel materials	MRS	中型料	93.0

续表 B.1

类别	英文名称	英文缩写	中文简称	TFe 含量/% 不小于
小型再生钢铁原料	light recycling iron-steel materials	LRS	小型料	92.0
破碎型再生钢铁原料	shredded recycling iron-steel materials	SRS	破碎料	92.0
包块型再生钢铁原料	bundled recycling iron-steel materials	BRS	打包料	93.0
合金钢再生钢铁原料	alloy recycling iron-steel materials	ARS	合金钢料	—
铸铁再生钢铁原料	cast recycling iron-steel materials	CRS	铸铁料	92.0

B.4 检测方法

再生钢铁原料成分的检测方法参见附录 D。

附 录 C
（规范性）
放射性污染检验方法

C.1 检验仪器

检验用仪器应符合 GB 18871、GB/T 12162.3 和 GB/T 5202 的规定。

C.2 外照射贯穿辐射剂量率测量

C.2.1 天然环境辐射本底值测量

C.2.1.1 在进行外照射贯穿辐射剂量率测量前，应先测量并确定当地的天然环境辐射本底值。

C.2.1.2 选择能够代表当地正常天然辐射本底状态，无放射性污染的平坦空旷地面的 3~5 个点（可作为固定调查点）作为测量点。

C.2.1.3 将测量仪的测量探头置于测量点上方距地面 1m 高处，测定其外照射贯穿辐射剂量率，每 10s 读取测量值 1 次，取 10 次读数的平均值作为该点的测量值，取各测量点测量值的算术平均值作为正常天然辐射平均值。

C.2.2 巡回检测

C.2.2.1 原料在经口岸通道前，应进行放射性污染的巡回检测。巡回检测时，尽可能地将测量仪器接近被测物表面或装载原料的集装箱、车体、仓体等的表面，对被测物的周体表面进行巡回检测。

C.2.2.2 在巡回检测时已发现放射性明显超过三项检测指标管理限值时，判定为不合格。

对已发现放射性污染超过三项检测指标管理限值时，不再进行分检或挑选。

C.2.3　测试点分布

C.2.3.1　对于装运原料的汽车、火车、集装箱、轮船或成堆摊放的散装原料，均可按网格法布点（见图C.1）。用直接测量法进行外照射贯穿辐射剂量率和表面污染的检测。

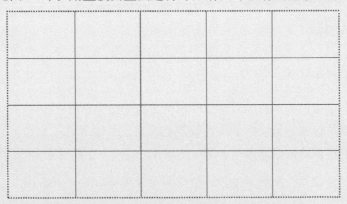

图 C.1　放射性污染测量布点示意图

C.2.3.2　汽车按车厢纵向 2 线和横向 3 线的网格法布点，于网格的 6 个交点上布点和测量。

C.2.3.3　火车、集装箱按纵、横 2 个方向的网格法布点测量，但不少于 10 个点。

C.2.3.4　轮船船舱根据舱面大小，按舱面的前、中、后 3 线和左、中、右 3 线布网格，与网格的交点上布点测量，但不少于 12 个点。

C.2.4　测量

C.2.4.1　按照仪器使用说明书的要求进行规范操作。

C.2.4.2　将仪器探头尽可能贴近被测物表面。

C.2.4.3　待仪器的显示值稳定后开始测量和读数，每 10s 读数 1 次，取 10 次读数的平均值作为该测点的外照射贯穿辐射剂量率测量值。

注：检测中，对管类、容器等包容体的检验，特别注意其内部可能存在的因屏蔽而从外部不易检测到的 α、β 表面污染。

C.2.5　测量仪器的效率因子

C.2.5.1　在役测量仪器应使用校验源进行跟踪校验（如早、中、晚各 1 次）。

C.2.5.2　将仪器探头置于无污染质干燥地面上方，稳定后每 10 s 读数 1 次，取 10 次读数的平均值 $\dot{D}_1$ 为天然环境辐射本底值。

C.2.5.3　根据校验源之净源值（R）调整仪器之挡位，将校验源扣置于探头上并立于原处，而后同样读数 10 次，测得校验源之平均值 $\dot{D}_2$。

C.2.5.4　按式（C.1）计算测量仪器的效率因子 K_η。

$$K_\eta = \frac{R}{\dot{D}_2 - \dot{D}_1} \qquad (C.1)$$

式中　K_η——测量仪器的效率因子；

R——校验源之净源值，单位为微戈瑞每小时（$\mu Gy/h$）；

$\dot{D}_2$——校验源 10 次读数的平均值，单位为微戈瑞每小时（$\mu Gy/h$）；

$\dot{D}_1$——天然环境辐射本底值，单位为微戈瑞每小时（$\mu Gy/h$）。

C.2.6　测量值的修正

按式（C.2）计算修正后的外照射贯穿辐射剂量率 $\dot{D}$。

$$\dot{D} = K_1 \cdot K_\eta \cdot \dot{D}_c \qquad (C.2)$$

式中　$\dot{D}$——测量仪器修正后的测量值，单位为微戈瑞每小时（$\mu Gy/h$）；

K_1——测量仪器的刻度因子（由仪器的检定证书给出）；

K_η——测量仪器的效率因子；

$\dot{D}_c$——测量仪器的测量值读数，单位为微戈瑞每小时（$\mu Gy/h$）。

C.3　α、β 表面污染检验

C.3.1　检测要求

一般 α、β 表面污染水平的巡测和布点测量应与外照射贯穿辐射剂量率的测量同时进行，必要时也可分别进行该项目的巡测和布点测量。

C.3.2　测试点布置

对 α、β 表面污染水平检测应按 C.2.3 的规定进行测试点布置，测量面积应大于 $300cm^2$。

C.3.3　α 表面污染测量仪的效率测定

C.3.3.1　用 α 表面污染测量仪测得天然环境留射本底 10min 的计数 $N_{0,\alpha}$。

C.3.3.2　测定仪器校正源 5min，得计数 $N_{1,\alpha}$。

C.3.3.3　将仪器探头反转 180° 后再测定 5min，得校正源的计数 $N_{2,\alpha}$（考虑平面源的不均匀性）。

C.3.3.4　按式（C.3）计算仪器的效率因子 $\eta_{4\pi(\alpha)}$。

$$\eta_{4\pi(\alpha)} = \frac{(N_{1,\alpha} + N_{2,\alpha}) - N_{0,\alpha}}{10A_\alpha} \times 100\% \qquad (C.3)$$

式中　$\eta_{4\pi(\alpha)}$——α 表面辐射污染检测仪器效率因子；

$N_{1,\alpha}$——对校正源先前 5min 测得的计数；

$N_{2,\alpha}$——仪器探头反转 180° 后测得的计数；

$N_{0,\alpha}$——仪器对本底的辐射计数；

A_α——α 校正源（平面源）的活度值。

C.3.4 β表面污染测量仪的效率测定

C.3.4.1 用β表面污染测量仪器测得天然环境辐射本底4min的计数 $N_{0,\beta}$。

C.3.4.2 测定校正源2min，得计数 $N_{1,\beta}$。

C.3.4.3 将仪器探头反转180°，测定2min得校正源的计数 $N_{2,\beta}$（考虑平面源的不均匀性）。

C.3.4.4 按式（C.4）计算仪器的效率因子 $\eta_{4\pi(\beta)}$。

$$\eta_{4\pi(\beta)} = \frac{(N_{1,\beta} + N_{2,\beta}) - N_{0,\beta}}{4A_\beta} \times 100\% \tag{C.4}$$

式中 $\eta_{4\pi(\beta)}$ ——β表面辐射污染检测仪器效率因子；

$N_{1,\beta}$ ——对校正源先前2min测得的计数；

$N_{2,\beta}$ ——仪器探头反转180°后2min测得的计数；

$N_{0,\beta}$ ——仪器对本底的辐射计数；

A_β ——β校正源（平面源）的活度值。

C.3.5 α、β表面污染水平测量

C.3.5.1 α、β表面污染仪器探头尽可能接近被测物表面（仪器距被测物表面的距离分别不大于20mm和50mm），测量面积应大于300cm²。

C.3.5.2 以不大于100mm/s的速度移动仪器，进行α、β表面污染水平的检测。

C.3.5.3 每个测试点应进行2~3次读数，每次间隔1min并读取其累积计数值 N。

C.3.5.4 按式（C.5）计算α、β表面污染水平 $C_{(\alpha或\beta)}$，单位为贝克每平方厘米（Bq/cm²）。

$$C_{(\alpha或\beta)} = \frac{N}{\eta_{4\pi(\alpha或\beta)} \cdot S \cdot t} \tag{C.5}$$

式中 $C_{(\alpha或\beta)}$ ——α或β（其中之一）表面污染水平，单位为贝克每平方厘米（Bq/cm²）；

N ——检测仪器的计数；

$\eta_{4\pi(\alpha或\beta)}$ ——α或β表面污染测量仪的效率因子；

S ——检测仪器探测窗的面积，单位为平方厘米（cm²）；

t ——测量时间，单位为秒（s）。

附 录 D
（资料性）
钢铁产品分析方法标准

GB/T 223.3 钢铁及合金化学分析方法 二安替比林甲烷磷钼酸重量法测定磷量

GB/T 223.4 钢铁及合金 锰含量的测定 电位滴定或可视滴定法

GB/T 223.5 钢铁 酸溶硅和全硅含量的测定 还原型硅钼酸盐分光光度法

GB/T 223.6 钢铁及合金化学分析方法 中和滴定法测定硼量

GB/T 223.7　铁粉　铁含量的测定　重铬酸钾滴定法

GB/T 223.8　钢铁及合金化学分析方法　氟化钠分离-EDTA 滴定法测定铝含量

GB/T 223.9　钢铁及合金　铝含量的测定　铬天青 S 分光光度法

GB/T 223.11　钢铁及合金　铬含量的测定　可视滴定或电位滴定法

GB/T 223.12　钢铁及合金化学分析方法　碳酸钠分离-二苯碳酰二肼光度法测定铬量

GB/T 223.13　钢铁及合金化学分析方法　硫酸亚铁铵滴定法测定钒含量

GB/T 223.14　钢铁及合金化学分析方法　钽试剂萃取光度法测定钒含量

GB/T 223.17　钢铁及合金化学分析方法　二安替比林甲烷光度法测定钛量

GB/T 223.18　钢铁及合金化学分析方法　硫代硫酸钠分离-碘量法测定铜量

GB/T 223.19　钢铁及合金化学分析方法　新亚铜灵-三氯甲烷萃取光度法测定铜量

GB/T 223.20　钢铁及合金化学分析方法　电位滴定法测定钴量

GB/T 223.21　钢铁及合金化学分析方法　5-Cl-PADAB 分光光度法测定钴量

GB/T 223.22　钢铁及合金化学分析方法　亚硝基 R 盐分光光度法测定钴量

GB/T 223.23　钢铁及合金　镍含量的测定　丁二酮肟分光光度法

GB/T 223.25　钢铁及合金化学分析方法　丁二酮肟重量法测定镍量

GB/T 223.26　钢铁及合金　钼含量的测定　硫氰酸盐分光光度法

GB/T 223.28　钢铁及合金化学分析方法　α-安息香肟重量法测定钼量

GB/T 223.29　钢铁及合金　铅含量的测定　载体沉淀-二甲酚橙分光光度法

GB/T 223.31　钢铁及合金　砷含量的测定　蒸馏分离-钼蓝分光光度法

GB/T 223.32　钢铁及合金化学分析方法　次磷酸钠还原-碘量法测定砷量

GB/T 223.33　钢铁及合金化学分析方法　萃取分离-偶氮氯膦 mA 光度法测定铈量

GB/T 223.38　钢铁及合金化学分析方法　离子交换分离-重量法测定铌量

GB/T 223.40　钢铁及合金　铌含量的测定　氯磺酚 S 分光光度法

GB/T 223.41　钢铁及合金化学分析方法　离子交换分离-连苯三酚光度法测定钽量

GB/T 223.42　钢铁及合金化学分析方法　离子交换分离-溴邻苯三酚红光度法测定钽量

GB/T 223.43　钢铁及合金　钨量的测定　重量法和分光光度法

GB/T 223.47　钢铁及合金化学分析方法　载体沉淀-钼蓝光度法测定锑量

GB/T 223.49　钢铁及合金化学分析方法　萃取分离-偶氮氯膦 mA 分光光度法测定稀土总量

GB/T 223.50　钢铁及合金化学分析方法　苯基荧光酮-溴化十六烷基三甲基胺直接光度法测定锡量

GB/T 223.51　钢铁及合金化学分析方法　5-Br-PADAP 光度法测定锌量

GB/T 223.52　钢铁及合金化学分析方法　盐酸羟胺-碘量法测定硒量

GB/T 223.53 钢铁及合金化学分析方法 火焰原子吸收分光光度法测定铜量

GB/T 223.54 钢铁及合金化学分析方法 火焰原子吸收分光光度法测定镍量

GB/T 223.58 钢铁及合金化学分析方法 亚砷酸钠-亚硝酸钠滴定法测定锰量

GB/T 223.59 钢铁及合金 磷含量的测定 铋磷钼蓝分光光度法和锑磷钼蓝分光光度法

GB/T 223.60 钢铁及合金化学分析方法 高氯酸脱水重量法测定硅含量

GB/T 223.61 钢铁及合金化学分析方法 磷钼酸铵容量法测定磷量

GB/T 223.62 钢铁及合金化学分析方法 乙酸丁酯萃取光度法测定磷量

GB/T 223.63 钢铁及合金化学分析方法 高碘酸钠（钾）光度法测定锰量

GB/T 223.64 钢铁及合金 锰含量的测定 火焰原子吸收光谱法

GB/T 223.65 钢铁及合金 钴含量的测定 火焰原子吸收光谱法

GB/T 223.66 钢铁及合金化学分析方法 硫氰酸盐-盐酸氯丙嗪-三氯甲烷萃取光度法测定钨量

GB/T 223.67 钢铁及合金 硫含量的测定 次甲基蓝分光光度法

GB/T 223.68 钢铁及合金化学分析方法 管式炉内燃烧后碘酸钾滴定法测定硫含量

GB/T 223.69 钢铁及合金 碳含量的测定 管式炉内燃烧后气体容量法

GB/T 223.70 钢铁及合金 铁含量的测定 邻二氮杂菲分光光度法

GB/T 223.71 钢铁及合金化学分析方法 管式炉内燃烧后重量法测定碳含量

GB/T 223.72 钢铁及合金 硫含量的测定 重量法

GB/T 223.73 钢铁及合金 铁含量的测定 三氯化钛-重铬酸钾滴定法

GB/T 223.75 钢铁及合金 硼含量的测定 甲醇蒸馏-姜黄素光度法

GB/T 223.76 钢铁及合金化学分析方法 火焰原子吸收光谱法测定钒量

GB/T 223.77 钢铁及合金化学分析方法 火焰原子吸收光谱法测定钙量

GB/T 223.78 钢铁及合金化学分析方法 姜黄素直接光度法测定硼含量

GB/T 4336 碳素钢和中低合金钢 多元素含量的测定 火花放电原子发射光谱法（常规法）

GB/T 11170 不锈钢 多元素含量的测定 火花放电原子发射光谱法（常规法）

GB/T 20123 钢铁 总碳硫含量的测定 高频感应炉燃烧后红外吸收法（常规方法）

GB/T 20125 低合金钢 多元素的测定 电感耦合等离子体发射光谱法

第四节 废钢铁质量标准体系建设

废钢铁是一个国家工业发展的重要战略资源，在如今世界工业快速发展的形势下，如何利用好可再生资源，如何规范再生资源行业绿色健康发展，如何系统制定相应的技术规范和标准，推动再生资源行业可持续发展将是今后很长一段时间各国关注的焦点。

　　经过十年的努力，我国废钢铁标准体系日趋完善，对废钢铁的循环利用，发展国内外贸易，扩大废钢铁资源渠道，推进废钢铁产品绿色制造的流程，奠定了良好的基础。习近平总书记在第七十五届联合国大会一般性辩论上的讲话，提出中国："二氧化碳排放力争于 2030 年前达到峰值，努力争取 2060 年前实现碳中和"。2021 年 2 月 2 日，国务院出台《关于加快建立健全绿色低碳循环发展经济体系的指导意见》提出：全方位全过程推出绿色规划、绿色设计、绿色投资、绿色建设、绿色生产、绿色流通、绿色生活、绿色消费的新发展理念。统筹推进高质量发展和高水平保护，以完善的绿色低碳循环发展的经济体系，确保实现碳达峰、碳中和目标。钢铁工业是减少碳排放的重点领域和责任主体，落实碳达峰、碳中和目标的任务十分艰巨和紧迫。低碳转型是钢铁工业高质量发展的必由之路，对每个钢铁企业的生产经营将产生深刻的变革。废钢铁产业是绿色钢铁产业链中不可或缺的链环，为实现碳达峰、碳中和目标肩负重任。炼钢多吃废钢铁减少铁矿石，实施"精料入炉"的方针，是钢铁工业低碳转型必不可少的措施。废钢铁加工企业要依据废钢铁标准生产优质废钢铁产品，提供更多的绿色钢铁原料，为钢铁工业的高质量发展做贡献。废钢铁行业标准的构建应从人类社会发展需求出发，符合国际社会对人类生存环境日益严格的要求，符合中国对再生行业发展规划的需求。未来废钢铁行业标准的制定、修订将遵循统一、简化、实用和最优化的制定原则，系统规范地制定、修订行业标准。

　　废钢铁标准制定之后，贯标工作十分重要。规则制定出来的关键在于落实，标准的执行者在生产实践中应一丝不苟地按照要求去践行，这样才能保证生产流程秩序的规范，生产出合格的废钢铁产品，体现出标准的权威作用和回馈利益的效能。因此，相关企业必须在理念上提高对贯标工作重要性的认识，摒弃形式主义的老套子，制定切实可行、扎实有效的措施做好贯标工作。通过学习标准，提高员工的业务素质和工作能力，让大家做到熟悉标准，会用标准，严格执行标准，全面推进废钢铁产业标准化水平的提升，为打造具有中国特色的废钢铁产业努力奋斗。

　　废钢铁标准制定、修订对废钢铁再生行业的发展将起到积极的推动作用，废钢铁产业作为一个绿色新兴产业，有着广阔的发展空间和巨大的发展潜力。行业标准的制定、修订将在很大程度上推动废钢铁市场及相关管理机制的成熟完善，并加速形成新业态、新模式，改变现如今行业散、小、差的经营局面。同时有利于各国企业提高大宗钢铁原料资源配置能力，提升其钢铁企业产品竞争力，进而改善钢铁企业经营状况，更有利于全球优质再生钢铁原料的流通，改善供需关系，缓解铁矿石冶炼对人类环境的影响。

第七章　国际贸易与对外交流

新中国成立初期，我国是一个落后的农业国，工业底子很薄，钢铁积蓄量少，废钢资源贫乏。随着粗钢产量的快速增长和炼钢工艺的改进，国产废钢资源远远不能满足钢铁工业生产的需要，资源缺口越来越大，进口废钢成为我国获得废钢铁资源的一个重要渠道。

本章对我国进口废钢的历史进行了梳理，分析了当前国际废钢市场和外部贸易量，以及我国废钢铁行业对外合作交流的情况。

第一节　中国进口废钢历史

多年来，我国一直是主要的废钢进口国家之一，也是废钢净进口国之一。20 世纪 90 年代，国家连续三次降低废钢进口关税，直至实现零关税，促进了废钢的进口。

一、1986 年以前的计划经济时期

1984 年以前我国进口废钢量较少，每年不到 2 万吨，不是用于钢铁冶炼，而是用于其他方面。1984 年，为解决钢铁生产原料不足的问题，国家批准由冶金部组织进口废钢，进口数量列入国家计划，由国家给予外汇额度和财政补贴。自此，开启了我国从美国、欧洲、日本等国家和地区大量进口废钢的历史。

最初是由五矿配合冶金部进口，1985 年初，在中国五矿的协助下，冶金部首次正式组贸易考察团赴美国。冶金部副部长林华、物供局局长卢和煜、冶金进出口公司总经理白葆华，详细部署进口工作，并对出国团作了出国前的周密安排。出国团由冶金进出口公司、冶金部金属回收公司、大连钢厂、国家商务局派员组成。此行一次进口废钢 20 万吨，而后，废钢进口步入常态化。

二、1986~1994 年废钢管理机制改革过渡时期

1986 年，为扩大改革开放成果，冶金部向国家提出，把废钢作为第一个退出国家统配物资的资源，并由钢厂自留相应的统配钢材，进入市场串换或采购。国家鼓励并批准利用国内外两种资源，开辟国内国外两个市场，国内废钢和进口废钢逐步进入市场。这对当时多渠道开发废钢铁资源、搞活废钢铁供应、支持钢铁工业快速稳定发展，都起到了积极的促进作用（见图 7-1）。

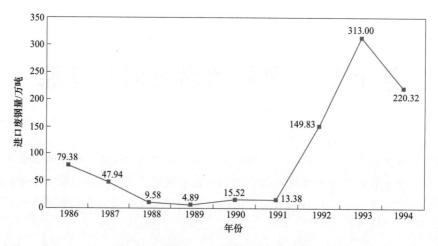

图 7-1　1986~1994 年全国进口废钢量

三、1994~2011 年废钢产业化发展初期

市场经济发展时期，进口废钢是我国废钢铁资源的重要组成部分。从 1994 年到 2011 年我国共进口废钢 10239 万吨，其中"九五"时期进口废钢 1294 万吨，"十五"时期进口废钢 4730 万吨，"十一五"期间进口废钢 3191 万吨。国际市场废钢价格的变化，影响着进口废钢数量的增减，金融危机时期的 2009 年，我国进口废钢 1369 万吨，超过"九五"时期进口的总量（见图 7-2）。

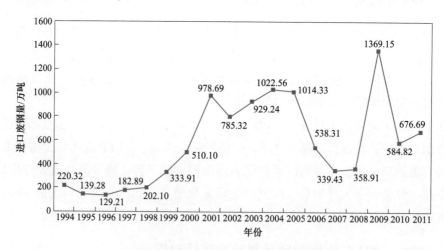

图 7-2　1994~2011 年全国进口废钢量

从历史数据来看，我国废钢进口量波动较大，2004 年时就突破了 1000 万吨，随后降至 2007~2008 年的 300 多万吨，2009 年再度大增至 1369 万吨，为历年来进口废钢最多的一年。

四、2012~2020 年废钢新发展时期

2012 年以后，废钢进口量呈逐年下滑趋势，在世界废钢贸易中的份额远低于发达国

家。2012 年废钢进口 497 万吨，2014～2017 年均维持在 200 多万吨的水平，2018 年全国进口废钢 134.27 万吨，同比减少 98 万吨，特别是 2019 年降幅最大，进口量仅 18.42 万吨，较 2018 年减少 86%（见图 7-3）。

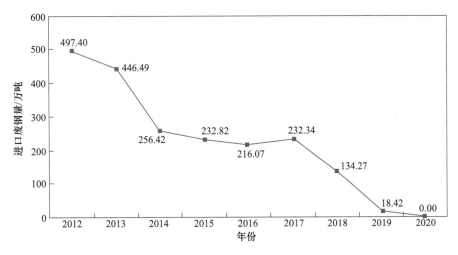

图 7-3　2012～2020 年全国进口废钢量

2019 年上半年进口废钢 15.56 万吨，下半年仅进口 2.86 万吨，进口量的大幅减少主要是受国家对废钢铁进口政策的影响。2018 年 12 月 25 日，生态环境部、商务部、国家发展和改革委员会、海关总署四部委联合发布公告，将废钢铁、铜废碎料、铝废碎料等 8 个品种固体废物从《非限制进口类可用作原料的固体废物目录》调入《限制进口类可用作原料的固体废物目录》，自 2019 年 7 月 1 日起执行。自 2019 年 7 月 1 日起，废钢进口还需要向环境保护部申领限制进口类固体废物进口许可证，国内废钢进口基本处于停滞状态。

2020 年，在中国钢铁工业协会的领导下，废钢协会联合冶金工业信息标准研究院共同完成了《再生钢铁原料》（GB/T 39733—2020）国家标准的编制工作。

2021 年 1 月 1 日起，符合标准的再生钢铁原料进口放开，并在随后几个月内快速发展，进口量不断增加。

随着国内废钢需求的持续增加和政策的逐步完善，进口废钢必将成为我国废钢国际化的重要环节，以进一步扩充国内废钢资源，增加资源储备，推进我国废钢铁产业的国际化进程。

第二节　国际废钢市场

国际废钢市场持续蓬勃发展，由于各国产业结构等因素的差异，国际市场和各国废钢市场呈现出了不同的特点。本节介绍了国际废钢市场的特点以及主要国家和地区废钢市场的基本情况。

一、国际废钢市场特点

经过多年的发展，国际废钢市场呈现出了活跃、流通多元化等多方面特点。

其一，国际废钢市场非常活跃。根据国际回收局2020年发布的报告，2019年全球废钢消耗总量为6.3亿吨，废钢外部贸易总量为1.004亿吨，对外贸易比例占总消耗量的15.9%。受新冠肺炎疫情影响，2020年全球废钢外部贸易量有所下滑，为0.993亿吨，同比下降1.3%。

其二，国际废钢贸易流通多元化。国际回收局近年发布的市场报告突显了全球废钢市场发生的巨大变化，显示废钢国际流动变得越来越多元化。许多发展中国家通过加大利用废钢铁资源，在本国增加钢铁冶炼能力，2019年土耳其、印度、越南三国废钢进口量占了世界废钢进口量的1/3左右，2020年土耳其和印度依旧是世界第一大和第二大废钢进口国。

其三，世界上大多数主要的废钢出口国也是主要的废钢净出口国。图7-4给出了2020年主要废钢净出口国和地区的进出口量，其中欧盟28国的净出口量为1976万吨，美国为1236万吨，日本为933.9万吨，俄罗斯为426万吨，加拿大为348万吨（见图7-4）。

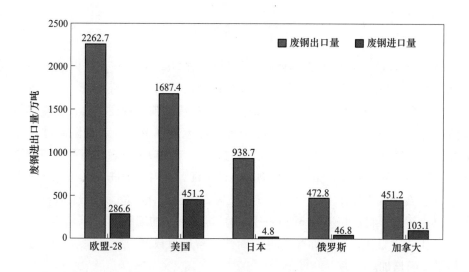

图7-4 2020年主要废钢净出口国进出口情况

二、美国废钢行业发展概况

美国废钢铁资源利用水平一直处于世界前列。2020年粗钢产量为7270万吨，相比2019年的8780万吨，减少17.1%；炼钢消耗废钢铁总量5000万吨，相比2019年的6070万吨，减少17.6%；废钢比68.8%，相比2019年的69.1%稍有下降。

表7-1列出了2016～2020年美国粗钢产量和废钢铁应用量的变化情况。由表可见，近几年来，由于其电炉炼钢和转炉炼钢比例的调整，其电炉钢占粗钢比例逐年提高，2020年电炉钢比达到69.7%，而废钢比达到了69.1%（见图7-5）。美国的高炉-转炉流程高度集中在五大湖畔，而电炉企业则广泛分布在全美各地。

表 7-1 2016~2020 年美国粗钢产量和废钢铁应用情况

年 份	2016	2017	2018	2019	2020	2020 年比 2019 年
粗钢产量/百万吨	78.5	81.6	86.6	87.8	72.7	−17.1%
其中转炉钢比/%	33.0	31.6	32.0	30.0	29.4	
电炉钢比/%	67.0	68.4	68.0	69.7	70.6	
废钢消耗总量 /百万吨	56.7	58.8	60.1	60.7	50.0	−17.6%
废钢比/%	72.2	72.1	69.4	69.1	68.8	

数据来源：国际回收局。

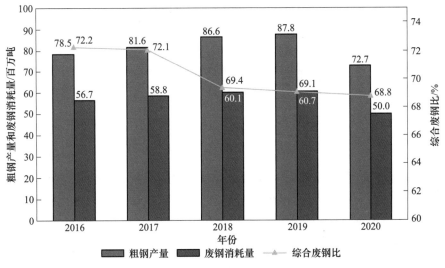

图 7-5 2016~2020 年美国废钢铁应用情况

2020 年美国废钢出口量为 1687.4 万吨，相比 2019 年的 1768.5 万吨，减少 4.6%。主要购买方是土耳其（403.2 万吨，增幅 3%）、墨西哥（207.5 万吨，增幅 42.5%）、马来西亚（157.9 万吨，增幅 75.8%）和孟加拉国（134.4 万吨，增幅 32.7%）。相反地，中国台湾（159.6 万吨，降幅 15.2%）、越南（99.0 万吨，降幅 22.1%）和加拿大（90.6 万吨，降幅 47.5%）从美国的购买量出现下降。

2020 年美国成为世界第三大废钢进口国，进口量 451.2 万吨，同比增长 5.7%，主要供应方为加拿大（317.8 万吨，增幅 6.1%）、墨西哥（49.8 万吨，减少 19.3%）和荷兰（27.1 万吨，增幅 53.1%）。

美国作为全球废钢铁应用比例较高的国家，2020 年净出口量达到 1236 万吨，废钢市场国际化程度保持较高水平。

三、欧盟废钢行业发展概况

欧盟 28 国 2020 年粗钢产量为 1.391 亿吨，相比 2019 年的 1.574 亿吨，减少 11.6%；

炼钢消耗废钢铁总量 7753.9 万吨，相比 2019 年的 8647.3 万吨，减少 10.3%；废钢比 55.7%，同比增加 0.7 个百分点（见图 7-6）。

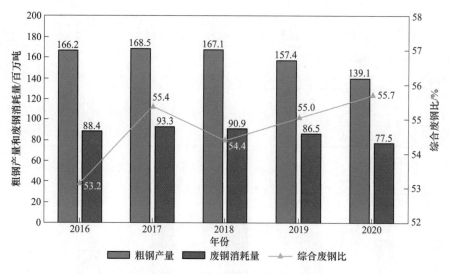

图 7-6　2016~2020 年欧盟 28 国废钢应用情况

欧盟多年来一直是世界主要的废钢出口方，2020 年废钢出口量增长 4% 达到 2262.7 万吨。其主要购买方是土耳其（购买量为 1405.5 万吨，增幅 17.5%），发货量增长的出口目的地还有巴基斯坦（194.3 万吨，增幅 18.3%）、美国（83.9 万吨，增幅 58.9%）、瑞士（48.2 万吨，增幅 24.2%）。相反地，欧盟对埃及（194.2 万吨，减少 3.6%）、印度（126.5 万吨，减少 33%）、挪威（32.3 万吨，减少 5.8%）。2020 年欧盟 28 内部废钢出口量总计达到 2705.4 万吨，相比 2019 年下降 5.5%。

2020 年欧盟废钢进口小幅下降，进口量为 286.6 万吨，相比 2019 年降幅为 2.1%。

2020 年欧盟废钢净出口 1976 万吨，而欧盟内部贸易量为 2705.4 万吨，相比 2019 年减少 5.5%。

四、日本废钢行业发展概况

2020 年粗钢产量为 0.832 亿吨，相比 2019 年的 0.993 亿吨，减少 16.2%；炼钢消耗废钢铁总量 2917.9 万吨，相比 2019 年的 3368.2 万吨，减少 13.4%；同比增加 1669 万吨，增幅 7.7%；废钢比 35.1%，同比增加 1.2 个百分点（见图 7-7）。

自 1992 年以后，日本国内废钢市场供过于求，开始出口，主要出口到韩国和中国。目前，日本对越南和中国台湾的废钢出口保持稳定，有时也出口到更远的地区，如孟加拉国等。

2020 年日本废钢出口量同比增长 22.6%，达到 938.7 万吨。主要购买方为俄罗斯（购买量 472.8 万吨，增幅 15.3%）、加拿大（购买量 451.2 万吨，增幅 3.2%）和巴西（购买量 73.2 万吨，增幅 6.2%），而销往澳大利亚的废钢量为 209.3 万吨，减少 10%。

2020 年日本废钢进口量仅为 4.8 万吨，净出口废钢 933.9 万吨。

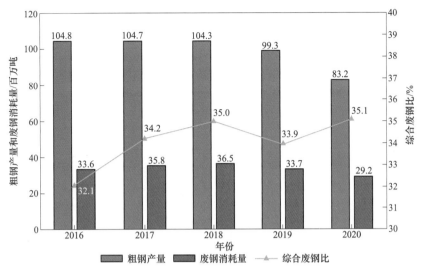

图 7-7　2016~2020 年日本废钢应用情况

五、土耳其废钢行业发展概况

作为全球废钢进口大国，土耳其 2020 年废钢消耗量 3010 万吨，相比 2019 年的 2790 万吨，增长 7.8%；粗钢产量为 3580 万吨，相比 2019 年的 3370 万吨，增长 6.1%；综合废钢比 84.1%，同比增加 1.3 个百分点（见图 7-8）。

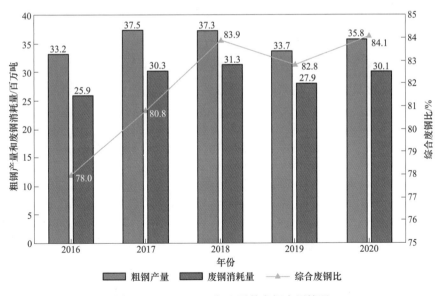

图 7-8　2016~2020 年土耳其废钢应用情况

2020 年土耳其废钢进口量为 2243.5 万吨，同比增长 19%，依旧保持了世界第一废钢进口国的地位。其主要供应方有美国（436.8 万吨，增幅 13.8%）、荷兰（315.5 万吨，增幅 21.4%）、俄罗斯（235.0 万吨，增幅 24.9%）和英国（230.4 万吨，增幅 5.2%）。

六、韩国废钢行业发展概况

2020 年韩国废钢消耗量达到 2580 万吨，同比下降 9.7%，而其粗钢产量 6712.1 万吨，同比下降 6.1%；综合废钢比达到 38.5%，较 2019 年的 39.9% 有小幅下降（见图 7-9）。

2020 年韩国是世界第四大废钢进口国，进口量 439.8 万吨，年同比减少 32.3%。

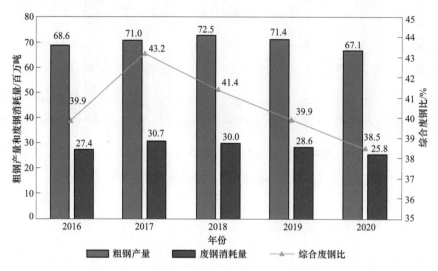

图 7-9　2016~2020 年韩国废钢应用情况

七、俄罗斯废钢行业发展概况

2020 年俄罗斯废钢消耗量达到 2992.9 万吨，相比 2019 年的 3017.3 万吨，减少 0.8%；而其对应粗钢产量为 0.732 亿吨，相比 2019 年的 0.72 亿吨，增长 1.7%；综合废钢比为 41.9%，同比减少 0.6 个百分点（见图 7-10）。

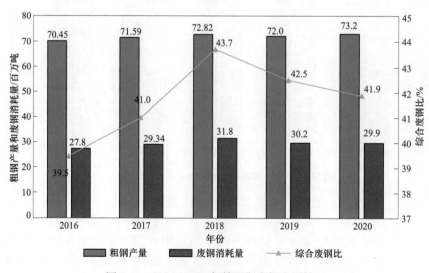

图 7-10　2016~2020 年俄罗斯废钢应用情况

2020 年俄罗斯出口量为 472.8 万吨,年同比增长 15.3%;进口废钢 46.8 万吨,废钢净出口量达到 426 万吨。

第三节 废钢国际贸易

一、全球废钢外部贸易量

据国际回收局最新发布的报告,2020 年全球废钢外部贸易量为 0.993 亿吨,同比下降 1.3%。近十几年来,全球废钢外部贸易量在 1 亿吨左右波动,具体如图 7-11 所示。

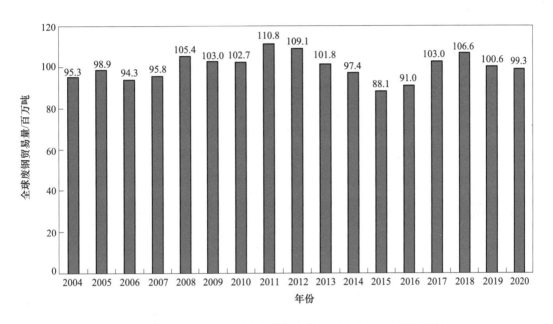

图 7-11 2004~2020 年全球废钢外部贸易量(含欧盟-28 内部贸易)

数据来源:国际回收局

二、主要废钢进口国家和地区

国际回收局发布的数据显示,2020 年废钢进口量在 500 万吨以上的国家和地区有土耳其、印度。土耳其为世界最大的废钢进口国,2020 年进口量为 2243.5 万吨,占全球总贸易量的 22.6%,前十二大进口国家和地区合计进口 4779 万吨,同比减少 15.4%(见表 7-2)。

表 7-2 世界主要废钢进口国家和地区   (百万吨)

年份	2016	2017	2018	2019	2020	2020 年比 2019 年
土耳其	17.716	20.98	20.66	18.857	22.435	+19%
印度	6.38	5.363	6.33	7.053	5.383	−23.7%
美国	3.864	4.636	5.03	4.268	4.512	+5.7%

续表 7-2

年份	2016	2017	2018	2019	2020	2020 年比 2019 年
韩国	5.845	6.175	6.393	6.495	4.398	−32.3
巴基斯坦	4.034	5.123	5.013	4.337	—	
中国台湾	3.155	2.919	3.629	3.523	3.616	+2.6%
欧盟-28	2.749	3.071	2.828	2.926	2.866	−2.1%
印度尼西亚	1.02	1.857	2.51	2.614	1.42	−45.7%
加拿大	1.839	2.115	3.471	2.129	1.031	−51.6%
马来西亚	0.316	0.644	0.98	1.532	—	
墨西哥	1.893	1.782	1.913	1.483	2.126	+43.4%
白俄罗斯	1.235	1.353	1.497	1.28	—	
合计	50.0	56.0	60.3	56.5	47.8	−15.4%

数据来源：国际回收局。

三、主要废钢出口国家和地区

根据国际回收局发布的数据，2020 年，废钢出口量在 500 万吨以上的国家和地区依次为美国、日本、德国、英国、荷兰和法国。2020 年美国为世界最大的废钢出口国，出口量为 1687.4 万吨，占全球总贸易量的 17.0%（见表 7-3）。

表 7-3　世界主要废钢出口国家和地区　　　　　　　　　（百万吨）

年份	2016	2017	2018	2019	2020	2020 年比 2019 年
欧盟-28	17.769	20.085	21.656	21.75	22.627	+4%
美国	12.819	15.016	17.332	17.685	16.874	−4.6%
日本	8.698	8.208	7.402	7.657	9.387	+22.6%
俄罗斯	5.524	5.32	5.591	4.099	4.728	+15.3%
加拿大	3.632	4.409	5.107	4.369	4.512	+3.2%
澳大利亚	1.583	1.979	1.968	2.325	2.093	−10%
巴西	0.611	1.38	0.356	0.685	0.732	+6.2%
中国香港	1.347	1.38	1.295	0.958	0.607	−36.8%
合计	52.0	57.8	60.7	59.5	61.6	+3.5%

数据来源：国际回收局。

第四节 中国废钢铁行业对外合作交流

一、主要合作交流对象

(一) 国际废钢贸易商

1. 美国主要废钢贸易商

纽雨果（Hugo Neu）公司：纽雨果公司 2004 年和澳大利亚的西姆斯（Sims）集团合并，合并后，纽雨果将持有 Sims 集团 26% 的股份而成为 Sims 集团最大的股东，而 Sims 集团将承担纽雨果公司 20.1 亿澳元的债务，纽雨果公司 2014 年在美国东西海岸有 15 家金属处理厂，总资产接近 65 亿澳元。

环太平洋回收公司（Pacific Coast Recycling LLC）位于美国加利福尼亚州长滩，主要从事金属回收业务，在海外也有废料加工配送中心。日本的三井物产曾经是其股东之一。

西姆斯公司（Sims Group Ltd）是澳大利亚的一家金属回收公司，但由于其主要活动范围为美国，所以一般也将其归入美国废钢公司，西姆斯公司与美国亚当斯钢铁公司（Adams Steel LLC）在加利福尼亚州阿纳海姆拥有合资公司西姆斯-亚当斯回收公司（SA Recycling LLC），双方各持有 50% 股份。

另外，美国几大汽车制造企业通用（General Motos）、克莱斯勒（Chrysler）、福特（Ford）和丰田（Toyota）产生大量废钢，但一般只在美国国内销售。

2. 日本主要废钢贸易商

铁源协会：日本废钢出口企业按地区划分，分别组成了关东、关西和大阪铁源协会，规模最大的为关东铁源协会（Kanto Tetsugen），其次为关西铁源协会（Kansai Tetsugen），最小的为大阪铁源协会（Osaka Tetsugen），以上三家根据自己废钢供应情况，一般以月为单位，进行招标，招标对象为日本出口废钢小公司和韩国钢铁企业。

3. 俄罗斯主要废钢贸易商

俄罗斯废钢工业仍旧很不成熟，半合法的公司占到 60%，同时还有几千家小规模公司，而真正称得上是世界级废钢供应商的公司为数不多。

俄罗斯出口废钢公司并没有形成规模，出口中国废钢市场也比较混乱。据相关调查显示，俄罗斯出口废钢需要经过有关国内民政部门的批示才可以出口，哈萨克斯坦情况类似。以上两国出口中国废钢行为，主要在满洲里、阿拉山口进行。

(二) 国际废钢行业组织机构

1. 国际回收局 (BIR)

国际回收局是一家国际性的废料回收国际组织，成立于 1948 年，至今已有 70 多年历史了，其宗旨是推广回收再利用、节约资源和能源，提倡自由贸易。国际回收局与其他国际组织，如经合组织（OCED）、联合国（UN）、巴塞尔公约（BC）、联合国环境发展署（UNEP）、欧盟（EU）等都有密切的联系和广泛的合作。国际回收局的会员来自 70 多个国家的回收组织，其中有大型废料商和贸易商、利用企业、制造企业以及对国际回收感兴趣的贸易公司、协会、联盟和公共机构。

2. 美国回收协会（ISRI）

美国回收协会是美国废物回收利用行业最有影响力的协会，是由国家再生工业协会（创于 1913 年）和废钢铁研究所（创建于 1928 年）于 1987 年合并而成的，总部位于美国华盛顿。它集废物再生利用研究与贸易于一体，为废物再生利用行业提供了全流程的服务。其会员包括金属、纸张、塑料、玻璃、橡胶、电器和纺织品行业内的废旧回收加工企业、贸易商和消费群体。ISRI 的会员迄今为止已增长到 1400 多家。ISRI 还从全球回收行业着眼，为会员和非会员提供回收方面的培训和引导，以便促进公众对整个行业的理解和关注。ISRI 制定的废料规格手册（废料标准）已被许多国家在废料进出口贸易中采用。

3. 日本钢铁再生工业协会（JISRI）

1975 年 7 月 1 日，在国际贸易和工业部的支持下，"日本废钢工业协会"成立，会员主要是从事废钢业务的公司及贸易公司，于 1991 年 7 月 3 日更名为"日本钢铁再生工业协会（JISRI）"。JISRI 致力于日本平稳经济发展以及日本人民的美好生活。为了达到这一目标，JISRI 努力保障废钢平稳供给，通过开展研究和推广与废物处理、污染防治、资源回收有关的教育活动，提高废钢工业技术和管理水平。其主要活动包括：数据和信息收集以及评估；代表业界的磋商和谈判；改进行业内的业务实践；公关；为会员提供保险等。

4. 韩国钢铁协会（KOSA）

韩国钢铁协会成立于 1975 年。1977 年，韩国统计厅经济企划院指定韩国钢铁协会为专门的钢铁统计调查机构。韩国大部分钢铁企业均为其会员企业，包括 POSCO、东国制钢、韩国钢铁、大韩制钢、东部制钢等，此外还有行业团体会员，包括韩国钢铁工业协同组合和韩国金属罐回收利用协会。钢铁协会成立的宗旨为维护钢铁行业的健全发展，提高钢铁行业的国际竞争力，增强会员企业的合作与交流，以谋求共同发展。主要职能包括：进行有关钢铁产业发展方向的调查，调查钢铁的生产和供求、原料的供求和开发等，增进会员的共同利益，通过加强品质管理提高生产能力提高钢铁业的国际竞争力，与钢铁行业有关的资源统计和信息收集工作，钢铁行业国际合作和通商交涉等。

二、重要出国访问和接待来访

多年来，国内废钢铁行业积极推进自身发展，并与国际接轨。1979 年开始，我国先后与捷克、德国、意大利、美国、日本等国家开展多次废钢行业、企业间的交流和参观互访，以及贸易和加工设备等方面的交流。废钢协会自 1995 年加入国际回收局（BIR）并成为其金卡会员以来，把组织会员参加废钢国际会议和与各国废钢界的企业和专家的交流常态化，与 BIR 及欧洲、美国、日本等地区和国家的同行开展了广泛的、多种方式的交流与合作，一些企业分别在美洲、欧洲、澳洲、日本及东南亚建立废钢企业及网点。

（一）与国际回收局的交流

（1）1995 年 4 月，废钢协会第一次组团，由会长王炳根带队，参加了国际回收局在布鲁塞尔召开的国际废钢大会，大会宣读并通过了中国废钢铁应用协会代表中国的废钢行业正式加入"BIR"的申请，并给予金卡会员资格。中国的加入，受到与会各国代表的热烈欢迎。

（2）组团参加了 BIR 于 1996 年召开的两次国际会议，分别为 1996 年 5 月 19~22 日香港 BIR 春季会议，1996 年 10 月 20~29 日比利时布鲁塞尔秋季会议。

（3）2000 年 5 月 28 日，组团参加了 BIR 在美国旧金山召开的年会。

（4）2006 年 5 月，在废钢协会的协助下，国际回收局（BIR）第一次在北京成功举办了春季国际研讨会，和国内外企业进行了广泛的交流。

（5）组团参加 BIR2011 年世界资源回收会议及展览。

2011 年 5 月 22~25 日，BIR（国际回收局）在新加坡召开了"2011 年度世界资源回收会议及展览"，来自全球约 70 个国家、130 余名代表进行了充分而广泛的交流。黑色金属（即废钢）委员会主席罗伯茨先生在大会上重点介绍了"中国第四届金属循环应用国际研讨会"（即 5 月上旬的广州会议），并赞扬了这次会议。

废钢协会组团参加了会议，并与 BIR 秘书长威斯先生和罗伯茨先生进行了会谈，并达成如下三点意见：

一是加强中国废钢界与 BIR 的全方位的交流与合作，废钢协会将每年组织相关钢铁企业和废钢回收、加工配送企业参加 BIR 的年度大会，积极参展及交流，BIR 将积极协助参会，并将按中方要求帮助联系参观有关国家的同类企业。

二是 BIR 将通过邮箱和网站每季度向废钢协会提供相关资料和数据，中方也将向 BIR 提供同类资料。

三是 BIR 考虑近两年争取到中国召开一次全球年度大会，中方表示欢迎，并将给予大力合作。

同时，BIR 负责人强调了中国废钢界在国际同行中的重要作用，并希望中国能积极参加国际活动，希望中国能在国际大会上介绍中国废钢的现状及发展前景。废钢协会表示赞同并承诺积极配合 BIR 的工作，使中国同行参与到国际再生金属资源的发展事业中去，与全球同业者共同营造资源节约型、环境友好型社会，同时吸取海外同行的好经验，加速中国废钢铁产业的发展。

（6）2013 年 5 月 24 日，组织 20 余家会员企业参加了国际回收局 BIR 在上海召开的"2013 年 BIR 国际会议及展览"并作了发言。

（7）2014 年 2 月 BIR 秘书长一行来访。2 月 18 日，国际回收局 BIR 秘书长 Alexandre

Delacoux 一行到访废钢协会。Alexandre Delacoux 先生首先介绍了国际回收局的简要情况及工作重点，提出未来要加强与中国各同业协会的交流和合作。废钢协会对此表示赞同，并表示要在两个方面增进双方的协作：一是要加强信息的交流与互动；二是要促进两个协会的企业之间的深度交流。同时向 BIR 一行发出邀请，希望能够参加在当年 8 月底举行的第七届中国金属循环应用国际研讨会及废钢协会成立 20 周年庆祝活动。

（8）参加 2015 年国际回收局（BIR）世界回收大会。2015 年 5 月 17~20 日，由国际回收局（BIR）主办的 2015 年世界回收大会和展览在迪拜举行。2015 年是废钢协会加入 BIR20 周年，协会组织代表团参加了会议并与 BIR 秘书长等相关人员会晤交流，庆祝双方合作 20 周年。会后还参观考察了西班牙、德国的钢铁企业、废钢铁加工企业，并与当地的回收组织及企业进行了工作交流。

（9）参加 2016 年国际回收局（BIR）世界回收大会。2016 年 5 月 28 日~6 月 4 日，组团参加了在柏林召开的 2016 年 BIR 世界回收大会及展览，并参加了在慕尼黑举办的 2016 年慕尼黑环博展（IFAT 2016），考察了意大利达涅利公司总部。工信部节能与综合利用司领导、中国贸易促进委员会冶金行业分会也受邀参加了此次大会。来自辽宁、湖北、湖南、天津、北京等 6 家会员单位人员参观了两年一届的慕尼黑环博展，并考察了意大利达涅利公司。

在回收大会上，代表团听取了黑色金属委员会董事成员做的有关废钢市场、废钢和钢铁产量方面的报告。大会期间，代表团成员走访了 24 家参展企业，与他们进行了沟通和交流，介绍了废钢协会的国际会议活动，邀请他们有机会来中国参展。

受意大利达涅利公司的邀请，代表团一行在完成慕尼黑环博展参观活动后，前往意大利乌迪内省达涅利公司总部，双方交流了行业信息和废钢设备介绍，对可以合作的领域进行了深入探讨并参观了达涅利生产设备工厂和破碎设备。

（10）2017 年国际回收局会长和秘书长来访。2017 年 4 月 11 日上午，国际回收局（BIR）会长 Ranjit Baxi 一行到访废钢协会。中国贸促会冶金行业分会有关人员也参与了会见。

简单交流后，Baxi 会长一行人观看了废钢协会 20 周年宣传片。Baxi 先生对废钢协会在促进废钢铁行业国际交流方面做出的工作表示肯定，并进一步指出，中国近年来飞速发展，尤其是中国的钢铁行业在全球占有重要地位，废钢铁的利用对于促进钢铁行业绿色发展，减少碳排放，应对全球气候变化方面具有重要意义，废钢协会在这方面做了很多工作，希望通过 BIR 使得其他国家也了解中国所做的这些努力；也希望在今后交流合作中，多向科技、社会、制度方面发展，以此把中国快速发展的经验传达给全世界。

同年 11 月 6 日，国际回收局（BIR）秘书长 Arnaud Brunet 一行访问废钢协会。中国钢铁工业协会国际部和中国贸促会冶金行业分会一同参与了会谈。与会人员就行业具体问题进行了深入的交谈。

Brunet 秘书长表示，亚洲市场近年来发展迅速，一直受到国际回收局的重视，中国越来越重视资源节约和环境保护，也出台了很多新的政策，对全球市场影响很大。他认为，废钢协会近年来积极推动国内废钢铁行业的发展，在政府与企业、企业与企业之间发挥了重要桥梁纽带作用。他提到 2018 年是国际回收局成立 70 周年，将于 3 月 18 日举行"世界回收日"的活动，以增强再生资源行业的知名度，争取更多的理解和支持。

（11）参加 2018 年国际回收局（BIR）世界回收大会及展览并考察葡萄牙和西班牙回收企业。2018 年 5 月 23 日~6 月 2 日期间赴欧洲考察团参加了在巴塞罗那召开的 2018 年 BIR 世界回收大会及展览，并出席了 5 月 29 日上午的黑色金属主题大会。2018 年是国际回收局（BIR）成立 70 周年，代表团部分成员参加了 BIR 成立 70 周年纪念活动。

代表团先后到葡萄牙里斯本 Filipepiedade 有限公司和 Metals Vela 公司参观学习，考察欧洲对废钢铁、废家电的回收、分类、加工、配送一体化模式。

（12）参加新加坡 2019 年国际回收局（BIR）世界回收大会及展览。2019 年 5 月 18~25 日，考察团一行赴新加坡参加了 BIR 世界回收大会及展览和 5 月 21 日的黑色金属主题大会，会后前往泰国钢铁工业协会总部进行商务交流，并考察了东南亚企业。来自江苏连云港、江苏江阴、辽宁、湖北、天津、江西、四川、山东等 11 家会员单位参加了本次活动。中国贸促会冶金行业分会代表随团出访。会议共吸引了来自世界各地近 800 名代表参会、参展。

此次东南亚商务考察团的出访活动，帮助国内钢铁及废钢铁企业接触国际第一手的资讯，对当地市场的发展情况做出初步的了解，同时向世界展现中国当前先进的冶金制造生产经验，跟随中国"一带一路"的步伐，带领国内废钢铁行业融入国际化的浪潮中。

（二）与日本钢铁再生工业协会的交流

（1）2003 年 10 月 21 日，日本铁钢联盟一行 15 人访华。2003 年 11 月 18 日，日本钢铁再生工业协会一行 12 人访华。中日同行就中日废钢市场走势、废钢资源、废汽车拆解、加工技术、国家法规、商贸进行了广泛的交流。

（2）2005 年 6 月，应日本钢铁再生工业协会的邀请，废钢协会组织企业代表，参加了在日本大阪举行的日本钢铁再生工业协会成立 30 周年庆典活动，并受邀就中日废钢贸易状况和前景做了演讲。在此期间，考察团参观了报废汽车拆解生产线、废钢加工配送公司和炼钢厂，听取了日本报废汽车研究所专家的专题讲座，考察了日本废钢资源及出口情况，并和日本钢铁再生工业协会就建立长期供需联盟进行意向性交谈，达成了一定的共识。

（3）日本钢铁再生工业协会国际网络委员会来访交流。2008 年 10 月 21 日，以日本钢铁再生工业协会国际网络委员会委员长冈田治引先生为团长的访华团一行六人，到废钢协会进行了拜访和业务交流。

会见中，双方就国际废钢铁市场，中日废钢铁市场及其供需状况，特别是近期来受国际金融市场危机和经济动荡影响，废钢需求发生的变化、废钢价格发展趋势等交换了意见，对今后双方废钢贸易合作的前景进行了沟通和探讨。

10 月 22 日，协会派员陪同日方代表团访问了天津钢管（集团）有限公司和天津钢管徐水钢铁炉料有限责任公司废钢供应基地，参观了废钢料场和加工现场，并进行了相关的业务交流。

日本是一个废钢铁资源富余的国家，每年有大量的废钢铁出口，受美国金融危机的影响，韩国、中国台湾等东南亚主要废钢进口国和地区紧缩了废钢的进口，数百万吨废钢资源如何进入中国市场，这是中日双方企业值得关注和研究的新课题和合作的机遇。

日本废钢协会代表团的来访，密切了双方协会及企业间的联系，促进了相互间的了解与合作，为今后中日废钢铁贸易市场的复苏和发展做了很好的铺垫。

（4）组团赴日参加国际废钢论坛和日本钢铁再生工业协会2010年全国大会。2009年6月9~15日，废钢协会组织企业参加了在日本横滨召开的国际废钢论坛和日本钢铁再生工业协会2010年全国大会。

这次日本横滨国际废钢论坛是日本钢铁再生工业协会举行的第一次国际论坛，除中国废钢铁应用协会外，国际回收局、美国废料回收工业协会、韩国钢铁协会以及中国台湾地区钢铁工业协会等都派员参加了会议。论坛就大家共同关心的钢铁工业形势和废钢铁资源利用、贸易、政策等情况进行了介绍和交流，从各个不同的角度对废钢铁资源的充分利用和国际贸易政策等方面进行了深入的探讨，对废钢铁产业发展前景进行了预测。与会各方均表示，这是一个很好的开端，今后应当更多地加强交流，信息共享，使先进的技术和经验得到推广，使宝贵的废钢铁资源进一步得到充分、合理的利用。

在日期间，代表团还参观了日本废旧汽车拆解厂和废钢破碎加工厂，同日方进行了技术交流。

（三）其他重要出访和来访

（1）2005年11月，中国金属学会在北京举办"第八届东亚资源再生技术国际会议"，与会者主要是中、日、韩三国及台湾地区的代表，会上对东亚地区废钢市场的发展进行了交流与探讨。

（2）2006年11月，"2006年国际废金属大会"在上海举行。废钢协会受邀参加并发表演讲，让与会者重新认识了中国废钢铁市场和中国在国际废钢铁市场中应有的地位和话语权。

（3）2010年组团考察北美废钢铁产业。2010年9月中下旬，应美国废料回收工业协会（ISRI）和加拿大依合斯集团公司（EHC Global）的邀请，废钢协会组织国内部分钢铁企业、废钢铁加工配送企业及设备制造企业，对美国、加拿大的废钢铁产业和防辐射设备研发生产情况进行了考察和访问，并介绍了中国废钢铁产业的发展现状及趋势，进一步加强双方在行业管理和企业发展方面的交流与合作，互通信息，搭建友谊平台，促进共同发展。

在华盛顿，考察团一行受到美国废料回收工业协会总裁和副总裁的热情接待，互相交流了中美两国在废旧资源回收和废钢铁加工应用、贸易出口等方面的情况，同时交换信息资料。

在洛杉矶，考察团受到美国国际商会副会长、美国国际再生资源公司总经理王凯毅先生的热情接待，并陪同考察了美国大型废钢回收加工企业（SA）。

在加拿大期间，考察团访问了EHC Global集团，并参观了当地几家废钢铁回收加工企业。

通过考察，主要得到以下几点启示：一是北美废钢回收加工行业管理比较规范、产业集中度高。废钢铁行业有一个统一的行业管理协调机构，有利于行业的规范运行和发展。

二是加工企业的废钢资源丰富，来源包括报废车辆、钢铁企业的边角料和社会废钢资源等，尤其是报废车辆资源量较大，从位于本土的港口或全球的加工厂，出口到其他国家地区。三是从美、加废钢铁行业的整体环境看，经过大规模的行业整合后，行业准入门槛抬高，企业实力增强，专业化程度较高，加工装备技术先进，产品质量较高。如所有的废旧金属回收公司无论规模大小，都配套安装防辐射设备，以保障员工身心健康和废钢质量。

（4）2012年，废钢协会组织了三次出国考察活动，都取得了很好的效果，有8家会员企业参加。2012年4月，废钢协会在美国洛杉矶设立北美联络员一名，这为今后开发海外废钢铁资源和会员企业赴美开展贸易活动及考察提供了方便。

（5）2013~2014年，废钢协会秘书处和中国金属学会废钢铁分会先后三次组织参加国际国内各种展览。著名画家、雕塑家徐国华创作的20余件废钢铁雕塑作品先后在北京、青岛进行巡回展出，2014年受邀赴美国参加废钢雕塑的创作。

（6）2017年参加美国废料回收工业协会（ISRI）年会和展览。全美规模最大、影响最广、历史最长的资源再生利用行业的盛会——美国废料回收工业协会（ISRI）2017年会暨展览于2017年4月22~27日在美国新奥尔良召开。展出面积超过16.7万平方英尺（15515平方米），超过200家参展商展示了完整的再生资源循环利用流程、创新的机械设备和技术。来自世界各国再生资源行业的企业和贸易商的4000多人聚集一堂，共同交流、洽谈贸易。工信部节能司相关领导受邀参加了会议，代表团参观了展览，并在会议期间与ISRI负责人就两国废钢铁加工利用的相关情况进行了座谈交流。

（7）2019年参加美国废料回收工业协会（ISRI）年会和展览。2019年4月，中国废钢铁应用协会、上海钢联电子商务股份有限公司共同组织由来自北京、上海、湖北、天津、山东、重庆、广州等10余名企业家及行业专家组成的中国赴美商务考察团，对美进行了为期8天的商务考察。期间，考察团一行参加了由美国废料回收工业协会（ISRI）举办的位于洛杉矶的2019年美国废料循环利用产业展览会，并与ISRI对外事务部负责人和国际废钢业巨头SIMS公司、DJJ、Schnitzer等企业负责人举行了座谈会。考察中，考察团成员还重点参观了SA再生资源回收公司。本次考察对了解美国废钢市场与行业资源优势，进一步为国内企业开拓国际市场，把握美国废钢利用的商业契机与国内接轨起到了良好的作用。

第八章 废钢铁产业政策的变革

废钢铁产业经过不断发展，已形成具有 478 家废钢铁加工准入企业、年加工能力超过 1.3 亿吨规模的重要工业行业。这不仅是业内人士奋斗的成果，更离不开政府部门的支持。不同时期的各项优惠政策，助力废钢铁企业在市场的经济大潮中乘风破浪砥砺奋进，不断开创废钢铁产业的新局面。

本章回顾了废钢进口、废钢铁税收等方面政策的变化历程，以及对废钢铁企业发展的影响，体现出国家扶持的产业方向和政策导向。

第一节 废钢进口管理政策的变化

我国是一个废钢铁资源相对贫乏的国家。随着粗钢产量的快速增长和炼钢工艺"平炉改转炉、模铸改连铸"的全面升级，废钢铁资源供应日渐不足。

我国从 1984 年开始为钢铁企业进口废钢铁，以保证资源供给，满足钢铁工业的需要。为了鼓励废钢铁进口，国家曾出台一系列优惠政策，给予鼓励和支持，如不设进口量的限制、"进口废钢价格高于国内价格，部分给予适当补贴""进口废钢零关税""进口废钢加工配送中心"自主进口的开放政策等。

2005 年 4 月 30 日，为进一步做好进口废钢铁的环境管理工作，根据当时国家进口废钢铁的实际需求，原国家环保总局发布了《关于进一步做好进口废钢铁审批和管理工作的通知》，允许符合国家产业政策、环保达标的钢铁冶炼企业，向国家环境保护总局废物进口登记管理中心申请进口列入附件的废钢铁；也允许国家环保总局核定的废五金电器、废电线电缆和废电机定点加工利用单位（以下简称定点单位），可以申请进口少量废钢铁（不超过其年加工能力的 10%），但需提供申请单位与符合国家产业政策、环保达标的钢铁冶炼企业签订的供货合同，同时发布了《自动进口许可管理类可用作原料的废钢铁目录》（见表 8-1）。

表 8-1 自动进口许可管理类可用作原料的废钢铁目录

序号	海关商品编号	货 物 名 称
1	7204.1000.00	铸铁废碎料
2	7204.2900.00	其他合金钢废碎料
3	7204.3000.00	镀锡钢铁废碎料
4	7204.4100.00	车、刨、铣、磨、锯、挫、剪、冲加工过程中产生的钢铁废料，不论是否成捆
5	7204.4900.90	其他钢铁废碎料
6	7204.5000.00	供再熔的碎料钢铁锭（含废机床、废机车、废机车头等）

为了规范废钢铁进口管理，国家管理部门对准入标准、资质认证、进口许可、申办程序、进口环保标准、入关、检验检疫等都进行了一系列的规范和完善，并给予了严格的控制和监管。

为进一步完善可用作原料的固体废物进口管理工作，促进冶金行业结构调整和节能减排，2009 年 12 月，环保部又发布了《进口废钢铁环境保护管理规定（试行）》，允许钢铁冶炼企业、进口废钢铁加工配送中心、进口废五金定点单位、外籍设备修理企业、特钢铸件出口回收企业等五类企业进口废钢铁。至 2016 年 7 月 13 日公告废止，废钢铁作为自动进口类固体废物进口。

因受国际废钢铁市场不确定因素较多和我国自身市场竞争力不足的影响，20 多年来，我国废钢铁进口情况一直不是很理想。年进口量最好水平为近 1400 万吨，一般为 400 万～600 万吨，仅占全球废钢进口市场的 5% 左右，虽然对我国废钢铁资源进行了一定的补充，但进口量一直未能满足应用市场的需要。

为防止境外废物非法入境，环保部、商务部、国家发展改革委、海关总署、国家质检总局于 2011 年联合发布《固体废物进口管理办法》，对进口固体废物国外供货、装运前检验、国内收货、口岸检验、海关监管、进口许可、利用企业监管等环节提出具体要求，进一步完善了进口固体废物全过程监管体系。

2017 年 7 月 18 日，中国正式通知世界贸易组织，从 2017 年年底开始将不再接收外来垃圾，包括废弃塑胶、纸类、废弃炉渣与纺织品。

2017 年 11 月 14 日，环境保护部党组书记、部长李干杰在京主持召开部党组会议，会议指出，习近平总书记高度重视禁止洋垃圾入境工作，亲自主持中央全面深化改革领导小组会议，审议通过《禁止洋垃圾入境推进固体废物进口管理制度改革实施方案》，多次做出重要批示指示，提出"分批分类调整进口固体废物管理目录""逐步有序减少固体废物进口种类和数量"。

2018 年 3 月，生态环境部召开第一次部常务会议，审议并原则通过《关于全面落实〈禁止洋垃圾入境推进固体废物进口管理制度改革实施方案〉2018～2020 年行动方案》《进口固体废物加工利用企业环境违法问题专项督查行动方案（2018 年)》。

2018 年 4 月，生态环境部、商务部、发展改革委、海关总署联合印发《关于调整〈进口废物管理目录〉的公告》，分批调整《进口废物管理目录》。此次调整将废五金、废船、废汽车压件、冶炼渣、工业来源废塑料等 16 种固体废物调整为禁止进口，自 2018 年 12 月 31 日起执行；将不锈钢废碎料、钛废碎料、木废碎料等 16 种固体废物调整为禁止进口，自 2019 年 12 月 31 日起执行。

2018 年 12 月，生态环境部、商务部、发展改革委、海关总署联合印发《调整进口废物管理目录的公告》，将废钢铁、铜废碎料、铝废碎料等 8 个品种固体废物从《非限制进口类可用作原料的固体废物目录》调入《限制进口类可用作原料的固体废物目录》，自 2019 年 7 月 1 日起执行。

2020 年 6 月 30 日中国生态环境部新闻发言人刘友宾在北京表示，自 2021 年起，中国全面禁止固体废物进口，生态环境部将不再受理和审批固体废物进口相关申请。

禁止洋垃圾入境的政策导向性十分明显，政府意在建立完善国内废料回收体系，推动废钢回收—拆解—加工—贸易—配送—应用一体化、废钢产品标准化、废钢加工企业绿色化和智能化发展。

为加强利用国外高质量的铁素资源，在中国钢铁工业协会的领导下，废钢协会和冶金工业信息标准研究院联手制定了《再生钢铁原料》国家标准，并于2020年底发布。该标准规定了再生钢铁原料的术语和定义、技术指标、检验方法、验收规则等内容，对在产生、收集过程中混入的非金属夹杂物，根据品种类别，分等级进行了严格规定，对放射性污染物、爆炸性物品、危险废物等进行了极为严格的限定，对保证再生钢铁原料产品的质量、提高资源的品质起到了重要的技术支撑作用。

为规范再生钢铁原料的进口管理，生态环境部等五部委2020年12月31日印发的《关于规范再生钢铁原料进口管理有关事项的公告》明确了符合《再生钢铁原料》（GB/T 39733—2020）标准的再生钢铁原料，不属于固体废物，可自由进口。根据《中华人民共和国进出口税则》《进出口税则商品及品目注释》，再生钢铁原料的海关商品编码分别为：7204100010、7204210010、7204290010、7204410010、7204490030。不符合《再生钢铁原料》（GB/T 39733—2020）国家标准规定的，禁止进口。公告自2021年1月1日起实施。

第二节　废钢行业税收政策的变化

再生资源利用，在全世界得到迅速的普及和快速的发展，尤其是在工业发达的国家受到极大的重视。我国为了鼓励废钢铁的回收利用，采取了一系列优惠的税收政策和措施进行培育和扶持，并随着市场发展的需要不断更新和完善。促进再生资源健康发展，则是"再生资源增值税政策"立法的初衷。

再生资源行业发展的历程见证了不同时期的税收政策变化。税收政策在探索中调整，在实践中优化。

我国废钢加工行业增值税改革线路如图8-1所示。

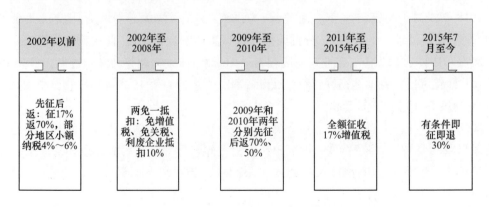

图8-1　我国废钢加工行业增值税改革线路图

一、废钢行业增值税政策沿革

（一）2002 年以前

2002 年以前，我国废钢铁回收利用行业被划入特殊行业的管理范畴，经营必须持有公安部门审批的特行经营许可证。

1994 年国家进行税制改革，开始征收增值税。新税制下废旧物资回收经营企业批发营业税一律改为征收 17% 的增值税，对再生资源行业产生了很大冲击。

1995 年财政部、国家税务总局发布《关于废旧物资回收经营企业增值税先征后返的通知》，对废旧物资回收经营企业增值税实行先征后返 70% 的政策，有效减轻了企业负担。然而实行先征后返，各地方政府在执行过程中掌握尺度不同，有的征 17% 返 70%，有的按小规模纳税人征税 4%~6%，政策不一致。此外，征税由税务部门负责，返款由财政部门实施，两条线很难协调统一，返税难兑现。税收上的不平衡和退税政策的难以兑现，造成市场管理上的混乱，运行困难，存在先征后返手续繁杂、返款期滞后等问题，造成企业资金周转困难等问题。

（二）2002~2008 年

2002 年以后，国家在转变政府职能、减少行政审批项目中，把废钢铁回收利用划归普通经营类，降低了门槛，鼓励更多的从业者参与回收，扩大了废钢铁回收利用市场。

为了鼓励废钢铁的回收利用，国家调整了税收政策，2001 年国家税务总局发布的《关于废旧物资回收经营业务有关增值税政策的通知》中规定，一是废钢铁回收免收增值税；二是废钢铁进口实行免关税；三是利用废钢铁企业可凭回收企业开具的废钢铁普通收购发票（不含税），抵扣 10% 的进项税。"两免一抵扣"政策对我国废钢铁回收利用行业的发展起到了新的推动作用。

随着我国经济体制的改革深入，绝大多数国有回收企业纷纷改制，股份制企业、集体企业、个体企业广泛兴起，回收企业超过 10 万家。市场结构的快速变化造成政策上的相对滞后，用管理国企的法规去管理多元化市场显得力不从心。加上税收监管机制没及时跟上，产生了一些漏洞。这种上环节免税、下环节抵扣的做法，违反了"征税抵扣、免税不抵扣"的增值税原理，在实施过程中出现大量虚开、倒卖废旧物资普通发票等现象，发生了不少偷税漏税的案件，造成了市场上的恶意竞争，也给国家带来了重大经济损失。

为了防止虚开发票，地方税务部门制定了各种各样的限制性措施，如缩小发票面值、禁止异地交易等。政策上的紧缩和不一致造成了地方市场的失衡和混乱。票面的限制，使一些大的正规回收企业无法形成经营规模，大型的国有钢铁企业收购量急剧减少。废钢资源大量流向"进不要票，出也不要票"的企业，造成废钢资源紧张、市场混乱，市场运行混乱和税收不平等极易滋生违法行为，个别公司凭借非法取得的特权专门以代开发票牟取暴利，造成新的腐败与犯罪，税收政策的调整迫在眉睫。

（三）2009~2010 年

为了保障再生资源回收利用行业的健康有序发展，促进税收公平和税制规范，国家财政部、税务总局于 2005 年 9 月提出再生资源税收政策调整方案，并多次召开座谈会，组织国家相关六部委、六大再生资源协会联合对四省两市进行了调研。几易方案，历时三年，终于在 2008 年底由国家财政部、税务总局下发《关于再生资源增值税政策的通知》，对我国再生资源征收增值税政策进行了调整。主要内容：

（1）取消"废旧物资回收经营单位免征增值税"和"生产利废企业按废旧物资回收经营单位开具的普通发票上的金额，按 10%计算抵扣进项税额"的政策。

（2）在 2010 年年底以前，对符合条件的增值税一般纳税人销售再生资源缴纳的增值税实行先征后退政策。2009 年销售再生资源实现的增值税，按 70%的比例退回给纳税人；2010 年销售再生资源实现的增值税，按 50%的比例退回给纳税人。过渡期两年。

文件的出台，有利于促进增值税的税制规范，但在一定程度上也加重了再生资源企业的税负。

（四）2011 年至 2015 年 6 月

自 2011 年 1 月 1 日起，废钢铁加工行业全额缴纳 17%的增值税，企业经营压力大增，引起了废钢铁价格的攀升和用废企业成本的提高。

（五）2015 年 7 月至今

2015 年 6 月，财政部、国家税务总局发布《资源综合利用产品和劳务增值税优惠目录》（简称"财税 78 号文"），扩大了再生资源行业享受增值税优惠政策的范围，并按不同品种实行不同比例的增值税即征即退政策。从现行政策来看，再生资源回收环节不享受增值税优惠政策，加工环节实行增值税有条件即征即退，优惠比例 30%~70%不等。

目前对废钢铁准入企业即征即退的优惠政策没有完全兑现，实施细则还没有出台。业内人士呼吁尽快提高对废钢加工准入企业的退税比例至 70%，以解决税收不平衡产生的税收洼地问题。

二、废钢铁加工行业税收现状

（一）增值税方面

造成废钢铁行业税收问题的主要原因是废钢铁加工企业收购废钢铁时难以取得增值税发票。

社会废钢的主要来源有两类：

第一类是居民生活用品报废产生的废钢，由回收体系逐渐集中收集，由于居民出售废旧物资时难以开具发票造成没有票源。

第二类是厂矿企业中产生的废钢（报废设备、边角余料等）。在利益驱使下，多数做法是所有者将这类废钢现金销售给个人收购者，再由个人收购者逐渐集中销售给废钢加工企业。由此带来两方面后果：一是废钢铁加工企业无法抵扣进项税，需要全额缴纳增值税，造成增值税税负过高；二是废钢铁加工企业的现金支出难以取得有效的记账凭证用于列支成本，造成所得税应税金额过高，难以正常核定所得税。

企业通常有以下几种方法解决增值税税负过高的问题：

（1）利用财税78号文的优惠政策，申请增值税即征即退30%，退税以后增值税税负约9%。这个方法的问题是退税要求比较复杂，缺乏实施细则，企业退税困难。

（2）放弃退税政策，与地方政府协商，争取增值税地方留成部分以财政奖励的形式返还。部分地方政府可以返还增值税地方留成的90%以上，这样下来企业的增值税税负可以控制在7%左右。这个方法的问题是只有少数地方政府会以这种方式奖励企业，并且国家财税部门对这种奖励持谨慎态度。

（3）由增值税税负低的企业代收货并开具增值税进项发票，例如A企业无法按前两种方法降低税负，而B企业的增值税税负较低，则由B企业从个人（A的供应商）手中收购货物，再卖给A企业，并开具增值税发票，A以B的发票作为进项抵扣，降低自己的增值税税负。

（4）由增值税税负低的B企业代A企业开具发票给A的客户（钢厂）。

因为B开具的进项发票可以作为有效的记账凭证用于列支成本，上述第三种方法同时解决了A的所得税核定的问题。但是这种方法有几个弊端：（1）实际操作过程中货物从个人手中直接交到A企业，票据由B企业开给A企业，资金由A付给B再付给个人，形成了货物/票据/资金三要素的流向不一致，即"票货分离"，这种操作容易造成没有实物交易、虚开增值税发票的风险。如果有实物交易存在，这种做法通常被认为是货物先在个人和B之间发生了贸易，然后由B销售给A，财税部门虽然没有明确的说法，但也并没有将这种操作方法认定为违规。（2）这种做法与A到B直接购买增值税发票很难区分开，存在企业利用这种方法买卖增值税发票的风险。（3）通常情况下，A和B不在一个纳税地，这种做法造成本来应该在A所在地缴纳的增值税由B企业在其所在地缴纳，对两地政府的增值税收入带来影响，B企业所在地的政府会倾向于鼓励B企业到外地发展这种业务以增加当地增值税收入，这样就会造成税收洼地的增值税收入暴增。

上述做法中B企业一般满足两个条件：（1）地方政府财政奖励支持，增值税税负在7%以下；（2）地方税务机关认可其现金支出可作为成本列支，所得税税负极低。

部分地方税务机关按照上述三种方法核定企业的所得税，而有些地方的税务机关认为企业自己填写收购凭证或收购发票时会倾向于做高成本以降低所得税，因此不能将其作为有效的记账凭证，要求企业必须从销售方取得进项发票才能列支成本，全行业所得税认定方法差距较大。

目前钢铁企业通常有两种做法，一种是成立自己的废钢公司（一般能够取得地方支持，税负7%左右），采用现金不带票采购废钢，然后由该废钢公司给钢厂开发票，这样既能降低税负，也可以避免供应商开具的进项发票出问题给钢厂带来影响；另一种是直接要求供应商带票供货，支付8%左右的税款，由供应商自己开发票或找票源。

另外，财税78号文规定买方必须是《钢铁行业规范条件》或《铸造行业准入条件》名单企业才可以退税。实际操作过程中，钢铁企业多数由自己的废钢公司采购废钢，不是名单企业直接采购，而《铸造行业准入条件》已经废止，很多企业因此无法取得退税。

（二）所得税方面

由于废钢加工企业无法取得进项发票作为记账凭证用于列支成本，行业内通常有以下几种方法用于核定所得税：（1）企业在从个人手中收购废钢时填写自制收购凭证或税务机关监制的收购凭证作为记账凭证用于列支成本；（2）企业填写税务机关发放的收购发票，作为记账凭证用于列支成本；（3）税务机关根据企业的营业额按一定比例核定征收所得税，通常征税比例在1%以下。

2017年年中开始专项整顿以后，很多地方税务机关不再认可核定征收及自制收购凭证，要求加工企业取得进项发票才能列支成本，甚至有部分省份采用全省停票等极端方式。当时废钢协会及时向国家税务总局反映情况，协调地方税务供票，在保障规范企业正常经营的前提下进行税务稽查。

2018年6月，国家税务总局发布《企业所得税税前扣除凭证管理办法》，将税前扣除凭证分为内部凭证和外部凭证，企业用于成本、费用、损失和其他支出核算的会计原始凭证可作为内部凭证核定成本。由于没有实施细则，到目前为止，很多地方税务部门在执行过程中并不认可自制凭证作为核定成本的有效凭证。

强求废钢加工企业从销售方获取进项发票是不科学、不切实际的，一方面废钢加工企业没有执法能力，无法强迫供应商带票销售；另一方面，这样只会造成资源流向灰色地带，或是企业被迫买卖增值税发票，导致劣币驱逐良币。企业自主填写的收购凭证或收购发票，配以相应的磅单和银行付款记录，应当可以作为有效的记账凭证用于列支成本。建议税务部门明确现有凭证的合法性，或制定有效的记账凭证用于废钢加工企业的成本列支。

三、完善再生资源回收利用税收政策的意义

完善再生资源回收利用税收政策，发挥对废钢铁企业的政策引导和激励作用，有助于促进我国废钢铁产业的有序健康发展。

（1）税收优惠政策是降低再生资源回收、加工环节税负的重要手段。

再生资源行业是劳动密集型行业，长期处于微利经营状态。随着劳动力成本上涨，回收利用成本上升，行业平均利润率不足3%，严重影响企业回收利用再生资源的积极性。

税收政策作为重要的宏观调控手段，具有政策灵活、效果明显的特点，是扶持再生资源行业的重要手段。由于再生资源回收加工企业上游以个体商户、拾荒大军为主，难以取得进项发票，再生资源行业一直以来都有税收优惠政策扶持，对促进再生资源回收利用发挥了巨大作用。但由于执行过程中出现的偷逃纳税等问题，政策调整频繁，给再生资源行业发展带来很大的不确定性。目前仍存在着回收环节不享受税收优惠政策、加工环节税收优惠力度不够大等问题，若能用好税收优惠政策，降低回收、加工环节的税负，必能促进

资源的回收利用，推动该行业健康可持续发展。

（2）进一步完善税收政策有利于调整原生资源和再生原料的比价关系，降低企业的利废成本。

我国钢铁生产对国外铁矿依存度高，废钢作为铁矿石难以替代的资源，需要政策鼓励，加大回收废钢铁的积极性。我国幅员广大，钢铁积蓄量快速增长，废钢资源增量大有潜力。

再生资源经加工处理后变成再生原料，其品质与原生资源相近或相同。生产企业选择使用再生原料或原生资源主要取决于二者之间的价格差。当前，由于许多品种再生原料的价格高于原生资源，使得大量再生资源无法通过正规渠道回收利用。

究其原因，除了与再生资源回收体系有待健全、行业整体技术水平有待提高有关以外，增值税政策是一个非常重要的影响因素。再生资源行业的增值税税率是13%，加之再生资源回收企业无法取得增值税进项抵扣，需承担高达13%乃至更高的税负（除增值税以外，还包括一些地方附加税），而这种高税负必然会引起销售价格的提高。因此，通过增值税的调节作用，对加工环节进行减免，可以有效地降低利废企业的用废成本，提高其使用再生资源产品的积极性，减少原生资源的消耗。

第九章 废钢铁产业文化与人才培养

新中国成立以来，废钢铁产业发展历经多个阶段，不同的历史时期孕育了符合时代特征的产业文化，从新中国成立初期的凝心聚力、迎难而上，到行业低谷期的百折不挠、拼搏图强，再到新时代敢破敢立、革故鼎新，废钢铁产业文化始终引领着产业的发展方向，也是产业链中所有企业和员工砥砺前行的动力源泉，更是废钢铁产业的宝贵财富。

第一节 废钢铁产业文化的发展历程

废钢铁产业文化的发展与废钢铁产业的发展息息相关，相辅相成并相互促进。

一、废钢铁产业文化的发展阶段

（一）第一阶段：探索产业化发展

1949 年建国以来，我国的废钢铁回收供应体系发生了很大变化，历经了解放初期的摊贩经营和 1953 年第一个"五年计划"开始的 33 年国家计划统配，直至 1986 年退出统配进入市场，又经过 20 年的市场历练，最终摸索出一条产业化发展之路。

（二）第二阶段：困境中的拼搏崛起

2006 年开始，第一家废钢加工配送中心示范基地在江苏诞生，这种示范作用很快在全国得到响应，短短五年时间就已经有 30 多家企业"授牌"成为示范企业。而这个期间也正是废钢行业最困难时期，其原因在于市场摸索过程中出现了一些不规范现象，社会上的一些低质不规范的小电炉争抢废钢资源，出现了废钢资源流向不合理的现象，致使国家到 2010 年暂时取消了对废钢、废有色金属等资源回收利用的优惠政策，要求行业进行规范整顿。种种原因使得社会废钢成本陡然提高，钢厂利用废钢的积极性受到很大影响。

在经营环境最困难的时期，废钢行业的一批志士，加强企业管理、力推规范经营，坚守质量底线，保持合理流向，尽力保障正规钢铁企业的废钢供应。这些废钢界志士们靠的就是几十年来，废钢行业一以贯之的"废钢是钢铁生产不可或缺的原料"和"精料方针"的坚定信念；靠的是乐观、向上，敢于、善于、乐于同困难打交道，不惧困难、百折不挠、勇往直前的顽强精神。靠着这些独具特色的企业文化乃至产业文化及拼搏精神，废钢行业的精英们创立了一个个新型的废钢加工配送企业，新兴的废钢加工体系在困难中诞生并逐步崛起。

（三）第三阶段：奠定战略性新兴产业发展的坚实基础

企业文化是在一定的条件下，企业生产经营和管理活动中所创造的具有该企业特色的精神财富和物质形态。它包括文化观念、价值观念、企业精神、道德规范、行为准则、历史传统、企业制度、文化环境、企业产品等。其中，价值观是企业文化的核心。而行业文化是行业内企业和员工共同遵守的行业道德规范。在生产经营活动中产生的行业文化，相对于社会文化是超前的，往往最先反映时代的新观念、新思想、新气息。

2012 年以来，一批废钢行业的先行者们凭借着新的观念、新的认识和大局意识，迎着困难逆势而上，为废钢业的产业化发展奠定了坚实的基础。原冶金部金属回收公司经理王修堦在四十年前就曾说过，废钢战线有一支善于与困难打交道的队伍，越是困难，越迎难而上。

正是因为行业所具有的这种精神和文化氛围，废钢行业才得以用短短几年时间，在行业规范的基础上，建立了由工信部正式规范的废钢加工准入体系。废钢业从一个小、散、乱的无序竞争行业提升成为回收、拆解、加工配送的优化产业链的新兴产业，使得废钢铁的供应体系发生了质的变化。配合钢铁工业在计划经济时期提出来的"精料方针"，废钢铁逐渐得到合理回收、优化物流、标准加工、智能检测、实现高效利用，为钢铁工业的高质量发展提供了可靠保障。继续努力夯实废钢产业的工业化进程，是行业同仁的责任和使命。

（四）第四阶段：全新定位"绿色与载能铁素资源"

至今，经过长期的实践，人们对废钢铁的认识也从"破烂儿""废铜烂铁""废钢铁""第二矿业""再生资源""钢铁炉料"到"城市矿产""再生钢铁原料"不断变化，最后定位到"绿色、载能铁素资源"。马克思曾经指出："生产中的废料，会在同一个产业部门或另一个产业部门再转化为新的生产要素。"废钢不废，它是通过转换，凭借其绿色、载能并可无限循环应用的特点成为重要的、不可替代的生产要素。

二、废钢铁文化产业的发展

（一）活跃的废钢铁文化产业

废钢行业的文化产业也一直十分活跃，从 20 世纪 80 年代就一直不间断地举办各种类型的培训（包括企业内部培训和行业专题培训等），直到 1991 年在北京科技大学正式开办了"金属资源工程"专业专科和本科班，2011 年在武汉由中国废钢铁应用协会会同中国物资再生协会、中国再生资源回收利用协会、中国拆船协会共同开办了"全国废钢产业培训中心"。

一些企业还办起了自己企业的展室、展馆，为社会和行业提供了开展绿色化发展科普教育和产业发展模式的条件。废钢产业人才培养已成为产业发展的重要战略部署之一，废钢的产业化高质量发展，已吸引了越来越多的青年才俊充实到产业队伍中来。一些十几年前参与废钢产业化发展的一代创业者，如今已经后继有人，他们培养出一批高学历的和国外留学回来的学子箕引裘随，正奋力把废钢产业提升到一个新的科技进步的高度。

（二）废钢产业的文化和科技发展之路

多年来，废钢行业通过中央媒体、中国冶金报、废钢铁杂志、废钢铁网站和废钢界专家们的专著，开展了广泛的专业宣传和知识普及，废钢产业已走向文化和科技发展之路。

（三）拓展相关文化产业

一些废钢业者，由于自身所具有的开拓和奋进的精神文化，在耕耘中不断保留迸发的乐趣，他们不但把废钢回收加工和为钢铁生产保质保量地提供合格炉料当成自己终生的事业，不断创新、升华，推进废钢产业能与钢铁工业同步发展，还利用企业的优势拓展相关文化产业。为国家的城市化，即产业、人口、土地、社会、农村"五位一体"的城镇化做出了积极的贡献。

创新发展的废钢产业文化将不断提高产业群体素质，提升产业整体水平，为产业的科技进步和高质量发展筑牢基石。

第二节　废钢铁产业的先进人物与人才培养

一、废钢铁产业的先进人物

（一）废钢行业的老模范李双良

李双良（1923年9月29日至2018年12月16日），山西省忻州市人（见图9-1）。

图9-1　李双良

▲ 爱党爱国　勇挑重担

1923 年 9 月，李双良出生在山西忻州市解原乡北赵村一个贫苦的农民家庭，家境贫寒。为了养家糊口，他给地主放过羊，擀过毡，当过长工，修过铁路。黑暗的旧社会使李双良饱尝人间的苦难和辛酸。

1947 年，李双良来到了太原，在太钢的前身西北钢铁厂西山采矿所当采矿工。1949 年 4 月，太原解放，西北炼钢厂回到了人民的手中。

解放初期，新中国百业待兴，太钢成立了一个由 9 人组成的"高温沉渣爆破小组"，刚从扫盲班结业的李双良积极报名参加选拔，被选入爆破组。在专家的指导下，李双良刻苦钻研，讲求科学，圆满完成了一次次爆破任务，他总结出"胆大心细讲科学"的七字经验，首创了全国高温沉渣爆破新技术，大大提高了出钢率。

李双良首创的高温沉渣爆破技术很快在全国冶金行业得到推广，李双良也因此成为享誉全国冶金系统的"爆破能手"。李双良勇于探索、不断进取，为全国冶金行业做出巨大贡献，1954 年他荣获山西省劳动模范。1955 年李双良光荣加入中国共产党。

党的十一届三中全会后，李双良担任太钢加工厂爆破工段段长，带领职工技术革新，创造了"一雷多管""联通式爆破"等一系列新技术，冶金部先后两次在太钢召开现场会推广这些新技术。他带领的爆破工段连续三年被评为全国冶金战线先进集体。

1982 年，临近退休的李双良从工段长的岗位上退下来后，没有想着退休回家享清福，而是惦记着盘踞了太钢半个世纪的大渣山，心里想着再干一件大事……

▲ 艰苦奋斗　愚公移山

在太钢厂区南端有一座堆积形成的大渣山，面积达 2.3 平方千米、体积达 1000 万立方米、最高处达 23 米，既严重威胁着太钢生产的正常运行，又对太原市的环境造成了污染。

1983 年，李双良临近退休。他早已想好退休后哪儿也不去，而是把渣山搬掉。为了尽快制定出科学、经济、可行的治理方案，李双良坚持每天早去渣场一小时，到渣山上进行测量，对钢渣的指标数据进行采样分析。据测算，渣山大约有 1840 万吨废渣，可以回收废钢 36 万吨，折合价值 7000 多万元。所以他大胆提出以渣养渣、综合利用，保证 7 年内搬掉渣山。通过大胆构思和反复论证后，治渣方案在他心中渐渐形成。

1983 年 3 月，李双良向加工厂和太钢递交了《关于承包开发治理南门渣场的报告》，太钢同李双良所在的加工厂签订了"关于南门渣场经济承包方案"。

1983 年 5 月，"搬山"的战斗正式打响了。从这一天起，太钢那座天天上升的渣山开始下降了。第一个月下来，治渣就取得了显著的成绩。运走废渣 8 万多吨，回收废钢铁近 4000 吨，总收入 47 万元，盈利 11 万元。

治渣初期，先后有 80 多名退休老工人报名请战，他们自带工资，自带工作服，不论昔日的中层干部、车间领导，还是一般工人，都同心协力克服困难，齐力治渣，职工们先后提出 1000 多条合理化建议，为提高治渣效率起到了积极作用。

▲ 以渣养渣　以渣治渣

一次偶然的机会，李双良到北京钢渣水泥厂参观，看到了那里有一种设备——磁选机。他从北京回来时，买回几个大磁鼓，一回到工段，他就和职工开始制作磁选机。最后装成了4台磁选机，投入使用后，很快从已经拣出了大块废钢铁、准备倒掉的废钢渣中，又回收中小块废钢铁6000多吨，增加收入90多万元。接着，他又进行多项革新。自制安装了手携式磁选棒，制作了砸渣机，安装了小化铁炉。

李双良坚信，"钢渣就是放错了位置的资源，没有废品，全是宝"。他发动职工捡废镁砖，用不锈钢光谱仪从废钢中分拣出不锈钢渣，高炉渣做矿棉制品的原料、转炉渣和平炉渣做钢渣水泥原料、筛选出各类料型分别用在建筑工程及替代石子铺路等大量综合利用项目。

李双良带领职工自力更生，从镐刨车推起步，自行积累资金升级机械装备，先后购置了大中型机械化设备112台，实现了由手工劳作向机械化作业的转变。1988年，李双良引进"用钢铁废渣代替原生资源"的全新技术，将连年亏损的东山水泥车间改造扩建成年生产30万吨的钢渣水泥生产企业。

为了减少扬尘，以城墙锁"尘龙"。李双良在渣山四周建起了长2500米、底宽20米、高13米的防尘护坡墙。防护墙内建起了花坛、假山、鱼池、亭榭、走廊，并种植花、树七万多株。使渣山已经成为绿树成荫、环境优美、景色宜人的大花园，并被命名为"全国环境教育基地"和山西省、太原市"爱国主义教育基地"。

经过几年的艰苦奋斗，李双良带领职工终于搬掉了沉睡半个多世纪、高23米、总量达1000万立方米的大渣山，清运废渣1949万吨，累计创造经济价值3.3亿元，走出了一条"以渣养渣、以渣治渣、自我积累、自我发展、综合治理、变废为宝"的治渣新路子。

李双良治渣的成功，吸引了全国各个企业前来考察学习，李双良传经送宝的足迹，也走遍了全国30多家重点钢铁企业。李双良治渣的成就已经吸引了世界上十多个国家的代表团来观访。美国科学院代表团团长瓦诺称赞："这是惊人的成就，堪称世界各国学习的榜样。"

▲ 当代愚公　时代楷模

李双良为治理环境，造福后代做出了巨大贡献，他的治渣事迹和典型经验在全社会引起强烈反响，1986年5月12日，《人民日报》以《当代愚公搬山记——记太原钢铁公司共产党员李双良》为题，报道了他的治渣事迹。从此，"当代愚公"成为李双良的代名词，传遍大江南北。

1988年6月，李双良被联合国环境规划署载入《保护环境及改善环境卓越成果全球500佳名录》，成为新中国历史上第一位走向世界舞台的劳动模范。同年6月5日世界环境日当天，联合国规划署执行主席穆斯塔法-托尔巴向李鹏总理发去电函，电文如下："在贵国的公民中有一位普通体力劳动者，他搬走了一座垃圾大山，这是一个伟大的惊人之举。他的惊人之处在于消除了工业污染，保护了生态环境，在造福人类共同事业中，谱写了一曲辉煌的乐章。他和他的业绩被列入'全球 500 佳'名人录。"

1990 年 1 月 22 日，时任中共中央总书记的江泽民视察完太钢渣场后亲笔题词："学习李双良同志一心为公、艰苦创业的工人阶级主人翁精神，把太钢办成第一流的社会主义企业。" 1990 年 5 月 9 日，新中国成立以来首场最大规模的全国劳模事迹报告会在人民大会堂举行。李双良作为劳模代表在会上做先进事迹报告，江泽民等党和国家领导人受邀在现场听取了报告。

1993 年 4 月，全国总工会发出《关于开展向李双良同志学习活动的决定》，指出：李双良同志的先进模范事迹以及在改革与建设的实践中形成的"双良精神"，是孟泰精神、雷锋精神和铁人精神在新时期的继承和发展。是广大职工群众学习的榜样。他们是那个时代工人阶级的典型代表和时代楷模。1993 年 4 月 24 日，由中华全国总工会工人运动研究会、中国延安精神研讨会、中国冶金职工思想政治工作研究会、国家环保局等九家单位联合举办的李双良精神理论研讨会在太钢召开，会议对李双良精神的内涵实质和时代特征深入研讨总结，把学习李双良的活动推向了全国，《时代的巨人李双良》一书在全国出版发行。1993 年 4 月 28 日，太钢举行了李双良治理渣山十周年庆祝大会，并对 35 名治渣先进个人进行表彰，授予他们"治渣功臣"和"治渣模范"称号，为李双良记特等功，并向李双良颁发了"当代愚公"牌匾。

由霍建起执导，根据李双良的事迹改编而成的电影《愚公移山》，2008 年 10 月在东京国际电影节参展，受到广泛关注。2011 年五一国际劳动节在央视电影频道公映。

▲ 老骥伏枥　奉献社会

1993 年和 1998 年，李双良两次当选全国人大代表，他深入基层调研，积极履职尽责。李双良提出的《煤矸石综合利用建议》和墙体材料革新与建筑节能问题提案，受到了国务院有关部门的重视，直接推动了全国用煤矸石、粉煤灰等工业废弃物发展新型墙体事业。

1993 年起，李双良担任太钢关心下一代工作委员会副主任。多年来，他兼任着 40 多所中小学、幼儿园的名誉校长、校外辅导员，10 年来，李双良累计做报告 300 多场，听报告的青少年达 20 多万人。太原市双良中学（原太钢五中，现太原市第五十五中学）的校舍是 1987 年在李双良带领职工治理渣山腾出的土地上建起来的，李双良被聘为名誉校长。2009 年 5 月，太钢关工委、太钢学双良办与太原市双良中学联手，编写出适合青少年阅读的《双良精神代代传》教材，标志着李双良事迹和李双良精神正式进入中学。

2009 年太钢渣场被太原市政府命名为"渣山公园"，成为太钢的景观地标。

党的十八大以来，太钢认真学用习近平新时代中国特色社会主义理论，为锻造双良式的职工队伍提供了不竭的精神动力。

李双良精神是太钢最为宝贵的精神财富，李双良一心为公，艰苦创业，搬走了堆积半个多世纪的大渣山，走出了以渣养渣、以渣治渣、绿色发展、综合治理的治渣新路子，开创了冶金企业绿色发展的先河。

（二）"抓斗大王"包起帆

包起帆，男，1951 年 2 月出生于上海，中共党员，工学硕士。曾任上海港务局副局长、上港集团副总裁，上海市人民政府参事。现任华东师范大学国际航运物流研究院院长、教授。研发新型抓斗及工艺系统，推进港口装卸机械化，被誉为"抓斗大王"。参与开辟上海港首条内贸标准集装箱航线，建设我国首座集装箱自动化无人堆场，积极推进我国首套散矿装卸设备系统的研发，领衔制定集装箱 RFID 货运标签系统国际标准。带领团队技术创新，获国家发明奖 3 项、国家科学技术进步奖 3 项。九次荣获上海市劳动模范，连续五届荣获"全国劳动模范"，两次获得全国"五一"劳动奖章，被评为全国优秀共产党员、全国道德模范，入选"100 位新中国成立以来感动中国人物"，2018 年被授予"改革先锋"称号，2019 年入选"最美奋斗者"个人名单。

包起帆是一名从码头工人成长起来的教授级高级工程师，长期在港口生产一线从事物流工程的研发工作。20 世纪 80 年代，他结合港口生产实际，开展新型抓斗及工艺系统的研发，创造性地解决了一批关键技术难题，被誉为"抓斗大王"。1996 年，他开通了我国水运史上第一条内贸标准集装箱航线，从零起步，迄今我国内贸集装箱吞吐量已突破 9218 万标准箱。2003 年始，他提出创意并建成了我国第一座全自动集装箱无人堆场，在世界上首次创建了散货自动化装卸系统，成为港口装卸自动化的创新者。2006 年在巴黎国际发明博览会上他的诸多发明一举获得四枚金奖，成为 105 年来在该展会获金奖最多的人。2009 年，他提出并在世界上首次实现了公共码头与大型钢铁企业间无缝隙物流配送新模式，成为资源节约型、环境友好型码头建设的优秀典范，为此获得世界工程组织联合会"阿西布·萨巴格优秀工程建设奖"，这是我国工程界首次获此殊荣。2011 年，他领军发明的集装箱电子标签系统上升为国际标准 ISO 18186，实现了我国在物流、物联网领域领衔制定国际标准零的突破。

包起帆是一名从码头工人成长起来的工程技术人员，40 年来，他始终牢记邓小平同志"上海工人阶级要成为中国工人阶级领头羊"的要求，秉持"创新就在岗位，始于足下"的理念，用非凡的创新业绩与改革开放同命运、共成长。

20 世纪 70 年代末，改革开放的春风给码头修理工包起帆带来了半工半读学文化的机会，他把学到的知识用于工作岗位，发明了"起重机变截面卷筒"，使钢丝绳的损耗从过去一个月换 3 根减少至三个月换 1 根，码头上二十多台起重机改造后效果很好，得到前来技术交流的日本钢丝绳专家高度评价，认为这是个了不起的发明，在日本是可以申请专利的。"专利"这个新鲜词打开了包起帆的视野，增强了他搞发明的兴趣和信心（见图 9-2）。

20 世纪 80 年代初，包起帆结合生产实际，开展木材抓斗、生铁抓斗、废钢抓斗及工艺系统的研发，创造性地解决了一批关键技术难题，实现了港口装卸从人力化迈向机械化，杜绝了重大伤亡事故。这些成果不仅在全国港口推广，还在铁路、电力、环卫、核能等 30 多个行业广泛应用，并出口 20 多个国家和地区，创造了显著的经济和社会效益，他也由此被誉为"抓斗大王"（图 9-3）。

20 世纪 90 年代是国企改革的攻关期，此时包起帆被任命为龙吴港务公司经理。为扭转企业困局，他又开始了产业创新，创造性地提出中国港口内贸标准集装箱水运工艺系统的理念，并靠自主创新，解决了设备、工艺、单证、计算机系统等一系列技术难题，于

图 9-2 包起帆（左）在上海港码头和工友一道研究装卸货物工作中存在的问题（资料照片）

图 9-3 连环画《抓斗大王包起帆》封面

1996 年 12 月开辟了我国水运史上首条内贸标准集装箱航线。这一创新是我国内贸件杂货水上运输不再仅仅依赖散装形式的破冰之举，自此开辟了内贸水运的崭新天地，截至 2017 年，我国内贸标准集装箱港口年吞吐量已突破 9218 万标箱。

2004 年起，他提出创意并主持建设了我国首座集装箱自动化无人堆场、世界上首台全自动桥式抓斗卸船机、全自动散货装船机和我国首台全自动散货斗轮堆取料机，开拓了我国港口自动化的先河；他主持了外高桥四、五、六期集装箱码头建设，以现代物流理念规划码头布局，建立新型的集装箱港区功能模块横断面布置模式；率先实现双 40 英尺集装箱桥吊在港口的应用，为上海港成为世界第一大港提供了强大的技术支撑。

近年来，包起帆在上海市人民政府参事这个决策咨询岗位上继续创新。从 2013 年起，他组织国内近百位专家学者，围绕长江口疏浚土综合利用、横沙生态陆域形成等关键技术开展研究，率先提出"新横沙"概念，引起领导和社会的极大关注和认可。他前瞻性地提出了新横沙生态成陆推进的方案和时序，科学论证了以−5 米等深线为新横沙生态成陆边界。科学筹划新横沙生态成陆的时间跨度，未来 30 年可形成一张 480 平方千米的土地"白纸"以供子孙后代描绘。

四十年来，包起帆在同事们的帮助下完成了 130 多项技术创新项目，其中 3 项获国家发明奖，3 项获国家科技进步奖，44 项获省部级科技进步奖，36 项获巴黎、日内瓦等国际发明展金奖。包起帆的创新业绩在国内外发明界传为佳话。

二、废钢铁产业人才培养

废钢铁产业人才培育包括国家高等院校正式招生进行废钢铁产业人才培养、废钢铁协会的行业人才培训及废钢铁产业链中的各企业进行各种培训等三种渠道和类型。

（一）创办金属资源工程专业

1991 年原冶金工业部金属回收公司经冶金部同意委托北京科技大学申报并创办金属资源工程专业，专业学制包括专科和本科两类。金属资源工程专业于 1991 年、1992 年招收两届专科班，1994 年招收本科班。

1. 专业培养目标和专业方向

培养具有现代资源理论，并能从循环经济系统概念出发，运用现代科学技术对废钢铁的生成、回收与流通、加工及利用方法及其技术装备进行综合研究、设计、技术开发和管理方面的高级技术人才。

2. 专业主干学科和主要专业课程设置

专业主干学科为物流学、机械学。

主要专业课程包括冶金学概论、机械原理与设计、电子与电工技术、物流学、金属循环工程、物流技术装备、物流管理信息系统。

金属资源工程专业的毕业生为我国废钢铁产业的发展做出了重要贡献。图 9-4 为 1995 年金属资源工程专业 1992 届毕业生合影。

由于学校专业调整，1995 年金属资源工程专业并入物流工程专业招收本科生，在专业主干学科、主要专业课程设置、生产实践及毕业设计中均保留金属资源工程专业方向。

（二）废钢铁物流方向研究生的培养

1990 年在北京科技大学开始招收以废钢铁物流为研究方向的研究生，该研究方向一直延续至今。同时，在物流工程专业内为众多钢铁企业培养废钢铁物流方面的工程硕士研究生，即在职研究生，一直延续至今。如今该研究方向的毕业生都已成为各自的钢铁企业废

图 9-4 1992 届金属资源工程专业毕业生合影

钢铁部门的中坚骨干力量。

（三）组建废钢铁培训中心

2011 年在武汉组建的全国废钢铁产业培训中心，受到国家发改委、工信部、商务部、环保部的支持与肯定。

1. 培训宗旨与目标

培训宗旨：组建全国废钢铁产业培训中心的宗旨是为响应和落实国家节能减排和加快培养发展战略性新兴产业的发展战略，提升废钢铁产业链中从业人员的素质和能力，依托国内钢铁企业、废钢铁加工配送企业和其他废钢铁相关企业，重点建设一批废钢铁加工配送示范基地，加快建立适应我国钢铁产业发展的废钢铁加工配送体系，做大做强我国废钢铁产业，以实现我国废钢铁产业与钢铁产业的同步发展。

培训目标：

（1）加强废钢铁产业企业高层管理人员的培训，提升经营者的经营理念，开阔思路，增强决策能力、战略开拓能力和现代经营管理能力。

（2）加强废钢铁产业企业中层管理人员的培训，提高管理者的综合素质，完善知识结构，增强综合管理能力、创新能力和执行能力。

（3）加强各级管理人员和技术操作人员执业资格的培训，加快持证上岗工作步伐，进一步规范管理。

2. 培训体制

废钢铁培训中心由中国废钢铁应用协会、中国物资再生协会、中国再生资源回收利用协会和中国拆船协会协同进行培训任务制定与业务指导。培训中心师资外聘于国内高等院校、科研院所及企业的高级管理与工程技术人员。

培训周期将根据每期培训内容确定，一般为一周左右。

3. 培训对象与资质要求

培训对象为废钢铁产业链上的所有企业的管理人员与工程技术人员。培训资质要求是：

（1）参加培训人员必须具备与所从事的废钢铁生产经营活动相适应的基本生产知识和管理能力，按照本大纲的要求接受培训。

（2）培训应坚持理论与实际相结合，采用多种有效的培训方式，加强案例教学；注重职业道德、法律意识、技术理论和管理能力的综合培养。

（3）培训可采用全国废钢铁产业培训中心推荐的优秀教材，也可使用本产业的有关教材，集中培训。

（4）培训可安排授课、研讨、考察等环节，授课内容及课时安排应符合培训大纲要求。

（5）培训应按照全国废钢铁产业分类组织实施。组织实施培训的内容、课程及课时设置应考虑不同产业的生产经营特点，确保培训的实用性和针对性。

4. 培训内容

废钢铁培训中心将根据废钢铁产业链的运营及发展需求确定每一期的培训主要内容，废钢铁产业培训具体内容分为废钢铁产业国家政策、标准规程等知识；废钢铁产业生产经营管理知识；废钢铁产业工艺技术知识三部分。

（1）废钢铁产业国家政策、标准规程等知识：

1）我国废钢铁产业发展方针、政策及发展形势，包括国家《钢铁工业规划》《废钢铁产业发展规划建议》的学习及相关方面的解读，国家税收及补贴等相关政策走向分析，国内外废钢铁行情及价格走向分析等。

2）我国废钢铁产业法律法规体系及产业相关的标准与规程等知识，包括国家标准《废钢铁》（GB 4223—2004）的解读及其贯标情况分析，美日等其他国家的废钢铁标准及解读，废钢铁加工行业准入条件（试行方案），废钢铁加工配送中心和示范基地准入标准及管理办法等。

3）废钢铁贸易相关国家规定，包括《固体废物进口管理办法》等进口废钢铁环境管理规定相关材料，固体废物进口海关管理相关规定等。

4）废钢铁产业生产其他相关法规及行政文件要求。

（2）废钢铁产业生产经营管理知识：

1）管理基础知识。熟悉管理学基本理论、企业战略管理、领导方法与艺术、企业文化建设、团队建设、项目管理相关知识。掌握上述内容的原则和方法。

2）生产管理知识。熟悉废钢铁产业生产经营单位的现场管理要求及相关产业的安全标准化建设要求。掌握现场管理的方法，如 5S 管理法；掌握废钢铁产业安全标准化的建立原则、方法与实施要求；掌握设备管理、质量管理、流程管理、物流管理的原则、方法及工具。

3）营销管理知识。掌握营销战略制定的系统思路和决策方法，熟悉营销渠道的建设方法与管理，了解品牌整合传播的具体策略和工具、方法等。

4）财务管理知识。掌握财务管理理论及会计实务操作要求，树立先进的财务管理理念，建立符合现代企业发展的财务管理模式和管理机制，不断提高企业财务管理水平。

5）人力资源管理知识。掌握人力资源管理在不同阶段的战略管理特点及工作分析、职位设计、职位评估的理论与方法；熟悉员工招聘、面试及培训的流程及方法；熟悉绩效考核管理的规划、流程、步骤与方法及解决方案；掌握薪酬福利体系建设。

6）法律法规知识。熟悉法律法规基础知识及《公司法》《合同法》《物权法》《担保法》《劳动合同法》等相关法律知识，掌握法律法规及标准对废钢铁产业的监管要求。重点掌握本企业风险控制措施的制定方法与实施要求。

（3）废钢铁产业工艺技术知识：

1）钢铁冶炼基本知识及钢铁料配料工艺。

2）废钢铁加工工艺流程，包括门式剪切机工艺流程、破碎机工艺流程、废钢铁分选工艺流程、拆车工艺流程、拆船工艺流程、五金拆解工艺流程等。

3）冶金渣循环利用的工艺技术。

4）其他相关废钢铁及其衍生品的循环利用工艺技术。

5）废钢铁生产安全操作规程、废钢铁加工过程中的环保要求，废钢铁加工场地防辐射仪器的合理配置等。

6）废钢铁加工配送中心和示范基地的总图设计。

7）废钢铁统计规程及体系。

8）废钢铁的电子商务。

（4）再培训内容：

1）新颁布的有关废钢铁产业生产经营的法律、法规。

2）有关废钢铁产业生产经营工作的新要求。

3）有关废钢铁产业生产管理技术的新设备、新措施、新方法。

4）有关废钢铁产业生产管理技术经验交流、参观学习和案例分析。

5）先进的废钢铁产业生产管理经验。

5. 培训结业考核方式与培训证书

培训结业考核采用书面考试或答辩方式；培训结业考核通过将颁发国家工信部的培训证书。

截至2015年共举办各类培训4期，260多名企业各类管理和工程技术人员获得工信部培训中心颁发的培训证书。

（四）举办行业专题培训班

1. 全国废钢铁加工配送工作会议

2011年废钢铁产业管理人员培训班开学典礼暨全国废钢铁加工配送工作会议于2011

年8月25~29日在武汉举行，到会的国家部委、废钢协会和武钢领导为"全国废钢铁产业培训中心"隆重揭牌（见图9-5）。

图9-5 全国废钢铁产业培训中心牌匾

主办与承办单位：会议由中国废钢铁应用协会协同中国物资再生协会、中国再生资源回收利用协会、中国拆船协会联合举办。来自国内的部分钢铁企业、废钢铁加工配送企业、研发制造废钢铁加工设备企业及相关企业共99家单位约180人参加了会议。

会议得到政府和社会的广泛关注和高度重视，国家发改委、国家工信部、国家商务部、国家环保部、中国钢铁工业协会、北京科技大学、中国金属学会、中国冶金报社、东盟商品交易所鼎力相助，武汉钢铁集团金属资源有限责任公司、湖北兴业钢铁炉料有限责任公司、武汉冶金干部管理学院合力承办，保证了会议及首期培训班圆满成功。

会议宗旨：会议宗旨是推进废钢铁产业加工配送体系建设，启动全员培训工作，提升废钢铁产业员工素质，满足废钢铁产业发展需求。

专家专题报告：

（1）会议宣读了原冶金工业部副部长、工程院院士殷瑞钰的书面讲话。重点强调了废钢铁产业需要扎实推进，深化发展。再次重申废钢铁产业化、产品化、区域化的重大意义和钢铁企业应重视合理利用废钢，把好质量关，科学配料。

（2）武汉钢铁集团公司傅连春总工程师代表武钢集团致辞。

（3）国家商务部流通发展司张蜀东副司长发表了题为《废钢铁加工配送实现产业化是国民经济发展和钢铁行业发展的内在需要》的演讲。

（4）国家工业和信息化部原材料工业司骆铁军副司长到会作了《钢铁工业"十二五"发展规划及废钢铁发展思路》解读。

（5）国家发改委资源节约和环境保护司综合利用处牛波处长在演讲中指出：通过编制

"十二五"资源综合利用指导意见，体现国家政策引导，利用政策资金使我国资源利用不断升级进步。

（6）国家环境保护部固体废物管理中心邱琦副主任通报了我国进口废物管理的最新要求。介绍了进口废钢铁及管理的基本情况。

（7）中国钢铁工业协会常务副会长兼秘书长张长富作了《大力发展和充分利用废钢资源促进钢铁工业循环经济和可持续发展》的演讲。

（8）中国金属学会副会长、首钢京唐公司王天义总经理作了题为《现代化钢铁企业对废钢标准及管理的要求》的报告。

（9）北京大学中国金融政策研究中心罗勇常务副主任重点介绍了世界宏观经济走势与设立中国废钢铁产业投资基金的路径。

（10）中国物资再生协会刘坚民会长作了《报废汽车回收拆解》的报告。

（11）中国再生资源回收利用协会富鸿钧副秘书长作了《开发"城市矿产"促进可持续发展》的报告。

（12）中国拆船协会吴军副秘书长作了《拆船与废钢铁综合利用》的报告。

（13）北京大学中国金融政策研究中心李朝辉教授作了《"EPC合同能源管理"一种新兴的节能运营模式》的报告。

（14）北京科技大学远程教育学院徐新华院长作了《北京科技大学现代远程教育简介》的书面报告。远程教育为废钢铁从业人员获得系统化的专业学历教育提供了便捷通道。

（15）湖北兴业钢铁炉料有限责任公司周迎春总经理作了《把握行业服务方向推动产业健康发展》的报告。

（16）湖北力帝机床股份有限公司覃林盛董事长作了《废钢铁加工装备的发展和应用》的报告。

会议期间会代表和嘉宾参观了湖北兴业钢铁炉料有限责任公司麻城加工配送中心示范基地。

2. 第一期全国废钢铁产业培训班

2011年8月28日，第一期废钢铁产业培训班正式开班。

开班动员报告首先介绍了过去的两次全国性废钢培训历史：第一次是20世纪80年代的全国钢铁企业的废钢管理干部培训班，第二次是20世纪90年代的北京科技大学办的三届本（专）科金属资源专业。本次四家协会联手一起办培训，目标是做到长期化、制度化、专业化，不断完善管理教学，以后不仅要办管理学习班，还要办工艺流程、技术培训等各类专业培训班。上岗培训关系到废钢产业发展需要。

本次办班的目的，意在废钢铁产业升级。为了产业升级，配合行业搞准入，今后管理人员、操作人员也应该有上岗证，这是废钢产业发展的需要。受培训的学员还将得到工信部教育考试中心颁发的废钢铁产业管理人员资格证书。本次办班后，将及时总结经验，做培训的长期计划和具体日程安排。四家协会拟联合成立常设培训委员会，下面设立培训部，逐步形成基本的教师队伍。学院老师和行业专家队伍相结合，广纳专家意见，并把课堂教学与现场参观、国外考察相结合，使培训班的培训风格既实实在在又活跃多样，保证高质量地长期办下去。

专家专题报告：

（1）国家环保部固体废物管理中心韩飞高级工程师作了《进口废钢铁环境管理规定》的讲解。

（2）中国废钢铁应用协会李树斌秘书长作了题为《我国废钢铁加工配送体系建设的沿革、现状及发展前景的分析与展望》的讲座。

（3）武钢股份公司制造部李具中部长讲授了《提高废钢铁质量多吃废钢保证钢水洁净度方法和要求》。

（4）马鞍山华成金属资源有限公司周林总经理讲授了《废钢加工工艺流程》。

（5）依合斯探测系统（上海）有限公司王振华经理讲授了《为什么国产废钢也需要核辐射检测》。

（6）武汉冶金管理干部学院冯震副教授讲授了《计划与控制的科学管理》。

历经四天，在全体参会人员及承办单位的共同努力下，全国废钢铁加工配送会议及首期培训班达到预期效果。

中国拆船协会严鹤鸣会长代表四家协会作了培训班总结。他强调：此次培训班是废钢铁产业在"十二五"开局之年举办的第一期培训，这在废钢铁产业发展历史上具有重要意义。大家要坚定信心、团结一致、拧成一股绳，把废钢铁产业做强、做大。

3. 第二期全国废钢铁产业培训班

2012年7月26~28日，第二期全国废钢铁产业培训班在武汉举行，来自全国各废钢加工配送企业的50多人参加了此次培训。

开班动员首先强调了行业培训的重要性，国家工信部已把人员培训列入即将发布的行业准入标准之中，四家协会也联合成立了培训指导委员会，负责全国废钢铁产业培训事宜，为了废钢铁业规范发展、为了实现产业升级、为了产业人员素质的提高，要坚持搞好产业各项培训工作，并保证将培训长期高质量地办下去。

专家讲座：

（1）中国废钢铁应用协会会长、武钢集团副总经理邹继新做了题为《废钢应用在钢铁发展和节能减排的重要地位》的讲座。

（2）湖北力帝机床股份有限公司副总经理覃未讲授了《废钢加工设备发展和应用》。

（3）武钢炼钢总厂党委书记吴新春讲授了《中国钢铁行业形势动态分析》。

（4）中国物资再生协会常务副会长龙少海讲授了《汽车拆解行业概况和政策解读》。

（5）马鞍山华成金属资源有限公司周林总经理讲授了《废钢加工工艺流程》。

（6）武汉冶金管理干部学院教授胡志华讲授了《质量管理标准化》。

（7）武汉冶金管理干部学院教授黄萍讲授了《现代职业人的3Q（智商、情商、逆商）》。

参加培训的学员认真地听取了各方面讲师的讲解，并积极参与讨论，培训气氛十分活跃。各位讲课的老师也非常耐心地解答学员们提出的问题，在学员感兴趣的方面积极跟他们交流互动。在大家的一致努力下，培训取得了圆满成功。

中国废钢铁应用协会副会长、湖北兴业钢铁炉料有限责任公司董事长周迎春为培训做了总结，他表示后续的培训要针对各个不同层面的学员细分，培训内容更加专业化，让大家能学到更多有用的东西。

（五）企业开展的职工培训

人才是企业竞争力的核心，是企业长久发展的百年大计。废钢铁行业的众多企业始终把人才培养放在第一位，为员工施展才华创造适合的环境和平台。

1. 钢铁企业围绕废钢铁回收、加工与利用及管理的培训

各钢铁企业都根据需要，围绕废钢铁的生成、回收、流通、加工和循环利用及其管理等进行不定期的相关管理或技术培训。通过培训极大地提高了从业人员的废钢回收利用的理念及相应的管理水平与技术水平。

2. 废钢铁产业链中各企业的交流与学习

中国废钢铁协会牵线搭桥，协会会员企业之间相互学习、取长补短，共同提高，协调发展的氛围十分浓厚。华东、华南、华北等50多家会员企业自发组织，定期召开废钢市场信息例会，共同商讨经验决策，实现了市场价格信息共享。

辽宁、广州、天津钢铁协会和废钢协会经常结合地区市场变化组织会员企业活动，谋求共同发展和共同抵御风险。

华东地区钢铁企业联合组织，由沙钢、兴澄等多家华东地区大型钢厂牵头，周边钢厂广泛参与，后又吸引鞍钢、本钢、天管等北方地区钢厂参加，每月定期开展信息沟通交流现场会议，对参与单位废钢铁的收支存情况进行交流分析，探讨下月行情走势，研究废钢市场价格策略，对提高参与单位的市场把握、资源协调能力，维护区域市场的稳定繁荣，都起到了积极的促进作用。中国废钢铁应用协会也积极参加华东地区交流活动，了解市场变化，沟通政策导向，积极服务会员企业。

3. 废钢铁加工的专业培训

废钢铁加工是提高废钢铁回收利用数量与质量的重要保证。废钢铁加工的各企业都非常关注并重视管理人员和技术人员的业务与技术培训。

下面以湖北兴业钢铁炉料有限责任公司为代表展现废钢加工企业人才培养经验。

目标：公司采取内部培养与外部招聘相结合的方法，对人才队伍实行分级分类管理。所有员工年脱产培训不少于1周，其中中层以上管理人员年脱产培训累计不少于2周。

通过培训，一线操作人员达到"爱岗位，会操作，无事故，高效率"，各级管理人员达到"爱企业，尽职责，会经营，高效益"的要求。

原则：公司坚持尊重知识、尊重人才的原则，鼓励员工学科学、学技术、学管理，大力营造良好的成才、用才环境。坚持唯才是举、量才录用的原则，鼓励员工珍惜人才、爱护人才，积极推荐、引进人才，形成不拘一格使用人才的机制。坚持德才兼备、以德为先原则，鼓励员工恪守"诚信、共赢"的企业宗旨，忠诚企业，乐于奉献，在公司发展中施展才华，实现自身价值。坚持崇尚科学、注重实干的原则，鼓励员工在干中学、学中干，学用结合，大胆创新，实现自我成才、岗位成才。

培训内容：

（1）管理体系培训。第一阶段系统了解管理体系的内容、要求，根据不同对象时间为1~6天，第二阶段重点学习与本岗位相关的制度、规定和岗位职责，时间为1~3天，第三阶段在边学习边执行的基础上，进一步修改管理体系。

（2）现代管理知识培训。重点学习生产经营管理、市场营销管理、设备管理、安全管理、质量管理、财务管理、人力资源管理、执行力和团队建设、政策法规、作风礼仪等；以各级管理人员为主，年脱产培训时间为1~2周。

（3）专业技能培训。重点学习钳工知识、电工知识、液压传动知识、安全制度、法规、质量标准等，以一线操作人员为主，年脱产培训3~7天。

培训方式：

（1）职前培训。主要培训新进厂的员工，以员工手册为主要内容，重点介绍公司概况、公司发展前景、公司主要规章制度及企业文化建设。

（2）转岗培训。主要培训转向新岗位员工，重点学习新岗位操作技能、规章制度和岗位职责。

（3）专业培训。以特定岗位为对象，进行专业知识培训，达到"干什么、学什么、会什么"的目的。

（4）系统培训。以各级管理人员为对象，系统学习各项管理知识，重点培养各层次复合型人才。

（5）委托培训。根据公司需要，以有培养前途的年轻管理人员为对象，每年送2~5人到正式大专院校进行学历教育。

培训途径：

（1）上下结合。各级管理人员培训由公司统一计划、统一组织，一线操作人员培训由公司下达计划，各分（子）公司组织落实。

（2）内外结合。专业培训由公司内部组织实施，系统培训与武汉冶金管理干部学院联合进行。

（3）课堂教学与现场辅导相结合。理论教学在课堂完成，实践知识在现场进行。

保障措施：

（1）领导保障。公司把员工培训纳入年度工作目标，实行三级考核。各级领导高度重视员工培训工作，主要领导把员工培训纳入议事日程，重点布置，狠抓落实，并带头参加培训。

（2）组织保障。人力资源部是公司培训牵头部门，科学计划、精心组织。年初，各分（子）公司和公司各部门根据工作需要提出员工培训要求，上报培训人员名单，人力资源部根据基层需要做出当年培训计划，并组织实施。

（3）经费保障。公司拨出专项资金作为员工培训经费，做到专款专用。各分（子）公司也积极划拨一定费用，保证自己所承担的培训工作顺利开展。

（4）人员保障。各级领导正确处理工学矛盾，按照公司培训计划积极安排人员参加培训，保证培训人员不缺课、不迟到、不早退，安心完成学习任务。

（5）奖惩保障。公司把员工培训纳入两级领导年度绩效考核，与工资挂钩；公司建立员工培训档案，学习成绩纳入年度考核。公司组织的管理人员系统培训也实行优胜劣汰。

三、废钢铁产业的宣传教育

（一）创办废钢网站

2000 年，废钢协会创立了废钢信息网站（www.cnscrap.com），并从 2001 年 4 月起，每月在废钢信息网站上公布全国重废均价、统废均价、重统平均价格及指数。

后来，经过几次改版，废钢信息网站逐步发展成为废钢协会的官方网站（见图 9-6），并申请了新的域名（http：//www.camu.org.cn），网站的内容也逐渐丰富，成为包含新闻动态、价格信息、市场评论、政策法规、体系建设、价格指数等多方面内容的综合性行业网站。

近年来，废钢协会和"我的钢铁网"加强联合，网站由上海钢联电子商务股份有限公司作为技术支持，并对"我的钢铁废钢网"的内容进行了实时推送，加强了信息的多样化和时效性。

（二）中央人民广播电台的广播对话

1977 年，中央人民广播电台播出了关于废钢铁的广播对话，对于"回收利用废钢铁的重要意义""怎样搞好废钢铁的回收利用""合金钢和废合金钢的回收利用"等话题进行了宣传学习。国家计委金属回收小组将《中央人民广播电台广播对话》作为金属回收工作宣传资料进行了翻印，供当时各地区、各部门金属回收工作的同志业务学习和宣传工作参考。

▶ 对话一　回收利用废钢铁的重要意义

废钢铁是国家重要的物质资源，一直被列为重要统配物资。废钢铁并不是废物，不但能炼钢，而且是炼钢的好材料。用废钢铁炼钢不光省去了炼生铁的过程，还减少了原材料的消耗，冶炼时间短，质量好，降低了生产成本。用废钢铁炼钢，可以大力支援工农业生产，同时还能促进钢铁工业本身多快好省地迅速发展。我国废钢铁资源十分丰富，但是不像矿石那么集中，需要先把它们回收起来。回收工作非常重要，所以，我们要加强废钢铁回收利用工作的领导，建立健全的回收废钢铁的组织机构，严格回收管理和合理使用的规章制度，搞好废钢铁的加工工作，大力回收废钢铁，为钢铁工业的大干快上，为社会主义建设全面跃进贡献更大的力量。

▶ 对话二　怎样搞好废钢铁的回收利用

废钢铁是一项宝贵的资源，要充分发挥它的作用，得先回收。但回收回来的废钢总的

图 9-6　废钢协会官方网站

特点是"长、碎、轻、重、杂",所以还必须搞好分类和加工,才能为使用部门创造条件,提供方便。首先要清选,把混在废钢铁中的有色金属挑出来,单独回收利用或者分类炼合金钢;还要把质量比较好的废钢铁选出来,做中小农具和小五金产品的原料。剩下的特别长的要切断,特大特重的要破碎,轻、碎料要用丝杠打包机等压块。另外,铁屑、钢屑也要充分利用。使用钢铁屑为原料,利用"高温、薄渣"技术炼钢,具有扩大炉料来源、降低成本、节省电力、延长炉龄、变废为宝等优点,要积极宣传,认真推广,为多快好省地发展钢铁工业做出贡献。

▶ **对话三　合金钢和废合金钢的回收利用**

炼钢的时候加入镍、铬、钨等金属,就成了合金钢。不同的合金钢具备耐高温、高强度、耐腐蚀、耐磨等特点,是工业建设、科学研究、国防建设、尖端技术等离不了的宝贵物资。合金钢价格昂贵,要加倍珍惜,不能浪费,合金钢的回收利用也显得尤为重要。目前我国合金钢材的利用率比较低,必须好好回收利用。首先要一材多用,比如大电机剪下来的边角矽钢片,就可以做小电机和微型电机的材料用。其次,废合金钢回炉也要重视。国家计委 1972 年颁布了《废合金钢回收利用管理暂行办法》,对废合金钢的回收、管理、上交、使用都做了具体规定,大家要好好遵守,并总结经验。我们一定要把废钢铁的回收利用工作搞好,为钢铁工业的大干快上,为实现国民经济的全民跃进贡献力量。

第三节　废钢铁文化产业与产品

一、创办《中国废钢铁》专业杂志

(一)《中国废钢铁》专业杂志的创办宗旨与发展历程

为了加强与废钢铁相关行业的信息交流,促进废钢铁的回收利用及加工处理,1983年,原冶金工业部金属回收公司主编并由"冶金部废钢铁利用科技情报网"承办,出版了《废钢铁》杂志(见图 9-7)和《废钢铁通讯》,时任冶金工业部副部长周传典为《废钢铁》杂志撰写了发刊词。《废钢铁》杂志在成都注册,由中国钢铁炉料公司西南公司承办。1994 年中国废钢铁应用协会成立以后,由中国废钢铁应用协会主办。

《中国废钢铁》杂志(见图 9-8)是中国废钢铁协会内部刊物,于 2004 年 9 月在北京市新闻出版局正式注册,批准出版发行。原来在四川成都注册的《废钢铁》杂志同时注销,发行总期数延续,同时将原来的季刊改为双月刊,每年 6 期,扩大出版发行量。主要栏目根据需要做了适当调整,出版质量不断提高。截至 2020 年底,总共出版发行了 184 期。

我国大型钢铁企业都设置有废钢处和废钢加工厂,有大量的管理人员及工程技术人员,同时社会上拥有大量的废钢铁回收、商贸流通及加工配送企业,废钢铁产业链有数百万从业者。同时,随着市场经济和信息产业的发展,废钢铁协会的广大会员单位在生产和经营活动中要求协会提供更多更快的信息服务。《中国废钢铁》的出版与发行极大地适用和满足了这种需求,获得了废钢铁行业内外的高度好评,并为我国废钢铁产业的发展发挥了积极的作用。

图 9-7 《废钢铁》

图 9-8 《中国废钢铁》

（二）杂志主要栏目设置

杂志主要栏目设置有：

（1）废钢铁产业发展与运营的重要信息；

（2）国家与行业有关废钢铁产业发展与运营的相关政策和法规的介绍与解读；

（3）废钢铁应用协会重要活动介绍；

（4）废钢铁产业发展与运营的相关数据的统计分析；

（5）废钢铁回收与加工技术的研究与应用；

（6）废钢铁、冶金固废、直接还原铁回收应用的应用研究与实践。

（三）编辑与出版体制

中国废钢铁杂志的出版单位为中国废钢铁应用协会和中国金属学会废钢铁分会，设立出版委员会负责杂志的编辑、出版与发行工作。

（四）读者群体

中国废钢铁杂志读者群体主要包括废钢铁产业链上各企业的管理人员和工程技术人员，与废钢铁相关领域的从业人员，以及高等院校中与废钢铁相关联专业的师生、科研院所的研究人员等。

二、出版废钢论著

废钢铁不仅是冶金炉料的重要资源，同时也是钢铁工业低碳生产和我国提升循环经济发展水平的重要体现。多年来，废钢铁产业的相关部门、生产企业、科研院所和高等院校的管理者、科技人员和工程技术人员在废钢铁产业链的各相关领域进行了大量的研究与实践，取得的成果具有极大的学术价值和实用价值，推动了我国废钢铁产业的产业升级及快速发展。

许多工程技术者和专家学者将他们的实践创新和研究成果归纳整理，并公开出版发行，普惠于废钢铁产业各领域，使废钢铁产业所有从业者获益匪浅。下面介绍废钢铁产业几个重要领域研究成果的专著。

《黑色金属矿产资源强国战略研究》（见图9-9）是中国工程院重点咨询研究项目"矿产资源强国战略研究丛书"的专题之一。该专题由殷瑞钰院士担任专题组长，共有4位院士、32位专家参与研究，中国废钢铁应用协会参与课题研究及该书的编写。该书针对我国未来（2025年、2030年和2035年）钢铁工业发展对黑色金属矿产资源的需求，在厘清当前钢铁工业发展现状发展趋势的基础上，分析了黑色金属矿产资源强国的概念、内涵与主要特征，铁矿、锰矿和废钢等主要铁素资源的供应现状，并从资源经略能力、科学技术水平、企业实力和可持续发展潜力等方面辨识了我国黑色金属矿产资源与世界强国存在的差距，明确我国黑色矿产资源强国战略的思路、目标、任务与实施路径，提出了相应的保障措施与政策。

图9-9　《黑色金属矿产资源强国战略研究》

该书认为，废钢产业将快速发展，对钢铁工业发展的支持作用会快速提高，废钢作为铁素资源的作用更加重要，值得重视。围绕废钢铁产业，该书研究分析了废钢资源强国的主要特征、发展现状及存在的问题；确认了废钢资源强国战略的指导目标、途径和重点任务；研究并提出了废钢资源强国的路径、技术路线、保障措施和促进废钢利用的政策建议。

该书是矿产资源战略研究者的参考书、矿产资源投资者的指导书、黑色金属矿山企业和废钢企业规划未来发展蓝图的工具书,对黑色矿产资源战略研究具有重要的指导意义和参考价值。

除此之外,还有很多废钢界的仁人志士也积极编辑出版了多本废钢相关的专著,如《金属循环工程》(李树斌、王国华、王冠宝主编)、《中国废钢铁产业研究》(闫启平著)、《中国钢铁工业低碳生产与逆向物流模式研究》(胡睿、卫李蓉著)、《钢铁工业绿色制造节能减排技术进展》(王新东、于勇、苍大强编著)、《废钢企业管理提升》(周迎春主编)、《废钢铁回收与利用》《废钢铁加工与设备》(扈云圈编著)等。

三、废钢铁雕塑艺术品创作

近年来,废钢行业涌现出一批废钢雕塑艺术家,废钢协会也成立艺术中心以推广废钢雕塑这种艺术形式,著名艺术家徐国华的废钢雕塑作品《双鱼》《进行》被北京国际雕塑公园收藏,其作品《蒸汽时代》《乐音系列》(见图9-10)曾多次在全国冶金展和循环经济展上展出,他还于2012年在山东玉玺集团创作了当时全国最大的蒸汽机车废钢雕塑作品《钢铁进行曲》(见图9-11)。还有很多企业也积极参与废钢雕塑作品的创作,如德龙钢铁、山东水发等。

图9-10 《乐音系列》

(一)德龙钢铁游乐园

德龙钢铁游乐园,又称为钢铁侠客岛(见图9-12),钢铁侠客岛是以钢雕机器人为主题的,陈列各类钢雕机器人模型共计215座,分布在游乐园各处。德龙钢铁游乐园自2017年8月开工建设,历时100天时间建成。钢雕机器人均由德龙职工利用废旧汽车零件、废旧钢材在业余时间制作而成。经英国世界纪录认证机构(WRCA)总部审核,德龙钢铁被认定为世界上"自制钢雕机器人模型最多的钢铁企业"(见图9-13)。

图 9-11　《钢铁进行曲》

图 9-12　德龙钢铁游乐园（钢铁侠客岛）

图 9-13　德龙钢雕园

1. 钢铁侠客岛模型

钢铁侠客岛模型人物涉及科幻、神话、卡通等多种题材，构成汽车人岛、野兽岛、地球人岛、天王岛、知音岛、天外岛六大区域，其中汽车人岛、野兽岛、地球人岛摆放经典机器人战斗场景。此外，天王岛上摆放的是具有中国神话故事色彩的钢铁机器人，知音岛上摆放的是正在进行乐器演奏、纵情欢唱的钢铁乐队机器人，天外岛上摆放的是其他富有创意、独具特色的钢铁机器人。每个钢雕机器人都设有独特的标识牌，如图 9-14 所示，可以清晰地了解侠客的名称、制作完成时间、制作单位以及高度重量，标识牌就相当于钢雕机器人的身份证。

2. 钢铁侠客岛总体布局

钢铁侠客岛总体平面设计为德龙集团产业布局，核心部分为"盛世德龙"，造型为德

图 9-14　钢雕作品的身份证

龙通宝，寓意德龙财源滚滚；通宝中间为方形，外面呈圆形，寓意德龙钢铁"外圆内方"——对内严格要求自己、对外积极履行社会责任，秉承"严、实、快、新"的工作作风。中间为四大金刚模型机器人，全部由公司员工用钢铁制作而成，底座高 150 厘米，金刚高 9 米，其手中所持的物件代表"风调雨顺"的化身，寓意德龙钢铁蓬勃发展。

　　钢铁侠客岛的侠客除造型富有创意之外，将智能化系统融入其中，设有声控、红外线等感应系统，当游客经过时便会动态展示其矫健的身躯，并弹奏美妙的音乐吸引人们的目光，音乐均由德龙职工改编演唱而成。岛内最高的钢雕"一柱擎天"，身躯高达 10.8 米；最重的钢雕体重达 11 吨。钢铁侠客岛每座机器人都威风凛凛、形态各异，向来访游客酣畅淋漓地展示着钢铁特有的力量和坚毅。

　　3. 钢铁侠客岛创建理念

　　钢铁侠客岛是儿童活动、亲子互动游戏的天地，是学校开展研学、公司职工拓展业余活动的基地。

　　钢铁侠客岛充分利用环保理念、钢雕艺术之美、国学知识等，将寓教于乐融于其中，是周边游的好去处，也是德龙钢铁文化园打造集钢铁工业生产、钢铁文化体验、钢铁主题游憩休闲、钢铁研学课堂为一体的综合性主题文化乐园的重要组成部分。

（二）山东水发再生资源艺术品创作

　　2013 年，山东水发再生资源有限公司从废旧钢铁焊接入手，着手生产再生资源艺术品创意研发。

　　2014 年，建成全国最大的钢雕文化创意公园，如图 9-15 所示。

　　2016 年，作品入驻北京 798 艺术中心，如图 9-16 所示。

　　2017 年，作品入驻济南泉城广场，如图 9-17 所示。图 9-18 为主题教育钢雕。

　　2018 年，公司开发再生资源党建类文化创意作品，并陆续承建潍坊市、水发集团多个

图 9-15 钢雕文化创意园

图 9-16 钢雕文化作品

图 9-17 济南泉城广场钢雕

图 9-18 主题教育钢雕

党建文化展厅、户外党建文化广场、党政廉政广场等。图 9-19 为水发集团红色教育基地，图 9-20 为东北乡钢雕作品。

2019 年，公司作品完成无缝焊接、喷砂除锈、汽车烤漆等工艺流程升级，匹配城市景观雕塑作品水准，艺术面貌焕然一新。

2020 年，公司作品完成多种再生资源原料的产品升级，包括废橡胶、废玻璃、废塑料等可再生材料加入产品序列。图 9-21 为一组典型的再生资源原料的雕塑作品。

图 9-19　水发集团红色教育基地

图 9-20　东北乡钢雕作品

图 9-21　典型的再生资源雕塑作品组

第四节　相关绿色产业与产品

　　废钢铁行业的众多企业在主业不断成长发展的同时，积极美化及绿化厂区和生产环境，开展丰富多彩的企业文艺活动，就地取材用废钢创作了许多精美的艺术作品，利用其地理位置处于城乡接合部的得天独厚条件，开展了绿色种植，使工厂成为了真正的亦工亦农的绿色产业。

一、绿化厂区和生产环境

（一）花园式的包钢废钢厂

　　包钢废钢厂特别注重厂区的绿化和人文景观的建设，图 9-22 是花园式的包钢废钢厂。

（二）花园式的鞍钢废钢厂

　　鞍钢废钢厂是我国废钢行业中历史最悠久，对钢铁行业发展贡献最大的废钢回收、加工与利用的企业。鞍钢废钢厂一贯秉承生产与环保并重的理念，图 9-23 是绿树成荫的鞍钢废钢厂。

图 9-22　花园式的包钢废钢厂

图 9-23　鞍钢废钢厂

二、发展其他产业与多元化经营

一些废钢加工企业利用其地理位置处于城乡接合部的得天独厚条件，开展了绿色种植，如有机蔬菜、水果、鱼塘等多种多样的农副产品，并使职工在自己的食堂吃到自产的绿色食品，使工厂成为了真正的亦工亦农的绿色产业。

（一）建设绿色产业基地

鼎业再生资源有限公司除废钢加工板块以外，还成立了鼎业生物板块，建成 120 亩绿色产业基地（见图 9-24），从事有机蔬菜的种植、生产和深加工，实现了从蔬菜育种、研发、农技服务、培训、种植到蔬菜收获、初加工、深加工的有机链接（见图 9-25）鼎业生物绿色产品，确保整个产品链的食品安全，真正做到从种植到收获整个过程的有效可控。

（二）打造现代农业（核心）示范区

柳州龙昌再生资源回收有限责任公司旗下龙骧农业被评定为广西壮族自治区级现代农业（核心）示范区（见图 9-26），核心种植面积近 2000 多亩，"桔兰泉"品牌沃柑连续几年获得"柳州市柑橘评比金奖"及"广西名牌产品"称号，结合"特色农业+科技+乡村旅游+生态康养+互联网信息"，全力打造"时光柳州"农业公园。

图 9-24　鼎业生物绿色产业基地

图 9-25　鼎业生物绿色产品

三、用工业积累反哺社会

很多废钢回收及加工企业在自己发展成长后，利用企业积累和周边环境优势，反哺社会，发展其他绿色产业。

辽阳县前杜村 20 世纪 80 年代依托钢铁行业和废钢加工走上了致富路（图 9-27 为前杜村景观），进而又靠草莓种植和乡村旅游走上了生态发展之路，曾荣获中国十大最美乡村称号。

图 9-26　龙骧农业园区鸟瞰图

图 9-27　前杜村景观

2020 年又喜获中国休闲美丽乡村的殊荣，被誉为"农民的创业园、市民的体验园"。图 9-28 为前杜村草莓种植和产品展示。

图 9-28　前杜村草莓种植和产品展示

2021 年元宵节，前杜村草莓小镇广场灯光璀璨、火树银花，一组组喜庆热闹的花灯吸引了大批游客驻足观看。

前来前杜村闹元宵的游客达到 5 万多人，营业收入近 30 万元，开创了历史新高。实现了牛年新春旅游牛运来的美好愿景。

前杜村的乘船游水中长廊，更是吸引了大批游客，1000 多米的水中长廊像是一个美轮美奂的童话世界，游人宛如在星河中徜徉，长廊移步艺精，光影变幻交织，让人不由惊叹光影世界的神奇。就连中央广播电视总台综合频道也在《晚间新闻》播出了前杜村闹花灯的盛况。

前杜村社区的群众娱乐活动丰富多彩，图 9-29 展现的是前杜村的村民兴高采烈，载歌载舞，欢度"双节"，喜庆丰收。众多影视明星经常莅临前杜村，为社区村民慰问演出。

图 9-29　欢度"双节"，喜庆丰收

第十章 废钢铁产业发展前景

废钢铁产业是朝阳产业，经过十几年的规范建设，新兴的废钢加工体系快速发展，产业规模不断壮大，加工装备水平快速提升，到"十三五"末废钢加工准入企业加工能力已超过1.3亿吨，为促进绿色低碳钢铁的发展提供了强有力的保障。在绿色和可持续发展理念的指引下，废钢铁产业正朝着工业化目标健康成长。

本章简述了废钢铁在钢铁绿色发展中的重要性和产业发展的前景，并提出了影响发展的主要问题及相关建议。

第一节 创新理念，打造废钢铁产业发展一体化的新格局

一、废钢铁在钢铁绿色产业链的重要性

废钢铁和铁矿石是钢铁冶炼的两大铁素原料，与铁矿石相比，废钢铁具有节能减排的特点。以废钢铁做原料的电炉短流程炼钢工艺逐步替代长流程的炼钢工艺是世界钢铁发展的趋势。当前，中国钢铁工业正在有序增加电炉钢比例，走绿色低碳转型发展之路。中央经济工作会议提出了2030年"碳达峰"和2060年"碳中和"的目标，钢铁行业是制造业31个门类中碳排放大户，碳排放量占全国碳排放总量15%左右，2020年钢铁工业二氧化碳排放量约为17.5亿吨，钢铁工业是实现目标的重要责任主体。钢铁业的绿色制造不仅仅是环境的绿色化，更重要的是产品、资源和过程的绿色化。

大力推动废钢铁的循环利用，增加废钢铁产品的应用量，不仅能减少铁矿石的使用量，相对减少铁矿石的进口量，也是钢铁工业落实"碳达峰"和"碳中和"目标最直接最有效的措施。短流程炼钢与长流程炼钢相比，用废钢铁炼钢每吨钢可减少约1.6吨CO_2的排放。以2020年为例，2020年我国粗钢产量达到10.65亿吨，炼钢废钢比为21.85%，即在炼钢生产中使用了23262万吨废钢铁。与全部使用铁矿石炼钢相比，减少了约3.7亿吨CO_2排放；同时减少6.9亿吨固体废物的排放，节省0.8亿吨标煤。

当前我国废钢铁资源量的逐年增加，必将推动钢铁行业加快转型升级，并对钢铁工业生产流程结构的调整、钢厂模式和钢厂布局的变化、铁素资源消耗、能源消耗和碳排放产生重要的影响。因此，要提前规划电炉短流程的发展，并加强转炉冶炼多用废钢和清洁绿色新型全废钢的电弧炉冶炼工艺的开发。在当前情况下，提高转炉废钢比和电炉废钢比，是提高废钢利用率的两个重要方向。

废钢铁产品的重要地位，决定了废钢铁产业作为朝阳产业的美好前景。在国家的大力支持下，在钢铁企业和废钢铁产业从业者的共同努力下，废钢铁产业向着产业化、产品

化、区域化的方向快速发展，行业规范水平不断提高，产能和产量不断增加。废钢加工配送行业在加工处理技术和设备多样化、大型化方面也有了一定程度的进步。

"十四五"期间，废钢铁产业将以推动产业一体化为目标，积极培育龙头企业，提高产业集中度和管理水平，加快废钢铁加工配送体系建设，确保资源合理流向，促进钢铁企业多用废钢，加快废钢铁行业与国际接轨的步伐，不断提升废钢消耗大国的地位。

二、废钢铁产业的发展趋势

（一）增加废钢铁的应用量是国家政策导向

2005年《钢铁工业发展政策》提出：逐步减少铁矿石比例，增加废钢比重。

《钢铁工业调整升级规划（2016—2020年）》要求：随着我国废钢资源产生量的增加，按照绿色可循环理念，应注重以废钢为原料的短流程电炉炼钢的发展机遇。

工信部在《钢铁产业调整政策》中提出：到2025年，我国炼钢的废钢比要达到30%。

财政部、国家税务总局多年来相继出台〔2001〕78号文件、〔2008〕157号文件、〔2015〕78号文件，用税收鼓励废钢铁产业健康发展。

国家发改委、工信部、商务部等政府部门在产业规范、体系建设、园区规划、基地示范等方面先后出台相关政策，对废钢铁产业发展给予指导和支持。

历史证明，废钢铁产业的发展离不开国家政策的支持，未来的发展更需要国家的大力扶持。"十四五"是推动我国经济社会发展全面绿色转型的时期，绿色高质量发展是废钢铁产业必选之路，在政府相关部门的关注和政策的惠顾下，经过行业的坚持和奋斗，废钢铁产业的发展会取得更大进步。

（二）废钢铁资源的增长，为多吃废钢提供了保障

1996年我国粗钢产量突破1亿吨以后，钢铁工业粗钢产量逐年增加，2016年已超过8亿吨，2020年达到10.65亿吨。钢铁工业的快速发展，使钢铁的积蓄量大幅增长，从2016年开始，中国工程院殷瑞钰院士组织开展的"黑色金属矿产资源强国战略"研究中已明确提出，到2030年我国钢铁积蓄量预计达到132亿吨，社会废钢铁资源产生量每年达到3.2亿吨。2020年我国消耗废钢2.3亿吨，炼钢废钢比为21.85%，圆满完成了《废钢铁产业"十三五"发展规划》中提出的到2020年，我国废钢比要比"十二五"翻一番，即达到20%的目标。预计到2025年，废钢铁资源量将达到3.26亿吨，可完全满足"十四五"末废钢比30%的规划目标的资源需求。

（三）保护生态环境，节省原生资源

环保法实施和环境督查力度的不断加大及全国各地碳排放交易系统的建立，都为钢铁企业"多吃废钢少吃铁矿石"创造了有利条件，推动着废钢铁产业的发展。在不新增产能的情况下，引导废钢铁资源富裕地区通过产能置换发展短流程电炉炼钢，不仅能节约能源，又能减少二氧化碳及固体废物的排放，为钢铁工业节能降耗、改善生态环境和坚决打

赢蓝天保卫战，多尽一分力，多担一分责。

废钢铁是一种可无限循环使用的载能绿色资源。我国高品位铁矿资源贫乏、开采成本较高，每年需要进口大量铁矿石，不仅支出高额外汇，还不时受到供货方在价格等方面的制约。增加废钢铁的应用量，减少铁矿石的投入，是发展绿色低碳钢铁的方向，是实现"碳达峰""碳中和"目标的有效措施。

（四）提升炼钢废钢比，缩小与世界差距

我国是废钢铁消耗大国，但是炼钢废钢比与发达国家相比，存在很大差距。"十二五"我国炼钢废钢比平均为11.3%，世界平均水平为35.9%，相差24.6个百分点；"十三五"我国炼钢废钢比平均达到18.8%，比"十二五"提高7.5个百分点，废钢单耗增幅为66.4%。废钢铁资源的逐年增加，废钢铁产业的快步发展，使我国废钢铁消耗呈上升趋势，与世界的差距逐步缩小，但要达到世界平均水平还有一定距离，与全球发达国家相比有较大的发展空间。

据国际回收局（BIR）数据，2020年欧盟28国炼钢废钢比为55.7%，美国为68.8%，土耳其为84.1%，相邻的俄罗斯炼钢废钢比为41.9%，韩国为38.5%，日本为35.1%。

废钢比的差距不仅是数据的概念，绿色制造节能减排的内涵意义更重。2020年我国消耗废钢2.3亿吨，炼钢废钢比为21.85%，如果提高一个百分点，即多消耗1068万吨废钢铁，就可减少1816万吨铁精粉的投入，意味着可以少开采7800万吨铁矿石、节省原煤1068万吨，可少排放1495万吨CO_2和3200万吨冶金固体废物。可见，这"百分之一"带来的是显著的成果。

中国废钢铁产业是朝阳产业，"十三五"废钢比20%的目标已圆满完成，废钢铁战线的员工正满怀信心开拓奋斗，向新的目标挺进，相信"十四五"废钢比30%的既定目标也一定能实现。

三、废钢铁产业的远期规划

废钢业自21世纪以来异军突起，十年酝酿，十年建设，现在已初步形成了一个新兴的废钢加工产业体系。其加工能力已超过社会废钢资源量的50%，"十四五"将开始推进产业升级。整个产业正伴随着钢铁工业和机械制造业的持续发展而加速跟进。

新兴的废钢加工产业是由一批行业的先驱者所带动的。长期以来，他们以坚韧不拔的毅力为行业的创新发展默默拼搏，他们在不同岗位上默契地携手把仍处于落后的小、散、乱的作坊式的废钢回收、拆解企业，以"精料"供应为用户"服务"为宗旨，创建了一个个规范的、讲信誉的、为钢厂所认可的废钢加工企业，以崭新的姿态从一个落后的群体脱颖而出，并坚定地朝着废钢产业化、工业化的方向迈进。

多年来，这些行业志士们形成了一个共识：一个朝阳产业必须明确其长远发展目标，才能矢志不渝、勇往直前。

废钢产业的长远发展目标应是实现回收、拆解、加工、利用一体化，用最科学的方式、最优化的流程、最先进的技术，作为铁素原料的生产商，最终实现工业化与下游的钢铁冶炼企业同步发展。这一目标的实现，大致应需要再奋斗三个五年计划：

（1）"十四五"开始推进产业升级和产业一体化，使产业一体化率达到百分之五十以上；

（2）"十五五"全面实现产业一体化进程，废钢的回收、拆解、加工、利用全面实现数字化网络平台操控和智能系统监控；

（3）"十六五"推进废钢与钢铁形成一条工业化的生产流程，并开始同步前行。

为切实有效地实现长远发展目标，要重点做好三方面的工作：

一是打造一条规范的、优化的、先进的废钢产业链，促进全国废钢回收、拆解、加工、利用一体化发展，推进废钢行业进行产业升级。所谓一体化发展，是指产业链的上下游要更加紧密结合、深度合作，形成信息共通、风险共担、效益共享的利益共同体。需要全国钢铁冶炼企业，废钢回收、拆解、加工、设备制造等实体企业，相关资讯、金融、互联网等服务企业能达成共识并通力合作。

二是制定和宣贯行业标准，研发、推广、应用数字化技术手段，提升行业规范化、智能化运行水平。产业升级的具体表现在"十三五"末已开始显现，如社会化的废钢加工配送企业不断增加，废钢质量有所提高；回收废钢的机械加工率稳步提高；智能远程监控及判级系统已有企业尝试；数字化区块网络贸易平台也已开始出现；废钢行业标准的贯标工作开始推进。这些已为产业升级打下了良好的基础，要加快技术的研发和推广应用。

（1）废钢远程智能检测系统。通过图像识别，采用机器视觉、机器学习、大数据、人工智能等技术，在废钢装卸的过程中对其进行远程检测，实现对废钢的定级和夹杂物的扣重。通过远程检测和智能定级，解决了传统废钢验质过程中劳动强度高、安全性差、卸货效率低、公平性差、主观影响大等多方面的问题，大大降低了人为因素在废钢验质过程中的影响，降低了企业的各项成本，提高了废钢验质的准确性和效率，填补了废钢铁行业在质量检测和判级技术方面的空白。

（2）数字化区域网络贸易平台。目前已有企业在废钢交易真实性监管平台的基础上尝试废钢的网络贸易、电子商务，在不久的将来，可能会出现全产业链的数字化区域网络贸易平台，从产废单位或个人开始，到回收、加工、利用等各个环节实现线上交易，通过网络平台的公开透明和区域化的交易，减少产业链上不必要的周转和物流，达到资源循环的最优化。

三是配合国家政策，宣传正能量，推进废钢加工业的产业升级。废钢加工业的产业升级，是一场先进与落后、规范与散乱、高质与低质、正能量与负能量的较量。前者投入的资金量大、长期效果好、纳税正规，与后者相比，暂时会出现成本高、效益低的劣势，因此在市场经济竞争中遭遇了诸多不公平对待，暂时处于发展的低谷。随着国家法律法规和各项制度的完善，在相关政策的支持下，只需一至两个五年计划，经过升级的废钢加工产业规范性就会得到进一步显著加强，废钢产业对国家的税收贡献也将随之逐年增加，同时废钢业也会从暂时的低谷中走出，进而步入良性循环。新兴的废钢加工产业必将为国家的绿色减碳、可持续发展，乃至经济安全，做出更大的贡献。

第二节 废钢铁产业"十四五"发展规划

"十四五"（2021~2025 年），是我国全面建成小康社会、实现第一个百年奋斗目标之后，乘势而上开启全面建设社会主义现代化国家新征程、向第二个百年奋斗目标进军的第一个五年，处在"两个一百年"奋斗目标历史交汇点上，但"我国已进入高质量发展阶段""秉承创新、协调、绿色、开放、共享的新发展理念""发展不平衡不充分问题仍然突出"。废钢铁产业要把握"两个一百年"发展机遇，充分利用好国内、国外两个市场，构建以国内大循环为主体、国内国际双循环相互促进的新发展格局，推动废钢加工行业和钢渣综合利用行业的产业升级和高质量发展。

国家"十四五"时期仍将新基建作为提振经济战略措施，预计基建用钢需求将仍然存在，同时高附加值钢材用量会有所提升。废钢铁作为唯一可替代铁矿石的炼钢原材料，推动废钢铁产业这一战略性产业的发展，对我国钢铁工业实现转型升级、促进节能减排、高质量发展至关重要。编制并实施好废钢铁产业"十四五"发展规划，对发展钢铁绿色循环，节约原生资源，降低能耗，减少固体废物排放，推动发展短流程电炉炼钢，实现超低排放等具有重要战略意义。

一、废钢铁产业"十三五"发展情况

废钢铁是唯一可大量替代铁矿石的铁素原料，是可无限循环利用的绿色再生资源。"十三五"期间，废钢铁产业得以快速发展，废钢铁循环利用水平创历史新高，废钢铁回收、拆解、加工、配送、应用"一体化"开始推进。

（一）"十三五"期间主要成就

1. 废钢铁利用水平创历史新高

2020 年，我国废钢铁资源总量达到 2.6 亿吨，其中炼钢用废钢消耗量为 2.33 亿吨，铸造行业消耗废钢 2000 万吨，库存 800 万吨。全年炼钢用废钢比为 21.8%，达到了近年来的最高水平。2018 年前三季度，全国炼钢消耗废钢总量已超过 1.4 亿吨，废钢比超过 20%，提前两年三个月完成了《废钢铁产业"十三五"发展规划》中提出的废钢比达到 20% 的目标。

"十二五"期间我国炼钢平均废钢比为 11.3%，"十三五"期间平均废钢比为 18.8%，比"十二五"提高 7.5 个百分点。"十三五"期间炼钢累计消耗废钢铁 8.74 亿吨，与用铁矿石炼钢相比累计节约 14.86 亿吨铁精粉，节能 3059 亿千克标煤，减少 13.98 亿吨二氧化碳和 26.2 亿吨固体废弃物排放，节能减排效果显著。

2. 废钢铁加工配送体系初具规模

自工信部 2012 年 9 月发布《废钢铁加工行业准入条件》，到"十三五"末共发布符合准入条件的公告企业八批 510 家，撤销已公告企业 32 家，目前剩余已公告企业 478 家，分布在全国 30 个省、自治区或直辖市，年废钢铁加工能力已达到 1.3 亿吨，占我国废钢铁资源总量的一半以上，形成了"回收—加工—配送"的产业链，废钢铁加工配送体系已初具规模。

"十三五"以来，废钢铁产业进入了快速发展时期，废钢铁加工配送体系已初步建立。由废钢协会倡导的废钢铁加工配送体系建设，从"十五"末期启动到"十三五"末期，先后为 70 多家废钢铁加工企业授予了"废钢铁加工配送中心"和"废钢铁加工配送示范基地"的称号，进一步加强了废钢铁加工配送体系的建设，引导、推动废钢铁产业迈向规范发展的轨道。

3. 废钢铁行业标准化水平迈上新台阶

多年来，我国国内市场废钢产品的标准化程度较低，现行的国家标准《废钢铁》（GB/T 4223—2017）为推荐性标准，而当前我国钢铁企业都在使用自己的企业标准。"十三五"期间，历时三年多，废钢协会组织专家编制了废钢铁产品行业标准《炼钢铁素炉料（废钢铁）加工利用技术条件》（YB/T 4737—2019），已于 2019 年 8 月发布，2020 年 1 月 1 日开始实施，该行标的宣贯实施将有利于各钢厂企标的统一，促进废钢的流通和利用，使得废钢铁行业标准化水平迈上新的台阶。国家标准《再生钢铁原料》（GB/T 39733—2020）也于 2021 年 1 月 1 日发布实施，符合其规定的加工产品将不属于固体废物，作为一般商品管理，将有利于充分利用国外的高质量铁素资源。

4. 废钢铁加工工艺不断升级

目前我国废钢铁加工，一般采用分选、剪切、破碎和打包等方法，废钢破碎线、门式剪切机、液压打包机等产品，成为废钢铁加工企业不可缺少的装备。"十三五"期间，随着技术的进步和环保要求的提高，废钢加工设备不断升级，火焰切割和鳄式剪切机等方式逐渐减少。随着"地条钢"的清除，国内轻薄型原料价格下跌，废钢破碎机产能快速增加，经过破碎生产线加工处理的废钢破碎料是洁净的优质废钢，成为各大中型主流钢厂理想的炼钢炉料。自 2017 年开始，废钢破碎线数量在全国大幅增加，据不完全统计，截止到"十三五"末，全国已有 1000 马力以上破碎线 500 条以上，产能达到 7000 多万吨。

5. 冶金渣综合利用取得可喜进步

搞好冶金渣的深度处理、高效利用，实现"零排放"，并获得高附加值产品，是冶金渣综合利用发展的最终目标。所谓"零排放"指的是将钢铁渣中铁资源充分回收，剩余尾渣进行资源化综合利用，全部用于建材、道路或其他产品。"十三五"期间，这项工作取得很大进展，全国各地涌现出许多好的生产工艺和冶金渣综合利用产品。当前，高炉渣以水淬工艺为主，钢渣以热闷、滚筒、风淬工艺技术为主，在其开发利用中发挥了重要作用。钢渣深度加工成微粉代替水泥成为土壤固化剂，已在宁波等地取得成效，要把这一重大成果抓紧推广。但就目前全国冶金渣特别是钢尾渣开发利用的实际状况来看，仍然存在着诸多的技术、标准、应用和政策方面的难点问题。

"十三五"期间，年粗钢产量为9亿~10亿吨，冶金渣产生量为4亿吨以上，冶金渣综合利用率平均达到65%，其中高炉水渣、铁合金渣和含铁尘泥利用情况较好，几乎均已得到充分有效利用，高炉渣的综合利用率达到90%以上。而钢渣因其自身的稳定性不良、易磨性差、活性较低等原因，2019年钢渣利用率不足30%。以上统计数据表明，冶金渣特别是钢尾渣开发利用还有很大的发展空间。

6. 直接还原铁技术研究热度不减，但发展缓慢

直接还原铁在钢铁生产中是废钢的替代品，更是电炉冶炼洁净钢的重要原料。近年来世界直接还原铁产量增长迅速，约占全球铁总产量的7.4%；熔融还原工艺中仅Corex工艺和Finex工艺实现了工业化生产，但国内生产成本未达到预期，有待完善。就2019年生产情况看，60.9%的直接还原铁由Midrex工艺生产，24%由回转窑工艺生产，13.2%由HYL和Energiron工艺生产。

据统计，2019年全球直接还原铁产量为1.081亿吨，而目前我国直接还原铁产量约200万吨/年，仅占全球直接还原铁（DRI）产量的2%。根据我国的资源状况、能源条件和发展的需要分析，熔融还原与煤制气—竖炉直接还原技术将具有广阔的发展前景。近年来，除传统工艺以外，"氢冶金"技术研究也得到了多方重视，有望形成规模化的解决方案。

（二）产业发展面临的形势

1. 节能降碳势在必行

2020年9月22日，国家主席习近平在七十五届联合国大会上提出我国将力争在2030年前达到碳排放峰值，在2060年前实现"碳中和"。我国钢铁行业每年碳排放量位居前列，促进钢铁行业节能降碳，将是实现"碳中和"的重要路径，多用一吨废钢可减少约1.6吨碳排放，加强废钢铁的综合利用，提高废钢比，将是钢铁工业减少碳排放量的重要途径之一。

2. 国际形势复杂多变，资源约束加剧

近年来，国际单边贸易主义盛行，国际形势复杂多变，我国铁矿石对外依存度极高，铁矿石资源约束加剧，资源安全问题凸显。废钢国际流动也越来越多样化，许多发展中国家希望通过进口废钢铁资源，提高本国的炼钢能力。据国际回收局最新发布数据，2019年，土耳其成为世界最大的废钢进口国，进口量为1885.7万吨，占世界废钢贸易量的18.8%；印度废钢进口量同比大幅提升11.4%，成为世界第二大废钢进口国，进口量为705.3万吨，占世界废钢贸易量的7.0%。二者合计进口量占世界废钢贸易量的25.8%。国标《再生钢铁原料》已放开进口，内外市场关联度将进一步加强。

3. 短流程电炉炼钢工艺发展缓慢

国外发达国家钢铁工业多采用短流程电炉炼钢生产工艺，而废钢铁是电炉炼钢的重要

原料。据国际回收局公布数据，2019年世界平均电炉钢比29.0%，除中国外其他国家和地区电炉钢比为50.3%，而我国电炉钢比约10.3%。目前，长流程炼钢工艺仍然是我国钢铁工业的主流，废钢资源总量的2/3用于转炉炼钢，1/3用于短流程电炉炼钢，缺乏足够的废钢资源也是短流程电炉炼钢发展缓慢的原因之一。

（三）废钢铁产业发展中存在的主要问题

1. 废钢铁利用水平仍然偏低

虽然我国废钢比"十三五"期间有所提高，但与发达国家相比还有很大差距，应引起各方高度重视。据国际回收局最新公布数据，2019年，在8个主要国家和地区（包括中国、欧盟-28、美国、日本、俄罗斯、韩国、土耳其和加拿大）废钢应用量合计4.91亿吨，对应的粗钢产量为15.33亿吨，平均废钢比为32.0%，但去除中国后平均废钢比达到51.3%，我国废钢比仅为21.7%。分析认为，"十四五"时期甚至更长一段时间内是我国不断提高废钢铁应用比例的最佳时期。

2. 行业税负偏高，税收政策亟待规范

2015年，财政部和国家税务总局发布了财税78号文，对于符合《废钢铁加工行业准入条件》的企业销售给符合《钢铁行业规范条件》和《铸造行业准入条件》的企业的符合国家标准的"炼钢炉料"产品给予增值税即征即退30%的优惠。据统计，前七批379家准入企业只有1/3左右享受退税政策，还有多个地方税务部门未执行，个别地方财税政策带来"税收洼地"导致行业内票货分离的现象严重，不利于行业发展。此外，废钢铁加工企业难以取得进项发票，用于采购原料的现金支出难以列支成本，所得税的核定也存在不确定性，企业的税务风险较高。

3. 规范企业加工能力相对不足

前八批的478家规范企业年废钢加工能力约1.3亿吨，而废钢资源总量已达2.5亿吨。以2019年为例，国内钢铁企业消耗废钢铁2.16亿吨，其中社会废钢约1.7亿吨，约7000万吨来自规范企业，仅占社会废钢供应量的41%。

4. 国家对利用废钢铁的短流程电炉炼钢缺乏有效的政策支持

近年来由于废钢资源短缺、电价偏高等问题，国内短流程电炉炼钢发展缓慢。短流程电炉炼钢与长流程相比，吨钢成本仍然长期高出300~500元，缺乏实际的鼓励政策，在竞争中没有优势。

5. 冶金渣的开发利用面临瓶颈

特别是钢渣的深度开发、高效利用科技投入不足，产需双方的标准不统一，政策扶持力度不到位，跨行业应用存在技术、标准对接壁垒，难以做到真正意义上的"零排放"，成为行业发展的瓶颈，使得当前钢渣的综合利用率不足30%。

二、废钢铁产业"十四五"发展规划

(一) 指导思想和基本原则

"十四五"是我国大力推进新型工业化、信息化、城镇化、农业现代化和绿色化的重要时期。钢铁工业化解产能过剩矛盾，节能减排环保治理，发展绿色钢铁的任务十分艰巨。废钢铁产业发展将以党的十九届五中全会精神为指导，坚持改革创新，加快产业升级，不断提高废钢铁和冶金渣综合利用水平，努力构建我国废钢铁行业"一体化"发展的新格局，同时依托大型钢铁企业建立废钢铁加工配送示范基地，构造更加稳固的钢铁全产业链。

(1) 坚持标准引领，加强规范管理，建立有序的废钢加工配送体系。加强废钢铁产业标准化体系建设，推动废钢铁行业标准的宣贯落实，满足行业发展的需求，加强《再生钢铁原料》（GB/T 39733—2020）标准的宣贯工作，为废钢铁产业国际化做好准备。强化废钢铁加工行业规范管理，对于已准入的规范企业加强日常监管，建立有进有出的动态管理机制。

(2) 坚持突出重点，继续推进钢铁渣的深度处理高效利用并最终实现"零排放"。要加快关键技术的研发和推广，逐一解决影响钢渣开发利用的瓶颈问题。加快国外先进渣粉研磨设备的引进消化，尽快实现国产化，降低设备制造成本。要大力宣传推广钢铁渣资源化产品，节省原生资源，减少环境污染。

(3) 坚持节能环保，推动产业升级。废钢铁、冶金渣等设备制造企业，要用科技创新，提高技术水平，在满足国内生产需求的同时，制定相关装备的节能、环保及质量标准，扼制低价低质竞争，推动行业高质量发展。

(4) 坚持合作共赢，促进产业链一体化发展。废钢铁加工企业要用优质的服务和产品质量，同钢铁企业建立长期的战略合作关系。要加强对资源的掌握和对原料供应商的管理，提高资源保障能力。钢铁企业要从战略发展着眼，支持废钢铁加工企业的发展，培育战略供应商，提倡风险共担、利益共享，推动废钢铁回收拆解加工配送产业链"一体化"发展。

(二) 主要目标

(1) 不断提高废钢铁应用比例，到"十四五"末全国炼钢综合废钢比达到30%；

(2) 提高规范企业废钢铁加工配送能力，废钢铁加工准入企业年加工能力达到2亿吨；

(3) 加强标准体系建设，做好《炼钢铁素炉料（废钢铁）加工利用技术条件》（YB/T 4737—2019）行业标准和《再生钢铁原料》（GB/T 39733—2020）国家标准的宣贯工作；

(4) 制定废钢铁加工设备节能、环保及质量标准，进一步提高废钢铁加工装备水平，鼓励采用先进的加工设备，推动产业升级；

(5) 提高产业集中度，培植行业龙头企业；

（6）加强废钢行业培训，做好网络平台和期货相关知识的培训工作，鼓励企业利用金融工具避险，推动废钢期货平稳运行；

（7）研究和设计开发废钢铁价格指数，指导现货市场定价；

（8）推进废钢铁智能检测系统的研发与应用；

（9）推动冶金渣深度处理高效利用，逐步实现冶金渣零排放。

"十四五"期间废钢铁产业重点工程和项目：

（1）废钢铁加工配送示范工程；

（2）运用互联网+建立全方位废钢铁产业管理平台项目；

（3）区块链+废钢场地运营管理系统项目；

（4）废钢智能化自动检验系统；

（5）废钢破碎线尾料深度处理、高值化利用项目；

（6）报废汽车拆解与废钢加工产品化示范工程；

（7）废合金钢按合金成分分类加工配送示范项目；

（8）废钢加工装备节能、环保、性能标准研究项目；

（9）"钢铁渣零排放"示范项目；

（10）研发和推广钢渣微粉替代水泥成为生产"土壤固化剂"的主要原料。

三、钢铁绿色循环发展相关产业规划要点

"十四五"实现钢铁绿色高质量发展，不仅体现在废钢铁循环利用得到充分实施，相关的"钢铁渣开发利用产业、直接还原铁产业、废钢加工设备制造产业、钢铁尾矿渣综合利用等产业"的发展，也是钢铁绿色高质量发展不可缺少的重要组成部分。

（一）"十四五"钢铁渣开发利用规划

"十三五"以来，我国每年钢铁渣产生量均超过 4 亿吨，而综合利用率平均达到 65%，尤其钢渣利用率不足 30%。做好钢铁渣尤其钢渣的开发利用，是保证我国钢铁工业实现绿色发展必不可少的重点工作，"十四五"钢铁渣的开发利用任务相当繁重。

"十四五"规划目标：

（1）2025 年钢铁渣的综合利用率达到 85%，其中高炉渣的综合利用率达到 95%，钢渣的综合利用率达到 60%；

（2）建设"钢铁渣零排放"大宗固体废弃物综合利用基地，推动高炉渣、钢渣及尾渣深度研究、分级利用、优质利用和规模化利用，推动钢铁渣行业规范发展；

（3）积极推广应用先进的钢铁渣处理工艺技术，根据钢尾渣的高效利用产品的需要，加快技术创新，不断提升钢铁渣开发利用的水平；

（4）积极推进钢渣粉磨设备的引进研发进程，降低设备制造成本，提升钢渣粉的市场竞争力；

（5）继续做好钢铁渣产品标准和相关行业标准的衔接工作，解决产品应用的技术壁垒，促进钢铁渣产品的推广应用。

（二）"十四五"直接还原铁产业发展规划

我国直接还原铁技术研发推广起步较早，但由于铁矿石原料和气基燃料两大因素的影响，其生产发展缓慢，近年"发展热"持续强劲，但企业规模小，生产组织不稳定。我国直接还原铁产业有较大的发展空间，随着煤制气-气基竖炉联合工艺的发展，我国煤炭储量大的优势将有助于直接还原铁的发展。

"十四五"规划目标：

（1）推动氢冶金等先进技术的研发；

（2）加强成熟技术的推广应用，提高直接还原铁生产能力；

（3）加快回转窑应用低品位原燃料使用技术的研发，尽早形成适合我国回转窑煤基直接还原生产工艺技术。

（三）"十四五"废钢铁加工和冶金渣处理工艺产业发展规划

"十三五"以来，废钢铁产业的快速发展，为废钢铁加工技术的发展带来了发展机遇，"十四五"时期，废钢破碎线、门式剪切机、移动式剪切机等先进的废钢加工设备逐步成为主导装备，为生产优质废钢提供保障。

"十四五"规划目标：

（1）积极推广先进国产化的汽车拆解生产线，以满足今后汽车报废高峰期的需求，增加废钢铁资源总量；

（2）提高废钢加工设备技术水平，引导国产先进废钢加工设备走出国门，逐步打开国际市场；

（3）继续引进、研发高效现代废钢加工设备，如移动式液压剪等；

（4）重点专项研发特种废钢处理设备，实现废线材、超厚废钢、中间包、大块渣铁等的机械处理，减少火焰切割的处理量，降低环境污染的影响；

（5）组织科研院所、相关企业全力攻克钢铁渣粉磨设备的研发制造，逐步生产出技术先进的国产设备替代进口设备，为钢尾渣的深度处理高效利用提供精良的国产化装备；

（6）完善钢渣破碎磁选生产线的总体功能，提高产能水平，实现含铁量小于1%的目标，推进钢渣开发利用的进程。

四、"十四五"发展废钢铁产业政策建议

绿色发展成为钢铁行业未来发展的主要方向，而作为唯一可大量替代铁矿石的、可循环使用的绿色铁素资源，废钢铁产业的健康发展对钢铁工业实现"碳中和"具有重要意义。

建议：

（1）建议国家将废钢铁产业作为新兴战略产业纳入《国民经济和社会发展规划纲要》，促进废钢铁产业科学发展。

（2）建议修订2015年出台的财税78号文，将规范企业退税比例由30%提高到70%，

并推动政策落实，以降低企业税负，平抑"税收洼地"的影响。

（3）建议在全行业范围内统一所得税的核定方法，降低企业涉税风险，对准入企业免征所得税以鼓励其发展。

（4）建议国家出台鼓励钢铁企业多用废钢铁的政策，适时鼓励发展短流程电炉炼钢，做好电炉产业布局，从源头控制和减少污染源的产生。

（5）建议国家支持废钢铁电子商务的发展，在政策引导、政策优惠等方面推动交易市场健康、快步提升，适应废钢铁产业发展的需要。

（6）建议对进口再生钢铁原料的增值税实行全额即征即退，提高进口企业在国际市场的竞争力，并鼓励企业走出去设立加工基地，对接国内市场以促进进口，增加我国铁素资源战略储备。

（7）建议国家相关部门关注废钢铁统计信息体系建设，授权行业协会依法开展全国性的废钢铁统计信息收集汇总工作，提升信息的全面性、科学性、权威性，为国家宏观决策服务，为会员企业服务。

（8）建议国家组织相关部门和行业协会开展全国废钢铁资源普查工作，摸清家底，加快资源开发利用。

（9）建议支持建立废钢产业基金和相关投融资机构，对包括废钢加工体系、钢渣处理体系等提供建设发展资金，满足钢铁循环利用各个环节的长远发展需要。

（10）建议发挥行业协会、商会等社团组织的作用，制定政策时注意听取相关方面的意见。吸纳协会参与标准制定、课题调研、规划编制等各项工作。

结束语

我国废钢铁产业自"十一五"以来有了较快的发展，得益于国家的支持和企业的努力。让我们紧密地团结在以习近平同志为核心的党中央周围，不忘初心、牢记使命，坚持改革创新，加快产业升级，真抓实干，把废钢铁产业真正打造成产业化、产品化、区域化、规模化的工业化体系，促进冶金渣深度开发、高效利用，为我国钢铁工业超低排放和绿色高质量发展开创新的格局，做出新的贡献。

第十一章 废钢铁相关产业的发展

废钢铁产业化发展，也促进了冶金渣等相关产业的提升。冶金渣、直接还原铁、拆船、汽车拆解等行业在增加废钢铁资源和替代废钢铁炼钢方面，发挥了不同程度的作用，为我国钢铁工业的发展做出了各自的贡献。

本章系统地介绍了冶金渣、直接还原铁、拆船、汽车拆解产业发展状况，在产品开发利用、技术创新、装备发展及标准体系建设等方面取得的成就，并探索了未来的发展前景，反映出与废钢铁产业密不可分的关系。

第一节 冶金渣（钢渣与高炉渣）

冶金工业在钢铁冶炼过程中伴随着钢铁制造要产生大量的固体废物，炼铁工序产生的铁渣、炼钢工序产生的钢渣以及轧钢工序产生的氧化铁渣，各除尘系统产生的冶金尘泥等冶金固废，在业内统称为冶金渣。冶金渣送进专业化冶金渣处理厂，经过冶金渣处理专用设备及生产线进行粉化、破碎研磨等综合加工处理，生产出各类废钢、废铁，回炉炼钢。含有一定铁分的渣粉混合烧结，熔渣回炉造渣循环使用。剩余的尾渣经进一步深化加工生产出的高炉渣水泥、钢渣水泥、混凝土掺和料、砖块和墙体材料等，可广泛应用于建筑行业，为实现冶金固废高附加值资源化和"零排放"贡献力量。

冶金渣综合利用产业是一个新兴的再生资源产业、环保产业和钢铁资源循环产业，有利于提高资源利用率，有利于节能减排和低碳经济的发展，有着良好的经济环保和社会效益，发展潜力巨大。

我国是世界第一钢铁大国，2020年我国粗钢产量10.65亿吨，生铁产量8.89亿吨，产生钢铁渣约3.96亿吨，如果得到合理的开发利用，将是一笔巨大的财富。冶金渣是一种可利用的再生资源，含有一定量的废钢铁，以还原铁、氧化铁和金属铁的形式混合在内，其中高炉渣含铁量为3%左右，钢渣为10%左右，尘泥为30%左右，是废钢铁资源的重要来源，尤其是尾渣的综合利用，具有很高的开发价值。

一、冶金渣开发利用回顾

2010年8月10日，为了落实国家发改委关于制定我国"大宗固体废物深度处理综合利用实施方案"的会议精神，中国废钢铁应用协会组织钢铁企业、冶金渣开发利用企业、中冶集团建筑研究总院等单位，在北京召开了"冶金渣'十二五'发展规划座谈会"，最终形成冶金渣开发利用产业"十二五"发展规划。现附规划全文。

冶金渣开发利用产业"十二五"发展规划

中国废钢铁应用协会

一、我国冶金渣开发利用产业简介

冶金渣产业的描述：冶金工业在钢铁冶炼过程中伴随着钢铁制造要产生大量的固体废物。炼铁工序产生的铁渣、炼钢工序产生的钢渣以及轧钢工序产生的氧化铁渣，各除尘系统产生的冶金尘泥等冶金固废，在业内统称为冶金渣。冶金渣送进专业化冶金渣处理厂，经过冶金渣处理专用设备及生产线进行粉化、破碎、磁选、研磨等综合加工处理，生产出各类废钢、废铁，回炉炼钢。尾渣进一步深化加工生产出高炉渣水泥、钢渣水泥、混凝土掺和料、砖块和墙体材料等，广泛应用于建筑行业。实现冶金固废高附加值资源化和"零排放"。

冶金渣产业是一个新兴的环保产业，有利于钢铁资源循环，提高资源利用率，有利于节能减排和低碳经济的发展，有着良好的经济环保和社会效益，发展潜力巨大。

二、冶金渣开发利用的经济、环保效益分析

我国是世界第一钢铁大国，2009年我国粗钢产量5.68亿吨，生铁产量5.44亿吨，产生钢铁渣约2.6亿吨，具有很高的开发利用价值。

（一）冶金渣是一种可再生资源，可以进行高附加值资源转化

加快冶金渣开发利用，提高高附加值资源转化利用率，提高综合利用价值，实现"零排放"将为我国创造一笔巨大的财富。

冶金渣含有一定量的废钢铁，以还原铁、氧化铁、铁矿石的形式混合在内，其中高炉渣含铁量为3%左右，钢渣为10%左右，尘泥为30%左右。尤其是尾渣的综合利用，具有很高的开发价值。

我国对冶金渣的开发利用经历了三个阶段：

第一阶段：20世纪50~70年代属丢弃阶段，除部分铁渣经过膨化处理生产矿渣水泥等，其余熔渣直排大自然，填沟占地，一个钢厂，一座渣山，污染严重。

第二阶段：20世纪80~90年代中期，属粗放型开发阶段。用人工或机械将钢渣简单分离。废钢回炉，尾渣用于回填、铺路。

第三阶段：20世纪90年代末至21世纪初属综合开发利用阶段。在钢渣分离的基础上，研制开发尾渣的深加工产品。

一是将磁选后的尾渣进一步粉碎，将废钢铁微粒选出烧结矿。

二是将剩余的废弃物深加工，制成冶炼溶剂、矿棉、墙体材料、水泥添加剂等。

三是将除尘灰、工业污泥、氧化铁皮处理加工成球团矿回炉炼钢。

四是用高科技手段，进行高价值深层次的开发研究，如钢渣水泥，磁性材料的研制，稀土、钛、钒、铬、铌等稀有金属的提取研究和推广应用。

五是现阶段利用冶金渣生产钢铁渣复合粉的技术研发，具有更高的利用价值。

粒化高炉渣粉由于碱度低，大掺量会降低混凝土的钢筋锈蚀保护作用，降低耐磨性能。钢渣粉碱度高，可提高混凝土中钢筋锈蚀的保护作用，提高耐磨性能，提高混凝土后期强度，但早期强度偏低。钢铁渣复合粉是两种渣粉优势互补，可消除各自缺点，成为混凝土的最佳掺和料。

根据各自建筑规模和建材产品的需要，钢铁渣还可以用于生产钢铁渣建材制品、建筑砂浆、道路材料、水泥原料等。

（二）冶金渣是一种载能资源，综合利用可以节能减排，降低碳排放

1. 生产钢铁渣粉可节约能源

钢铁渣粉高价值资源化利用途径是充分回收金属后用于生产钢铁渣粉，代替部分水泥做混凝土掺和料。按照 2009 年产生钢铁渣 2.6 亿吨测，可生产钢铁渣粉 2 亿吨左右。

钢渣粉和矿渣粉的生产是将钢渣和矿渣磨细即可，减少了水泥生产中的生料粉磨和熟料煅烧工序，可以节约能源。

钢渣粉研磨设备采用卧式辊磨，粒化高炉矿渣粉磨采用立磨，以每生产 1 吨渣粉的电耗比生产水泥节省 60 千瓦时、年产 2 亿吨钢铁渣粉计算，每年可节省电耗 120 亿千瓦时。同时，利用渣粉还可节省熟料煅烧的煤耗，每吨渣粉与水泥相比节省煅烧所用煤约 121 千克，以年产 2 亿吨渣粉计算，每年可节省标准煤 0.24 亿吨。

2. 生产钢铁渣粉可以节省原生资源消耗

钢铁渣粉代替水泥使用可以节省水泥生产所用的石灰石、黏土质原料，每生产 1 吨水泥需要消耗 1.1 吨石灰石和 0.18 吨黏土质原料，我国石灰石的储量不多，40 年以后将会短缺。若每年生产 2 亿吨钢铁渣粉，相当于年节省石灰石资源 2.5 亿吨。

3. 生产钢铁渣粉可减少 CO_2 的排放

CO_2 排放量最多的行业为冶金、有色金属、建材、化工、制糖、造纸和火电。其中冶金行业占总排放量的 16.6%，水泥行业占总排放量的 13%。

中国是世界上水泥产量最多的国家。2008 年水泥产量为 14 亿吨，排放 CO_2 11.4 亿吨。

钢渣是在1650℃以上高温下形成的以硅酸二钙和硅酸三钙为主要成分的材料。高炉渣经水淬急冷形成玻璃体，也具有水硬胶凝性。在激发剂作用下生产钢铁渣粉只经磨细即成为产品，没有石灰石分解排放CO_2。且生产渣粉不需要煅烧，没有燃料燃烧排放CO_2。利用1吨钢铁渣作水泥或渣粉，将减少排放0.815吨CO_2。

经测算我国每年可生产2亿吨钢铁渣粉，可少排放1.6亿吨的CO_2，有利于我国低碳经济的发展。

随着我国经济发展方式的转变，低碳经济的发展和"资源节约型，环境友好型"社会体系建设的加快，我国冶金渣开发利用产业将在经济环保和社会效益方面发挥更加积极的作用，也应当更加受到国家相关政府部门的关注和政策的支持。

三、我国冶金渣产业发展的现状

21世纪以来，国家实施了《循环经济促进法》，将资源综合利用作为一项重大的技术经济政策推进，并以法律形式确定。在国家有关法规和优惠政策支持下，冶金渣的资源综合利用取得了长足进步，冶金渣的处理工艺不断创新，综合利用途径更加广阔，利用规模不断扩大，技术水平逐步提高，一批具有自主知识产权的技术装备得到推广应用，并取得了较好的经济效益、社会效益和环境效益。

（一）冶金渣综合利用规模不断扩大

1. 冶金查高价值资源综合利用率大幅度提高

"十一五"期间我国冶金渣的开发利用已进入综合利用年代，老渣山已全部处理完毕，大部分钢铁企业已配套建有专业化的冶金渣处理厂。尽管处理工艺和装备水平不同，基本上可以实现新渣即排即加工处理，新的渣山不再形成。"十一五"的后期加快了对冶金渣高价值利用的研究和应用，成效显著。

2009年我国高炉矿渣的产生量为1.85亿吨，用于生产粒化高炉矿渣粉和水泥混合材的高价值综合利用率占76.7%。

2000年我国开始建成粒化高炉矿渣粉生产线时，年产量只有120万吨，而到2009年，粒化高炉矿渣粉生产线约建成投产100个，年产量约为6100万吨。增长了50倍，发展速度很快。

粒化高炉矿渣粉由于细度的提高，比表面积在400平方米/千克以上，活性充分发挥，可等量取代10%~40%的水泥配制混凝土，提高混凝土的后期强度，改善耐久性，改善工作性能，有利于混凝土泵送浇注施工。作为21世纪混凝土掺和料，被国家列为"鼓励发展的环境保护技术"和绿色建材产品。

2009年我国钢渣的产生量约为7950万吨，综合利用率为22%，利用水平还较低。

2. 自主创新技术在推陈出新

"十一五"期间，我国冶金渣处理技术呈多元化发展，不断推陈出新，一是以武钢为代表的热泼技术，二是以宝钢为代表的滚筒技术，三是以马钢为代表的风淬技术，四是以京唐钢为代表的热闷技术，还有以鞍钢为代表的综合利用技术等。从投资、环保、故障率、合格率、成分转化等多层面分析，各有长短利弊，都在各个阶段发挥了很好的作用。

制约我国钢渣综合利用的关键问题是钢渣中游离氧化钙（f-CaO）和游高氧化镁（f-MgO）遇水体积膨胀。在使用时会造成建筑物、建材制品、道路开裂。近几年来研发的钢渣余热自解热闷处理工艺技术在解决钢渣的不稳定性上取得很大的进步。经过热闷处理，消解钢渣中游离氧化钙和游离氧化镁，钢渣粉化变稳定，使钢渣中含有10%的废钢充分回收，尾渣可100%用来生产建筑材料、建材制品和道路材料。

为了实现钢渣的高价值资源综合利用，近年来，我国对钢渣成分与胶凝性能关系进行了研究，在世界上首次提出钢渣是过烧硅酸盐水泥熟料，磨细至比表面积为400m²/kg以上，可等量取代10%~30%的水泥配制混凝土，可提高混凝土的后期强度，提高耐磨性和抗腐蚀性，降低水化热等理论，提出钢渣粉与粒化高炉矿渣粉复合应用是混凝土最佳掺和料，被国家环境保护部列为国家先进污染防治示范技术，并开始推广应用。

3. 废渣中金属资源回收利用率不断提高

由于采用先进的钢渣处理工艺和渣钢提纯及磁选工艺和设备，2009年我国的钢铁工业从钢渣中回收的废钢500余万吨，回收率与2005年相比提高46%。回收的铁精粉和渣钢可直接返回烧结或转炉炼钢，取得了良好的技术经济效益，节省了大量铁矿石资源，又减少了占地和环境污染。

（二）冶金渣综合利用工艺装备水平显著提高

近几年来，通过不断技术创新和引进、消化、吸收国外的先进技术装备，冶金渣处理利用工艺装备水平不断提高。

高炉渣水力冲渣在国外INBA法的基础上创新出我国自己的新INBA的工艺设备，实现了无污染、冲渣质量好、蒸汽回收的生产技术装备，并达到国际先进水平。

钢渣余热自解热闷处理工艺设备，用于消解钢渣中游离氧化钙、游高氧化镁使其稳定化处理。实现了适应液态钢渣直接热闷处理短流程工艺，自动化控制，安全可靠、无废水排放、节能降耗，达到国际先进水平。

粒化高炉矿渣粉的粉磨设备，在引进、消化、创新的基础上，自行设计制造出国产立式辊磨，在国内推广应用，达到国际先进水平。

钢渣的节能粉磨设备在引进国外卧式辊磨设备基础上，消化创新，已设计出卧式辊磨的图纸，正进行样机的加工制造，以满足钢渣粉生产的需要。

钢渣中渣钢提纯和磁选设备在引进国外钢渣棒磨机和宽带磁选机的基础上，消化创新，自行设计制造了国产钢渣提纯棒磨机和宽带磁选机，并在国内钢渣加工生产线上应用。

（三）深化改革，逐步建立冶金渣开发利用新机制

目前，我国冶金渣处理和运营模式有两种：

1. 由钢铁企业自己投资建设，自己或委托运营

这种模式虽然进行了一系列的改制，但基本上没有摆脱计划经济时期小而全的模式，尽管在钢企的冶金渣处理中发挥了很大的作用，但存在诸多弊端。不利于精干主体，不利于大型专业化设备的引进，不利于高价值资源利用的后续开发，不利于科学研究、科学管理、污染的集中防治和资源利用率的提高。

2. 由专业化公司投资和运营

近两年国内冶金渣专业化、规模化开发公司开始兴起，并对部分钢企的冶金渣进行投资运营。冶金企业将冶金渣的处理利用委托给专业公司，由于专业性强，技术先进，管理经验丰富，可以保证冶金渣"零排放"。有利于先进工艺设备的引进和应用，有利于终端产品和应用市场多元化发展，是提高资源化利用、提高经济效益的重要途径。

（四）完成了冶金渣资源综合利用的有关技术标准的制定

由中冶建筑研究总院牵头完成了科技部下达的冶金渣综合利用标准体系的研究，到2010年底制定和修订了32项标准，其中包括：基础标准、产品标准、方法标准和规程规范。为冶金渣产品的开发应用提供了技术支撑。

四、冶金渣产业存在的主要问题

（一）对冶金渣综合利用的价值认识不足

很多企业仅将冶金渣中的废钢铁选出后，把尾渣作为普通的废物弃掉、填埋或转移至城市郊区，由农民或个体户再次简单回收金属后随地堆弃。而没有作为资源循环进行深度开发，挖掘资源潜能和应用价值。没有提升到建设"两型社会"，发展"两型工业体系"，转变发展方式的战略高度去认识，综合利用的意识淡薄。

（二）综合利用水平不高

与发达国家相比，仍有一定差距，我国高炉渣的综合利用率约76.7%，钢渣的综合利用率仅为22%，铁合金渣的综合利用率为20%，有色冶金渣的综合利用率约为45%。平均综合利用率为54.9%，累计堆弃量已达十余亿吨。

（三）企业生产装备落后，技术创新能力薄弱

我国专业从事钢渣研磨设备研究和制造的单位较少，远远不能满足国内市场的需要，较先进的大型设备多为进口，且价格昂贵。引进创新不够，对自主研发的新技术、

新工艺、新设备的推广应用较慢。

（四）资金投入不足

钢铁企业技术改造资金首先安排在主体工程，冶金渣处理和利用资金难以安排到位。对国内专业化公司和境外企业的投资引进较少，投资理念和机制落后。

（五）法规政策尚不健全

我国有关资源综合利用的政策支撑体系和运行机制还不完备，缺乏有效的激励机制，对冶金渣产品的生产和应用缺乏必要的优惠政策，缺乏有效的市场调控监督，缺乏较强的技术服务体系，难以适应当前资源综合利用工作的需要。

（六）发展不平衡

地区发展不平衡，冶金渣开发利用发展较好的企业基本集中在东、中部地区的大型钢铁企业，而西部地区和中小企业的推进比较困难。

（七）基础工作薄弱

我国冶金渣的数据、信息统计体系建设仍在筹备中。冶金渣综合利用基础数据没有建立，企业统计数据不完善、不真实，方法不统一，难以为宏观调控和监控体系提供可靠的依据。

五、规划及目标

（一）规划背景

"十一五"期间我国粗钢产量和生铁产量都居世界第一。2009年全国粗钢产量达5.68亿吨，生铁产量5.44亿吨，有色冶金产量约0.26亿吨。冶金渣的产生量随之增加，冶金渣的"零排放"成为发展循环经济、保护生态环境、节能减排、加快建设节约型和环境友好型社会的一项紧迫任务。

实现"十二五"固体废物综合利用率任务，促进"两型社会""两型工业体系"建设，实现钢铁工业低碳节能减排的目标，是制定本规划总的原则。

（二）指导思想

认真贯彻落实《国家循环经济促进法》，以科学发展观为指导，以转变经济增长方式、节约资源和保护环境为目标，实现冶金渣"零排放"为重点目标，以技术创新和体制创新为动力，加强法制建设，完善政策措施，政府大力推进，企业积极实施。建立适合我国国情的冶金渣资源综合利用供需体系和投资运营机制，以资源的高价值利用促进我国冶金渣产业的科学发展。

（三）基本原则

（1）坚持冶金渣"零排放"的原则。突出重点，以点带面，扩大综合利用率，实现"零排放"。采用先进技术和装备实现当年冶金渣100%处理利用，逐步消除堆弃的冶金渣，清理排渣占地，实现经济效益、社会效益、环境效益的统一。

（2）坚持政策引导原则。要发挥政府在冶金渣资源综合利用中的引导和调控作用，营造有利于资源综合利用的体制环境、政策环境和市场环境。

（3）坚持市场导向原则。充分发挥市场调节作用，推动企业投资，将资源综合利用作为降低生产成本、提高资源利用率、减少排放的重要措施，使企业在逐步提高资源综合利用中，获取更大的经济环保效益。

（4）坚持科学发展观，技术促进原则。通过技术创新、技术推广，优化产业结构、产品结构、促进技术提升；通过产业化，促进资源综合利用的市场化、集约化和规范化。

（5）坚持社会参与原则。资源综合利用，需要全社会的关注和积极参与。政府要积极引导冶金渣开发利用的投资和产品的推广使用。产废企业应承担资源开发利用的经济责任和社会义务。

（四）规划依据

（1）《循环经济促进法》；
（2）《国家"十二五"规划》；
（3）国家有关法律、法规；
（4）《钢铁产业调整和振兴规划》；
（5）其他相关规划。

（五）规划范围与期限

（1）规划范围为全国钢铁冶金企业；
（2）"十二五"规划期限2011~2015年；
（3）规划基准年为2011年，参考2009年和2010年相关数据。

（六）"十二五"期间的具体指标

2015年，我国粗钢产量按7亿吨测算，则冶金渣产生量约为3亿吨。冶金渣的综合利用率达到73%以上。其中高炉渣的综合利用率达到86%以上，钢渣达到60%，铁合金渣达到60%，降低碳排放2亿吨。

（七）"十二五"期间冶金渣资源综合利用研发的重点领域

重点是先进的、节能的、无污染的冶金渣处理工艺和需求市场大、高附加值的产品。

1. 从冶金渣中回收有价值金属的重点技术

（1）钢渣高压热闷处理技术和设备的研发。

（2）钢渣高效宽带磁选设备的研发（提高金属回收率）。

（3）冶金尘泥精选技术和应用技术的研发。

（4）钢渣产品深加工生产 TFe>90% 的渣钢技术和 TFe>60% 的磁选粉技术。

（5）冶金渣中钒、钛、稀土、金、银等贵金属的提取技术。

2. 冶金渣高附加值产品加工技术的重点内容

（1）钢铁渣复合粉生产工艺技术及示范工程。

（2）钢渣粉加工技术和设备的研发。

（3）轧钢氧化铁皮生产磁性材料的研发。

六、对策与产业发展建议

（一）认真贯彻《循环经济促进法》和节约资源的国策，把冶金渣资源综合利用纳入国家新兴产业发展规划

从战略资源高度充分认识冶金渣开发利用对节约钢铁原料资源、减少建筑材料原生资源开采的支撑作用，促进经济增长方式转变和保障国家经济安全的重要意义。建议组织制定和完善产业规划、产业政策、结构调整、技术进步、投资管理以及财政、税收、金融等方面的优惠政策。将冶金渣综合利用纳入新兴产业"十二五"发展规划。

（二）加强科学规划，促进冶金渣开发利用产业的科学发展

建议各相关政府部门、行业、企业应根据实际情况，编制本地区、本行业、企业的冶金渣资源综合利用规划，并要按照规划重点和保障措施组织实施。规划要与上游钢铁企业和下游的建筑行业建立良好的长期协作关系，促进该产业的持续发展。

（三）健全相关的政策法规和行业管理制度，加强监管，依法经营

建立并逐步形成以《循环经济促进法》为核心、《资源综合利用条例》为基础，包括主要固体废物资源化利用管理专项法规相配套的资源综合利用法律法规体系。加大执法监督力度，从法律上确立资源综合利用的地位和作用，制定冶金渣任意排放的处罚办法，对任意排放冶金渣造成污染和资源浪费的企业加大监管和处罚力度。

（四）完善和规范冶金渣资源综合利用激励政策

要进一步健全和完善冶金渣资源综合利用的鼓励和扶持政策措施，完善税收优惠政策。把冶金渣加工处理、产品销售、产品应用纳入再生资源优惠产品目录，加大支持力度。

（五）加大科研投资，加快技术进步

国家科技计划和高技术产业化示范计划应继续加大冶金渣资源综合利用关键技术的资金投入和攻关力度，发挥行业协会的优势，组织开发和推广先进的钢渣热闷处理工艺技术和钢铁渣粉生产应用技术、钢渣提纯磁选技术等。努力突破制约冶金渣综合利用发展的瓶颈。建立以企业为主体，产、学、研相结合的资源综合利用技术创新体系，加快科技成果的转化，支持引进国外先进技术，消化、吸收、创新，加快先进成熟的新技术、新工艺、新设备和新材料的推广应用。

组织制定《冶金渣资源综合利用技术产业政策》，进一步规范冶金渣处理技术标准和产品制造应用标准。加快技术升级。

（六）建立行业准入制度，创建示范基地、规范行业管理

协助国家相关政府部门制定冶金渣开发利用企业准入标准，规范行业管理，淘汰落后。在此基础上制定冶金渣开发利用示范基地标准，"十二五"期间，要在全国钢铁、水泥重点生产地区建立几个实现"零排放"的示范园区，充分发挥示范企业的领军和示范作用，推动资源综合利用的快速发展。

（七）加快行业统计工作和标准化工作的建设，培育新的服务体系

建立冶金渣综合利用数据信息统计制度。将其纳入国家统计体系，为国家宏观调控和企事业单位开展资源综合利用提供统一、准确、权威的数据信息。

完善冶金渣资源综合利用产品的标准化工作，制定与国际接轨的技术标准，并逐步统一行业术语，形成统一的行业交流平台。加强认证标志和质量监督工作，强化生产准入和市场准入。

充分发挥现有机构和行业协会的作用，不断培育新的服务支持体系。建议国家统计局应将冶金渣统计并入废钢铁统计，以便于启动便于管理。

（八）加强宣传引导，提高全民参与意识

广泛深入地开展冶金查资源综合利用的宣传活动，提高全民资源忧患意识、节约意识和责任意识。企业应加强资源综合利用技术培训，新闻单位应弘扬资源综合利用典型，曝光资源浪费、污染环境的企业和现象。鼓励使用资源综合利用产品。

（九）加强国际合作

进一步扩大开放，借鉴国外先进管理经验和成熟的技术，加强国际合作，大力吸引外商投资，引进资金、引进技术、引进设备，把我国的冶金渣产业做强做大。

（十）充分发挥行业协会的纽带和桥梁作用，促进行业的继承发展

资源综合利用是一项系统工程，需要国家有关部门支持和配合，共同推动。在充分

发挥国家部委和各地方政府资源综合利用管理部门的领导和协调工作的同时，要充分发挥行业协会的作用。在制定相关政策、法规、规划、标准时要充分听取协会的立法建议和企业诉求。在市场运作和行业发展方面，要充分发挥协会的协调和监督管理作用。建立长效的运行管理机制，促进冶金渣开发利用产业健康、有序、持续地发展。

结束语

我国冶金渣开发利用产业是一个新兴产业，虽然起步较早，但作为一个产业发展应是近年的事。政策支撑体系、技术支撑体系、市场支撑体系，管理机制都还很薄弱，正处于产业发展的初级阶段。需要国家各级政府部门的关注和政策的支持，需要广大科技人员和行业员工的艰苦奋斗。该产业是一个节能减排、资源综合利用和低碳产业，有着广阔的发展前景。我国冶金渣年产生量很大，充分开发利用是一个很大的产业，有着巨大的经济和环保效益，发展潜力巨大。

二、钢铁渣产生利用现状

2010~2020 年钢铁渣的产生量、利用量、利用率和堆存量见表 11-1。

表 11-1　2010~2020 年钢铁渣的产生量、利用量、利用率和堆存量

年份	高炉渣/万吨				钢渣/万吨			
	产生量	利用量	堆存量	利用率/%	产生量	利用量	堆存量	利用率/%
2010	20067	15251	4816	76.0	8147	1711	6436	21.0
2011	21420	16708	4712	78.0	9042	1989	7053	22.0
2012	22134	17265	4869	78.0	9300	2046	7254	22.0
2013	24105	19766	4339	82.0	10127	2532	7595	25.0
2014	24194	19791	4403	81.8	11518	2522	8996	21.9
2015	23494	19406	4088	82.6	10449	2205	8244	21.1
2016	23621	19605	4016	83.0	10506	2311	8195	22.0
2017	24877	20772	4105	83.5	9669	2079	7590	21.5
2018	26214	22020	4194	84.0	12061	2653	9407	22.0
2019	25252	21212	4040	84.0	12454	2989	9465	24.0
2020	26981	22934	4047	85.0	12660	3241	9419	25.6

（一）钢渣综合利用技术

（1）钢渣提纯工艺技术。钢渣中约含 10% 的金属铁。由于在冶炼造渣过程，钢渣在钢液表面处于喷溅状态，有部分钢液以钢珠形态和钢渣黏附包裹在一起，随渣排出，造成钢渣中残钢回收困难。针对这一现象，研发成功用棒磨机进行破碎、剥离、提纯渣钢的新工艺，使回收的渣钢铁品位大于85%，可直接返回炼钢；磁选粉的铁品位高于40%，可直接返回烧结使用；尾渣的金属铁含量小于2%，可用于建材使用。

（2）钢铁渣生产用于水泥和混凝土的复合粉技术。根据国家标准《用于水泥和混凝土中的粒化高炉矿渣粉》（GB/T 18046—2017）和《用于水泥和混凝土中的钢渣粉》（GB/T 20491—2017）生产的产品已在国内推广应用。由于矿渣粉的碱度低，大掺量时会出现钢筋锈蚀和碳化起砂等现象，因此需掺入碱性的钢渣粉以改善单掺矿渣粉的缺点，又可发挥钢渣粉后期强度高、耐磨性好等优点。

将粒化高炉矿渣和钢渣分别磨细至细度（比表面积）在 $400m^2/kg$ 以上，按科学比例配制成钢铁渣复合粉作混凝土掺和料，可等量取代水泥的10%~40%配制混凝土。

（3）钢铁渣生产水泥技术。在硅酸盐水泥中按一定比例掺入钢铁渣粉制成钢渣硅酸盐水泥、低热钢渣水泥、钢渣道路水泥等水泥品种。目前我国已有"钢渣硅酸盐水泥""低热钢渣矿渣水泥""钢渣道路水泥""钢渣砌筑水泥"的标准和产品。

（4）钢渣用于公路材料技术。经稳定化处理后的钢渣可用于道路垫层、基层和面层，也可作沥青混凝土路面，提高公路抗压、抗折强度，改变公路抗弯沉性能。钢渣作道路材料是成熟的技术，在国内的北京、太原、马鞍山、武汉等地都有应用的范例。

（5）钢铁渣制砖技术。经稳定化处理后的钢渣和粒化高炉矿渣为主要原料掺入少量激发剂可产生建筑用砖、地面砖和砌块等建筑材料，其强度和耐久性高于黏土砖。

钢渣的资源化利用技术较多，但大批量规模化应用的主要是水泥生产、钢渣粉充当胶凝材料。此外，钢渣人造骨料用于道路、制砖等方面。目前钢渣的资源化利用经济效益较差、产品附加值低，受水泥行业市场行情上下波动，也因地域不同而具有较大的差异。

（6）钢渣替代水泥制土壤固化剂技术。钢渣经深度处理，最后研磨成超细粉，替代水泥与其他材料科学配比混合做各种类型的土壤固化剂和岩石固化剂，已在湖北、浙江、广东等地得到成功应用。目前宁波钢厂、宝丰公司和中国建筑科学研究院正在深入研发和应用中，这项技术的成功将把钢渣综合处理和有效利用提升到一个高质量创新发展阶段。

当前还有一些企业正在研发、实验新的工艺、技术、产品。钢渣作为一种潜在的固废材料，其深度处理、高效利用将大有可为。

（二）高炉渣利用技术

高炉渣具有活性好的特点，主要用于制备矿渣微粉，可部分替代水泥熟料，用于水泥和混凝土行业。我国高炉渣基本全部粉磨应用于水泥和混凝土掺和料。

目前高炉渣基本被视为资源，经济效益随水泥行业上下波动，今年以来水泥价格高涨，高炉渣及矿渣微粉价格上涨，经济效益较好。高炉渣资源化利用不存在问题。钢铁渣主要利用途径及所占利用量的比重（2011年）见表11-2。

钢铁渣充分回收金属后用于生产钢铁渣粉，代替部分水泥做混凝土掺和料。按照2020年我国产生钢铁渣3.96亿吨测算，每年可生产钢铁渣粉3亿吨左右。

表 11-2　钢铁渣主要利用途径及所占利用量的比重（2011 年）

种类		主要利用途径	利用量/万吨	占综合利用量的比例/%
高炉渣	水淬	用于水泥和混凝土中粒化高炉矿渣	11954	74.5
		水泥混合材	3926.4	21.5
	慢冷	慢冷做碎石	835.4	4.0
钢渣		用于水泥和混凝土中的钢渣粉	850	52.7
		钢渣水泥及水泥配料	453	20.8
		钢渣砖	226	8.4
		钢渣道路材料、回填材料	460	18.1

　　钢渣粉和矿渣粉的生产工艺是将钢渣和矿（铁）渣磨细即可，减少了水泥生产中的生料粉磨和熟料煅烧工序，可节省水泥制造中熟料煅烧的煤耗，每吨渣粉与水泥相比可节省煅烧所用煤约 121 千克，以年产 3 亿吨渣粉计算，每年可节省标准煤 0.36 亿吨。

　　钢渣粉研磨采用卧式辊磨，粒化高炉矿值粉采用立磨后，以每生产 1 吨渣粉的电耗比生产水泥节省 60 千瓦时、年产 3 亿吨钢铁渣粉计算，每年可节省电耗 180 亿千瓦时。

　　钢铁渣粉代替水泥使用可以节省水泥生产所用的石灰石，黏土质原生资源的开采。每生产 1 吨水泥需要消耗 1.1 吨石灰石和 0.18 吨黏土质原料。我国石灰石储量不多，40 年以后将会短缺。若每年生产 3 亿吨钢铁渣粉，相当于年节省石灰石资源 3.8 亿吨。

　　2009 年以来，国家实施了《循环经济促进法》，将资源综合利用作为一项重大的经济发展战略推进。在国家有关法规政策支持下，冶金渣的资源综合利用取得了长足进步，冶金渣处理工艺不断创新，综合利用途径有所拓展，利用规模不断扩大，技术水平逐步提高，一批具有自主知识产权的技术装备得到应用，并取得了一定的经济效益、社会效益和环境效益。

　　我国高炉矿渣主要用于生产高附加值粒化高炉矿渣粉和水泥混合料。粒化高炉矿渣粉比表面积可达到 $400m^2/kg$ 以上，可等量取代 10%~40% 的水泥配制混凝土，提高混凝土的后期强度，改善耐久性和工作性能，有利于混凝土泵送浇筑施工，是较好的混凝土掺和料。目前，粒化高炉矿渣粉已被国家列为"鼓励发展的环境保护技术"和绿色建材产品（见图 11-1）。

图 11-1　高炉矿渣

三、钢铁渣处理先进技术和装备发展

(一) 钢渣处理工艺技术及装备

1. 钢渣辊压破碎-余热有压热闷处理技术及装备

钢渣辊压破碎-余热有压热闷技术是一种新型钢渣稳定化处理技术，该技术于2012年投产首台套。其热闷工作压力0.2~0.4兆帕，在较高的压力条件下，增大了水蒸气的渗透压，加快了水蒸气与钢渣中的游离氧化钙（f-CaO）的反应速率，将热闷时间由8~12小时缩短至2小时左右。同时，该技术在进行钢渣处理时，整个过程基本都在密闭体系下进行。因此，较现有钢渣处理技术相比，其洁净化程度更高，更加环保，并为钢渣余热的回收利用创造了条件。

从工艺处理过程上讲，钢渣辊压破碎-余热有压热闷技术可分为钢渣辊压破碎和余热有压热闷两个阶段。具体工艺流程如图11-2所示。

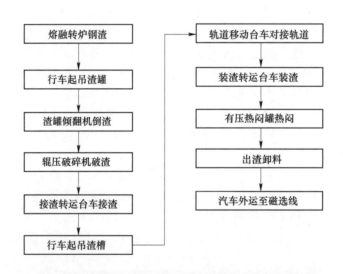

图11-2　钢渣辊压破碎-余热有压热闷处理工艺流程图

该工艺技术特点：（1）物料要求、稳定性情况和渣铁分离情况：与钢渣池式热闷自解处理技术相同。（2）粉化率：处理后钢渣中-20毫米粒级含量可达到70%以上。（3）热闷参数：热闷时间约2小时，热闷工作压力0.2~0.4兆帕，吨渣水耗0.3~0.4吨。（4）环保情况：热闷过程所产生的蒸汽通过管道进行有组织排放，处理过程洁净环保。（5）配套装备：辊压破碎机、渣罐倾翻车、有压热闷罐和转运台车。（6）运行成本低。

在中冶建研院、中冶节能环保等公司的大力推广下，从2012年至今，该技术成功应用于河南济源、江苏镔鑫、联合大马、中国宝武、河钢乐亭、首钢等40余家钢铁企业，占新建钢渣处理线的80%以上，应用该技术的部分企业见表11-3。

表 11-3　部分采用钢渣有压热闷技术的企业

序号	使用企业	规模/万吨·年$^{-1}$
1	河南济源钢铁（集团）有限公司	60
2	珠海粤裕丰钢厂	50
3	沧州中铁装备制造有限公司	95
4	江苏省镔鑫钢铁集团有限公司	70
5	联合钢铁（大马）集团公司	50
6	常州东方特钢有限公司	30
7	内蒙古赤峰远联钢铁公司	35
8	首钢京唐钢铁联合有限责任公司	60
9	唐山东海钢铁集团有限公司	110
10	沙钢集团安阳永兴特钢有限公司	30
11	广西盛隆冶金有限公司	70
12	通化钢铁集团股份有限公司	46
13	河钢乐亭钢铁有限公司	142
14	连云港兴鑫钢铁有限公司	30
15	山西建龙实业有限公司	96
16	广西贵港钢铁集团有限公司	40
17	中国宝武武钢集团有限公司	90
18	辛集市澳森钢铁有限公司	90

2. 滚筒粒化工艺

滚筒粒化工艺是将液态钢渣倒入渣罐后，经渣罐车运输到滚筒渣处理间，然后经吊车将渣罐吊运到滚筒进渣装置槽口，并倒入滚筒装置内，液态钢渣在滚筒内同时完成喷水冷却、固化、破碎后，经板式输送机排出到渣场，此钢渣再经卡车运输到加工车间进行磁选，回收废钢。

3. 钢渣常压池式处理技术

钢渣常压池式处理技术的原理是将液态的钢渣运至余热自解处理生产线，直接倾翻至余热自解装置中，盖上装置盖，自动化控制喷水产生蒸汽对钢渣进行消解处理，喷雾遇热渣产生饱和蒸汽，与钢渣中游离氧化钙（f-CaO）、游离氧化镁（f-MgO）发生如下反应：

$$钢渣中 \quad f\text{-}CaO + H_2O \longrightarrow Ca(OH)_2 \quad 体积膨胀 98\%$$

$$f\text{-}MgO + H_2O \longrightarrow Mg(OH)_2 \quad 体积膨胀 148\%$$

由于上述反应致使钢渣自解粉化，8~12 小时后装置内温度降至 60℃，打开装置盖，用挖掘机或抓斗将钢渣铲出放入条筛中粗筛，小于 200 毫米的钢渣输送至筛分磁选提纯加工生产线。

钢渣余热常压自解处理工艺具有以下技术特点：钢渣粒度小于 20 毫米的量占 60% 以上，省去了钢渣热泼工艺的多级破碎设备。渣钢分离效果好，大粒级的渣钢铁品位高，金属回收率高，尾渣中金属含量小于 2%，减少金属资源的浪费。与其他工艺相比，钢渣余热自解处理可使尾渣中游离氧化钙（f-CaO）和游离氧化镁（f-MgO）充分进行消解反应，消除了钢渣不稳定因素，使钢渣用于建材和道路工程安全可靠，尾渣的利用率高。粉化钢渣中水硬性矿物硅酸二钙（C_2S）、硅酸三钙（C_3S）的活性不降低，保证钢渣质量。钢渣粉化后粒度小，用于建材工业无需破碎，磨细时也可提高粉磨效率，节省电耗。

该技术从 2007 年至 2010 年连续四年被列为国家先进污染防治技术和国家鼓励发展的先进技术，并在鞍钢鲅鱼圈新炼钢、首钢京唐曹妃甸新炼钢、本钢、新（余）钢、九江钢厂、日照钢铁等 30 余个钢铁企业推广应用，使我国钢渣资源利用率由"十一五"初的 10% 提高到"十二五"初的 21%。该技术专利发明于 2010 年获中国专利优秀奖。

4. 热泼法

其基本原理是在炉渣高于可淬温度时以有限的水向钢渣喷洒，使渣产生的温度应力大于渣本身的极限应力，使钢渣产生裂纹。裂纹相交，钢渣破裂成块，冷却水继续沿裂纹渗入，使钢渣进一步破裂。同时加速了游离氧化钙（f-CaO）的水化消解，使钢渣向更小块碎裂或者粉化。

5. 蒸汽陈化法

有三面封闭的陈化箱，陈化箱内壁嵌钢板，底部设蒸汽管道，空气冷却的钢渣倒入陈化箱内，通入蒸汽，处理后的钢渣用铲式装载机运走。此处理方法不能自动化控制，蒸汽消耗量大，处理周期长。

6. 风淬工艺

风淬是将液态钢渣流至渣罐内，用吊车吊起渣罐慢慢翻入中间罐内。在中间罐的底部开有一个小孔，该小孔可控制熔渣的流量，熔渣从孔中流出后自由落下，受到设置于下方喷出的高速气流冲击，使钢渣成为颗粒状。一般飞行 8m 以上的渣粒已完全变为固态，渣粒之间不会产生粘连现象，或渣粒直接落入水池中，然后运输至筛分选磁选车间，经磁选选出废钢粒。主要钢渣处理工艺技术特点对比见表 11-4。

对比表 11-4 可知，有压热闷工艺技术适用性强、处理时间短，在自动化、处理效果、环境排放、资源化利用、余热利用等方面均具有优势，符合我国日益严格的环境排放标准以及装备升级换代的需要。

表 11-4　主要钢渣处理工艺技术特点对比

工艺	有压热闷	池式热闷	蒸汽陈化法	热泼法	滚筒法	风淬法
适应性	全部	全部	冷渣	全部	液态	液态
处理周期	2~3 小时	22 小时	不低于 24 小时	—	—	—
粉化率	约 70%	约 60%	约 10%	—	—	—
自动化水平	高	一般	高	低	高	高
环境排放	有组织	有组织	有组织	无组织	有组织	有组织
资源化利用率	100%	100%	100%	铁回收率低，尾渣无法利用	铁回收率低，尾渣利用途径少	铁无法有效回收
余热利用	吨渣蒸汽 150 千克以上	无	无	无	无	试验室阶段

钢渣形态如图 11-3 所示。

图 11-3　钢渣

"十一五"以来，我国钢渣处理技术呈多元化发展，不断推陈出新，一是以武钢为代表的热泼技术；二是以宝钢为代表的滚筒技术；三是以马钢为代表的风淬水淬技术；四是以首钢京唐为代表的热闷技术；还有以鞍钢为代表的综合利用技术。从投资、环保、故障率、资源循环、成分转化等多层面分析，各有长短利弊，都在各个阶段发挥了很好的作用。

制约我国钢渣尾渣综合利用的关键问题是钢渣中游离氧化钙（f-CaO）和游离氧化镁（f-MgO）遇水体积膨胀，在使用时会造成建筑物、制品和道路开裂。近几年研发的钢渣余热自解焖处理工艺技术，在解决钢渣的不稳定性上取得了很大的进步。经过热焖处理，消解钢渣中游离氧化钙和游离氧化镁，钢渣粉化稳定，使钢渣中含有10%的废钢充分回收，尾渣可100%用来生产建筑材料、建筑制品和道路材料。

（二）高炉渣处理技术及装备

现代高炉炼铁生产中，炉渣的处理主要采用水力冲渣方式进行，仅在事故应急处理时才采用干渣处理方式。水淬时，一种是将高炉熔渣直接水淬，脱水方法主要有底滤法、因巴法、拉萨法及笼法等，其主要工艺过程是高炉熔渣流被高压水水淬，然后进行渣水输送和渣水分离；另一种是高炉熔渣先机械破碎后进行水淬，主要代表为图拉法和HK法等，其主要工艺过程是高炉熔渣首先被机械破碎，在抛射到空中时进行水淬粒化，然后进行渣水分离和输送。

1. 底滤法

底滤（OCP）法是目前国内普遍采用的炉渣处理方法之一，其工艺过程为：高炉熔渣在冲制箱内经高压水冲制成水渣后，经冲渣沟进入底滤池，利用水渣自身及过滤池下部铺设的砾石来过滤水分，水渣过滤水后被抓斗抓至卡车运走。

2. 因巴法

因巴（INBA）法是由卢森堡PW公司和比利时西德玛（SIDMAR）公司共同开发的炉渣处理工艺，1981年在西德玛公司投入运行。国内历经引进、不断改进成熟、国产化，包括宝钢、酒钢等钢铁企业在内的多座高炉采用因巴法炉渣处理工艺（即热转鼓法渣处理工艺），取得了良好的使用效果。

与铁水分离后的炉渣，经渣沟进入炉渣粒化区，吹制箱内的高速水流使其水淬粒化，经水渣槽进一步粒化和缓冲之后，流入转鼓内的水渣分配器，被均匀分配到转鼓过滤器中。在转鼓下半周滤去部分水后，被叶片刮带，随筒边旋转边自然脱水；转至转鼓上半周时，渣落至伸入鼓内的皮带上，经此皮带和分配皮带送至成品槽贮存，装车外运。

3. 圆盘法

熔渣从高炉出来，沿固定出渣沟进入粒化装置工艺线，粒化器喷出冲渣水将渣粒化并冷却，渣水混合物一起落入沉淀池，池中保持一定的水位。在粒化过程和沉淀池产生的气体混合物经烟囱排入大气。并在烟囱中部设冷凝塔。冷凝塔中，设上、下两道喷淋装置，下层由加压泵抽取热水池的热水，在冷凝塔的中下部向高温蒸汽喷淋。上层由系统补充水加压后喷淋。喷淋水和蒸汽冷凝水落入沉淀池内，回收部分冷凝水。在沉淀池里，渣浆自然变稠，要用循环水澄清。粒化好的渣浆沉积在沉淀池底部，利用气力提升机提升至分离器。分离后经溢流斜槽流入圆盘（RD）型脱水器。已脱好的粒化渣卸入料仓，然后用皮带输送至成品仓。脱水器过滤的水，经脱水器下部的集水器，沿斜槽流回到沉淀池。

4. 图拉法

因该法首次应用是在俄罗斯图拉厂 2000m³ 高炉上，故称其为图拉（TYNA）法。1998年9月建成投产的唐钢 2560m³ 高炉引进了三套图拉法处理装置，使用至今，运行状况良好。

图拉法炉渣处理工艺主要过程包括炉渣粒化和冷却、水渣脱水、水渣输送与外运以及冲渣水循环等。熔渣经渣沟流嘴落至高速旋转的粒化轮上，被机械破碎、粒化，粒化后的炉渣颗粒在空中被水淬冷却；渣粒在呈抛物线运动中，撞击挡渣板被二次破碎；渣水混合物落入脱水转鼓的下部，继续进行水淬冷却。采用圆筒形转鼓脱水器对水渣进行脱水。安装在转鼓内镶有特殊耐磨材料的受料斗自动完成脱水器内成品渣的收集，成品渣经受料斗卸料口下方的皮带运输机运出。脱水器下方的热水槽需保持一定水位，以确保炉渣的冷却效果。水经溢流装置进入分为两格（一格为沉渣池，一格为清水池）的循环水池。循环水池锥形底部沉渣，由提升装置或渣浆泵打到转鼓脱水器内进行脱水。熔渣粒化、冷却过程中产生的蒸汽和有害气体混合物由集气装置收集通过烟囱向高空排放。

就目前来看，底滤法处理水渣含水率低，质量好，但占地面积大，系统投资也较大；圆盘法处理水渣性能好，但圆盘脱水器体积庞大，处理吨渣单位耗量大，成本较高；图拉法安全性能好，返渣率高，使水系统磨损严重，粒化轮衬板寿命短，增加维修成本；而投资费用最大的环保因巴法在技术上最为成熟，实际应用的高炉也较多。

四、钢铁渣资源化综合利用标准体系的建立

全国钢标准化技术委员会紧紧围绕钢铁行业的发展规划，以标准为突破口，大力推广钢铁固废资源化工作。自 2005 年以来，全国钢标委开始组织冶金标准信息研究院和中冶建筑研究总院有限公司等单位系统地进行钢铁工业固体废物资源化综合利用标准化的研究工作，制定了该领域的标准化体系，制定、修订了一系列的相关标准，规范了钢铁废物的行业市场推测，并对钢铁工业固体废物"零排放"起到推动作用。目前钢铁渣资源化综合利用的标准，基本形成了系列化标准，见表 11-5。今后重点加强基础性标准和管理规范化的标准，最大限度满足使用需要，为钢铁渣的资源化利用提供依据，并使企业获取更好的经济效益，使钢铁废物资源化综合利用处于一种良性循环，为钢铁渣的资源综合利用提供技术支撑。

表 11-5　钢铁渣系列标准

序号	标准种类	标准名称	标准号
1	基础标准	钢铁渣及处理利用术语	YB/T 804—2009
2	试验方法标准	钢渣稳定性试验方法	GB/T 24175—2009
3		钢渣中磁性金属铁含量测定方法	YB/T 4188—2009
4		钢渣中全铁含量测定方法	YB/T 148—2009
5		冶炼渣易磨性试验方法	YB/T 4186—2009
6		钢渣化学分析方法	YB/T 140—2009
7		冶炼渣粉颗粒粒度分布测定激光衍射法	YB/T 4183—2009
8		不锈钢钢渣中金属含量测定方法	YB/T 4227—2010
9		钢渣中游离氧化钙含量测定方法	YB/T 4328—2012
10		钢渣　金属铁含量的测定　三氯化铁—重铬酸钾滴定法	YB/T 4725—2018
11		钢渣　二氧化硅含量的测定　高氯酸脱水重量法和硅钼蓝光度法	YB/T 4724—2018
12		钢渣　氧化锰含量的测定　高碘酸钾（钠）分光光度法	YB/T 4709—2018
13		钢渣　氧化亚铁含量的测定　重铬酸钾滴定法	YB/T 4710—2018
14		钢渣　氧化钠和氧化钾含量测定　火焰原子吸收光谱法	YB/T 4711—2018
15	产品标准	钢渣硅酸盐水泥	GB 13590—2006
16		用于水泥和混凝土中的钢渣粉	GB/T 20491—2017
17		用于水泥和混凝土中的粒化高炉矿渣粉	GB/T 18046—2008
18		道路用钢渣	GB/T 25824—2010
19		钢渣道路水泥	GB 25029—2010
20		用于水泥中的钢渣	YB/T 022—2008
21		工程回填用钢渣	YB/T 801—2008
22		冶金炉料用钢渣	YB/T 802—2009
23		道路用钢渣砂	YB/T 4187—2009
24		普通预拌砂浆用钢渣砂	YB/T 4201—2009
25		用于水泥和混凝土中的硅锰渣粉	YB/T 4229—2010
26		用于水泥和混凝土中的锂渣粉	YB/T 4230—2010
27		混凝土多孔砖和路面砖用钢渣	YB/T 4228—2010
28		混凝土用高炉重矿渣碎石	YB/T 4178—2008
39		低热钢渣硅酸盐水泥	JC/T 1082—2008
30		钢渣砌筑水泥	JC/T 1090—2008
31		钢铁渣粉	GB/T 28293—2012
32		喷砂磨料用钢渣	YB/T 4713—2018
33		外墙外保温抹面砂浆和黏结砂浆用钢渣砂	GB/T 24764—2009
34		耐磨沥青路面用钢渣	GB/T 24765—2009
35		透水沥青路面用钢渣	GB/T 24766—2009
36		透水水泥混凝土路面用钢渣	YB/T 4715—2018
37		发泡混凝土砌块用钢渣	YB/T 4601—2018
38		防火石膏板用钢渣粉	YB/T 4602—2018

序号	标准种类	标准名称	标准号
39	技术规范标准	钢渣混合料路面基层施工技术规程	YB/T 4184—2009
40		尾矿砂浆技术规程	YB/T 4185—2009
41		矿物掺和料应用技术规范	GB/T 51003—2014
42		钢铁渣粉混凝土应用技术规范	GB/T 50912—2013
43		水泥混凝土路面用钢渣砂应用技术规程	YB/T 4329—2012
44		钢渣集料混合料路面基层施工技术规程	YB/T 4184—2018
45		钢渣用于烧结烟气脱硫工艺技术规范	YB/T 4712—2018

五、冶金渣资源利用需要解决的问题

（一）高温钢铁渣余热回收技术及装备有待突破

钢铁冶金生产过程中消耗的有效能量仅占28%，而转化为余热余能的占71.7%，达到14.34吉焦/吨，折合490千克标煤/吨。过去，国内钢铁企业关注工序能耗的下降，特别是一、二类载能体单耗的下降，也关注了过程余热余能的回收利用，但在高温冶金渣余热余能的高效转化、余热余能回收的高效利用方面关注度不够，特别是高温钢铁渣余热回收潜力依然很大，余热回收技术及装备有待突破。

（二）钢渣处理工艺落后，尾渣安定性难以保障

钢渣处理工艺落后是影响钢渣综合利用的关键因素，通过先进工艺处理的钢渣能够解决钢渣安定性问题，有利于后期的综合利用。落后的钢渣处理工艺是限制钢渣综合利用的主要原因。

钢渣中游离氧化钙（f-CaO）遇水体积膨胀98%，不经稳定化处理作建材，使用时会造成建筑制品开裂，作道路材料则会造成道路开裂，作回填材料会造成地面、墙体开裂和柱子不稳定等危害。因此大部分钢渣回收大块金属后，进行堆弃。

（三）我国专业从事钢渣研磨技术设备研究和制造的单位较少

钢渣处理设备远远不能满足国内市场的需要，少数较先进的大型设备多为进口，且价格昂贵。引进创新不够，新技术、新工艺、新设备的推广应用较慢。

（四）钢渣综合利用缺乏可操作的政策支持

关于钢渣的综合利用曾体现在发改委发布的《资源综合利用产品和劳务增值税优惠目录》（以下简称《目录》）。但《目录》实施以来，钢渣处理及资源综合利用企业没有得到相应的税务优惠，钢渣的利用率同样也没有显著的提高。砖瓦、砌块和混凝土要求废渣用量在70%以上，42.5及以上等级水泥的废渣用量要求20%以上，其他水泥、水泥熟料的废渣用量要求40%以上；而钢渣用量从技术上讲还没有达到上述产品用量要求。此外，相

关企业使用钢渣作为原料往往以批次计,而相应产品的纳税没有对应批次,无法进行退税操作。

(五)钢渣产品市场认可度差

不同企业处理工艺条件和技术水平存在一定的差别,部分企业处理后的钢渣存在游离钙镁氧化物超标问题,钢渣安定性不合格。安定性合格是钢渣用于建筑和道路等材料的基本条件,但个别企业使用安定性不达标的钢渣用于道路、房屋等建设,出现道路、地面、砖开裂等问题。这些失败的案例对企业自身带来了经济损失,更为钢渣的资源化利用造成了十分严重的负面影响。

目前我国循环经济发展处于起步阶段,对于钢渣等固废资源化利用的产品,客户还缺乏足够的认识,接受度差。钢渣的资源化利用往往是跨行业领域的应用,钢渣是钢铁行业的固废,而实际应用客户往往是建筑、交通等领域。

(六)我国钢铁渣综合利用工作区域发展不平衡

地区间、行业间、企业间综合利用工作的发展存在明显的不平衡。在经济发展较慢地区和一些民营企业,浪费资源、污染环境的现象仍很严重。在较偏僻的地区或省市,钢铁渣综合利用受某些因素的干扰,新技术难以推广,造成资源极大浪费、大量堆积的局面。

(七)我国冶金渣的数据、信息统计体系尚未建立

截至目前,国内冶金渣综合利用产业的相关管理制度、统计标准尚未形成,现行的企业统计数据不完善、不标准,方法不统一,难以为政府、企业决策和科研提供可靠的依据。

第二节 直接还原铁

直接还原铁包括直接还原铁 DRI、热的直接还原铁 HDRI、热压块 HBI,是以非结焦煤为能源,铁矿物在不熔化、不造渣的条件下经还原获得的主要成分为金属铁的铁产品,是优质废钢的替代品,是电炉冶炼高品质纯净钢不可缺少的原料。

生产直接还原铁的技术——直接还原技术是非高炉炼铁技术(或称为非焦炼铁技术)中最重要、最成功的组成部分,是当今钢铁生产中不可或缺的高品质铁素资源生产技术,同时也是近几十年来钢铁工业发展速度最快的技术。2019 年,世界直接还原铁(DRIAHBI)总产量达到 1.08 亿吨,约占世界生铁产量的 5.75%。

铁矿、焦煤、废钢铁的短缺是影响我国钢铁工业健康、可持续发展的重要因素。我国钢铁生产的主要能源是焦炭,我国生铁产量占世界总产量的 57.13%,世界性焦煤资源的短缺、价格飞涨严重干扰威胁着我国钢铁工业的可持续发展。废钢铁,尤其是优质废钢铁的短缺严重影响着我国电炉钢生产和装备制造业的发展,致使我国电炉钢产量仅占粗钢总

产量的 10.0%，使我国粗钢能耗高于世界平均能耗，也造成我国一些大型装备制造企业由于缺乏优质废钢铁被迫使用生铁块、坯为原料生产锻、铸件坯料。

随着世界钢铁产能的不断扩大，传统钢铁生产为了摆脱对焦煤的依赖，积极探寻减少资源、能源消耗，可降低污染排放，紧凑的、经济生产规模小的新的钢铁生产流程。发展非高炉炼铁即非焦炼铁（直接还原铁）产业，已经成为钢铁生产实现"紧凑化"、减少 CO_2 排放、改善钢铁产品结构、提高钢铁产品质量的重要手段和世界钢铁工业发展的前沿技术和重要方向之一。

冶金工业调整要求优化钢材结构，由注重规模与产量转变为注重质量和效益。要提高钢的质量，如果原料仍以废钢铁为主，将是很困难的。这是因为废钢中有害杂质 Sn、As、Cu 等几乎将 100% 残留钢中。而使用部分海绵铁（直接还原铁）就避免了这些问题，所以对于冶炼优质钢，如石油套管、汽车用钢、核电站用钢、军用钢等配用海绵铁（直接还原铁）是非常重要的，一些特种钢和优质钢就必须配用海绵铁（直接还原铁）。

另外，由于市场需求的发展，废钢铁需求量越来越大，含杂质较低的优质废钢铁缺口将相应导致废钢价格日趋提高，促使海绵铁（直接还原铁）生产得到很大发展，海绵铁（直接还原铁）、纯铁（直接还原铁）压块的市场前景将越来越好。

一、直接还原铁产业发展概况

（一）国外直接还原铁产业发展概况

国外的直接还原工艺起源于 20 世纪 50 年代，随着天然气的大量开采和利用，推动了气基竖炉直接还原技术的发展，相继出现了 Midrex、HYL-Ⅰ、HYL-Ⅲ 和 HYL/Energiron-ZR 等以气基竖炉为还原反应器的直接还原工艺。国外的生产实践及发展经验表明，目前国际上主流的直接还原工艺为气基竖炉直接还原工艺（≥75%），主要包括 Midrex 工艺和 HYL 工艺两类。

Midrex 工艺和 HYL 工艺在世界还原铁生产中占有绝对优势，都是以天然气作为主要还原剂。进入 21 世纪以来，直接还原技术发展迅猛，美国、伊朗、印度、埃及和阿联酋等国家相继建成了多座气基竖炉直接还原生产装置。目前，单套竖炉生产装置的设计规模最高可达 275 万吨/年，大型化成为气基竖炉直接还原工艺在 21 世纪初最显著的技术特征，单套装置的产能和生产效率是目前非高炉炼铁工艺中最大的，甚至可以和高炉炼铁工艺相媲美。

根据米德雷克斯技术公司的数据，2019 年全球直接还原铁产量为 1.081 亿吨，较 2018 年增长 7.3%。产量增长主要受印度煤基直接还原铁产量增加、伊朗现有和新建气基直接还原铁厂产能利用率较高以及 Tosyali 在阿尔及利亚工厂的扩建等因素推动。

印度和伊朗的直接还原铁产量占全球产量的 50% 以上。2019 年印度直接还原铁产量为 3374 万吨，同比增长 27.9%；伊朗直接还原铁产量为 2850 万吨，同比增长 10.9%；俄罗斯产量为 803 万吨，高于 2018 年的 790 万吨；墨西哥产量为 597 万吨，保持平稳；沙特阿拉伯产量从 2018 年的 600 万吨下降到 579 万吨。在中东和北非地区，埃及直接还原铁产量跌幅最大，下降近29%，而阿曼产量较2018年增长17%，利比亚和阿尔及利亚产量增长明显。在南美，阿根廷直接还原铁产量受到当地市场状况不佳和天然气短缺的影响出现下降，由于铁矿石供应有限，委内瑞拉直接还原铁产能利用率仍低于15%。

从生产工艺来看，60.9%的直接还原铁由米德雷克斯工艺生产，24%由回转窑工艺生产，13.2%由希尔和Energiron工艺生产。

2001~2019年世界各国直接还原铁厂产量统计见表11-6。

表11-6 2001~2019年世界各国直接还原铁厂产量统计

年份	总计/百万吨	增幅/%
2001	40.32	0
2002	45.08	11.81
2003	49.45	9.69
2004	54.60	10.4
2005	56.87	4.16
2006	59.70	4.98
2007	67.12	12.4
2008	67.95	1.24
2009	64.33	−5.3
2010	70.28	9.25
2011	73.21	4.17
2012	73.14	−0.01
2013	74.92	2.43
2014	74.59	−0.04
2015	72.64	−0.26
2016	72.76	0.02
2017	87.10	19.71
2018	100.73	15.65
2019	108.10	7.32

数据来源：《中国废钢铁》。

（二）国内直接还原铁产业发展概况

1. 历程的回顾

我国对直接还原技术曾进行了大量的开发研究，取得了较好的结果，也有许多宝贵的经验和教训。例如在20世纪70年代，冶金部组织相关专家在成都进行了5m³天然气直接还原法的研究，鞍山的焦炉气竖炉还原研究，韶关、佛山的煤制气竖炉直接还原研究等。可惜由于种种原因，均未能投入工业化生产中，但这些研究为后续的研究工作打下了基础。随着1992年天津钢管公司直接还原铁生产实现了零的突破，我国终于实现了DRI的工业化生产，与此同时我国 DRI 的生产研究又掀起了一个新的热潮。例如辽宁喀左县在 1994 年建成投产我国第一台直接还原回转窑，1996 年天津钢管公司直接还原厂建成投产，1997 年鲁中冶金矿山公司煤基冷固结球团回转窑直接还原装置建成投产。此外，国内的一些民营企业也对直接还原铁煤基法和气基法进行了摸索。

多年来，我国对非高炉炼铁技术进行了大量开发和研究，取得了众多成果，为非高炉炼铁技术的发展奠定了基础。但我国由于缺乏政策性的引导和统一规划，未能组建大型化直接还原铁生产体系，资金投入不足，造成落后工艺、低水平、小规模生产线重复建设多，未能组织建设向市场提供商品直接还原铁的大型生产企业是我国直接还原铁的重大欠缺。尤其是近年来国家严格限制小高炉的发展政策，激活了许多地区建设直接还原装置的积极性，但由于对 DRI 生产原料要求和对产品的特点认识不足，以及片面地将 DRI 生产与高炉炼铁等同看待，缺乏对 DRI 后续工序和最终产品的合理规划。

我国现有直接还原铁生产能力约 60 万吨，生产直接还原铁的企业产量都不大，除天津钢管、喀左、北京密云、莱芜和新疆金山矿冶等 5 个回转窑法直接还原厂外，其余直接还原铁厂全是隧道窑法，多数企业的生产能力在 5 万吨左右。由于我国天然气匮乏，传统的以天然气为燃料生产直接还原铁在我国的发展受到了较大的制约，导致我国直接还原铁生产企业规模小、产地分散、生产组织不稳定，技术更新缓慢，产能与世界相比有很大差距。随着煤制气-气基竖炉联合工艺的发展，我国煤炭储量大的优势将有助于我国直接还原铁的发展。

直接还原铁生产对含铁原料要求苛刻，必须使用高品质的原料，通常直接还原铁生产所用原料最低要求 TFe>68.5%，SiO_2<3.5%。中国缺乏可以直接用于非高炉炼铁的铁矿石资源，以进口块矿或球团为原料的企业将直接面对国际市场矿石价格不断上涨的挑战，且依靠国际市场采购是困难的，也是风险极大的。

缺乏稳定的原料供应是影响我国直接还原铁生产健康发展的重要原因。我国直接还原铁生产的发展必须建立在以我国资源为原料的基础上，建设以我国资源为基础的直接还原铁生产、供应基地，建立以国内、国外两个原料供应渠道，是保证我国非高炉炼铁的正常稳定发展的基础。

我国钢铁工业的发展受到铁矿资源、焦煤资源和废钢资源短缺的困扰，国际市场铁矿和焦煤价格的不断飙升已严重威胁我国钢铁工业的生存和发展，废钢资源的短缺干扰着我国钢铁工业装备制造业的健康发展，发展直接还原是钢铁工业减少和依托对焦煤的依赖，发展低能耗环境友好的钢铁生产短流程，提高产品品质和改善钢铁产品结构，实施资源综合利用的重要方向之一。

2. "十三五" 期间我国直接还原铁技术发展情况

（1）COREX 熔融还原工艺。COREX 是奥钢联开发的一种用煤和球团矿（块矿）生产铁水的熔融还原炼铁新工艺。COREX 二步法属于高还原度预还原（PRD>70%）、低二次燃烧率（PCR<10%）的先还原、后终还原熔化分离的二步法熔融还原炼铁流程。

COREX 熔融还原炼铁工艺环境负荷较小，属于清洁生产的炼铁新工艺，国际上南非、印度、韩国已有4套设计年产70万吨铁水的COREX 2000熔融还原工业生产装置在生产，作业率可达94%，吨铁耗氧约550立方米，耗煤约980千克，焦比约200千克，同时副产约1600立方米中热值煤气，其产品铁水、炉渣的成分和铁水温度与高炉基本相同。图11-4为COREX 3000炼铁生产装置的工艺流程示意图。

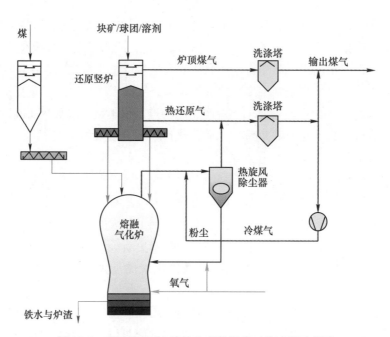

图11-4　COREX 3000炼铁生产装置的工艺流程示意图

宝钢于2007年引进了两套大型COREX 3000炼铁生产装置，后搬迁到八钢并于2015年7月开始点火生产。顺利投产后COREX 3000D1熔炼率很快达到了120吨/时，但是由于开炉初期炉体吸热量大，使用高焦比冶炼，焦比750千克/吨，还没有达到COREX工艺要求的配煤比例，铁水含硅很高（3%~5%）。八钢COREX 3000建成投产比罗泾COREX熔融还原工艺前进了一大步。但是这一次重大的搬迁技改工程仍然没有解决最核心的"达到年产150万吨设计产能""850~1050℃中温黄金煤气热能浪费"及"基本消除竖炉黏结"等三个关键技术难题。

（2）FINEX熔融还原工艺。FINEX是一种直接使用0~8mm粉矿及非炼焦煤为主要能源的熔融还原炼铁工艺，可生产质量与高炉、COREX炉相同的热铁水。FINEX工艺分为3部分，首先采用多级流化床将矿粉还原成50%金属化率的直接还原铁并热压成块HCI，然后利用COREX的竖炉将固态海绵铁HCI提温，并进一步还原到60%金属化率，再热装入熔融气化炉，完成终还原及熔化、过热、渣铁分离，最终获得优质铁水，同时还输出一部分中热值还原煤气。

FINEX可直接使用粉铁矿和普通煤生产铁水，拓宽了原燃料使用范围，可省掉烧结和焦化工序，不仅节省原燃料成本，还能大幅减少污染实现清洁生产，属于国家支持发展的创新型非高炉炼铁技术。POSCO研发的FINEX工艺流程如图11-5所示。

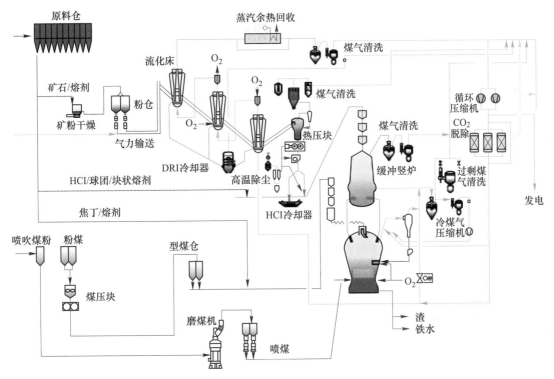

图 11-5 重钢 FINEX 工艺流程图

（3）HIsmelt 工艺。HIsmelt 工艺由力拓集团开发，使用铁矿粉和非焦煤粉，能够冶炼不同质量的铁矿粉，包括磷铁矿粉的一种工艺技术。HIsmelt 熔融还原工艺的核心技术是熔融还原炉（SRV），熔融还原炉又可分为上部和下部两个区域。

在熔融还原炉下部的高温铁水熔池中，在 1450℃ 高温条件下碳素可以溶解在铁液中，而溶解在铁液中的碳素又能与炽热的铁氧化物反应：

$$C（煤）\longrightarrow [C]（铁水） \tag{11-1}$$

$$3[C]（铁水）+ Fe_2O_3 \longrightarrow 2[Fe]（铁水）+ 3CO \tag{11-2}$$

在熔融还原炉上部，吹入的 1200℃ 热风与自身煤气进行 CO 和 H_2 的氧化燃烧放热反应：

$$2CO + O_2 \longrightarrow 2CO_2 \tag{11-3}$$

$$2H_2 + O_2 \longrightarrow 2H_2O \tag{11-4}$$

铁水熔池中反应（11-2）产生的 CO、煤中挥发分裂解产生的 H_2 和喷吹物料载体的 N_2 形成混合煤气，强烈逸出的上升煤气又使高温液态渣铁形成了混合"涌泉"。熔融还原炉上部氧化放热反应所产生的热能，通过传导和辐射提高了渣铁混合"涌泉"的温度，被加热后的渣铁混合"涌泉"回落到铁水熔池下部，为反应（11-1）和（11-2）提供所需的热能。连续喷入铁水熔池中的矿粉、煤和熔剂维持了反应的连续。

（4）转底炉工艺。转底炉（RHF）是转底式加热炉的简称，是指通过炉底转动将炉料送进的加热炉。最早的转底炉是用于轧钢的环形加热炉，近十余年来移植为冶炼设备，既可以用于铁精矿的煤基直接还原，又可以处理钢铁厂的含铁尘泥。

转底炉工艺以其成本低、原燃料灵活、生产节奏适应性强、环境友好等优点，受到了国内外钢铁企业的青睐。转底炉工艺最先在美国兴起，并在日本不断完善，近年来引起了我国的广泛关注，国内钢厂通过技术引进等手段，已投产若干座转底炉，并取得了良好的效果。

国内钢厂共投产 7 座转底炉用于处理含铁尘泥，2 座在建。除马钢直接引进新日铁 DryIron 工艺外，其他几家钢厂均是采用国内高校或者科研机构成套技术。国内钢厂转底炉投产时间较晚，技术也较为成熟，建成转底炉产能均在 20 万吨/年以上。

（5）回转窑工艺。煤基还原在南非和印度这两个国家得到了较好的发展。

目前，世界上共有三种主要的煤基回转窑直接还原工艺：Lurgi、Davy、Krupp。

天津钢管 DRC 煤基回转窑直接还原生产线全套设备技术是从英国戴维公司（Davy）引进。DRC 法起源于澳大利亚西方钛公司，是用煤还原钛铁矿中的氧化钛，滤除金属铁、生产金红石的方法，后改作生产直接还原铁，称 AZCON 法。1978 年美国直接还原公司在田纳西州的罗克伍德（Rockwood）建设的试验示范装置投产，改称 DRC 法。由于采用了 20 世纪 90 年代国外先进工艺技术和关键设备，并在建成后生产运行期间进行了多项技术改造和革新，其生产和自动控制水平达到并超过了国外同类回转窑装置。2008 年 10 月，因国外长协矿合同终止、缺乏优质低价原料供应而停产至今。2020 年 11 月，天津钢管煤基回转窑设备已公开拍卖，将整体拆装至内蒙古阿拉善盟。

回转窑如图 11-6 所示。

图 11-6　回转窑

（6）气基竖炉工艺。气基竖炉直接还原法的显著优点是单套设备产量大、不消耗焦煤，节能、环境友好、低能耗、低 CO_2 排放，是直接还原无焦炼铁技术的主流。

气基还原技术是产品质量优良的低碳绿色先进炼铁技术。我国煤炭资源丰富，未来随着环保压力的增加，煤化工技术的发展，煤制气竖炉直接还原在资源和技术上符合我国直接还原发展的方向。

建设大型竖炉直接还原与煤制气无焦炼铁联合工艺，关键是煤制合成气的成本能否大幅度降低，在非炼焦煤、天然气和焦炉煤气较便宜的地区和企业，均可采用此项技术。目前山西、内蒙古等地已有企业在进行气基还原工厂建厂或前期准备工作。

气基直接还原以 Midrex（见图 11-7）、HylⅢ及 Energiron 三种工艺为代表，均以天然气作为还原气源。

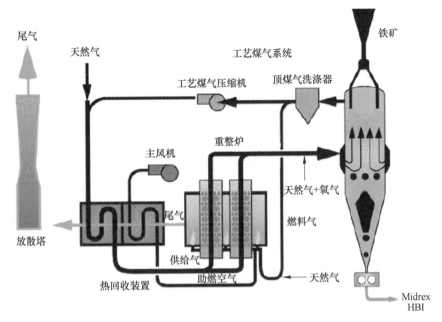

图 11-7　Midrex® 天然气基直接还原工艺

当前，中国仍未实现气基直接还原炼铁零的突破。传统气基直接还原炼铁的需要解决两个关键环节的问题；一是优质矿源的问题；二是还原气源的问题。

（7）煤基竖炉工艺。意大利达涅利公司和瑞士蒙殊福诺公司 1968 年开始联合研发的 KM 法煤基竖炉 DRI 工艺是上述技术的发展，在意大利进行工业试验并成功投产。国内一些科技人员在原冶金部直接还原技术开发中心等单位领导、专家的支持下，长期坚持煤基法竖炉 DRI 国产化研究试验，在以前研究基础上又进行了实验室试验、半工业性试验、小型工业试验，单罐小型工业试验反应室容积与 KM 法工业装置接近 1/1，进一步验证了这种工艺可靠性和主要工艺、设备参数，为这项技术在国内转化、推广创造了条件。国内的武汉科思瑞迪科技有限公司开发的 COSRED（科思瑞迪）煤基竖炉工艺（见图 11-8），该工艺具有：原燃料适应性广、还原气氛好、金属化率高、产品质量稳定、操作维护方便、自动化水平高、环境友好、安全性高等优点，能够实现大规模生产。

（8）隧道窑工艺。隧道窑罐装法生产直接还原铁（海绵铁）是瑞典人在 1911 年首先用于工业生产直接还原铁（海绵铁）的方法，是将铁粉和还原剂加入罐中，然后燃烧加热，还原成高纯度铁的工艺。经过多年的技术发展，已经是一种有效的生产直接还原铁（海绵铁）的方法。

国内，隧道窑直接还原工艺主要应用于粉末冶金领域，产品为还原粉、雾化粉等，产能十几万吨。例如，莱钢拥有 2 万吨还原粉和 4 万吨雾化粉的生产能力，跻身于世界级钢铁粉末生产企业行列。隧道窑能耗、环保问题是制约隧道窑法生存和发展的重大课题，近

图 11-8　煤基竖炉

年对环保和能耗的日益强化使得隧道窑发展明显受限，2017 年以来我国没有新建隧道窑生产线。

在国际推广方面，近年来，伊朗、印度等铁矿资源丰富且缺乏焦煤的国家引进了中国的隧道窑工艺技术，唐山奥特斯窑炉公司在伊朗建有年产 5 万吨两条隧道窑生产线，生产反响不错，在印度也建有一条隧道窑生产线；湖北中基窑炉也有在伊朗建设隧道窑的业绩。

（9）氢冶金。我国科研院所、钢铁企业对氢冶金技术也开展了基础理论研究及工艺开发工作。例如中国钢研科技集团有限公司（钢铁研究总院）21 世纪初开始研发氢冶金工艺和技术，先后承接了一系列氢冶金研究项目，并进行了"先进钢铁流程及材料国家重点实验室——低温快速还原实验室与氢冶金实验室"的建设。中国钢研通过对流化床低温氢冶金技术进行研究，结果表明：低温快速氢冶金工艺利用新型流化床对细微矿粉进行直接还原，可以使还原速度和气体利用率显著提高。通过对高温熔态氢冶金技术进行研究，结果表明：对于现有的铁浴法熔融还原工艺，向铁浴炉下部喷吹氢气，不能降低还原区的热负荷；如果改变现有流程，通过减少喷煤量和增加氢气喷吹量，使 $C：O<1：1$，能够达到减轻铁浴炉下部还原所需热负荷的目的。中国钢研通过系统的气基还原技术研究，提出"基于低温快速预还原的熔融还原炼铁流程（FROLTS）"，具有独立自主知识产权。该流程由三部分组成：1）熔融气化炉，主要功能是熔化海绵铁和产生预还原所需的还原煤气；2）预还原部分，由两级快速循环床和一级矿粉预热床组成，主要功能是将矿粉转变成高金属化率的铁粉，金属化率大于 85%；3）煤气处理，包括尾气换热、煤气洗涤、煤气增压、脱除 CO_2 等工序，功能是调节预还原所需的煤气成分、煤气量与温度。新工艺采用精矿粉或粒度小于 1 毫米的矿粉，具有还原温度低、反应接近平衡态、金属化率高等特点，吨铁燃料比约 600 千克，实现炼铁工艺的高效、节能与减排。

3."十三五"期间我国直接还原铁产业发展情况

（1）COREX 熔融还原工艺项目。宝武钢铁 2007 年引进了两套大型 COREX 3000 炼铁生产装置，在上海北部长江边上的罗泾建设世界上第一座单炉年产铁水百万吨级熔融还原炼铁厂，第一套于 2007 年 11 月投产，第二套于 2010 年投产。由于原燃料及物流成本居高不下，宝武钢铁决定将 COREX 炉搬迁到新疆八一钢厂，2015 年 7 月 19 日出铁并成功实现了工业化生产，重新命名为欧冶炉。2017 年 3 月，经过近 19 个月长周期检修后的欧冶炉并入生产序列，目前已正常生产出铁，铁水成本略低于本厂高炉。

（2）FINEX 熔融还原工艺项目。2013 年 9 月重钢与 POSCO 签订项目合作协议书（MOA），就有关合资项目的基本事项达成协议，成立合资公司"重庆浦渝钢铁有限公司"并正式委托中冶南方开展项目的工程设计、环评和能评工作；2014 年 8 月召开了能评报告专家审查会；2014 年 8 月召开了可研及申请报告专家审查会，2015 年 5 月重钢与 POSCO 合资项目获得发改委批准，开始了项目工程建设。

重钢与 POSCO 合资项目的建设地点位于重庆市长寿区江南镇，紧邻重钢环保搬迁工程南面。工程规模为年产钢坯 317.3 万吨/年，产品定位为热轧板卷及高品质线材/盘材。工程总投资约 152 亿元（其中 POSCO 出资约 60 亿元）。用地面积 127.6 万平方米。其中重钢-POSCO 合资 FINEX 熔融还原炼铁工艺示范工厂的建设规模为 2×150 万吨/年 FINEX，生产符合炼钢生产要求的合格铁水 300 万吨/年。

（3）HIsmelt 工艺项目。山东墨龙公司于 2012 年决定将 HIsmelt 奎那那工厂整体搬迁，并通过进一步优化工艺流程，建设新的 HIsmelt 熔融还原炼铁生产厂，于 2016 年 8 月建设完成并投产。经过多次停开炉探索实践后，工厂操作稳定性和能耗大幅提高。"十三五"期间，搬迁后的工厂日最高产量达到 1930 吨，月产量达到 51914 吨，设备不间断作业可达 157 天，各项生产指标均超过澳大利亚原工厂。

2019 年 9 月北京建龙重工集团内蒙古赛思普科技有限公司投资 10 亿元的 30 万吨熔融还原法高纯铸造生铁项目开工建设，采用了类似墨龙所采用的熔融炉技术。辽宁天汇管线材有限公司也在筹备上马一座年产 30 万吨熔融还原试验工厂。

（4）转底炉工艺项目。宝钢湛江钢铁有限公司采用中冶赛迪转底炉固废处理成套技术，建成 1 座产能 20 万吨/年转底炉，并于 2016 年 6 月热试成功。该项目投资约 2 亿元，可生产成品金属球约 14 万吨/年，粗锌粉约 1 万吨/年，脱锌率大于 85%，金属化率大于75%，预期年收益达 5000 余万元，可实现宝钢湛江钢铁厂含铁粉尘 100% 回收利用。之后，宝钢集团同中冶赛迪合作一个固废处置、资源综合利用项目，在上海本部拟建 2×20万吨/年转底炉，并按照两期分步实施建设，一期建设一条生产线，预留一条生产线二期建设。一期工程除转底炉本体及相应公辅设施外，还包括两期共用的原料接收、配料、混合系统、成品存储、原料除尘以及二期的部分土建设施。

河北钢铁集团燕山钢铁有限公司采用中冶赛迪集团自主研发的转底炉固废处理成套技术建成一座产能 20 万吨/年的转底炉，用以处理各种高炉、转炉除尘灰，并于 2015 年 6月热试成功，该转底炉脱锌率大于 85%，金属化率大于 75%，每年可获得约 14 万吨金属化球团、0.5 万吨氧化锌粉尘、13 万吨蒸汽。

（5）回转窑工艺项目。目前，我国国内生产运行多条回转窑生产线，主要用于钢铁的固废处理。其中，酒钢集团年产 8 万吨的中试基地也是基于煤基氢技术的回转窑工艺，经过改造调试后，目前设备基本达产。舞钢 2019 年 10 月建成一条年处理能力 15 万吨的回转窑生产线、日钢 2020 年 1 月建成年处理能力 2×25 万吨回转窑生产线，处理钢厂除尘灰。

（6）气基竖炉工艺项目。当前，我国仍未实现气基直接还原炼铁零的突破。国内一直在关注并致力于气基直接还原技术的开发，但未有显著进展。例如，山西中晋太行矿业有限公司通过引进德国 MME 公司 PERED 气基竖炉软件包及利用与中国石油大学（北京）联合开发的以焦炉煤气为气源的气基直接还原技术，正在进行开发。内蒙古明拓集团"年产 110 万吨气基竖炉直接还原铁"项目正在立项。

（7）煤基竖炉工艺项目。煤基竖炉直接还原工艺国内多家公司进行了工艺开发，并进行工程应用。例如武汉科思瑞迪科技有限公司开发的 COSRED（科思瑞迪）煤基竖炉工艺，结合了气基竖炉和隧道窑两种工艺中的优点，经过多年发展，2017 年在缅甸投产了工程项目。

（8）氢冶金项目。近两年，国内钢铁企业开始特别关注氢冶金方向。中国宝武-中核-清华大学签订了《核能-制氢-冶金耦合技术战略合作框架协议》；工程院、河钢、中国钢研和东北大学等四方联合共建的"氢能技术与产业创新中心"；酒钢成立氢冶金研究院；河钢与意大利特洛恩集团签备忘录，建设全球首例 120 万吨规模的氢冶金示范工程；中国钢研与日钢签订 50 万吨氢冶金工程和产品项目，荣程集团计划打造"制氢-储氢-运氢-用氢"氢能全产业链园区，形成氢能产业规模化应用解决方案示范基地。氢冶金在我国呈现大发展趋势。国内近年冶金项目见表 11-7。

表 11-7 氢冶金项目明细表

序号	单位名称	时间	进展	备注
1	宝武集团、中核集团和清华大学	2019 年 1 月 15 日	签订《核能-制氢-冶金耦合技术战略合作框架协议》	以世界领先的第四代高温气冷堆核电技术为基础，开展超高温气冷堆核能制氢的研发，并与钢铁冶炼和煤化工工艺耦合，依托中国宝武产业发展需求，实现钢铁行业的二氧化碳超低排放和绿色制造
2	河钢集团、中国工程院战略咨询中心、中国钢研、东北大学	2019 年 3 月 21 日	组建"氢能技术与产业创新中心"	共同推进氢能技术创新与产业高质量发展，打造具竞争力和影响力的氢能应用研究和科技成果转化平台，成为京津冀地区最具代表性和示范性的绿色、环保、可持续能源的倡导者和实施者
3	酒钢集团	2019 年 9 月 4 日	氢冶金研究院	研究团队在重大科学发现基础上创立了"煤基氢冶金理论""浅度氢冶金磁化焙烧理论"和"磁性物料风磁同步联选理论"，研发出相对应的前沿创新成果
4	天津荣程集团、陕鼓、西安瀚海、韩城市政府	2019 年 10 月 12 日	西部氢都、时代记忆、能源互联岛	打造国家级氢能源开发与供应基地，氢能源应用技术研发基地和国际国内氢能源技术交流与合作中心，形成"科技支撑牢固的中国氢能源之都"
5	河钢集团与意大利特诺恩集团（Tenova）签署谅解备忘录（MOU）	2019 年 11 月 22 日	建设全球首例 120 万吨规模氢冶金示范工程	从分布式绿色能源、低成本制氢、焦炉煤气净化、气体自重整、氢冶金、成品热送、二氧化碳脱除等全流程进行创新研发

序号	单位名称	时间	进展	备　注
6	中晋太行矿业 30 万吨/年焦炉煤气直接还原铁项目（CSDRI）	2019 年年底调试	干重整制还原气直接还原铁	中国第一套 30 万吨/年焦炉煤气制直接还原铁工业化试验装置。干重整技术优势：定制合成气 H_2/CO 比
7	建龙集团内蒙古赛思普科技有限公司富氢熔融法（CISP）	2019 年 9 月 18 日开工	高纯生铁项目	投资 10 亿元的 30 万吨富氢熔融还原法（CISP）高纯铸造生铁项目。改碳冶金为氢冶金
8	中国钢研、日照钢铁集团	2020 年 5 月 8 日	年产 50 万吨氢冶金及高端钢材制造项目	从氢冶金全新工艺-装备-品种-用户应用，进行系统性、全链条的创新开发，建设具有我国自主知识产权的首台套年产 50 万吨氢冶金及高端钢材制造项目
9	特诺恩、河钢集团	2020 年 11 月 23 日	高科技的氢能源开发和利用工程	项目包括一座年产 60 万吨的 Energiron 直接还原厂。这将是全球首座使用富氢气体的直接还原铁工业化生产厂。该工艺组合应用了特诺恩最先进的、最具竞争力的、最环保和最可靠的技术，同时包括最先进的设备和冶金行为预测的数字化模型
10	荣程集团、中冶赛迪、东北大学、中国石油化工股份有限公司天津分公司、陕西鼓风机公司	2020 年 11 月	绿色氢能冶金"产学研"战略合作联盟	荣程集团拟打造"制氢-储氢-运氢-用氢"氢能全产业链园区，形成氢能产业规模化应用解决方案示范基地，成为氢能技术和成果转化的产业链集聚园区，成为全国首屈一指的氢能冶炼产业化示范园区和绿色钢铁示范园区

二、我国直接还原铁"十四五"发展规划

与传统的高炉炼铁方式相比，直接还原炼铁工艺具有投资小、能耗低、流程短、环保等特点，但因我国天然气等能源价格偏高，直接还原炼铁工艺成本优势不足，直接还原技术在我国发展缓慢。

"十三五"期间我国直接还原铁（含熔融还原）产能共约 400 万吨，2020 年实际产量 200 多万吨。"十四五"期间，我国直接还原（含熔融还原）产能预计将增至 1000 万吨，重要发展方向如下。

（一）气基直接还原工艺发展

继续开发气基竖炉技术及以焦炉煤气为气源的气基直接还原技术。推动气基直接还原铁项目在"十四五"期间建设。

（二）HIsmelt 工艺发展

北京建龙内蒙古赛思普科技有限公司 30 万吨熔融还原法高纯铸造生铁项目继续建设发展。辽宁天汇管线材有限公司筹建一条年产 30 万吨熔融还原项目。河北信通首承规划建 80 万吨熔融还原铁项目。

（三）转底炉工艺发展

预计在"十四五"期间建成的转底炉生产线见表 11-8。

表 11-8　预计在"十四五"期间建成的转底炉生产线

名　称	投产时间	处理原料	产量/万吨·年$^{-1}$	中径/m	底宽/m
沙钢二期	在建	含锌粉尘	30	40	5
宝钢湛江二期	在建	含锌粉尘	20	23	5
宝钢股份青山基地（武钢）	在建	含锌粉尘	20×2	23	5
新余钢铁	在建	含锌粉尘	25	30	5
中天钢铁	在建	含锌粉尘	30	36	5

此外，尚有多家钢铁企业正在筹建转底炉项目，包括鞍钢 25 万吨/年转底炉项目、八钢 15 万吨/年转底炉项目、大冶特钢 25 万吨/年转底炉项目、安阳钢铁 25 万吨/年转底炉项目等，预计未来几年，将有超过 10 条新建的转底炉项目投产。

（四）回转窑工艺发展

天津钢管的直接回转窑生产线，在投产运行的 10 余年间，其产品产量逐年增加，质量稳步提高。

（五）煤基竖炉工艺发展

煤基竖炉直接还原工艺国内多家公司进行了工艺开发，武汉科思瑞迪科技有限公司开发的 COSRED 煤基竖炉工艺。"十四五"期间，科思瑞迪拟建设 30 万吨示范生产线。

（六）氢冶金发展

我国在氢冶金领域发展严重滞后，主要原因是我国长期以煤炭资源为能源。

目前成熟的技术是富氢冶金，即以氢气含量在 50%~70% 的还原气体作为还原剂。这也符合我国的能源结构和未来发展方向。

第三节 拆 船 产 业

一、我国拆船产业概况

拆船是国际公认保护海洋江河免受废弃船舶污染的最佳解决方案，是船舶等相关产业履行社会责任的延伸，其本质是减少或消除污染。

拆船业是我国发展循环经济重要组成部分。造船业、航运业、船舶修理业、拆船业是一条完整的产业链，航运业、造船业和拆船业相辅相成，缺一不可。拆船是实现废旧船舶资源循环利用、促进航运业发展及造船工业调整振兴的重要环节。中国作为造船、航运大国，拆船业的存在为国内大量废钢船的最终实现安全环保处置提供了一条良好的途径。

报废船舶如图 11-9 所示。

图 11-9 报废船舶

在我国，出现拆船活动始于 20 世纪 60 年代，但有组织、大规模的拆船活动则始于我国的改革开放。伴随着国家实行对外开放、对内搞活的经济发展战略，在国家大量投入和相关政策支持下而迅速成长起来，国内拆船业的发展迈入了有组织、有计划、健康有序地发展的轨道。

1982 年 2 月，国务院领导在接见国际独立油轮船东协会主席包玉刚先生谈及拆船问题后指示："中国海岸线很长，有七八个省市曾经搞过拆船，又有充足的劳动力""拆船取得的废钢铁总比进口矿石和焦炭冶炼钢铁要合算得多。"并指示原国家机械委（后撤并入国家经济委员会）负责抓拆船工作。1982 年，时任国务委员兼外经贸部部长陈慕华亲赴上海召开积极开展拆船的业务会议；同年 12 月，时任国务院副总理兼国家计委主任姚依林在研究拆船工作时，决定进口废船免征进口税，我国的废旧船只不准出口。1983 年 3 月，经国务院领导同意成立范慕韩同志为组长的拆船领导小组。1986 年 6 月，时任国务院副总理李鹏同志对拆船作了重要指示："拆船工作应是我国一项长期政策。应当把拆船作为一个行业来看。因此，有必要把拆船行业的工作逐步规范起来。"

20 世纪 80 年代，国家先后召开八次全国拆船工作（计划）会议。国家有关部门根据国务院领导指示，先后印发了《关于开展拆船业务实施办法》《关于拆解进口废船的几项暂行规定》《关于进口废旧船舶检验和交接的若干规定》《拆船业安全生产与环境保护工作暂行规定》《拆船工业原则（试行）》《关于布置拆船工业统计报表制度的通知》等文件规定，以指导拆船业初期的健康发展。1984年11月，在第四次全国拆船工作座谈会议决定组建中国拆船总公司。12月31日，原国家经济委员会印发《关于组建中国拆船总公司的通知》，在国家物资局拆船加工公司基础上，1985年7月，中国拆船总公司正式成立。1986年1月，《中国拆船》杂志正式创刊。其间，原国家经委、国家物资局，以及有关省、直辖市和自治区经委、物资厅局组建辽宁、河北、上海、江苏、浙江、湖北、湖南、安徽、江西、广东等省级拆船公司，一些地方也成立了县市级拆船公司，兴建拆船厂；中国拆船总公司成立华东、中南等区域性公司。原冶金部利用大连钢厂岸边场地组建了"大连拆船公司"，并于1985年拆解了冶金系统进口的首条旧船"桔港"号（一万轻吨，船长220米、宽30米，见图11-10）；原福建省冶金厅成立省拆船公司；原上海市冶金局炉料公司组建"上海远东重熔金属材料有限公司"，在原冶金部金属回收公司的统一协调下，先后与江浙地方拆船公司合作拆解进口旧船。

图11-10　冶金系统进口的首条待拆解旧船"桔港"号

时至20世纪90年代前后，国内拆船厂数量达到300余家，拆船业的发展为钢铁、有色冶炼及相关企业提供了大量优质重型废钢和有色金属材料。

1988年5月，为规范拆船业发展，防止拆船污染环境，国务院印发《防止拆船污染环境管理条例》。该条例颁发后，虽经多次修订，至今仍是指导、规范我国拆船行业准入、环境保护与规范发展的重要法规之一。

1991年12月，中国拆船协会正式成立。据统计，1991年1月至2020年12月底，协会会员企业共成交拆解国内外各类废旧船舶5474艘，达3479.6万轻吨（1轻吨=1.016公斤），累计回收各类黑色和有色废旧再生金属原料约3200万吨。由此，国内拆船业为节能减排所做贡献是：共节约3500万吨精矿粉，减少9280万吨原生铁矿石开采，节约1670万吨标煤，节约水耗约1.7亿吨，节约溶剂（石灰石）590万吨，减少废渣125万吨，节约运力4亿吨，减少二氧化碳气体排放3840万吨。同时，还回收了大量ODS制冷剂和哈龙灭火剂。

我国与印度、孟加拉国、土耳其和巴基斯坦等五国，作为世界上主要的拆船国家，承担了全球 90%以上商船的回收拆解，为消除或减少报废船舶对全球生态环境的影响做出了巨大贡献。据不完全统计，自 2007 年至 2019 年，这五个国家共回收拆解废船 9923 万轻吨，中国年均占比近 19%，其中 2009 年在拆船五国中拆解量最高，达 310.5 万轻吨。

拆船产业的发展为国家回收了大量可再生资源，增加了就业和税收，带动了下游和相关联产业的发展，为促进我国国民经济发展、节能减排、加速国内老旧船舶淘汰更新、船舶工业调整振兴、消除碍港碍航安全与污染水陆环境隐患，以及促进国际绿色拆船合作交流、保护臭氧层做出了重要贡献。

2001 年，拆船业发展纳入原国家经贸委制定的《再生资源回收利用"十五"规划》，自此以后，中国拆船协会根据国家中长期发展规划，先后组织编制了拆船业"十一五"至"十三五"发展规划，有计划地组织促进行业进步与发展的各项工作，取得积极成果。

拆船场地如图 11-11 所示。

图 11-11　拆船场地

30 余年来，根据国家经济发展的需要，我国拆船业一直把国内外报废船舶等可再生资源的循环利用作为重点，在国家相关政策的扶持下，有了长足发展。国内拆船业已基本实现由粗放经营到集约经营的转变，依法成立的拆船厂，已由冲滩拆解方式，主要采用码头、船坞和船台拆解方式，在拆解规模、装备设施、工艺技术、安全生产、管理水平、工人健康和环境保护等方面取得了明显进步。基本形成了以珠江三角洲和长江三角洲两大拆解基地为龙头，其他沿海少量拆船厂为补充的合理布局，年拆解能力为 500 万轻吨的，具有中国特色的资源环保型产业。到"十三五"末，我国重点大中型拆船企业 30 余家。其中，有20 余家拆船企业通过 ISO 14001 环境管理体系、ISO 9001 质量管理体系和 ISO 45001 职业健康安全管理体系认证。17 家拆船企业被评定为 A 至 AAAA 级"绿色拆船企业"。江门市双水拆船钢铁有限公司 2015 年被列入国家第一批发展循环经试点单位。江阴市夏港长江拆船有限公司、江门市新会双水拆船钢铁有限公司、江门市中新拆船钢铁有限公司、舟山长宏国际船舶再生利用有限公司、靖江市新民拆船有限公司等成为国内大中型骨干企业。

二、"十五"期间拆船产业发展回顾

"十五"期间，我国拆船业认真贯彻国务院有关"统筹规划、合理布局、上规模、上水平"的指导方针，以创建绿色拆船业为主线，组织进行战略性调整，加大安全、环保设施及职业健康方面的投资和建设力度，行业发展迈上新台阶，为经济发展做出了应有的贡献。

（1）产业布局日趋合理。"十五"期间，国内拆船业按照市场经济发展规律和国家各项经济政策要求，逐步形成以珠江三角洲和长江三角洲为主、部分沿江沿海地区少量拆船厂为补充的合理布局。涌现一批生产规模较大、管理水平较高的骨干企业。年拆解能力在300万轻吨左右。

（2）回收利用大量资源。"十五"期间，全国废船拆解总量为678.79万轻吨（其中，进口废船633.60万轻吨），年均135.76万轻吨，共再生利用了600余万吨钢铁资源，6.8万余吨有色金属；2003年仅进口废船的拆解量就达到225.74万轻吨，名列各拆船国之首。超额完成国家经贸委制定的《再生资源回收利用"十五"规划》中确定的年拆解废船100万轻吨的任务目标。

（3）重视安全环保健康。"十五"期间，拆船企业加大了环保设施及职业健康方向的投资和建设力度。8家拆船企业通过了ISO 14001、OHS 18001的资格认证。据不完全统计，企业在安全环保方面的投资累计达到3.2亿元。五年间未发生重大伤亡和环境污染事故。

（4）制定拆船生产规范。2002年，中国拆船协会印发了《防止拆船污染环境技术导则》。组织编写的我国拆船业首部行业标准——《绿色拆船通用规范》，2005年获得国家发改委正式批准颁布实施。

（5）坚持人员培训制度。中国拆船协会经常举办企业管理人员和操作人员安全环保培训班，并组织岗位技能训练等活动。

（6）国际合作取得进展。2002年，中国与荷兰将大型船舶的清洁拆除列为合作项目，成立了中荷环境保护指导委员会，双方在江阴市夏港长江拆船厂等企业开展拆船技术和安全环保，以及专题研究与人员培训方面合作，取得了较好的合作成果。2001年国际劳工组织（ILO）在北京召开了中国拆船安全技术国际合作项目研讨会，2003年中国拆船协会参加ILO"拆船业安全与卫生"国际会议，参与制定ILO《拆船业安全卫生指南》制定活动。中国拆船协会提出成立"世界船舶再循环工业联合会"的倡议，得到世界主要拆船国家的响应。

总之，"十五"期间，拆船业发展呈现五个特点：一是拆船企业在国际拆船市场波动起伏的过程中，捕捉市场机会的能力得到增强。二是国家持续给予拆船业废船进口环节增值税先征后返税收优惠政策。三是安全环保、职业健康是拆船企业发展的关键，已成为共识。四是拆船企业在一业为主的前提下，注意综合经营，发展循环经济，企业抗风险能力不断增强。五是行业发展思路和定位日渐清晰，向资源环保和节约型产业方向迈进。

三、"十一五"期间拆船产业发展回顾

"十一五"期间，我国拆船业按照科学发展观和循环经济理念，以规范发展、绿色拆

船为主线，以提高整个行业（企业）安全环保能力和职业健康水平为重点，不断加大生产安全和环境保护投入。充分把握世界经济发展的脉搏，抓住机遇，开拓国内国外两个市场，循环利用更多废船资源，积极增加税收和劳动就业，促进行业取得了较好的经济效益和社会效益，为国家和地方经济发展做出了应有的贡献。

"十一五"期间，拆船行业经历了大落大起的周期性发展。"十一五"前后，航运业兴旺催生造船业的飞速发展，世界拆船业陷入发展的低谷。2008年全球爆发金融危机，导致运力严重过剩，大量运营船舶报废或提前淘汰，废船市场异常活跃，拆船业迎来新的发展机遇期，压抑多年的船舶拆解能力瞬间得到释放。

据统计，"十一五"期间，整个拆船行业累计拆解各类废船1354艘，630余万轻吨，累计贸易额约115亿元人民币，拆解量超过《拆船业发展"十一五"规划》目标的14.5%。其中，2009年的废船拆解量达到320余万轻吨，共计442艘，是我国拆船业1998年以来拆解量最高的年份。2010年，中国拆船协会会员拆船企业（以下简称拆船企业）共计采买各类废钢船286艘，计189万轻吨，其中进口废船236艘，计176.43万轻吨，国内废船50艘，计12.61万轻吨，采买各类废钢船吨位比上年减少四成；贸易额超过45亿元人民币；上交关税和进口环节增值税合计超过9亿元人民币。2010年中国拆船协会会员拆船企业拆解废钢船共计回收废船板60.74万吨、废钢96.19万吨、有色金属1.05万吨、其他可利用物资8.02万吨；累计销售额47亿元。

2010年世界经济逐步复苏，航运业虽有所起色，但波动较大。当年5月波罗的海干散货航运指数（BDI）站于3300点之上，并一度接近4000点，下半年则振荡下跌。国内拆船企业成交废船吨位，比历史最高的2009年虽减少四成，但成交废船吨位189万轻吨，仅次于2009年和2003年，是历史上成交废船量较高的一年。

由于近年全球矿产资源的持续上涨，再加上废钢价格涨幅明显，2010年报废船舶成交价格攀升，与上年相比大幅上涨，并在高位运行。据统计，2010年拆船企业成交进口废船平均单价，从年初的305.7美元/轻吨上涨至5月和12月份的410美元/轻吨以上，废船成交平均单价在国内历史上属较高水平。

按2008年中国钢铁业平均铁钢比和废钢单耗测算，以"十一五"期间拆解废船金属回收量估算，拆船业节能减排贡献是：节约725万吨精矿粉，减少1845万吨原生铁矿石开采，节约252万吨标煤，节约水耗约1184万吨，节约溶剂（石灰石）118万吨，减少废渣25万吨，节约运力近8100万吨，减少二氧化碳气体排放769万吨。

"十一五"期间，我国拆船业得到了国家有关主管部门的关注、支持、指导，为拆船业的规范发展，提供了法律、政策、管理等良好环境。同时，拆船业在国民经济中的地位得到了提升，将有力地促进行业的可持续发展。

2009年2月，国务院常务会议审议通过的《船舶工业调整和振兴规划》，明确提出"规范发展拆船业，实行定点拆解"。同年12月，商务部、国家发改委、工信部、财政部、环保部、交通部、农业部和海关总署等八委联合印发《关于规范发展拆船业的若干意见》。

2009年5月，中国拆船协会印发《拆船业废船贸易及市场秩序自律公约》。

2009年8月，全国人大常委会议审议通过了《中华人民共和国循环经济促进法》，将船舶拆解的有关内容列入其中，拆船业作为循环经济组成部分，有了法律保障。

2009年9月，国务院颁布《防治船舶污染海洋环境管理条例》，明确"禁止采取冲滩方式进行船舶拆解作业。"

2009年11月，国家统计局批准将拆船业信息统计数据纳入国家统计序列，建立了拆船行业统计报表制度，有力地促进了拆船业基础建设和信息工作。

2009年12月，国家统计局批准《拆船行业统计报表制度》。

2009年12月，交通运输部颁布修订后的《老旧运输船舶管理规定》。

2010年9月，环境保护部发布了《进口废船环境保护管理规定》，加强了对进口废船企业准入条件等方面的规范管理。

2010年10月，工业和信息化部颁发《部分工业行业淘汰落后生产工艺装备和产品指导目录（2010年本）》（2010第122号公告）中，明确将废船滩涂拆解工艺等列入立即淘汰目录。

此外，在中国拆船协会积极汇报和争取下，2006年1月1日至2008年12月31日，国务院关税税则委员会批准给予拆船业废船进口环节增值税先征17%后返8%的优惠政策；财政部、国家税务总局印发《关于再生资源增值税退税政策若干问题的通知》，自2009年1月1日至2010年12月31日，又给予拆船业享受销售再生税实行先征后返政策。

这些政策的实施和自律公约的出台，规范了市场秩序，调动了企业的积极性，特别是在2008年金融危机爆发后，国内拆船企业循环利用的国内、国外的各类废船资源大增，为国家扩大了税收。据不完全统计，"十一五"期间，整个拆船行业拆解进口废船，给国家上缴的关税和增值税近24亿元人民币。享受优惠政策的企业也利用国家给予的退税，不断增加安全环保投入，加大安全环保设施的建设。与此同时，企业就业人数也不断增加，据统计，拆船业用工人数，比金融危机前增加近3倍。

"十一五"期间，中国拆船协会根据行业标准《绿色拆船通用规范》（WB/T 1022—2005），在全行业内启动创建绿色拆船企业活动。印发了《绿色拆船企业资格评审认定规定（试行）》，组建工作领导小组和评委会，制定资格评审认定工作办法，建立评审专家数据库，严格评定标准和程序。2010年12月，经绿色拆船企业资格评市认定委员会评定，共有9家企业成为首批相应等次的绿色拆船企业。

"十一五"期间，中国拆船业为推进世界拆船行业的发展和进步，维护拆船企业的利益，增强相关行业发展的社会责任意识做出了较大贡献。江阴市夏港长江拆船厂、江门市中新拆船钢铁有限公司等企业在拆船作业中，开始尝试"第三方监理"模式，对拆船作业过程进行全方位监理，确保拆船活动各环节的安全环保和职业健康管理。2006年12月，中国拆船协会《废船拆解环境无害化管理研究》荣获中国物流与采购联合会科技进步奖二等奖。在国家民政部首批进行的"中国社会组织评估等级"评定活动中，中国拆船协会被评为AAA级社团组织。中国拆船协会积极参与了国际海事组织（IMO）有关制定国际拆船公约的各项活动。2007年、2009年，配合交通部和国际海事组织，分别在珠海、上海协办了"IMO地区拆船研讨会"，组织参观了中国的拆船企业，参与组织公约研讨会、文本起草和实地考察测评等活动。2009年5月，IMO在中国香港召开了拆船外交大会，中国拆船协会派员参加中国代表团，审议通过了《2009香港国际安全与无害环境拆船公约》（简称《香港公约》），这是

IMO 首个以中国城市命名的国际公约。与此同时，中国拆船协会还相继参加了香港公约相关导则的制定工作，积极反映我方意见，维护国内拆船企业的权益。

拆船板料如图 11-12 所示。

图 11-12　拆船板料

四、"十二五"期间拆船产业发展回顾

"十二五"期间，国家明确提出绿色发展，建设资源节约型、环境友好型社会的要求，强调大力发展循环经济，健全资源循环利用回收体系，推动产业循环式组合，构筑链接循环产业体系，确立了资源综合利用、废旧商品回收体系示范、"城市矿山"示范基地，再制造产业化等循环经济重点工程建设方向。

"十二五"期间，国内拆船业根据规划内容，结合不断变化的国内外市场和国内政策环境的变化，较好地完成了《拆船业发展"十二五"规划》中所确定的目标和各项任务。据统计，2011~2015 年，国内拆船企业累计成交拆解国内外废船 1449 艘，共计 1076.01 万轻吨，年均拆解 290 艘废船，超过 215 万轻吨，是国内拆船业史上最多的五年。年均废船贸易额约为 48 亿人民币，累计接近 240 亿元人民币。拆解废船数量和轻吨量超过《拆船业"十二五"发展规划》所确定的拆解任务目标近 80%。2011 年受欧债危机影响，波罗的海干散货航运指数呈逐步下跌趋势，并一直处于历史低位，废船的报废速度有所加快，我国进口废船数量、拆解质量较 2010 年均有所增加。

2011 年拆船企业采购废钢船 320 艘，拆解重量 228.2 万轻吨，共计 920 万载重吨，其中进口废钢船 300 艘计 220 万轻吨，国内废船艘 20 艘计 8.2 万轻吨。这一数字较 2010 年出现较大幅度的增长，显示了拆船行业良好的发展前景。

2011 年随着全球经济的进步复苏，废船价格较 2010 年出现明显上涨。年初，在铁矿石、原油等全球大宗商品不断上涨的情况下，废船价格也同样水涨船高。2 月份进口废船平均价格超过 475 美元/吨，创出近两年来的新高，其后半年基本维持高位运行。年末，受欧债危机蔓延的负面影响，价格有所下滑，但仍然维持在 400 美元/吨的整数关口以上。

"十二五"期间，国务院以及有关部门进一步加强对涉及拆船业的法律法规的修订，同时将拆船业首次纳入《产业结构调整指导目录》。

2011 年 3 月，国家发改委颁布《产业结构调整指导目录（2011 年本）》，明确了涉及拆船业发展的鼓励类和淘汰类目录。

2011 年 3 月，环境保护部印发《进口可用作原料的固体废物环境保护管理规定》。

2011 年 4 月，环保部、商务部、国家发改委、海关总署、国家质检总局制定《固体废物进口管理办法》。

2011 年 12 月，国家发改委印发《"十二五"资源综合利用指导意见》《大宗固体废物综合利用实施方案》。

2012 年 9 月，农业部办公厅印发《海洋捕捞渔船拆解操作规程（试行）》。

2013 年 7 月至 12 月，国务院三次修订《防治船舶污染海洋环境管理条例》。

2013 年 12 月，交通运输部、财政部、国家发改委、工业和信息化部印发《老旧运输船舶和单壳油轮提前报废更新实施方案》，并公布包括会员企业在内的老旧运输船舶和单壳油轮拆解企业名单。

2014 年 9 月，交通运输部再次修订印发《老旧运输船舶管理规定》。

2015 年 6 月，财政部国家税务总局印发《资源综合利用产品和劳务增值税优惠目录》。

"十二五"期间，中国拆船协会根据国家法律法规和政策的新要求，以及促进国际拆船事务广泛交流与国内拆船业发展的实际需要，2012 年 5 月，与国际海事组织联合举办了"尽早实施《香港拆船公约》技术标准国际研讨会"，积极推进中国的批约进程。2012 年 12 月，印发了《拆船业行规公约》。2014～2015 年，与中国海事仲裁委员会联合编制了《中国拆船协会拆解废船买卖标准合同》，成为首个由拆船国家编制的绿色拆船标准拆船合同文本。

为加强协会自身建设，更好地为政府、行业、企业服务，2015 年 8 月，中国拆船协会通过 ISO9001：2015 全面质量管理体系认证，成为国务院国有资产监督管理委员会管理的 300 余家行业协会商会中，第 2 家通过全面质量管理体系认证的行业协会。

总之，"十二五"期间，国内拆船业拆解能力得以较好的释放，除了受国际金融危机和欧债危机等因素的影响外，还主要得益于《老旧运输船舶和单壳油轮提前报废更新实施方案》《老旧运输船舶和单壳油轮报废更新中央财政补助专项资金管理办法》，国内废船拆解量迅速增长，2014 年、2015 年两年间国内废船拆解量占比均超过当年进口废船量，这在国内拆船业发展 30 余年中尚属首次。"十二五"期间，国内拆船业回收可再生金属资源（废钢、废有色等）约 1000 万吨。按照中国钢铁业平均铁钢比和废钢单耗测算，其为节能减排所做贡献是：节约 1100 万吨精矿粉；减少 2900 万吨原生铁矿石开采；节约 340 万吨标煤、1870 万吨水耗和 180 万吨溶剂；减少 1160 万吨二氧化碳排放。为促进我国节能减排、减少过剩航运运力和产能、促进船舶工业调整振兴以及循环经济发展做出了贡献。

五、"十三五"期间拆船产业发展回顾

"十三五"期间，国内拆船企业（会员）拆解国内外废船 855 艘，共计 318.59 万轻吨，拆解轻吨量同比减少 70.39%。完成"十三五"规划的拆解量目标的 63.72%。

拆船业为节约资源、节能减排的贡献，按国内钢铁业平均钢比、废钢单耗和五年回收

拆解船舶数量，初步测算，共节约 325 万吨精矿粉；减少 850 万吨原生铁矿石开采；节约 100 万吨标煤和 550 万吨水耗；减少 340 万吨二氧化碳排放。此外，还完成废船氟利昂和哈龙灭火剂的有效回收。

"十三五"期间，符合条件的拆船企业享受了税收优惠政策。2016~2018 年间，符合《进口废船环境保护管理规定》的拆船企业，连续三年享受国务院关税税则委员会批准同意的废船进口实行"进口商品暂定税率"1%（原最惠国税率为 3%）。据不完全统计（汇率变动等因素），进口废船拆解企业累计少缴税额约为 5810 万元人民币，年均少缴税额逾 1900 万元人民币。符合财政部国家税务总局《资源综合利用产品和劳务增值税优惠目录》"技术标准和相关条件"的拆船企业共有 7 家。

中国拆船协会积极参与《固体废物污染环境防治法》《循环经济促进法》以及有关部门相关法规的修订工作，参加"废钢循环高效利用""我国废船拆解环境状况与监管调研""中国废船拆解行业及其贸易情况相关研究""粤港澳大湾区船舶产业循环经济发展需要给予废船进口特别政策"以及军队退役装备回收管理调研活动，组织召开行业发展座谈研讨会，专门研究行业发展，规范废船国有产权交易、拍卖交易行为，反映禁止废船进口后如何解决"国船国拆"意见建议等，形成"关于进一步加强进口废船拆解管理的建议""关于规范废旧船舶国有产权交易的通知"等有分量、有影响的调研建议报告或联署文件。

在加强国际交流合作方面，中国拆船协会应邀访问孟加拉国工业部、拆船协会、考察孟加拉国拆船企业，探讨中国拆船"走出去"的可行性；访问欧盟驻华使团；参加或协办国际海事组织（IMO）在孟加拉国达卡和中国舟山举办的拆船研讨会。此外，配合有关部门积极促进《香港公约》中国批约进程。

"十三五"期间，国家有关拆船管理的法规日臻完善。2020 年 4 月，全国人大常委会审议通过修订的《中华人民共和国固体废物污染环境防治法》，对机动车船回收拆解做出更加明确的规定。国务院先后于 2016 年 2 月和 2017 年 3 月两次修订 1988 年 5 月颁布的《防止拆船污染环境管理条例》。

此外，生态环境部还印发了《建设项目环境影响评价分类管理名录》《排污许可管理办法（试行）》，颁布了国家环境标准《排污许可证申请与核发技术规范　废弃资源加工工业》（HJ 1034—2019）。2020 年 12 月，国务院常务会议通过《排污许可管理条例（草案）》（2021 年 2 月国务院正式颁布《排污许可管理条例》）。

2019 年 10 月，国家发改委印发《产业结构调整指导目录（2019 年本）》，继续将废旧船舶资源循环利用基地建设、废旧船舶再生资源循环利用技术与设备开发、船舶废旧机电产品及零部件再利用再制造等纳入鼓励类。2020 年 12 月，国家发展改革委、商务部联合印发《市场准入负面清单（2020 年版）》，其中"禁止冲滩拆解船舶"明确列入《与市场准入相关的禁止性规定》。

中国拆船业将按照商务部等八部委所确定的规范发展拆船业的指导思想，按照科学发展观的要求，深入贯彻节约资源和保护环境的基本国策，以实现绿色拆船为目标、进一步提高拆船业安全环保能力和职业健康水平为重点，以拓宽废船再生资源用途为新的经济增长点，坚持循环经济理念，切实把拆船业的发展纳入到绿色低碳循环发展经济体系，实现经济效益和社会效益、生产发展和环境保护并重的科学发展轨道。积极反映行业诉求，依法规范废船交易，举报并协助监管部门打击非法拆船活动。通过组织拆船业创新与升级发展，改革航运业供需结构，带动造船、航运业复苏和发展。注重国内外废船拆解循环利用，提高废船资源供给能力和高值利用水平，为国家生态文明建设添砖加瓦。

第四节　汽车拆解产业

汽车拆解回收是指根据国家相关法律规定，对报废机动车进行接受或收购、登记、标记、储存并发放回收证明；对报废汽车进行无害化处理、拆除可再利用的零部件和主要总成；按各物品的材质种类分解存放；对车体和结构件等进行压扁或切割的程序和方式，并将报废汽车机动车登记证书、号牌、行驶证交公安机关交通管理部门，办理注销登记的业务经营活动。

汽车拆解之后可以分几大部分：（1）回用件、五大总成再制造，会根据每个部件利用价值定价；（2）大宗商品，废钢、橡胶、玻璃、铜铝等；（3）危废，六类危废催化器、动力/铅酸蓄电池、废油、废防冻液等；（4）其他不可再生利用的，需要处置的废渣。

一、汽车市场概况

汽车工业是拉动国民经济发展的支柱产业，在国家产业政策的支持下，走上了快速发展的轨道。汽车销量从"十二五"初期的 1840 万辆，增长到 2018 年的 2808 万辆，增幅高达 52.6%，2019 年汽车销量为 2311 万辆，同比出现回落，但仍比"十二五"初期增长 25.6%。

根据公安部公布的数据显示，截止到 2019 年末中国机动车保有量 3.48 亿辆，其中汽车保有量达到 2.6 亿辆，同比 2018 年（扣除报废注销量）增长了 8.83%。预计到 2020 年汽车保有量将突破 2.8 亿辆，汽车保有量 8 年增长近 2.3 倍，机动车新注册登记量年均复合增速超 14%。我国汽车产业高速发展期主要集中在 2005 年以后，汽车年销量从 575 万辆上升至 2808 万辆（见表 11-9）。

表 11-9　2012~2019 年我国机动车保有量一览表　　　　（万辆）

年份	2012	2013	2014	2015	2016	2017	2018	2019
机动车保有量	24000	25000	26400	27900	29000	31000	32700	34800
汽车保有量	12100	13700	15400	17200	19400	21700	24000	26000
新车注册登记量	2593	2486	2777	3115	3267	3352	3172	2578
汽车销量	1930	2198	2349	2459	2802	2887	2808	2311

如果按照每年大约 5% 的报废量，2019 年仅报废汽车数量就达到 1300 万辆，未来我国汽车产销量将稳步增长，同时汽车报废数量相应也在快速增长，将给社会带来诸多问题。

各种类型报废汽车年限及参考标准见表 11-10。

表 11-10　各种类型报废汽车年限及参考标准

车辆类型及用途				使用年限 /年	参考行驶里程 /万千米
汽车	载客	营运	出租客运 小、微型	8	60
			中型	10	50
			大型	12	60
			租赁	15	60
		教练	小型	10	50
			中型	12	50
			大型	15	60
			公交客运	13	40
		其他	小、微型	10	60
		中型	15	50	
		大型	15	80	
		非营运	小、微型客车、大型轿车	无	60
			中型客车	20	50
			大型客车	20	60
	载货		微型	12	50
			中、轻型	15	60
			重型	15	70
			危险品运输	10	40
			三轮汽车、专用单缸发动机的低速货车	9	无
			装有多缸发动机的低速货车	12	30
	专项作业		有载货功能	15	50
			无载货功能	30	50
挂车	半挂车		集装箱	20	无
			危险品运输	10	无
			其他	15	无
	全挂车			10	无
摩托车	正三轮			12	10
	其他			13	12
轮式专用机械车				无	50

二、我国报废机动车回收拆解情况

(一) 汽车回收拆解发展历程

中国对汽车实行强制性报废是从 20 世纪 80 年代开始的，1980 年中央政府提出用十年时间逐步更新 50 万辆老旧汽车和改造 80 万辆社会在用汽车。并在不同阶段规定了各个五年计划的目标。1983 年，为落实和推动汽车报废工作，中央政府就成立了以国家经贸委为组长单位，由公安、环保、交通、财政等部门参加的全国汽车更新领导小组，统一协调和指导老旧汽车更新工作。

1985 年中央政府颁布了汽车报废标准，该标准以汽本的使用年限和行驶里程为主要指标，对不同类型的汽车做出具体规定。根据实际情况，1997 年、1998 年以及 2000 年对该标准进行了相应的调整。目前实行的汽车报废政策，虽然仍然以汽车的使用年限和行驶里程作为主要报废指标，但已更有弹性。随着我国的汽车检测网络和各方面监督机制的逐步建立和我国经济的快速发展，汽车报废最终将会逐步实行国际通行的以检测汽车状况的标准上来。对已报废的汽车回收拆解，中国目前实行全国定点的企业生产许可制度。

1988 年，冶金部在几年进口废钢和进口废船拆解的经验基础上，开始尝试进口国外旧汽车拆解。由冶金部金属回收公司、冶金进出口烟台公司与北京钢铁学院（已更名为北京科技大学）、北方工业大学、香港大卫·爱迪生有限公司联合组建了"烟台东方冶金企业有限公司"，在烟台海关及港务局的支持配合下，首批进口日本废旧汽车约 300 辆，在当地成功拆解。因政策的调整，此项工作圆满完成后，没再继续进口，但为以后国内废旧汽车的拆解积累了经验。

1990 年，全国老旧汽车更新改造领导小组办公室（以下简称"汽更办"）和物资部下发了《报废汽车回收实施办法》，国家计委、国务院生产委、物资部、中国汽车工业总公司印发了《关于加强老旧汽车报废更新工作的通知》，重申报废汽车回收工作，由物资部统一管理。物资部再生利用总公司和地方各级物资局指定的物资再生（金属回收）公司负责收购报废汽车。

1996 年，国家经贸委、国内贸易部联合下发了《关于加强报废汽车回收工作管理的通知》，规定实行报废汽车回收拆解企业的资格认证制度；资格认证由国内贸易部颁发并负责资格认证工作；公安部门根据资格认证文件核发特种行业许可证，工商行政管理部门根据资格认证文件和特种行业许可证核准注册登记。

2001 年 6 月 16 日，国务院颁布了《报废汽车回收管理办法》，其中明确了报废汽车车主和回收企业的行为规范及依法应当禁止的行为；明确负责报废汽车回收监督管理的部门及其职责分工；明确了地方政府对报废汽车回收工作的责任；明确了对违法行为的制裁措施等。

2005 年 8 月 10 日，由国家商务部审议通过了《汽车贸易政策》，其政策自发布之日起施行。《汽车贸易政策》用整整一章的内容来阐述汽车报废与报废汽车回收，进一步完善了老旧汽车报废更新补贴制度，再一次强调符合有关规定的废汽车所有人可申请相应的资金补贴。商务部也第一次提出将会同公安机关建立废汽车回收管理信息系统，实现报废汽车回收过程实时控制，防止报废汽车及其发动机、前后桥、变速器、转向器和车架这五大总成流向社会。

2006年2月6日，国家发展和改革委、科学技术部和国家环保总局联合制定了《汽车产品回收利用技术政策》。该政策是推动我国对汽车产品报废回收制度建立的指导性文件，目的是指导汽车生产和销售及相关企业启动、开展并推动汽车产品的设计、制造和报废、回收、再利用等项工作。

从2009年开始，我国调整了部分车型老旧汽车报废更新的补贴标准，以调动车主报废旧汽车的积极性。比如说报废大型载客车的补贴标准，由原来的6000元提高到了1.8万元，这在一定程度上改善了报废汽车回收的情况，一些报废汽车回收企业短时间内出现了车源增加，效益提升的现象。

2010年以来汽车报废的补贴标准的提高，在一定程度上加快了汽车的更新换代，促进了汽车拆解行业的健康有序发展。报废汽车的管理不能仅仅停留在报废年限的规定上，应该把更多的目光集中在实施的细则中，因为法规的不健全，造成很多不法企业有机可乘，而当行业协会或者执法部门希望整顿、规范行业的时候也会显得力不从心、无法可依。

2019年，国家标准《报废机动车回收拆解企业技术规范》（GB 22188—2019）实施，汽车拆解产业进一步走上规范发展的轨道，推动了全行业管理水平的提升，为今后汽车拆解产业的发展壮大提供了有力的保证。

我国是人均资源匮乏的国家之一，废汽车回收是我国重要的再生资源，同时也是一个朝阳产业。据了解，汽车上的制铁、有色材料零件90%以上可以回收利用（见图11-13）。再制造产品的成本只是新产品的50%，同时可节能60%，节材70%。以发动机的再制造为例，市场上一个新发动机价格普遍在1.3万元左右，而一个再制造的发动机，其花费是全新发动机的40%~50%。玻璃、塑料等回收利用率也可达50%以上。除再制造的零部件回收利用之外，废旧汽车外壳等铁素资源则成为废钢铁产业的原料，目前，废钢铁破碎料产

图 11-13　汽车可回收部分

品的原料汽车绝大多数来源于汽车拆解产业。汽车回收拆解与构建"节约型社会"息息相关,产业前景十分喜人。

(二) 国外报废汽车概况

德法美日等发达国家报废汽车的再利用率已达 80% 以上。目前,美国国内拥有汽车回收拆解企业超过 12000 家,专业破碎企业超过 200 家,零部件再制造企业多达 5 万家。美国报废汽车拆解处理行业整体规模已经达到了 700 亿美元左右。

我国汽车报废与欧美等发达国家相比,尚有较大差距,但是该行业在我国仍有广阔的市场前景。

在市场化机制方面,美国是完全按照市场化的运作方式来进行回收利用的。全美共有 12000 家报废汽车拆解企业、20000 家零部件再制造企业。2009 年美国废旧物资回收再制造产业规模突破 2000 亿美元,汽车行业占了三分之一。虽然美国还没有一部国家级的报废汽车回收利用法规,但美国环境保护以及产品连带责任的法规相当完备,严格限制了报废汽车废料的填埋。美国汽车产品的制造商、分销商、供应商、零售商和其他参与公众都被要求对汽车产品所造成的损失负相应法律责任。

在资金来源方面,日本汽车消费者需要交纳回收利用费,包括汽车破碎残渣费、安全气囊费、氟利昂处理费、资金管理费和信息管理费。消费者需在购买时或者在年检时交纳上述费用,不交费不能通过年检。汽车回收再利用促进中心受国家委托征收回收再利用费,并对其进行严格管理和运用,直到报废汽车得以回收利用为止。为此,日本在 2002 年颁布了《汽车再利用法》,为日本报废汽车的再循环利用提供了法律保证。

在法律法规方面,德国主要依托联邦、州和地方三级政府机构来对汽车报废进行管理。德国在 1996 年通过了《循环经济和废弃物法》,在 2002 年实施了《废旧车辆处理法规》。在德国,汽车生产和进口商有义务从最后一位车主手中将其生产或经销的车辆回收。同时,汽车制造商、进口商、销售商和处理商须共同保证平均每辆车质量至少 85% 的部分要被利用起来,80% 要作为材料利用起来或作为汽车零件再利用。

(三) 我国汽车回收拆解行业基本情况

汽车拆解过程中含有大量有害物质,除主要制造原料钢材、生铁外,大量橡胶、塑料、有色金属被集中需要妥善处理,砷、硒等也存在于汽车中。车内存留的废机油、报废的旧电瓶以及报废的零部件如处理不当,将对周围的环境造成很大的污染和破坏。此外,空调的制冷剂——氯氟烃(CFC,俗称氟利昂)如泄漏,会造成对大气臭氧层的破坏,给人体健康带来严重威胁。为此,废旧汽车的拆解工作必须由规范的汽车拆解企业按照国家法律规定和技术标准合法经营。

截至 2019 年年底,全国报废机动车回收拆解企业共 755 家,较 2018 年增加 7 家,同比增长 0.9%;回收网点 2271 个,同比下降 0.57%;经营场地总面积为 2248 万平方米,同比增加 6.74%;行业资产总额为 267.9 亿元,同比上升 20.2%;从业人员约 2.4 万人,同比增长 6.2%(见表 11-11)。

表 11-11　2018~2019 年报废汽车回收拆解行业基本情况对比表

序号	类别	单位	2018 年		2019 年	
			数值	同比	数值	同比
1	企业数量	家	748	2.60%	755	0.90%
2	从业人员	人	22975	-3.00%	24421	6.20%
3	回收网点	个	2409	-23.30%	2271	-0.57%
4	场地面积	万平方米	2106	4.50%	2248	6.74%
5	资产总额	亿元	222.9	1.60%	267.9	20.20%

2019 年，受国家标准《报废机动车回收拆解企业技术规范》（GB 22188—2019）的积极影响，报废机动车回收拆解企业积极按照标准要求，扩大企业经营面积，改善经营环境，场地面积增加 6.74%，资产总额随之扩大 20.2%。企业数量新增加 7 家，涨幅较窄。究其原因，虽然《报废机动车回收管理办法》已出台，总量控制已取消，只要符合标准均可以申请资格，但是由于《报废机动车回收管理办法实施细则》征求意见未落地，因此很多欲进入行业的企业尚在等待中，增加量有限。

2019 年，全国机动车回收数量为 229.5 万辆，同比增长 15.3%，其中汽车 195.1 万辆，同比增长 16.8%；摩托车 34.4 万辆，同比增长 7.1%。按照车辆类型分，客车回收数量为 138.7 万辆，同比增长 17.1%；货车 45.3 万辆，同比增长 18.9%；挂车 5.5 万辆，同比增长 29.3%；专项作业车 2.8 万辆，同比下降 1.4%。

2019 年全国报废汽车回收拆解行业销售额 297.2 亿元，与 2018 年相比有较大幅增长，同比增长 369%，其中回用件销售额 108.9 亿元，同比增长 1124%；营业收入 296.8 亿元，同比增长 121%；营业利润 31.6 亿元，同比增长 2632%；纳税额 20.6 亿元，同比下降 28%（见表 11-12）。

表 11-12　报废汽车回收拆解行业经营效益情况　　　　　　（亿元）

时间	销售额	回用件销售额	营业收入	营业利润	纳税额
2018 年	63.4	8.9	134.3	-2.64	28.7
2019 年	297.2	108.9	296.8	31.6	20.6
同比	369%	1124%	121%	2632%	-28%

2019 年，在全行业报废汽车回收量大幅度增长的带动下，销售额、营业收入、营业利润等方面均有较好收益，喜获一个丰收年。但是在各项经济指标趋好的形势下，全行业纳税额却明显下降。由于报废机动车回收行业无法取得进项税发票，13%增值税无法抵扣，高额的税收迫使企业铤而走险，想尽办法躲税、避税。如果给全行业税收政策扶持，报废机动车回收行业会为国家做出更大税收贡献。

报废汽车如图 11-14 所示，报废汽车拆解流程如图 11-15 所示。

（四）汽车拆解产业存在的主要问题

（1）老旧企业升级改造步伐较慢。因历史传统等原因，部分报废机动车回收拆解企业

图 11-14　报废汽车

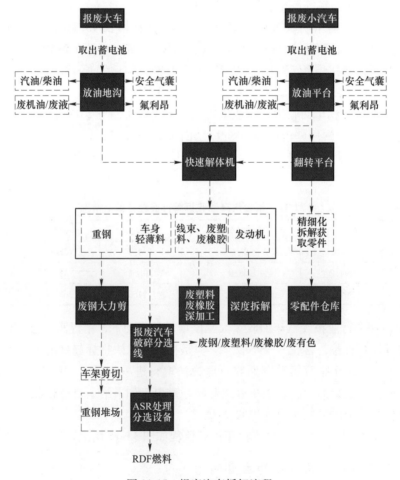

图 11-15　报废汽车拆解流程

并不在工业园区内或不是工业园地，甚至随着城市发展，部分企业已位于城市发展的中心位置；也有部分企业虽然具有工业用地，但场地条件限制较大。按照新的技术规范的要求，老旧企业需要在两年时间内进行升级改造。

（2）资质认定流程仍待进一步完善。商务部发布的《报废机动车回收拆解企业技术规范》《报废机动车回收管理办法实施细则》已对资质认定的过程进行了规定，但在实际工作中，各地的流程及技术标准执行并不一致。

（3）非法拆解现象依然存在。正规拆解企业税收和成本过高，加上各地公安、商务等部门信息互通不足，报废汽车回收拆解市场秩序较为混乱，大量应报废的汽车没有按规定交售给正规回收拆解企业，非法拆解机动车现象在各地普遍存在。我国每年应报废车辆中，进入正规回收渠道的车辆与国家有关部门公布的数字相差甚远，明显低于发达国家4%~5%的水平。

（4）拆解回收资源利用利用率不高。在很多拆解点，报废汽车回收之后能循环利用的主要限于废金属，其他材料回收利用率不高，橡胶、塑料、玻璃等多作为垃圾处理，总体利用率还较低。目前报废汽车拆下来的玻璃、玻璃钢等材料因为数量很少还没有人来采购，只能作为垃圾填埋。

三、汽车拆解行业发展趋势

（1）盈利模式向零部件再制造转型，汽车拆解公司数量迅速攀升。

中美汽车保有量水平相近，但拆解企业数量差异巨大，根本原因还在于汽车拆解盈利模式不够成熟。

在补贴直接给到个人车主的政策环境下，零部件再制造是企业生存发展唯一出路。预计五大总成再制造正式放开之后，企业盈利模式将向零部件再制造转型，盈利能力大幅增强，企业汽车拆解黄金时代即将来临，报废汽车回收及拆解企业势必会井喷式地增加。

（2）拆解公司数量井喷后，行业整合开始，龙头浮现。

中国汽车拆解行业起步晚，技术、政策等条件都刚具备基础，但有欧美成熟经验在前，能充分发挥后发优势。预计中国汽车拆解行业起飞后将迅速成熟，行业整合是必然趋势，且不会再经历欧美如此长的发展周期。龙头企业的浮现也会更快，呈现出清晰的行业格局。

（3）与互联网的高度融合，一体化发展。

未来，互联网模式将在拆解企业当中居于发展的核心地位，承上启下，在前端负责整合收车渠道，最大化地扩大收车市场，后端根据大数据及各种信息，实现零配件资源的最合理调配。

工信部提出废钢产业要实现"回收、拆解、加工、利用一体化"发展。拆解废旧汽车，是废钢的主要资源渠道之一，要提高汽车拆解的规范管理、拆解工艺、装备水平和废钢产品质量，应推进汽车拆解与废钢加工相融合并推进一体化发展。

第十二章　废钢铁行业典型企业发展情况

欧冶链金再生资源有限公司

欧冶链金再生资源有限公司（简称"欧冶链金"）成立于 2020 年 1 月，属于中国宝武"一基五元"中资源环境重要支柱产业。中国宝武以欧冶链金为产业营运平台，全面整合中国宝武旗下宝山、青山、梅山、东山、韶关、重庆、八一和马鞍山等钢铁生产基地废旧金属资源、汽车拆解、轮船拆解、废旧钢铁回收、加工、仓储、配送基地以及废钢国际贸易业务。欧冶链金由中国宝武钢铁集团有限公司、马钢集团控股有限公司、马鞍山钢铁股份有限公司共同出资组建，其中，中国宝武钢铁集团有限公司持股 11.86%，马钢集团控股有限公司持股 69.83%，马鞍山钢铁股份有限公司持股 18.31%。

欧冶链金总部位于安徽省马鞍山市，目前公司在册员工 630 人，下设 8 个职能部门、2 个直属中心、1 个加工分厂、5 个分公司和 11 个控股子公司。2020 年，欧冶链金坚持以习近平新时代中国特色社会主义思想为指引，深入贯彻落实党的十九大精神和中国宝武重大决策部署，以时不我待、只争朝夕的精神，拼搏奋斗、担当作为，经营规模达 1430 万吨，营业收入达 350 亿元，利润总额达 4 亿元，欧冶链金元年精彩收官。

一、发展历程

2020 年中国宝武全面整合旗下金属再生资源，欧冶链金应势而生，中国宝武和马钢集团对公司现金增资 10 亿元。这一年欧冶链金征途如虹，首个合资合作项目吉和源公司于 6 月 29 日揭牌成立，首个船舶拆解合资合作项目靖江公司于 7 月 6 日揭牌成立。9 月 23 日，智慧平台 1.0 发布，实现"五流合一"和"区块链数据存证"，佐证废钢铁交易业务真实性，满足税务部门监管要求，也让用户钢厂放心、安心、省心；12 月公司智慧集控中心和首个中心基地马鞍山慈湖江边中心基地建成投运。2021 年 1 月 1 日，欧冶链金与冶金工业信息标准研究院、中国废钢铁应用协会共同制定的国家标准《再生钢铁原料》（GB/T 39733—2020）正式实施，欧冶链金率先完成国内首单再生钢铁原料进口。

二、企业发展战略及规划

废钢产业是有着广阔发展前景、重大战略意义和巨大发展潜力的朝阳产业。从供需基本面看，未来国内废钢产业进入持续的高景气期。随着国家税收制度的改革以及对现金交易监管的推进，行业税收问题会逐步规范，废钢加工企业的税负将显著降低。而环保政策趋严，运输治限治超抬升了生产成本和物流成本，大型化、综合性、技术设备先进的成本管控龙头企业将有非常大的发展优势。

欧冶链金为加快做强做大金属再生资源循环利用产业，以"三高两化"为路径实现公司高质量发展。公司面向全球金属再生资源端和客户端，承接中国宝武"网络钢厂"，建立金属再生资源加工示范基地和卫星基地，按照"一总部、多基地、网络化、辐射状"的战略布局稳步推进。规划三五年，要高水平建设 20~30 家大型区域性废钢加工示范基地，以合作运营的方式设立 200~300 个卫星基地，国内市场占有率达到 30% 以上，经营规模上亿吨，登陆资本市场，市值超千亿，要为中国宝武实现万亿营收和万亿市值战略目标做贡献。

放眼国际，欧冶链金以链金国际为窗口，积极开拓再生钢铁原料、生铁和有色金属的进口渠道，持续扩大国际业务规模；以欧冶链金靖江公司为基础，打造专业化的拆船基地，拓展国际拆船业务；同时以国家开放钢铁再生钢铁原料进口为契机，探索设立及运作海外基地新模式，大力推进进口业务，扩大市场份额，提高行业话语权，也为平抑进口铁矿石价格，缓解铁矿石进口压力做出积极贡献。

未来几年内，欧冶链金也将继续秉承"创新、协调、绿色、开放、共享"五大发展理念，依托中国宝武品牌和产业聚合优势，转型成为高科技载体、平台化运作的互联网企业。以推动金属再生资源行业规范化、效率化、绿色化发展，为客户提供低成本、高质量、更便捷的服务，提高废钢的接受度和使用量为使命和责任。

三、企业发展成果

欧冶链金活化体制机制，提升风险防控能力。在更大范围、更多领域引入行业优势企业，充分融合国有企业品牌资金优势和民营企业发展活力优势，加快混合所有制改革，来实现产权的多元化，以产权为纽带，实现协同效应，互利共赢，与供应商和客户共享发展成果。

欧冶链金创新"基地+平台+金融"商业模式，优化产业布局，通过基地复制，推进中心基地和卫星基地建设，快速扩大产业规模，搭建智慧服务交易平台，通过多种金融形式赋能，降低产业运行成本，提升经营效率。

欧冶链金坚持科技赋能，强化技术创新，打造核心竞争力。快速建设智慧服务交易平台支撑业务开展，规范业务流程，促进行业交易规范，坚持回收、加工、物流、交易过程智慧化、可视化、透明化的理念，实现商流、物流、资金流、票据流、信息流"五流合一"，解决行业痛点，重塑行业生态。遵循中国宝武"四个一律"要求，探索形成金属再生资源行业绿色发展、智慧制造模块化解决方案，推进智慧制造与数字化转型升级，培育核心竞争优势，建设智慧制造集控中心和基地智慧工厂，实现生产经营智能管控和绿色发展。借助科研项目的开展，深入挖掘专利和计算机软件著作权，2020年专利申报受理12件，其中发明专利10件。

欧冶链金积极开展国际进出口贸易业务，建设离岸贸易平台，坚决维护国家环境安全，保障国内优质废钢供应。作为《再生钢铁原料》国家标准制定主导者之一，标准的实施和应用提升了欧冶链金在国内、国际再生资源行业的企业影响力，有助于打破海外铁矿石资源垄断，平抑进口铁矿石价格波动，有效降低进口铁矿石成本，支撑中国宝武资源战略，提高中国在铁矿石谈判中的话语权。同时积极与大连商品交易所开展合作，主动参与废钢期货上市的准备工作，完成《破碎废钢期货交割质量检验标准研制报告》，报告提交的破碎废钢关键技术指标方案一次性通过大连商品交易所审核认定。实验数据和结论得到国家生态环境部、冶标院、废钢协会等专业管理机构的采纳，在多次行业议题讨论会议中作为证据性数据提交会议人员决策参考。后续欧冶链金将作为破碎废钢期货交割质量检验行业标准的牵头单位，开展行业标准的编制。

四、结语

欧冶链金秉承中国宝武产业报国初心，以共建高质量金属再生资源生态圈为使命，运用区块链、大数据、云计算、智慧制造以及金融赋能，完成由钢铁原料供应商向金属再生资源循环利用服务商转变，携手客户、供应商、行业伙伴共同促进再生金属资源循环利用，成为全球金属再生资源循环综合利用行业的引领者和标准的制定者。在伟大的中国共产党成立100周年之际，欧冶链金将以舍我其谁的奋斗决心，以勇往直前的拼搏精神，努力担负起中国宝武建设钢铁生态圈的使命，承载起中国宝武做全球钢铁引领者的梦想。智链未来，共生共赢，追逐梦想，欧冶链金一直在路上。

江苏沙钢集团张家港市沙钢废钢加工供应有限公司

江苏沙钢集团系目前国内最大的民营钢铁企业，国内最大的电炉钢生产基地，沙钢集团公司主导产品为宽厚板、热轧卷板、冷轧卷板、高速线材、大盘卷线材、带肋钢筋、特钢大棒材等，已形成60多个系列，700多个品种，2000多个规格。沙钢集团是全国民营钢铁企业中唯一一家连续十年上榜"世界500强"的企业，自2018年4月起担任中国废钢铁应用协会第六届理事会会长单位。在废钢铁应用方面，一直以来，沙钢坚持绿色循环发展理念，积极响应国家多用废钢、少用矿石的号召，一方面长短流程相结合，把沙钢建成全国最大的电炉钢基地，大力增加废钢资源综合利用，目前，废钢年消耗量近700万吨，居国内钢厂前列；另一方面，沙钢高度重视废钢铁资源的开发利用，积极参与废钢加工配送，积极引进国内外先进的废钢加工、分选技术与设备，大力提升废钢利用效率。企业在获得较好的经济效益的同时，也获得了较好的社会效益和环保效益。

张家港市沙钢废钢加工供应有限公司（以下简称"公司"）位于长江之滨的新兴港口工业城市张家港锦丰镇，东临上海、南靠苏州、西接无锡、北依长江，由张家港市钢铁厂（江苏沙钢集团有限公司的前身）于1991年9月2日发起设立。目前注册资本为2.5亿元，现有职工50人，主要营业范围包括废钢、废铁收购销售及加工等。公司是2012年第一批入选工信部废钢加工准入企业成员之一，享受国家30%即征即返税收政策，并通过质量、职业健康安全、环境、测量、能源五体系认证，于同年被中国废钢铁应用协会评为"废钢铁加工配送中心示范基地"。

公司作为沙钢集团唯一的从事废钢加工贸易企业，紧靠沙钢集团本部，拥有沙钢集团10千米沿江岸线，高速公路四通八达，区位优势得天独厚。2020年，公司生产销售粉碎料等70多万吨，营业收入17.69亿元，利润约4000万元，目前公司净资产约5.3亿元，

现法定代表人蔡向东。

公司所投资的年产 200 万吨的废钢加工项目，布局合理，规划科学，项目占地 400 亩，约 26.66 万平方米，项目年总运输量约为 500 万吨，并且留有发展余地，为扩大生产加工能力保留空间。项目公用辅助设施、办公生活设施、道路及绿化系数为 30% 以上的绿化区，都布置在项目区域内，道路为新建道路，运输系统部分依靠原有公司设施。项目建设相关的交通、水、电、气、通信、网络、相关辅助设施等条件优良，目前公司已通过质量、职业健康安全、环境、测量、能源五体系认证，水电气统一管网，粉尘、污水、固废等处理排放管理统一纳入沙钢现有管理网络和体系管理中。

2008 年，公司投资约 1 亿元，建设了一条 6000 马力（美卓林德曼 98×104）废钢破碎生产线，于 2009 年正式投产。2017 年，公司又斥资 1.48 亿元，再次新建了一条 6000 马力废钢破碎生产线（美国纽维尔 100SXS 破碎机），并于 2018 年 7 月调试生产。由此，公司废钢破碎产能从 60 万吨提升到了 130 万吨。

公司外购废钢经过废钢破碎生产线的加工处理，将废钢破碎、打卷，并将有色金属和非金属杂质分选出来，获得纯净的废钢，满足入炉炼钢的要求。破碎机在生产过程中，通过高速旋转的锤头以每秒 20 次的锤击次数对废钢进行撕裂、破碎、打卷，去除油漆、锈蚀、灰尘等杂质，提高了废钢清洁度，增加了废钢密度；通过干湿结合式除尘系统，避免了粉尘污染，实现了清洁生产，又实现了对泡沫、粉尘等轻质物料的回收；在分选环节，利用磁选机将废钢中的有色金属和橡胶塑料等非金属与钢铁分离开来；实现了所有资源的无害化处理和回收利用。破碎加工生产线的投运，一方面可以将废钢中的有色金属和杂质分离出来，提升废钢纯净度，保障生产品质，也有效控制杂质入炉减少了能耗；另一方面加工成的废钢粉碎料，密度从 0.7 吨/立方米提高到 1.2 吨/立方米，加快了入炉节奏，提高废钢装入量，为炼钢产量提升创造条件。2020 年下半年生产线又增添了废钢打包机和液压金属剪断机等设备，至 2021 年，公司废钢加工生产能力将达到 160 万吨。

公司采购网络遍布全国，废钢质量管控水平得到同行普遍称赞，公司紧紧围绕沙钢集团废钢需求，大力开展废钢收购、加工、配送工作，在废钢资源渠道组织上，按照统一规划、合理布局、便捷环保的原则，在沿海、沿江及周边省市联合开发废钢资源，努力实现

废钢回收利用的产业化、集散化经营，形成绿色网络化回收利用格局。在致力于抓好目标推进实施的同时，公司还注重同时抓好回收行业队伍建设，通过整合、规范现有企业回收人员，加强对回收从业人员的管理，规范服务项目、服务地点、服务标识、服务纪律，引领价格、品种、行业标准、服务规范等制定，充分发挥了指导作用。

公司高度重视废钢的安全使用，特别在放射性检测方面，从美国引进了多套世界先进的通道式放射物检测系统，实现了对外购废钢的全面安全检测。该系统对混杂在废钢中的放射性物质能够实现有效的检测，发现辐射物质后，及时联系环保部门进行有效处置，杜绝了放射物进入生产环节，保障了生产安全和产品质量。

2017年起，为进一步做大做强废钢加工配送业务，公司先后成立了沙钢苏州基地、常州基地、诸暨基地、海门基地，进一步开拓了废钢资源采购渠道和方式。

未来，在集团的坚强领导下，公司将进一步开拓思路，面向全国，以开展废钢基地建设、推进废钢加工及综合利用为重点，不断开发外围废钢资源，围绕沙钢集团废钢结构需求，结合全国废钢资源情况，在现有废钢基地基础上，按照年收购加工废钢量不低于20万吨、场地存储能力不低于3万吨的基本条件，计划在浙江、安徽、广东、重庆等地通过联合收购、合资收购等方式，增加基地收购、加工、配套产能。形成全国兼顾、南北统筹、统一调配的新格局，同时，与国内有影响力的加工型实体企业进行强强联合，打造废钢加工配送基地航母，同时充分利用好享受退税政策开展好废钢业务，计划通过3~5年的时间，将废钢公司打造成废钢年收购量超1200万~1500万吨，销售额超300亿元的非钢产业板块。同时还将适时引入社会资本，利用多方力量共同打造一个第三方废钢资源平台，通过多轮融资，孵化上市，努力将公司打造成为废钢加工配送行业具有较强影响力的样板企业。

鞍山钢铁集团鞍钢绿色资源科技发展有限公司

鞍山钢铁成立于 1948 年 12 月，是新中国第一个恢复建设的大型钢铁联合企业，被誉为"新中国钢铁工业的摇篮""共和国钢铁工业的长子"，是"鞍钢宪法"诞生的地方，是英模辈出的沃土，为新中国钢铁工业的发展壮大做出了卓越的贡献。经过七十多年的建设和发展，鞍山钢铁已形成从烧结、球团、炼铁、炼钢到轧钢综合配套，以及焦化、耐火、动力、运输、技术研发等单位组成的大型钢铁企业集团。具有热轧板、冷轧板、镀锌板、彩涂板、冷轧硅钢、重轨、无缝钢管、型材、建材等完整产品系列。

鞍山钢铁是中国国防用钢生产龙头企业，中国船舶及海洋工程用钢领军者，已经成为我国大国重器的钢铁脊梁。鞍山钢铁引领中国桥梁钢发展方向，是中国名列前茅的汽车钢供应商，是中国核电用钢领跑者，是铁路用钢、家电用钢、能源用钢的重要生产基地。

鞍山钢铁全面通过了 ISO9001 质量体系认证，船用钢通过九国船级社认证，建筑用钢获英国劳氏公司 CE 标志认证证书，钢铁主体通过 ISO 14001 环境管理体系认证和 OHSAS18001 职业健康安全管理体系认证。企业主体生产工艺和技术装备达到国际先进水平，综合竞争力进入国际先进行列，国际影响力显著增强。

鞍山钢铁生产铁、钢、钢材能力均达到 2600 万吨/年，拥有鞍山、鲅鱼圈、朝阳等生产基地，在广州、上海、成都、武汉、沈阳、重庆等地，设立了生产、加工或销售机构，形成了跨区域、多基地的发展格局。

在深入推进供给侧结构性改革的新形势下，鞍山钢铁贯彻"五大发展理念"，落实"改革引领、创新驱动、质量升级、智能制造、绿色发展"的工作要求，加快实施"1+6"产业规划，坚定不移做精做强钢铁主业，协调推进相关产业发展，不断提高企业发展质量和效益，实现由钢铁"一柱擎天"向"多业并举"发展格局转变。加快推进智能制造步伐，实现从传统制造向智能制造的转变。加大科技创新力度，通过打造激发"动力、活力、引领力"的科技创新体制机制，致力成为高端人才的集聚者、行业技术的引领者、未来科技的探索者，争当钢铁行业排头兵，努力成为具有全球竞争力的世界一流钢铁企业。

鞍山钢铁始终以发展绿色、低碳经济为己任，不断拓展钢铁行业"清洁、绿色、低碳"的发展内涵。2008 年在渤海湾畔建成了引领世界钢铁工业发展的绿色样板工厂——鲅鱼圈钢铁新区，成为钢铁企业利用清洁能源的"示范基地"。

鞍山钢铁拥有悠久的企业文化，在各个历史时期都涌现出时代典型。如老英雄孟泰、从鞍钢走进军营的伟大共产主义战士雷锋、"当代雷锋"郭明义、全国时代楷模李超等，彰显了"创新、求实、拼争、奉献"的鞍钢精神，为企业发展提供了强大的精神动力。

"牢记初心、不忘使命"。当前，鞍山钢铁领导班子团结带领广大干部职工牢记光荣使命，以习近平新时代中国特色社会主义思想为指导，全面贯彻党的十九大精神，深入落实"三个推进"要求，开拓进取，奋发有为，以创新引领高质量发展，构建鞍山钢铁振兴发展新格局，努力建设最具国际影响力的钢铁企业，为鞍钢集团开启新征程做

出新贡献。

　　另外，鞍山钢铁拥有废钢加工中心。其中，1250 吨液压冷剪机于 1987 年投产，主要加工鞍钢厂内非生产回收的大型结构件和生产回收的废钢管等，对不合格废钢的加工起到了重要作用。通过 2020 年的系统性大修，液压冷剪机已恢复全部功能，目前运行正常，能够达到 4 万吨/年的加工能力。其次，1000 吨液压打包机 2000 年投产，主要加工鞍钢厂内非生产回收和生产回收的轻薄料，由于已运行 20 年时间，系统压力无法达到 32 兆帕的设计值，目前运行压力为 28 兆帕左右，部分部位配合精度有所下降，打包规则薄板时有塞料的风险。拟在公司资金允许的情况下，准备对打包机进行大修，以恢复设备功能精度，达到 7 万吨/年的加工能力。

　　鞍钢绿色资源科技有限公司（原鞍山钢铁集团公司矿渣开发公司，简称"绿源科技公司"）是目前国内最大的冶金渣综合开发利用专业化企业之一，隶属于鞍钢集团众元产业发展有限公司，下辖鞍山本部和鲅鱼圈分公司，负责鞍钢集团鞍鲅两地保产服务和冶金固废资源的开发利用。

　　绿源科技公司以节能减排、发展循环经济、实现资源再利用、保护生态环境、创造和谐企业为中心，充分利用国家产业政策"50 个大宗固废利用基地建设"的发展规划和"一带一路"倡议布局，按照鞍钢集团战略规划和众元产业公司发展规划，依靠科技进步，不断优化产业结构，加大冶金渣产品开发力度，努力探索冶金渣处理新工艺、新产品、新技术的有效途径，立足东北、经营沿海、走向世界，打造绿色、环保、循环经济，建设市场化、产业化、国际化大型绿色建材企业集团。目前，绿源科技公司已经拥有闷渣、磁选、深加工、钢尾渣磨细一整套世界领先的冶金渣处理工艺技术。已形成精渣钢、精选粒铁、精铁粉、磁选粉等冶金渣系列产品，广泛用于钢铁和建材行业，年产值近 15 亿元。

　　绿源科技公司现具有年 800 万吨的冶金渣处理加工能力，其中钢渣处理能力约 400 万吨，鞍钢鞍山本部和鲅鱼圈分公司每年产生钢渣 300 多万吨，全部由绿源科技公司加工处理。产品有精选粒铁、精铁粉、磁选粉、渣钢、精渣钢等，应用于炼铁烧结和炼钢大生产中。

● 转炉钢渣磁选及深加工生产线

1. 本部 240 万吨钢渣磁选生产线

　　1987 年鞍钢绿色资源科技有限公司引进了联邦德国弗里德里希公司的 240 万吨钢渣磁选生产线，当时是国际上加工能力最大，磁选效果最好，尾渣金属铁含量最低的钢渣磁选加工线。经该加工线生产的产品有：可直接供炼钢使用的渣钢；品位稍低但可经过深加工后提供炼钢使用的粒铁和作为炼铁烧结原料的磁选粉；磁选加工后的钢尾渣金属铁含量在 2%以下。经过磁选生产线进行磁选加工，不仅能使金属铁的提取率达到 98%以上，更主要的是能够有利于钢渣后期深加工利用，又达到了综合利用，化害为利，变废为宝。

鞍钢绿色资源科技有限公司 240 万吨磁选生产线在投产至今的 20 多年里为鞍钢的炼钢、炼铁、烧结生产的成本降低做出了重大贡献。这期间鞍钢绿色资源科技有限公司的技术人员在对国外引进的先进工艺装备进行消化、吸收的同时，不断地对原生产线进行着改造和创新。目前，多数设备零部件已实现了国产化，其中鞍钢绿色资源科技有限公司在德国带磁技术的基础上，通过技术改进，采用磁场选别技术，创造性地研发了宽带高效新型带磁技术。该项技术是国际上最先进的磁选技术，已列入国家"十二五"冶金渣处理重点攻关项目。

2. 鲅鱼圈钢厂磁选生产线

2008 年鞍钢鲅鱼圈钢铁项目投产，每年产生 100 万吨钢渣。为了回收这 100 万吨钢渣中的金属物料，鞍钢绿色资源科技有限公司总结了本部 240 万吨钢渣磁选生产线的经验，又结合本部拥有自主知识产权的粒铁深加工生产线的优势技术，在辽宁营口鲅鱼圈建成了一条拥有自主知识产权的磁选加工线。这条加工线每年可处理钢渣 100 万吨，回收金属物料 30 万吨。

鞍钢绿色资源科技有限公司鲅鱼圈钢渣磁选生产线主要采用宽带高效新型带磁技术和棒磨技术相结合的方法，以热闷钢渣为原料，经破碎、筛分、磁选、棒磨后，得到产品渣钢、精选粒铁、磁选粉和转炉尾渣粉。该磁选线的多项工艺均是国内首创，已获国家专利。该工艺在生产中实现了国内磁选能力最强、渣铁分离最彻底、磁选物质量最好等一系列成绩。经过本生产线生产出的精选粒铁及磁选粉能满足鲅鱼圈钢铁厂炼钢和炼铁的品位要求。磁选后的尾渣粉金属铁含量小于 2%，经加工处理后可作钢渣粉、钢铁渣复合粉、水泥混合材和生料配料及新型建筑材料和道路材料，属绿色环保建材产品，具有显著的环境和社会效益。

从钢渣中提取铁磁性物质是全世界钢铁行业处理钢渣重要手段。而如何尽可能提高钢渣中磁性物的提取率一直是全世界钢渣处理的重要课题。鞍钢绿色资源科技有限公司本部 240 万吨磁选生产线多年来的成功经验以及新近建成的鲅鱼圈 100 万吨磁选生产线的顺利运行，使鞍山钢铁集团公司的钢渣磁选工艺水平走在了世界前列。这两条磁选线在国内同类工艺中，创造了金属铁提取率最高，尾渣中金属铁含量最低等多项纪录，在全国率先完成了冶金渣开发利用产业"十二五"发展规划要点之一的"钢渣高效宽带磁选设备的研发"项目，进一步巩固了鞍钢绿色资源科技有限公司在全国冶金渣处理行业中的领先地位。鞍钢绿色资源科技有限公司的磁选工艺多年来经过不断的技术引进、消化吸收、改造创新，在为鞍山钢铁集团公司钢铁生产降低了大量原料成本的同时，也引领了国内钢渣磁选行业的发展方向，为在全国范围内推进钢渣的零排放和冶金渣的高附加值综合利用，建设资源节约型社会做出了重大贡献。

3. 转炉钢渣磁选产品深加工工艺技术

鞍钢在2008年自行投资、设计并改造建设了国内第一条转炉钢渣磁选产品深加工生产线，转炉钢渣磁选产品（粒钢和磁选粉）通过球磨湿磨后分别磁选、重选得到全铁品位大于90%的精选粒铁与全铁品位60%的精铁粉，返回炼钢与烧结进行高附加值应用。

鞍钢转炉钢渣磁选产品深加工工艺采用将重选与磁选相结合的方法，避免了非磁性或弱磁性含铁物料的流失，使含铁物料回收更充分、更彻底。

2009年，公司第二条年加工能力20万吨粒钢深加工线建成投产。

- 闷渣工艺技术

鞍钢本部一直采用简易闷渣法对熔融钢渣进行露天打水、热闷、陈化的处理工艺。2009年，绿源科技公司采用当时最先进的熔融钢渣热闷处理工艺，在鲅鱼圈分公司建成投产一条钢渣热闷生产线。熔融闷渣所带来的短流程、短周期的高效率，以及钢渣的高粉化率，废钢提取高选出率和对钢渣膨胀性的完全消解等效果，将使熔融钢渣热闷工艺成为今后国内钢渣前处理的发展趋势。该工艺技术于2012年获得了国家科技进步奖二等奖，为近几年里国内其他钢铁企业及钢渣处理企业新建的类似的闷渣生产线的建设提供了良好的示范作用。

2010年，为进一步提升钢渣处理的技术水平，减少环境污染，实现钢渣零排放。绿源科技公司采用目前国内最先进的钢渣有压热闷处理工艺技术，对鞍钢本部钢渣处理工艺进行升级改造。该技术具有热闷周期短、处理效率高、自动化水平高、洁净化程度高、热闷后的钢渣粉化率高、渣铁分离良好、脆性好、易磨性好及运营成本低等优点。

- 粉状含铁回收料的再利用技术

由于精炼炉渣的成分与炼钢过程中脱硫、脱磷加入的石灰、白云石、铁矾土、萤石等转炉助熔剂的成分相似，鞍钢将精炼炉渣进行单独堆放，对精炼渣磁选处理后不含铁部分制球替代转炉助熔剂，将精炼炉渣加工成高附加值产品，得到有效利用。

绿源科技公司在2008年至2010年间先后成立了两条制球生产线，除了将精炼渣压制成球用于转炉助熔剂外，还可以利用多种原料生产不同种类的产品，达到生产线的利用最大化。解决了粉状钢铁物料的再利用问题。将粉状物料转换成固体形态，密实度增加，解决了漂浮问题，可直接用于转炉炼钢，缩短了流程，不但实现了节能降耗，而且可以将大部分粉状钢铁物料回收再利用。资源得到有效利用。

- 钢渣粉工艺技术

绿源科技公司自 2006 年开始，对钢渣粉磨从产品试验、工艺技术、核心设备的研发进行全面的论证。几年来，吸收磨机粉磨技术的优点，吸取近期国内钢渣粉磨项目的经验教训，投资建成世界上第一条采用辊压机生产钢渣粉的生产线。该工程项目于 2013 年 4 月动工，2014 年 9 月建成，可以生产矿渣粉和钢渣粉两种产品。

- 特种固化剂的研究与应用

绿源科技公司与某科技有限公司合作开发出特种固化剂产品，该特种固化剂以冶金固废资源和矿渣粉作为主要原料，加入专用激发剂，是一种可以高效固化、胶结超细颗粒的尾矿、黏土、淤泥等新型环保节能绿色工程材料。

全尾矿固化剂产品满足矿井井下充填的标准，可以进入市场销售；土壤固化剂产品进行干土固化达到了四级公路路基的标准，具备汽车通行的条件，可以用于修筑农村道路；钢渣固化剂产品用于道路路基层，可达到二级路基层的标准。该项目申报受理了五项发明专利。

- 钢尾渣在道路工程中的研究与应用

绿源科技公司与交通运输部科学研究院合作开展钢尾渣在道路工程中的应用研究，编制了辽宁省地方标准《水泥稳定钢尾渣碎石基层施工指南》。经过铺筑典型试验验证路段及通行验证，试验路段达到国家二级公路标准。根据对试验路段相关检测结果，公开征求意见，进一步修改完善《水泥稳定钢尾渣碎石基层施工指南》。本标准的编制能够极大地推动钢尾渣碎石的应用和指导，在钢尾渣碎石基层施工中起着重要作用，实现钢尾渣在道路工程中的有效应用并提高资源循环利用率，减少碳排放量，符合废物资源回收利用与可持续发展要求，有助于促进交通运输行业绿色环保、可持续发展，具有显著的环境效益和社会效益。

- 人工鱼礁

绿源科技公司与北京科技大学共同研究，利用钢渣制成人工鱼礁。人工鱼礁是使固体废弃物的用量最大化、成本最低化和性能最优化的有效措施。能够促进珊瑚礁再生，加快藻类生长，减少二氧化碳排放，改善海洋生态环境。

近几年，绿源科技公司坚持依靠科技进步，积极推进创新型企业建设，不断加快技术改造和工艺创新步伐，加大高附加值产品开发力度，冶金渣处理能力和水平得到大幅提高。作为鞍钢发展循环经济试点企业，公司全面加强与国际冶金渣处理知名企业和知名大专院校、科研所的战略合作，建立以企业为主的产、学、研基地，充分发挥他们的技术优势和科研平台，积极开展冶金渣前沿技术开发。充分发挥工艺、技术优势，加大新产品开发力度，全面提高钢渣产品的科技含量。

科技创新引领世界和未来已经势不可挡，绿源科技公司将进一步以习近平总书记关于科技创新系列重要论述精神为指引，依托现有技术和品牌优势，聚焦冶金固废资源开发利用，做大做强做优鞍钢非钢产业，实现新五年战略发展规划"152"+"1.5"目标。实现1000 万吨级微粉、500 万吨级钢渣、20 亿营收、1.5 亿利润。进一步夯实"立足东北、经营沿海、走向世界，打造绿色、环保、循环经济，努力建设行业内最具竞争力的市场化、产业化和国际化大型企业集团"的发展愿景。

北京建龙重工集团有限公司

北京建龙重工集团有限公司（简称"建龙集团"）是一家集资源、钢铁等产业于一体的大型企业集团。集团经营的产业涵盖多种资源勘探、开采、选矿、冶炼、加工、产品制造等完整产业链条，目前拥有 4430 万吨矿石（铁、铜、钼、钒、磷矿等）的开采和选矿能力、3500 万吨以上粗钢冶炼和轧材能力、150 万载重吨造船能力，以及 1.5 万吨五氧化二钒的冶炼能力、500 万吨焦炭生产能力。

集团是中国钢铁工业协会副会长单位，全联冶金商会会长单位，中国废钢铁应用协会副会长单位。目前，集团拥有 4 家院士专家工作站和 3 家博士后工作站和 1 家博士后创新实践基地。

集团控股公司 2020 年完成钢产量 3647 万吨，铁精粉产量 454 万吨，交船 3 艘；完成主营业务收入 1956 亿元，实现利润总额 63.52 亿元，上缴税金 43.49 亿元，员工人数超 6 万。

集团自 2017 年开始布局废钢板块，在东北、西北成立六家废钢公司，分别为山西建龙再生资源利用有限公司、抚顺宏祥泰再生资源开发有限公司、图们市奋发物资回收有限公司、吉林盛祥再生资源利用有限公司、黑龙江建龙废旧物资回收利用有限公司、黑龙江建龙北满再生资源利用有限公司，集团旗下废钢公司全部准入成为废钢铁加工行业规范企业。2020 年集团钢铁子公司废钢使用量达到 650 万吨，通过布局废钢板块全面整合建龙集团旗下钢铁生产基地废旧金属资源，废旧钢铁回收、加工、仓储、配送基地以及废钢国际贸易业务，为钢铁产业发展建立了稳定可靠的原料保障。

集团坚持科技赋能，运用互联网、人工智能、区块链、大数据和物联网等先进技术，建设智慧制造集控中心、智慧工厂和智慧服务交易平台，实现生产经营智能管控和绿色智慧制造。坚持回收、加工、物流、交易过程智慧化、可视化、透明化的理念，实现商流、物流、资金流、票据流、信息流"五流合一"，特别是自主开发的基于机器视觉识别的废钢智能检验系统，解决了废钢依靠人工检验的行业痛点，重塑行业生态。行业数据显示，到 2030 年国内废钢潜在存量 7.54 亿吨，随着工业化进程，废钢产生量和钢铁冶炼消耗快速增加，废钢等级的识别判定和废钢质量的优劣直接关系到钢铁冶炼品种、质量和冶炼周期，直接影响企业效益，废钢质量的管理和冶炼使用已成为钢企关注焦点和重点。集团废钢智能检验系统是依托山西建龙精品钢生产制造基地自主开发的，在国内首次实现了钢铁行业关键原材料废钢验收全流程的无人化智能识别与自动验判。

废钢智能检验项目是建龙集团智能制造重点项目，是基于工业 4.0 管理理念，实现内外部的全面质量管理及客户的精准服务的重点项目之一，并形成 6 项具有自主知识产权的创新成果。结合山西建龙钢铁整体系统架构模式，通过分析研究，确定系统架构为四个层级，在自主研发的废钢智能识别系统上进行集成，并开发相应的成像软件，实验数据来源于存量数据库，近 49.6 万张废钢图片，每类废钢图片达 4 万张。项目的开发解决了钢铁行业普遍存在的废钢验收质量等级评价技术难题，彻底取代了人工废钢验质，大幅降低钢铁行业废钢采购和使用风险。

业务流程如图所示：

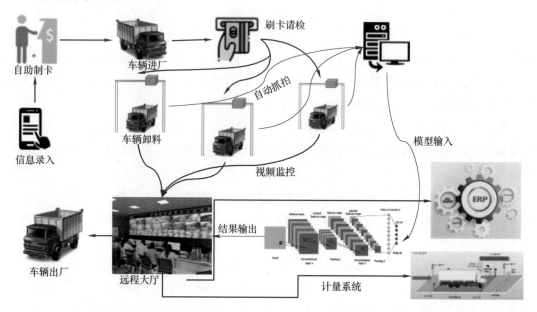

创新点一，针对废钢种类多、实际工况、人工系统衔接问题，设计了基于机器视觉和深度学习的全自动无人化废钢智能检验系统，建成了远程废钢验收大厅，废钢车辆从入厂到卸料、检验、出厂、数据抛送 ERP 系统无需人工干预，提高了数据的准确性和效率。通过实施应用，人机交互终端自动生成废钢等级判定报告，实现了人机实时交互，满足现代规模化钢铁企业废钢采购和使用量化表征测试分析需求，实现废钢物资自动扣杂功能，避免了人工扣杂的主观性，提高了判定的科学性。

创新点二，研发基于扫描路径最优化的摄像机角度自适应调整算法，重点是根据现场实际情况获取废钢图像，主要难点是确定废钢车辆的停放位置，获取有效的废钢图像，不允许有非废钢的物体出现在获取到的废钢图像中，有关废钢卸料作业的电磁铁吸盘必须排除，避免重复或部分拍摄。一是获取精确的废钢图像，废钢图像只能包含废钢不能含有其他的物体，在实际卸料中电磁铁吸盘不断地卸取车辆中的废钢以此完成废钢卸料。因此在摄像机拍摄废钢的过程中只采集废钢图像，项目采用级联神经网络目标检测方式，对电磁铁吸盘进行检测，用于判断当前图像是否含有吸盘，如存在则舍弃当前图像。二是针对废钢图像拍摄路径难寻问题，基于蚁群最优化路径算法来制定当前的拍摄路径。通过蚁群算法确定需要进行拍摄废钢的位置，映射到图像坐标系中给出摄像机需要移动的距离，通过特定协议控制摄像机来获取全面的图像。

创新点三，设计了一种收储中的废钢等级分类检测方法。一是针对所拍图像不清晰且无关信息过多，增加废钢等级识别难度，通过废钢图像的预处理消除图像中无关的信息，改进特征提取图像分割匹配和识别的可靠性。二是废钢的特征提取是废钢识别的重要难点，废钢的种类繁多形状各异，仅通过外观与颜色很难判断废钢类别，因此在特征的提取过程中要充分地提取各尺度的特征以及低层的位置和高层的语义信息，然后进行融合。核心算法主要包括基础中级颜色边缘和纹理5个特征提取并与FPN网络特征融合。三是废钢图像等级识别与扣杂量计算交互式训练模型方式，确定交叉熵损失函数，在已打好标签的数据集上进行训练，并在数据集以及网络结构上增加噪声，利用模型A在未标定的数据集上生成伪标签，训练一个模型B，使用上面的伪标签数据以及真实数据集，交换模型A与B的行为，不断迭代，形成废钢图像等级识别与扣杂量计算整体算法。

科技成果及第三方评价方面，废钢远程智能检验项目的实施，取得了废钢铁智能识别验判的技术革新，促进了在智能制造信息化领域的探索和应用，开创了信息科学领域应用在钢铁行业关键原材料废钢铁上的使用和验判先河，引领了钢铁行业废钢等级智能验判和精准分级使用的新趋势，填补国内外此领域空白。废钢智能检验判定准确率达到96%以上，各类废钢料型扣杂智能判定符合度达到95%以上，智能识别自动拍照率99%以上，关键技术指标均达到预期指标要求。在山西省金属学会组织的行业顶尖专家成果评价中，一致认为本项目技术难度大，创新性强，具有很好的推广价值，达到国内领先水平。通过钢协对废钢智能检验项目的国内外科技查新看，项目投资远低于意大利达涅利同类型项目，废钢识别准确率高于对应技术指标，识别的废钢种类达16种。

✓项目成果与技术

目前，废钢智能检验项目在建龙集团内的建龙阿城钢铁有限公司、建龙北满特殊钢有限公司推广应用，经济效益突显。废钢智能检验项目作为科技创新项目可在全国其他钢铁企业进行推广，目前已有石钢、包钢、淮钢、宣钢等企业来接洽和考察，并初步达成合作意向。同时，废钢智能检验项目可应用推广至其他钢铁行业现场，如铁合金等贵重物资，应用前景广阔。此外，还可应用推广至其他废旧物资作为冶炼原料的有色金属（铝冶炼、铜冶炼等）冶炼领域，可为企业带来巨大的经济效益和无形效益。

建龙集团坚守产业报国初心使命，以共建共享高质量钢铁生态圈为愿景，立足成为我国钢铁行业高质量资源保障体系的重要组成，搭建金属再生资源智能化发展平台，重塑行业良性竞争和绿色发展新局面，共同促进行业健康、有序、持续发展。

四川冶控集团有限公司

一、企业简介

四川冶控集团有限公司（简称"冶控集团"）是 2013 年经四川省人民政府同意、国家工业和信息化部备案，于 2014 年 3 月由四川省内多家企业共同组建的民营短流程电炉炼钢集团，总部设在四川省成都市高新区。2021 年 7 月，为充分发挥西南地区水电资源优势，落实碳达峰碳中和战略要求，提高产业集中度，提升核心竞争力，促进钢铁行业绿色低碳高质量发展，四川省按照"企业主体、市场化运作、政府引导"的原则，推动省内成都冶金实验厂有限公司、四川都钢钢铁集团股份有限公司、泸州鑫阳钒钛钢铁有限公司、成都市长峰钢铁集团有限公司、四川盛泉钢铁集团有限公司、四川德润钢铁集团航达钢铁有限责任公司、四川省射洪川中建材有限公司、四川雅安安山钢铁有限公司等 8 家短流程炼钢企业整合成立了四川冶控集团有限公司。集团 8 个生产基地主要分布在成都、泸州、德阳、遂宁、达州、雅安等地区，员工近万人。

冶控集团是一家专业从事短流程电炉炼钢及轧钢生产的钢铁集团，四川及周边省份充足的废钢资源和四川丰富的水电资源，为冶控集团的生产提供了有力的保障。在中国钢铁工业高质量发展的浪潮中，冶控集团引进中冶赛迪、意大利达涅利、德国普锐特等先进炼钢设备和先进的棒线材轧机，采用废钢预热、连续加料、平熔池冶炼、超低排放等新技术、新工艺，并遵循数字化、网络化、智能化、专业化为一体的新一代短流程超高功率电弧炉"炼钢—连铸—连轧"高效生产方式，积极推进企业的升级发展。

冶控集团投入 200 多亿元进行企业的升级改造，装备水平大幅度提高。

成都冶金实验厂有限公司采用中冶赛迪装备有限公司阶梯式连续加料绿色智能电炉成套装备和绿色智能轧钢设备，通过引进中冶赛迪一流的技术、丰富的经验、先进的工艺技术，使企业的装备和工艺技术跃升至领先水平。

泸州鑫阳钒钛钢铁有限公司重组整合和升级技改项目是四川省 2019 年重点工业和技术改造项目。项目引进达涅利 100 吨连续加料超高功率电弧炉、中冶赛迪和达涅利的先进轧机及配套设施。具有冶炼时间短、电极消耗小、烟尘排放低、自动化程度高等特点。

成都市长峰钢铁集团有限公司引进的德国 100 吨量子电弧炉，是带有废钢连续预热系统及配套最先进的环保设施，吨钢电耗及环保排放行业最低。该项目建成投产后将是国际最先进、环保、节能的生产线。

四川德润钢铁集团航达钢铁有限责任公司引进达涅利100吨连续加料超高功率电弧炉和双高棒生产线，实现了装备水平的提升和生产技术进步。

四川盛泉钢铁集团有限公司引进特诺恩公司的康斯迪电炉，具有废钢预热、留钢操作、连续加料等特点，是国际最先进的电炉炼钢设备。

四川眉雅钒钛钢铁集团有限公司淘汰落后的生产设备，建成国内先进的电炉和轧钢设备及配套的环保设施，绿色化、智能化水平大幅度提升。

冶控集团作为四川短流程电炉炼钢的代表，是四川短流程炼钢的领军企业。建设环境友好型社会，是当前国家发展的方向，作为大型短流程电炉炼钢集团，冶控集团坚决响应国家政策的要求，实施超低排放改造，按照四川省的部署，将确保在2023年底前全面达到超低排放标准。目前，冶控集团已发展成为拥有先进短流程炼钢、铸坯直接轧制生产工艺，主要产品为建筑结构用含钒高强度抗震钢筋、钒钛高强度建筑用钢、合金钢、工业用钢等先进钢铁材料的专业化电炉炼钢集团。为践行中国钢铁工业高质量发展的理念，冶控集团在做强做精含钒高强度建筑用钢的基础上，将大力开发优特钢，一是向多品种、多结构、高效益发展，促使产品向中高端、精品、精细化深加工升级，重点发展装配式建筑用钢、钢结构工程用钢等高附加值产品。二是围绕国际国内双循环，加快研发生产耐高温、耐腐蚀等高品质钢材；结合绿色建筑、绿色消费需求，延伸产业链，发展装配式建筑等，实现集团由普钢企业向普钢优特钢复合型企业的转型。

二、积极参与标准制（修）定

冶控集团十分重视标准的引领作用，积极参与各类标准的制（修）定工作。其中，冶控集团作为主编单位承担了中国金属学会《电弧炉危废处置规范》《电弧炉固废处置规范》两项团体标准的起草工作。

冶控集团也是《再生钢铁原料》国家标准的编制成员单位之一。该标准遵循"面向市场、服务产业、自主制定、适时推出、及时修订、不断完善"的原则，注重标准的修订与技术创新、试验验证、产业推进、应用推广相结合，本着先进性、科学性、合理性和可操作性以及标准目标的统一性、协调性、适用性、一致性和规范性的原则，为钢铁行业的绿色建设贡献力量，以满足高质量再生钢铁资源的进口应用，有助于统筹利用好国内国际再生钢铁原料资源，有利于促进企业内部健康高效发展，推动国内整个钢铁产业可持续发展，提升绿色工业发展水平。

三、坚持党建引领

冶控集团现有1个党委1个二级党委12个党支部200余名党员。近年来，集团公司积极适应新的形势任务发展需要，坚持以习近平新时代中国特色社会主义思想为指导，认真贯彻落实党中央和四川省委省政府关于加强民营企业党建工作系列决策部署，注重加强企业党建工作，不断强化基层党组织的政治引领功能，充分发挥党员的先锋模范作用，坚持把党建与工会、团建和企业文化工作融入一起抓、捆在一起建，努力让党建为企业发展引领方向、提供保障、凝心聚力、提高效益，有效推动了企业健康持续发展，不断提升了冶控集团在国内外的知名度和影响力。集团多家公司被四川省、市、县政府表彰为先进党组织、优秀企业等。

四、强化社会责任

冶控集团在发展的过程中，始终不忘自己承担的社会责任，各类捐资捐款累计近亿元。2020年春节伊始，突如其来的新冠肺炎疫情肆虐全国各地，给广大人民群众的正常生活生产及身心健康造成了严重的影响。疫情就是命令，防控就是责任。冶控集团认真贯彻落实党中央、国务院的决策部署和省委、省政府的政策号召，在落实好疫情防控各项任务的同时，积极支援抗击疫情的相关工作，先后捐资捐物600余万元，以实际行动践行了企业的责任担当和初心使命。

四川眉雅钒钛钢铁集团有限公司通过眉山市红十字会和东坡区国库集中支付中心共捐款150万元；泸州鑫阳钒钛钢铁有限公司分别向合江县红十字会捐款人民币50万元，定向用于合江县新型冠状病毒感染点肺炎疫情防控或医疗救护设施设备的购置；向江阳区红十字会捐款人民币50万元，用于疫情的防控；成都冶金实验厂有限公司向大邑县红十字会捐赠人民币50万元；四川省绵竹金泉钢铁有限公司向绵竹市红十字会捐赠人民币100万元；成都市长峰钢铁集团有限公司通过都江堰市红十字会向武汉市红十字会捐赠人民币170万元，并向武汉市第三医院、武汉中心医院、武汉儿童医院、武汉红十字会医院捐赠总价值30余万元的防污染长筒靴靴套2000双、隔离衣8000件、乳胶手套6000双等医疗用品。

冶控集团积极参与扶贫工作，定点帮扶凉山州布拖县发展特色农产品，各基地通过捐资修路修桥、就业扶贫等方式为地方脱贫攻坚工作做出了贡献。

冶控集团大力支持教育发展，积极为当地学校捐资，捐助电脑、学习用品等物资，促进教育事业的发展。

五、企业发展前景及规划

冶控集团自成立以来，一直秉承"绿色智能制造，高质量发展"的使命和"互利共赢，共同发展"的核心价值观，将在"绿色、循环、智能、环保"等方面力争成为中国短流程电炉炼钢产业的一个典范，打造一流的员工队伍，一流的产品，一流的效益。在"十四五"期间，用三到五年或更长的时间，逐步将冶控集团建设成绿色化、高效化、数据化、智能化、生态化、多品种，以钒钛高强度建筑钢材为主，高品质特种钢为辅的高质量、可持续的，具有实力、活力和竞争力的 1000 万~2000 万吨级的钢铁集团；努力建成一批产线自动化、车间数据化、工厂智能化的电炉炼钢企业，推进集团所属成员企业由粗加工向精加工转变，由中低端产品向高端、精品、深加工转变，同时，相应的工艺、技术、装备综合配套水平通过技术改造向工序延伸，向更高层次的综合配套水平转变，努力打造国内精品钢制造中心和具有国内国际重要影响力的千亿元级产值的产业集群基地，以大钢铁、大基地、大物流、大服务、高质量"四大一高"为发展定位，以"高端化、终端化、高质化、服务化"为产品定位，从而形成千万吨级的钢铁集团、千亿元级的产业集群基地的"双千工程"项目目标，为四川省经济发展做出新贡献。

湖北兴业钢铁炉料有限责任公司

一、企业简介

湖北兴业钢铁炉料有限责任公司（简称"湖北兴业"）成立于 1993 年 5 月，是由周迎春先生发起创办的大型民营企业，主要从事废旧钢铁收购、加工和配送业务，报废汽车的回收和拆解业务，再生塑料的采购、精加工、销售及再生塑料高值化应用研发等业务。注册资本 6265.81 万元，其中周迎春 54.3334%、武汉中周投资中心（有限合伙）17.3162%；其他 32 个自然人 28.3504%。

公司总部位于京九铁路十大枢纽之一的麻城火车站旁，自建的 6.5 千米 3 条专用铁路线与麻城火车站接轨。公司分别在湖北、河南、山西、山东设有 40 余家分（子）公司。总资产 20 亿元，拥有专用加工、仓储场地近 3000 亩，专用加工、运输设备近 800台（套），年加工、配送能力 600 万吨，再生资源分拣加工能力居行业领先。公司有员工400 多人，主要产品有纯净废钢、调温块、包块、破碎料、重废、机械生铁、混合剪切料、渣粉等。

二、在废钢领域的发展历程

湖北兴业自成立以来，专注废钢领域的生产经营，不断对废钢技术装备进行升级改造，装备日趋先进，产品不断升级，企业规模不断扩大，在废钢领域地位日渐突显。

2003 年 11 月，公司在麻城市建成了华中地区第一家"废钢铁回收加工配送中心"，先后与武钢、鄂钢、新冶钢及河北钢铁集团、中国二重集团建立了长期战略合作伙伴关系。公司废钢产品通过火车及自有的汽车队直接配送到各家钢厂。

随后十年间，湖北兴业在湖北、河南、山西先后成立了山西兴业钢铁炉料公司、山西

中周钢铁炉料公司、武汉中周钢铁炉料公司、郑州分公司、商城县中周物资有限公司、孝感易达钢铁炉料公司、郑州易达钢铁炉料公司、河南兴业钢铁炉料公司等多个废钢生产加工基地。2016 年，湖北兴业与葛洲坝集团共同出资成立葛洲坝兴业再生资源有限公司。

随着废钢产业工业化发展的步伐，公司力争成为行业领先：

（1）废钢收购网络化：根据我国废钢资源社会产出量情况，公司分别在 15 个省市 50 多个县市布设废钢收购网点。现有收购网点 3500 多个，从业人员上万人。与 100 余家钢铁企业建立供销关系。

（2）废钢加工现代化：为改变以火焰切割为主的传统废钢加工方式，减轻员工体力劳动，减少废钢资源浪费，公司从国内外购置大型破碎机、预碎机、门式剪切机及打包机、抓钢机等专用设备，加工设备先进，手段完备、技术精湛。

（3）产品质量标准化：公司制定了《废钢原料采购质量标准》《废钢加工工艺标准》《废钢产品质量标准》。废钢原料进厂，从放射性检测、验质、物流分配到各生产线工序加工，都实行严格的质量控制，以确保产品质量和钢厂冶炼安全。

（4）产品品种系列化：根据各家钢厂冶炼特点，公司按不同废钢原料和加工工艺组织废钢加工，实行粗料细化、精料深化，形成了十多个废钢产品系列，满足各钢厂生产需要。

（5）企业管理规范化：公司聘请管理专家历时两年进行管理提升项目设计，形成了纵向到底、横向到边的管理体系文件，管理制度进一步科学健全。公司顺利通过了质量、环境、职业健康安全管理体系"三标"认证，2010 年 11 月中国废钢铁应用协会授予公司"废钢铁加工配送中心示范基地"称号，中国钢铁工业协会名誉会长吴溪淳、国家工信部原材料司巡视员贾银松亲临现场出席授牌仪式。

自 2003 年建立"废钢回收加工配送基地"以来，公司每年回收、加工、配送废钢量成倍上升。由 2004 年 4.58 万吨到 2017 年全年经营废钢达 526.9 万吨。其中累计完成废钢本部经营 75 万吨。2017 年，全年完成销售收入 92.1 亿元，2018 年，公司致力于合规经营、换档提质，全年实现销售收入 50.49 亿元，2019 年，实现销售收入 81 亿元。

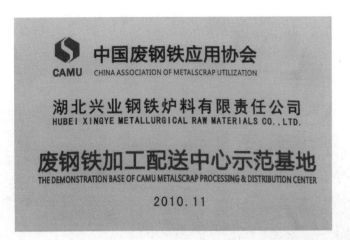

三、企业资质、奖励、成果

湖北兴业本部及7家子公司系国家区域性大型再生资源回收利用基地和全国废钢加工示范基地，本部及7家子公司进入国家工信部《废钢铁加工行业准入条件》企业名单，系中国废钢铁应用协会和中国物资再生协会副会长单位。

二十多年来，通过对生产工艺和质量技术标准的不断改进，公司赢得了市场信誉，树立了良好的企业形象，多次被省市工商局、环保局、黄冈市、麻城市两级人民政府及武钢等授予"守合同重信用单位""环保先进单位""十大纳税大户""优秀供应商"等荣誉称号。因企业良好的融资信誉，连续十多年获得中国农业银行湖北省分行授予的年度信用等级 AAA。2010 年、2011 年公司以"指标先进、管理科学、发展稳定、行业领先"的新业绩连续两年被评为"湖北省经济建设领军企业"。2011 年、2012 年连续被评为"中国工业行业排头兵企业""湖北省优秀企业（金鹤奖）"。继 2009 年被评为"湖北省百强企业"之后，2012 年 10 月又在"湖北省百强企业"中进位至第 89 位。2012 年 10 月公司被省工商局等评为"守合同重信用"单位。2014 年被授予中国工业行业排头兵企业。

在抓好生产经营的同时，公司极为重视企业党建工作，党总支于 2011 年 10 月被省委组织部、宣传部等九家机构联合评为"全省非公有制企业双强百佳党组织"称号（双强为：发展强、党建强）。2012 年 6 月，董事长周迎春先生因其在再生资源领域做出的重大贡献，光荣地被评为"2012 中国再生资源年度人物"。

四、未来发展方向

发展永无彼岸，追求永无止境。湖北兴业人将齐心协力，遵循"诚信共赢"的宗旨，牢固树立"聚废创造价值"的理念，始终坚持"品质第一，客户至上"的方针，艰苦奋斗，创新发展，努力把公司打造成质量、环保、节约、效益型的最具竞争力的中国一流再生资源产业集团。

天津德天再生资源利用有限公司

一、企业简介

天津德天再生资源利用有限公司（简称"德天资源"）成立于2017年，由唐山市德龙钢铁有限公司投资成立，前身是天津德邦（邢台县）再生资源利用有限公司。公司总部设在天津市东丽区，下设两个加工基地和三家废钢贸易公司，现有员工85人，公司设置经营部、财务部、生产部、办公室四个职能部室。

德天资源公司作为德龙集团和新天钢集团的废钢交易平台，负责两大集团废钢基地建设、废钢加工生产、废钢贸易、平台建设、废钢进口等业务。公司始终秉承"面向市场，为集团提质增效"的经营理念，积极在集团内开展废钢贸易业务，废钢月交易量20万吨以上，年营业额近50亿元。为进一步扩大业务量，目前仍在广泛寻求有合作意向的加工基地和货场建立长期稳定的合作关系。

两个加工基地介绍：

邢台基地——德天（邢台）再生资源利用有限公司，成立于2017年，总投资1.1亿元，位于德龙钢铁有限公司北侧，占地120亩，投资2000多万元建立球杆结构的封闭料场，共有原料车间、加工车间、成品车间三个车间，拥有一套6000马力废钢破碎机组、

邢台基地远景图

邢台基地原料车间

邢台基地油电两用抓钢机

两台 1000 吨压力打包机以及废钢剪切机、切粒机等加工设备，年处理废钢能力 120 万吨。为积极践行绿色环保的发展理念，基地所用运输设备全部使用电动和天然气车辆。

宁河基地——德天鹏远（天津）再生资源利用有限公司，成立于 2020 年，总投资 3000 万元，位于天津天钢联合特钢有限公司西区，占地 117 亩，建有 40000 平方米的封闭料场一座，拥有一套 2000 马力废钢破碎机组、三台 1000 吨压力打包机以及相关配套设备等，年处理废钢能力 110 万吨。

宁河基地压块机作业照片　　　　　　　　宁河基地破碎机作业照片

基地主要采购：废钢剪切料、车篓子打包料、废旧钢筋、工业下脚料、废旧钢轨以及工矿废旧备等废钢毛料。主营加工产品：废钢破碎料、废钢压块、钢筋切粒、重型废钢等。

三家贸易公司：天津德天恒远再生资源利用有限公司、天津德天中远再生资源利用有限公司、天津德天中泽再生资源利用有限公司。废钢贸易业务以"为两大集团废钢保供和质量把控"为己任，面向国内外收购各种废钢资源，经营产品涉及所有废钢料型。2020 年完成废钢贸易 165 万吨，发货区域覆盖北方的北京、天津、河北、河南、山东、山西等省份和南方的江苏、浙江、上海、广东、福建、海南以及安徽等省份。

二、企业发展历程

2017 年，德龙集团董事长丁立国以自己独到的眼光，以"创环保标杆、做行业典范"为追求，立足京津冀，高标准投入、高起点打造集废钢分拣、加工、配送、再制造和综合交易平台为一体的循环经济示范企业。项目投资 1.1 亿元，第一个加工基地——德天（邢台）再生资源利用有限公司（原邢台德邦公司）于 2017 年启动筹建，历时 110 天完成建设，于 2018 年 1 月 23 日试机生产，首年生产破碎料 15 万吨。

2019 年随着破碎料市场的竞争越来越激烈，公司采用生产与贸易相结合的方式，启动了公司的废钢贸易业务，面向京津冀区域为集团采购废钢资源。同年德龙集团混改渤海钢铁，德天资源废钢业务开始进驻天津区域，于 2019 年 7 月在天津空港成立第一家废钢贸易公司——天津德邦恒远再生资源利用有限公司，当年贸易总量突破 65 万吨。同时，邢台基地在 2019 年顺利通过中国废钢铁应用协会和工信部的审核考察，成功入围工信部废钢铁加工企业第七批名录。

2020 年 7 月，工业和信息化部印发《京津冀及周边地区工业资源综合利用产业协同转型提升计划（2020~2022 年）》，支持钢企与废钢回收企业合作建设一体化废钢铁加工配送中心。结合行业未来发展趋势，公司按照"一厂一基地"的原则，投资 3000 余万元，在天津宁河区兴建第二个废钢加工基地——德天鹏远（天津）再生资源利用有限公司，开始了天津区域的基地布局。

新天钢集团和德龙集团废钢需求巨大，年用量在 800 万吨左右，为满足两大集团的废钢需求，2020 年德天资源公司面向全国开展业务，启动采购华南、华东区域的海运资源，重点开发了江浙沪、广东、海南等地的废钢资源，全年采购海运废钢 80 万吨，实现了交易量的大幅提升，全年共计完成贸易量 165 万吨。

2021 年废钢由传统行业向智慧化行业转变，进口资源放开、期货上市、智慧服务平台上线，公司坚持科技赋能，运用互联网、人工智能、区块链、大数据和物联网等先进技术，于 2020 年 12 月启动建设集团废钢智慧服务交易平台，实现生产经营向智能管控和绿色智慧制造的转变。同时两个基地根据废钢期货上市需要，积极准备资料向大商所申报废钢期货交割仓库，提升基地的行业地位和影响力。

三年多的发展，德天资源不断地发展壮大，按照工信部对废钢铁行业的指导意见，积极推进基地建设，同时面向全国开展废钢贸易，本着合作、共赢的理念，竭诚欢迎全国各地的废钢基地和废钢供应商共商合作，携手发展。

邢台基地厂区一角

三、企业发展前景及规划

德天资源公司坚持"开拓、服务、合作、创新"的价值观，秉承"面向市场，为集团提质增效"的经营理念，纵览行业，聚焦前沿，以服务两大集团钢铁主营业务为基点，面向全国，坚持科技赋能，运用互联网、人工智能、区块链、大数据和物联网等先进技术，坚持回收、加工、物流、交易过程智慧化、可视化、透明化的理念，实现商流、物流、资金流、票据流、信息流"五流合一"，解决行业痛点，规范行业管理，搭建集团的再生资源交易服务平台，携手全国各地的废钢加工基地和供应商，共建集团高质量的废钢经营环境，实现协同效应和互利共赢。

当前废钢的战略地位凸显，未来各路资本竞相涌入，国内再生资源行业也进一步向规模化、规范化、智慧化方向发展，行业市场的集中度持续提高，如何聚集更多的力量、整合更多的资源将是未来钢厂博弈的焦点。德天资源作为集团的废钢平台公司，未来将以母体工厂为中心，布局资源网络渠道。立足集团、布局京津冀、辐射全中国，联合全国各地加工企业抱团发展，培育企业的直采队伍，构建自己的资源采购网络，力争5年内废钢贸易总量突破500万吨，年贸易额突破150亿元；继续按照集团钢厂布局建设或并购废钢加工基地，形成与钢企配套的废钢加工配送基地；打造废钢智慧交易服务平台，解决行业痛点，规范集团废钢采购，将自己打造成业内知名的再生资源交易平台。

四、企业荣誉

2019年7月4日邢台基地荣获"河北省科技型中小企业"；

2019年8月邢台基地荣获"市级研发机构认定企业"；

2019年邢台基地荣获"2019年度守合同重信用企业"；

2019年中国废钢铁应用协会和上海钢联共同授予"全国优质废钢加工配送企业"荣誉称号；

2019年中国废钢铁应用协会和上海钢联共同授予"华北区域废钢铁加工配送优质诚信企业"荣誉称号；

2019年11月经协会审核授予"中国废钢铁应用协会理事单位"；

2020年7月富宝资讯颁发"中国优质废钢加工配送基地"荣誉称号；

2020年3月份废钢协会颁发国家工信部第七批符合《废钢铁加工行业准入条件》匾牌及证书。

广州市万绿达集团有限公司

万绿达废钢铁产业绿色发展之路

创业 27 年来，广州市万绿达集团有限公司（简称"万绿达"）始终秉承"让中国更美丽"的伟大使命，牢固树立市场导向、提高资源生存率、减少废物排放和绿色环保的目标、不断进行技术创新和制度创新，以推动资源节约型和环境友好型社会建设为己任，积极探索再生升级利用和推广低碳环保理念，寻求保护生态、资源回收再利用、发展经济的结合点，走出了一条具有万绿达特色的绿色发展之路。

科学设计+创新服务=共生共赢

广州市万绿达集团有限公司创立于 1994 年，注册资本 3 亿元，以广州经济开发区为总部，立足粤港澳大湾区，布局长三角和京津冀，在广州、东莞、惠州、天津等地拥有 15 个生产基地，生产经营基地面积逾 1000 亩，厂房、办公、配套等建筑超 100 万平方米，现有员工近 2000 名。专注致力于工业废弃物处理、废钢铁处理、报废汽车拆解、危险废弃物处理、严控废弃物处理、医疗可回收物处理及低值废弃物处理等七大业务板块的专业回收、再生加工和循环利用的一体化服务，年综合处理能力超 300 万吨，在再生资源行业内综合排名前 50。

公司已通过 ISO 9001、ISO 14001、ISO 45001 等管理体系认证，现为全国循环经济工作先进单位、中国循环经济典型模式案例单位、国家园区循环化改造关键支撑项目、国家资源综合利用"双百工程"骨干企业、国家循环经济教育示范基地、中国再生资源行业信用评价 AAA 级企业、中国再生资源五十强企业、国家废钢铁加工配送中心示范基地、废

塑料加工配送中心、再生资源新型回收模式案例企业、广东省市共建循环经济产业基地、广东省资源综合利用龙头企业、广东省清洁生产企业、广州市循环经济示范单位、广州市研究开发机构建设单位等。

作为广东省资源综合利用龙头企业，万绿达在循环经济领域大胆探索实践，构建循环经济运行模式，即围绕"废钢铁回收利用、工业废弃物回收利用、报废汽车回收拆解利用"等方面，创建了独特的"万绿达循环经济模式"，以"资源化分类"和"再循环利用"为核心，其"伴生型、补环式、平台式、服务创新、规模经营"的特征，通过主动参与工业园区总体规划，优化园区的整体废弃物管理流程，为园区企业提供点对点服务，帮助制定废弃物管理方案，与园区的企业生产流程进行无缝对接，对企业的废弃物即排即收、即产即运，进行专门的资源化分类和再利用，再生产品可以再返回给企业作为生产原料，形成了从废弃物到再生产品的循环经济产业链。

万绿达循环经济模式

万绿达公司凭借"服务于园区废弃物管理的嵌入式、专业化的资源再生利用企业循环经济发展模式"入选中国循环经济典型模式案例，国家发改委等相关部门认为：万绿达模式对我国产业园区通过社会化和专业化方式，系统解决废弃物回收利用问题具有借鉴意义。

专业化+规模化=效益最大化

废钢铁产业作为万绿达发展战略的重要产业之一，集团实行"精简、高效"管理机制，根据集团发展战略需要，2016 年整合广州本部原钢铁业务，成立钢铁事业部；2018年，整合报废汽车回收拆解业务，成立钢铁汽车事业部；2019~2020 年，分别在华北事业部、莞深事业部及惠州事业部等区域事业部专设废钢铁回收利用业务队伍。

近 5 年万绿达累计投入超 2 亿元，建成现代化标准废钢铁加工车间、配置先进的环保设施设备等，废钢铁处理能力从原来的几十万吨到上千万吨级别的思路迈进。同时，万绿达全国一盘棋，已建成覆盖珠三角、京津冀等两大城市群核心城市的废钢铁回收配送基地，并已筹建长三角城市群的布局，形成废钢铁"回收—加工—配送"一体化体系，推进废钢铁作为炼钢原料的工业化加工生产进程。

万绿达在废钢铁的回收、拆解、加工、利用每一个环节都深入研究，每一个环节之间都相互联系、互相依赖，形成了一个独有的万绿达废钢运作模式。在废钢铁利用的环节，万绿达不仅仅以尺寸分类，更升级、革新到按元素精准配送。元素分成几大类别：高锰类、中锰类、低锰类、高铬、低铬等，分类后的材料精准配送到各类型的铸造厂。

万绿达废钢按元素分类的方式与传统加工模式如按钢厂的标准去分类最大的不同在于，按钢厂标准分类的废钢，则配送普通的炼钢用废钢；而通过依据元素精细化分类后，各类废钢精准配送至铸造厂成为所需合适的材料，达到再生资源高效利用。

万绿达一直积极响应国家号召，主动标准化建设，高质量发展。2013 年入选为国家工信部批准的第一批废钢铁加工行业准入企业，2016 年获颁广州首个"国家废钢铁加工配送中心示范基地"。同时也积极参编行业标准，引领行业标准化发展，已发布的标准有《废钢铁》（GB/T 4223—2017）、《炼钢铁素炉料（废钢铁）加工利用技术条件》（YB/T 4737—2019）、《再生钢铁原料》（GB/T 39733—2020）。

万绿达发展目标

万绿达始终秉承"让中国更美丽"的使命，以"服务的、环保的、科技的、世界的万绿达"为目标，牢固树立市场导向，强化"资源化分类"和"循环再利用"的优势，为国家级、省市级开发区、工业园区和企业提供科学的固废排放方案，提高资源综合利用率，优化上下游企业的经济发展环境，践行绿色低碳发展理念，推进循环经济发展。

短期规划：信息化管理，智能化制造。为加快产业转型升级，提升企业核心竞争力，企业规划在未来 5 年内，探索线上线下再生资源经营模式，在管理层面建设数字化、信息化管理；在装备层面淘汰低效能的设备，引进先进的自动化废钢铁分类、性能检测等设备，提质增效，打破传统型的劳动密集型经营模式，做好"废钢铁加工配送中心示范基地"带头作用，提高行业整体素质和经济效益，促进行业快速持续发展。

远期规划：深化循环经济链。一是要把万绿达循环经济生态工业基地建成循环经济示范企业，以建设绿色环保为目标，采用"减量化、深加工、再利用"等一系列环保技术，减少生产污染；二是建立一批循环产业链，利用工业产生的废弃物，积极构建绿色的产业链，实现"资源—产品—废弃物—再资源化"的业态垂直整合模式；三是积极培育工业生产区循环体系，提升产业循环发展水平，从企业与企业之间的循环开始，并逐渐形成大规模的社会循环业态发展。

战略规划：稳健发展现有成熟的废钢铁、废金属等产业，继续延伸产业链条，一是拓展至废弃资源回收全牌照经营，增加废旧电器、电子拆解等资质；二是拓展回收网络，在全国范围内，5 年将建立至少 30 个回收网点，为产废企业后 50 千米覆盖服务网络，建设"资源岛"，形成"规范化、规模化、集约化"的环境管理服务平台及再生资源集聚地，发展成为国内极具重大影响力和竞争力的环保企业。

张家港华仁再生资源有限公司

张家港华仁再生资源有限公司（简称"华仁再生"）成立于 2007 年 10 月，位于张家港保税区资源再生示范基地内，厂区总占地面积 188.4 亩，总建筑面积九万多平方米，公司注册成本 10000 万元，总投入 6 亿元。

华仁再生是经由国家环保部、海关总署、国家质检总局三部委统一批复的"张家港进口废汽车压件试点园区"五家核准企业之一，是目前国内单体规模最大的报废金属加工再利用基地，每年拆解和再利用报废物资 60 万吨。公司现有破碎线两条（美国纽维尔6000PS、湖北力帝 3000PS），美国伊利自动分选线一条，合计生产处理水平为 250 吨/小时，年处理能力 96 万吨；下脚料 ASR 混合物回收生产线 4 条，年处理能力 4 万吨，再生资料分选率可达到 98%。报废汽车拆解生产线共 6 条主线，每条生产线每日处理 320 车计，日处理能力 1920 辆。公司多年来累积的成熟装备技术和资源优势，使公司在废旧汽车、废旧金属再生利用等领域全方位发展，为国内资源优化处理厂家专业提供高品质、高附加值的废钢铁、有色金属、贵金属、塑料等系列产品。

习近平总书记在十九大报告中指出，坚持人与自然和谐共生。必须树立和践行绿水青山就是金山银山的理念，坚持节约资源和保护环境的基本国策。华仁再生作为再生资源行业领军单位，是目前环保体系健全、各项数据均在标准之上的环保防控企业。企业自身严格落实环保生产要求，所有防治污染设施与主体工程同时设计、同时施工且同时投入使用，完成环保"三同时"验收。华仁再生在生产过程中，能够严格按照环保要求执行，接受省、市级环保部门的常规监察，确保环境保护工作落实到位，具体措施如下：

（1）拆解报废汽车过程中，按照国家质检总局要求做到清除废油、橡胶轮胎、电瓶和气囊爆破，大大降低采购原料对环境的破坏。

（2）厂区设有除尘器即旋风除尘器（处理效率80%）和脉冲布袋除尘器（处理效率95%），总处理效率高达99%，确保排放浓度不超过50毫克/立方米。

（3）公司的生产废水、生活废水及初期雨水，严格按照雨污分流的原则铺设污水管网和雨水管网，其中生产废水经污水处理池预处理后和生活污水接管至张家港保税区生科水务有限公司，雨水经过初期雨水收集池沉淀后排出。

（4）厂区固废防治措施方面，设有防风、防雨、防渗漏固废仓库，分为一般固废仓库及危险废物仓库，所有产生的一般固废、危险固废均委托资质齐全的公司处理，严格按照环境保护生产要求，实现零排放，不会造成二次污染。

华仁再生自成立以来不断强化和提升自身的经验和技术，2013年试生产至今，在经营规模、技术、上下游资源及管理经验方面均达到行业内领先水平。2016年完成拆解线技改项目，与中国再制造技术国家重点实验室、上交大等研究机构开展学研合作，通过一步步的努力成长，奠定华仁再生以废旧汽车回收拆解、废旧金属破碎加工、资源化原料利用等核心业务的循环产业链体系。

2018年4月开始，华仁再生在原有采购基础上开展了上游卫星货场搭建工作，进一步加强对供应商、中间商的规范化管理，不断提升产品品质，逐步开启根据不同客户的不同需求提供定制业务。华仁再生充分利用产业的独特优势与产品的优质优势，多年的经营中已与各下游供应商、中间商开展长期、诚信、稳定的深度合作，上下游供需关系已相当密切，基本达成互相支持、优势互补的共赢理念。

2020年1月，华仁再生入选工信部《废钢铁加工行业准入条件》企业名单（第七批），预示着公司正式进入全国废钢铁加工行业第一梯队。

2020年6月18日，华仁再生和沙钢集团联合举办了华东地区废钢研讨会。会议期间，中国废钢铁应用协会授予华仁再生"废钢铁加工配送中心示范基地"称号，为江苏省唯一示范单位。

2020年8月19日，大连商品交易所工业品事业部副总监（指导工作）王淑梅带队，废钢协会、宝钢、沙钢、马钢等相关领导共同前往华仁再生参与再生钢铁原料期货首次模拟交割路演，为推进再生钢铁原料正式上市助力。

2020年9月22日，原工信部副部长、现全国政协经济委员会副主任委员刘利华，中国钢铁工业协会书记、执行会长、全国政协委员何文波，工信部节能与综合利用司王文远处长一行莅临华仁再生就"废钢循环高效利用"开展调研工作。

2020年12月2日，华仁再生获批"国家级高新技术企业"及"江苏省高企培育入库资质"。预示着公司从传统生产制造型企业向高科技、现代化工厂的转型升级。

随着2020年召开的中央经济工作会议将"做好碳达峰、碳中和工作"列为2021年的重点任务之一，并提出了"加快建设全国用能权、碳排放权交易市场，完善能源消费双控制度"。会议要求，今年就要抓紧制定2030年前碳排放达峰行动方案，支持有条件的地方率先达峰。我国二氧化碳排放力争2030年前达到峰值，力争2060年前实现碳中和。华仁再生作为再生资源行业先锋单位，将不遗余力地助力国家碳排放目标的达成。

未来5年到10年，华仁再生将继续坚持城市矿山+汽车后行业一体化进程。城市矿山（废旧金属）方面：2019年中国废钢资源量已经达到了2.4亿吨，废钢铁应用比例达到21.6%，较世界平均水平仍有较大差距，发展空间巨大。推动废钢行业的发展对中国钢铁工业的发展以及减少温室气体排放具有重要的意义，是一个新兴战略性的朝阳产业。废钢资源的不断攀升对我国钢铁工业绿色发展超低排放是很大的支撑。每用废钢铁炼1吨钢比用铁矿石炼1吨钢，可以减少1.6吨的碳排放，减少3.4吨固体废物的排放，而且可以减少废水、废气各种污染的排放。多用废钢铁、少用铁矿石是我国钢铁工业发展的一个根本途径。华仁再生从事城市矿山近十年时间，围绕绿色发展理念，经过长达数年的行业深入挖掘及铺垫，在设备配置、分选破碎技术、供销渠道、管理运营上都已奠定基础，且不论与供销合作方还是企业核心管理操作团队已充分磨合，为行业及企业未来大规模发展提供有力支持。

汽车后市场方面：截至2019年12月，我国汽车保有量已突破2.2亿辆，预计到2020年保有量将突破2.4亿辆、可拆解量达1100万辆。2018年中国报废汽车回收拆解市场规模达到730亿元，2018~2022年均复合增长率预计约为24.61%，2022年中国报废汽车回收拆解市场规模将达到1760亿元。华仁再生长期从事汽车后市场（原进口报废汽车），积累了丰富的产业基础及人员配备，转型国内后可迅速培育。

当今世界正经历百年未有之大变局，新冠疫情全球大流行，加速变化，保护主义、单边主义上升，世界经济低迷，国内发展循环也经历着深刻的变化，我们已经进入高质量发展阶段，逐步形成以国内大循环为主体，国内国际双循环相互促进的新发展格局，再生资源行业与国民经济发展紧密相关，与国际贸易密切相连，经济发展格局的调整必将对我们产生深远的影响。中央有关部门多个重要文件的出台为再生资源行业的发展指明了方向，也为行业下一步的发展奠定了坚实的基础。华仁再生将不忘初心，砥砺前行，为创造伟大祖国的绿水青山贡献绵薄之力！

嘉兴陶庄城市矿产资源有限公司

一、基本情况

嘉兴陶庄城市矿产资源有限公司（简称"陶庄城矿"）成立于 2017 年 8 月，是嘉善陶庄再生资源有限公司投资的国有全资公司（嘉善陶庄再生资源有限公司是由嘉善县国资局 51%、嘉善县陶庄镇人民政府下设经济建设服务中心 49% 合资成立的国有公司）。公司由嘉善县陶庄镇人民政府主管，负责陶庄镇"两创中心"园区整体运营管理。

公司位于江浙沪两省一市交界处的嘉善县陶庄镇，处于长三角生态绿色一体化发展示范区内，周边水陆交通发达，上溯游太湖下连通黄浦江，南接 320 国道、申嘉湖高速、沪昆高速，北通 318 国道、沪渝高速，境内有杭州湾大桥北接线高速、平黎公路通达。独特的区位优势，将上海、苏州、杭州、宁波、绍兴等经济发达地区纳入了公司周边 200 千米废钢交易半径内。

公司于 2018 年 1 月完成了 ISO 9000 质量、ISO 14000 环境管理体系认证，并于同年 9 月成为工信部第六批"废钢铁加工准入"企业，又于 2019 年 12 月荣获了中国废钢铁应用协会"中国废钢铁加工配送中心示范基地"称号，多次获评全国优质废钢加工配送企业，获得"嘉善县 2019 年度工业经济高质量发展杰出贡献奖"。2020 年 12 月，公司顺利通过国家高新技术企业认证。

公司现有员工 120 人，占地 266.5 亩，总投资约人民币 5.5 亿元，总建筑面积约 11.36 万平方米，其中建设废钢加工分选区标准厂房 57364 平方米、17 处货运码头及室内仓储分选加工区 56240 平方米，厂区绿化面积 17750 平方米，道路面积 39662 平方米。厂区内采用大跨度钢结构厂房，集中室内生产交易。配备单梁、双梁电磁桥式起重机 103 台，剪切机、打包机、抓钢机等 57 台，龙门剪 6 台，120 吨地磅 6 台和 10 吨地磅 3 台，移动及固定式辐射检测仪 6 台。公司采用"集中收购、分部加工、统一对外"的管理运营

模式，产品销售主要面向工信部准入的钢铁企业和铸造业企业，提供符合标准、质量保证的合格炉料，可实现年回收、加工、配送废旧金属 150 万吨，实现销售收入超 30 亿元，上缴税款超 3 亿元。

二、陶庄废钢产业发展历史

公司所在的陶庄镇，已有 40 多年的废钢产业发展历史，大致可分为起步、发展、转型升级三个阶段。

（一）起步阶段——水上交易市场

陶庄镇废钢市场起步于 20 世纪 70 年代末 80 年代初，经营者从上海、江苏等地收购废旧金属，经水路运回陶庄，分拣整理加工制成半成品，销售给冶炼与金属加工企业。到 20 世纪 80 年代，陶庄废钢铁市场已在全国具有一定的影响力和知名度。1988 年 6 月 1 日，时任国家商业部部长的胡平到陶庄废钢市场视察，题下"全国最大废钢铁市场"的称号。

（二）发展阶段——陆上集中交易市场

到了 20 世纪 90 年代，随着道路建设的不断完善，水上金属市场逐渐向陆上迁移。经过前后三十多年的发展，形成了以汾玉利用料市场、陶庄圆饼市场、陶中铁皮市场等"三大废旧金属市场"及 40 多家废钢加工分选储运码头为主，镇主要道路两侧为辅，以及零星散落于全镇区域的市场格局。

当时，陶庄废钢铁市场总占地面积近千亩，其中三个市场约 506 亩，总建筑面积约 16.29 万平方米，经营户 800 余户。全镇从事废旧金属产业人员 1 万多人，占全镇农村转移劳动力的 70% 左右。其中，汾玉利用料市场从业者约 350 户，陶庄圆饼市场超过 300 户，陶中铁皮市场超过 100 户，其他废钢经营者约 180 户。

1997 年 8 月 4 日，时任国务院特区办主任的胡平再次来到陶庄调研，看到陶庄废钢铁产业壮大发展的蓬勃景象时，欣然题下"废金属再生利用基地"几个大字。

（三）转型升级阶段——陶庄镇"两创中心"

经过 30 多年的发展，陶庄镇废钢交易量持续增长，从业人员逐渐增多，陶庄废钢市场已成为长三角地区废钢交易价格的风向标。2016 年，陶庄镇党委政府为促进废旧金属产业提档升级，改善城乡生态环境，全面启动对废钢铁经营市场的综合整治，并严格按照工信部《废钢铁加工行业准入条件》要求，积极推进镇"两创中心"项目建设，同时成立嘉兴陶庄城市矿产资源有限公司负责园区运营管理，此后陆续完成对三大市场内经营户 868 户、主要道路沿线经营户 400 多户，以及 40 多个码头的"退散进集"。

三、公司发展情况

陶庄城矿自 2018 年 4 月正式运营以来，一直致力于做好产业集聚、合规经营，已成为全国闻名的集回收、加工、利用、分选、配送等功能齐全的废旧金属一体化运行的循环经济基地。

（1）运营模式创新，屡获肯定。中国废钢铁应用协会及省、市、县各级领导和专家多次到公司调研指导，并对公司打造"集中收购、分部加工、统一对外"的中国废钢加工产业"陶庄模式"给予了高度评价和充分肯定。2019 年 12 月，公司与上海钢联联合发布的"陶庄城矿废钢价格指数"，成为华东地区废钢价格的重要风向标，帮助废钢铁供需企业及时、准确地把握废钢铁价格水平与变化趋势，引导企业合理决策，维护市场稳定，同时也为废钢铁行业研究奠定了实践基础和研究资料。

（2）经营模式规范，流程清晰。区别于外部普遍的零散式、断链式交易，城矿公司结合行业弊端，首创采用闭环式经营，即对个人投售的，要求投售人必须提供本人身份证、银行卡和联系方式等，并进行严格的信息核对，做到源头管控；投售的废钢必须运入公司园区内过磅称重，并卸货到公司仓库内，全程进行影像图片记录，由公司收购部经过审核后出具收购合同、结算单、入库单等，并由投售人签字确认，做到流程监控；对收购货款公司规定一律经银行转账支付到投售人银行卡中，杜绝现金交易，做到网银调控；严格按规定填开收购发票，特别是投售人的姓名、地址、身份证号码、手机号等项目，仔细核对、详细填写，确保每一笔收购业务的真实性，保证每一笔业务的货物流、票据流、资金流的一致性，做到程序掌控；对产废企业销售的废钢，公司严格核实其经营类型、废钢来源等情况，确保是其自身生产经营产生的废钢余料，并且要求带票入园，做到去向把控。"五控"闭环经营模式有效规避交易过程中税源流失、经营无序等风险，杜绝了虚开发票、流程脱节等现象，目前也已经得到中国废钢铁应用协会的认可和推广。

（3）拓宽业务渠道，影响提升。陶庄城矿不断拓展国内主要钢企废钢配送业务关系，截至 2020 年底，已和中国宝武集团、首钢集团、江苏沙钢集团、武汉鄂钢集团、中天钢铁集团、兴澄特钢、扬州秦邮、丹阳龙江、中新钢铁、铜陵富鑫特钢、旋力特钢、连云港亚新等 20 余家主流钢企以及欧冶链金、浙商中拓等 16 家钢厂关联公司开展合作关系，多次与上海钢联、富宝网等对接洽谈，先后在《资源再生》《中国冶金报》《浙江日报》等国家级、省级媒体上刊登头版文章，在行业内的知名度和影响力不断提升。废钢产业整治发展过程，成功入选"美丽浙江绿色发展十佳示范案例"。

（4）集聚效应凸显，市场壮大。公司自运营以来，产业集聚发展效果显著，2018年4~12月实现废钢销售1.8万吨，销售额1.43亿元，纳税2000余万元。2019年全年，公司实现废钢收购30.66万吨、支付货款8.8亿元，废钢销售20.4万吨、实现销售收入6.32亿元，纳税9300万元。2020年全年，公司累计完成废钢收购129.38万吨、支付货款32.65亿元，废钢销售119.49万吨、实现销售收入33.87亿元，纳税4.26亿元，实现了跨越式发展。2021年1月，公司完成废钢收购16.44万吨、支付货款5亿元，废钢销售16.88万吨、实现销售收入5.45亿元，实现最高销售月份，同比增长达219.9%。同时，公司现有个人投售人共4231人，涉及19个省级行政区，主要集中在长三角三省一市区域，占到总数的90.45%，其中浙江省2700人、安徽省581人、江苏省468人、上海市78人。

（5）助力扶贫帮困，勇担责任。公司在抓好生产经营同时，勇于承担社会责任。积极助力疫情防控，捐赠抗疫爱心捐款30.5万元。助力扶贫帮困，多次向省内困难地区丽水市庆元县采购助农农产品，与四川省九寨沟县3个贫困村结对帮扶，并捐赠6万元扶贫款。同时，每年向所在镇慈善组织捐赠慈善款，向困难青少年捐赠电脑以助学。

四、发展与展望

公司自筹备、运营、发展以来长期受到各级领导的关心支持，中国废钢铁应用协会等

各级领导陆续到厂区调研指导工作，为公司发展指明方向。随着公司不断提升管理水平，积极开拓对外业务，已与宝钢、首钢等国内大型钢企建立废钢供销关系，在行业内的地位和综合实力不断提升。下一步，公司将加强与国内主流钢铁、铸造业企业建立一体化战略合作关系，积极开拓钢企一手资源，逐步提高废钢销售增值税即征即退比例，为废钢加工配送产业一体化发展起到示范引领作用。

同时，公司将在进一步完善和发展国家高新技术企业的基础上，以新发展理念为引领，以只争朝夕的姿态，全面提升园区的产业基础能力和产业链水平，不断推动废旧金属传统交易市场转变为高效循环经济基地，以绿色发展助推高质量发展，努力实现经济效益、社会效益、生态效益三者兼顾的"三赢"局面，为长三角生态绿色一体化发展示范区建设贡献"废钢小镇"的力量。

水发环保集团有限公司

一、企业简介

水发环保集团有限公司成立于 2011 年 6 月，是省管一级国有独资企业水发集团旗下的一级投资平台。公司自成立以来，始终坚持以"服务民生、服务社会、服务发展、服务大局"为宗旨，以国有资产增值保值为目标，充分运用市场手段，实现了快速发展：资产年均增长 64%，营业收入年均增长 110%，净利润年均增长 77%，从一家传统的水务公司发展成为拥有 140 亿资产、900 余名员工、37 家权属公司、注册资本金 28.8 亿元的集团企业。

目前，环保集团再生资源板块拥有 8 家控股子公司，包括 5 家废钢加工及汽车拆解类公司、1 家污泥处置和再生胶加工公司、1 家物流运输公司、1 家互联网+再生资源智能公司。拥有 2 家高新技术企业、1 家报废汽车拆解资质企业、3 家工信部废钢加工准入企业。共拥有年加工处理废钢 240 万吨、报废汽车拆解 3 万辆的生产加工能力。省内业务遍布济南、青岛、菏泽、济宁、潍坊、烟台等地市，省外业务涉及湖南、河南、安徽、辽宁等省市，已成为山东省行业内具有重大影响力的龙头企业。

山东方达再生资源利用有限公司（简称"山东方达"）和山东兴业炉料有限公司（简称"兴业炉料"）位于菏泽市经济开发区，现为菏泽市最大的再生资源企业，承担着菏泽市作为全国第三批再生资源回收体系建设试点城市的重担，为山东省循环产业示范园、菏泽市工业旅游基地、菏泽市科普教育示范基地，是菏泽市唯一一家取得报废汽车回收拆解资质的企业，拥有大型再生资源货场及各类大型物资加工设备，废钢年加工能力60万吨/年。公司收货渠道已全面覆盖菏泽2个市辖区、7个县以及2个开发区，可调控菏泽周边200千米以内的绝大部分废钢资源。

山东水发达丰再生资源有限公司（简称"水发达丰"）位于济宁市泗水绿色智能铸造共享经济产业园内，是产业园首家落地企业；产业园总投资10亿元，占地850亩，废钢年加工能力100万吨/年，被列入2021年山东省重大项目。

山东水发再生资源有限公司（简称"水发再生"）位于高密市，年处理废钢加工能力40万吨/年，占地规模450亩，是潍坊地区规模较大的回收企业之一。

青岛水发环保资源有限公司（简称"青岛环保"）坐落于青岛胶州市，主要承担"水发青岛中日欧循环经济产业示范园"一期废钢铁、报废汽车回收加工中心项目的投资建设；园区总投资45亿元，占地1000亩，废钢年加工能力40万吨/年，着力打造智能化高端制造产业集群。

水发（青岛）智能物联有限公司（简称"智能物联"）负责搭建"山东省再生资源行业综合服务平台"，以互联网平台"钢上线"为起点，以点带面，逐步建立良好的营商环境，促进行业自律。

二、企业废钢相关业务发展历程

1. 产品及产能变化

山东方达和兴业炉料属于集剪切料、破碎料、压块、压饼、钢筋切粒等多料型为一体的专业化废钢铁加工配送企业，整体产能从最初的年产5万吨剪切料发展为年产30万吨

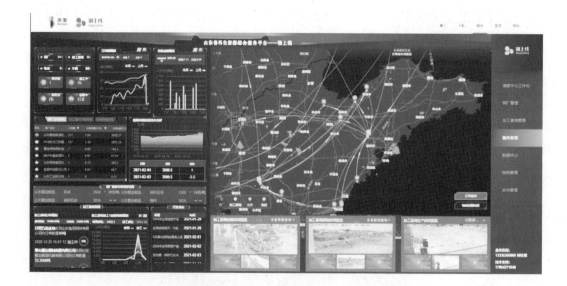

全品类料型。

水发再生废钢产品的主要加工料型有破碎料、龙门剪剪切中废、车辆、中重废气割、龙门剪新料、钢丝压块等；2020年累计销售废钢30万吨，同比增长119%。

水发达丰废钢产品有破碎料、剪切料、钢筋压块，配备国内最先进的6000HP废钢破碎线、1500HP废钢破碎线、Q91Y-1250W门式剪断机、Y81-1000ⅡD金属打包机及SP220-600预碎机。

青岛环保尚处于建设期，计划2021年投产，主要加工料型为破碎料、龙门剪剪切中废、中重废气割、钢筋、铁丝压块等。

2. 装备升级改造

山东方达、兴业炉料拥有专用废钢加工设备70余台（套），最初以氧割为主要加工方式，2015年上新900马力破碎线一条，2018年配备4500马力破碎线一条、大型龙门剪、打包机，2019年上新钢筋切粒机、立式压饼机、卧式压饼机现代化废钢产品生产线，进一步丰富了公司产品类型。

水发再生2020年新引进2000马力破碎生产一条线，1000吨龙门剪一台，车辆加工由人工气割改为气割与龙门剪相结合的方式，生产效率提升40%。

水发达丰废钢加工车间配备中央调度系统，安装170余个摄像头及传感器，对生产过程实施无死角全覆盖，并实时传输生产数据，实现数字化自动化管理。同时车间采用半地下式生产工艺，配备三级封闭除尘工艺。

3. 重要历史事件

（1）2013年，兴业炉料入选工信部第一批《废钢铁加工行业准入条件》企业。

（2）2019年，山东方达、兴业炉料成功入围山东省高新技术企业。

（3）2019年6月，水发达丰公司成立，实现济宁地区产业布局，规划建设泗水绿色智能铸造共享经济产业园。

（4）2019 年 7 月，水发再生公司成立，实现潍坊地区产业布局。

（5）2019 年 10 月，物流公司成立，实现业务+物流统一调度管理。

（6）2020 年度，山东方达入选工信部第七批《废钢铁加工行业准入条件》企业。

（7）2020 年 6 月，青岛环保公司成立，实现青岛地区产业布局，规划建设水发青岛中日欧循环经济产业园。

（8）2020 年 6 月 29 日，水发再生智能云应用平台上线。

（9）2020 年 8 月，智能物联公司成立，着手打造山东省再生资源行业综合服务平台。

（10）2020 年 12 月 2 日，水发集团泗水县绿色智造共享经济产业园正式启动，山东省最大废钢加工配送项目同日正式投产。

（11）2021 年 1 月 20 日，水发达丰进入国家工信部第八批《废钢铁加工企业准入条件》企业公示名单。

三、企业获得的资质、奖励和成果

水发环保集团先后获选中国循环经济协会理事单位，山东省废钢铁应用协会首届会长单位，山东省生态环境产业创新创业共同体理事单位，以及山东环保产业技术创新战略联盟牵头单位。

（1）兴业炉料 2013 年入选工信部第一批《废钢铁加工行业准入条件》企业，2019 年入选山东省第一批高新技术企业，荣获经济发展突出贡献奖、中国再生资源百强企业、中国废钢铁行业 500 强等荣誉称号。

（2）山东方达是山东省再生资源协会副会长单位、省再生资源协会废钢铁分会副会长单位，荣获中国废钢铁行业 500 强、中国再生资源行业 50 强、经济发展贡献奖等多项荣誉。2015 年取得报废汽车回收拆解资质，2019 年入选山东省第一批高新技术企业，2020 年入选工信部第七批《废钢铁加工行业准入条件》企业。

（3）水发再生始终致力于高新技术的研发与应用，2016 年至 2019 年共申请四项专利："一种破碎锤及其工作方法""一种钢板切割装置""一种金属加工废料的回收处理装置""一种方便固定的切割机"，荣获"2020 年财政贡献先进单位""2019 年度山东省再生资源优秀企业"。

（4）水发达丰荣获"2019 年全国优质废钢加工配送企业""山东省资源循环利用基地"。

（5）青岛环保荣获"2020 年全国优质废钢加工配送企业"。

四、企业发展前景及规划

1. 公司愿景

牢记"惠民 强企 利国 达善"的水发初心。

秉承"和谐至善，关爱民生；善于创新，担当作为；趋势而行，把握未来；外柔内刚，持之以恒"的水发品格。

实现"社会认可、政府满意、行业尊重、员工自豪"的水发愿景。

2. 战略规划

水发环保集团以高标准建设、快节奏布局、新方式突破，从"占领人才技术高地，发展领先循环产业，并购操作服务实体，打造网络运营平台"四个维度，积极推进省级环保产业平台建设。

（1）技术智慧化。适时与全新的互联网技术相结合，加大信息化建设及推广应用，打破传统的现场回收模式，构建全覆盖垂直运营回收网络。

（2）人才专业化。加大高层次创新人才激励力度，从"补短板"转向"砺尖端"，创新人才多元培养支持机制，推进科技成果转化。

（3）产品多元化。一方面完善和做实废钢加工配送体系，拓展市场空间，带动其他再生资源品种，另一方面加大科技研发力度，通过深加工获得高附加值产品。

（4）产业规模化。以三大产业园为依托，建设循环经济产业园区+再生资源平台+龙头企业+回收网点四位一体的运营体系，提高产业化规模和组织化程度。

（5）管理科学化。加强专业化水平，提升运营管理效率，充分利用立体化星团管理系统，保障公司自主运行的活力和控制力。

3. 长短期目标

2020年环保集团再生资源板块累计营收 25.05 亿元，累计盈利 2165.9 万元；计划 2021 年实现营收 48 亿元，打造全省第一家互联网+再生资源企业、全省第一批再生钢铁原料进口企业；未来三年实现营收 70 亿元，努力实现废钢行业高新技术企业全省第一、报废汽车拆解企业拆解能力全省第一；未来五年实现营收 100 亿元，互联网废钢产业年交易量突破 300 亿元、废钢加工基地实现全国覆盖。

山东鲁丽钢铁有限公司

废钢验收管理方法演进过程

在当今中国智慧化钢铁工业建设新高潮中，打造钢铁生产全流程智慧管理平台，实现"智能化、信息化、无人化"的一键式生产的数字化梦工厂，助力钢企智慧生产率先迈入未来世界，成为时尚。钢铁冶炼，废钢是必不可少的原料之一，增加废钢用量是缓解铁矿石供应压力的重要途径，是国家引导短流程炼钢发展的重要基础资源，也是30/60实现碳达峰、碳中和的重要举措之一。但作为钢铁行业的主要原料，废钢的规范化、科学化的采购、加工、判级一直是长期困扰钢铁行业的一大难题。众所周知，由于废钢种类多、实际检测情景复杂、人工系统衔接难度大，传统废钢的检验判级主要靠目测、卡尺测量辅助等手段判定，人为因素大、判级质量异议较多，在废钢判级中长期存在"暗箱操作""感情验质"等诸多难题，存在极大的管控风险，给企业造成的无形损失无法估量。这也是鲁丽钢铁多年来重点关注且下定决心要解决的课题。为攻克废钢验收判级桎梏，多年来鲁丽钢铁不断探索研究，经历了三个演进阶段，终于探索出了一套科学完善的废钢验收管理办法。

第一阶段人工现场判级。2017年之前，鲁丽钢铁废钢验收方法和现在大多数钢厂相同，采取人工现场判级方法。每个卸车点安排1~2人现场验收。该阶段废钢验收方法主要存在五大弊端：一是占用人员多，以鲁丽钢铁20个卸车点为例，每班需验收人员20人左右；二是验收人员工作量大、安全性差，因卸车过程中需每车至少上车检查5次左右，在扒车上下和磁吊卸车躲避过程中极易发生安全事故，同时卸车现场粉尘也不利于验收人员的职业健康；三是受限于上车检查次数较少，有时其中的夹杂物不能及时发现，易造成验收人员对废钢质量判定不全面、不准确，从而给公司造成无形损失；四是验收人员在现场经常与供应客户或司机接触，经常存在不可避免的徇私舞弊、内外勾结、感情判级等违规违纪行为，给公司造成的经济损失无法计算；五是废钢卸车大多卸到料场大料堆上，且

部分时间段卸车过程也是生产加料过程，如对废钢验收结果有异议很难去复检审核，争议结果无据可查，在废钢质量监管方面存在管理缺陷。

第二阶段远程人工判级。废钢人工现场判级弊端诸多，无形损失巨大，在此背景下经过不断探索研究，鲁丽钢铁自2016年下半年开始，利用倍变焦摄像头对废钢验收过程进行全程图像、视频采集，利用半年的时间研发、实验、对比，逐步掌握了利用高清摄像头判定废钢厚度等级的方法，并于2017年1月正式实行废钢远程人工集中判级（判级人员集中了管控大厅远程进行废钢判级）。远程人工判级有以下优点：一是判级人员可以通过监控画面同时关注4~5个卸车点的卸车过程，极大地降低了劳动强度并提高了工作效率。以鲁丽钢铁为例，判级人员由过去的每班20人左右缩减至每班3~5人，可有效降低人工成本；二是远程人工判级杜绝了现场安全及环境对人身伤害的风险；三是判级人员可以通过摄像头对卸车过程中的每一磁盘进行放大观察、回放观察、慢放观察，实时扫描每层废钢质量，该方法较人工现场判级质量把控更到位、判级准确度更高；四是远程判级监控视频可保存一个月（如有必要保存时间可更长），公司监管人员可通过视频回放审核判级员的评级结果是否准确，也有利于对评级结果争议进行仲裁；五是判级人员远离现场集中管控，可有效减少废钢供应商对判级人员的干扰，判级人员的评级结果更加公平、公正，可有效避免出现内外勾结、感情判级等损害公司利益的情况发生，该优点是远程人工判级办法最大的效益体现之处。

第三阶段是远程无人智能判级。鲁丽钢铁自2017年实行废钢远程人工判级管理办法以来，有效地堵住了废钢验收中存在的管理漏洞，同时取得了显著的经济效益。但是远程人工判级受判级员业务水平、长时间工作关注度降低及心理变化等影响，评级的稳定性有时会受到影响。为解决以上问题，鲁丽钢铁2018年5月在快速发展的人工智能大数据推动下，在远程人工判级创新的基础上又提出了远程无人智能判级的课题，基于远程人工判级平台基础，引进研发团队，开展了两年多的技术公关和研发，于2020年11月首套"废钢远程无人智能判级系统"正式上线运行。该系统相比传统的人工判级优势显著：一是系

统利用大数据为基础，采用最先进的深度学习技术，通过大量耗时耗力的精准图片标定，经大数据拟合后达到非常高的准确率，评级准确性将远高于人工判级；二是该系统可以全天候实时监测每一车中含有的料型，在废钢卸车过程中拍照相机可对每吊废钢进行追踪拍照并扫描，结合系统中的大数据废钢模型，给出准确的判级结果。系统对整个卸车过程的监控能力远高于人工判级，相应的判级准确性及稳定性也远高于人工判级；三是废钢智能判级项目将替代大部分人员，实现全自动、全智能判级，将判级人员缩减80%以上，形成自主判级系统为主，人工辅助监管为辅的新模式，可大幅度地降低人工成本。同时该系统可有效杜绝判级过程中的人为干扰因素，避免出现公司效益无形损失；四是该系统具有报表自动生成及数据分析功能，可按周按月分别统计废钢等级及扣重扣罚情况，为生产提供废钢质量指导性数据，有利于生产车间做好成本分析及控制。可按周统计供应商或判级人员对系统评级结果打分及提出异议的情况，通过数据分析可对系统的不断完善提供依据。可掌握供应商供货质量的历史数据变化情况，有利于从源头把控废钢质量。

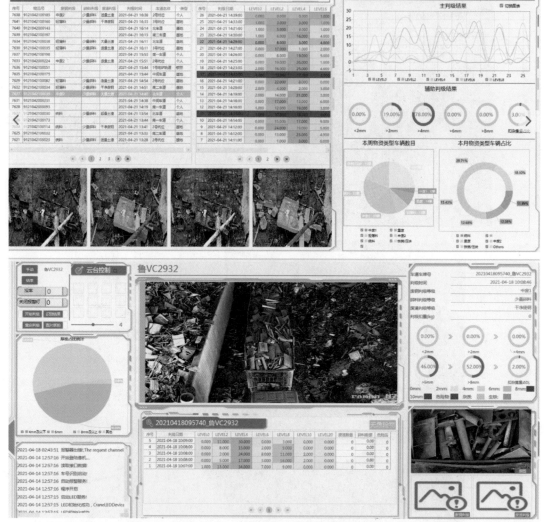

　　废钢远程无人智能判级系统的成功研发和应用，彻底改变了行业废钢人工判级的历史，是一项行业革命性的创新成果，为废钢资源的标准化验收提供了解决方案，为后期废钢铁回收利用、进出口、期货交易及钢铁企业统一标准采购提供了技术支持，意义重大。

天津城矿再生资源回收有限公司

天津城矿再生资源回收有限公司成立于 2015 年，是天津拾起卖科技有限公司全资子公司。天津拾起卖科技有限公司是一家绿色低碳型循环产业互联网高科技企业，公司将互联网、物联网、大数据等技术引入传统再生资源行业，以"一城市一矿山"为战略目标，倾力打造从废弃物产生源头到资源循环利用者之间的完整供应链，提供再生资源供应链"向前一公里"和"向后一公里"的闭环解决方案。

天津城矿再生资源回收有限公司是国家工信部《废钢铁加工行业准入条件》单位。公司坐落于天津市滨海新区临港经济区，占地 39434 平方米，注册资金 5000 万元人民币，紧邻天津港口，地理位置优越，交通便利，基地内配套先进的 3000 马力破碎生产线、金属打包机、龙门剪、抓钢机等各类加工设施，倾力打造再生资源行业的科技型企业。公司运用互联网思维与技术，创新商业模式回收废钢铁，根据废钢铁实际品种情况进行筛选、分类，不同型号、品种、规格的废钢铁经切割、破碎、压块及裁剪等方式加工处理后分类打包，集中外运至终端用户。天津城矿与京津冀地区多家大型钢铁企业建立良好的合作关系，并形成较为完善的行业配套服务和交易标准。本公司从采购、加工、销售等各个环节严格把控质量，严格按照钢厂要求的标准进行加工，致力于为更多钢企提供优质原料与服务。

公司依托高效的物流运输和优质的生产管理体系，先进的加工配送装备，采用陆运、海运、铁运多联式灵活的运输模式，形成了完善的回收配送系统，现已形成年加工处理废钢铁 50 万吨能力，实现南北市场互通，并以京津冀为支点辐射全国。

天津城矿再生资源回收有限公司是全国废钢铁产业联盟发起单位、中国废钢铁应用协会、天津钢铁协会理事单位及中国再生资源回收利用等协会会员。公司 2016~2017 年连续两年被评为再生资源百强企业，2017 年公司进入国家工信部《废钢铁加工行业准入条件》企业名单，具有国家资质的废钢铁加工配送单位。公司实施 ISO 9001、ISO 14001、ISO 18001、安全标准化认证和 6S 生产管理，是国家高新技术企业、中国再生资源行业百强企业、中国再生资源绿色智能双创示范基地。2019 年基地加工配送量约 25 万吨，2020 年基地加工配送量 35 万，业务量同比增加 40%。2017~2020 年连续四年获得废钢铁加工全国

十佳称号，2020 年被中国废钢协会评定为"优质废钢加工配送基地"。

公司自主研发"城市矿山"B2B 电商平台，创新废钢回收、交易模式，采用专业化、信息化回收技术优势，采取线上与线下对接的商业模式，创新构建城市再生资源绿色回收利用体系，实现线上平台交易+线下回收加工配送，打造了互联网+再生资源综合供应链循环体系。

城市矿山电商平台是一个专业做大宗废弃物再生资源回收电子商务平台。致力于构建发布和寻找大宗废料贸易供求信息和行业专业咨询的交易平台。

天津城矿再生资源回收有限公司，秉承"让资源智慧再生"的使命。"智慧"从两个方面理解，"智"代表专业、技能、科技，体现的是技术创新、商业模式创新，利用互联网的先进技术，确保线上线下相互协同，整合资源，实现业务的数据化、信息化、智能化；"慧"代表慧根、思想、理念，是内在的美德，拾起责任、拾起善根。公司属于再生资源行业，从事的是再生资源事业，"再生"是公司对环境、社会及人类的回报，承担公司的社会责任，让"有限资源，无限再生"。公司以"保护自然资源、发展绿色产业"为

宗旨，以"一城市、一矿山"为产业布局，创新构建城市低碳绿色循环的再生资源回收利用体系，努力让每一座城市都成为一座"取之不尽、用之不竭"的再生资源矿山。

马钢诚兴金属资源有限公司

马钢诚兴金属资源有限公司（简称"马钢诚兴"）成立于 2018 年 8 月，由中国宝武欧冶链金、安徽诚兴科技环保有限公司、安徽昕源集团有限公司共同出资组建的混合所有制企业，其中中国宝武欧冶链金持股 51%，安徽诚兴科技环保有限公司持股 44%，安徽昕源集团有限公司持股 5%。

马钢诚兴位于安徽省马鞍山市慈湖高新区，下设两个中心基地：江边中心加工基地，占地 319 亩；慈湖加工基地，占地约 125 亩；另下设德清、台州、当涂等多个卫星加工基地。公司从事废钢铁采购、加工、仓储、销售、贸易等业务，全部用工近 300 人，主要设备有大型龙门剪（立式、斜式、箱式）、200~1500 吨式打包机、行车、抓钢机、铲车、雾炮及清扫机械等。

不断探索混合所有制发展之路

在 20 世纪 80 年代中后期，马鞍山市周边地区中小型企业或废钢铁加工点众多，装备水平偏低，内部管理松懈，产品质量不高，市场无序竞争，不能满足钢厂"精料入炉"的标准和需求。安徽诚兴是马鞍山市再生资源回收利用行业的核心企业之一，以雄厚的资金实力，高素质的专业人才和优良高效的服务在社会上树立起了良好的企业形象，受到社会各界与广大客户的普遍信赖。其机制灵活，理念先进，有完善的管理体系，有优秀的团队、信用优势、品牌优势、环保优势、资源优势、规模优势，拥有从事循环经济产业 20 多年的经验和辐射范围广泛的废钢铁资源收集体系。ERP 系统统一管理 5000 余家供应商。能够为客户定制不同产品服务，实现资源优化配置。

安徽诚兴也是中国废钢铁应用协会最早的会员单位之一，是第3批符合工信部《废钢铁加工行业准入条件》公告企业，是较早通过ISO 9001、2000国际质量认证及ISO 14001、2004国际环境认证的企业；曾荣获过安徽省民营企业500强、地方民营工业企业十强单位，被中国钢铁应用协会授予"废钢铁加工配送中心示范基地"，连续多年被安徽省税务系统评定为A级纳税人，2018年被授予国家级两化融合管理体系贯标试点企业，是业内信誉度高，废钢行业标杆、典范的民营龙头企业。安徽诚兴依靠自己的企业品质，长期与马钢合作，是马钢废钢重点保供的民营企业之一，长期互惠互利，共同发展。

马钢在综合考虑建立合资废钢基地时，首选安徽诚兴，双方经过多次洽谈协商，彼此达成了合作意愿，成立马钢诚兴金属资源有限公司。马钢诚兴组建不久，马钢与宝武重新洗牌重组，宝武专门成立了欧冶链金再生资源有限公司，从事废钢的采购、加工、销售等。马钢诚兴作为欧冶链金旗下的一级子公司，依托中国宝武产业背景，发挥央企品牌、管理、风险管控、融资方面优势，同时发挥民企决策效率高、市场反应快，管理成本低等特点，贴近市场，灵活经营，企业得到快速扩张和发展，2020年3月被列为第7批《废钢铁加工行业准入条件》企业。2019年，经营规模183万吨、营业收入44.3亿元；2020年，经营规模333.5万吨、营业收入82.4亿元，增长率80%以上。

抢占未来产业发展制高点

马钢诚兴的商业模式为：基地+平台+金融。公司三年规划是实现年废钢经营能力600

万吨、年产值 150 亿元、合作钢企 50 家、外部合作生产基地 10 个。在此目标下，马钢诚兴充分实施品牌战略，践行"诚信、创新、协调、共享"的理念，围绕质量管理、品牌形象、客户服务、员工意识等关键环节，建立"以质量为生命、服务为依托、文化为灵魂、创新为支撑"的品牌体系。

在废钢采购战略上，按照"广开大门、提高标准"原则，引进在规模、管理、诚信度、质量控制等方面具有优势的供应商长期稳定合作，通过批量采购、竞争性采购，实现最优性价比采购。公司还在废钢资源聚集、运输条件便利的浙江德清、台州建立卫星基地，未来还将在合肥、宝山、苏州、徐州等废钢资源丰富的区域建设卫星基地，以此扩大采购辐射半径，实现资源保障，降低物流成本，锁定废钢资源，大幅提升保供能力。公司还将着眼长远，谋划海外基地的布局，通过调研北美、欧洲、澳大利亚、东南亚等地的废钢资源情况，寻求以合作方式建立海外卫星基地，加工进口优质废钢。

在销售策略上，马钢诚兴除重点保障马钢生产所需废钢外，还先后与南钢、宝钢、梅钢、鄂钢、长钢、安钢、中天钢铁、宁波钢铁、鞍钢联众等钢厂建立了良好的合作关系。在内部管理上，强化废钢的分选、加工、排杂，起到了废钢"质量过滤器"作用。公司通过实施 EVI 战略，推行重点客户个性化服务，贴近用户需求、走进用户内心，为客户提供最佳解决方案，实现服务功能前移。公司密切做好与钢厂的衔接，对不同钢厂用户的需求，做到先期了解，按照钢厂差异化需求，有针对性调整供货产品类型和方式，为客户定制不同的产品服务。钢厂可以来基地看货选购废钢产品，按钢厂废钢需求的月度计划和日计划配送废钢到钢厂炉前、料斗，使钢厂实现废钢低库存下的炼钢生产，为钢厂减少资金、运营、库存、管理等成本。马钢诚兴还与钢厂密切沟通，请钢厂前来指导，不定期与钢厂用户之间召开专题会，虚心听取钢厂用户意见反馈，从而不断改进供货质量，不断进行品种供应优化，使其达到最佳性价比，实现良性互动，以精益周到的服务深受钢厂用户的好评。

打造金属再生资源绿色智慧示范基地

前进中的马钢诚兴，把"怀产业报国之志，筑钢铁强国之梦"作为使命，以"成为中国金属再生资源行业引领者"作为愿景，聚焦行业高质量发展，致力打造中国金属再生资源绿色智慧示范基地。马钢诚兴从组建之初就开始着手实施中心基地的建设，项目工程分为四个建设期，总投资 5 亿元。新基地濒临长江，利用长江码头，把废钢采购半径扩展至 1500 千米以上，可覆盖上下游江苏、浙江、山东、福建、重庆、湖北、江西等废钢资源丰富地区。基地还紧靠马钢生产新区，地理位置得天独厚，具有水运、汽运来料便捷，加工快速，高效保供钢厂的优势。同时，基地项目严格按照国家、省市政府关于长江生态保护红线的高标准环保要求进行设计，环境监控系统完善。

马钢诚兴是在废钢行业最早尝试生产智能化、流程智慧化实践与应用的企业之一。公司以科技赋能，运用互联网、人工智能、区块链、大数据和物联网等先进技术，建设智慧制造集控中心、智慧工厂和智慧服务交易平台，实现生产经营智能管控和绿色智慧制造科

技创新与自动化相结合，加工、物流、交易过程智慧化、可视化、透明化。江边中心基地开始建设后，更是按照智慧工厂的高标准建设，以自动化、信息化为基础，应用物联网、5G、人工智能等先进技术，聚焦生产、仓储、运输、设备、安全、数字化等领域，根据技术成熟度，首先实现行车无人化、生产仓库少人化、物流智能化，最后实现抓钢机器人、质检机器人以及运输车辆的多机多车协同联合作业系统，逐步提升流程标准化水平和运营效率。中心基地建立指挥中心，大数据屏实时监控全域生产过程，采购管理、生产管理、销售管理、结算管理、供应商管理、经营分析全部在线管理，通过流程闭环，全程追溯生产、质量、物流等实时动态情况，实现科学管控。中心基地还建立了业务信息化系统，采用 SaaS+互联网模式，具备银行级别的 IDC 数据管理，保证核心数据的安全性，实现公司所有生产经营业务数据的合同流、物流、票据流、资金流、信息流五流合一的一体化管理。

　　经过两年多的建设，马钢诚兴中心基地在 2021 年 1 月正式竣工投产，宝武集团董事长陈德荣、总经理胡望明亲自为马钢诚兴中心基地建成剪彩。建成后的新基地具备年加工生产能力 280 万吨生产规模，其中精加工废钢为 140 万吨/年，外来成品废钢堆场仓储及周转量 140 吨/年，有望成为互联网驱动、金融、贸易、期货为一体的国内乃至世界一流的大型废钢加工配送基地。

　　马钢诚兴深入学习领会习近平总书记考察调研中国宝武有关讲话精神，积极践行融入长三角，通过不断创新变革，立足当前，面向未来，不断蜕变，化"蛹"为"蝶"，在战略转折点上求新生，实现永续发展，努力成为废钢行业内生态文明、资源节约、环境保护突出，员工权益、安全生产、劳动关系和谐，有突出影响力的先进企业，积极打造废钢产业链命运共同体，与各相关方共同成长，为共建高质量废钢生态圈贡献马钢诚兴力量。

陕西隆兴物资贸易有限公司

陕西隆兴物资贸易有限公司是以再生资源回收利用为主导产业、集成材销售、物流配送为一体的大型民营独资企业。公司成立于 2002 年 12 月 12 日，注册资金 5000 万元，法人代表李应朋。注册地址：西安市高新区新型工业园西部大道 2 号企业壹号公园 2 幢 30号。2012 年公司被中华人民共和国商务部授予"商贸流通企业典型统计调查企业"，是中国废钢铁应用协会第五届理事会理事单位，是陕西乃至西北地区再生资源行业的明星企业。

公司本着艰苦创业、诚信为本、合作共赢的经营理念，坚持以再生资源回收开发利用为基础，以资本为纽带，以项目为核心，开拓创新，稳步发展，实现再生资源产业规模化、无污化、网络化和现代化的目标。构建了延安、榆林、甘肃东部为重点，覆盖陕西全境，辐射周边省份的资源流通网络；并与国内著名大型钢铁生产企业建立了稳固、持久的战略合作关系。

资料显示，废钢作为炼钢原料之一，是一种可无限循环使用的绿色载能资源，是目前唯一可以逐步代替铁矿石的优质炼铁原料。美国等发达国家和地区的钢铁行业主要大宗原料也是废钢。这几年来，随着我国钢铁业的快速发展，促使废钢铁产业加速向产业化、产品化、区域化发展，建立了一批废钢铁加工配送示范基地，一批颇具规模、采用现代化管理、加工设备先进、环保规范达标的废钢铁加工配送企业逐步成长起来，正在形成一个与区域钢铁生产紧密战略合作，共同发展的新兴产业体系。

我国废钢铁产业发展的方向是发展低碳经济、节能减排、再生资源综合利用的重要组成部分。在我国钢铁积蓄量不断增加，废钢铁资源持续增长的良好态势下，"多吃废钢，精料入炉"是钢铁工业发展绿色制造，实现清洁生产的必经之路。

公司通过不断地淘汰老旧设备，购置最新的节能环保设备，能源利用效率大幅提升，吨钢电耗、水耗持续下降。2020 年，废钢加工生产系统的废钢铁综合电耗为 11.84 千瓦时/吨，新水消耗为 0.05 吨/吨，符合行业准入要求。

废钢铁回收加工利用，主要生产工艺流程为：废钢铁运入厂区后过磅，利用辐射机对废钢铁进行检测，确认废钢铁中不含辐射源后再进行卸车；废钢铁先进行人工磁选分类，分出合金钢、铸铁等。经行吊送至生产区进行加工，对小型废钢铁进行压块出售，对重型和中型废钢铁采用液压机切割处理至符合标准后，经打包压缩机压缩包装后外运销售。

生产过程分拣出的有色金属、橡胶废料、塑料废料、渣土等均进入各自回收体系，其中有色金属、塑料、橡胶具有一定的利用价值，塑料、橡胶通过商务部门定点的回收利用网络体系处置。废钢铁加工处理的废电池、废机油等，专门收集后存放在危废间，统一交由有资质的第三方企业处置。一般渣土和生活垃圾收集后，由市政环卫定期清运。废旧钢材其堆放地、风化以及所涉及到的堆放时间问题难免会产生一些粉尘，我们在堆放期间进行覆盖薄膜，在销售之后对场地上的粉尘进行喷淋，再进行清扫。在加工生产过程中产生的粉尘，有专门的除尘设备进行处理，不会对周围环境造成大的影响。

为使生产更加规模化，企业投资升级改造扩建陕西隆兴物资循环经济产业园项目，项目地址位于西安市高新区长安通信产业园内东西八路、南北二号路十字东北角，征地 40.1 亩，总投资 2.08 亿元，该项目于 2020 年 4 月开建。预计 2022 年 3 月底，完成主要设备安

装调试，生产车间试生产。

传统经济通过把资源持续不断变成废物来实现经济增长，忽视了经济结构内部各产业之间的有机联系和共生关系，导致许多自然资源的短缺与枯竭，社会企业的举步维艰，严重制约社会经济的发展。本项目建成后，可以拉长西安市企业生产链，推动环保产业和新型产业的发展，促进西安社会经济的发展；大大完善西安市再生资源市场网络体系，提高再生资源的回收率和利用率，改善市场收益水平的现状，提高西安市再生资源行业的经济效益。

企业发展过程中也在关注社会动态，多次为社会各项公益事业捐款，在疫情期间向高新管委会捐款十万元整。企业被全国再生资源协会吸纳为理事单位，并连续多年被西安市再生办评为"先进单位"，荣获 2018 年高新区特殊贡献企业称号，2019 年荣获高新区特殊贡献奖、先进制造业优秀企业、"三个经济"优秀企业。公司受到了行业主管部门的多次表彰和嘉奖，为国家建设以及再生资源的合理配置和开发利用事业，做出了积极的贡献。

以人为本、关心员工、经常带员工出国考察，提升员工的文化水平。通过文娱联欢、文体比赛、旅游观光、学习讨论、考核评比等形式，营造了团结、向上、和谐的工作氛围，增强了公司的凝聚力、向心力和感召力。

立足再生资源回收利用，放眼"城市矿山"开发，是陕西隆兴物资贸易有限公司建立的基点和发展的方向。在以往的工作中，公司经历了严峻的锻炼和考验，积累了宝贵的经验，也奠定了良好的基础。在今后的工作中，公司将坚持科学发展观的指导思想，不断加强提升公司的全面建设，努力把公司打造成一个回收体系网络化、产业链条合理化、资源利用规模化、技术装备领先化、运营管理规范化的完整体系。

无锡新三洲再生资源有限公司

一、企业简介

无锡新三洲再生资源有限公司（简称"新三洲再生资源"）位于江苏省无锡市惠山经济开发区前洲配套区，成立于 2012 年 11 月，注册资本 3000 万元，是工信部公告符合废钢铁加工配送行业准入企业、商务部备案的无锡市报废汽车拆解回收资质企业。公司担任中国废钢铁应用协会常务理事单位、中国物资再生协会常务理事单位、江苏省循环经济协会副会长单位。

2013 年，以无锡新三洲再生资源公司、无锡新三洲特钢有限公司为主体，由无锡市惠山区人民政府批复设立新三洲循环经济产业园区，规划总面积 1000 亩。目前，新三洲产业园已入驻废钢铁加工、报废汽车回收拆解、回用件等资源循环利用企业 7 家，拥有国际领先的废钢破碎智能分选生产线及大型龙门剪、拆解机、压块机等专业废钢铁加工装备，具备年加工废钢 120 万吨、回收拆解报废汽车 10 万辆、回用件 30 万件的循环经济产业规模。

新三洲产业园紧邻锡澄运河，拥有可通航 1000 吨级船舶的挖入式港池 2 座、码头 6 座（10 个泊位）及 1.8 千米运河岸线。与江阴港、张家港等重要口岸水路运输极为便利，且成本低廉。园区内拥有 58000 平方米大型封闭式智能仓储料场，配套有各类密闭运输通廊，在符合环保超低排放要求的基础上，可全面接纳大批量社会废钢和进口废钢的仓储、转运、加工、配送。

二、废钢铁产业发展历程

1986 年，无锡县前洲三洲钢厂由上海第三钢铁厂与无锡县前洲镇联营创办，因取

"三厂"和"前洲"联营之意，命名为"三洲"。

2001年，新三洲特钢由无锡市惠山区委区政府招商引资福建民营资本成立，续建三洲钢厂50吨超高功率电炉连铸项目。

2009年，新三洲特钢2座50吨转炉、1座660立方米高炉、1座450立方米高炉建成投产，年产钢180万吨。

2010年10月，新三洲特钢承办"第三届亚洲汽车环境论坛"，正式实施"钢铁+循环经济"双主业发展。

2012年，新三洲再生资源获江苏省商务厅批复、国家商务部备案成为无锡市区（不含江阴宜兴）唯一的报废汽车回收拆解资质企业。报废汽车和废钢铁加工主要装备包括氧割、鳄鱼剪、压块机等生产工艺设备。

2014年，新三洲产业园获江苏省发改委批复确定为省级"城市矿产"示范试点基地。

2016年，新三洲再生资源报废汽车回收拆解量列江苏省首位，公司引进韩国环保预处理系统、自研开发电动拆解机等装备，全面实施绿色拆解生产工艺。

2017年，新三洲产业园成立无锡合盛城市矿产有限公司，启动建设行业领先的废钢铁破碎生产线。新三洲再生资源淘汰鳄鱼剪等传统落后装备，升级引进大型龙门剪、履带式电动型报废汽车拆解机等先进设备，报废汽车和废钢铁加工产能和生产效率得到全面提升。同时，产业园在报废汽车产业率先试水回用件专业化、规模化发展模式。

2018年，新三洲再生资源获工信部废钢铁加工行业准入企业资质，成为江苏省内首家同时拥有报废汽车拆解和废钢加工"双资质"的企业。2018年10月，国家发改委批复全国首批50家国家级资源循环利用基地，新三洲产业园成为惠山基地的核心园区，产业园下属的无锡合盛城市矿产有限公司废钢智能分选绿色综合利用项目是基地的重点项目。

2019年，产业园废钢智能分选绿色综合利用项目建成投产，年新增废钢精品破碎料40万吨，实现了园区在报废汽车和废钢加工产业链的双向延伸，为园区全流程生态化、低碳闭环运营打下了扎实基础。

2020年，新三洲再生资源联合国家"973"物联网首席科学家创办企业开发的基于"物联网+AI"的循环经济供应链智能化管理系统，通过"物联网+AI"融合技术，完成废

钢"车辆识别+自动称重""AI货物类型识别""自动抓拍车辆货物影像"等全程无人工干预程序,实现废钢铁资源物流、资金流、发票流的精准匹配,降低企业税负和涉税风险。消纳了无锡地区废钢资源,减少了大批废钢跨市、跨区域转运带来的道路交通安全隐患,通过废钢铁资源的集聚利用,实现循环经济的快速发展。

三、废钢铁产业主要成果

(1)以废钢铁为主产业的"城市矿产"示范基地建设,取得良好的经济和社会生态效益。新三洲循环经济产业园自"城市矿产"示范基地建设以来,通过废钢铁加工利用、报废汽车回收拆解、回用件三大产业支撑,循环经济产值、税收不断提增。尤其是2017年以来,新三洲产业园下属企业无锡新三洲再生资源有限公司在无锡市报废汽车回收拆解资质的基础上,获批工信部公告符合废钢铁加工行业准入企业资质,为产业园的报废汽车拆解及废钢加工利用产业注入了更加强劲的活力,为地方经济创造了可观的产值税收效益。2019年园区循环经济产业实现产值12.9亿元,上缴税收1.8亿元。2020年完成产值18.3亿元、上缴税收2.5亿元。

2013年以来,产业园在专项设备研发、大数据平台建设、标准起草应用、行业软件开发、新增就业等方面实现量与质的同步飞跃。新三洲产业园废钢智能化破碎线获无锡市惠山区智能制造示范工程。完成研发"拆配融合"全流程ERP管理平台1个,研发回用件专业检测设备5套,为废钢加工、报废汽车拆解产业创新发展注入全新动能。

(2)报废汽车"拆配融合"生态产业模式成为行为标杆。新三洲产业园以实际行动践行无废城市理念,通过对报废汽车精细化拆解处理和回用件销售,对拆解过程中的不可利用车壳等作为废钢加工原料进入破碎线,生产优质精料废钢,实现以"拆配融合"模式闭环运行,充分回收利用报废汽车整车中的资源要素,基本实现报废机动车零垃圾产生,实现2.0版"城市矿产",同时通过"回用件+废钢"的拆配新模式创新改革传统报废机动车拆解企业以废钢为主要利润来源的商业模式,激活更多"垃圾"成为"资源",培育全新、可持续发展的经济增长点。产业园的发展得到全国行业领导、企业家、专家的支持关注。全国物资再生协会,江苏省、浙江省、安徽省等行业协会多次组织行业企业、专家到产业园现场学习观摩。2015年至今,新三洲产业园接待行业参观、学习人次突破5000人。

废钢铁资源再生是城市绿色发展的重要标志,也是应对碳达峰碳中和、保障生态安全的重要手段。新三洲产业园正在成为长三角地区发展再生资源产业和建设再生资源体系的先导者、领航人,正在形成资源、能源转换平台和重要功能区,服务于长三角一体化的快速发展。产业园将坚定推动废钢铁等城市矿产资源循环经济持续发展,为全面推进绿色制造、实现创新增长、引导低碳生活做出贡献。

四、废钢铁产业发展规划

(一)发展愿景

新三洲产业园区致力于围绕报废机动车拆解和精品废钢加工产业链,充分运用既有优

势和强强联合，全面推进资源循环利用，形成资源、能源转换平台和重要功能区，服务于长三角一体化的快速发展。

（二）战略规划和目标

新三洲产业园区地处长三角几何中心的桥头堡区域，距上海 120 千米、南京 150 千米、湖州 110 千米。该区域是中国乡镇工业企业发源地，机械、制造行业等产废企业数量庞大。通过园区新三洲特钢、新三洲再生资源 20 年来的废钢铁资源集聚效应，已成为无锡市及周边区域内厂矿企业、社会废钢回收的资源集聚基地。同时，除了产业园自身配套的冶炼企业以外，产业园周边 50 千米范围内拥有中信特钢、西城钢铁、新长江集团、中天钢铁、东方特钢等大型用废企业。新三洲产业园区将充分利用园区三大优势、三个资质的有利条件，即地理位置及资源集聚、产业园区财税政策、大型物流仓储三大优势，国家级资源循环利用基地、工信部废钢铁加工准入、报废机动车回收拆解三个资质，全面推进建设长三角地区具有重要影响力的废钢铁加工配送基地。

湖北力帝机床股份有限公司

一、企业简介

湖北力帝机床股份有限公司始创于 1969 年，公司总股本 12304 万元，现隶属于天奇集团（股票代码：002009）。公司位于湖北宜昌，下设 8 个服务子公司，分布在天津、唐山、无锡、长沙、成都、广州、西安、浙江、山东等地。公司是我国最具规模的资源综合利用装备研发及生产基地，技术力量雄厚，工艺装备精良，检测手段完善。产品内销国内大型钢铁冶炼企业、国家城市矿产示范基地、报废汽车拆解企业和废钢铁加工配送基地，外销欧洲、东南亚、非洲和南美等国家和地区。

2017~2019 年，公司分别实现固废装备销售收入 5.49 亿元、10.53 亿元、4.82 亿元。公司现资产规模超 10 亿元，着重发展破碎线、报废汽车拆解线和有色金属分选循环设备三条"特色线"业务。掌握国内外领先核心技术，在再生资源行业、环保产业及智能绿色装备的 3 个细分市场，大型废钢破碎生产线、报废汽车拆解线、有色金属分选生产线市场占有率全国领先。

"创新是引领发展的动力"，公司有较强的自主研发能力，拥有行业技术领先的金属回收机械研究所，掌握多项核心技术，拥有自主知识产权。先后建立了湖北省院士专家工作站、省级企业技术中心、武汉理工大学研究生工作站、中国地质大学（武汉）博士后工作站、三峡大学研究生工作站和湖北省废旧金属再利用智能装备工程技术研究中心。拥有国家授权专利 110 余项。公司率先研制的大型废钢剪断机、废钢破碎生产线、大型废钢打包机，通过国家科技成果鉴定，达到国际先进水平。

公司利用工业信息化平台及大数据等技术，在宜昌地区打造了环保装备制造产业集群，拥有 5 个大型生产加工装配基地，下设机加工、结构件焊接、总装配、电气喷涂等多个标准化的生产车间，数百台各类大型精密加工设备和质量检测仪器设备，一流的工艺管

理，先进的工艺技术。通过了 ISO 9001 质量认证，ISO 14001 环境管理体系认证和 OHSAS 18001 职业安全健康体系认证，获得了 GB/T 29490—2013 知识产权管理体系贯标和 GB/T 27922—2011 售后服务体系认证。

公司已牵头制定、修订了《金属液压打包机》《废钢剪断机》《重型金属液压打包机》《报废汽车破碎技术规范》《报废汽车回收拆解企业技术规范》《再生钢铁原料》《炼钢铁素炉料（废钢铁）加工利用技术条件》7 项国家和行业标准。公司是中国废钢铁应用协会副会长单位，中国物资再生协会副会长单位，中国再生资源回收利用协会副会长单位，中国有色金属工业协会再生金属分会常务理事单位，中国环保机械协会副会长单位，中国循环经济协会理事单位，BMR、BIR、ISRI 国际三大协会会员单位。

二、企业废钢相关发展历程

1969 年，随武重技校迁移宜昌，和宜昌维修站组合成宜昌市机床厂，生产平面磨床和车床。

1979 年，宜昌第一机械厂受机械部委托生产金属打包机。

1982 年，宜昌第一机械厂、宜昌市机床厂合并成立"宜昌市机床工业公司"。

1982 年，受国家物资总局委托生产报废汽车回收设备，主要为打包机、鳄式废钢剪断机。

1983 年，开发研制成功 YD81-100、160、250 的 3 种打包机，160 吨鳄鱼式废钢剪断机和缸体破碎机。

1986 年，从德国 Henscel 公司成功引进剪断机技术，成功生产 Q91Y 系列门式剪断机，中国首台 Q91Y-800 门剪服役中国一汽。

1994 年，首台 Q91Y-1000 门式剪通过机械部科技成果鉴定：国内领先，达到 80 年代末国外同类产品先进水平。

1996 年，从美国 Newell 公司成功引进废钢破碎线技术，开始国产化研制。

1996 年，牵头制定《金属打包液压机》行业标准 JB/T 8494—1996。

1996 年，通过 ISO 9000 质量体系认证，同时获得美国 FMRC 质量体系认证，成为行业内首家一次性通过认证的企业。

1997 年，机械工业部评定 YA81-160 金属打包液压机为质量等级一等品。

1999 年，牵头制定《鳄鱼式剪断机精度》行业标准 JB/T 9956—1999。

2002 年，中国首条废钢破碎线（PSX-6080）成功投产于广东番禺，为国家科技部"火炬计划"项目、国家经贸委重大技术装备国产化项目重点新产品。同年 7 月通过湖北省经贸委组织的科技成果鉴定。

2005 年，中国首台 Q91Y-1250 门式剪断机通过湖北省科技厅组织的科技成果鉴定，填补国内空白。

2006 年，参与制定商务部《报废汽车回收拆解经营规范》国家标准。

2006 年，牵头制定《废钢破碎生产线》行业标准 JB/T 10672—2006。

2008 年，研制中国首台 PSX-80104 废钢破碎生产线并服役河北唐山，研制中国首台 Y81-1000 金属液压打包机并服役山东邹平。

2008 年，主导产品打包机、剪断机、破碎生产线获湖北省名牌产品证书。

2009 年，中国首台 PSX-80104 废钢破碎生产线通过湖北省科技厅组织的科技成果鉴定：国内首创，达到国际先进水平。

2010 年，牵头制定《重型金属液压打包机》行业标准。

2010 年，研发制造报废汽车拆解专用设备：报废汽车拆解翻转机、升降机、冷媒回收机、真空抽油机、油水分离机、安全气囊引爆装置。

2010 年，中国首台 Y81-1000 金属液压打包机通过湖北省科技厅组织的科技成果鉴定：国内首创，达到国际先进水平。

2011 年，2000 马力废钢破碎生产线获国家工信部《国家鼓励发展的重大环保技术装备目录 2011 年版》依托单位。

2011 年，中国首台 PSX-88104 废钢破碎生产线服役山东邹平。

2013 年，公司承担科技部"863"计划项目"典型乘用车回收拆解与资源化关键技术研究"。

2014 年，公司研发生产的 4000 马力废钢破碎生产线入选《鼓励进口技术和产品目录（2014 年版）》。

2014 年，参与制定《报废汽车破碎技术规范》。

2016 年，承担的国家科技部"863"计划——退役乘用车回收拆解与资源化关键技术研究课题顺利通过验收。

2017 年，首台 PSX-98104（6000 马力）废钢破碎线正式在武汉运行。

2019 年，参与制定国家标准《报废机动车回收拆解企业技术规范》发布。

2020 年，参与制定国家标准《再生钢铁原料》发布。

2020 年，1 万马力废钢破碎生产线入选工信部重大技术装备首台套目录。

2020 年，公司与上海钢联电子商务股份有限公司联合发布力帝废钢破碎线生产指数。

三、企业获得的资质奖励成果

1995 年，入选机械部首批科技进步试点企业。

1996 年，牵头制定《金属打包液压机》行业标准 JB/T 8494—1996。

1996 年，通过 ISO 9000 质量体系认证，同时获得美国 FMRC 质量体系认证，成为行业内首家一次性通过认证的企业。

1998 年，机械工业部授予"机械工业工艺工作先进企业"称号。

1998 年，获"湖北省企业技术中心"认定。

2001 年，科技部授予"国家 863 计划 SIMS 应用示范企业"称号。

2006 年，牵头制定《废钢破碎生产线》行业标准 JB/T 10672—2006。

2007 年，参与制定全国人大《循环经济法》。

2008 年，主导产品打包机、剪断机、破碎生产线获湖北省名牌产品证书。

2008 年，获"国家高新技术企业"认定。

2009 年，湖北省科技厅授予"湖北省创新型企业建设试点单位"称号。

2010 年，研发制造报废汽车拆解专用设备：报废汽车拆解翻转机、升降机、冷媒回收机、真空抽油机、油水分离机、安全气囊引爆装置。

2011 年，2000 马力废钢破碎生产线获国家工信部《国家鼓励发展的重大环保技术装备目录 2011 年版》依托单位。

2012 年，PSX-80104 废钢破碎生产线、Y81-1000 金属液压打包机获湖北省科技厅、发改委、财政厅联合颁发的"湖北省自主创新产品证书"。

2013 年，入选国家火炬计划重点高新技术企业。

2013 年，承担科技部"863"计划项目"典型乘用车回收拆解与资源化关键技术研究"。

2014 年，研发生产的 4000 马力废钢破碎生产线入选《鼓励进口技术和产品目录（2014 年版）》。

2015 年，Y81-1000 金属打包液压机荣获宜昌市科技进步奖一等奖。

2015 年，PSX-88104 废钢破碎线荣获湖北省科技进步奖二等奖。

2015 年，武汉理工大学、三峡大学研究生工作站、湖北省专家院士工作站相继挂牌成立。

2016 年，承担的科技部"863"计划——退役乘用车回收拆解与资源化关键技术研究课题顺利通过验收。

2016 年，总工程师林高荣获全国五一劳动奖章。

2017 年，天奇力帝（湖北）环保科技集团有限公司正式挂牌成立。

2017 年，获得宜昌市生态市民建设突出贡献奖。

2017 年，被评为 2015~2016 年年度优秀院士专家工作站。

2017 年，获得 2017 中国循环经济摩比斯奖：最佳创新技术奖一等奖。

2018 年，入选湖北省经信厅支柱产业细分领域隐形冠军科技小巨人企业。

2018 年，通过国家高新技术企业复审。

2019 年，被认定为湖北省科技厅废旧金属再利用智能装备省级工程技术研究中心。

2019 年，参与制定国家标准《报废机动车回收拆解企业技术规范》发布。

2019 年，承担工信部绿色制造系统集成解决方案供应商项目。

2020 年，总工程师林高荣获全国劳动模范荣誉称号。

2020 年，入选湖北省守合同重信用企业。

2020 年，宜昌市国资委向天奇力帝集团股权投资 3000 万元，公司性质转变为混合所有制。

2020 年，入选工信部第一批环保装备制造业（固废处理装备）规范条件企业（全国仅 19 家企业上榜）。

2021 年，通过湖北省经信厅支柱产业细分领域隐形冠军科技小巨人复审。

四、企业发展前景及规划

湖北力帝成立 50 多年来，在废旧金属回收处理装备领域，始终引领行业的发展方向。近年来公司在冶金与再生资源、固废与环服、航天与环保等领域深耕细作，专注于金属循环应用和固体废弃物回收装备的研发、制造、销售与服务，面向废钢加工、汽车拆解、有色金属加工及分选、再生资源综合利用、环保节能五大板块，涵盖固废和再生资源十多个品种，上百种产品。大力发展航天配套项目、环卫固废项目、新能源页岩气开发项目、长江大保护项目。加强科技创新、新产品研发，加快企业工业互联网技术改造转型升级，

2019 年新建天奇力帝环保产业园，建设智能化 5G 工厂和绿色制造示范工厂，打造再生资源行业云平台标杆企业。

公司将秉承"创新、合作、跨界、服务"的经营理念，紧密围绕国家"十四五"规划节能降耗、绿色发展的战略方针，以循环产业为依托，走"国际化、产业化、规模化、多元化"的企业战略发展路线。打造"精细化、智能化、环保无害化"的产品，逐步实现品牌、市场、团队、管理与世界一流标准接轨。致力于在循环产业板块中成为全球领先的集系统方案规划和成套设备运营于一体的综合服务商。

江苏华宏科技股份有限公司

一、企业简介

江苏华宏科技股份有限公司，是专业制造再生资源加工设备的火炬计划重点高新技术企业。2011年12月20日，在深交所成功挂牌上市（股票代码：华宏科技002645），目前拥有7家全资及控股子公司（江苏威尔曼科技有限公司、江苏纳鑫重工机械有限公司、北京中物博汽车解体有限公司、苏州华卓投资管理有限公司、吉安鑫泰科技有限公司、东海县华宏再生资源有限公司、迁安聚力再生资源回收有限公司）。公司是中国废钢铁应用协会、中国物资再生协会、中国再生资源回收利用协会、中国循环经济协会、美国废料回收工业协会（ISRI）、中东回收局（BMR）等常务理事单位和副会长单位。

公司一直致力于成为服务全球市场的再生资源加工装备专业制造商和综合服务提供商，为建设资源节约型、环境友好型社会贡献力量。所生产的各类金属破碎、液压剪切、金属打包、金属压块等设备，各类非金属打包、压缩设备，以及报废汽车拆解设备，应用于再生资源产业的国家循环经济园区、国家城市矿产示范基地、钢铁和有色金属企业、废钢加工配送中心（基地）、环卫等行业及领域的固废处理，产品获得了各行业客户的广泛认同和市场覆盖。经过三十余年的努力，公司已发展壮大成为国内再生资源加工成套装备的规模化生产基地。

公司高度重视并坚持大力推行对技术创新和研发、标准化生产、营销体系的建设及投入，目前技术体系建有"三站三中心"：国家级博士后工作站、院士工作站、企业研究生

工作站、江苏省液压工程技术研究中心、江苏省认定企业技术中心、江苏省废弃金属绿色回收再利用技术工程中心。参与了 1 项国家标准，主持了 5 项行业标准的制定和修订，持续开展新产品研发及工艺技术改进工作，针对客户需求及产业发展趋势，进行自主创新和研究项目储备。公司目前已拥有国家专利 108 项，其中发明专利 35 项；承担了江苏省科技成果转化项目"报废汽车拆解回收成套装备及其关键技术研究"，是国家绿色制造系统解决方案提供商。

生产体系执行完整的质量控制和管理链，拥有各类大型高精密度数控生产设备 300 余台/套，以及先进完备的精密质量检测设备和质量检测手段，年产能各类设备 4200 余台/套。

营销体系已完成全国销售服务的全覆盖以迅捷响应客户需求，并为海外 60 多个国家及地区的客户提供了高品质产品和高效服务。营销服务团队把握行业客户的产品及运营需求，运用专业技术优势和丰富应用经验，为国内外客户提供各类高效完善的再生资源产业项目解决方案以及完整的综合服务支持。

志存高远，展望未来，江苏华宏科技股份有限公司将秉承"以科技创新为先导，以服务客户为宗旨，以市场价值为中心"的企业理念，以不懈的努力赢得客户的信赖和支持，为循环经济发展做出更大的贡献！

二、企业废钢相关业务发展历程

企业废钢相关业务发展共分三个阶段：

（1）起步阶段（1988~1996 年）。产品单一纯市场化需求只生产 315 吨以下打包机和 250 吨以下鳄鱼剪和部分特制非标订单，包括外协和外加工，产品规格约 10 个型号，产能逐年递增 300 万~6000 万吨，无加工设备以外的废钢业务。

（2）快速发展阶段（1996~2004 年）。本阶段为企业快速成长阶段，经历市场起伏沉浮锤炼，抗风险能力明显提升，产品规格型号已增加为 6 类 50 多个型号，主打产品打包机和鳄鱼剪系列最大规格为 500 吨，产能增加到 6000 万~50000 万吨之间，本阶段无废钢设备以外的相关业务。

（3）稳步发展阶段（2004~2010 年）。2004 年 8 月成立江苏华宏科技股份有限公司，树立了本公司在行业领域发展的里程碑，迈开了公司上市筹备的第一步。本阶段各类产品已增加到 10 类产品规格 100 多个型号，技术含量明显增加。产品涵盖废钢加工、废纸塑料加工、城市环保设备等领域。主打产品吨位已达 630 吨，产能增加到 50000 万~75000 万吨之间，本阶段也无废钢加工以外的加工业务。

（4）高质量发展阶段（2010~2020 年）。本阶段产品已达 13 类 200 多个规格型号，主打产品（打包机、龙门剪）已达 2000 吨位，废钢破碎流水线已达 1 万马力，产能增加到 75000 万~150000 万吨之间。2011 年 12 月 20 日在华宏科技在深交所成功上市，此外还涉足了废钢加工流通和报废汽车拆解领域，2013 年 10 月成立东海县华宏再生资源有限公司（2021 年规范化加工废钢 30 万吨，拆解汽车 2 万辆）。2015 年 1 月成功收购江苏纳鑫重工机械有限公司（2021 年规范化产能 1.5 亿，销售 1 亿元）。2018 年 8 月收购北京华宏汽车解体有限公司（2021 年规范化拆解汽车 5 万辆）。2019 年 8 月成功收购迁安聚力再生资源回收有限公司（2021 年规范化废钢加工 30 万吨）。

未来华宏科技的产品将注重绿色环保理念，面向行业，面向市场，瞄准全球，产品将逐步实现成套自动化和智能化，引领废钢加工装备发展，打造国内一流、国际有影响的知名品牌。

三、企业获得的资质、奖励和成果

2004 年 9 月，获得高新技术产品认定证书；

2005 年 5 月，"华宏"牌液压废金属剪断机获国家火炬计划项目证书；

2006 年 3 月，通过欧盟 CE 认证；

2006 年 6 月，获国家火炬重点高新技术企业称号；

2006 年 12 月，"华宏"牌资源再生利用专用液压机被授予江苏省名牌产品称号；

2007 年 12 月，HPA 产品专利获第五届江苏省专利优秀奖；

2008 年 10 月，被新认定为江苏省高新技术企业；

2009 年 8 月，江苏省液压机械工程技术研究中心在华宏科技挂牌成立；

2009 年 9 月，无锡市院士工作站在华宏科技挂牌成立；

2009 年 9 月，成立江苏省液压机械工程技术研究中心；

2010 年 1 月，"华宏"商标获批中国驰名商标；

2010 年 8 月，博士后工作站升级为国家级博士后科研工作站；

2011 年 5 月，新一代废钢破碎机被认定为江苏省首台套重大装备；

2011 年 12 月，成为在业内首家上市企业，股票代码 002645；

2012 年 4 月，作为行业标准制定的第一起草单位，已起草 5 项行标；

2012 年 6 月，获江苏省管理创新示范企业称号；

2013 年 1 月，被江苏省质量技术监督局评定为"AAA 级标准化良好行为企业"；

2013 年 6 月，报废汽车拆解回收成套装备及其关键技术研发通过省科技厅专家组验收为江苏省科技支撑项目；

2014 年 7 月，废旧汽车拆解回收处理成套装备研发及产业化项目通过江苏省科技厅重大成果转化项目立项；

2014 年 10 月，江苏省金属循环应用装备产业技术创新战略联盟成立，华宏科技任理事长单位；

2014 年 10 月，废旧汽车拆解回收处理成套装备荣获中国机械工业联合会三等奖；

2014 年 12 月，荣获 UMEXPO 第二届中国城市矿产博览会贡献奖；

2015 年 9 月，全国锻压机械标准化技术委员会物资回收加工机械工作组在华宏科技成立，并为秘书处单位；

2016 年 6 月，废钢破碎机荣获"中国循环经济专利奖"一等奖；

2016 年 11 月，中国物资再生协会授予华宏科技报废汽车回收拆解行业"优秀设备供应商"荣誉；

2017 年 2 月，商务部授予华宏科技破碎料综合分选技术为首届再生资源回收创新优秀案例；

2017 年 10 月，通过江苏省质监局的 AA 级工业信用评价；

2017 年 11 月，废钢剪切技术被评为 2017 年度再生资源回收分拣加工先进适用技术；

2017 年 12 月，破碎线 6000 型废金属破碎分选生产线入选江苏省重点推广应用的新技术新产品目录；

2018 年 11 月，入库江阴市专精特新科技小巨人企业；

2018 年 12 月，通过江苏省质监局的 AAA 级工业信用评价；

2018 年 12 月，PSX-6000 型废金属破碎分选生产线获江苏省首台套重大装备认定；

2019 年 9 月，成为工信部国家绿色制造系统解决方案提供商。

江苏大圣博环保科技股份有限公司

江苏大圣博环保科技股份有限公司（简称圣博股份）是废钢加工设备领域的龙头企业之一，多年来，圣博股份致力于成为废钢加工设备专业制造商和综合服务提供商，是废钢加工设备机械的专业生产厂家，具有雄厚的技术力量，精良的机械设备和先进的生产工艺。公司主要产品有金属重废龙门剪、大型废钢打包机、废钢破碎料屑饼机、金属屑饼机、大型废钢破碎线、万能废钢箱式剪、撕碎机、打包机压块拆包机等多种废钢加工设备；产品畅销国内外，海外客户遍布加拿大、德国、俄罗斯、印度、印度尼西亚、马来西亚、南非、乌克兰、伊朗、巴基斯坦、哈萨克斯坦等二十多个国家。

公司擅长独立设计、生产各种非标液压机械，产品面向钢铁冶炼、铸造、机械零件制造、消防器材、纺织、废物资回收业等几十个行业，填补了国内多次空白，多次为国内数十家企业量身定制非标设备，协助这些企业攻克生产技术难题。公司和一些具有丰富经验的各行各业的专家保持长期挂钩合作，专为各行各业配套、研制液压专机，以提高用户生产率，改善劳动强度，节约成本。

在我国不断加大废钢炼钢占比、废钢产能高速稳定发展的大背景下，废钢加工设备技术水平不高、产品类型单一、供应量不足就成为制约我国废钢回收循环利用的关键因素之一。随着对国外先进技术的引进、吸收、消化和自主研发能力提升，一方面新型设备的出现，丰富了国内废钢加工设备产品品种和应用领域，标志着废钢加工设备技术创新加快，

缩小了与世界先进水平的差距。

随着废钢加工设备行业的发展，行业内的竞争已经不再仅仅局限在生产规模和成本控制领域，产品设计和综合性解决方案提供能力，成为衡量废钢加工设备企业的综合竞争力的主要指标。

2021年，是中国共产党成立100周年，是"十四五"开局之年，是全面建设社会主义现代化国家新征程开启之年，也是全面打造废钢铁产业"一体化"发展的重要之年。2021 年更是我国大力推进新型工业化、信息化、城镇化、农业现代化和绿色化的重要时期，是钢铁工业化解产能过剩矛盾、节能减排环保治理、发展绿色钢铁的关键之年。

展望未来，全球政治经济格局仍将面临深度调整，世界经济发展态势趋于分化，疫情在全球范围内持续时间存在不确定性。国内在双循环背景下，需求保持相对旺盛，制造业表现或好于房地产，板材强于长材，加之成本支撑，2021 全年钢材或继续上涨，废钢价格也上行。

另外，习近平总书记在第七十五届联合国大会一般性辩论上提出，我国二氧化碳排放力争于 2030 年前达到峰值，努力争取 2060 年前实现碳中和。碳达峰表面上是约束碳排放强度问题，而本质是能源转型和生态环境保护问题，其根本就是建立健全绿色低碳循环发展的经济体系，对于废钢行业来说，毫无疑问是一次契机。站在这历史坐标点上，圣博股份始终积极应对，提质增效，低碳环保，绿色发展，增加收益，并且产业不断升级、精益求精，进一步提升竞争力。

我国目前已进入了工业化中期，房地产业、汽车业的迅猛发展，材料的需求大幅度上涨，自然资源储量不足，过度开采及冶炼耗能和污染环境等问题日益突出。循环经济是与自然和谐共处的经济模型，资源综合利用是循环经济的重要组成部分。废金属冶炼生产中必不可少的重要原料，主要包括废钢、废铜、废铝、废锌，其中废钢占 90% 以上。废金属源于自生废钢，工矿企业生产过程中生产的加工废金属，社会生活中生产的废弃金属材料，无论是哪方面生产的废金属，都需经过处理，才能成为合格的金属冶炼原料。不同的废金属的处理手段将有不同的结果，废金属质量、经济和社会效益大不相同。

坚持节约资源的基本国策是加快建设资源节约型、环境友好型社会，促进经济发展与人口、资源、环境相协调，是贯彻落实科学发展观、走新型工业道路的必然要求，也是实现可持续发展、保障经济安全和国家安全的必然要求。资源节约包括节材、节水、节能等方面。

主要有以下节材措施：

（1）采用先进的生产工艺及设备。选择先进的生产技术和工艺设备是本项目生产节能降耗的第一宗旨。先进的生产技术具有流程短、投资省、消耗低、排污少等优点，可以最显著地实现节材。

（2）大力开展资源综合利用。积极发展循环经济，通过产业链延伸和资源综合利用。

（3）不断提高产品品质和质量。加强质量管理工作，改进和健全产品质量保障制度，努力降低残次品的产出率。加大监管力度，强化质量法治，遏制并杜绝假冒伪劣产品的生产，减少原材料的损失和浪费。

（4）加强原材料消耗管理。建立原材料消耗统计原始记录和节材统计台账，完善计量、统计核算制度，加强物料平衡。

健全原材料消耗定额管理制度，对原材料消耗定额进行目标分解，落实到车间、班组、个人；要定期对原材料消耗定额进行修订，对重点考核产品要制定和下达先进合理的消耗指标。

建立有效的激励和约束机制，节奖超罚，调动企业员工节材降耗的积极性，不断降低消耗。

长期以来，公司在行业内积累了独特的专业化优势。一方面，公司具有完整的制造装备体系，拥有数控镗床、数控铣床、数控车床等大型机加工先进设备。另一方面，公司采用高效的流水线生产组织方式，具备成熟的产品技术管理能力和精细的现场管理能力，拥有经验丰富的专业化技术研发团队、专业化的管理团队和大批技术熟练的专业化生产队伍，对于大型部件加工、系统集成等一系列行业内技术工艺难题均拥有成熟、有效的解决方案。

废钢加工设备的产品体系复杂，设备部件的数量和种类繁多，并且存在大量非标准化设计，特别是自动化程度比较高的产品涉及众多的特殊结构部件和超大型结构部件，因此对设计和研发能力要求较高。

圣博股份一向高度重视技术创新和研发投入，坚持大力推行新产品研发及工艺技术改进工作，针对客户需求及行业发展趋势，进行持续的自主创新和研究项目储备。公司具有自主的结构设计和生产工艺创新能力，核心团队具有多年的废钢加工设备研发设计经验，掌握了产品设计、大型结构件加工工艺、数字化控制、系统集成、节能高效等关键技术。

同时，公司与具有雄厚研发实力的单位开展研发合作，取得了良好的产学研示范效应。公司产品在产品寿命、环保节能、加工能力等关键性能指标方面均处于国内先进水平，部分指标达到国际同类产品先进水平。

依托丰富的产品结构，公司能够按照各类客户不同的设计、生产要求进行资源整合和创新共享。产品的多领域性带来了产品开发技术的相互交流和嫁接，有利于提升技术创新能力；制造和采购资源共享有利于降低产品的制造成本；产品结构的不断丰富、更新和升级，有效避免了产品单一的市场风险。上述因素的叠加使得公司在市场竞争中，具有产品结构优势和较强的抗风险能力。

因此，江苏大圣博环保科技股份有限公司决定投资 13000 万元，建设年产 600 台全自动废钢加工设备搬迁扩能项目，项目分为两部分：

第一部分投入是废钢加工智能化研发基地的建设，遵循"研发一批，量产一批"的原则；第二部分为废钢加工设备生产的总装基地，扩大废钢加工设备生产能力。为圣博股份今后三年两个产业布局，即大环保与循环经济夯实基础，提高废钢加工的自动化程度，明确主营业务，即废钢破碎线、废钢剪切机、废钢打包机、废钢屑饼机、废钢汽车拆解线。最终成为世界级品牌的废钢加工设备专业制造商和综合服务提供商，实现"用资源加工改善环境，用循环经济改善生活"的企业愿景。

中再生纽维尔资源回收设备（江苏）有限公司

中再生纽维尔资源回收设备（江苏）有限公司（简称"中再生纽维尔"）成立于2017年，是中国再生资源行业的龙头企业——中国再生资源开发有限公司（以下简称"中再生"），和全球废钢破碎机鼻祖——美国纽维尔资源回收设备有限公司，联合投资组建。公司主营产品有500~11000马力废钢破碎机、废钢压块预破碎机、抓钢机、有色金属分选系统、龙门剪切机、打包机、汽车拆解设备等一系列金属资源回收设备。

中国再生资源有限公司是中华全国供销合作总社所属企业，是我国知名的大型专业化再生资源回收利用企业和行业领军企业，目前在全国23个省（区、直辖市）初步建立起了环渤海、东北、华东、中南、华南、西南和西北等七大区域回收网络，拥有近50家分公司或子公司，已经建立了11个大型国家级再生资源产业示范基地，拥有3个区域性集散交易市场、70多家分拣中心和5000多个回收网点。

美国纽维尔破碎机公司，既是美国十大废钢处理商，废钢破碎机的发明者，也是废钢破碎机的设计、制造及使用者，在世界上享有"纽维尔就是破碎机，破碎机就是纽维尔"的美誉。根据2016年国际回收局（BIR）的统计，全球在用的废钢破碎机有935套，其中有800多套为纽维尔提供或采用纽维尔技术制造。同时，纽维尔是我国进口的第一个废钢破碎机品牌，目前在我国进口废钢破碎机市场占有率超过80%。纽维尔具备在设计、制造、使用再设计这一循环往复检验产品的条件，加上纽维尔对技术钻研与不断创新，使得纽维尔废钢破碎机性能可靠，产能高，成本低，性价比一直处于世界先进行列。

合资后的中再生纽维尔在保证美国纽维尔破碎机原有的先进性能及高质量前提下，以世界高端技术结合"中国制造"的元素，为客户不断降低设备投资和使用成本，创造最佳经济效益。这种改变进一步提高了纽维尔设备的性价比，并给我国的广大客户带来了实惠，同时为我国废钢装备制造走向世界奠定了基础。

目前，中再生纽维尔与德国博世力士乐、美国艺利磁铁、德国赛威传动、美国罗克韦尔、德国 MKS 等世界一流企业结为战略合作伙伴关系，同时与上电集团、德国啸驰、斯凯孚轴承、雷勃电气等近百家国内外知名企业建立了长期合作关系。公司从研发、设计、制造、销售及服务等环节均实现了废钢资源回收设备行业强强联合和资源优势整合，具备强大的综合实力。中再生纽维尔以专业化的技术工人队伍、标准化的工业流程、规模化的生产组织、系统化的质量控制体系，保证产品的质量达到世界一流水平。

中再生纽维尔自 2017 年 7 月成立至今，这种强强结合已经显示了巨大的成果，纽维尔大型废钢破碎机在我国的销售已经超过 60 套，其中 6000 马力以上大型破碎机达到 40 余套，已投入使用的纽维尔破碎机的产能，满足我国废钢破碎总量 50% 以上的需求，跃居国内废钢破碎机领域前列，客户遍及湖北、浙江、广东、河南、河北、江苏、黑龙江等二十余省份，并且已经返销美国，出口澳大利亚、巴西等国家，市场前景广阔。

纽维尔率先在行业内开发出全新一代破碎机智能控制系统，该系统利用目前行业先进的计算机、网络通信、智能云端控制等技术，对破碎机实行智能化控制，进一步提高了整条破碎生产线的自动化，大大节省了能耗并提高了安全性，使设备的运营及维护管理水平提高了一个新的层次，令设备管理者快速准确掌握设备运行状况和使用成本。

中再生纽维尔在引进吸收国外先进技术的基础上，结合我国废钢铁资源回收设备需求的特点，重点开发、研究、创新、改革技术和产品，打造属于中再生纽维尔公司的新产品、新方案、新模式。公司通过了"国家高新技术企业""江苏省科技中小型企业""ISO 9001：2015 质量管理体系""知识产权管理体系"等认证，并获得"再生资源行业百强企业""优秀再生资源设备企业""装备技术创新企业""废钢破碎线知名生产商"等一系列荣誉称号。截至 2020 年底，公司累计专利技术申请 50 余项，授权专利 30 余项，同时还积极参与国内行业标准的制定及修订。

中再生纽维尔建立健全了完善的售后服务体系，为广大用户提供 7 天 24 小时售后服务。同时，中再生纽维尔破碎机的主要部件均采用全球知名品牌，用户可以很方便地购买到所需更换的部件。如有需要，中再生纽维尔可以安排经验丰富的工程师在 2~3 天前往全球各地的用户现场。

公司在不断发展的同时还积极承担社会责任，紧密联系当地工会和公益组织，向广大群众宣传普及绿色环保、垃圾分类等方面的知识，并鼓励倡导员工参与各项公益活动和志愿服务。2020 年初公司主动向疫情重灾区——湖北黄冈蕲春县慈善会捐款，帮助蕲春当地医疗机构购买疫情防控急需的口罩、防护衣、护目镜等医疗用品，此举得到了蕲春当地党委和政府的高度评价。

中再生纽维尔人的愿景：大力提升废旧金属再利用技术和装备水平，推进中国废钢铁行业规范化、工业化、产品化进程，为中国的循环经济产业，为响应习近平总书记"绿水青山就是金山银山"的号召，做出巨大的贡献。

临沂朱氏伟业再生资源设备有限公司

一、公司简介

临沂朱氏伟业再生资源设备有限公司（简称"伟业"）是一家以再生资源回收、分拣，再生资源设备制造为一体的综合型企业。公司位于临沂市罗庄区沂堂镇，地理位置优越，西邻京沪高速，南邻岚曹高速，交通条件便利。公司设有生产部、销售部、设计部、办公室管理部等四个部门，打造出年产500余台分选设备的生产流水线。"以质量求生存，以信誉促发展"是伟业一贯的经营宗旨，用户至上，竭诚为用户提供性价比更高的自控产品，高质量的工程设计、安装、改造及全年候365天的售后服务，为客户提升实质运营效益，实现可持续性发展，这也让伟业在日益激烈的市场竞争中不断发展壮大。至今，公司产品已在全国多省份城市都有大型案例，并且已走出国门打开海外市场，出口至韩国、日本、俄罗斯、马来西亚等国家，并与其建立密切的长久合作关系，深受中外客户好评。多年来的发展创新历程，以技术为核心、视质量为生命，造就了公司"诚信、务实、创新、协作"的时代企业精神，依靠广泛的行业经验，伟业向客户提供多样化、私人化的高效分选和分析解决方案，适用于更广泛的产品应用领域，为废钢破碎行业及周边行业进一步提升更高的利润价值。公司成立至今，伟业围绕以再生资源设备制造为中心，发展再生资源周边行业的战略方针，在不断更新完善产品生产线的同时，大力发展废钢分选行业，目前伟业旗下已发展五家再生资源分选公司，固废累计年处理量达到100万吨，集再生资源设备研发制造、再生资源回收分选一体化共同发展。公司热诚欢迎国内外新老客户的惠顾、交流、合作，相信伟业，共创伟业。

二、产品简介

目前公司主导产品有涡电流（有色金属）分选机、链板式给料机、不锈钢分选机、空分、X光分选机、全金属分选机、色选机、燃料棒压块机、滚筒筛、防扬尘运输带等机械设备。

（一）核心产品：涡电流分选机

产品特点：处理量更大，分选效率更高。

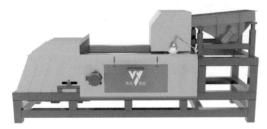

分选原理：涡电流分选机是利用物质导电性不同的一种分选技术，其分选原理是利用永久磁铁组成的磁铁转筒高速旋转，产生一个具有交替变化的磁场，当具有电导性能的金

属经过磁场时，会在金属内感应出涡电流。此涡电流本身会产生交替变换的磁场并与转筒转动所产生的磁场方向相反，而非铁金属（如铜、铝）则会因相斥作用而沿其运输方向跳出来，因而与其他玻璃塑料等非金属物质分离开来，达到分选的目的。

（二）不锈钢分选机

产品特点：节能环保，可调节式分选模式，分选率高。

分选原理：采用电磁传感技术，物料由振动给料机均匀传送至分选机运输带上，在传送物料的运输带底部设有电磁传感器，当不锈钢被传送至传感器上方时，电磁传感器就会发出信号，控制气阀吹气将不锈钢吹出。

（三）X光分选机

产品特点：精确分选，应用范围广，可调节式分选模式。

分选原理：X光分选机根据X射线具有穿透物体逐渐减弱的特性，物料由振筛均匀的给料至X光分选机输送带上，当光线穿过不同密度的物料，其内部残余的辐射量也会不同，探测器检测出物料内残余能量按照设定的程序将指定类别物料吹出。

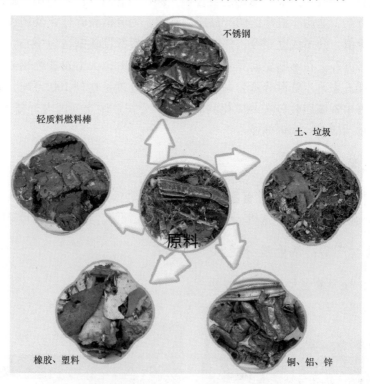

三、获得的资质与荣誉奖项

ISO 9001质量体系认证；

2018届中国废钢产业优秀再生资源设备企业；

2019 年度山东省优质废钢加工设备生产企业；

2019 年第四届中国废钢铁行业优质设备加工企业；

2019 年山东省废钢加工设备生产企业人气奖第三名；

2020 年度再生资源分选设备知名生产商；

2020 中国国际再生资源产业优质加工设备生产企业；

2020 年度全国优质废钢加工设备企业知名生产商网络评选人气奖第三名；

2020 年度全国优质尾料分选加工基地人气奖前五名。

四、公司发展历程

2006 年伟业开始从事再生资源分选行业，十余年积累的分选行业经验为伟业的后续发展打下坚实的基础。2016 年，进驻山东临沂，历经六个月三代改进，第一台伟业涡电流分选机正式问世。2017 年，正式成立临沂朱氏伟业再生资源设备有限公司，伟业第一台不锈钢分选机也随之量产下线，初代不锈钢分选机已可做到95%以上的分选率（现可达98%以上），标志着伟业已成为国内为数不多的可提供完整分选设备生产线的厂家之一。相比进口设备的高昂价格，国产设备的巨大优势立竿见影，大大提高了设备的性价比，降低了客户引进现代化分选生产线的门槛，同年底已做到国内 70% 的市场份额，临沂朱氏伟业再生资源设备有限公司也首次在废钢行业内获得奖项。2019 年，投资建成 2 万平方米大型生产车间，成为伟业最新规范化、规模化生产基地。同年，伟业接连投资建成山东省淘金再生资源有限公司、宿州市金循再生资源有限公司、泰安市泰昌再生资源有限公司、连云港恩铭再生资源有限公司、辽宁市蕴馨再生资源有限公司等五家再生资源分选公司。2020 年，伟业 X 光分选机如期调试完成并投入生产，让 X 光分选机不依赖进口成为现实，为国产分选设备再添一项。据统计，伟业 2020 年度出口订单达到伟业订单总量的 40%，这也将是伟业另一个全新征程的开始。

回首过去，伟业已从几十台分选设备的产能成长到如今的 500 台产能，这一路的摸爬滚打都是伟业最为宝贵的财富，2021，无限可能，伟业已经在路上。

五、展望未来

我国是一个资源消耗大国，跟国外发展相比，我国的再生资源产业正处于初期发展阶段，虽起步晚，但发展快，未来前景广阔。伟业在不断优化已有产品的前提下，还注重多元化发展，继续在各大城市筹备建设再生资源分选公司；同时，计划每年至少拿出公司营收的 15% 投入研发工作，融合当前最前沿的技术，针对当前最困扰客户运营的痛点难点，实现更智能环保、效率更高的新型废钢分选设备开发，为企业降低运营成本，为社会解决固废分类难题，满足我国再生资源回收行业的需求。在经济水平飞速发展的今天，科技引领潮流，全自动化、智能化已然是一种趋势，当然这也不会是一个一蹴而就的过程，也一定会充满着困难与挑战。"发展才是硬道理"，在科技发展的路上，伟业愿做先行者，而每一次的进步，伟业都会将其在产品及产品产生的价值上体现出来。

宁波宝丰冶金渣环保工程有限责任公司

向钢渣综合利用的深度和广度进军

到今天为止，宁波宝丰团队已经在钢渣综合利用领域奋力拼搏了 30 多年。实践证明，钢渣的综合利用大有可为。

一、独创出可在大生产中磨细的钢渣磨细粉

1989 年，冀更新受组织委托，在武钢矿渣工业设备修造厂任厂长，开始治理钢渣。

钢渣综合利用是世界性难题。由于钢渣中含有大量大小不一的钢粒子，要磨细它非常困难。在大生产中生产钢渣磨细粉，当时被业内公认为"世界级加工禁区"。

为了攻克这个难关，由陈益民博士参与，历经 8 年攻关，厂里建起了年产 20 万吨的钢渣磨细粉生产线，终于独创出可大规模生产钢渣磨细粉的工艺和技术，《钢渣综合利用方法》获得了国家专利。

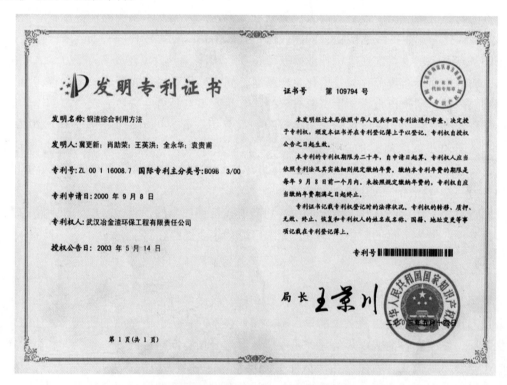

《钢渣综合利用方法》获国家发明专利

在政府有关部门的支持下，钢渣磨细粉迅速进入市场，得到广泛运用。

武汉一批企业应用公司生产的钢渣磨细粉，构建出武汉循礼门地下通道、江汉大学主楼、武汉立交桥、青菱立交桥、墨水湖大桥、南太子湖大桥、汉洪立交公路大桥、体育馆、游泳馆、碧水晴天小区、世茂锦绣长江建筑群、55 层高的融侨锦江大楼建筑群以及

我国最大的天兴洲铁路、公路两用长江大桥等。

武汉在全国同行中，成为成功运用钢渣磨细粉构筑大型、特大型工程的一面旗帜。

武汉汉洪立交公路大桥

武汉墨水湖大桥　　　　　　　　　　　福建下白石跨海大桥工程

2002 年，在福建下白石跨海大桥工程中，掺有钢渣磨细粉的混凝土制成的桥墩大梁一炮打响。

上海市市政工程研究院总工程师孙家瑛团队考察论证：钢筋混凝土工程实际寿命为 60 年，而该桥墩大梁在海水浸泡中的抗碳化寿命大于 100 年，完全满足钢筋混凝土构件设计规范的要求。

1991 年，在陈博士指导下，公司制定实施了国内第一家钢渣磨细粉企业标准。后来，冀更新成为我国钢渣磨细粉国标的制定者之一。

2001 年 6 月，钢渣磨细粉在第五届全国环保产业暨第七届中国国际环保展览会上获得金奖。

2001 年 9 月，湖北省经贸委主持的鉴定会认为：钢渣磨细粉属国内外首创，居国际领先水平。

2005 年 9 月 17 日，《中国冶金报》发表了两个整版的通信《中国"钢渣王"》。

2006 年 3 月 24 日，《工人日报》在头版头条发表消息《"治渣王"冀更新上演现代版"愚公移山"》。

2008年，冀更新团队在武汉建成世界上第一条年产120万吨的钢渣水泥生产线，生产的钢渣水泥在武汉得到广泛运用。

年产120万吨的钢渣水泥生产线

2008年，中央电视台《焦点访谈》报道了冀更新治渣的专题新闻。

鉴于在钢渣综合利用领域的突出贡献，公司被国家有关部门定为国家级钢渣综合利用试验基地。国家环保部在武汉召开了现场经验交流会，来自美国、加拿大等国家，我国台湾地区及大陆钢铁企业的300多名代表参会，并参观公司生产线，听取经验介绍。

二、协助宁钢率先在国内外实现钢渣低成本高效率零排放

2006年，冀更新团队应邀赴宁钢治渣。2007年，成立了宁波宝丰冶金渣环保工程有限公司。

公司负责宁波钢铁的钢渣从炉下接渣、清渣、热泼、滚筒处理、运输、破碎、磁选、水选等全套工艺。筛选出来的优质渣钢全部返回宁钢回炉，选出的钢渣由宝丰公司综合利用，实现了钢渣低成本高效益的零排放。

2016年12月，宝丰和宁钢合作，建成了90万吨的矿渣和钢渣粉磨生产线。

2017年底，宁钢在国内外钢厂中率先实现钢渣低成本高效率零排放。

2018年初，国家发改委节能司、中国金属学会和中国废钢铁应用协会等，召集宝钢、鞍钢、马钢、沙钢、建龙等数十家钢铁企业代表，推广宁钢钢渣低成本高效益零排放的经验。

随后，中国工业固废网和中国废钢铁应用协会等又在宁钢召开了全国钢铁企业钢渣低成本高效益零排放大型经验交流会，400多名代表参加了会议。

代表们认为：宁钢的钢渣磨细粉性能好、成本低。尽管价格不断上扬，仍然供不应求。不仅解决了钢厂钢渣无处堆放的老大难问题，磨细粉在市场上每吨可盈利约大几十元。示范的效应润物细无声，打破了钢渣磨细难以推广的屏障。于是，全国各地钢厂纷纷效仿。国内大部分钢厂都专程来宁钢学习，有的钢厂甚至来了五六次。公司的治渣经验和

建在宁钢的 90 万吨钢渣复合粉生产线

成果迅速在冶金行业开花结果。

与此同时，冀更新团队深入多家主要钢铁企业，如武钢、鞍钢、沙钢、韶钢、三钢、龙钢等进行重点推广。于是，一批骨干企业都先后上了钢渣粉磨生产线。

宁钢实现钢渣低成本高效益零排放后，《中国冶金报》《中国环境报》和《中国建材报》分别发表了长篇通讯，报道了企业治渣的成果和"宁钢模式"。

三、独创出大宗工业固废高性能土壤固化剂

20 世纪 90 年代末，公司在陈益民博士指导下，在独创出钢渣磨细粉的基础上，开始对大宗工业固废高性能土壤固化剂及高性能超细混凝土掺和料进行研究，并取得了重大突破。

这种土壤固化剂及高性能超细混凝土掺和料是一种多用途高性能绿色环保系列产品。以冶金固体废弃物为主，含量在 85% 以上。包括钢渣、矿渣、脱硫渣、消石灰等，以及其他固体废弃物粉煤灰、脱硫石膏等。加上团队研发出来的专用激发剂，形成了该产品。该产品成功地解决了常温条件下固化各类土壤的技术问题，且具有对各种工业废渣、石屑、矿渣、垃圾焚烧灰和江河湖海各类淤泥等可就地固化的良好特性。这两项填补国内外空白的新成果，可替代大量水泥，减少水泥生产中大量 CO_2 和粉尘的排放，降低工程成本，提高工程质量，是真正意义上的多快好省，为我国大宗工业固废的综合利用，变废为宝，以废治废，开辟了一条新的道路。

《中国冶金报》头版转二版的报道

《中国建材报》两个整版的报道

《中国环境报》两个整版的报道

上海钢联电子商务股份有限公司

上海钢联电子商务股份有限公司（股票代码：上海钢联 300226）是全球领先的大宗商品及相关产业数据服务商，旗下品牌包括"我的钢铁（Mysteel）""隆众资讯""百年建筑"。作为独立第三方机构，上海钢联构建了以价格为核心，影响价格波动的多维度数据体系，为产业及金融客户提供决策支持，在现货与商品衍生品市场均取得了广泛认可与应用。服务行业覆盖黑色金属、有色金属、能源化工、建筑材料、农产品的百余条产业链。通过价格、数据、快讯、分析、咨询、会务的产品矩阵，帮助全球客户在复杂多变的市场中作出明智决策。

深耕大宗商品产业 20 余年，上海钢联取得了高速发展，是我国首家获得国际证监会组织（IOSCO）认证的大宗商品数据服务商，是国务院发展研究中心、国家发改委、国家统计局、国家商务部的数据合作单位。并且在价格的全球应用场景上也取得关键突破，成功向国际现货与衍生品市场输出了"中国价格"。

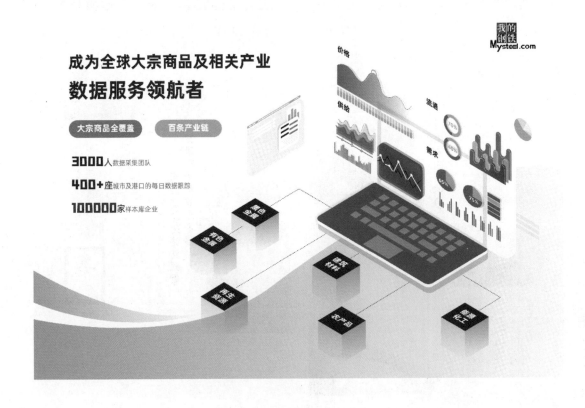

数据采集体系

上海钢联构建了专业而庞大的数据采集体系，拥有近 3000 名信息采集人员、300 多名技术人员，形成了清晰的方法论与标准化的采集流程。

上海钢联的信息采集人员具备专业素养并持续受训，严格遵守保密与避免利益冲突原则，每日浸润于市场，与调研对象保持高频（每日/周）沟通。

公司非常重视样本来源的充分性与代表性，力求真实反映市场全貌。并且通过人工智能+卫星遥感的高科技手段，在全球范围实现全景调研。

通过公司自主研发的信息采集系统，保证我们的方法论与流程得到严格的执行，确保每条数据可查可溯。

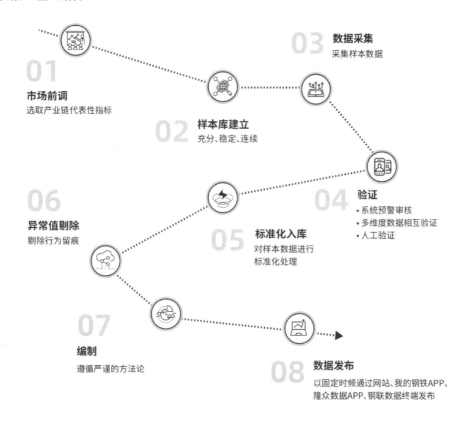

标准化八步工作流程

得益于完备严谨的数据采集体系，上海钢联得以为市场提供准确、及时、全面的基础数据。上海钢联的钢材、铁矿石、煤炭价格指数通过了国际证监会组织（IOSCO）所制定金融基准原则的鉴证，标志着在治理、基准质量、方法论质量和问责四个维度上都全面接轨了国际先进水平。

价格与指数应用

由于大宗商品交易周期长、金额高，价格波动大，交易双方通常不会约定固定价格，而是采用权威公认的基准价格进行浮动定价。如今 Mysteel 价格正活跃在我们所覆盖的各条产业链，是矿山、生产企业、贸易商、终端用户进行交易结算的重要参考指标，被广泛应用并写入合同。

Mysteel 价格国内应用

除了国内现货交易，Mysteel 价格已成功参与到了国际价格体系中。以 Mysteel 铁矿石价格指数为例，已被世界四大矿山用作长协合同、港口现货的结算指数，打破了过往英美指数长期垄断的局面。

在商品衍生品市场，Mysteel 价格指数也实现了中国商品指数在国际上的突破，被新加坡交易所、芝加哥商品交易所运用为衍生品合约的结算指数。在国内，上海钢联与上海期货交易所、大连商品交易所、郑州商品交易所、上海清算所、香港交易所均达成了战略合作。

多维度数据应用

除了价格，上海钢联构建了贯穿产业链（供给、流通、需求）的多维度数据，深度挖掘价格波动背后的数据逻辑，被产业链企业、投资机构、研究机构、政府机关视为其开展决策时的关键支持数据。

贯穿产业链的多维度数据

供给	库存	物流	需求	分析	其他
开工率	厂家库存	发运量	成交量	成本利润	宏观经济
产能利用率	社会库存	到港量	消费量	品种价差	下游产业
日均产量	港口库存	港口调度	表观消费量	地区价差	海关
产能产线	下游库存	日均装车	疏港量	期现价差	期货
矿产储量	库存可用天数	铁路运量	仓库开平量	供需平衡预测	上市公司
检修数量	仓单库存	海运价格	成交指数	成交情绪分析	碳排放交易
检修影响产量		汽运价格	市场情绪指数		

以 Mysteel 专属的数据库为核心，结合公司 200 人分析研究团队的丰富经验与知识，多年积累的分析模型与工具，公司正在帮助企业将数据转化为可利用、可行动的知识和工具。以 Mysteel 大数据分析决策分析系统为例，通过人工智能与机器学习，帮助生产企业大幅简化数据分析工作量，并在资源区域投放的布局、产品定价策略、量利分析等多方面挖掘数据价值。

社会责任

上海钢联已为国家发改委、国家商务部、国家统计局、国务院发展研究中心等政府部门提供数据、预警预测、研究服务。2020年、2021年连续两年，我们组织大量人力，进行以日度为单位的复产复工调研，为国务院发展研究中心宏观经济研究部提供数据和信息，得到国研中心的高度肯定，认为公司"为分析疫情冲击下的经济运行状态，评估各个领域、各类企业复工复产进度，为中央宏观经济决策提供有效支持"。大宗商品是制造业"晴雨表"，上海钢联始终认清肩上的责任，积极担当，努力从数据要素角度服务实体经济，为提升工业农业领域的运营效率与质量创造价值。

关于废钢板块的发展

2001年5月，上海钢联网站冶金炉料频道第四版上线，废钢资讯初具雏形，这标志着上海钢联废钢资讯正式进军并拓展钢铁上下游领域。

废钢资讯团队发展主要分为以下阶段：

第一阶段：2005~2009年炉料事业部铁坯废钢部，公司进入稳步发展阶段，除了钢材开始布局炉料、特钢等市场信息频道。

第二阶段：2009~2016年炉料废钢部，废钢频道开发与改造，深化了信息采集渠道：市场与钢厂并重，提升了信息质量：建立信息采集标准。

第三阶段：2016~2018年并入钢材事业部。从废钢终端钢厂突破，打通供应闭环，梳理废钢产业。上海、南昌、唐山三地联动，资讯人员扩充到30余人。

第四阶段：2020年6月废钢事业部成立。资讯团队分布五地六部。不断行业细分，细分市场，同时，加强渠道建设（钢厂废钢采购价格表单200余条，各地市场普碳废钢价格表单150余条，基地、码头采购价格表单200余条），提供针对性商务推介服务，提供个性化资讯服务内容，方便、快捷、高效服务废钢产业客户。资讯业务板块涉及会议考察、业务项目、对手产品对标、新产品规划等。资讯板块涉及基础资讯、数据调研、咨询研究，构建产业链数据平台、优化PC端、APP端、数据终端资讯展现形式。

废钢团队资讯人员从2005年最初3个人增加至百余人，办公地点从上海延伸至南昌、唐山、淄博、无锡等一线市场。目前废钢部门组织框架在继续扩充，废钢资讯版块人员规模仍在不断壮大。陆续布局利用材市场、二手设备、汽车拆解行业及水渣钢渣等细分领域。网站、APP、短信、企业微信产品的不断优化。会议、调研、考察、培训等商务服务的不断升级。聚焦废钢领域全面布局、孵化部分再生资源板块，打造成为再生资源行业信息和电子商务增值服务的互联网综合服务商！

辽宁金链科技有限公司

率先打造全国废钢铁产业数字化服务平台

资源是经济社会发展的重要基础，再生资源作为关键战略的配置要素，事关产业链稳定、供应链安全、价值链重构，大力发展循环经济，按照"减量化、再利用、资源化"原则发展再生资源产业具有重大意义。为深入贯彻落实习近平总书记提出的"数字中国"引领高质量跨越发展，推动实施碳达峰、碳中和重大战略决策，辽宁省在建设数字辽宁，打造工业强省、智造强省，做好"老字号""原字号""新字号"三篇大文章的大背景之下，提出建设全国行业级再生资源产业数字化平台。

一、企业简介

为提高再生资源综合利用水平，数字赋能再生资源产业，进一步加强再生资源行业综合管理，特别是规范工信部公告的再生资源准入和规范企业事中事后监管，按照《工业和信息化部办公厅关于做好已公告再生资源规范企业事中事后监管的通知》，在辽宁省工业和信息化厅领导下、辽宁省国家新型原材料基地建设工程中心组织推进下，辽宁利盟国有资产经营有限公司和辽宁金链科技有限公司共同投资建设再生资源产业数字化平台，致力于为利废企业和监管部门提供在线买卖与智能监管一站式解决方案。

二、业务发展历程

（一）平台建设初衷

辽宁是钢铁和制造工业大省，在3060双碳目标节点约束下，短流程炼钢受到各大钢厂青睐，废钢利用量近年来也大幅攀升。以2020年为例，全省回收加工废钢铁1920万吨，其中钢铁企业自产363万吨，社会回收1557万吨，如按3000元/吨计算，交易额达576亿元，数额庞大，亟需产业规范和有效监管。长期以来，以废钢铁回收为代表的再生资源回收产业存在着经营方式传统、回收处理操作不规范、行业数字化水平低、产业数据抓取难、数据链条不完善、税收征管难、成本认定难、行业监管压力大、企业融资难等诸多问题。在国家大力倡导数字产业化和产业数字化的当下，如何推动数字化创新与传统产业深度融合，推进再生资源产业走向绿色低碳和数字化发展的轨道，值得再生资源产业的从业者们深入思考。

（二）整体解决方案

平台从解决行业痛点、助力产业发展、技术服务生态、辅助合规监管四个方面入手，采用市场主导、行业引导、政府指导模式，采用"一链、一码、两平台+N"整体架构为产业发展提供数字化支撑："一链"——区块链技术将"两平台"——产业数字服务平台和政府综合监管服务平台串接并实现数据可信流转；通过"一码"——标识解析技术实现跨区域、跨行业信息查询和追溯；"N"为多领域、多功能、多服务：多领域为交易过程中涉及的多个产业，多功能为标识解析、可视化物流、供应链金融等功能；多服务为特色业务模块，有税务区块链凭证创新税收管理，北斗定位追踪物流仓储轨迹，产业标识解析二级节点溯源体系等。平台通过产业数据集中收集和可靠分析认定，将数字场景穿透，为监管部门提供决策依据，解决再生资源"产业隐形化"问题，引领"绿色产业走出灰色地带"。

（三）建设历程

平台从 2020 年 11 月开始筹备、设计及系统测试；2021 年 5 月 31 日，平台在辽宁省

内率先启动了试运行，省内废钢铁准入企业上线；10 月 19 日，在 2021 全球工业互联网大会上，再生资源产业数字化平台正式发布并启动全国上线，业务范围将进一步向全国拓展并逐步将全国废钢铁、废轮胎、废塑料、废纸等再生资源交易引入线上，助力再生资源产业走向规范、绿色、低碳、循环发展的健康道路。

（四）核心亮点

作为当前国内新一代信息技术与数字赋能的融合体在再生资源领域最大的一次场景应用创新，平台针对行业发展现状，瞄准行业开票难、监管难、融资难三大痛点，探究碳达峰、碳中和方法，强化数字安全保障，全力打造五大创新应用场景：

一是产业显形化。针对行业最突出的加工企业无进项发票抵扣、增值税大量虚开等现象，平台综合运用物联网、大数据、云计算、区块链技术对产业数据进行合规化留存，建立行业增值税抵扣链条体系，让进项抵扣可证、成本认定可查。

二是监管全景化。针对再生资源回收体系全产业链，平台充分运用 5G、标识解析、北斗、网络货运和区块链技术，构建人、车辆、位移、结算、单据等一体化监管体系，打造苍穹定位。

三是融资数字化。针对资源回收企业和利废企业需求，平台充分对接外部金融机构和第三方支付机构，创新数据资产供应链金融，用资信建模，用数字说话，实现线上放款，资金封闭运行。

四是减碳方法解析。应对碳达峰、碳中和约束性目标，平台研究用更少资源换取更大发展路径，通过辅助碳识别、碳核算、碳确权、碳交易机构，破解现有钢铁行业配额减碳路线，谋求结构性减碳。

五是数字安全保障。针对海量数据贯穿收集、存储、使用、加工、运输、提供、公开各环节，平台采取国内最高金融全域 IT 防护技术，融合数据安全分类分级管理规范，确保数据始终处于有效保护和合法利用状态，具备保障持续安全状态的能力。

三、企业发展愿景及规划

目前，平台的客户群体包括：工信部备案废钢铁准入加工企业、废旧轮胎综合利用准入企业、废塑料综合利用规范企业等；大型利废企业；各地的回收分拣企业；各类回收站点以及个体从业者。

下一步，平台与中国废钢铁应用协会共同推动工信部废钢铁准入企业与平台对接及落地。并将废纸、废塑料等再生资源产品交易引到线上，深耕再生资源垂直领域，充分放大数字化优势，通过深度释放数字经济潜力，持续推进再生资源产业高速度、高效能、高质量发展，将为再生资源产业绿色发展和数字中国战略持续输出贡献力量。

第十三章 行业组织和服务机构

第一节 组织机构概况和工作情况

一、中国废钢铁应用协会

(一) 中国废钢铁应用协会成立的历史背景

随着国家经济体制改革的深入，1987 年国家取消了废钢铁调配国家指令性计划，实行钢铁企业自行用成品材、废材次串换和采购废钢铁，使废钢铁资源长期供应紧张的局面有所缓解。

经过一段时间的运行，随之也充分暴露出流通领域里废钢铁质量良莠不齐、掺杂使假、不按废钢铁标准交易、废钢铁市场竞争无序、废钢铁进口及质量等问题。对于如何协调和规范行业行为，钢铁企业呼声很高，迫切希望成立全国性的废钢铁行业组织，将钢铁企业与地方回收系统、冶金机械制造单位、贸易公司、科研院所等紧密联系起来，搭建一个行业服务平台，便于适应市场经济条件下的自律、管理、协调和服务等项工作。

中华人民共和国 社会团体登记证		
社团代码		5000166l-5
社证字第 1656 号	类 别	专业性团体
中国废钢铁应用协会 符合中华人民共和国社会团体登记的有关规定，准予注册登记。	宗 旨	促进废钢铁的应用及技术交流和推广
	业务范围	技术交流 咨询服务
	活动地域	全国
中华人民共和国民政部 部长 多吉才让	会 址	北京
一九九○年 七月三 日	负责人	王炳根

1987 年下半年，由当时的中国钢铁炉料总公司牵头，开始酝酿成立中国废钢铁应用协会事宜。

1993 年 6 月，协会筹备组以中国钢铁炉料总公司名义冶炉回字第 046 号《关于申请成立中国废钢铁应用协会的报告》呈报冶金部。

同年 9 月 8 日，冶金部以冶人函字第 109 号文批复同意成立中国废钢铁应用协会，并按民政部规定要求的申报程序于 1994 年 3 月上报民政部。

1994 年 7 月 6 日，民政部以社政字第 1656 号批复并颁发社会团体登记证书。中国废钢铁应用协会正式完成审批登记手续。

1995 年 2 月，在海南省三亚市召开了中国废钢铁应用协会成立大会。

协会由重点钢铁企业、地方钢铁企业、省冶金厅、局（公司）、冶金分公司、冶金机修、回收公司、科研院所和大专院校等 106 家会员单位组成。

（二）中国废钢铁应用协会简介

中国废钢铁应用协会（英文名：China Association of Metalscrap Utilization，简称 CAMU，以下简称"协会"），成立于 1994 年 7 月，是由从事钢铁冶炼、废钢铁回收、拆解、加工、配送、贸易、资讯企业，冶金固废（冶金渣）利用、直接还原铁生产企业，废钢加工设备制造企业、科研院所及大专院校等单位自愿组成的全国性非营利社团组织，现有会员 600 余家。

协会是在中华人民共和国民政部登记注册的国家一级协会，业务主管单位为国务院国有资产监督管理委员会，由中国钢铁工业协会代管。

协会 1995 年成为国际回收局（BIR）金卡会员，与国际回收局（BIR）、美国废料回收工业协会（ISRI）、日本钢铁再生工业协会（JISRI）、韩国废钢协会、中国台湾等国际和地区组织建立了相互信息交流和日常业务合作关系。

协会最高权力机构是会员大会，闭会期间在理事会的领导下，由秘书长负责协会日常工作。秘书处设在北京，由会员服务部（综合管理部）、咨询服务部、信息服务部、统计服务部、《中国废钢铁》杂志编辑部及协会网站等部门组成。

受中国钢铁工业协会委托承担国家统计局授权的全国废钢铁数据统计工作，由协会对全国钢铁企业废钢铁资源每月的收、支、存情况依法进行统计和发布。协会还负责对全国各区域重点钢铁企业每周的废钢及炼钢生铁的到厂价进行统计，整理编辑成《废钢铁价格信息周报》，并在协会网站和冶金报定期或不定期发布，为广大会员提供信息服务。

协会受工信部委托建立和维护废钢铁加工行业信息服务平台，对符合《废钢铁加工行业准入条件》的公告企业进行日常动态管理。

协会门户网站（http：//www.camu.org.cn）包括国家部委信息、热点新闻、行业动态、价格涨跌、市场评论、政策法规、协会活动、会员变动、冶金渣和直接还原铁等方面内容，提供行业最新消息、市场价格变化、国内外市场分析、废钢铁统计数据、价格指数、中外废钢铁技术标准、技术论文、交流信息等。网站对中国废钢铁应用协会的会员企业和相关单位免费开放。

《中国废钢铁》杂志是中国废钢铁应用协会、中国金属学会废钢铁分会和上海钢联电子商务股份有限公司共同主办的内部刊物（双月刊），主要包括废钢铁、冶金渣、直接还原铁、政策法规、市场分析、学术论坛、统计数据、加工技术等栏目。

协会下设分支机构：

（1）直接还原铁工作委员会；

（2）冶金渣开发利用工作委员会；

（3）废钢贸易协调工作委员会；

（4）废钢加工工作委员会；

（5）专家委员会；

（6）废钢铁产业联盟；

（7）冶金渣产业联盟；

（8）废钢铁标准委员会；

（9）文化艺术工作委员会。

通信地址：北京市海淀区气象路 9 号钢铁研究总院南院

邮政编码：100081

联系电话：010-62153785，62150481

网　　站：http：//www.camu.org.cn

电子邮箱：chinascrap@163.com

二、中国废钢铁应用协会章程

第一章　总　　则

第一条　中国废钢铁应用协会是由从事钢铁冶炼、废钢铁、冶金渣、直接还原铁等生产、回收、加工、配送、贸易、综合开发利用、相关设备制作的企业、科研单位、院所、大专院校及社会组织等单位自愿结成的全国性、行业性社会团体。是非营利性社会组织。

本会会员分布和活动地域为全国。

第二条　本会的宗旨是：坚持改革创新，坚持为会员服务，为行业服务，为政府服务。维护会员合法权益，维护公平竞争的市场经济秩序；维护全行业的整体利益；维护国家、民族利益；充分发挥政、企之间的桥梁和纽带作用，促进我国钢铁工业节能、超低排放及全社会以废钢铁和冶金渣为主的资源综合利用，实现绿色、健康可持续发展。不损害国家利益、社会公共利益、其他组织和公民的合法权益。

建立适应市场需要的组织形式和工作方法，形成依法设立、按章办会、民主管理、自我约束、行为规范、自律发展的运行机制。全面落实废钢铁产业发展规划，进一步加强废钢铁加工配送工业化体系建设，加强产业化、产品化、区域化、信息化、规模化发展，为实现"碳达峰、碳中和"做贡献。

本会遵守宪法、法律、法规和国家政策，践行社会主义核心价值观，弘扬爱国主义精神，遵守社会道德风尚，自觉加强诚信自律建设。

第三条　本会坚持中国共产党的全面领导，根据中国共产党章程的规定，设立中国共产党的组织，开展党的活动，为党组织的活动提供必要条件。

本会的登记管理机关是民政部，党建领导机关是国务院国资委党委。

本会接受登记管理机关、党建领导机关、有关行业管理部门的业务指导和监督管理。

第四条　本会负责人包括会长、副会长、秘书长。

第五条　本会的住所设在北京市。

本会的网址：www.camu.org.cn。

第二章　业务范围

第六条　本会的业务范围：

（一）参与并协助国家和各级政府部门制定钢铁工业及制造业绿色发展规划，提高废钢铁、冶金渣综合利用水平，打造废钢铁加工配送工业化体系，促进钢铁工业绿色发展转型升级的发展规划、经济政策、技术政策及相关标准和措施的相关工作。

（二）接受政府有关部门授权或委托，参与制定、修订废钢铁国家标准和行业产品标准以及行业准入条件等有关文件，组织实施和监督，促进行业创新发展。

（三）协助政府相关部门对废钢铁加工行业进行规范管理，推进废钢铁回收、加工配送行业一体化发展。

（四）根据授权依法开展废钢铁行业数据统计，做好分析和上报工作。

（五）积极发挥协会桥梁纽带作用，密切联系会员单位，开展行业调查，对废钢铁资源量、应用成本等相关课题进行研究；反映行业和会员诉求，提出行业发展和立法等方便的意见和建议；积极参与相关法律法规和政策的研究与制定工作。

（六）协调会员关系，规范会员行为，监督会员企业依法经营，协助政府查处违法行为；推广先进，督促整改。

（七）搜集、分析、发布国内外废钢经济信息，依照有关规定创办网站和刊物，编印参考材料、开展技术咨询，加强产业链板块+和电子商务和互联网+，为会员提供现代化信息平台服务。

（八）帮助企业开拓新的市场，组织废钢铁、冶金渣、直接还原铁等循环经济方面的研讨会，受政府委托承办或根据市场和行业发展需要，举办展览会；定期组织会员企业开展国际国内专项考察和参加国际交流。

（九）发挥本会的优势，经授权承担国家课题研究；组织研究国内外废钢铁、冶金渣资源状况，推动相关加工设备与应用技术、应用水平的提高，推动废钢铁、冶金渣资源的开发利用，促进全行业技术进步和节能减排、环境保护等工作的健康发展。

（十）组织人才、技术、职业、管理、法规等培训，指导、协助会员企业改善经营管理；成立专家库，提供咨询服务。

（十一）促进行业国内外交流与合作，加强与相关国际组织的联系，协助会员企业开拓国际市场；协助政府有关部门搞好废钢外贸工作，促进国际合作及推进钢铁循环应用的国际化发展。

（十二）代表行业或协调企业进行反倾销、反补贴以及相应保障措施等有关工作，建立预警机制，保护我国废钢铁产业安全，健康发展。

（十三）经政府部门授权或接受政府、会员企业委托，参与开展规划、设计重大投资、重大工程和技术改造项目的前期论证、咨询等项工作。

（十四）承担法律、法规授权和政府部门委托的其他事项，接受会员和社会的委托，提供专项技术咨询服务。

（十五）积极推广和支持钢铁循环应用的文化产业的发展。

业务范围中属于法律法规规章规定须经批准的事项，依法经批准后开展。

第三章 会 员

第七条 本会的会员为单位会员。

第八条 拥护本会章程，符合下列条件的，可以自愿申请加入本会：

从事钢铁、废钢铁、冶金渣、直接还原铁、尘泥等再生资源回收、加工、利用及设备制造、技术研发等本领域相关业务的企事业单位、社会组织。

第九条 会员入会的程序是：

（一）提交入会申请书。

（二）提交有关证明材料，包括：

1. 填写本会统一印发的入会申请表；

2. 企业营业执照或其他类型法人登记证书副本；

3. 单位简介。

（三）由理事会讨论通过。

（四）由本会理事会或其授权的机构颁发会员证，并予以公告。

第十条　会员享有下列权利：

（一）选举权、被选举权和表决权；

（二）对本会工作的知情权、建议权和监督权；

（三）参加本会活动并获得本会服务的优先权；

（四）退会自由。

第十一条　会员履行下列义务：

（一）遵守本会的章程和各项规定；

（二）执行本会的决议；

（三）按规定交纳会费；

（四）维护本会的合法权益；

（五）向本会反映情况，提供有关资料；

（六）自觉参加本会活动；

（七）维护本会合法权益；

（八）完成本会交办的工作。

第十二条　会员如有违反法律法规和本章程的行为，经理事会或者常务理事会表决通过，给予下列处分：

（一）警告；

（二）通报批评；

（三）暂停行使会员权利；

（四）除名。

第十三条　会员退会须书面通知本会并交回会员证。

第十四条　会员有下列情形之一的，自动丧失会员资格：

（一）2 年不按规定交纳会费；

（二）2 年不按要求参加本会活动；

（三）不再符合会员条件；

（四）丧失民事行为能力。

第十五条　会员退会、自动丧失会员资格或者被除名后，其在本会相应的职务、权利、义务自行终止。

第十六条　本会置备会员名册，对会员情况进行记载。会员情况发生变动的，应当及时修改会员名册，并向会员公告。

第四章　组 织 机 构

第一节　会 员 大 会

第十七条　会员大会是本会的最高权力机构，其职权是：

（一）制定和修改章程；

（二）决定本会的工作目标和发展规划；

（三）制定和修改理事、常务理事、负责人产生办法，报党建领导机关备案；

（四）选举和罢免理事、监事；

（五）制定和修改会费标准；

（六）审议理事会的工作报告和财务报告；

（七）决定名誉职务的设立；

（八）审议监事会的工作报告；

（九）决定名称变更事宜；

（十）决定终止事宜；

（十一）决定其他重大事宜。

第十八条 会员大会每 1 年召开 1 次。

本会召开会员大会，须提前 15 日将会议的议题通知会员。

会员大会应当采用现场表决方式。

第十九条 经理事会或者 30% 以上的会员提议，应当召开临时会员大会。

临时会员大会由理事长主持。理事长不主持或不能主持的，由提议的理事会或会员推举本会一名负责人主持。

第二十条 会员大会须有 2/3 以上的会员出席方能召开，决议事项符合下列条件方能生效：

（一）制定和修改章程，决定本会终止，须经到会会员 2/3 以上表决通过。

（二）选举理事，按得票数确定，但当选的得票数不得低于到会会员的 50%。

罢免理事，须经到会会员 1/2 以上投票通过。

（三）制定或修改会费标准，须经到会会员 1/2 以上无记名投票方式表决。

（四）其他决议，须经到会会员 1/2 以上表决通过。

第二节 理 事 会

第二十一条 理事会是会员大会的执行机构，在会员大会闭会期间领导本会开展工作，对会员大会负责。

理事人数最多不得超过 216 人，且不得超过会员的 1/3，不能来自同一会员单位。

本会理事应当符合以下条件：

（一）拥护本会章程；

（二）支持本会工作；

（三）积极参加本会活动，在本行业有一定知名度和代表性。

第二十二条 理事的选举和罢免：

（一）第一届理事由发起人在申请成立时的会员共同提名，报党建领导机关同意后，会员大会选举产生。

（二）理事会换届，应当在会员大会召开前 2 个月，由理事会提名，成立由理事代表、监事代表、党组织代表和会员代表组成的换届工作领导小组或专门选举委员会；

理事会不能召集的，由 1/5 以上理事、监事会、本会党组织或党建联络员向党建领导机关申请，由党建领导机关组织成立换届工作领导小组或专门选举委员会，负责换届选举工作；

换届工作领导小组拟定换届方案，应在会员大会召开前 2 个月报党建领导机关审核；

经党建领导机关同意，召开会员大会，选举和罢免理事。

（三）根据会员大会的授权，理事会在届中可以增补、罢免部分理事，最高不超过原理事总数的 1/5。

第二十三条　每个理事单位只能选派一名代表担任理事。单位调整理事代表，由其书面通知本会，报理事会或者常务理事会备案。该单位同时为常务理事的，其代表一并调整。

第二十四条　理事的权利：

（一）理事会的选举权、被选举权和表决权；

（二）对本会工作情况、财务情况、重大事项的知情权、建议权和监督权；

（三）参与制定内部管理制度，提出意见建议；

（四）向理事长或理事会提出召开临时会议的建议权。

第二十五条　理事应当遵守法律、法规和本章程的规定，忠实履行职责、维护本会利益，并履行以下义务：

（一）出席理事会会议，执行理事会决议；

（二）在职责范围内行使权利，不越权；

（三）不利用理事职权谋取不正当利益；

（四）不从事损害本会合法利益的活动；

（五）不得泄露在任职期间所获得的涉及本会的保密信息，但法律、法规另有规定的除外；

（六）谨慎、认真、勤勉、独立行使被合法赋予的职权；

（七）接受监事对其履行职责的合法监督和合理建议。

第二十六条　理事会的职权是：

（一）执行会员大会的决议；

（二）选举和罢免常务理事、负责人；

（三）决定名誉职务人选；

（四）筹备召开会员大会，负责换届选举工作；

（五）向会员大会报告工作和财务状况；

（六）决定会员的吸收和除名；

（七）决定设立、变更和终止分支机构、代表机构、办事机构和其他所属机构；

（八）决定副秘书长、各所属机构主要负责人的人选；

（九）领导本会各所属机构开展工作；

（十）审议年度工作报告和工作计划；

（十一）审议年度财务预算、决算；

（十二）制定财务管理制度；

（十三）决定本会负责人和工作人员的考核及薪酬管理办法；

（十四）决定其他重大事项。

第二十七条 理事会每届 5 年。因特殊情况需提前或者延期换届的，须由理事会表决通过，报党建领导机关审核同意后，报登记管理机关批准。延期换届最长不超过 1 年。

第二十八条 理事会会议须有 2/3 以上理事出席方能召开，其决议须经到会理事 2/3 以上表决通过方能生效。

理事 3 次不出席理事会会议，自动丧失理事资格。

第二十九条 常务理事由理事会采取无记名投票方式从理事中选举产生。

负责人由理事会采取无记名投票方式从常务理事中选举产生。

罢免常务理事、负责人，须经到会理事 2/3 以上投票通过。

第三十条 选举常务理事、负责人，按得票数确定当选人员，但当选的得票数不得低于总票数的 2/3。

第三十一条 理事会每年至少召开 1 次会议，情况特殊的，可采用通讯形式召开。通讯会议不得决定负责人的调整。

第三十二条 经会长或者 1/5 的理事提议，应当召开临时理事会会议。

会长不能主持临时理事会会议，由提议召集人推举本会一名负责人主持会议。

第三节　常务理事会

第三十三条 本会设立常务理事会。常务理事从理事中选举产生，人数为 11~51 人且不超过理事人数的 1/3。在理事会闭会期间，常务理事会行使理事会第一、四、六、七、八、九、十、十一、十二、十三项的职权，对理事会负责。

常务理事会与理事会任期相同，与理事会同时换届。

常务理事会会议须有 2/3 以上常务理事出席方能召开，其决议须经到会常务理事 2/3 以上表决通过方能生效。

常务理事 4 次不出席常务理事会会议，自动丧失常务理事资格。

第三十四条 常务理事会至少每 6 月召开 1 次会议，情况特殊的，可采用通讯形式召开。

第三十五条 经会长或 1/3 以上的常务理事提议，应当召开临时常务理事会会议。

会长不能主持临时常务理事会会议，由提议召集人推举本会 1 名负责人主持会议。

第四节　负　责　人

第三十六条 本会负责人包括会长 1 名，副会长不超过 23 名，秘书长 1 名。

本会负责人应当具备下列条件：

（一）坚持中国共产党领导，拥护中国特色社会主义，坚决执行党的路线、方针、政策，具备良好的政治素质；

（二）遵纪守法，勤勉尽职，个人社会信用记录良好；

（三）具备相应的专业知识、经验和能力，熟悉行业情况，在本会业务领域有较大影响；

（四）身体健康，能正常履责，年龄不超过70周岁，秘书长为专职；

（五）具有完全民事行为能力；

（六）能够忠实、勤勉履行职责，维护本会和会员的合法权益；

（七）无法律法规、国家政策规定不得担任的其他情形。

会长、秘书长不得兼任其他社会团体的会长、秘书长，会长和秘书长不得由同一人兼任，并不得来自同一会员单位。

第三十七条 本会负责人任期与理事会相同，连任不超过2届。

第三十八条 会长为本会法定代表人。

因特殊情况，经会长推荐、理事会同意，报党建领导机关审核同意并经登记管理机关批准后，可以由副理事长或秘书长担任法定代表人。

法定代表人代表本会签署有关重要文件。

本会法定代表人不兼任其他社团的法定代表人。

第三十九条 担任法定代表人的负责人被罢免或卸任后，不再履行本会法定代表人的职权。由本会在其被罢免或卸任后的20日内，报党建领导机关审核同意后，向登记管理机关办理变更登记。

原任法定代表人不予配合办理法定代表人变更登记的，本会可根据理事会同意变更的决议，报党建领导机关审核同意后，向登记管理机关申请变更登记。

第四十条 会长履行下列职责：

（一）召集和主持理事会、常务理事会；

（二）检查会员大会、理事会、常务理事会决议的落实情况；

（三）向会员大会、理事会、常务理事会报告工作。

会长应每年向理事会进行述职。不能履行职责时，由其委托或理事会或常务理事会推选一名副会长代为履行职责。

第四十一条 副会长、秘书长协助会长开展工作。秘书长行使下列职责：

（一）协调各机构开展工作；

（二）主持办事机构开展日常工作；

（三）提名副秘书长及所属机构主要负责人，交理事会或者常务理事会决定；

（四）决定专职工作人员的聘用；

（五）拟订年度工作报告和工作计划，报理事会或常务理事会审议；

（六）拟订年度财务预算、决算报告，报理事会或常务理事会审议；

（七）拟订内部管理制度，报理事会或常务理事会批准；

（八）处理其他日常事务。

第四十二条 会员大会、理事会、常务理事会会议应当制作会议纪要。形成决议的，应当制作书面决议，并由出席会议成员核签。会议纪要、会议决议应当以适当方式向会员通报或备查，并至少保存 10 年。

理事、常务理事、负责人的选举结果须在 20 日内报党建领导机关审核，经同意，向登记管理机关备案并向会员通报或备查。

第五节 监 事 会

第四十三条 本会设立监事会，监事任期与理事任期相同，期满可以连任。监事会由 3 名监事组成。监事会设监事长 1 名，副监事长 1 名，由监事会推举产生。监事长和副监事长年龄不超过 70 周岁，连任不超过 2 届。

本会接受并支持委派监事的监督指导。

第四十四条 监事的选举和罢免：

（一）由会员大会选举产生；

（二）监事的罢免依照其产生程序。

第四十五条 本会的负责人、理事、常务理事和本会的财务管理人员不得兼任监事。

第四十六条 监事会行使下列职权：

（一）列席理事会、常务理事会会议，并对决议事项提出质询或建议；

（二）对理事、常务理事、负责人执行本会职务的行为进行监督，对严重违反本会章程或者会员大会决议的人员提出罢免建议；

（三）检查本会的财务报告，向会员大会报告监事会的工作和提出提案；

（四）对负责人、理事、常务理事、财务管理人员损害本会利益的行为，要求其及时予以纠正；

（五）向党建领导机关、行业管理部门、登记管理机关以及税务、会计主管部门反映本会工作中存在的问题；

（六）决定其他应由监事会审议的事项。

监事会每 6 个月至少召开 1 次会议。监事会会议须有 2/3 以上监事出席方能召开，其决议须经到会监事 1/2 以上通过方为有效。

第四十七条 监事应当遵守有关法律法规和本会章程，忠实、勤勉履行职责。

第四十八条 监事会可以对本会开展活动情况进行调查；必要时，可以聘请会计师事务所等协助其工作。监事会行使职权所必需的费用，由本会承担。

第六节 分支机构、代表机构

第四十九条 本会在本章程规定的宗旨和业务范围内，根据工作需要设立分支机构、代表机构。本会的分支机构、代表机构是本会的组成部分，不具有法人资格，不得另行制订章程，不得发放任何形式的登记证书，在本会授权的范围内开展活动、发展会员，法律责任由本会承担。

分支机构、代表机构开展活动，应当使用冠有本会名称的规范全称，并不得超出本会的业务范围。

第五十条　本会不设立地域性分支机构，不在分支机构、代表机构下再设立分支机构、代表机构。

第五十一条　本会的分支机构、代表机构名称不以各类法人组织的名称命名，不在名称中冠以"中国""中华""全国""国家"等字样，并以"分会""专业委员会""工作委员会""专项基金管理委员会""代表处""办事处"等字样结束。

第五十二条　分支机构、代表机构的负责人，年龄不得超过70周岁，连任不超过2届。

第五十三条　分支机构、代表机构的财务必须纳入本会法定账户统一管理。

第五十四条　本会在年度工作报告中将分支机构、代表机构的有关情况报送登记管理机关。同时，将有关信息及时向社会公开，自觉接受社会监督。

第七节　内部管理制度和矛盾解决机制

第五十五条　本会建立各项内部管理制度，完善相关管理规程。建立《会员管理办法》《会费管理办法》《理事会选举规程》《会员大会选举规程》等相关制度和文件。

第五十六条　本会建立健全证书、印章、档案、文件等内部管理制度，并将以上物品和资料妥善保管于本会场所，任何单位、个人不得非法侵占。管理人员调动工作或者离职时，必须与接管人员办清交接手续。

第五十七条　本会证书、印章遗失时，经理事会2/3以上理事表决通过，在公开发布的报刊上刊登遗失声明，可以向登记管理机关申请重新制发或刻制。如被个人非法侵占，应通过法律途径要求返还。

第五十八条　本会建立民主协商和内部矛盾解决机制。如发生内部矛盾不能经过协商解决的，可以通过调解、诉讼等途径依法解决。

第五章　资产管理、使用原则

第五十九条　本会收入来源：

（一）会费；

（二）捐赠；

（三）政府资助；

（四）在核准的业务范围内开展活动、提供服务的收入；

（五）利息；

（六）其他合法收入。

第六十条　本会按照国家有关规定收取会员会费。

第六十一条　本会的收入除用于与本会有关的、合理的支出外，全部用于本章程规定的业务范围和非营利事业。

第六十二条　本会执行《民间非营利组织会计制度》，建立严格的财务管理制度，保证会计资料合法、真实、准确、完整。

第六十三条　本会配备具有专业资格的会计人员。会计不得兼任出纳。会计人员必须进行会计核算，实行会计监督。会计人员调动工作或者离职时，必须与接管人员办清交接手续。

第六十四条　本会的资产管理必须执行国家规定的财务管理制度，接受会员大会和有关部门的监督。资产来源属于国家拨款或者社会捐赠、资助的，必须接受审计机关的监督，并将有关情况以适当方式向社会公布。

第六十五条　本会重大资产配置、处置须经过会员大会或者理事会、常务理事会审议。

第六十六条　理事会、常务理事会决议违反法律、法规或章程规定，致使社会团体遭受损失的，参与审议的理事、常务理事应当承担责任。但经证明在表决时反对并记载于会议记录的，该理事、常务理事可免除责任。

第六十七条　本会换届或者更换法定代表人之前必须进行财务审计。

法定代表人在任期间，本社团发生违反《社会团体登记管理条例》和本章程的行为，法定代表人应当承担相关责任。因法定代表人失职，导致社会团体发生违法行为或社会团体财产损失的，法定代表人应当承担个人责任。

第六十八条　本会的全部资产及其增值为本会所有，任何单位、个人不得侵占、私分和挪用，也不得在会员中分配。

第六章　信息公开与信用承诺

第六十九条　本会依据有关政策法规，履行信息公开义务，建立信息公开制度，及时向会员公开年度工作报告、第三方机构出具的报告、会费收支情况以及经理事会研究认为有必要公开的其他信息，及时向社会公开登记事项、章程、组织机构、接受捐赠、信用承诺、政府转移或委托事项、可提供服务事项及运行情况等信息。

本会建立新闻发言人制度，经理事会或常务理事会通过，任命或指定1名负责人作为新闻发言人，就本组织的重要活动、重大事件或热点问题，通过定期或不定期举行新闻发布会、吹风会、接受采访等形式主动回应社会关切。新闻发布内容应由本会法定代表人或主要负责人审定，确保正确的舆论导向。

第七十条　本会建立年度报告制度，年度报告内容及时向社会公开，接受公众监督。

第七十一条　本会重点围绕服务内容、服务方式、服务对象和收费标准等建立信用承诺制度，并向社会公开信用承诺内容。

第七章　章程的修改程序

第七十二条　对本会章程的修改，由理事会表决通过，提交会员大会审议。

第七十三条　本会修改的章程，经会员大会到会会员2/3以上表决通过后，报党建领导机关审核，经同意，在30日内报登记管理机关核准。

第八章　终止程序及终止后的财产处理

第七十四条　本会终止动议由理事会或者常务理事会提出，报会员大会表决通过。

第七十五条　本会终止前，应当依法成立清算组织，清理债权债务，处理善后事宜。清算期间，不开展清算以外的活动。

第七十六条　本会经登记管理机关办理注销登记手续后即为终止。

第七十七条　本会终止后的剩余财产，在党建领导机关和登记管理机关的监督下，按照国家有关规定，用于发展与本会宗旨相关的事业，或者捐赠给宗旨相近的社会组织。

第九章　附　　则

第七十八条　本章程经 2021 年 9 月 15 日第七届一次会员大会表决通过。

第七十九条　本章程的解释权属本会的理事会。

第八十条　本章程自登记管理机关核准之日起生效。

三、中国废钢铁应用协会秘书处组织机构

（一）秘书处机构设置

1. 会员服务部（综合管理部）

职能：
（1）协会会计及出纳工作；
（2）协会内部事务（人事、行政管理、固定资产、后勤等）；
（3）会员服务（入会、退会、会费收取）；
（4）会员档案管理（会员基本资料搜集、统计）；
（5）协会主要会议的组织（理事会扩大会议及会员大会）；
（6）《中国废钢铁》杂志管理；
（7）党建和党群工作；
（8）领导交办的工作。

2. 咨询服务部

职能：
（1）专项咨询（政府咨询项目、企业咨询项目等）；
（2）加工中心、加工示范基地评选及授牌；
（3）待准入企业申报、评审等工作；
（4）专项会议组织（钢渣、金属学会废钢铁分会相关会议）；
（5）冶金渣开发利用工作委员会、废钢铁贸易协调工作委员会、废钢铁产业艺术中心

及冶金渣产业联盟的工作；

（6）领导交办的工作。

3. 信息服务部

职能：

（1）废钢铁加工行业信息服务平台管理；

（2）协会网站、微信公众号的维护；

（3）废钢铁行业相关政策研究（与生态环境部、国家税务总局等相关政府部门衔接）；

（4）协会对外合作（BIR、ISRI、JISRI、国外同行等）；

（5）相关研究项目（废钢铁资源调研、废钢铁电商平台、大商所期货合作、废钢铁与铁水成本分析项目等）；

（6）行业相关标准的制定（废钢铁标准贯彻落实、废钢铁加工设备标准的建立）；

（7）废钢铁标准委员会、废钢铁加工工作委员会；

（8）领导交办的工作。

4. 统计服务部

职能：

（1）会员企业设备、产能统计；

（2）社会废钢铁资源统计、钢铁企业废钢铁收支存情况统计；

（3）组织专项会议（信息统计工作会议）；

（4）统计信息发布（冶金报、废钢铁杂志等）；

（5）废钢铁产业联盟，直接还原铁工作委员会；

（6）领导交办的工作。

（二）专业机构设置

（1）直接还原铁工作委员会；

（2）冶金渣开发利用工作委员会；

（3）废钢贸易协调工作委员会；

（4）废钢加工工作委员会；

（5）专家委员会；

（6）废钢铁产业联盟；

（7）冶金渣产业联盟；

（8）废钢铁标准委员会；

（9）文化艺术工作委员会。

（三）专业委员会简介

1. 直接还原铁工作委员会

2011年9月25日上午，直接还原铁工作委员会拟任主任委员单位钢铁研究总院洪益成教授主持会议，召开了中国废钢铁应用协会直接还原铁工作委员会筹备会议。业内的专家学者、科研机构、高等院校和企业的代表40余人参加了会议。会议就直接还原铁工作委员会章程草案、工作委员会机构组成等事项经过充分讨论，达成七项共识。

按照有关规定，协会已完成了申报登记的各项手续。在2012年11月13~15日于沈阳召开的2012年全国非高炉炼铁学术年会期间，中国废钢铁应用协会成立了直接还原铁工作委员会，将为推进我国直接还原铁产业的发展积极工作。

2. 冶金渣开发利用工作委员会

为了加强对冶金渣产业的规范管理，促其快速健康发展，协会于2000年12月在上海筹建成立了冶金渣综合治理专业委员会。会上通过了《冶金渣综合治理专业委员会工作条例》，专业委员会设立了政策信息组、技术咨询组、课题攻关组三个小组。

会上一致推选了治渣英模李双良为冶金渣综合治理专业委员会顾问，成立了专业委员会领导机构。

2002年11月在鞍山重组，更名为冶金渣开发利用委员会。制定了章程，选举了常务委员会。

3. 废钢贸易协调工作委员会

2004年5月协会三届二次理事会暨进口废钢铁工作会期间，成立了废钢铁贸易工作委员会。该专业委员会的宗旨就是为会员提供市场服务，开展市场调研，搞好市场监督管理，提高行业协会的市场协调能力。创造条件逐步组织会员走集体进口的道路，减少内耗，降低采购成本，稳定市场，促进内贸和进口两个废钢铁市场的健康发展，用好国内外两个废钢铁资源。

4. 废钢加工工作委员会

1996年3月一届三次理事会决定成立废钢铁加工技术设备委员会。废钢铁加工设备是实现废钢铁资源有效利用和实现"精料入炉"方针，提高企业经济效益、提高废钢铁行业机械化、现代化加工手段的重要方面，长期以来一直受到企业和协会的高度重视。随着废钢铁加工配送产业的发展，废钢铁加工设备工作委员会的工作得到了进一步的重视和加强。该委员会的主要宗旨和职责是围绕我国废钢铁回收、加工、配送、应用、冶金渣处理等各环节的实际需求，研究、开发和制造适宜的加工设备，满足企业生产和经营的需要，努力提高我国废钢铁加工水平和综合配套服务能力，为我国废钢铁加工设备和冶金渣处理设备产业的健康发展做出积极的贡献。

四、协会秘书处开展的主要工作及成果

（一）废钢铁加工配送产业化体系建立完成

国家《钢铁工业"十二五"发展规划》明确指出："加快建立适应我国钢铁工业发展

要求的废钢铁循环利用体系，依托符合国家环保要求的国内废钢铁加工配送企业，重点建立一批废钢铁加工示范基地，完善加工回收配送产业链，提高废钢铁加工技术装备水平和废钢铁产品质量。"

近几年来，协会一直把推进废钢铁产业化、产品化、区域化发展作为打造废钢铁加工配送体系工作的出发点和落脚点。先后多次召开废钢铁加工配送体系工作会议和座谈会、研讨会，起草发布废钢铁加工配送中心和示范基地准入标准和管理办法。

2012 年工信部下发了《废钢铁加工行业准入条件》和《管理办法》，经过中国废钢铁应用协会的指导和废钢加工企业的共同努力，截至 2020 年底共八批 510 家废钢铁加工配送企业经过初审、专家评审和现场审核进入工信部准入行业。其中：32 家企业因转产等原因，已经不符合《废钢铁加工行业准入条件》和《管理办法》要求，被工信部撤销准入企业资质。现有 478 家准入企业分布在全国（除西藏外）的 31 个省、自治区、直辖市，90 多个地级以下市和地区。年加工配送能力已达到 1.3 亿吨，占整个社会回收废钢铁资源的 60% 以上，并在全国范围内基本形成了产业化的废钢铁加工配送体系。这是中国废钢铁应用协会成立以来废钢铁产业发展最大亮点之一，也是废钢铁产业"十二五"发展规划取得的丰硕成果。协会从"十一五"就开始在全国废钢铁行业范围内开展废钢铁加工配送中心和示范基地创建活动。到"十三五"末已有 88 家企业被协会授予废钢铁加工配送中心和示范基地的称号，有 17 家废钢铁加工配送企业进入工信部节能与综合利用司 2015 年国家资源再生利用重大示范工程建议名单。

（二）废钢铁供需双赢产业链基本形成

废钢铁加工配送企业的发展很重要的一条途径就是能够与钢铁企业和铸造企业建立起一条讲诚信、讲质量，充分体现供需双赢的产业链。湖北兴业钢铁炉料有限责任公司在全国设立 8 个分公司，与武钢、鄂钢、大冶钢厂等钢铁企业签订常年的供货合同。2015 年面对如此复杂的市场环境，采取降库存、快销售和多元化经营的措施，全年销售废钢铁近百万吨，减少亏损，取得较好的经营效益。

天津钢管集团与天津振泓再生资源有限公司等十余家企业、马鞍山诚兴物资回收有限公司与马钢废钢铁有限责任公司、朝阳议通金属再生资源有限公司与鞍钢朝阳钢铁公司、柳州市龙昌再生资源回收有限责任公司与柳钢废钢铁公司、衡阳银泓再生资源回收利用有限公司与衡阳钢管集团等都是在与钢铁企业建立起紧密型产业链的条件下保生存求发展，取得良好的经济效益。

马钢废钢公司是国有企业，马鞍山诚兴物资回收有限公司是民营企业，两者共同投资运营马钢控股。马钢将质量和重量检验关口前移，常年派专人负责进驻马鞍山诚兴物资回收有限公司。两家公司从 2011 年末开始合作，4 年时间共采购销售废钢铁 117.9 万吨，平均每年 29.5 万吨，2014 年是 40 万吨，占马钢外购废钢铁的 1/3。马钢进入宝武集团后，2018 年，组成由宝武欧冶链金、安徽诚兴科技环保有限公司、安徽昕源集团混合制的新公司——马钢诚兴金属资源有限公司。产业规模扩大，加工能力提升，到 2019 年，经营规模 183 万吨，营业收入 44.3 亿元；2020 年经营规模 333.5 万吨，营业收入 82.4 亿元。这些年的合作，一是保证质量，二是减少库存，三是降低成本，四是减少资金占用，五是规避各类风险。这种合作符合党的十八届五中全会和两会精神，是两种所有制混合在一起的尝试与创举。为民营企业与国有企业强强联合闯出一条新路。

（三）钢铁渣深度处理高效利用初见成效

进入"十一五"以来，全国已建成上百条高炉渣粉生产线和钢渣热焖生产线，鞍钢集团矿渣开发公司引进国外先进技术和工艺设备，在鞍山本部和营口鲅鱼圈共建成 7 条钢渣热焖、磁选深加工生产线，每年从 320 万吨钢渣中提取 150 万吨金属再利用原料入炉循环使用。钢渣微粉生产技术达到国际先进水平，当年获得第三届中国工业大奖。中冶建筑研究总院有限公司的钢渣余热自解热焖处理技术，在全国 46 家企业得到推广应用。宝钢的滚筒造渣技术、武钢的热泼技术、马钢的风碎水淬技术、首钢京唐公司的热焖磁选技术等，各有所长，都在各个阶段发挥了很好的示范作用。到目前为止，钢铁渣利用率为 65% 左右，钢渣利用率为 25%，比前十年有了很大的提高。从武钢脱颖而出的当代治渣模范冀更新，十年来不仅使冶金渣的综合利用技术在国内推广还走出了国门，目前正在运行的钢渣替代水泥生产土壤固化剂有望向全国推广。还有不少企业都在推广应用钢渣提纯工艺技术，钢铁渣生产用于水泥和混凝土的复合粉技术，钢渣粉用于制造透水路面砖和公路材料技术及在转炉沉泥中提纯冶金喷粉技术等。许多企业还引进和制造出一些新的工艺设备投入生产，为"十三五"冶金渣深度处理和高效利用实现钢渣"零排放"奠定了坚实的基础。

（四）废钢铁加工行业准入管理平台和交易市场取得新进展

在国家相关部委、地方政府、银行商检、行业协会和重点废钢铁企业的支持下，我国第一个再生资源交易中心和废钢铁电子交易市场相继在重庆和江阴开张营业。经过 3 年多的实践，运行正常。重庆再生资源交易中心从 2013 年到 2015 年，商品交易金额分别达到 2000 亿元、7000 亿元、9000 亿元，而废钢铁产品交易金额所占比例分别为 90%、70%、60%。不仅提升了废钢铁市场运行机制，也增强了市场活力。废钢铁电子交易市场发展前景十分看好，受到国家相关部委领导和协会领导的充分肯定。目前上海钢联"我的钢铁网"和大连、沈阳等地都开展互联网+，设立了废钢铁电子交易网络平台。

受工信部委托，从 2013 年下半年开始，协会创办了废钢铁加工行业准入信息管理平台，将符合废钢铁加工行业准入条件企业的自然概况、设备加工能力和生产经营等方面信息逐步纳入管理平台，这项工作在协会六届一次会员大会上正式启动。

（五）促进废钢铁产业文化蓬勃发展，推动行业不断进步

认真总结回顾废钢铁产业发展的历史，每一步、每个阶段都有明确的产业发展目标和产业文化相支撑。

协会成立伊始，第一届理事会就提出废钢铁供应一条龙的建设目标，发展国际国内两个市场。20 多年来协会始终不渝地围绕这一目标开展工作，并取得了丰硕成果。

从"十一五"开始废钢铁协会与钢协贸促会共同举办了九届中国金属循环应用国际研讨会；每年定期组织会员企业参加国际回收组织 BIR 和美国、日本、韩国、新加坡、中国台湾地区废钢铁论坛和展览会；与世界回收组织和多个国家废钢铁协会保持长期的业务交往和信息交流；2012 年还配合中国金属学会完成了《2006～2020 年中国钢铁工业科学与技术指南（废钢铁部分）》的编纂工作。

2011 年，由废钢铁协会会同物资再生协会、再生资源回收利用协会、拆船协会共同在武汉组建了全国废钢铁产业培训中心，受到发改委、工信部、商务部、环保部的支持与肯定。到 2015 年，共举办各类培训 4 期，260 多名企业各类管理人员获得工信部颁发的培训证书。

近几年来，协会牵线搭桥会员企业之间互相学习，取长补短，共同提高，协调发展的氛围十分浓厚。华东、华南、华北等 50 多家会员企业自发组织、定期召开废钢铁市场信息例会，共同商讨经营决策，实现市场价格信息共享。辽宁、广州、天津钢铁协会和废钢铁协会分会经常结合本地区市场变化组织会员企业活动，共同抵御风险。

《中国废钢铁产业发展蓝皮书》于 2012 年出版发行。《中国废钢铁》杂志每年印发 6 期 9000 多册免费为会员服务。有 18 家废钢铁加工配送企业和贸易企业在商务部组织的行业信用评价活动中被评为 2A 和 3A 级企业。中国废钢铁应用协会在 2012 年被国家民政部评为 3A 级社团组织。

废钢协会于 2015 年 5 月成立了废钢铁产业艺术中心，与山东三三集团共同主办了首届废钢铁雕塑艺术展。这些展品先后在国家发改委和青岛市政府共同主办的 2014 年循环经济博览会、第七届钢铁产品博览会和上海国际冶金工业展览会上展出，受到一致好评。废钢铁雕塑已成为再生资源文化产业的一枝奇葩，深受各界欢迎。

2014 年 8 月召开五届三次会员大会庆祝中国废钢铁应用协会成立 20 周年，以此推进全行业克服眼前困难，加快废钢铁产业化、产品化、区域化的发展进程。国际回收局专门为此发来贺信。协会编辑了"废钢铁 20 年"发展历程的资料特刊，拍摄了一部名为《浴火再生》的宣传片（扫码可观看宣传片）。

浴火再生

总之，废钢铁的产业文化正推进钢铁循环应用产业的不断进步。

（六）抓好统计信息工作，夯实服务职能基础

受国家统计局和中国钢铁工业协会授权和委托，协会承担着全国钢铁企业废钢铁应用情况的统计信息工作，是协会为会员服务的主要抓手，是落实"三个服务职能"的具体体现。汇总废钢铁信息数据，是政府部门和企业分析产业形势，制定宏观调控政策和企业经营发展计划不可缺少的重要信息资料，在国内外都有一定的影响力。在困难的条件下，协会秘书处注重统计信息工作的健康运行。各类统计报表按时汇总上报，为政府部门和企业提供了及时有价值的信息资料。《废钢铁加工信息周报》从 2004 年 8 月创刊以来，到 2020 年底共发布了独具特色的废钢铁价格周报 785 期，受到相关领导和业内人士的普遍关注和欢迎。废钢铁协会网站及时发布国家相关产业政策、协会动态及废钢铁市场价格行情，以便捷、快速的方式把大量的信息数据提供给会员企业。

布鲁塞尔，2014年7月22日

致中国废钢铁应用协会会长、秘书长：

2014年是中国废钢铁应用协会成立20周年，在此喜庆之际，我谨代表国际回收局（BIR）向你们表示衷心祝贺，祝贺中国废钢铁应用协会20年来取得的辉煌成就，并对你们给予国际回收局的支持与合作表示由衷的感谢。

中国是目前全球最大的产钢国，也是全球最大的废钢消费市场。近年来与贵协会的交流使我们更加了解中国的废钢铁行业的发展和利用趋势，也能够更好的判断全球废钢铁行业的形势。

我们相信，随着废钢市场全球化的发展，中国废钢铁应用协会在未来的全球废钢市场中将会发挥越来越重要的作用。

2015年是贵协会加入国际回收局20周年，让我们共同携手，不断加强合作与交流，推进全球废钢铁自由公平贸易和合理利用。

Alexandre Delacoux

国际回收局 （BIR）秘书长

BIR – REPRESENTING THE FUTURE LEADING RAW MATERIAL SUPPLIERS

Bureau of International Recycling (aisbl)　　T. +32 2 627 5770　　bir@bir.org
Avenue Franklin Roosevelt 24　　F. +32 2 627 5773　　www.bir.org
1050 Brussels
Belgium

《中国废钢铁》杂志，从 1983 年创刊以来，到 2020 年底共出版了 184 期发行了 13.2 万多册，成为钢铁企业和废钢铁加工企业及政府相关部门认识、了解废钢铁产业总体状况的窗口。在钢协主管部门的支持下，协会基本坚持每两年召开一次统计信息工作会议。2014 年，中国钢铁工业协会、全联中小冶金企业商会、中国废钢铁应用协会在杭州共同举办了全国废钢铁和冶金渣统计信息工作会议，力争更多民营钢铁企业纳入废钢铁统计范围。

废钢铁行业统计工作的发展历程

中国废钢铁应用协会的统计工作受国家统计局和中国钢铁工业协会的授权和委托，肩负着为钢铁行业发展收集、汇总提供有关废钢铁方面重要数据和市场经济信息的职责，是政府、企业制定政策、分析形势和指导生产经营必不可少的重要基础和有力工具，受到国家有关部门和企业的高度重视。

我国于 1978 年正式建立废钢铁统计制度，开始以国家统计局制订的统物九表的方式进行统计。到 20 世纪 90 年代初属于计划经济时期，这期间我国的钢产量从 3500 万吨增长到 6100 万吨，废钢铁的消耗量从 1000 多万吨增加到 2000 多万吨。在协会的不懈努力下，废钢铁的管理得到了加强，废钢铁统计工作成为落实国家钢铁工业计划、考核各项指标的执行情况、指导钢铁生产顺利进行的重要手段，受到很高的重视。当时冶金部每年召开全国金属回收工作会议，对统计工作进行部署，对统计数据的整理和分析是指导工作不可缺少的重要内容。当时废钢铁统计范围是 27 家冶金重点企业和 22 家冶金机修、铁合金等企业。统计内容侧重于废钢铁各项指标的计划完成情况。

20 世纪 80 年代后期，延续多年的废钢铁计划管理体制受到了严重挑战，由于钢产量的迅速增长，我国原有的废钢铁回收、加工、供应能力，已经无法适应需要。顺应 20 世纪 80 年代改革开放潮流，国家决定于 1987 年放开废钢铁计划管理，放开价格，钢厂所需废钢铁，由钢厂留钢材自行串换采购解决，使废钢铁成为诸多冶金原材料中率先进入市场的主要生产资料。在这个过程中，废钢铁统计工作，废钢铁统计数据，对于分析形势起到了十分重要的作用。根据对废钢铁资源的分析，国家提出了"多吃废钢，降低铁钢比"的要求，鼓励利用国内外两种资源，提出进口废钢、用钢材串换废钢等建议，对当时多渠道开发废钢铁资源，搞活废钢铁供应，支持钢铁工业快速稳定发展，都起到了积极的促进作用。

20 世纪 90 年代初期到中期，是我国改革开放继续深入发展时期，计划经济开始逐步向市场经济过渡。1990 年以后，国家统计局不再要求废钢铁统计以统物九表的方式进行统计和上报，但统计报表制度没有终止，而改为由冶金部继续管理。1994 年 7 月中国废钢铁应用协会成立后，协会受国家统计局的授权和中国钢铁工业协会的委托对全国废钢铁资源每月的收、支、存的数量依法进行统计和发布，废钢铁统计范围和统计内容仍延续。1995 年，统计制度在改革方面迈出了新的步伐，打破了原有统计管理系统、隶属关系和所有制，统一了各行业各项业务管理的口径，正式建立了冶金系统废钢铁统计制度。协会根据冶金部要求对废钢铁统计范围、统计方法、报表内容等进行了修改，提出增加覆盖面、提高准确度、注重实用性，采用现代化管理手段，逐步实现计算机联网。1996 年 1 月开始正式通过计算机网络传输废钢铁统计报表工作，使废钢铁行业的统计操作和管理迈出了关键的一步。1998 年国家机关机构改革，冶金部撤销，冶金数据通信网正常运行，统计工作照常进行。到当年底，废钢铁统计报表单位扩大到71家，其中钢铁生产企业67家，其钢产量占全国的91%。

废钢协会的统计资料多年来被国家部委和行业协会等部门的年度发展报告、年鉴等刊物采用。为中国金属学会《2006~2020年中国钢铁工业科学与技术指南（废钢部分）》、中国钢铁工业协会《我国铁矿石供需及进口市场的研究（废钢部分）》等书籍的编纂，提供了废钢铁市场情况及数据支持。既宣传了废钢铁产业发展情况，加深社会各界对废钢铁产业的了解，也宣传了多用废钢炼钢对循环经济、节能减排的重大意义。

进入21世纪以后，我国的经济发展体制进入市场经济轨道，钢铁工业也进入迅猛发展通道，钢产量连年以3000万~4000万吨以至7000万吨的增长速度增加。非国有企业的粗钢产量大幅增长，2007年时占全国粗钢产量的40%，到2013年增长到51%。废钢协会统计范围从2004年的66家企业，发展到目前的82家；统计范围内粗钢产量，因民营企业的增加，对废钢铁统计报表认知及观念的影响，从2004年占全国钢产量的72.6%，到2013年底只占全国粗钢产量的61%，统计范围扩展较为困难。到"十三五"末期，粗钢产量已超过10.6亿吨，但纳入协会统计范围的钢产量只有5.5亿吨，占全国钢产量的52%，近一半钢铁企业的废钢铁统计数据未纳入协会的统计范围。扩大废钢铁统计范围仍是"十四五"时期协会统计工作的一项重要任务。

2009年6月全国人大常委会通过了对《中华人民共和国统计法》修订，并于2010年1月1日起实行。统计法第一章第七条规定："国家机关、企业事业单位和其他组织以及个体工商户和个人等统计对象，必须依照本法和国家有关规定，真实、准确、完整、及时地提供调查所需的资料，不得提供不真实或不完整的统计资料，不得迟报、拒报统计资料。"全面落实统计法是社会各界及会员企业的共同任务。协会将继续做好扩大废钢铁统计范围的工作，实行资源共享。

回顾废钢铁统计工作历史，可以看出，在我国钢铁工业发展的各个时期，统计工作都发挥了极其重要的作用。国家机关在制定政策时要统计数据；宏观指导钢铁工业生产时要统计数据；有关部门分析形势时要统计数据；废钢铁统计工作为国家宏观管理服务的功能，体现得非常明显。另一方面，在市场经济条件下，对企业发展、市场竞争等显得尤其重要。进一步提高统计工作效率，扩大统计范围，加强统计数据分析，提高服务水平，在钢铁工业节能减排、循环经济的进程中充分发挥统计工作的积极作用。

（七）修订废钢铁标准，完善废钢铁加工配送体系建设

在工信部的支持下，协会秘书处开展了对《废钢铁》（GB 4223—2004）国家标准的修订工作，经组织专家进行讨论和修改，《废钢铁》（GB/T 4223—2017）国家标准在2017年10月14日发布，并于2018年7月1日开始实施。

2018年完成了废不锈钢的行业标准制定工作，《废不锈钢回收利用条件》（YB/T 4717—2018）的实施，填补了废钢铁回收利用品种的空白，废钢铁标准体系日趋完善。

为进一步满足钢铁企业和废钢铁加工企业的需求，协会配合工信部开展废钢铁行业标

准的制定工作。工信部于 2019 年 8 月 27 日批准发布废钢铁行业标准《炼钢铁素炉料（废钢铁）加工利用技术条件》（YB/T 4737—2019），从 2020 年 1 月 1 日开始实施。

从 2019 年 7 月 1 日起国家相关部门开始停止废钢进口贸易。废钢协会积极向政府反映企业诉求，为废钢进口寻找新的途径，组织相关企业加快《再生钢铁原料》国家标准的制定工作。《再生钢铁原料》（GB/T 39733—2020）推荐性国家标准，已于 2021 年 1 月 1 日起正式实施，解决了国内企业进口废钢的难题。

"十三五"期间，在政府部门和冶金工业信息标准研究院的大力支持下，会员企业共同努力，完成了四项废钢铁技术标准的修订、制定工作，为废钢铁产业的规范发展，废钢铁产品的提质升级，提供了强有力的保障。

根据工信部的要求，协会秘书处承担了废钢铁加工行业准入条件和暂行管理办法修订完善工作。同时对 2010 年协会制定的《废钢铁加工配送中心和示范基地的准入条件和管理办法》进行修改和完善。

各类标准的制定和修订，是废钢铁加工配送体系建设不可缺少的内容，是废钢铁产业发展的需要，对企业的管理和发展至关重要。

（八）发挥好桥梁和纽带作用，广泛调研，反映企业诉求

自 2011 年国家财政部、税务总局 157 号文件关于回收系统增值税先征后返政策停止以后，协会秘书处一直会同多家行业协会，多次召开座谈会，走访国家相关部委，积极反映会员企业的诉求。反映钢铁企业和废钢铁加工配送企业所面临的税负过重的严峻形势和小钢厂两头不开票、偷漏税，与正规钢铁企业争夺废钢铁资源的现象。

两会期间与再生资源回收利用协会一起联络 10 余名钢铁企业的人大代表提写议案，反映废钢铁行业应该得到国家财政支持的诉求。

2015 年初，拜访 4 名中国科学院和工程院院士，联名给国务院办公室和相关部写出题为《关于对新兴的规模化、工业化废钢铁产业实施税收政策扶持的建议》的报告。

财政部和税务总局关于《再生资源综合利用产品和劳务增值税优惠的政策目录》征求意见稿出台后，废钢铁未列入产品目录中。协会秘书处及时向政府相关部委反映意见，在参加发改委、工信部、商务部组织召开的征求意见会，提出申辩理由和书面报告，要求给其他再生资源政策的同时也应该包括废钢铁在内。

协会秘书处坚持开展调研工作，走访了上百家企业，了解第一手信息资料，积极反映企业诉求。对会员企业的个案问题全力帮助解决，为 6 家企业申报城市矿产、进口废钢铁等项目出具推荐函和证明材料。国家财税〔2015〕78 号文下达后的 2015 年 9 月，协会秘书处针对多数企业反映退税不好执行的问题，分五个小组分别到上海、江苏、山东、河北、辽宁五省召开钢铁企业和废钢铁加工行业准入企业座谈会。经过归纳分类整理，集中五个方面的问题反馈给税务总局和财政部。

（九）组织专业培训，出国考察，承担国家课题任务

由 4 家协会共同创办的全国废钢铁产业培训中心从 2011 年 8 月成立以来，先后举办

了三期管理人员培训班，累计230多名学员获得了由国家工信部教育培训中心颁发的结业证书。这项工作得到国家相关部委、兄弟协会以及广大会员企业的大力支持和肯定。行业培训已被列入废钢铁加工行业准入条件和管理办法之中。

2012~2019年，协会秘书处每年都组织会议企业参加相关国际会议和考察活动，通过学习交流，增进了解，不断提升我国废钢铁产业的发展水平。

8年间共组织了25次出国考察活动，有200多家会员企业负责人参加了在新加坡、日本、韩国、泰国、马来西亚、美国和欧洲举办的年会并与当地相关组织的负责人进行了交流与座谈。

2012年4月，中国废钢铁应用协会驻美国联络处在洛杉矶成立，这为今后开发海外废钢铁资源和会员企业赴美开展贸易活动及考察提供了方便。

协会多次组织会员企业到丰立集团、湖北兴业、山东玉玺、湖北力帝、华宏科技、沈阳隆基等企业进行参观学习，大家取长补短，共同提高，推动了废钢铁加工配送行业的发展与进步。

协会积极配合中国工程院开展"黑色金属矿产资源的可持续开发和综合利用"课题研究，探索黑色金属矿产资源的现状、循环利用技术和发展前景。承担了工信部"废钢铁综合利用政策研究"的项目，参与了中国钢铁工业协会"我国铁矿石供需及定价机制的研究"。每年按时为商务部、中国社会科学院、中国钢铁工业协会等有关部门，提供废钢铁产业资料信息以利撰写发展报告、年鉴。

（十）完成废钢铁产业发展规划编写工作

废钢铁行业发展，一直跟随我国国民经济的总部署和与钢铁工业规划发展的步调相一致，从"十五""十一五""十二五"到"十三五"基本完成了规划目标。尤其是在"十一五"和"十二五"期间，新兴的废钢加工体系基本形成，"十三五"开始全行业废钢加工配送体系作为长远发展的初始期，明确了今后的长远发展方向。

"十三五"是全面建成小康社会的关键时期，编写好废钢铁产业"十三五"发展规划，是落实创新、协调、绿色、开放、共享发展理念，推进生态文明建设，发展绿色钢铁，深化废钢铁改革发展的重要工作。协会秘书处组织专门班子进行编写，协会秘书处先后三次讨论研究废钢铁产业"十三五"发展规划的内容。2015年7月，在河北滦县召开了废钢铁产业"十三五"发展规划讨论会，有10家钢铁企业、废钢铁加工企业、设备制造企业负责人参会，工信部节能与综合利用司领导参加了会议，与会代表都发表了很好的修改建议。

"十三五"末炼钢废钢比实现了20%的目标，为"十四五"完成钢铁工业炼钢废钢比30%的目标奠定了良好的基础。

（十一）成立全国废钢铁产业联盟和全国冶金渣产业联盟

中国废钢铁应用协会六届二次会员大会暨全国废钢铁产业联盟和全国冶金渣产业联盟

成立大会于 2017 年 4 月在天津召开。成立两家联盟的宗旨，是打造废钢铁回收、拆解、加工、利用一体化产业链，促进我国废钢铁工业化体系建设；搞好冶金渣资源综合利用，推动我国钢铁工业固体废物再利用水平不断提升，为钢铁工业的低碳绿色发展，改善生态环境做出更大贡献。

（十二）建立健全基层党组织，发挥战斗堡垒作用

按照国资委直属机关党委的要求，在中国钢铁工业协会党委的直接领导下，协会秘书处于 2005 年 3 月 4 日正式成立中国共产党中国废钢铁应用协会支部委员会，按照党章要求履行基层党组织职能和开展各项工作。

从 2005 年开始，组织党员参加了"党的先进性教育""深入学习实践科学发展观活动""创先争优""党的群众路线教育实践活动""三严三实专题教育""两学一做学习教育"""不忘初心、牢记使命'主题教育""党史学习教育"等多项专题教育活动，不断提高党员的政治素质，增强执行"四个意识、四个自信、两个维护"的自觉性。

发挥党员在协会工作中的先锋模范作用，在汶川大地震、抗击新冠肺炎疫情等重大事件中，协会党员积极带头捐款支援灾区建设和疫情防控。

党支部组织协会秘书处人员开展爱国主义思想教育，2016 年在中国共产党成立 95 周年前夕，参观了河北省唐山市滦县潘家戴庄惨案纪念馆；2018 年 3 月 5 日组织观看了大型纪录片《厉害了，我的国》；2019 年在"七·七事变"纪念日前夕（6 月 26 日），组织全体党员参观卢沟古桥和中国人民抗日战争纪念馆，重温历史，不忘初心、牢记使命。2021 年 6 月 18 日建党 100 周年之际，全体党员参观了党的"一大"会址，并在党旗下宣誓。

协会不断深化党组织建设和党风廉政建设，提升了基层党组织的战斗力，增强了党对协会工作的领导和监督管理。

五、中国金属学会废钢铁分会

1. 概述

中国金属学会废钢铁分会（原废钢铁委员会）成立于 1986 年。废钢铁分会旨在努力提高废钢铁在冶金工业中的作用和地位，更好地为炼钢生产服务。它的任务是抓质量、抓管理、抓教育、抓技术和使用政策的建议和宣传。对废钢铁标准、管理、使用方面做出应有的贡献。

废钢铁分会针对以下课题展开了大量的工作：

（1）对废钢铁资源的调查和研究，包括冶金企业内部及社会上的资源状况，摸清资源的可利用情况，并提出合理使用废钢铁的政策性建议。同时了解国外废钢铁资源情况，便于开发利用国外的废钢铁资源。

（2）提高废钢铁的加工质量，为炼钢提供更多、更好的合格炉料。改善和加强管理，改进工艺装备、改革加工方法，防止环境污染，保证安全生产等方面提出技术性的建议。

（3）积极开展代用资源的研究，补充国内废钢铁不足。

（4）开展技术政策的研究，技术经济指标的分析，贯彻废钢铁方面的国家标准。

2. 开展活动

委员会会议：1986 年 4 月在北京召开了第一届委员会第一次会议，认真讨论了委员会的工作任务和组织机构，并选举产生了由 27 人组成的第一届委员会，组成如下：

（1）废钢铁第一届委员会组成：

名 誉 委 员　谢家兰

主 任 委 员　卢和煜

副主任委员　戚以新　王修揩

秘 书 长　王冠宝

副 秘 书 长　张万骠

委　　　员　张国柱　张开斌　赵伟清　傅永新　田治洲　藏子木　白　云　周中江

　　　　　　李华景　巴庆俊　庆爱庄　宋玉贵　李名俊　万天骥　冯沛江　彭　卉

　　　　　　洪秀菊　柏天健　赵铁铮　王镇武　马廷温

委员会挂靠单位　冶金部金属回收公司

同时组建了工艺加工组、管理组、技术经济组 3 个专业学组。

1986~1992 年，每年召开一次全委会，推动委员会的工作。按总会安排，第七次全委会上商讨换届工作。由于第一届部分委员已离退休或调岗，经过反复协商推荐第二届委员会由 22 人组成。于 1996 年 7 月第一届八次会议和第二届一次委员会选举产生。

（2）废钢铁委员会第二届委员会组成：

主 任 委 员　王长松

副主任委员　姜钧普　孙泉有

秘 书 长　王冠宝

副 秘 书 长　王国华

委　　　员　苏兆贵　袁宗阳　朱　良　马国文　邓玉林　李树斌　沈济民　孙基道

　　　　　　郑洪明　柏天健　傅永新　张开斌　闫启平　秦伟民　罗兴顺　盛英雄

　　　　　　郜　斌

挂 靠 单 位　北京科技大学

3. 学术活动

（1）1986 年在广东召开了第一次技术情报交流会，宣读论文和进行学术交流，共商发展钢铁有关问题。

（2）1990 年 8 月在吉林，废钢铁委员会与冶金部废钢铁利用情报网共同召开了年会暨第二次技术情报交流会。会上交流论文 55 篇，中国科学院学部委员王之玺同志和学会副秘书长刘福魁同志到会。

（3）废钢铁委员会配合冶金部金属资源公司合作研究推广太钢和安阳钢铁公司治理冶金渣的经验，减少了污染，保护了环境。变废为宝，充分利用资源。

（4）废钢铁委员会科技咨询服务部在唐山、滦南等地，由北京科技大学冶金系和机械学院的老师们研究开展废旧重轨改轧轻轨的工作，在使废钢铁纯净化、优质化方面取得了一定成果，并于1992年对废旧重轨改制轻轨工艺研究组织了鉴定会。由于国家政策的关系，该项成果未能推广。

（5）为开拓替代废钢的新资源，戚以新副主任委员领导北京科技大学的科研组开发生产脱碳粒铁，并与天津无缝管厂、天津铁厂、邯钢等单位合作取得了实际成果。于1993年对脱碳粒铁工业生产技术组织了鉴定会。

（6）1994年先后对我国自行设计，自己制造的Q91-1000T剪切机和Y81-400型金属液压打包机等产品进行鉴定，用户满意并批量生产。

（7）废钢铁委员会协助，支持了鞍钢废钢处编辑出版了《废钢铁管理》一书。这是我国废钢铁行业第一本较为全面的企业管理规划。

（8）废钢铁委员会自成立以来，先后多次举办不定期的废钢铁技术、管理培训班。

在中国钢铁炉料公司金属资源公司和北京科技大学以及废钢铁委员会共同努力下，在北京科技大学开设了金属资源大专班，后转为本科班，为高考招生，陆续有数十名毕业生走上工作岗位，发挥他们的才干。

（9）1993年11月中国金属学会刘福魁副秘书长和废钢委员会王冠宝秘书长专程到德国杜塞多夫市参加1993年国际学会秘书长年会，正式提出举办"1996年北京国际废钢铁技术研讨会"的计划，后因筹备工作没落实推至1997～1998年度举办。我会积极征集国内文章，但由于种种原因使得计划落空。

4. 荣誉表彰

（1）在1991年中国金属学会第五次代表大会上，废钢铁委员会被表彰为学会先进集体。

（2）王冠宝同志被中国金属学会第五次全国会员代表大会授予优秀学会工作者。

（3）张万骠同志被中国金属学会第五次全国会员代表大会授予学会先进工作者。

5. 中国金属学会废钢铁分会第三—第四届换届会议纪要

中国金属学会废钢铁分会第三—第四届换届会议于2013年5月21日在重庆大学召开。分会第四届委员会委员单位的代表50余人参加了会议。

会议首先由中国金属学会专家委员会副主任李文秀同志代表学会总部宣读了对废钢铁分会第四届委员会委员组成的批复。经会员单位推荐、换届筹备小组研究、学会总部批复同意由48人组成的分会第四届委员会。

分会第三届委员会副秘书长孙泉有代表第三届委员会及换届筹备小组做了换届工作报告。

接着，会议对分会主任委员、副主任委员、秘书长进行了选举。

选举结束后，新当选的主任委员张春霞同志即席讲话，希望新一届委员会能够在学会的领导和会员单位的支持下，不负众望，开展更加积极、有效率的工作，为废钢铁产业的发展和技术进步，贡献更大的力量。

最后，会议进入分会第四届委员会第一次会议的议程，请与会代表对分会的工作发表意见和建议。大家在讨论中对废钢铁的科学利用、废钢分类、加工、质量、标准、成本、机械效率、多用废钢、环境等问题发表了意见，希望分会在先进技术的研究和推广等方面，依靠广大科技工作者，深入废钢铁工作的实际，做更加深入的工作，切实解决一些实际问题，争取取得更大的成绩。

分会第三—第四届换届会议在大家对未来工作的期望与信心中圆满结束。

第二节　协会大事记

一、协会历届理事会主要活动和主要负责人

（一）一届一次会员大会　1995 年 2 月 18 日　三亚

1995 年 2 月 18 日中国废钢铁应用协会在海南三亚召开了成立大会。民政部、内贸部、北科大和冶金部相关部门的领导莅临会议，冶金部部长刘淇，副部长徐大铨、殷瑞钰、吴溪淳及冶金部的老领导王鹤寿、袁宝华、吕东、唐克、高扬文、李东冶为协会成立题词。

冶金部常务副部长徐大铨到会并作了"增强竞争意识，搞好废钢供应"的讲话，提出废钢铁的加工供应水平应与钢铁工业的发展相适应。要求：

（1）协会要摸清国内外废钢铁资源情况，根据钢铁生产结构的变化制订废钢的加工供应规划。

（2）要提高废钢的加工供应能力，提高质量，降低成本，挖掘企业自身的潜力，促进废钢的合理利用。

（3）以多种方式解决资金不足。

（4）提倡大市场观念，搞好企业间统筹协调。

（5）办好协会，开发国内外废钢资源，服务于钢铁工业。

中钢工贸集团党委书记王炳根做了《适应市场，盘活资金，搞好两种废钢资源的开发利用工作》的报告，王镇武副理事长就协会的筹备工作及大会代表提出的问题做了总结发言。

会员大会审议通过协会章程、协会结构设置和会费收取及管理暂行办法。吸收第一批 106 家协会会员单位，产生了理事单位 45 家和理事 47 人。在召开的一届一次理事会上，选举徐大铨、殷瑞钰、吴溪淳为协会名誉会长；李增义、李德水、张志勋、王兴洁、王建英、王晓齐为协会名誉副会长；李双良、卢和煜、张祥、宋景林、苏学臣、余国勋、戚以新、汪帧武为协会顾问。王炳根担任协会理事长，王镇武等六位理事为副理事长，孙泉有兼任秘书长，王冠宝为副秘书长。

第一届理事会

名誉会长
徐大铨　冶金工业部副部长

殷瑞钰　冶金工业部副部长

吴溪淳　冶金工业部副部长

名誉副会长

李增义　国家经贸委资源节约综合利用司司长

李德水　原国家计委经济综合司司长

张志勋　冶金工业部生产协调司司长

王兴洁　冶金工业部生产协调司副司长

王建英　冶金工业部科技司副司长

王晓齐　冶金工业部规划发展司副司长

顾　问

李双良　全国劳动模范、太钢治渣专家

卢和煜　冶金工业部原物资供应运输局局长

张　祥　冶金工业部原物资供应运输局局长

宋景林　冶金工业部原物资供应运输局副局长

苏学臣　原中国钢铁炉料总公司党委书记

余国勋　中国钢铁工贸集团公司副总经理

戚以新　北京科技大学原副校长

汪帧武　冶金工业部信息标准研究院院长

理事长

王炳根　中国钢铁工贸集团公司副董事长、常务副总经理

副理事长

王镇武　中国钢铁工贸集团金属资源公司总经理

栾德贵（已故）　鞍山钢铁集团公司常务副总经理

秦广富　鞍山钢铁集团公司副总经理

张振刚（已故）　天津钢管公司副总经理

刘立中（已故）　长城特殊钢股份有限公司董事长、总经理

秦绪宝　舞阳钢铁公司副总经理

孙泉有　中国钢铁工贸集团金属资源公司副总经理

刘树洲　抚顺特殊钢集团公司副总经理

秘书长

孙泉有　中国钢铁工贸集团金属资源公司副总经理

副秘书长

王冠宝　中国钢铁工贸集团金属资源公司综合部经理

第一届会员大会、理事会活动情况表见表 13-1。

表 13-1　第一届会员大会、理事会活动情况表

序号	会议名称	会议时间	会议地点
1	一届一次会员大会暨一届一次理事会	1995 年 2 月 18 日	三亚
2	一届二次理事会	1995 年 8 月 30 日	成都
3	一届二次会员大会暨一届三次理事会	1996 年 3 月 27 日	珠海
4	一届四次理事会	1996 年 9 月 7 日	哈尔滨
5	一届三次会员大会暨一届五次理事会	1997 年 3 月 30 日	厦门
6	一届四次会员大会暨一届六次理事会	1998 年 4 月 14 日	桐庐
7	一届七次理事会	1998 年 9 月 2 日	乌鲁木齐

（二）二届一次会员大会　1999 年 4 月　烟台

中国废钢铁应用协会二届一次会员大会及二届一次理事会于 1999 年 4 月 12～14 日在山东烟台召开，49 家企业 76 名代表参加了会议。

会议工作报告分为两大部分：

（1）协会四年工作回顾；

（2）对下一步工作的建议。

大会听取了协会财务工作报告、换届工作说明和章程修改说明，对吸收新会员进行了通报，对协会下一步的工作进行了讨论研究。

二届一次会员大会通过了一届理事会工作报告和新修改的协会章程，圆满完成了协会理事会换届。选举王炳根为理事长，王镇武等九位理事为副理事长，孙泉有为秘书长，于建华为副秘书长。

第二届理事会

理事长

王炳根　中国钢铁工贸集团公司副董事长、党委书记

副理事长

王镇武　中国钢铁工贸集团公司总裁助理

秦广富　鞍山钢铁集团公司副总经理

苏兆贵　重庆特殊钢公司总经理

覃林盛　宜昌机床集团公司总经理

马建武　广州钢铁集团公司副总经理

罗　涛　成都无缝钢管厂副总经理

刘立中（已故）　长城特殊钢集团公司董事长、总经理

秘书长

孙泉有　中国钢铁工贸集团金属资源公司总经理

副秘书长

于建华　中国钢铁工贸集团金属资源公司

第二届会员大会、理事会活动情况表见表13-2。

表13-2　第二届会员大会、理事会活动情况表

序号	会员名称	会议时间	会议地点
1	二届一次会员大会暨二届一次理事会	1999年4月12日	烟台
2	二届二次理事会	1999年9月6日	北京
3	二届二次会员大会暨二届三次理事会	2000年4月11日	重庆
4	二届四次理事会	2000年9月5日	攀枝花
5	二届三次会员大会暨三届五次理事会	2001年4月26日	南海
6	二届六次理事会	2001年8月27日	大连
7	二届四次会员大会暨二届七次理事会	2002年4月22日	武夷山
8	二届八次理事会	2002年9月11日	西宁

（三）三届一次会员大会　2003年11月　广州

中国废钢铁应用协会本应在2003年春季进行换届，但因受"非典"的影响，会议推迟至11月14日在广州召开。

中国钢铁工业协会会长吴溪淳同志到会并就钢铁工业形势及废钢铁资源、有效利用等方面内容做了重要讲话，首先代表中国钢铁工业协会对废钢铁应用协会成功地召开第三届一次会员大会表示祝贺。

讲话指出：我国近年来废钢资源的不足问题越来越突出，应好好研究研究。我国过去主要是工艺流程落后，所以钢厂自产废钢多，现在连铸比上去了，废钢资源就越来越少。

在世界上废钢资源也应随着钢铁积蓄量的增加而越来越多，但为什么近几年来流到中国来的废钢反而减少了，这个问题我希望协会好好研究。我希望现在各企业领导都要重视废钢，把废钢工作放在重要的议事日程上来，都应关心废钢，而不光是把眼睛盯在矿石的供应上面。

会议工作报告回顾了协会四年来的工作情况，提出下一届协会工作建议。

三届一次会员大会审议并批准第三届理事会理事单位和理事人员组成和中国废钢铁应用协会章程等事项，接纳北京钢铁研究总院等22家企业为新会员单位。

审议通过了冶金渣开发利用委员会常务委员会新一届组成名单，重组了废钢加工设备委员会、废车船拆解委员会、科技应用委员会、废钢贸易委员会，颁发了会员证书、委员和理事证书。

会议期间参加了"中国国际金属回收市场及技术论坛"，参与了"废钢市场及技术研讨会"。举办了冶金渣开发利用技术恳谈会，召开了废钢进口座谈会，讨论了"中国废钢铁应用协会进口废钢行业管理制度草案"。

三届一次理事会，选举产生了协会常务理事40名。唐复平为本届理事长，王镇武为常务副理事长，选举八位理事为副理事长，闫启平为秘书长。

第三届理事会

名誉理事长

王炳根　协会第一、二届理事会理事长

理事长

唐复平　鞍钢（集团）公司副总经理

常务副理事长

王镇武　中国钢铁工贸集团公司副总经理

副理事长

李广亮　邯钢（集团）舞阳钢铁公司副总经理

郭德勇　重钢（集团）公司副总经理

覃林盛　湖北力帝机床股份公司总经理

赵锦虎　广州钢铁企业集团公司副总经理

许林芳　江苏沙钢（集团）公司副总经理

许家彦　本溪钢铁（集团）公司副总经理

王　毅　首都钢铁（集团）公司副总经理

秘书长

闫启平

副秘书长

孙泉有　（三届五次会员大会增补）

第三届会员大会、理事会活动情况表见表13-3。

表13-3　第三届会员大会、理事会活动情况表

序号	会员名称	会议时间	会议地点
1	三届一次会员大会暨三届一次理事会	2003年11月14日	广州
2	三届二次理事会暨进口废钢工作会议	2004年5月19日	北京
3	三届二次会员大会暨三届三次理事会	2004年12月16日	深圳
4	三届三次会员大会暨三届四次理事会	2005年12月12日	厦门
5	三届四次会员大会暨三届五次理事会	2006年11月28日	海口
6	三届五次会员大会暨中国金属学会废钢铁分会第三届委员会换届会议	2007年5月21日	西安
7	三届六次理事会	2007年11月30日	昆明

（1）中国废钢铁应用协会三届二次会员大会暨三届三次理事会于2004年12月16~18日在深圳召开。在中国废钢铁应用协会成立十周年之际召开的这次会议，得到了国家相关部门领导和广大会员单位的关切和高度重视，中国钢铁工业协会会长吴溪淳给大会发来贺信。

（2）2005年12月12~15日，中国废钢铁应用协会三届三次会员大会暨三届四次理事会在厦门举行。

应邀到会的原冶金部副部长、中国金属学会会长翁宇庆在大会为与会代表做了《钢铁生产的发展与废钢应用的前景》的报告，报告中用详细的资料分析了钢铁行业总体形势；全国炼钢生产简况；电炉冶炼、直接还原铁和废钢加工技术的发展。

（3）2006年11月28~29日，中国废钢铁应用协会三届四次会员大会在海南省海口市召开。大会收到了原冶金工业部副部长、中国工程院院士殷瑞钰先生的贺词。

（4）中国废钢铁应用协会第三届六次理事会于2007年11月30日在昆明市召开。原冶金部副部长殷瑞钰院士到会，并就钢铁工业的发展与废钢的关系、废钢应用与节能减排的关系以及做好废钢铁协会工作的重要性等问题做了学术报告。

（四）四届一次会员大会 2008年5月 徐州

中国废钢铁应用协会四届一次会员大会2008年5月14~17日在徐州举行，协会会员代表近170人参加了会议。会议宣读了原冶金部副部长、中国钢铁工业协会顾问吴溪淳写给大会的贺信，对本次会议的召开表示祝贺，信中对废钢单耗下降的问题表示关切和担忧，阐述了自己的看法和希望。

会议听取了协会三届委员会理事长唐复平的工作报告，报告共分四个部分，全面总结了三届委员会的工作，分析了几年来废钢铁行业发展情况，对今年废钢铁市场的形势和发展环境进行了预测，对协会今后的工作提出了建议。

会议邀请国家税务总局有关负责人为与会代表做了关于废旧物资税收政策改革的报告，并与代表进行了交流。

会议选举诸骏生为理事长，十五位理事为副理事长，闫启平为协会秘书长。

会议期间，举行了中国废钢铁应用协会授予江苏星丰金属资源有限公司"废钢加工配送中心示范基地"挂牌仪式。星丰公司的代表与莱钢的代表举行了废钢供需双方合作协议签字仪式。

会议组织代表们参观了星丰金属资源有限公司生产现场。

会议期间四川汶川发生8.0级强烈大地震，与会代表每天都极为关切抗震救灾现场情况。

第四届理事会

顾　问
王炳根　中国废钢铁应用协会
理事长
诸骏生　宝山钢铁股份有限公司副总经理
副理事长
王镇武　中国废钢铁应用协会
刘水洋　首都钢铁集团公司副总经理
许林芳　江苏沙钢集团有限公司副总裁

吴岳明（已故） 江苏丰立集团有限公司总经理

余新河 武汉钢铁股份有限公司副总经理

杨成广 本溪钢铁集团有限责任公司副总经理

林 灵 广钢集团广州钢铁股份有限公司副总经理

高炳岩 东北特殊钢集团有限责任公司副总经理

钱 雷 中冶集团建筑研究总院副总经理

黄浩东 鞍钢股份有限公司副总经理

覃林盛 湖北力帝机床股份有限公司总经理

蒋 宏 中国中钢集团副总裁

秘书长

闫启平 中国废钢铁应用协会

李树斌 （四届四次理事会选任）

副秘书长

孙泉有 中国废钢铁应用协会

刘树洲 中国废钢铁应用协会

陈仁华 宝山钢铁股份有限公司采购中心原料二部副总经理

周 林 宝钢资源有限公司

第四届会员大会、理事会活动情况表见表13-4。

表13-4 第四届会员大会、理事会活动情况表

序号	会议名称	会议时间	会议地点
1	四届一次会员大会暨四届一次理事会	2008年5月14日	徐州
2	四届二次理事会扩大会议	2008年12月16日	南宁
3	四届二次会员大会	2009年5月27日	南昌
4	2009中国废钢铁大会暨中国废钢铁应用协会四届三次理事会（扩大）	2009年11月6日	北京
5	四届三次会员大会和四届四次理事会扩大会议	2010年5月26日	苏州
6	四届五次理事（扩大）会议	2010年11月6日	麻城
7	四届四次会员大会和四届六次理事会议暨第四届中国金属循环应用国际研讨会	2011年5月12日	广州
8	四届七次理事会	2011年11月26日	马鞍山

（1）2010年5月26~27日，中国废钢铁应用协会四届三次会员大会和四届四次理事会扩大会议在江苏省苏州市昆山花桥希尔顿逸林酒店隆重举行，同时举办了"2010中国废钢铁论坛"。

原冶金部副部长，中国工程院院士殷瑞钰首先在论坛上发表题为《废钢铁加工产业要与钢铁工业同步发展》的演讲。他认为，加快废钢铁资源循环利用，应朝着产业化、产品化、区域化的方向发展，为钢铁企业多吃废钢，精料入炉创造条件。产业化即实行废钢资源的社会化组织、回收、加工和配送，产品化即实施废钢资源的分类管理、质量管理、标

准管理，区域化即优化废钢资源的物流网络、物流运输方式、物流运距与成本。

（2）2010年11月6~7日，中国废钢铁应用协会四届五次理事（扩大）会议在湖北麻城召开。

中国钢铁工业协会名誉会长吴溪淳专程从北京赶赴会场，当天视察了湖北兴业钢铁炉料有限责任公司的废钢加工配送基地，并在大会上做了题为《学习贯彻党的十七届五中全会精神，为"十二五"钢铁工业结构优化，搞好废钢回收加工而努力》的报告。他在讲话中指出，废钢铁回收加工利用工作，是建设资源节约型、环境友好型社会的重要组成部分，也是钢铁工业结构优化、产业升级必须重视做好的重点工作之一。他强调，发展我国废钢铁回收加工利用工作，要适应新形势。从现在起，就要走上一条互利合作、产业联盟、规模+质量的科学发展之路。要强调集约化经营，钢铁企业应由单纯的用户定位发展到主动积极参与做大做强废钢铁回收加工业，要像关注铁矿石供应、参与铁矿开发一样积极参与到废钢铁加工业，创建互利共赢的战略联盟，形成长期稳定合作的伙伴关系。希望废钢铁回收加工企业讲诚信、讲质量、讲服务、谋发展，为我国钢铁工业结构优化做出新贡献，切实推进我国废钢铁回收加工利用工作在"十二五"期间有一个更加科学的大发展。

（3）2011年5月12~14日，中国废钢铁应用协会四届四次会员大会暨四届六次理事会议在广州市白天鹅宾馆隆重举行，同时举办了"第四届中国金属循环应用国际研讨会"。

中国钢铁工业协会名誉会长吴建常亲自到会并致辞，他指出，钢铁和有色金属行业也同时面临着原料供应、节能环保等方面的巨大挑战，循环经济行业必将迎来更大的发展机遇和发展空间。

（五）五届一次会员大会　2012年5月11日　北京

2012年5月11日，中国废钢铁应用协会五届一次会员大会在北京亮马河饭店隆重召开，同期举行了第五届中国金属循环应用国际研讨会。来自相关政府部门、行业协会、钢铁和有色金属生产企业、废钢铁加工企业及相关设备供应商、金融投资机构、研究机构、新闻媒体等15个国家和地区的249家公司和机构的400多位代表参加。

原冶金部副部长、中国工程院院士殷瑞钰做了题为《进步、挑战和机遇——中国钢铁工业面临结构调整》的报告，工信部节能与综合利用司司长周长益做了题为《加大废钢利用力度　促进钢铁工业可持续发展》的演讲，商务部流通发展司副巡视员张蜀东做了题为《中国废旧商品回收体系建设》的演讲，中钢协副会长王晓齐做了题为《中国钢铁工业运行情况和发展展望》的报告。中国废钢铁应用协会常务副会长王镇武做了《认真实施适合我国钢铁工业需要的废钢铁产业"十二五"发展规划》的主题演讲。

会上具有代表性的国内外钢铁生产企业、废金属回收、加工、应用企业的领导等24位嘉宾发表演讲。

宝钢股份有限公司党委副书记、副总经理、协会四届理事会会长诸骏生代表协会四届理事会做工作报告。他在报告中将4年来我国废钢铁产业所取得的成就总结了五个方面：一是废钢铁加工配送产业发生前所未有的变化；二是冶金渣综合处理、高效利用取得可喜进步；三是废钢铁加工处理技术和装备水平有了明显改善；四是废钢铁交易市场机制实现了历史性突破；五是联合同行业协会共同创立了"全国废钢铁产业培训中心"，使行业即将进入全面提升管理及科技水平新阶段。

本次会员大会是4年一次的换届大会，与会代表采取无记名投票的方式选举产生164名理事、55名常务理事、22名协会负责人。经选举，王镇武担任协会五届理事会名誉会长；邹继新当选五届理事会会长，李树斌当选常务副会长兼秘书长，19位理事当选为副会长。原会长王炳根继续留任协会顾问。

新当选的五届理事会会长邹继新在会上发表讲话，他代表新一届理事会对协会秘书处今后工作提出了希望和建议。

会上举行了《中国废钢铁产业发展蓝皮书（2011）》发行仪式，到会领导为6家"信用评价3A企业"授牌，批准16家企业和50名个人会员入会。

与会代表还参观了第十三届中国国际冶金工业展览会。中国废钢铁应用协会废钢铁艺术中心展出的15件废钢雕塑作品受到部委相关领导及与会代表的高度赞扬和热心关注。

第五届理事会

名誉会长

王镇武　中国废钢铁应用协会

会　长

邹继新　武钢集团公司副总经理

副会长

李树斌　中国废钢铁应用协会常务副会长兼秘书长

王利群　宝钢股份公司总经理助理

王义栋　鞍钢股份有限公司总经理

韩　庆　北京首钢股份有限公司总经理

顾章飞　首钢总公司总经理助理

蒋建平　江苏沙钢集团有限公司副总经理

杨成文　河北钢铁集团舞阳钢铁有限责任公司董事长

贾国生　河北钢铁集团舞阳钢铁有限责任公司董事长

胡凌冰　天津钢管集团股份有限公司副总经理

陆克从　马钢股份有限公司副总经理

柴志勇　山西太原不锈钢股份有限公司副总经理

蒋志翔　酒钢集团公司副总经理

张银华　中信泰富特钢有限公司常务副总经理

钱　刚　江阴兴澄特种钢有限公司总经理

吴少清　丰立集团有限公司总裁

周迎春　湖北兴业钢铁炉料有限责任公司总经理

袁胜祥　重庆西部再生资源回收有限公司董事长

覃林盛　湖北力帝机床股份有限公司董事长

李明波　湖北力帝机床股份有限公司总经理

胡士勇　江苏华宏科技股份有限公司董事长

李洪卫　江阴市夏港长江拆船厂董事长

刘永彬　中国再生资源开发有限公司副总经理

钟　健　广钢集团有限公司副总经理

康　伟　本钢集团有限公司总经理助理

宋纪圣　山东玉玺集团有限公司董事长

杨尊庆　冶金工业国际交流合作中心主任

张同德　天津物产化轻旭阳国际贸易有限公司总经理

鲁　宁　安徽鑫港炉料股份有限公司董事长

孙学萍　山东永平再生资源有限公司总经理

吴瑞岐　北方鼎业再生资源开发有限公司总经理

周　军　湖南万容科技股份有限公司总经理

周　林　华成金属资源（马鞍山）有限公司总经理

副秘书长

孙泉有　中国废钢铁应用协会

刘树洲　中国废钢铁应用协会

江　战　江阴阳博大宗商品交易市场总经理

李亚光　武钢钢铁（集团）金属资源有限公司副总经理

王方杰　（五届四次理事扩大会增补）

第五届会员大会、理事会活动情况表见表13-5。

表13-5　第五届会员大会、理事会活动情况表

序号	会议名称	会议时间	会议地点
1	五届一次会员大会暨第五届中国金属循环应用国际研讨会	2012年5月11日	北京
2	五届二次理事会扩大会议	2012年11月23日	舟山
3	五届二次会员大会暨五届三次理事会	2013年5月21日	重庆
4	五届四次理事会（扩大）暨第六届中国金属循环应用国际研讨会	2013年11月21日	南昌
5	五届三次会员大会和五届五次理事会扩大会议暨第七届中国金属循环应用国际研讨会	2014年8月29日	北京
6	五届四次会员大会和五届六次理事会议暨第八届中国金属循环应用国际研讨会	2015年5月6日	青岛
7	五届七次理事会	2015年10月29日	南宁

（1）2013 年 11 月 21~22 日，中国废钢铁应用协会五届四次理事扩大会议及中国金属学会废钢铁分会四届二次会议在南昌举行。

中国工程院院士翁宇庆以《电炉钢与废钢的相关性》为题的演讲，回顾了世界电炉钢的发展史，分析了我国电炉钢发展缓慢的原因，提出做好废钢的采选分离和加工，是扩大废钢在电炉应用的重要途径。

（2）2014 年 8 月 29~31 日，协会五届三次会员大会暨五届五次理事扩大会议在北京亮马河酒店召开，同时与钢铁工业协会共同举办了第七届中国金属循环应用国际研讨会。

中国工程院院士殷瑞钰，中国钢铁工业协会名誉会长吴溪淳，中国钢铁工业协会名誉会长吴建常，中小冶金企业商会名誉会长赵喜子，中国钢铁工业协会常务副会长朱继民，中国科学院院士李依依，国家发改委副秘书长赵家荣，国家发改委、工信部、商务部、财政部、税务总局、生态环境部相关部门的领导，中国钢铁工业协会和中国金属学会的领导应邀到会。相关兄弟协会和相关行业协会的领导以及国际回收局等海内外嘉宾、会员代表共 400 余人参加了会议。

本届协会会长武钢集团公司副总经理邹继新致欢迎辞，庆祝中国废钢铁应用协会成立二十周年。

会议放映了介绍废钢铁产业 20 年发展的"浴火再生"宣传片。本次会议主题报告为《加快废钢铁产业发展进程　促进我国钢铁工业平稳、绿色、可持续发展》。

中国科学院李依依院士十分关注中国废钢铁产业的发展，为代表做了《废钢的思考》的演讲。

会议期间，协会举办了首届废钢雕艺术展，栩栩如生的人物和机械等艺术品，受到了嘉宾和代表的高度赞赏。

为共享废钢铁产业二十年的丰硕成果，会议还邀请了原冶金部供运局等司局的老领导、老同志及从事废钢铁产业已退休的资深专家、知名人士欢聚在北京，庆祝废钢铁协会成立二十周年。

（六）六届一次会员大会和第九届中国金属循环应用国际研讨会　2016 年 4 月　武汉

中国废钢铁应用协会第六届一次会员大会和第九届中国金属循环应用国际研讨会，于 2016 年 4 月 27 日在武汉香格里拉大酒店召开，本次会议共有来自全球 13 个国家和地区的 137 家公司和机构参会，参会代表 280 余人。

本次会议主题报告为《坚持改革创新　搞好转型升级　努力开创废钢铁冶金渣综合利用绿色发展新局面》。主要报告了以下三个方面的内容：一是"十二五"后四年协会工作和行业发展的简要回顾；二是 2015 年全行业面临的严峻形势和协会所做的主要工作；三是"十三五"行业发展改革创新总体思路和 2016 年工作建议。

李洪良调研员代表工信部节能与综合利用司在大会上致辞祝贺中国废钢铁应用协会六届一次会员大会胜利召开和选举产生了协会新一届领导机构。讲话中对废钢铁产业的发展提出三点要求。

协会五届八次理事会听取了关于协会章程修订情况、五届理事会财务和会费收缴情况的说明，并审议通过了会费管理办法和会费标准的修改意见、中国废钢铁应用协会废钢铁加工配送中心和示范基地准入标准和管理办法，通过了18家新会员入会申请。

在六届一次理事会上，圆满完成换届工作，首钢总公司副总经理赵民革当选中国废钢铁应用协会第六届理事会会长，王镇武当选名誉会长，李树斌当选常务副会长兼秘书长，选举31位理事为副会长，116名同志当选六届理事会理事。会议还决定，继续聘任王炳根为第六届理事会顾问。

本次会议上废钢铁加工行业信息服务平台正式启动。会议期间，会员代表参加了第九届中国金属循环应用国际研讨会。

第六届理事会

顾　问

王炳根

名誉会长

沈文荣

王镇武

会　长

赵民革　首钢总公司副总经理

许林芳　沙钢集团有限公司副总经理

副会长

李树斌　中国废钢铁应用协会常务副会长兼秘书长

王义栋　鞍山钢铁集团有限公司总经理

李忠武　鞍山钢铁集团公司党委常委、鞍钢股份有限公司副总经理

张典波　上海宝山钢铁股份有限公司副总经理

纪　超　宝山钢铁股份有限公司副总经理

王　平　武钢股份有限公司副总经理

钱　刚　江阴兴澄特种钢铁有限公司总经理

陆克丛　马鞍山钢铁股份有限公司副总经理

陈昭启　马钢（集团）控股有限公司副总经理、总会计师

柴志勇　山西太钢不锈钢股份有限公司副总经理

邓建军　河北钢铁集团舞钢公司董事长

蒋建平　江苏沙钢集团有限公司副总经理

韩　革　本钢集团有限公司副总经理

朴文浩　东北特殊钢集团有限责任公司副总经理

温德松　天津钢管集团股份有限公司副总经理

魏学志　天津钢管集团股份有限公司副总经理

陈培钰　天津钢管集团股份有限公司总经理助理

邸　强　重庆渝商再生资源开发有限公司董事长

岳龙强　重庆渝商再生资源开发有限公司董事长

鲁　宁　安徽鑫港炉料股份有限公司董事长

杨尊庆　冶金工业国际交流合作中心

王嘉盛　酒钢集团宏兴钢铁股份有限公司副总经理

周迎春　湖北兴业钢铁炉料有限责任公司总经理

吴少清　丰立集团有限公司总裁

刘永彬　中国再生资源开发有限公司副总经理

郭　伟　黑龙江省中再生资源开发有限公司董事长兼总经理

胡士勇　江苏华宏科技股份有限公司董事长

李明波　湖北力帝机床股份有限公司总经理

孙学萍　山东永平再生资源股份有限公司董事长

张同德　天津物产化轻旭阳国际贸易有限公司总经理

宋延昭　山东玉玺炉料有限公司总经理

覃林盛　湖北力帝环保设备有限公司董事长

李远征　广州市万绿达集团有限公司总经理

袁胜祥　重庆再生资源交易中心有限公司董事长

吴瑞岐　北方鼎业再生资源开发有限公司总经理

刘　静　中钢德远矿产品有限公司总经理

杨景玲　中冶建筑研究总院有限公司副总工程师

汤国华　江苏加华集团有限公司副总经理

高全宏　北京建龙重工集团有限公司副总经理

左硕文　德龙钢铁集团轮值总裁

陈志立　唐山市德龙钢铁有限公司常务副总经理

郑宝国　首钢总公司供应公司党委书记、总经理

田　燕　天津天钢联合特钢有限公司副总经理

刘　杰　哈尔滨亚泰矿产再生资源有限公司董事长

陆文荣　嘉兴陶庄城市矿产资源有限公司总经理

张锐阳　中钢融合再生资源有限公司总经理

朱国平　江苏飞达控股集团有限公司董事长

朱军红　上海钢联电子商务股份有限公司董事长

陈　禹　江苏省镔鑫钢铁集团有限公司总裁

副秘书长

冯鹤林、王方杰、都兴亚、蔡向东

第六届会员大会、理事会活动情况表见表13-6。

表 13-6　第六届会员大会、理事会活动情况表

序号	会议名称	会议时间	会议地点
1	六届一次会员大会和第九届中国金属循环应用国际研讨会	2016 年 4 月 27 日	武汉
2	全国首次废钢铁加工行业准入工作会议 中国废钢铁应用协会六届二次理事扩大会议	2016 年 12 月 9 日	无锡
3	中国废钢铁应用协会六届二次会员大会暨全国废钢铁产业联盟和全国冶金渣产业联盟成立大会，同期举办了第十届中国金属循环应用国际研讨会	2017 年 4 月 15 日	天津
4	2017 年全国废钢铁大会暨中国废钢铁应用协会六届四次理事扩大会议	2017 年 11 月 22 日	长沙
5	中国废钢铁应用协会六届三次会员大会暨第十一届中国金属循环应用国际研讨会	2018 年 4 月 26 日	苏州
6	2018 年全国废钢铁大会暨中国废钢铁应用协会六届六次理事扩大会议	2018 年 11 月 17 日	成都
7	六届四次会员大会和六届七次理事扩大会议暨第十二届中国金属循环应用国际研讨会	2019 年 4 月 25 日	珠海
8	2019 年全国废钢铁大会暨中国废钢铁应用协会六届八次理事扩大会议	2019 年 11 月 27 日	福州
9	2020 年全国废钢铁大会暨中国废钢铁应用协会六届五次会员大会	2020 年 11 月 11 日	海口

（1）2017 年全国废钢铁大会暨中国废钢铁应用协会六届四次理事扩大会议 11 月 22 日在长沙举行。

原冶金工业部副部长、中国工程院院士殷瑞钰在演讲中指出："钢铁工业迫切需要解决制约行业发展的关键共性技术问题，实现一批重大技术突破。要积极推进工艺流程的优化再造，不断降低铁钢比"。同时指出，低碳绿色发展是钢铁工业实现转型升级战略发展核心和关键。

（2）2018 年全国废钢铁大会暨中国废钢铁应用协会六届六次理事扩大会议，于 2018 年 11 月 17~18 日在成都隆重举行。

第十一届全国政协经济委员会副主任、国家统计专家咨询委员会主任、原国家统计局局长李德水作了《努力工作　迎接废钢产业的春天》主题报告。

（3）2019 年 4 月 25~26 日，中国废钢铁应用协会六届四次会员大会和六届七次理事扩大会暨第十二届中国金属循环应用国际研讨会议在珠海召开。原冶金工业部副部长、中国工程院院士殷瑞钰作了《重视废钢资源及其合理利用》报告，强调低碳绿色发展是钢铁工业实现转型升级战略发展的核心和关键，而废钢铁是唯一可以大量替代铁矿石的原料和节能载能的再生资源，要从发展战略高度来研究废钢铁资源对钢铁工业转型升级的影响，须重视废钢资源及其合理利用。他表示，随着废钢资源量的大幅增加、电价的下调以及环保成本的上升，全废钢电炉流程的优势将更加凸显，必将推动钢铁行业加快转型升级，废钢应该更多地流向全废钢电炉流程。

二、重要专业会议活动

（一）冶金渣相关会议

冶金渣会议活动情况表见表 13-7。

表 13-7 冶金渣会议活动情况表

序号	会议名称	会议时间	会议地点
1	中国废钢铁应用协会冶金渣综合治理专业委员会成立大会	2000 年 12 月 2 日	上海
2	冶金渣开发利用委员会工作会议暨钢铁渣粉生产技术交流会	2002 年 11 月 27 日	鞍山
3	中国废钢铁应用协会冶金渣开发利用委员会工作会议暨冶金固体废物处理利用技术交流会	2005 年 11 月 1 日	武汉
4	钢铁渣处理工艺及资源化利用技术研讨会	2010 年 9 月 15 日	九江
5	全国冶金渣资源综合利用技术研讨会暨协会冶金渣开发利用工作委员会工作会议	2011 年 10 月 21 日	本溪

（二）废钢铁加工设备相关会议

废钢铁加工设备会议活动情况表见表 13-8。

表 13-8 废钢铁加工设备会议活动情况表

序号	会议名称	会议时间	会议地点
1	2005 年全国废钢加工设备工作会议	2005 年 5 月 18 日	宜昌
2	2006 年中国废钢铁应用协会废钢加工设备工作会议	2006 年 7 月 5 日	贵阳
3	2007 年全国废钢及冶金渣加工设备工作会议	2007 年 7 月 23 日	沈阳
4	2008 年中国废钢铁应用协会废钢及冶金渣加工设备工作会议	2008 年 9 月 22 日	江阴
5	2009 年全国废钢铁及冶金渣设备工作会议	2009 年 9 月 21 日	重庆

（三）全国废钢铁统计信息工作会议

全国废钢铁统计信息工作会议活动情况表见表 13-9。

表 13-9 全国废钢铁统计信息工作会议活动情况表

序号	会议名称	会议时间	会议地点
1	全国冶金系统"废钢铁统计计算机联网研讨会"	1994 年 4 月	桂林
2	中国废钢铁应用协会统计会议	1996 年	贵阳
3	冶金企业废钢铁统计及网络传输人员会议	1998 年 6 月 16 日	湖南
4	冶金企业废钢铁统计及网络传输工作会议	1999 年 6 月 28 日	
5	2004 年全国废钢铁统计、信息工作会议	2004 年 7 月 27 日	秦皇岛

序号	会议名称	会议时间	会议地点
6	2005 年全国废钢铁统计、信息工作会议	2005 年 7 月 24 日	北京
7	2006 年全国废钢铁统计信息工作会议	2006 年 8 月 21 日	烟台
8	2007 年全国废钢铁统计信息工作会议	2007 年 9 月 12 日	洛阳
9	2008 年全国废钢铁统计信息工作会议	2008 年 8 月 11 日	太原
10	2009 年全国废钢铁统计信息工作会议	2009 年 8 月 21 日	大连
11	2010 年全国废钢铁统计信息工作会议	2010 年 7 月 22 日	无锡
12	2011 年全国废钢铁统计信息工作会议	2011 年 8 月 10 日	哈尔滨
13	2012 年全国废钢铁统计信息工作会议暨废钢铁税收政策座谈会	2012 年 9 月 25 日	太原
14	2013 年全国废钢铁统计信息工作会议暨废钢铁加工行业准入培训班	2013 年 9 月 12 日	西安
15	2014 年废钢铁冶金渣统计信息工作会议暨废钢铁加工准入企业网络管理培训	2014 年 12 月 3 日	杭州
16	2016 年废钢铁统计信息座谈会会议	2016 年 7 月 21 日	北京
17	2017 年全国废钢铁统计信息工作会议	2017 年 8 月 5 日	吉林
18	2019 年全国废钢铁信息统计工作会议	2019 年 7 月 30 日	包头

（四）直接还原铁相关会议

直接还原铁会议活动情况表见表 13-10。

表 13-10　直接还原铁会议活动情况表

序号	会议名称	会议时间	会议地点
1	中国直接还原铁研讨会暨中国废钢铁应用协会直接还原铁工作委员会筹备会	2011 年 9 月 22 日	北京
2	中国废钢铁应用协会直接还原铁工作委员会成立大会	2012 年 11 月 15 日	沈阳
3	2013 年中国直接还原铁研讨会	2013 年 6 月 16 日	泰安
4	直接还原生产工艺、产品应用及市场推介 2014 交流会	2014 年 3 月 5 日	天津
5	2015 年国际直接还原铁大会	2015 年 9 月 18 日	包头
6	2016 年气基竖炉直接还原工艺技术研讨会	2016 年 12 月 16 日	北京
7	全国冶金还原创新论坛暨 2017 直接还原铁学术年会会议	2017 年 11 月 26 日	北海
8	2018 年非高炉冶炼创新发展论坛会	2018 年 11 月 16 日	成都
9	全国冶金还原冶炼新工艺论坛暨 2019 年非高炉冶炼年会	2019 年 12 月 6 日	保山
10	2020 年非高炉冶炼新工艺高峰论坛暨非高炉冶炼技术产业联盟第一届理事会会议	2020 年 12 月 12 日	昆明

（五）专项座谈会

座谈会活动情况表见表 13-11。

表 13-11　座谈会活动情况表

序号	会议名称	会议时间	会议地点
1	冶金渣"十二五"规划座谈会	2010 年 8 月 10 日	北京
2	废钢铁产业"十二五"发展规划座谈会	2010 年 10 月 19 日	北京
3	废钢铁产业加工配送座谈会会议	2011 年 2 月 24 日	北京
4	《废钢铁加工配送行业准入条件》座谈会	2011 年 7 月 22 日	武汉
5	进口废钢座谈会	2013 年 10 月 15 日	北京
6	2015 废钢铁行业大会	2015 年 7 月 20 日	北京
7	废钢铁产业一体化发展座谈会会议	2017 年 5 月 15 日	麻城
8	冶金渣综合利用调研座谈会会议	2018 年 1 月 20 日	宁波
9	废钢铁分类与行业标准宣贯工作座谈会	2019 年 11 月 14 日	广州

1.《废钢铁加工配送行业准入条件》座谈会

2011 年 7 月 22 日，国家工信部节能与综合利用司在武汉召开《废钢铁加工配送行业准入条件》座谈会，国家工信部节能与综合利用司雷文处长出席会议并讲话。来自全国的 11 家废钢铁加工配送企业和废钢铁应用企业的主要负责人参加了座谈会。

座谈会上，雷文处长就围绕制定废钢铁加工配送行业准入条件目的和意义，提出相关问题供大家思考和讨论。

座谈会在活跃的气氛下进行，各与会同志踊跃发言，各抒己见。从不同角度对行业准入条件提出很好的建议，为政府部门出谋划策。

最后，雷文处长做了总结发言。

2. 2015 废钢铁行业大会

2015 年 7 月 20 日，受工信部委托，由中国钢铁工业协会、全联中小冶金企业商会、中国循环经济协会、中国再生资源回收利用协会、中国物资再生协会、中国拆船协会、中国废钢铁应用协会等七家协会共同主办的 2015 废钢铁行业大会在北京召开。工信部、财政部、国家税务总局、发改委、商务部相关负责人，中国钢铁工业协会等相关协会的有关领导应邀莅临会议。

工信部节能与综合利用司毕俊生副司长发表讲话，他指出，要把绿色发展作为钢铁行业可持续发展的增长点。提高废钢铁的综合利用对于钢铁行业的绿色发展，加快生态文明建设具有至关重要的作用。税收政策的出台，对于废钢铁的综合利用有重大推动作用，可以起到引流开源，"抓中间，带两头"的作用，如果可以将流失的资源疏导到规范企业，国家的税收收入可能会不降反增。另外，毕俊生司长还部署了后续的相关工作：（1）要加强税收优惠政策的宣贯，举办相关企业的培训班，组织企业进行行业自律，运用信息平台等手段加强政策执行过程的事中事后监管；（2）要强化产业政策和税收政策的结合，提高产业政策的执行效率，做好行业准入工作，完善相应的管理体系，发挥政策的合力作用；（3）要加强相关先进技术的研发、推广及应用，组织相关钢铁企业及废钢企业研究"炼钢炉料"级废钢铁产品标准，促进废钢铁行业的产业化和标准化工作。

国家税务总局货物和劳务税司袁滨利调研员在讲话中指出：税收优惠政策的运行需要一个良好的生态环境。再生资源行业的绿色税收制度对于发展绿色经济具有很重要的意义，但是恢复出台税收优惠政策运行存在一定的风险，要严格监管，控制行业膨胀，防止走上原来的老路。企业要规范经营，遵纪守法，自觉自律，为政策的实施创造良性发展环境。尤其在政策执行前期，企业与政府之间需要适应，遇到问题及时反馈。

财政部税政司调研员高晟向大家介绍了78号文出台的背景，指出，中国经济在新常态情形下，国家政策要发挥对行业的引导作用。针对78号文中规定一般纳税人、销售产品、纳税信用等级要求等条件进行了解读，优惠政策本着"解决主要矛盾"的原则，促进再生资源的回收和利用不断融合，推进再生资源从各个领域收集并向资源化发展，积极引导企业诚信经营，为政策的执行创造良好的条件。同时要求行业协会对所管辖的行业年退税金额进行评估，并在政策实施半年左右，对执行情况进行调研并及时反馈到财政部。并指出78号文自2015年7月1日起执行，执行情况将直接影响后期增值税法的制定和决定现行税收优惠政策执行期的长短。

商务部流通业发展司处长梁志君向大家介绍了目前我国再生资源行业的发展现状，以及商务部在再生资源行业发展过程中所做的工作。同时也针对78号文件发表了自己的看法。提出，面对当前的严峻形势，再生资源行业要利用"互联网+"模式，以创新为核心，改变传统发展管理模式，为行业发展注入新活力。优惠政策的出台利好再生资源行业发展，对缓解目前行业压力起到有利作用。呼吁大家要抓住机遇，及时反馈政策执行过程中的问题，引导并促进再生行业可持续发展。

中国钢铁工业协会常务副会长朱继民对我国钢铁行业今年上半年发展情况进行了详细介绍。他指出，在产能过剩、转型升级过程中，钢铁企业要多吃废钢。企业要站在全行业可持续发展的角度及高度看问题，积极推动钢铁行业绿色发展。

中国循环经济协会副会长张谦、中国再生资源回收利用协会副会长兼秘书长潘永刚、中国物资再生协会副会长兼秘书长高延莉、中国拆船协会会长谢德华都针对78号文件发表了讲话。共同呼吁我们要珍惜机会，为优惠政策的执行营造良好的生态环境。行业协会要制定相关条件为行业良性循环发展创造条件，企业要创新经营模式，转变思维方式，积极转型升级，跟上改革发展的步伐。执行政策中企业要遵纪守法，及时反映政策执行过程中的问题。

最后，中国废钢铁应用协会常务副会长兼秘书长李树斌对几年来积极反映企业诉求，争取税收优惠政策情况做了简要回顾，提出在政策执行过程中要加强行业自律，为以后提高退税比例打好基础。同时，介绍了当前废钢铁行业所面临的严峻形势及前景。呼吁广大企业要利用好、执行好税收优惠政策，大家共同努力，讲诚信守法经营，充分利用废钢铁管理平台进行监管。在政策实施过程中遇到问题及时反馈、沟通，积极引领废钢铁行业健康发展。

下午，分别召开了废钢铁加工应用和冶金渣开发利用座谈会。财政部税政司郭强与参会代表进行了互动交流，听取了对执行 78 号文反映的共性问题和个案意见。财政部将会同国家税务总局认真研究，推动税收优惠政策的尽快落实。

3. 废钢铁产业一体化发展座谈会会议

2017 年 5 月 15~16 日，废钢铁产业一体化发展座谈会在湖北麻城召开。来自宝武、鞍钢、首钢、沙钢、马钢等 15 家钢铁企业，葛洲坝兴业、山东玉玺、重庆渝商、安徽诚兴等 20 家废钢铁加工企业，华宏、力帝等 5 家设备制造企业约 80 人参加了会议。工信部节能与综合利用司资源综合利用处副处长罗晓丽、中国钢铁工业协会副秘书长王颖生出席了会议。

会议主要议题和建议：
(1) 资源问题；
(2) 加工装备及尾料问题；
(3) 标准和质量问题；
(4) 财税政策问题；
(5) 信息统计问题；
(6) 进出口问题。

建议如下：
(1) 应推动废钢铁产业一体化发展，积极培育行业龙头企业，提高产业集中度和管理水平；
(2) 加快废钢铁加工配送体系建设，确保资源合理流向，促进钢铁企业多用废钢；
(3) 加快行业标准的制定，加强信息统计工作，培养行业信息服务和大数据平台；
(4) 着手研究废钢铁行业国际化的可行性和策略。

4. 废钢铁分类与行业标准宣贯工作座谈会

2019 年 11 月 14 日，废钢铁分类与行业标准宣贯工作座谈会在广州万绿达集团公司总部举行。原冶金部副部长、中国工程院院士殷瑞钰、工信部节能与综合利用司资源综合利用处处长王文远、中国金属学会专家委员会主任王天义、中国钢铁工业协会发展与科技环保部王东海，来自马钢等 10 家钢铁企业的代表和来自葛洲坝兴业等 8 家废钢铁加工企业的代表，以及大连商品交易所和北京中联海陆商品检验有限公司等 40 多人参加了会议。

殷瑞钰院士指出，废钢是国家重要的战略资源，是铁素资源的重要组成部分。他强调，废钢利用最重要的就是标准和分类，要加强行业标准的宣贯工作，细化废钢各品种，尤其是废旧不锈钢、合金钢的分类和高值化利用。

王文远处长表示，工信部节能司已着手制定再生资源行业"十四五"发展规划，未来要加强标准宣贯，做好废钢分类，推动废钢产业建立标准体系。

马钢废钢公司总经理助理骆小刚和鞍钢股份有限公司产品制造部冶炼处长张新义就废钢铁行业标准在马钢和鞍钢的试点情况分别做了介绍。

与会代表表示，废钢铁行业标准的起草来之不易，其宣贯工作对于废钢行业的发展至关重要，建议由废钢协会牵头，成立专门的机构，制订 2~3 年详细的贯标计划，加强对于钢铁企业和废钢铁加工企业相关人员的培训，推动废钢铁检验标准及自动化检验装备的研究。

会议期间，大连商品交易所工业品事业部代表就废钢铁期货研究情况、期货品种分类及交割检验等相关问题做了报告。

附　　录

附录一　国内外废钢铁相关统计数据

国内废钢铁相关统计数据

附表 1-1　1994~2020 年粗钢产量及废钢消耗情况　　　　　　　　　（万吨）

年份	粗钢产量	炼钢废钢消耗量	钢企自产废钢量	社会采购废钢量	全国进口废钢量	其中：用于炼钢	废钢单耗/千克·吨⁻¹		
							转炉	电炉	综合
1994	9261	3120	910	1650	220	130	96	890	336
1995	9536	2900	950	1150	139	90	97	839	304
1996	10124	2800	1010	1270	129	80	96	831	276
1997	10891	2800	1070	1370	183	100	86	843	257
1998	11459	2750	1120	1500	202	110	84	824	234
1999	12395	2670	1210	1413	335	210	89	805	215
2000	12850	2920	1299	1788	510	307	121	891	226
2001	15163	3440	1334	1900	979	360	104	803	227
2002	18225	3920	1344	2280	785	370	105	760	215
2003	22241	4820	1530	3220	929	440	94	784	216
2004	27280	5430	1700	3300	1023	750	95	752	198
2005	35579	6330	2220	3680	1014	710	96	768	178
2006	42102	6740	2750	3820	539	440	91	742	160
2007	48971	6850	2780	4310	339	120	74	611	140
2008	51234	7380	2880	4360	359	260	78	602	144
2009	57707	8370	3080	4600	1369	1020	81	728	145
2010	63874	8810	3250	5400	585	420	80	624	138
2011	70197	9340	3660	5220	677	510	80	605	133
2012	73104	8520	3720	4470	497	370	69	601	117
2013	77904	8570	3850	4650	446	380	67	559	110
2014	82270	8830	4100	4740	256	180	67	584	107
2015	80383	8330	4190	4090	233	180	66	580	104
2016	80837	9010	4430	4645	216	170	72	617	111
2017	83173	14791	4216	11030	232	185	128	661	178
2018	92826	18777	4920	14027	134	98	152	663	202
2019	99634	21593	5590	16280	18	16	168	648	217
2020	106477	23262	5960	17752	3	0	165	682	219

附表 1-2　1994~2020 年我国粗钢产量及铁钢比、电炉钢比、废钢比

年份	粗钢产量/万吨	铁钢比	电炉钢比/%	废钢比/%
1994	9261	1.05	21.2	33.69
1995	9536	1.10	19	30.41
1996	10124	1.06	18.7	27.66
1997	10891	1.06	17.6	25.71
1998	11459	1.03	15.8	24.00
1999	12395	1.01	15.7	21.38
2000	12850	1.02	15.7	22.72
2001	15163	1.03	15.8	22.69
2002	18225	0.94	16.7	21.51
2003	22241	0.96	17.6	21.67
2004	27280	0.92	15.2	19.90
2005	35579	0.97	11.7	17.79
2006	42102	0.98	10.5	16.01
2007	48971	0.97	11.9	13.99
2008	51234	0.94	12.4	14.40
2009	57707	0.99	9.7	14.50
2010	63874	0.93	10.4	13.79
2011	70197	0.92	10.1	13.31
2012	73104	0.92	8.9	11.65
2013	77904	0.91	7	11.00
2014	82270	0.87	7.9	10.70
2015	80383	0.86	7.3	10.40
2016	80837	0.87	7.2	11.10
2017	83173	0.85	9.3	17.78
2018	92826	0.83	9.8	20.23
2019	99634	0.81	10.2	21.70
2020	106477	0.83	10.4	21.85

附表 1-3　2001~2020 年国内废钢、炼钢生铁平均价格　　　　　（元/吨）

年份	重型	中型	小型	统料	生铁
2001	1184	1015	969	932	
2002	1040	968	938	896	
2003	1507	1380	1330	1252	
2004	2136	2065	1999	1869	2319
2005	2254	2191	2091	1994	2309
2006	1996	1935	1824	1785	2135

年份	重型	中型	小型	统料	生铁
2007	2380	2312	2211	2148	2780
2008	3250	3146	2951	2896	3867
2009	2581	2488	2391	2375	2629
2010	3041	2938	2874	2719	3217
2011	3672	3593	3468	3603	3751
2012	3030	2953	2823	2974	3103
2013	2637	2545	2552	2542	2766
2014	2259	2169	2159	2135	2393
2015	1486	1386	1436	1433	1681
2016	1507	1431	1267	1140	1689
2017	1885	1775	1557	1470	2480
2018	2592	2461	2267	2075	2884
2019	2721	2579	2350	2309	2942
2020	2730	2615	2374	2286	2896

附表 1-4　1950~2020 年全国粗钢、生铁、废钢统计表

项　目	粗钢产量/万吨	生铁产量/万吨	炼钢废钢消耗量/万吨	废钢资源量/万吨
1950~1952 年恢复时期	286	436		
1953~1957 年"一五"时期	1667	1998		
1958~1962 年"二五"时期	5590	8362		
1963~1965 年调整时期	2949	2720		
1966~1970 年"三五"时期	6577	6145		
1971~1975 年"四五"时期	11494	11456		
1976 年	2046	2231		
1977 年	2374	2357		
1978 年	3178	3479		
1979 年	3448	3673	517	
1980 年	3712	3802	557	
1981 年	3560	3417	498	
1982 年	3716	3551	520	
1983 年	4002	3738	560	
1984 年	4348	4001	614	
1985 年	4679	4384	702	
1986 年	5221	5064	783	
1987 年	5628	5503	878	
1988 年	5943	5704	939	
1989 年	6159	5820	998	
1990 年	6635	6237	1033	

项 目	粗钢产量/万吨	生铁产量/万吨	炼钢废钢消耗量/万吨	废钢资源量/万吨
1991 年	7100	6428	1058	
1992 年	8094	7589	1344	
1993 年	8954	8738	1713	
1994 年	9261	9741	3120①	
1995 年	9536	10529	2900	
1996 年	10124	10722	2800	
1997 年	10891	11511	2800	
1998 年	11459	11852	2750	
1999 年	12395	12533	2670	
2000 年	12850	13101	2920	4790
2001 年	15163	14541	3440	5350
2002 年	18225	17000	3920	5730
2003 年	22234	20200	4820	6230
2004 年	27280	25191	5430	6720
2005 年	35579	33040	6330	7620
2006 年	42102	40417	6740	8550
2007 年	48971	46945	6850	9080
2008 年	51234	47067	7380	9580
2009 年	57707	54375	8370	10380
2010 年	63874	59022	8810	11290
2011 年	70197	64543	9340	12620
2012 年	73104	67010	8520②	13760
2013 年	82200	74808	8570	15360
2014 年	82270	71160	8830	16240
2015 年	80383	69141	8330	16700
2016 年	80837	70074	9010	17200
2017 年	83173	71075	14791	19180
2018 年	92826	77105	18777	22000
2019 年	99634	80937	21593	24000
2020 年	106477	88752	23262	26000

①成立协会后统计口径发生了变化；

②部分废钢被非主流企业应用，不在统计范围内。

附表 1-5　1994~2020 年钢渣、铁渣产生量及利用情况

年份	粗钢产量/万吨	钢渣产量/万吨	钢渣产出率/%	钢渣利用量/万吨	钢渣利用率/%	生铁产量/万吨	高炉渣产量/万吨	铁渣产出率/%	高炉渣利用量/万吨	高炉渣利用率/%	钢铁渣总量/万吨	综合利用率/%	当年堆存量/万吨
1994	9261	1320	14.25	554	42.00	8820	3310	37.53	2714	82.00	4630	60.00	1361
1995	9536	1394	14.62	585	42.00	9082	3580	39.42	2936	82.00	4974	60.00	1453
1996	10124	1518	14.99	638	42.00	9642	3645	37.80	2989	82.00	5163	60.00	1537
1997	10891	1613	14.81	677	42.00	10372	3910	37.70	3206	82.00	5523	60.00	1639
1998	11459	1715	14.97	720	42.00	10913	4030	36.93	3305	82.00	5745	60.00	1720

年份	粗钢产量/万吨	钢渣产量/万吨	钢渣产出率/%	钢渣利用量/万吨	钢渣利用率/%	生铁产量/万吨	高炉渣产量/万吨	铁渣产出率/%	高炉渣利用量/万吨	高炉渣利用率/%	钢铁渣总量/万吨	综合利用率/%	当年堆存量/万吨
1999	12395	1855	14.97	742	40.00	11805	4260	36.09	3493	82.00	6115	60.00	1880
2000	12850	1908	14.85	725	38.00	12238	4450	36.36	3649	82.00	6358	60.00	1984
2001	15163	2283	15.06	594	26.00	14441	4980	34.49	3785	76.00	7263	50.00	2885
2002	18225	2723	14.94	735	27.00	17357	5806	33.45	4413	76.00	8529	50.00	3381
2003	22241	3335	14.99	334	10.00	21182	6878	32.47	4471	65.00	10213	40.00	5409
2004	27280	4085	14.97	409	10.00	25981	8560	32.95	5564	65.00	12645	40.00	6673
2005	35579	5100	14.33	510	10.00	33885	10820	31.93	7574	70.00	15920	51.00	7836
2006	42102	5860	13.92	586	10.00	40097	13200	32.92	9240	70.00	19060	52.00	9234
2007	48971	6500	13.27	650	10.00	46639	15000	32.16	10500	70.00	21500	52.00	10350
2008	51234	6510	12.71	651	10.00	48794	16000	32.79	11200	70.00	22510	53.00	10659
2009	57707	7950	13.78	1749	22.00	54375	18500	34.02	14245	77.00	26450	60.00	10456
2010	63874	8147	12.75	1711	21.00	59022	20067	34.00	15251	76.00	28214	58.00	11252
2011	70197	9042	12.88	1989	22.00	62969	21420	34.02	16708	78.00	30462	61.00	11765
2012	73104	9300	12.72	2046	22.00	65791	22134	33.64	17265	78.00	31434	61.00	12123
2013	77904	10127	13.00	2532	25.00	70897	24105	34.00	19766	82.00	34232	65.00	11934
2014	82270	11518	14.00	2522	21.90	71160	24194	34.00	19791	81.80	35712	66.00	13399
2015	80382	10449	13.00	2205	21.10	69142	23494	33.98	19406	82.60	33943	68.00	12332
2016	80837	10506	13.00	2311	22.00	70074	23621	33.71	19605	83.00	34127	67.00	12210
2017	83173	9669	11.63	2079	21.50	71076	24877	35.00	20772	83.50	34546	67.00	11695
2018	92826	12061	12.99	2653	22.00	77105	26214	34.00	22020	84.00	38275	68.00	13601
2019	99630	12454	12.50	2989	24.00	80936.5	25252	31.20	21212	84.00	37706	64.00	13505
2020	106477	12660	11.89	3241	25.60	88752.4	26981	30.40	22934	85.00	39641	66.00	13466

附表 1-6　1985~2020 年废钢、生铁进出口量及进出口统计

年份	废　钢				生　铁			
	进口数量/万吨	金额/万美元	出口数量/万吨	金额/万美元	进口数量/万吨	金额/万美元	出口数量/万吨	金额/万美元
1985	36.88	4872.00			291.06	36673.00	0.42	68.00
1986	79.38	9732.00			280.39	35665.00	0.29	43.00
1987	47.94	5862.00			140.04	17907.00	34.23	3716.00
1988	9.58	1228.00			87.98	12529.00	230.77	22956.00
1989	4.89	703.00			76.83	10692.00	63.42	8055.00
1990	15.52	1742.00			121.53	17977.00	54.93	7876.00
1991	13.38	2069.00	7.38	632.00	38.51	7495.00	66.79	9342.00

续附表 1-6

年份	废 钢				生 铁			
	进口数量/万吨	金额/万美元	出口数量/万吨	金额/万美元	进口数量/万吨	金额/万美元	出口数量/万吨	金额/万美元
1992	149.83	23912.00	3.21	261.00	24.45	4006.00	100.65	11967.00
1993	313.00	45900.00		393.00	100.00	15200.00	34.00	5435.00
1994	220.32	30700.00	2.23	285.00	40.10	7200.00	155.72	22195.00
1995	139.28	17600.00	6.62	206.00	13.57	3200.00	543.29	81787.00
1996	129.21	17500.00	8.58	1100.00	4.25	600.00	359.39	51800.00
1997	182.89	21500.00	8.39	1500.00	5.52	1300.00	553.78	81500.00
1998	202.10	21000.00	3.50	700.00	3.00	800.00	242.90	33000.00
1999	333.91	31666.10	6.29	886.44	5.88	674.30	162.12	18550.89
2000	510.10	50879.47	4.73	663.92	1.75	272.51	333.28	39631.21
2001	978.69	106150.30	0.97	220.39	48.01	5651.44	68.25	8190.93
2002	785.32	89564.37	0.63	170.30	64.82	7628.28	39.68	5188.91
2003	929.24	140529.00	0.39	132.00	51.30	7684.00	71.47	12573.00
2004	1022.56	223168.00	0.58	221.00	81.75	18662.00	129.07	36144.00
2005	1014.33	261049.00	0.19	97.00	27.01	6690.00	222.57	66651.00
2006	538.31	186169.00	3.98	1182.00	16.95	4588.00	86.70	27215.00
2007	339.43	249658.00	3.22	1384.00	69.57	24034.00	69.28	25472.00
2008	358.91	246746.00	20.42	9480.00	35.59	19376.00	25.08	12792.00
2009	1369.15	509552.00	0.91	280.00	361.65	112731.00	23.75	8656.00
2010	584.82	300497.00	37.28	16121.00	87.30	35717.00	70.73	30300.00
2011	676.69	413639.00	2.51	1281.00	97.10	49139.00	87.19	44098.00
2012	497.40	309032.00	0.09	55.00	58.13	26653.00	30.17	14505.00
2013	446.49	259852.00	0.03	17.00	29.80	11889.00	26.45	11057.00
2014	256.42	168360.00	0.10	126.00	19.27	7198.00	24.20	9752.00
2015	232.82	118947.00	0.11	43.00	16.80	4764.00	16.94	4716.00
2016	216.07	92983.00	0.10	33.00	19.03	5012.00	13.29	2791.00
2017	232.34	123220.28	220.28	25372.00	18.23	6721.69	8.56	2263.00
2018	134.26	78050.21	33.00	4818.00	11.21	7175.39	0.30	78.00
2019	18.43	11092.06	0.27	98.6318	98.84	37582.18	0.05	25.46
2020	2.71	202.05	0.04	13.3079	556.02	203210.02	0.10	53.61

国外废钢铁相关统计数据

附表 1-7　2006~2020 年全球钢铁产量与金属原料消耗情况表

年份	粗钢产量/亿吨	转炉钢产量/亿吨	电炉钢产量/亿吨	生铁产量/亿吨	废钢消耗量/亿吨	直接还原铁消耗量/万吨
2006	12.47	8.2	3.95	8.8	5	6000
2007	13.46	9.01	4.16	9.61	5.4	6700
2008	13.41	8.9	4.09	9.49	5.3	6800

续附表 1-7

年份	粗钢产量 /亿吨	转炉钢产量 /亿吨	电炉钢产量 /亿吨	生铁产量 /亿吨	废钢消耗量 /亿吨	直接还原铁 消耗量/万吨
2009	12. 35	8. 63	3. 44	9. 33	4. 4	6400
2010	14. 32	9. 87	4. 11	10. 34	5. 3	7000
2011	15. 29	10. 65	4. 49	10. 35	5. 7	7200
2012	15. 6	10. 99	4. 43	11. 05	5. 7	7300
2013	16. 5	12. 06	4. 27	11. 67	5. 8	7600
2014	16. 69	12. 29	4. 28	12. 19	5. 85	7800
2015	16. 2	12. 01	4. 03	11. 56	5. 55	7300
2016	16. 31	12	4. 12	11. 7	5. 6	6620
2017	17. 35	12. 44	4. 68	11. 83	6	7790
2018	18. 27	12. 67	5. 24	12. 58	—	8920
2019	18. 74	13. 43	5. 23	13. 21	6. 3	9210
2020	18. 77	13. 73	4. 93	13. 13	6. 3	8570

附表 1-8　主要国家和地区粗钢产量　　　　　　　　　　（百万吨）

年份	中国	欧盟 28 国	美国	土耳其	俄罗斯	日本	韩国
2005	355. 79	195. 7	94. 9	21	—	—	—
2006	421. 02	207	98. 6	23. 3	70. 8	116. 2	—
2007	489. 71	209. 7	98. 1	25. 8	72. 4	120. 2	—
2008	512. 34	198	91. 4	26. 8	68. 5	118. 7	—
2009	577. 07	139. 8	58. 2	25. 3	60	87. 5	—
2010	638. 74	172. 6	80. 5	29. 1	66. 9	109. 6	—
2011	701. 97	177. 2	86. 4	34. 1	68. 9	107. 6	—
2012	731. 04	168. 6	88. 7	35. 9	70. 2	107. 2	69. 1
2013	822. 00	166. 4	86. 9	34. 7	69	110. 6	66. 1
2014	822. 70	169. 3	88. 2	34	71. 5	110. 7	71. 5
2015	803. 83	166. 17	78. 8	31. 51	70. 9	105. 1	69. 67
2016	808. 37	166. 2	78. 6	33. 16	70. 45	104. 8	68. 57
2017	831. 73	168. 518	81. 612	37. 524	71. 59	104. 661	71. 03
2018	928. 26	167. 655	86. 607	37. 312	72. 82	104. 319	72. 464
2019	996. 34	157. 298	87. 761	33. 743	72. 0	99. 254	71. 412
2020	1064. 77	138. 786	72. 69	35. 81	73. 2	83. 194	67. 121

附表 1-9　主要国家和地区废钢消耗量　　　　　　　　　　（百万吨）

年份	中国	欧盟 28 国	美国	土耳其	俄罗斯	日本	韩国
2005	—	105. 7	66	17. 6	—	—	—
2006	67. 2	115. 3	64	20. 2	20. 2	42. 2	—
2007	68. 5	116. 7	64	22. 6	21. 4	44. 4	—
2008	72	111. 3	66	22. 9	20. 1	44. 8	—

续附表 1-9

年份	中国	欧盟 28 国	美国	土耳其	俄罗斯	日本	韩国
2009	83.1	80.9	53	21.5	13.7	29.8	—
2010	86.7	95.8	60	25.3	21.5	38.4	—
2011	91	100.8	56	30.8	21	37.2	—
2012	84	94.2	63	32.4	20.1	35.5	32.6
2013	85.7	90.3	59	30.4	19.4	36.7	32.7
2014	87.5	91.6	62	28.18	19.3	36.9	32.6
2015	83.3	91.61	56.5	24.06	17.3	33.53	29.85
2016	90.1	88.4	56.7	25.88	27.8	33.58	27.4
2017	147.9	93.574	58.8	30.27	29.338	35.778	30.665
2018	187.77	90.939	60.1	31.317	31.776	36.513	29.956
2019	215.93	86.473	60.7	27.9	30.173	33.682	28.601
2020	232.62	77.539	50	30.077	29.929	29.179	25.831

附表 1-10　主要国家和地区废钢进口量　（百万吨）

年份	土耳其	韩国	美国	中国	中国台湾	印度	巴基斯坦	印度尼西亚	泰国
2005	13.316	6.814	3.836	10.136	3.422	4.908	—	—	—
2006	15.1	5.621	4.814	5.386	4.459	3.359	—	—	—
2007	17.141	6.887	3.692	3.395	5.418	3.104	—	1.26	1.805
2008	17.415	7.319	3.571	3.59	5.539	4.579	—	1.899	3.142
2009	15.639	7.8	2.986	13.692	3.912	5.336	—	1.484	1.323
2010	19.192	8.091	3.775	5.848	5.364	4.643	—	1.642	1.282
2011	21.46	8.628	4.003	6.767	5.328	6.175	—	2.157	1.877
2012	22.415	10.126	3.711	4.974	4.955	8.18	—	1.944	1.701
2013	19.725	9.26	3.882	4.465	4.453	5.636	—	2.399	0.961
2014	19.068	8.002	4.215	2.564	4.272	5.699	—	2.137	1.383
2015	16.251	5.758	3.513	2.328	3.373	6.71	3.257	1.020	0.945
2016	17.716	5.845	3.864	2.162	3.155	6.38	4.034	1.02	0.953
2017	20.98	6.175	4.636	2.326	2.919	5.363	5.123	1.857	1.741
2018	20.66	6.393	5.03	1.343	3.629	6.33	5.013	2.51	1.724
2019	18.857	6.495	4.268	—	3.523	7.053	4.337	2.614	—
2020	22.435	4.398	4.512	—	3.616	5.383	—	1.42	—

附表 1-11　主要国家和地区废钢出口量　（百万吨）

年份	欧盟 28 国	美国	日本	俄罗斯	加拿大	澳大利亚	巴西	中国香港	新加坡
2005	9.243	13.001	7.576	12.653	—	—	—	—	—
2006	10.083	13.978	7.654	9.797	—	1.335	—	—	—

年份	欧盟 28 国	美国	日本	俄罗斯	加拿大	澳大利亚	巴西	中国香港	新加坡
2007	10. 566	16. 642	6. 449	7. 855	—	1. 501	—	—	—
2008	12. 799	21. 712	5. 344	5. 128	—	1. 708	—	—	—
2009	15. 779	22. 439	9. 398	1. 202	—	1. 925	—	—	—
2010	19. 033	20. 556	6. 472	2. 39	5. 154	1. 636	—	—	—
2011	18. 77	24. 373	5. 442	4. 042	4. 832	1. 745	—	—	—
2012	19. 579	21. 397	8. 586	4. 349	4. 248	2. 245	—	—	—
2013	16. 826	18. 495	8. 129	3. 714	4. 521	2. 2	—	—	—
2014	16. 953	15. 34	7. 339	5. 765	4. 51	2. 362	—	1. 292	0. 911
2015	13. 743	12. 976	7. 839	5. 646	3. 415	1. 898	—	1. 239	0. 844
2016	17. 769	12. 819	8. 698	5. 524	3. 632	1. 583	0. 611	1. 347	1. 048
2017	20. 085	15. 016	8. 208	5. 32	4. 409	1. 979	1. 38	1. 38	0. 79
2018	21. 656	17. 332	7. 402	5. 591	5. 107	1. 968	0. 356	1. 295	0. 775
2019	21. 75	17. 685	7. 657	4. 099	4. 369	2. 325	0. 685	0. 958	0. 759
2020	22. 627	16. 874	9. 387	4. 728	4. 512	2. 093	0. 732	0. 607	—

附录二　废钢铁相关法律法规节录

中华人民共和国固体废物污染环境防治法

（1995 年 10 月 30 日第八届全国人民代表大会常务委员会第十六次会议通过　2004 年 12 月 29 日第十届全国人民代表大会常务委员会第十三次会议第一次修订　根据 2013 年 6 月 29 日第十二届全国人民代表大会常务委员会第三次会议《关于修改〈中华人民共和国文物保护法〉等十二部法律的决定》第一次修正　根据 2015 年 4 月 24 日第十二届全国人民代表大会常务委员会第十四次会议《关于修改〈中华人民共和国港口法〉等七部法律的决定》第二次修正　根据 2016 年 11 月 7 日第十二届全国人民代表大会常务委员会第二十四次会议《关于修改〈中华人民共和国对外贸易法〉等十二部法律的决定》第三次修正　2020 年 4 月 29 日第十三届全国人民代表大会常务委员会第十七次会议第二次修订）

目录

第一章　总则

第二章　监督管理

第三章　工业固体废物

第四章　生活垃圾

第五章　建筑垃圾、农业固体废物等

第六章　危险废物

第七章　保障措施

第八章　法律责任

第九章　附则

第一章　总　　则

第一条　为了保护和改善生态环境，防治固体废物污染环境，保障公众健康，维护生态安全，推进生态文明建设，促进经济社会可持续发展，制定本法。

第二条　固体废物污染环境的防治适用本法。

固体废物污染海洋环境的防治和放射性固体废物污染环境的防治不适用本法。

第三条　国家推行绿色发展方式，促进清洁生产和循环经济发展。

国家倡导简约适度、绿色低碳的生活方式，引导公众积极参与固体废物污染环境防治。

第四条　固体废物污染环境防治坚持减量化、资源化和无害化的原则。

任何单位和个人都应当采取措施，减少固体废物的产生量，促进固体废物的综合利用，降低固体废物的危害性。

第五条　固体废物污染环境防治坚持污染担责的原则。

产生、收集、贮存、运输、利用、处置固体废物的单位和个人，应当采取措施，防止或者减少固体废物对环境的污染，对所造成的环境污染依法承担责任。

第六条　国家推行生活垃圾分类制度。

生活垃圾分类坚持政府推动、全民参与、城乡统筹、因地制宜、简便易行的原则。

第七条　地方各级人民政府对本行政区域固体废物污染环境防治负责。

国家实行固体废物污染环境防治目标责任制和考核评价制度，将固体废物污染环境防治目标完成情况纳入考核评价的内容。

第八条　各级人民政府应当加强对固体废物污染环境防治工作的领导，组织、协调、督促有关部门依法履行固体废物污染环境防治监督管理职责。

省、自治区、直辖市之间可以协商建立跨行政区域固体废物污染环境的联防联控机制，统筹规划制定、设施建设、固体废物转移等工作。

第九条　国务院生态环境主管部门对全国固体废物污染环境防治工作实施统一监督管理。国务院发展改革、工业和信息化、自然资源、住房城乡建设、交通运输、农业农村、商务、卫生健康、海关等主管部门在各自职责范围内负责固体废物污染环境防治的监督管理工作。

地方人民政府生态环境主管部门对本行政区域固体废物污染环境防治工作实施统一监督管理。地方人民政府发展改革、工业和信息化、自然资源、住房城乡建设、交通运输、农业农村、商务、卫生健康等主管部门在各自职责范围内负责固体废物污染环境防治的监督管理工作。

第十条　国家鼓励、支持固体废物污染环境防治的科学研究、技术开发、先进技术推广和科学普及，加强固体废物污染环境防治科技支撑。

第十一条　国家机关、社会团体、企业事业单位、基层群众性自治组织和新闻媒体应当加强固体废物污染环境防治宣传教育和科学普及，增强公众固体废物污染环境防治意识。

学校应当开展生活垃圾分类以及其他固体废物污染环境防治知识普及和教育。

第十二条　各级人民政府对在固体废物污染环境防治工作以及相关的综合利用活动中做出显著成绩的单位和个人，按照国家有关规定给予表彰、奖励。

第二章　监　督　管　理

第十三条　县级以上人民政府应当将固体废物污染环境防治工作纳入国民经济和社会发展规划、生态环境保护规划，并采取有效措施减少固体废物的产生量、促进固体废物的综合利用、降低固体废物的危害性，最大限度降低固体废物填埋量。

第十四条　国务院生态环境主管部门应当会同国务院有关部门根据国家环境质量标准和国家经济、技术条件，制定固体废物鉴别标准、鉴别程序和国家固体废物污染环境防治技术标准。

第十五条　国务院标准化主管部门应当会同国务院发展改革、工业和信息化、生态环境、农业农村等主管部门，制定固体废物综合利用标准。

综合利用固体废物应当遵守生态环境法律法规，符合固体废物污染环境防治技术标准。使用固体废物综合利用产物应当符合国家规定的用途、标准。

第十六条　国务院生态环境主管部门应当会同国务院有关部门建立全国危险废物等固体废物污染环境防治信息平台，推进固体废物收集、转移、处置等全过程监控和信息化追溯。

第十七条　建设产生、贮存、利用、处置固体废物的项目，应当依法进行环境影响评价，并遵守国家有关建设项目环境保护管理的规定。

第十八条　建设项目的环境影响评价文件确定需要配套建设的固体废物污染环境防治设施，应当与主体工程同时设计、同时施工、同时投入使用。建设项目的初步设计，应当按照环境保护设计规范的要求，将固体废物污染环境防治内容纳入环境影响评价文件，落实防治固体废物污染环境和破坏生态的措施以及固体废物污染环境防治设施投资概算。

建设单位应当依照有关法律法规的规定，对配套建设的固体废物污染环境防治设施进行验收，编制验收报告，并向社会公开。

第十九条　收集、贮存、运输、利用、处置固体废物的单位和其他生产经营者，应当加强对相关设施、设备和场所的管理和维护，保证其正常运行和使用。

第二十条　产生、收集、贮存、运输、利用、处置固体废物的单位和其他生产经营者，应当采取防扬散、防流失、防渗漏或者其他防止污染环境的措施，不得擅自倾倒、堆放、丢弃、遗撒固体废物。

禁止任何单位或者个人向江河、湖泊、运河、渠道、水库及其最高水位线以下的滩地和岸坡以及法律法规规定的其他地点倾倒、堆放、贮存固体废物。

第二十一条　在生态保护红线区域、永久基本农田集中区域和其他需要特别保护的区域内，禁止建设工业固体废物、危险废物集中贮存、利用、处置的设施、场所和生活垃圾填埋场。

第二十二条　转移固体废物出省、自治区、直辖市行政区域贮存、处置的，应当向固体废物移出地的省、自治区、直辖市人民政府生态环境主管部门提出申请。移出地的省、自治区、直辖市人民政府生态环境主管部门应当及时商经接受地的省、自治区、直辖市人民政府生态环境主管部门同意后，在规定期限内批准转移该固体废物出省、自治区、直辖市行政区域。未经批准的，不得转移。

转移固体废物出省、自治区、直辖市行政区域利用的，应当报固体废物移出地的省、自治区、直辖市人民政府生态环境主管部门备案。移出地的省、自治区、直辖市人民政府生态环境主管部门应当将备案信息通报接受地的省、自治区、直辖市人民政府生态环境主管部门。

第二十三条　禁止中华人民共和国境外的固体废物进境倾倒、堆放、处置。

第二十四条　国家逐步实现固体废物零进口，由国务院生态环境主管部门会同国务院商务、发展改革、海关等主管部门组织实施。

第二十五条　海关发现进口货物疑似固体废物的，可以委托专业机构开展属性鉴别，并根据鉴别结论依法管理。

第二十六条　生态环境主管部门及其环境执法机构和其他负有固体废物污染环境防治监督管理职责的部门，在各自职责范围内有权对从事产生、收集、贮存、运输、利用、处置固体废物等活动的单位和其他生产经营者进行现场检查。被检查者应当如实反映情况，并提供必要的资料。

实施现场检查，可以采取现场监测、采集样品、查阅或者复制与固体废物污染环境防治相关的资料等措施。检查人员进行现场检查，应当出示证件。对现场检查中知悉的商业秘密应当保密。

第二十七条　有下列情形之一，生态环境主管部门和其他负有固体废物污染环境防治监督管理职责的部门，可以对违法收集、贮存、运输、利用、处置的固体废物及设施、设备、场所、工具、物品予以查封、扣押：

（一）可能造成证据灭失、被隐匿或者非法转移的；

（二）造成或者可能造成严重环境污染的。

第二十八条　生态环境主管部门应当会同有关部门建立产生、收集、贮存、运输、利用、处置固体废物的单位和其他生产经营者信用记录制度，将相关信用记录纳入全国信用信息共享平台。

第二十九条　设区的市级人民政府生态环境主管部门应当会同住房城乡建设、农业农村、卫生健康等主管部门，定期向社会发布固体废物的种类、产生量、处置能力、利用处置状况等信息。

产生、收集、贮存、运输、利用、处置固体废物的单位，应当依法及时公开固体废物污染环境防治信息，主动接受社会监督。

利用、处置固体废物的单位，应当依法向公众开放设施、场所，提高公众环境保护意识和参与程度。

第三十条　县级以上人民政府应当将工业固体废物、生活垃圾、危险废物等固体废物污染环境防治情况纳入环境状况和环境保护目标完成情况年度报告，向本级人民代表大会或者人民代表大会常务委员会报告。

第三十一条　任何单位和个人都有权对造成固体废物污染环境的单位和个人进行举报。

生态环境主管部门和其他负有固体废物污染环境防治监督管理职责的部门应当将固体废物污染环境防治举报方式向社会公布，方便公众举报。

接到举报的部门应当及时处理并对举报人的相关信息予以保密；对实名举报并查证属实的，给予奖励。

举报人举报所在单位的，该单位不得以解除、变更劳动合同或者其他方式对举报人进行打击报复。

第三章　工业固体废物

第三十二条　国务院生态环境主管部门应当会同国务院发展改革、工业和信息化等主管部门对工业固体废物对公众健康、生态环境的危害和影响程度等作出界定，制定防治工业固体废物污染环境的技术政策，组织推广先进的防治工业固体废物污染环境的生产工艺和设备。

第三十三条　国务院工业和信息化主管部门应当会同国务院有关部门组织研究开发、推广减少工业固体废物产生量和降低工业固体废物危害性的生产工艺和设备，公布限期淘汰产生严重污染环境的工业固体废物的落后生产工艺、设备的名录。

生产者、销售者、进口者、使用者应当在国务院工业和信息化主管部门会同国务院有关部门规定的期限内分别停止生产、销售、进口或者使用列入前款规定名录中的设备。生产工艺的采用者应当在国务院工业和信息化主管部门会同国务院有关部门规定的期限内停止采用列入前款规定名录中的工艺。

列入限期淘汰名录被淘汰的设备，不得转让给他人使用。

第三十四条　国务院工业和信息化主管部门应当会同国务院发展改革、生态环境等主管部门，定期发布工业固体废物综合利用技术、工艺、设备和产品导向目录，组织开展工业固体废物资源综合利用评价，推动工业固体废物综合利用。

第三十五条　县级以上地方人民政府应当制定工业固体废物污染环境防治工作规划，组织建设工业固体废物集中处置等设施，推动工业固体废物污染环境防治工作。

第三十六条　产生工业固体废物的单位应当建立健全工业固体废物产生、收集、贮存、运输、利用、处置全过程的污染环境防治责任制度，建立工业固体废物管理台账，如实记录产生工业固体废物的种类、数量、流向、贮存、利用、处置等信息，实现工业固体废物可追溯、可查询，并采取防治工业固体废物污染环境的措施。

禁止向生活垃圾收集设施中投放工业固体废物。

第三十七条　产生工业固体废物的单位委托他人运输、利用、处置工业固体废物的，应当对受托方的主体资格和技术能力进行核实，依法签订书面合同，在合同中约定污染防治要求。

受托方运输、利用、处置工业固体废物，应当依照有关法律法规的规定和合同约定履行污染防治要求，并将运输、利用、处置情况告知产生工业固体废物的单位。

产生工业固体废物的单位违反本条第一款规定的，除依照有关法律法规的规定予以处罚外，还应当与造成环境污染和生态破坏的受托方承担连带责任。

第三十八条　产生工业固体废物的单位应当依法实施清洁生产审核，合理选择和利用原材料、能源和其他资源，采用先进的生产工艺和设备，减少工业固体废物的产生量，降低工业固体废物的危害性。

第三十九条　产生工业固体废物的单位应当取得排污许可证。排污许可的具体办法和实施步骤由国务院规定。

产生工业固体废物的单位应当向所在地生态环境主管部门提供工业固体废物的种类、数量、流向、贮存、利用、处置等有关资料，以及减少工业固体废物产生、促进综合利用的具体措施，并执行排污许可管理制度的相关规定。

第四十条　产生工业固体废物的单位应当根据经济、技术条件对工业固体废物加以利用；对暂时不利用或者不能利用的，应当按照国务院生态环境等主管部门的规定建设贮存设施、场所，安全分类存放，或者采取无害化处置措施。贮存工业固体废物应当采取符合国家环境保护标准的防护措施。

建设工业固体废物贮存、处置的设施、场所，应当符合国家环境保护标准。

第四十一条　产生工业固体废物的单位终止的，应当在终止前对工业固体废物的贮存、处置的设施、场所采取污染防治措施，并对未处置的工业固体废物作出妥善处置，防止污染环境。

产生工业固体废物的单位发生变更的，变更后的单位应当按照国家有关环境保护的规定对未处置的工业固体废物及其贮存、处置的设施、场所进行安全处置或者采取有效措施保证该设施、场所安全运行。变更前当事人对工业固体废物及其贮存、处置的设施、场所的污染防治责任另有约定的，从其约定；但是，不得免除当事人的污染防治义务。

对 2005 年 4 月 1 日前已经终止的单位未处置的工业固体废物及其贮存、处置的设施、场所进行安全处置的费用，由有关人民政府承担；但是，该单位享有的土地使用权依法转让的，应当由土地使用权受让人承担处置费用。当事人另有约定的，从其约定；但是，不得免除当事人的污染防治义务。

第四十二条　矿山企业应当采取科学的开采方法和选矿工艺，减少尾矿、煤矸石、废石等矿业固体废物的产生量和贮存量。

国家鼓励采取先进工艺对尾矿、煤矸石、废石等矿业固体废物进行综合利用。

尾矿、煤矸石、废石等矿业固体废物贮存设施停止使用后，矿山企业应当按照国家有关环境保护等规定进行封场，防止造成环境污染和生态破坏。

第四章　生 活 垃 圾

第四十三条　县级以上地方人民政府应当加快建立分类投放、分类收集、分类运输、分类处理的生活垃圾管理系统，实现生活垃圾分类制度有效覆盖。

县级以上地方人民政府应当建立生活垃圾分类工作协调机制，加强和统筹生活垃圾分类管理能力建设。

各级人民政府及其有关部门应当组织开展生活垃圾分类宣传，教育引导公众养成生活垃圾分类习惯，督促和指导生活垃圾分类工作。

第四十四条　县级以上地方人民政府应当有计划地改进燃料结构，发展清洁能源，减少燃料废渣等固体废物的产生量。

县级以上地方人民政府有关部门应当加强产品生产和流通过程管理，避免过度包装，组织净菜上市，减少生活垃圾的产生量。

第四十五条　县级以上人民政府应当统筹安排建设城乡生活垃圾收集、运输、处理设施，确定设施厂址，提高生活垃圾的综合利用和无害化处置水平，促进生活垃圾收集、处理的产业化发展，逐步建立和完善生活垃圾污染环境防治的社会服务体系。

县级以上地方人民政府有关部门应当统筹规划，合理安排回收、分拣、打包网点，促进生活垃圾的回收利用工作。

第四十六条　地方各级人民政府应当加强农村生活垃圾污染环境的防治，保护和改善农村人居环境。

国家鼓励农村生活垃圾源头减量。城乡结合部、人口密集的农村地区和其他有条件的地方，应当建立城乡一体的生活垃圾管理系统；其他农村地区应当积极探索生活垃圾管理模式，因地制宜，就近就地利用或者妥善处理生活垃圾。

第四十七条 设区的市级以上人民政府环境卫生主管部门应当制定生活垃圾清扫、收集、贮存、运输和处理设施、场所建设运行规范，发布生活垃圾分类指导目录，加强监督管理。

第四十八条 县级以上地方人民政府环境卫生等主管部门应当组织对城乡生活垃圾进行清扫、收集、运输和处理，可以通过招标等方式选择具备条件的单位从事生活垃圾的清扫、收集、运输和处理。

第四十九条 产生生活垃圾的单位、家庭和个人应当依法履行生活垃圾源头减量和分类投放义务，承担生活垃圾产生者责任。

任何单位和个人都应当依法在指定的地点分类投放生活垃圾。禁止随意倾倒、抛撒、堆放或者焚烧生活垃圾。

机关、事业单位等应当在生活垃圾分类工作中起示范带头作用。

已经分类投放的生活垃圾，应当按照规定分类收集、分类运输、分类处理。

第五十条 清扫、收集、运输、处理城乡生活垃圾，应当遵守国家有关环境保护和环境卫生管理的规定，防止污染环境。

从生活垃圾中分类并集中收集的有害垃圾，属于危险废物的，应当按照危险废物管理。

第五十一条 从事公共交通运输的经营单位，应当及时清扫、收集运输过程中产生的生活垃圾。

第五十二条 农贸市场、农产品批发市场等应当加强环境卫生管理，保持环境卫生清洁，对所产生的垃圾及时清扫、分类收集、妥善处理。

第五十三条 从事城市新区开发、旧区改建和住宅小区开发建设、村镇建设的单位，以及机场、码头、车站、公园、商场、体育场馆等公共设施、场所的经营管理单位，应当按照国家有关环境卫生的规定，配套建设生活垃圾收集设施。

县级以上地方人民政府应当统筹生活垃圾公共转运、处理设施与前款规定的收集设施的有效衔接，并加强生活垃圾分类收运体系和再生资源回收体系在规划、建设、运营等方面的融合。

第五十四条 从生活垃圾中回收的物质应当按照国家规定的用途、标准使用，不得用于生产可能危害人体健康的产品。

第五十五条 建设生活垃圾处理设施、场所，应当符合国务院生态环境主管部门和国务院住房城乡建设主管部门规定的环境保护和环境卫生标准。

鼓励相邻地区统筹生活垃圾处理设施建设，促进生活垃圾处理设施跨行政区域共建共享。

禁止擅自关闭、闲置或者拆除生活垃圾处理设施、场所；确有必要关闭、闲置或者拆除的，应当经所在地的市、县级人民政府环境卫生主管部门商所在地生态环境主管部门同意后核准，并采取防止污染环境的措施。

第五十六条　生活垃圾处理单位应当按照国家有关规定，安装使用监测设备，实时监测污染物的排放情况，将污染排放数据实时公开。监测设备应当与所在地生态环境主管部门的监控设备联网。

第五十七条　县级以上地方人民政府环境卫生主管部门负责组织开展厨余垃圾资源化、无害化处理工作。

产生、收集厨余垃圾的单位和其他生产经营者，应当将厨余垃圾交由具备相应资质条件的单位进行无害化处理。

禁止畜禽养殖场、养殖小区利用未经无害化处理的厨余垃圾饲喂畜禽。

第五十八条　县级以上地方人民政府应当按照产生者付费原则，建立生活垃圾处理收费制度。

县级以上地方人民政府制定生活垃圾处理收费标准，应当根据本地实际，结合生活垃圾分类情况，体现分类计价、计量收费等差别化管理，并充分征求公众意见。生活垃圾处理收费标准应当向社会公布。

生活垃圾处理费应当专项用于生活垃圾的收集、运输和处理等，不得挪作他用。

第五十九条　省、自治区、直辖市和设区的市、自治州可以结合实际，制定本地方生活垃圾具体管理办法。

第五章　建筑垃圾、农业固体废物等

第六十条　县级以上地方人民政府应当加强建筑垃圾污染环境的防治，建立建筑垃圾分类处理制度。

县级以上地方人民政府应当制定包括源头减量、分类处理、消纳设施和场所布局及建设等在内的建筑垃圾污染环境防治工作规划。

第六十一条　国家鼓励采用先进技术、工艺、设备和管理措施，推进建筑垃圾源头减量，建立建筑垃圾回收利用体系。

县级以上地方人民政府应当推动建筑垃圾综合利用产品应用。

第六十二条　县级以上地方人民政府环境卫生主管部门负责建筑垃圾污染环境防治工作，建立建筑垃圾全过程管理制度，规范建筑垃圾产生、收集、贮存、运输、利用、处置行为，推进综合利用，加强建筑垃圾处置设施、场所建设，保障处置安全，防止污染环境。

第六十三条　工程施工单位应当编制建筑垃圾处理方案，采取污染防治措施，并报县级以上地方人民政府环境卫生主管部门备案。

工程施工单位应当及时清运工程施工过程中产生的建筑垃圾等固体废物，并按照环境卫生主管部门的规定进行利用或者处置。

工程施工单位不得擅自倾倒、抛撒或者堆放工程施工过程中产生的建筑垃圾。

第六十四条　县级以上人民政府农业农村主管部门负责指导农业固体废物回收利用体系建设，鼓励和引导有关单位和其他生产经营者依法收集、贮存、运输、利用、处置农业固体废物，加强监督管理，防止污染环境。

第六十五条　产生秸秆、废弃农用薄膜、农药包装废弃物等农业固体废物的单位和其他生产经营者，应当采取回收利用和其他防止污染环境的措施。

从事畜禽规模养殖应当及时收集、贮存、利用或者处置养殖过程中产生的畜禽粪污等固体废物，避免造成环境污染。

禁止在人口集中地区、机场周围、交通干线附近以及当地人民政府划定的其他区域露天焚烧秸秆。

国家鼓励研究开发、生产、销售、使用在环境中可降解且无害的农用薄膜。

第六十六条　国家建立电器电子、铅蓄电池、车用动力电池等产品的生产者责任延伸制度。

电器电子、铅蓄电池、车用动力电池等产品的生产者应当按照规定以自建或者委托等方式建立与产品销售量相匹配的废旧产品回收体系，并向社会公开，实现有效回收和利用。

国家鼓励产品的生产者开展生态设计，促进资源回收利用。

第六十七条　国家对废弃电器电子产品等实行多渠道回收和集中处理制度。

禁止将废弃机动车船等交由不符合规定条件的企业或者个人回收、拆解。

拆解、利用、处置废弃电器电子产品、废弃机动车船等，应当遵守有关法律法规的规定，采取防止污染环境的措施。

第六十八条　产品和包装物的设计、制造，应当遵守国家有关清洁生产的规定。国务院标准化主管部门应当根据国家经济和技术条件、固体废物污染环境防治状况以及产品的技术要求，组织制定有关标准，防止过度包装造成环境污染。

生产经营者应当遵守限制商品过度包装的强制性标准，避免过度包装。县级以上地方人民政府市场监督管理部门和有关部门应当按照各自职责，加强对过度包装的监督管理。

生产、销售、进口依法被列入强制回收目录的产品和包装物的企业，应当按照国家有关规定对该产品和包装物进行回收。

电子商务、快递、外卖等行业应当优先采用可重复使用、易回收利用的包装物，优化物品包装，减少包装物的使用，并积极回收利用包装物。县级以上地方人民政府商务、邮政等主管部门应当加强监督管理。

国家鼓励和引导消费者使用绿色包装和减量包装。

第六十九条　国家依法禁止、限制生产、销售和使用不可降解塑料袋等一次性塑料制品。

商品零售场所开办单位、电子商务平台企业和快递企业、外卖企业应当按照国家有关规定向商务、邮政等主管部门报告塑料袋等一次性塑料制品的使用、回收情况。

国家鼓励和引导减少使用、积极回收塑料袋等一次性塑料制品，推广应用可循环、易回收、可降解的替代产品。

第七十条　旅游、住宿等行业应当按照国家有关规定推行不主动提供一次性用品。

机关、企业事业单位等的办公场所应当使用有利于保护环境的产品、设备和设施，减少使用一次性办公用品。

第七十一条　城镇污水处理设施维护运营单位或者污泥处理单位应当安全处理污泥，保证处理后的污泥符合国家有关标准，对污泥的流向、用途、用量等进行跟踪、记录，并报告城镇排水主管部门、生态环境主管部门。

县级以上人民政府城镇排水主管部门应当将污泥处理设施纳入城镇排水与污水处理规划，推动同步建设污泥处理设施与污水处理设施，鼓励协同处理，污水处理费征收标准和补偿范围应当覆盖污泥处理成本和污水处理设施正常运营成本。

第七十二条　禁止擅自倾倒、堆放、丢弃、遗撒城镇污水处理设施产生的污泥和处理后的污泥。

禁止重金属或者其他有毒有害物质含量超标的污泥进入农用地。

从事水体清淤疏浚应当按照国家有关规定处理清淤疏浚过程中产生的底泥，防止污染环境。

第七十三条　各级各类实验室及其设立单位应当加强对实验室产生的固体废物的管理，依法收集、贮存、运输、利用、处置实验室固体废物。实验室固体废物属于危险废物的，应当按照危险废物管理。

第六章　危　险　废　物

第七十四条　危险废物污染环境的防治，适用本章规定；本章未作规定的，适用本法其他有关规定。

第七十五条　国务院生态环境主管部门应当会同国务院有关部门制定国家危险废物名录，规定统一的危险废物鉴别标准、鉴别方法、识别标志和鉴别单位管理要求。国家危险废物名录应当动态调整。

国务院生态环境主管部门根据危险废物的危害特性和产生数量，科学评估其环境风险，实施分级分类管理，建立信息化监管体系，并通过信息化手段管理、共享危险废物转移数据和信息。

第七十六条　省、自治区、直辖市人民政府应当组织有关部门编制危险废物集中处置设施、场所的建设规划，科学评估危险废物处置需求，合理布局危险废物集中处置设施、场所，确保本行政区域的危险废物得到妥善处置。

编制危险废物集中处置设施、场所的建设规划，应当征求有关行业协会、企业事业单位、专家和公众等方面的意见。

相邻省、自治区、直辖市之间可以开展区域合作，统筹建设区域性危险废物集中处置设施、场所。

第七十七条　对危险废物的容器和包装物以及收集、贮存、运输、利用、处置危险废物的设施、场所，应当按照规定设置危险废物识别标志。

第七十八条　产生危险废物的单位，应当按照国家有关规定制定危险废物管理计划；建立危险废物管理台账，如实记录有关信息，并通过国家危险废物信息管理系统向所在地生态环境主管部门申报危险废物的种类、产生量、流向、贮存、处置等有关资料。

前款所称危险废物管理计划应当包括减少危险废物产生量和降低危险废物危害性的措

施以及危险废物贮存、利用、处置措施。危险废物管理计划应当报产生危险废物的单位所在地生态环境主管部门备案。

产生危险废物的单位已经取得排污许可证的，执行排污许可管理制度的规定。

第七十九条 产生危险废物的单位，应当按照国家有关规定和环境保护标准要求贮存、利用、处置危险废物，不得擅自倾倒、堆放。

第八十条 从事收集、贮存、利用、处置危险废物经营活动的单位，应当按照国家有关规定申请取得许可证。许可证的具体管理办法由国务院制定。

禁止无许可证或者未按照许可证规定从事危险废物收集、贮存、利用、处置的经营活动。

禁止将危险废物提供或者委托给无许可证的单位或者其他生产经营者从事收集、贮存、利用、处置活动。

第八十一条 收集、贮存危险废物，应当按照危险废物特性分类进行。禁止混合收集、贮存、运输、处置性质不相容而未经安全性处置的危险废物。

贮存危险废物应当采取符合国家环境保护标准的防护措施。禁止将危险废物混入非危险废物中贮存。

从事收集、贮存、利用、处置危险废物经营活动的单位，贮存危险废物不得超过一年；确需延长期限的，应当报经颁发许可证的生态环境主管部门批准；法律、行政法规另有规定的除外。

第八十二条 转移危险废物的，应当按照国家有关规定填写、运行危险废物电子或者纸质转移联单。

跨省、自治区、直辖市转移危险废物的，应当向危险废物移出地省、自治区、直辖市人民政府生态环境主管部门申请。移出地省、自治区、直辖市人民政府生态环境主管部门应当及时商经接受地省、自治区、直辖市人民政府生态环境主管部门同意后，在规定期限内批准转移该危险废物，并将批准信息通报相关省、自治区、直辖市人民政府生态环境主管部门和交通运输主管部门。未经批准的，不得转移。

危险废物转移管理应当全程管控、提高效率，具体办法由国务院生态环境主管部门会同国务院交通运输主管部门和公安部门制定。

第八十三条 运输危险废物，应当采取防止污染环境的措施，并遵守国家有关危险货物运输管理的规定。

禁止将危险废物与旅客在同一运输工具上载运。

第八十四条 收集、贮存、运输、利用、处置危险废物的场所、设施、设备和容器、包装物及其他物品转作他用时，应当按照国家有关规定经过消除污染处理，方可使用。

第八十五条 产生、收集、贮存、运输、利用、处置危险废物的单位，应当依法制定意外事故的防范措施和应急预案，并向所在地生态环境主管部门和其他负有固体废物污染环境防治监督管理职责的部门备案；生态环境主管部门和其他负有固体废物污染环境防治监督管理职责的部门应当进行检查。

第八十六条 因发生事故或者其他突发性事件，造成危险废物严重污染环境的单位，应当立即采取有效措施消除或者减轻对环境的污染危害，及时通报可能受到污染危害的单位和居民，并向所在地生态环境主管部门和有关部门报告，接受调查处理。

第八十七条　在发生或者有证据证明可能发生危险废物严重污染环境、威胁居民生命财产安全时，生态环境主管部门或者其他负有固体废物污染环境防治监督管理职责的部门应当立即向本级人民政府和上一级人民政府有关部门报告，由人民政府采取防止或者减轻危害的有效措施。有关人民政府可以根据需要责令停止导致或者可能导致环境污染事故的作业。

第八十八条　重点危险废物集中处置设施、场所退役前，运营单位应当按照国家有关规定对设施、场所采取污染防治措施。退役的费用应当预提，列入投资概算或者生产成本，专门用于重点危险废物集中处置设施、场所的退役。具体提取和管理办法，由国务院财政部门、价格主管部门会同国务院生态环境主管部门规定。

第八十九条　禁止经中华人民共和国过境转移危险废物。

第九十条　医疗废物按照国家危险废物名录管理。县级以上地方人民政府应当加强医疗废物集中处置能力建设。

县级以上人民政府卫生健康、生态环境等主管部门应当在各自职责范围内加强对医疗废物收集、贮存、运输、处置的监督管理，防止危害公众健康、污染环境。

医疗卫生机构应当依法分类收集本单位产生的医疗废物，交由医疗废物集中处置单位处置。医疗废物集中处置单位应当及时收集、运输和处置医疗废物。

医疗卫生机构和医疗废物集中处置单位，应当采取有效措施，防止医疗废物流失、泄漏、渗漏、扩散。

第九十一条　重大传染病疫情等突发事件发生时，县级以上人民政府应当统筹协调医疗废物等危险废物收集、贮存、运输、处置等工作，保障所需的车辆、场地、处置设施和防护物资。卫生健康、生态环境、环境卫生、交通运输等主管部门应当协同配合，依法履行应急处置职责。

第七章　保 障 措 施

第九十二条　国务院有关部门、县级以上地方人民政府及其有关部门在编制国土空间规划和相关专项规划时，应当统筹生活垃圾、建筑垃圾、危险废物等固体废物转运、集中处置等设施建设需求，保障转运、集中处置等设施用地。

第九十三条　国家采取有利于固体废物污染环境防治的经济、技术政策和措施，鼓励、支持有关方面采取有利于固体废物污染环境防治的措施，加强对从事固体废物污染环境防治工作人员的培训和指导，促进固体废物污染环境防治产业专业化、规模化发展。

第九十四条　国家鼓励和支持科研单位、固体废物产生单位、固体废物利用单位、固体废物处置单位等联合攻关，研究开发固体废物综合利用、集中处置等的新技术，推动固体废物污染环境防治技术进步。

第九十五条　各级人民政府应当加强固体废物污染环境的防治，按照事权划分的原则安排必要的资金用于下列事项：

（一）固体废物污染环境防治的科学研究、技术开发；

（二）生活垃圾分类；

（三）固体废物集中处置设施建设；

（四）重大传染病疫情等突发事件产生的医疗废物等危险废物应急处置；

（五）涉及固体废物污染环境防治的其他事项。

使用资金应当加强绩效管理和审计监督，确保资金使用效益。

第九十六条 国家鼓励和支持社会力量参与固体废物污染环境防治工作，并按照国家有关规定给予政策扶持。

第九十七条 国家发展绿色金融，鼓励金融机构加大对固体废物污染环境防治项目的信贷投放。

第九十八条 从事固体废物综合利用等固体废物污染环境防治工作的，依照法律、行政法规的规定，享受税收优惠。

国家鼓励并提倡社会各界为防治固体废物污染环境捐赠财产，并依照法律、行政法规的规定，给予税收优惠。

第九十九条 收集、贮存、运输、利用、处置危险废物的单位，应当按照国家有关规定，投保环境污染责任保险。

第一百条 国家鼓励单位和个人购买、使用综合利用产品和可重复使用产品。

县级以上人民政府及其有关部门在政府采购过程中，应当优先采购综合利用产品和可重复使用产品。

第八章 法律责任

第一百零一条 生态环境主管部门或者其他负有固体废物污染环境防治监督管理职责的部门违反本法规定，有下列行为之一，由本级人民政府或者上级人民政府有关部门责令改正，对直接负责的主管人员和其他直接责任人员依法给予处分：

（一）未依法作出行政许可或者办理批准文件的；

（二）对违法行为进行包庇的；

（三）未依法查封、扣押的；

（四）发现违法行为或者接到对违法行为的举报后未予查处的；

（五）有其他滥用职权、玩忽职守、徇私舞弊等违法行为的。

依照本法规定应当作出行政处罚决定而未作出的，上级主管部门可以直接作出行政处罚决定。

第一百零二条 违反本法规定，有下列行为之一，由生态环境主管部门责令改正，处以罚款，没收违法所得；情节严重的，报经有批准权的人民政府批准，可以责令停业或者关闭：

（一）产生、收集、贮存、运输、利用、处置固体废物的单位未依法及时公开固体废物污染环境防治信息的；

（二）生活垃圾处理单位未按照国家有关规定安装使用监测设备、实时监测污染物的排放情况并公开污染排放数据的；

（三）将列入限期淘汰名录被淘汰的设备转让给他人使用的；

（四）在生态保护红线区域、永久基本农田集中区域和其他需要特别保护的区域内，建设工业固体废物、危险废物集中贮存、利用、处置的设施、场所和生活垃圾填埋场的；

（五）转移固体废物出省、自治区、直辖市行政区域贮存、处置未经批准的；

（六）转移固体废物出省、自治区、直辖市行政区域利用未报备案的；

（七）擅自倾倒、堆放、丢弃、遗撒工业固体废物，或者未采取相应防范措施，造成工业固体废物扬散、流失、渗漏或者其他环境污染的；

（八）产生工业固体废物的单位未建立固体废物管理台账并如实记录的；

（九）产生工业固体废物的单位违反本法规定委托他人运输、利用、处置工业固体废物的；

（十）贮存工业固体废物未采取符合国家环境保护标准的防护措施的；

（十一）单位和其他生产经营者违反固体废物管理其他要求，污染环境、破坏生态的。

有前款第一项、第八项行为之一，处五万元以上二十万元以下的罚款；有前款第二项、第三项、第四项、第五项、第六项、第九项、第十项、第十一项行为之一，处十万元以上一百万元以下的罚款；有前款第七项行为，处所需处置费用一倍以上三倍以下的罚款，所需处置费用不足十万元的，按十万元计算。对前款第十一项行为的处罚，有关法律、行政法规另有规定的，适用其规定。

第一百零三条　违反本法规定，以拖延、围堵、滞留执法人员等方式拒绝、阻挠监督检查，或者在接受监督检查时弄虚作假的，由生态环境主管部门或者其他负有固体废物污染环境防治监督管理职责的部门责令改正，处五万元以上二十万元以下的罚款；对直接负责的主管人员和其他直接责任人员，处二万元以上十万元以下的罚款。

第一百零四条　违反本法规定，未依法取得排污许可证产生工业固体废物的，由生态环境主管部门责令改正或者限制生产、停产整治，处十万元以上一百万元以下的罚款；情节严重的，报经有批准权的人民政府批准，责令停业或者关闭。

第一百零五条　违反本法规定，生产经营者未遵守限制商品过度包装的强制性标准的，由县级以上地方人民政府市场监督管理部门或者有关部门责令改正；拒不改正的，处二千元以上二万元以下的罚款；情节严重的，处二万元以上十万元以下的罚款。

第一百零六条　违反本法规定，未遵守国家有关禁止、限制使用不可降解塑料袋等一次性塑料制品的规定，或者未按照国家有关规定报告塑料袋等一次性塑料制品的使用情况的，由县级以上地方人民政府商务、邮政等主管部门责令改正，处一万元以上十万元以下的罚款。

第一百零七条　从事畜禽规模养殖未及时收集、贮存、利用或者处置养殖过程中产生的畜禽粪污等固体废物的，由生态环境主管部门责令改正，可以处十万元以下的罚款；情节严重的，报经有批准权的人民政府批准，责令停业或者关闭。

第一百零八条　违反本法规定，城镇污水处理设施维护运营单位或者污泥处理单位对污泥流向、用途、用量等未进行跟踪、记录，或者处理后的污泥不符合国家有关标准的，由城镇排水主管部门责令改正，给予警告；造成严重后果的，处十万元以上二十万元以下的罚款；拒不改正的，城镇排水主管部门可以指定有治理能力的单位代为治理，所需费用由违法者承担。

违反本法规定，擅自倾倒、堆放、丢弃、遗撒城镇污水处理设施产生的污泥和处理后的污泥的，由城镇排水主管部门责令改正，处二十万元以上二百万元以下的罚款，对直接负责的主管人员和其他直接责任人员处二万元以上十万元以下的罚款；造成严重后果的，处二百万元以上五百万元以下的罚款，对直接负责的主管人员和其他直接责任人员处五万元以上五十万元以下的罚款；拒不改正的，城镇排水主管部门可以指定有治理能力的单位代为治理，所需费用由违法者承担。

第一百零九条 违反本法规定，生产、销售、进口或者使用淘汰的设备，或者采用淘汰的生产工艺的，由县级以上地方人民政府指定的部门责令改正，处十万元以上一百万元以下的罚款，没收违法所得；情节严重的，由县级以上地方人民政府指定的部门提出意见，报经有批准权的人民政府批准，责令停业或者关闭。

第一百一十条 尾矿、煤矸石、废石等矿业固体废物贮存设施停止使用后，未按照国家有关环境保护规定进行封场的，由生态环境主管部门责令改正，处二十万元以上一百万元以下的罚款。

第一百一十一条 违反本法规定，有下列行为之一，由县级以上地方人民政府环境卫生主管部门责令改正，处以罚款，没收违法所得：

（一）随意倾倒、抛撒、堆放或者焚烧生活垃圾的；

（二）擅自关闭、闲置或者拆除生活垃圾处理设施、场所的；

（三）工程施工单位未编制建筑垃圾处理方案报备案，或者未及时清运施工过程中产生的固体废物的；

（四）工程施工单位擅自倾倒、抛撒或者堆放工程施工过程中产生的建筑垃圾，或者未按照规定对施工过程中产生的固体废物进行利用或者处置的；

（五）产生、收集厨余垃圾的单位和其他生产经营者未将厨余垃圾交由具备相应资质条件的单位进行无害化处理的；

（六）畜禽养殖场、养殖小区利用未经无害化处理的厨余垃圾饲喂畜禽的；

（七）在运输过程中沿途丢弃、遗撒生活垃圾的。

单位有前款第一项、第七项行为之一，处五万元以上五十万元以下的罚款；单位有前款第二项、第三项、第四项、第五项、第六项行为之一，处十万元以上一百万元以下的罚款；个人有前款第一项、第五项、第七项行为之一，处一百元以上五百元以下的罚款。

违反本法规定，未在指定的地点分类投放生活垃圾的，由县级以上地方人民政府环境卫生主管部门责令改正；情节严重的，对单位处五万元以上五十万元以下的罚款，对个人依法处以罚款。

第一百一十二条 违反本法规定，有下列行为之一，由生态环境主管部门责令改正，处以罚款，没收违法所得；情节严重的，报经有批准权的人民政府批准，可以责令停业或者关闭：

（一）未按照规定设置危险废物识别标志的；

（二）未按照国家有关规定制定危险废物管理计划或者申报危险废物有关资料的；

（三）擅自倾倒、堆放危险废物的；

（四）将危险废物提供或者委托给无许可证的单位或者其他生产经营者从事经营活动的；

（五）未按照国家有关规定填写、运行危险废物转移联单或者未经批准擅自转移危险废物的；

（六）未按照国家环境保护标准贮存、利用、处置危险废物或者将危险废物混入非危险废物中贮存的；

（七）未经安全性处置，混合收集、贮存、运输、处置具有不相容性质的危险废物的；

（八）将危险废物与旅客在同一运输工具上载运的；

（九）未经消除污染处理，将收集、贮存、运输、处置危险废物的场所、设施、设备和容器、包装物及其他物品转作他用的；

（十）未采取相应防范措施，造成危险废物扬散、流失、渗漏或者其他环境污染的；

（十一）在运输过程中沿途丢弃、遗撒危险废物的；

（十二）未制定危险废物意外事故防范措施和应急预案的；

（十三）未按照国家有关规定建立危险废物管理台账并如实记录的。

有前款第一项、第二项、第五项、第六项、第七项、第八项、第九项、第十二项、第十三项行为之一，处十万元以上一百万元以下的罚款；有前款第三项、第四项、第十项、第十一项行为之一，处所需处置费用三倍以上五倍以下的罚款，所需处置费用不足二十万元的，按二十万元计算。

第一百一十三条　违反本法规定，危险废物产生者未按照规定处置其产生的危险废物被责令改正后拒不改正的，由生态环境主管部门组织代为处置，处置费用由危险废物产生者承担；拒不承担代为处置费用的，处代为处置费用一倍以上三倍以下的罚款。

第一百一十四条　无许可证从事收集、贮存、利用、处置危险废物经营活动的，由生态环境主管部门责令改正，处一百万元以上五百万元以下的罚款，并报经有批准权的人民政府批准，责令停业或者关闭；对法定代表人、主要负责人、直接负责的主管人员和其他责任人员，处十万元以上一百万元以下的罚款。

未按照许可证规定从事收集、贮存、利用、处置危险废物经营活动的，由生态环境主管部门责令改正，限制生产、停产整治，处五十万元以上二百万元以下的罚款；对法定代表人、主要负责人、直接负责的主管人员和其他责任人员，处五万元以上五十万元以下的罚款；情节严重的，报经有批准权的人民政府批准，责令停业或者关闭，还可以由发证机关吊销许可证。

第一百一十五条　违反本法规定，将中华人民共和国境外的固体废物输入境内的，由海关责令退运该固体废物，处五十万元以上五百万元以下的罚款。

承运人对前款规定的固体废物的退运、处置，与进口者承担连带责任。

第一百一十六条　违反本法规定，经中华人民共和国过境转移危险废物的，由海关责令退运该危险废物，处五十万元以上五百万元以下的罚款。

第一百一十七条　对已经非法入境的固体废物，由省级以上人民政府生态环境主管部门依法向海关提出处理意见，海关应当依照本法第一百一十五条的规定作出处罚决定；已经造成环境污染的，由省级以上人民政府生态环境主管部门责令进口者消除污染。

第一百一十八条　违反本法规定，造成固体废物污染环境事故的，除依法承担赔偿责任外，由生态环境主管部门依照本条第二款的规定处以罚款，责令限期采取治理措施；造成重大或者特大固体废物污染环境事故的，还可以报经有批准权的人民政府批准，责令关闭。

造成一般或者较大固体废物污染环境事故的，按照事故造成的直接经济损失的一倍以上三倍以下计算罚款；造成重大或者特大固体废物污染环境事故的，按照事故造成的直接经济损失的三倍以上五倍以下计算罚款，并对法定代表人、主要负责人、直接负责的主管人员和其他责任人员处上一年度从本单位取得的收入百分之五十以下的罚款。

第一百一十九条　单位和其他生产经营者违反本法规定排放固体废物，受到罚款处罚，被责令改正的，依法作出处罚决定的行政机关应当组织复查，发现其继续实施该违法行为的，依照《中华人民共和国环境保护法》的规定按日连续处罚。

第一百二十条　违反本法规定，有下列行为之一，尚不构成犯罪的，由公安机关对法定代表人、主要负责人、直接负责的主管人员和其他责任人员处十日以上十五日以下的拘留；情节较轻的，处五日以上十日以下的拘留：

（一）擅自倾倒、堆放、丢弃、遗撒固体废物，造成严重后果的；

（二）在生态保护红线区域、永久基本农田集中区域和其他需要特别保护的区域内，建设工业固体废物、危险废物集中贮存、利用、处置的设施、场所和生活垃圾填埋场的；

（三）将危险废物提供或者委托给无许可证的单位或者其他生产经营者堆放、利用、处置的；

（四）无许可证或者未按照许可证规定从事收集、贮存、利用、处置危险废物经营活动的；

（五）未经批准擅自转移危险废物的；

（六）未采取防范措施，造成危险废物扬散、流失、渗漏或者其他严重后果的。

第一百二十一条　固体废物污染环境、破坏生态，损害国家利益、社会公共利益的，有关机关和组织可以依照《中华人民共和国环境保护法》《中华人民共和国民事诉讼法》《中华人民共和国行政诉讼法》等法律的规定向人民法院提起诉讼。

第一百二十二条　固体废物污染环境、破坏生态给国家造成重大损失的，由设区的市级以上地方人民政府或者其指定的部门、机构组织与造成环境污染和生态破坏的单位和其他生产经营者进行磋商，要求其承担损害赔偿责任；磋商未达成一致的，可以向人民法院提起诉讼。

对于执法过程中查获的无法确定责任人或者无法退运的固体废物，由所在地县级以上地方人民政府组织处理。

第一百二十三条　违反本法规定，构成违反治安管理行为的，由公安机关依法给予治安管理处罚；构成犯罪的，依法追究刑事责任；造成人身、财产损害的，依法承担民事责任。

第九章　附　　则

第一百二十四条　本法下列用语的含义：

（一）固体废物，是指在生产、生活和其他活动中产生的丧失原有利用价值或者虽未丧失利用价值但被抛弃或者放弃的固态、半固态和置于容器中的气态的物品、物质以及法律、行政法规规定纳入固体废物管理的物品、物质。经无害化加工处理，并且符合强制性国家产品质量标准，不会危害公众健康和生态安全，或者根据固体废物鉴别标准和鉴别程序认定为不属于固体废物的除外。

（二）工业固体废物，是指在工业生产活动中产生的固体废物。

（三）生活垃圾，是指在日常生活中或者为日常生活提供服务的活动中产生的固体废物，以及法律、行政法规规定视为生活垃圾的固体废物。

（四）建筑垃圾，是指建设单位、施工单位新建、改建、扩建和拆除各类建筑物、构筑物、管网等，以及居民装饰装修房屋过程中产生的弃土、弃料和其他固体废物。

（五）农业固体废物，是指在农业生产活动中产生的固体废物。

（六）危险废物，是指列入国家危险废物名录或者根据国家规定的危险废物鉴别标准和鉴别方法认定的具有危险特性的固体废物。

（七）贮存，是指将固体废物临时置于特定设施或者场所中的活动。

（八）利用，是指从固体废物中提取物质作为原材料或者燃料的活动。

（九）处置，是指将固体废物焚烧和用其他改变固体废物的物理、化学、生物特性的方法，达到减少已产生的固体废物数量、缩小固体废物体积、减少或者消除其危险成分的活动，或者将固体废物最终置于符合环境保护规定要求的填埋场的活动。

第一百二十五条　液态废物的污染防治，适用本法；但是，排入水体的废水的污染防治适用有关法律，不适用本法。

第一百二十六条　本法自 2020 年 9 月 1 日起施行。

国务院办公厅关于建立完整的先进的废旧商品回收体系的意见

国办发〔2011〕49 号

各省、自治区、直辖市人民政府，国务院各部委、各直属机构：

随着我国工业化、城镇化进程加速和人民生活水平不断提高，产品更新换代周期缩短，废旧商品数量增长加快。由于我国废旧商品回收体系很不完善，不仅影响废物利用，而且极易造成环境污染，建立完整的先进的回收、运输、处理、利用废旧商品回收体系已刻不容缓。经国务院同意，现提出如下意见：

一、指导思想、基本原则和主要目标

（一）指导思想。贯彻落实科学发展观，以节约资源、保护环境为目的，充分发挥市场机制作用，完善法规和政策配套措施，推广应用先进适用技术，健全废旧商品回收网络，提高废旧商品回收率，加快建设完整的先进的回收、运输、处理、利用废旧商品回收体系。

（二）基本原则。坚持市场主导与政府引导相结合，逐步形成政府推动、市场调节、企业运作、社会参与的废旧商品回收机制；坚持循环发展与科技创新相结合，提高废旧商品回收产业整体技术水平；坚持多渠道回收与集中分拣处理相结合，提高废旧商品回收率；坚持全面推进与因地制宜相结合，有重点、有步骤地推进废旧商品回收体系建设。

（三）主要目标。到2015年，初步建立起网络完善、技术先进、分拣处理良好、管理规范的现代废旧商品回收体系，各主要品种废旧商品回收率达到70%。

二、重点任务

（四）抓好重点废旧商品回收。充分发挥市场机制作用，提高废金属、废纸、废塑料、报废汽车及废旧机电设备、废轮胎、废弃电器电子产品、废玻璃、废铅酸电池、废弃节能灯等主要废旧商品的回收率。加强政策引导和支持力度，进一步明确生产者、销售者、消费者责任，通过垃圾分类回收等途径，切实做好重点废旧商品的有效回收。加强报废汽车回收拆解管理，加快回收拆解企业升级改造，提高回收拆解水平。

（五）提高分拣水平。加快废旧商品分拣处理企业技术升级改造，鼓励采用现代分拣分选设备，提升废旧商品分拣处理能力。建设符合环保要求的专业分拣中心，实现精细化分拣处理。不断完善废旧商品集散市场的分拣和集散功能，提高专业分拣能力，促进产需有效衔接，促进废旧商品回收加工一体化发展。

（六）强化科技支撑。在国家相关科技计划中进一步加大对废旧商品回收分拣处理技术研发的支持力度。建立健全产、学、研衔接互动机制，加强废旧商品回收分拣处理技术攻关，集中力量开发大宗废弃物、易污染环境的重点废旧商品回收分拣处理技术。鼓励研发先进的废旧商品回收分拣处理设备，提高回收分拣处理企业的技术装备水平。通过推广应用新技术、新工艺、新设备，加快提高废旧商品回收的现代化水平。加强国际合作与交流，借鉴国外废旧商品回收分拣处理的管理经验，积极引进国外先进技术设备，提高消化、吸收和创新能力。

（七）发挥大型企业带动作用。加大政策引导和支持力度，鼓励废旧商品回收企业联合、重组，做大做强，逐步培育形成一批组织规模大、经济效益好、研发能力强、技术装备先进的大型企业。充分发挥大型企业的示范和带动效应，提高废旧商品回收企业的组织化和规模化程度。鼓励外资参与废旧商品回收体系建设。

（八）推进废旧商品回收分拣集约化、规模化发展。按照布局合理、产业集聚、土地集约、生态环保的原则，在基础较好、需求迫切的地区先行试点，建设分拣技术先进、环保处理设施完备、劳动保护措施健全的废旧商品回收分拣集聚区，促进回收分拣集聚区与国家"城市矿产"示范基地等规模化利用基地的有效衔接。通过配套建设物流、信息、技术、环保设施等公共服务平台，吸引企业集群式发展，促进大企业和中小企业合作，形成企业间分工协作的完整产业链条。

（九）完善回收处理网络。鼓励各类投资主体积极参与建设、改造标准化居民固定或流动式废旧商品回收网点，发挥中小企业的优势，整合提升传统回收网络，对拾荒人员实行规范化管理。结合城市生活垃圾收运体系建设，加快建立居民废旧商品分类收集制度。畅通生产企业间直接回收大宗废旧商品和边角余料的渠道。鼓励生产企业、流通企业积极参与废旧商品回收，逐步实行生产者、销售者责任延伸制。明确生产企业回收废旧商品的责任，督促企业在设计和制造环节充分考虑产品废旧回收时的便利性和可回收率。鼓励党政机关、企事业单位以及居民社区与回收企业建立废旧商品定点定期回收机制。支持利用多种方式开展预约回收和交易，鼓励尝试押金回收、以旧换新、设置自动有偿回收机等灵活多样的回收方式，实现回收途径多元化。进一步做好废旧商品回收体系建设试点工作。

（十）加强行业监管。加强对回收企业站点、回收加工经营行为和市场秩序的监督管理，进一步健全行业管理制度和监督机制，营造统一规范、竞争有序的市场环境，建立和维护良好的废旧商品回收秩序。完善废旧商品回收经营者登记管理相关制度，加强对废旧商品交易市场经营行为的监管。强化对回收站点的治安管理，依法查处收购国家禁止收购物品、收赃销赃等违法犯罪行为。严厉打击利用废旧商品制假、造假行为，规范市场秩序。保护废旧商品回收和加工劳动者的合法权益，严格落实国家关于劳动保障的有关法规和制度。落实国家固体废物进口管理有关规定，加大预防和打击废物非法进口力度，加强对进口固体废物和旧商品的监管，鼓励进口再利用价值高、对原生资源替代性强、可直接用作原料的固体废物。

（十一）加强环境保护。强化废旧商品回收各环节的污染防治工作，完善污染防治设施，对废水、废气和固体废物实行严格收集和处理，严禁产生二次污染。制定和完善相应的环保法规、标准，加强回收、运输、处理、利用各环节的环境监管，加大环保执法力度，依法查处污染环境的企业并向社会公布。建立以环保指标为主要依据之一的市场准入和退出机制。积极推动企业开展质量管理体系和环境管理体系认证及清洁生产审核。对未达到质量和环保要求的废旧商品回收、运输、处理、利用企业，要切实加强督查、限期整改。

三、保障措施

（十二）加大财税金融支持力度。进一步研究完善支持废旧商品回收体系建设的财政政策。建立废弃电器电子产品处理基金，用于废弃电器电子产品回收处理费用补贴。通过国家科技计划（基金）等渠道，加强废旧商品回收处理有关技术设备的研发与示范。研究制定并完善促进废旧商品回收体系建设的税收政策。创新金融产品和服务方式，加大金融机构支持废旧商品回收体系建设的服务力度。鼓励并引导社会资金参与废旧商品回收体系建设。地方各级人民政府要相应加大财政投入，同时抓紧清理废旧商品回收领域存在的不合法、不合理收费项目。

（十三）完善土地支持政策。在提高土地节约集约利用水平的基础上，加大对废旧商品回收体系项目的土地政策支持。对列入各地废旧商品回收体系建设规划的重点项目，在符合土地利用总体规划前提下布局和选址，需要进行土地征收和农用地转用的，在土地利用年度计划内优先安排。积极支持利用工业企业存量土地建设废旧商品回收体系项目。

（十四）修订完善相关制度和标准。加快废旧商品回收法规建设，将废旧商品回收处理纳入法制化轨道，明确相关主体责任。完善促进和规范废旧商品回收的相关制度，建立废旧商品回收统计体系，加强考核和评价。加快废旧商品回收行业标准和规范的制修订工作，制定相关技术规范和重点废旧商品回收目录。修订《报废汽车回收管理办法》。编制"十二五"废旧商品回收体系建设规划并纳入国家"十二五"发展规划和循环经济发展规划。各地区在编制和调整城市规划、土地利用总体规划、基础设施规划、村镇规划时，应充分考虑废旧商品回收体系建设的需要，合理布局回收网点、分拣中心和区域性回收分拣基地。

四、组织协调

（十五）建立统筹协调指导机制。成立由商务部牵头、有关部门参与的废旧商品回收体系建设部际协调机制，指导废旧商品回收体系建设工作，协调解决工作中的重大问题，研究提出政策建议和工作思路，促进废旧商品回收体系建设工作制度化。有关部门按照职能分工，加强协调，密切配合，共同推进。各地要将废旧商品回收体系建设纳入当地政府工作目标和考核内容，并建立相应的工作协调机制。充分发挥行业协会作用，强化企业与政府沟通，提高行业自律和组织水平。

（十六）深入开展宣传教育。利用多种形式，广泛进行废旧商品回收利用宣传教育，积极倡导环保健康、循环利用的生产生活方式，在全社会推动形成加强环境保护、注重资源回收的良好氛围，树立全民节约环保意识。在中小学教育和职业技能培训中，加强勤俭节约品德和废旧商品回收知识普及教育。

国务院办公厅

2011 年 10 月 31 日

中华人民共和国统计法实施条例

第一章　总　　则

第一条　根据《中华人民共和国统计法》（以下简称统计法），制定本条例。

第二条　统计资料能够通过行政记录取得的，不得组织实施调查。通过抽样调查、重点调查能够满足统计需要的，不得组织实施全面调查。

第三条　县级以上人民政府统计机构和有关部门应当加强统计规律研究，健全新兴产业等统计，完善经济、社会、科技、资源和环境统计，推进互联网、大数据、云计算等现代信息技术在统计工作中的应用，满足经济社会发展需要。

第四条　地方人民政府、县级以上人民政府统计机构和有关部门应当根据国家有关规定，明确本单位防范和惩治统计造假、弄虚作假的责任主体，严格执行统计法和本条例的规定。

地方人民政府、县级以上人民政府统计机构和有关部门及其负责人应当保障统计活动依法进行，不得侵犯统计机构、统计人员独立行使统计调查、统计报告、统计监督职权，不得非法干预统计调查对象提供统计资料，不得统计造假、弄虚作假。

统计调查对象应当依照统计法和国家有关规定，真实、准确、完整、及时地提供统计资料，拒绝、抵制弄虚作假等违法行为。

第五条　县级以上人民政府统计机构和有关部门不得组织实施营利性统计调查。

国家有计划地推进县级以上人民政府统计机构和有关部门通过向社会购买服务组织实施统计调查和资料开发。

第二章　统计调查项目

第六条　部门统计调查项目、地方统计调查项目的主要内容不得与国家统计调查项目的内容重复、矛盾。

第七条　统计调查项目的制定机关（以下简称制定机关）应当就项目的必要性、可行性、科学性进行论证，征求有关地方、部门、统计调查对象和专家的意见，并由制定机关按照会议制度集体讨论决定。

重要统计调查项目应当进行试点。

第八条　制定机关申请审批统计调查项目，应当以公文形式向审批机关提交统计调查项目审批申请表、项目的统计调查制度和工作经费来源说明。

申请材料不齐全或者不符合法定形式的，审批机关应当一次性告知需要补正的全部内容，制定机关应当按照审批机关的要求予以补正。

申请材料齐全、符合法定形式的，审批机关应当受理。

第九条　统计调查项目符合下列条件的，审批机关应当作出予以批准的书面决定：

（一）具有法定依据或者确为公共管理和服务所必需；

（二）与已批准或者备案的统计调查项目的主要内容不重复、不矛盾；

（三）主要统计指标无法通过行政记录或者已有统计调查资料加工整理取得；

（四）统计调查制度符合统计法律法规规定，科学、合理、可行；

（五）采用的统计标准符合国家有关规定；

（六）制定机关具备项目执行能力。

不符合前款规定条件的，审批机关应当向制定机关提出修改意见；修改后仍不符合前款规定条件的，审批机关应当作出不予批准的书面决定并说明理由。

第十条　统计调查项目涉及其他部门职责的，审批机关应当在作出审批决定前，征求相关部门的意见。

第十一条　审批机关应当自受理统计调查项目审批申请之日起 20 日内作出决定。20 日内不能作出决定的，经审批机关负责人批准可以延长 10 日，并应当将延长审批期限的理由告知制定机关。

制定机关修改统计调查项目的时间，不计算在审批期限内。

第十二条 制定机关申请备案统计调查项目，应当以公文形式向备案机关提交统计调查项目备案申请表和项目的统计调查制度。

统计调查项目的调查对象属于制定机关管辖系统，且主要内容与已批准、备案的统计调查项目不重复、不矛盾的，备案机关应当依法给予备案文号。

第十三条 统计调查项目经批准或者备案的，审批机关或者备案机关应当及时公布统计调查项目及其统计调查制度的主要内容。涉及国家秘密的统计调查项目除外。

第十四条 统计调查项目有下列情形之一的，审批机关或者备案机关应当简化审批或者备案程序，缩短期限：

（一）发生突发事件需要迅速实施统计调查；

（二）统计调查制度内容未作变动，统计调查项目有效期届满需要延长期限。

第十五条 统计法第十七条第二款规定的国家统计标准是强制执行标准。各级人民政府、县级以上人民政府统计机构和有关部门组织实施的统计调查活动，应当执行国家统计标准。

制定国家统计标准，应当征求国务院有关部门的意见。

第三章 统计调查的组织实施

第十六条 统计机构、统计人员组织实施统计调查，应当就统计调查对象的法定填报义务、主要指标涵义和有关填报要求等，向统计调查对象作出说明。

第十七条 国家机关、企业事业单位或者其他组织等统计调查对象提供统计资料，应当由填报人员和单位负责人签字，并加盖公章。个人作为统计调查对象提供统计资料，应当由本人签字。统计调查制度规定不需要签字、加盖公章的除外。

统计调查对象使用网络提供统计资料的，按照国家有关规定执行。

第十八条 县级以上人民政府统计机构、有关部门推广使用网络报送统计资料，应当采取有效的网络安全保障措施。

第十九条 县级以上人民政府统计机构、有关部门和乡、镇统计人员，应当对统计调查对象提供的统计资料进行审核。统计资料不完整或者存在明显错误的，应当由统计调查对象依法予以补充或者改正。

第二十条 国家统计局应当建立健全统计数据质量监控和评估制度，加强对各省、自治区、直辖市重要统计数据的监控和评估。

第四章 统计资料的管理和公布

第二十一条 县级以上人民政府统计机构、有关部门和乡、镇人民政府应当妥善保管统计调查中取得的统计资料。

国家建立统计资料灾难备份系统。

第二十二条 统计调查中取得的统计调查对象的原始资料，应当至少保存2年。

汇总性统计资料应当至少保存10年，重要的汇总性统计资料应当永久保存。法律法规另有规定的，从其规定。

第二十三条　统计调查对象按照国家有关规定设置的原始记录和统计台账，应当至少保存 2 年。

第二十四条　国家统计局统计调查取得的全国性统计数据和分省、自治区、直辖市统计数据，由国家统计局公布或者由国家统计局授权其派出的调查机构或者省级人民政府统计机构公布。

第二十五条　国务院有关部门统计调查取得的统计数据，由国务院有关部门按照国家有关规定和已批准或者备案的统计调查制度公布。

县级以上地方人民政府有关部门公布其统计调查取得的统计数据，比照前款规定执行。

第二十六条　已公布的统计数据按照国家有关规定需要进行修订的，县级以上人民政府统计机构和有关部门应当及时公布修订后的数据，并就修订依据和情况作出说明。

第二十七条　县级以上人民政府统计机构和有关部门应当及时公布主要统计指标涵义、调查范围、调查方法、计算方法、抽样调查样本量等信息，对统计数据进行解释说明。

第二十八条　公布统计资料应当按照国家有关规定进行。公布前，任何单位和个人不得违反国家有关规定对外提供，不得利用尚未公布的统计资料谋取不正当利益。

第二十九条　统计法第二十五条规定的能够识别或者推断单个统计调查对象身份的资料包括：

（一）直接标明单个统计调查对象身份的资料；

（二）虽未直接标明单个统计调查对象身份，但是通过已标明的地址、编码等相关信息可以识别或者推断单个统计调查对象身份的资料；

（三）可以推断单个统计调查对象身份的汇总资料。

第三十条　统计调查中获得的能够识别或者推断单个统计调查对象身份的资料应当依法严格管理，除作为统计执法依据外，不得直接作为对统计调查对象实施行政许可、行政处罚等具体行政行为的依据，不得用于完成统计任务以外的目的。

第三十一条　国家建立健全统计信息共享机制，实现县级以上人民政府统计机构和有关部门统计调查取得的资料共享。制定机关共同制定的统计调查项目，可以共同使用获取的统计资料。

统计调查制度应当对统计信息共享的内容、方式、时限、渠道和责任等作出规定。

第五章　统计机构和统计人员

第三十二条　县级以上地方人民政府统计机构受本级人民政府和上级人民政府统计机构的双重领导，在统计业务上以上级人民政府统计机构的领导为主。

乡、镇人民政府应当设置统计工作岗位，配备专职或者兼职统计人员，履行统计职责，在统计业务上受上级人民政府统计机构领导。乡、镇统计人员的调动，应当征得县级人民政府统计机构的同意。

县级以上人民政府有关部门在统计业务上受本级人民政府统计机构指导。

第三十三条　县级以上人民政府统计机构和有关部门应当完成国家统计调查任务，执行国家统计调查项目的统计调查制度，组织实施本地方、本部门的统计调查活动。

第三十四条　国家机关、企业事业单位和其他组织应当加强统计基础工作，为履行法定的统计资料报送义务提供组织、人员和工作条件保障。

第三十五条　对在统计工作中做出突出贡献、取得显著成绩的单位和个人，按照国家有关规定给予表彰和奖励。

第六章　监督检查

第三十六条　县级以上人民政府统计机构从事统计执法工作的人员，应当具备必要的法律知识和统计业务知识，参加统计执法培训，并取得由国家统计局统一印制的统计执法证。

第三十七条　任何单位和个人不得拒绝、阻碍对统计工作的监督检查和对统计违法行为的查处工作，不得包庇、纵容统计违法行为。

第三十八条　任何单位和个人有权向县级以上人民政府统计机构举报统计违法行为。

县级以上人民政府统计机构应当公布举报统计违法行为的方式和途径，依法受理、核实、处理举报，并为举报人保密。

第三十九条　县级以上人民政府统计机构负责查处统计违法行为；法律、行政法规对有关部门查处统计违法行为另有规定的，从其规定。

第七章　法律责任

第四十条　下列情形属于统计法第三十七条第四项规定的对严重统计违法行为失察，对地方人民政府、政府统计机构或者有关部门、单位的负责人，由任免机关或者监察机关依法给予处分，并由县级以上人民政府统计机构予以通报：

（一）本地方、本部门、本单位大面积发生或者连续发生统计造假、弄虚作假；

（二）本地方、本部门、本单位统计数据严重失实，应当发现而未发现；

（三）发现本地方、本部门、本单位统计数据严重失实不予纠正。

第四十一条　县级以上人民政府统计机构或者有关部门组织实施营利性统计调查的，由本级人民政府、上级人民政府统计机构或者本级人民政府统计机构责令改正，予以通报；有违法所得的，没收违法所得。

第四十二条　地方各级人民政府、县级以上人民政府统计机构或者有关部门及其负责人，侵犯统计机构、统计人员独立行使统计调查、统计报告、统计监督职权，或者采用下发文件、会议布置以及其他方式授意、指使、强令统计调查对象或者其他单位、人员编造虚假统计资料的，由上级人民政府、本级人民政府、上级人民政府统计机构或者本级人民政府统计机构责令改正，予以通报。

第四十三条　县级以上人民政府统计机构或者有关部门在组织实施统计调查活动中有下列行为之一的，由本级人民政府、上级人民政府统计机构或者本级人民政府统计机构责令改正，予以通报：

（一）违法制定、审批或者备案统计调查项目；

（二）未按照规定公布经批准或者备案的统计调查项目及其统计调查制度的主要内容；

（三）未执行国家统计标准；

（四）未执行统计调查制度；

（五）自行修改单个统计调查对象的统计资料。

乡、镇统计人员有前款第三项至第五项所列行为的，责令改正，依法给予处分。

第四十四条　县级以上人民政府统计机构或者有关部门违反本条例第二十四条、第二十五条规定公布统计数据的，由本级人民政府、上级人民政府统计机构或者本级人民政府统计机构责令改正，予以通报。

第四十五条　违反国家有关规定对外提供尚未公布的统计资料或者利用尚未公布的统计资料谋取不正当利益的，由任免机关或者监察机关依法给予处分，并由县级以上人民政府统计机构予以通报。

第四十六条　统计机构及其工作人员有下列行为之一的，由本级人民政府或者上级人民政府统计机构责令改正，予以通报：

（一）拒绝、阻碍对统计工作的监督检查和对统计违法行为的查处工作；

（二）包庇、纵容统计违法行为；

（三）向有统计违法行为的单位或者个人通风报信，帮助其逃避查处；

（四）未依法受理、核实、处理对统计违法行为的举报；

（五）泄露对统计违法行为的举报情况。

第四十七条　地方各级人民政府、县级以上人民政府有关部门拒绝、阻碍统计监督检查或者转移、隐匿、篡改、毁弃原始记录和凭证、统计台账、统计调查表及其他相关证明和资料的，由上级人民政府、上级人民政府统计机构或者本级人民政府统计机构责令改正，予以通报。

第四十八条　地方各级人民政府、县级以上人民政府统计机构和有关部门有本条例第四十一条至第四十七条所列违法行为之一的，对直接负责的主管人员和其他直接责任人员，由任免机关或者监察机关依法给予处分。

第四十九条　乡、镇人民政府有统计法第三十八条第一款、第三十九条第一款所列行为之一的，依照统计法第三十八条、第三十九条的规定追究法律责任。

第五十条　下列情形属于统计法第四十一条第二款规定的情节严重行为：

（一）使用暴力或者威胁方法拒绝、阻碍统计调查、统计监督检查；

（二）拒绝、阻碍统计调查、统计监督检查，严重影响相关工作正常开展；

（三）提供不真实、不完整的统计资料，造成严重后果或者恶劣影响；

（四）有统计法第四十一条第一款所列违法行为之一，1 年内被责令改正 3 次以上。

第五十一条　统计违法行为涉嫌犯罪的，县级以上人民政府统计机构应当将案件移送司法机关处理。

第八章　附　　则

第五十二条　中华人民共和国境外的组织、个人需要在中华人民共和国境内进行统计调查活动的，应当委托中华人民共和国境内具有涉外统计调查资格的机构进行。涉外统计调查资格应当依法报经批准。统计调查范围限于省、自治区、直辖市行政区域内的，由省级人民政府统计机构审批；统计调查范围跨省、自治区、直辖市行政区域的，由国家统计局审批。

涉外社会调查项目应当依法报经批准。统计调查范围限于省、自治区、直辖市行政区域内的，由省级人民政府统计机构审批；统计调查范围跨省、自治区、直辖市行政区域的，由国家统计局审批。

第五十三条 国家统计局或者省级人民政府统计机构对涉外统计违法行为进行调查，有权采取统计法第三十五条规定的措施。

第五十四条 对违法从事涉外统计调查活动的单位、个人，由国家统计局或者省级人民政府统计机构责令改正或者责令停止调查，有违法所得的，没收违法所得；违法所得50万元以上的，并处违法所得1倍以上3倍以下的罚款；违法所得不足50万元或者没有违法所得的，处200万元以下的罚款；情节严重的，暂停或者取消涉外统计调查资格，撤销涉外社会调查项目批准决定；构成犯罪的，依法追究刑事责任。

第五十五条 本条例自2017年8月1日起施行。1987年1月19日国务院批准、1987年2月15日国家统计局公布，2000年6月2日国务院批准修订、2000年6月15日国家统计局公布，2005年12月16日国务院修订的《中华人民共和国统计法实施细则》同时废止。

国务院办公厅关于印发禁止洋垃圾入境推进固体废物进口管理制度改革实施方案的通知

国办发〔2017〕70号

各省、自治区、直辖市人民政府，国务院各部委、各直属机构：

《禁止洋垃圾入境推进固体废物进口管理制度改革实施方案》已经国务院同意，现印发给你们，请认真贯彻执行。

国务院办公厅

2017年7月18日

（本文有删减）

禁止洋垃圾入 境推进固体废物进口管理制度改革实施方案

20世纪80年代以来，为缓解原料不足，我国开始从境外进口可用作原料的固体废物。同时，为加强管理，防范环境风险，逐步建立了较为完善的固体废物进口管理制度体系。近年来，各地区、各有关部门在打击洋垃圾走私、加强进口固体废物监管方面做了大量工作，取得一定成效。但是由于一些地方仍然存在重发展轻环保的思想，部分企业为谋取非法利益不惜铤而走险，洋垃圾非法入境问题屡禁不绝，严重危害人民群众身体健康和我国生态环境安全。按照党中央、国务院关于推进生态文明建设和生态文明体制改革的决策部署，为全面禁止洋垃圾入境，推进固体废物进口管理制度改革，促进国内固体废物无害化、资源化利用，保护生态环境安全和人民群众身体健康，制定以下方案。

一、总体要求

（一）指导思想。全面贯彻党的十八大和十八届三中、四中、五中、六中全会精神，深入贯彻习近平总书记系列重要讲话精神和治国理政新理念新思想新战略，认真落实党中央、国务院决策部署，统筹推进"五位一体"总体布局和协调推进"四个全面"战略布局，牢固树立和贯彻落实创新、协调、绿色、开放、共享的发展理念，坚持以人民为中心的发展思想，坚持稳中求进工作总基调，以提高发展质量和效益为中心，以供给侧结构性改革为主线，以深化改革为动力，全面禁止洋垃圾入境，完善进口固体废物管理制度；切实加强固体废物回收利用管理，大力发展循环经济，切实改善环境质量、维护国家生态环境安全和人民群众身体健康。

（二）基本原则。

坚持疏堵结合、标本兼治。调整完善进口固体废物管理政策，持续保持高压态势，严厉打击洋垃圾走私；提升国内固体废物回收利用水平。

坚持稳妥推进、分类施策。根据环境风险、产业发展现状等因素，分行业分种类制定禁止进口的时间表，分批分类调整进口固体废物管理目录；综合运用法律、经济、行政手段，大幅减少进口种类和数量，全面禁止洋垃圾入境。

坚持协调配合、狠抓落实。各部门要按照职责分工，密切配合、齐抓共管，形成工作合力，加强跟踪督查，确保各项任务按照时间节点落地见效。地方各级人民政府要落实主体责任，切实做好固体废物集散地综合整治、产业转型发展、人员就业安置等工作。

（三）主要目标。严格固体废物进口管理，2017 年年底前，全面禁止进口环境危害大、群众反映强烈的固体废物；2019 年年底前，逐步停止进口国内资源可以替代的固体废物。通过持续加强对固体废物进口、运输、利用等各环节的监管，确保生态环境安全。保持打击洋垃圾走私高压态势，彻底堵住洋垃圾入境。强化资源节约集约利用，全面提升国内固体废物无害化、资源化利用水平，逐步补齐国内资源缺口，为建设美丽中国和全面建成小康社会提供有力保障。

二、完善堵住洋垃圾进口的监管制度

（四）禁止进口环境危害大、群众反映强烈的固体废物。2017 年 7 月底前，调整进口固体废物管理目录；2017 年年底前，禁止进口生活来源废塑料、未经分拣的废纸以及纺织废料、钒渣等品种。（环境保护部、商务部、国家发展改革委、海关总署、质检总局负责落实）

（五）逐步有序减少固体废物进口种类和数量。分批分类调整进口固体废物管理目录，大幅减少固体废物进口种类和数量。（环境保护部、商务部、国家发展改革委、海关总署、质检总局负责落实，2019 年年底前完成）

（六）提高固体废物进口门槛。进一步加严标准，修订《进口可用作原料的固体废物环境保护控制标准》，加严夹带物控制指标。（环境保护部、质检总局负责落实，2017年年底前完成）印发《进口废纸环境保护管理规定》，提高进口废纸加工利用企业规模要求。（环境保护部负责落实，2017年年底前完成）

（七）完善法律法规和相关制度。修订《固体废物进口管理办法》，限定固体废物进口口岸，减少固体废物进口口岸数量。（环境保护部、商务部、国家发展改革委、海关总署、质检总局负责落实，2018年年底前完成）完善固体废物进口许可证制度，取消贸易单位代理进口。（环境保护部、商务部、国家发展改革委、海关总署、质检总局负责落实，2017年年底前完成）增加固体废物鉴别单位数量，解决鉴别难等突出问题。（环境保护部、海关总署、质检总局负责落实，2017年年底前完成）适时提请修订《中华人民共和国固体废物污染环境防治法》等法律法规，提高对走私洋垃圾、非法进口固体废物等行为的处罚标准。（环境保护部、海关总署、质检总局、国务院法制办负责落实，2019年年底前完成）

（八）保障政策平稳过渡。做好政策解读和舆情引导工作，依法依规公开政策调整实施的时间节点、管理要求。（中央宣传部、国家网信办、环境保护部、商务部、国家发展改革委、海关总署、质检总局负责落实，2020年年底前完成）综合运用现有政策措施，促进行业转型，优化产业结构，做好相关从业人员再就业等保障工作。（各有关地方人民政府负责落实，2020年年底前完成）

三、强化洋垃圾非法入境管控

（九）持续严厉打击洋垃圾走私。将打击洋垃圾走私作为海关工作的重中之重，严厉查处走私危险废物、医疗废物、电子废物、生活垃圾等违法行为。深入推进各类专项打私行动，加大海上和沿边非设关地打私工作力度，封堵洋垃圾偷运入境通道，严厉打击货运渠道藏匿、伪报、瞒报、倒证倒货等走私行为。对专项打私行动中发现的洋垃圾，坚决依法予以退运或销毁。（海关总署、公安部、中国海警局负责长期落实）联合开展强化监管严厉打击洋垃圾违法专项行动，重点打击走私、非法进口利用废塑料、废纸、生活垃圾、电子废物、废旧服装等固体废物的各类违法行为。（海关总署、环境保护部、质检总局、公安部负责落实，2017年11月底前完成）对废塑料进口及加工利用企业开展联合专项稽查，重点查处倒卖证件、倒卖货物、企业资质不符等问题。（海关总署、环境保护部、质检总局负责落实，2017年11月底前完成）

（十）加大全过程监管力度。从严审查进口固体废物申请，减量审批固体废物进口许可证，控制许可进口总量。（环境保护部负责长期落实）加强进口固体废物装运前现场检验、结果审核、证书签发等关键控制点的监督管理，强化入境检验检疫，严格执行现场开箱、掏箱规定和查验标准。（质检总局负责长期落实）进一步加大进口固体废物查验力度，严格落实"三个100%"（已配备集装箱检查设备的100%过机，没有配备集装箱检查设备的100%开箱，以及100%过磅）查验要求。（海关总署负责长期落实）加强对重点风险监管企业的现场检查，严厉查处倒卖、非法加工利用进口固体废物以及其他环境违法行

为。（环境保护部、海关总署负责长期落实）

（十一）全面整治固体废物集散地。开展全国典型废塑料、废旧服装和电子废物等废物堆放处置利用集散地专项整治行动。贯彻落实《土壤污染防治行动计划》，督促各有关地方人民政府对电子废物、废轮胎、废塑料等再生利用活动进行清理整顿，整治情况列入中央环保督察重点内容。（环境保护部、国家发展改革委、工业和信息化部、商务部、工商总局、各有关地方人民政府负责落实，2017 年年底前完成）

四、建立堵住洋垃圾入境长效机制

（十二）落实企业主体责任。强化日常执法监管，加大对走私洋垃圾、非法进口固体废物、倒卖或非法加工利用固体废物等违法犯罪行为的查处力度。加强法治宣传培训，进一步提高企业守法意识。（海关总署、环境保护部、公安部、质检总局负责长期落实）建立健全中央与地方、部门与部门之间执法信息共享机制，将固体废物利用处置违法企业信息在全国信用信息共享平台、"信用中国"网站和国家企业信用信息公示系统上公示，开展联合惩戒。（国家发展改革委、工业和信息化部、公安部、财政部、环境保护部、商务部、海关总署、工商总局、质检总局等负责长期落实）

（十三）建立国际合作机制。推动与越南等东盟国家建立洋垃圾反走私合作机制，适时发起区域性联合执法行动。利用国际执法合作渠道，强化洋垃圾境外源头地情报研判，加强与世界海关组织、国际刑警组织、联合国环境规划署等机构的合作，建立完善走私洋垃圾退运国际合作机制。（海关总署、公安部、环境保护部负责长期落实）

（十四）开拓新的再生资源渠道。推动贸易和加工模式转变，主动为国内企业"走出去"提供服务，指导相关企业遵守所在国的法律法规，爱护当地资源和环境，维护中国企业良好形象。（国家发展改革委、工业和信息化部、商务部负责长期落实）

五、提升国内固体废物回收利用水平

（十五）提高国内固体废物回收利用率。加快国内固体废物回收利用体系建设，建立健全生产者责任延伸制，推进城乡生活垃圾分类，提高国内固体废物的回收利用率，到2020 年，将国内固体废物回收量由 2015 年的 2.46 亿吨提高到 3.5 亿吨。（国家发展改革委、工业和信息化部、商务部、住房城乡建设部负责落实）

（十六）规范国内固体废物加工利用产业发展。发挥"城市矿产"示范基地、资源再生利用重大示范工程、循环经济示范园区等的引领作用和回收利用骨干企业的带动作用，完善再生资源回收利用基础设施，促进国内固体废物加工利用园区化、规模化和清洁化发展。（国家发展改革委、工业和信息化部、商务部负责长期落实）

（十七）加大科技研发力度。提升固体废物资源化利用装备技术水平。提高废弃电器电子产品、报废汽车拆解利用水平。鼓励和支持企业联合科研院所、高校开展非木纤维造纸技术装备研发和产业化，着力提高竹子、芦苇、蔗渣、秸秆等非木纤维应用水平，加大非木纤维清洁制浆技术推广力度。（国家发展改革委、工业和信息化部、科技部、商务部负责长期落实）

（十八）切实加强宣传引导。加大对固体废物进口管理和打击洋垃圾走私成效的宣传力度，及时公开违法犯罪典型案例，彰显我国保护生态环境安全和人民群众身体健康的坚定决心。积极引导公众参与垃圾分类，倡导绿色消费，抵制过度包装。大力推进"互联网+"订货、设计、生产、销售、物流模式，倡导节约使用纸张、塑料等，努力营造全社会共同支持、积极践行保护环境和节约资源的良好氛围。（中央宣传部、国家发展改革委、工业和信息化部、环境保护部、住房城乡建设部、商务部、海关总署、质检总局、国家网信办负责长期落实）

报废机动车回收管理办法

第一条 为了规范报废机动车回收活动，保护环境，促进循环经济发展，保障道路交通安全，制定本办法。

第二条 本办法所称报废机动车，是指根据《中华人民共和国道路交通安全法》的规定应当报废的机动车。

不属于《中华人民共和国道路交通安全法》规定的应当报废的机动车，机动车所有人自愿作报废处理的，依照本办法的规定执行。

第三条 国家鼓励特定领域的老旧机动车提前报废更新，具体办法由国务院有关部门另行制定。

第四条 国务院负责报废机动车回收管理的部门主管全国报废机动车回收（含拆解，下同）监督管理工作，国务院公安、生态环境、工业和信息化、交通运输、市场监督管理等部门在各自的职责范围内负责报废机动车回收有关的监督管理工作。

县级以上地方人民政府负责报废机动车回收管理的部门对本行政区域内报废机动车回收活动实施监督管理。县级以上地方人民政府公安、生态环境、工业和信息化、交通运输、市场监督管理等部门在各自的职责范围内对本行政区域内报废机动车回收活动实施有关的监督管理。

第五条 国家对报废机动车回收企业实行资质认定制度。未经资质认定，任何单位或者个人不得从事报废机动车回收活动。

国家鼓励机动车生产企业从事报废机动车回收活动。机动车生产企业按照国家有关规定承担生产者责任。

第六条 取得报废机动车回收资质认定，应当具备下列条件：

（一）具有企业法人资格；

（二）具有符合环境保护等有关法律、法规和强制性标准要求的存储、拆解场地，拆解设备、设施以及拆解操作规范；

（三）具有与报废机动车拆解活动相适应的专业技术人员。

第七条 拟从事报废机动车回收活动的，应当向省、自治区、直辖市人民政府负责报废机动车回收管理的部门提出申请。省、自治区、直辖市人民政府负责报废机动车回收管理的部门应当依法进行审查，对符合条件的，颁发资质认定书；对不符合条件的，不予资质认定并书面说明理由。

省、自治区、直辖市人民政府负责报废机动车回收管理的部门应当充分利用计算机网络等先进技术手段，推行网上申请、网上受理等方式，为申请人提供便利条件。申请人可以在网上提出申请。

省、自治区、直辖市人民政府负责报废机动车回收管理的部门应当将本行政区域内取得资质认定的报废机动车回收企业名单及时向社会公布。

第八条　任何单位或者个人不得要求机动车所有人将报废机动车交售给指定的报废机动车回收企业。

第九条　报废机动车回收企业对回收的报废机动车，应当向机动车所有人出具《报废机动车回收证明》，收回机动车登记证书、号牌、行驶证，并按照国家有关规定及时向公安机关交通管理部门办理注销登记，将注销证明转交机动车所有人。

《报废机动车回收证明》样式由国务院负责报废机动车回收管理的部门规定。任何单位或者个人不得买卖或者伪造、变造《报废机动车回收证明》。

第十条　报废机动车回收企业对回收的报废机动车，应当逐车登记机动车的型号、号牌号码、发动机号码、车辆识别代号等信息；发现回收的报废机动车疑似赃物或者用于盗窃、抢劫等犯罪活动的犯罪工具的，应当及时向公安机关报告。

报废机动车回收企业不得拆解、改装、拼装、倒卖疑似赃物或者犯罪工具的机动车或者其发动机、方向机、变速器、前后桥、车架（以下统称"五大总成"）和其他零部件。

第十一条　回收的报废机动车必须按照有关规定予以拆解；其中，回收的报废大型客车、货车等营运车辆和校车，应当在公安机关的监督下解体。

第十二条　拆解的报废机动车"五大总成"具备再制造条件的，可以按照国家有关规定出售给具有再制造能力的企业经过再制造予以循环利用；不具备再制造条件的，应当作为废金属，交售给钢铁企业作为冶炼原料。

拆解的报废机动车"五大总成"以外的零部件符合保障人身和财产安全等强制性国家标准，能够继续使用的，可以出售，但应当标明"报废机动车回用件"。

第十三条　国务院负责报废机动车回收管理的部门应当建立报废机动车回收信息系统。报废机动车回收企业应当如实记录本企业回收的报废机动车"五大总成"等主要部件的数量、型号、流向等信息，并上传至报废机动车回收信息系统。

负责报废机动车回收管理的部门、公安机关应当通过政务信息系统实现信息共享。

第十四条　拆解报废机动车，应当遵守环境保护法律、法规和强制性标准，采取有效措施保护环境，不得造成环境污染。

第十五条　禁止任何单位或者个人利用报废机动车"五大总成"和其他零部件拼装机动车，禁止拼装的机动车交易。

除机动车所有人将报废机动车依法交售给报废机动车回收企业外，禁止报废机动车整车交易。

第十六条　县级以上地方人民政府负责报废机动车回收管理的部门应当加强对报废机

动车回收企业的监督检查，建立和完善以随机抽查为重点的日常监督检查制度，公布抽查事项目录，明确抽查的依据、频次、方式、内容和程序，随机抽取被检查企业，随机选派检查人员。抽查情况和查处结果应当及时向社会公布。

在监督检查中发现报废机动车回收企业不具备本办法规定的资质认定条件的，应当责令限期改正；拒不改正或者逾期未改正的，由原发证部门吊销资质认定书。

第十七条 县级以上地方人民政府负责报废机动车回收管理的部门应当向社会公布本部门的联系方式，方便公众举报违法行为。

县级以上地方人民政府负责报废机动车回收管理的部门接到举报的，应当及时依法调查处理，并为举报人保密；对实名举报的，负责报废机动车回收管理的部门应当将处理结果告知举报人。

第十八条 负责报废机动车回收管理的部门在监督管理工作中发现不属于本部门处理权限的违法行为的，应当及时移交有权处理的部门；有权处理的部门应当及时依法调查处理，并将处理结果告知负责报废机动车回收管理的部门。

第十九条 未取得资质认定，擅自从事报废机动车回收活动的，由负责报废机动车回收管理的部门没收非法回收的报废机动车、报废机动车"五大总成"和其他零部件，没收违法所得；违法所得在 5 万元以上的，并处违法所得 2 倍以上 5 倍以下的罚款；违法所得不足 5 万元或者没有违法所得的，并处 5 万元以上 10 万元以下的罚款。对负责报废机动车回收管理的部门没收非法回收的报废机动车、报废机动车"五大总成"和其他零部件，必要时有关主管部门应当予以配合。

第二十条 有下列情形之一的，由公安机关依法给予治安管理处罚：

（一）买卖或者伪造、变造《报废机动车回收证明》；

（二）报废机动车回收企业明知或者应当知道回收的机动车为赃物或者用于盗窃、抢劫等犯罪活动的犯罪工具，未向公安机关报告，擅自拆解、改装、拼装、倒卖该机动车。

报废机动车回收企业有前款规定情形，情节严重的，由原发证部门吊销资质认定书。

第二十一条 报废机动车回收企业有下列情形之一的，由负责报废机动车回收管理的部门责令改正，没收报废机动车"五大总成"和其他零部件，没收违法所得；违法所得在 5 万元以上的，并处违法所得 2 倍以上 5 倍以下的罚款；违法所得不足 5 万元或者没有违法所得的，并处 5 万元以上 10 万元以下的罚款；情节严重的，责令停业整顿直至由原发证部门吊销资质认定书：

（一）出售不具备再制造条件的报废机动车"五大总成"；

（二）出售不能继续使用的报废机动车"五大总成"以外的零部件；

（三）出售的报废机动车"五大总成"以外的零部件未标明"报废机动车回用件"。

第二十二条 报废机动车回收企业对回收的报废机动车，未按照国家有关规定及时向公安机关交通管理部门办理注销登记并将注销证明转交机动车所有人的，由负责报废机动车回收管理的部门责令改正，可以处 1 万元以上 5 万元以下的罚款。

利用报废机动车"五大总成"和其他零部件拼装机动车或者出售报废机动车整车、拼装的机动车的，依照《中华人民共和国道路交通安全法》的规定予以处罚。

第二十三条　报废机动车回收企业未如实记录本企业回收的报废机动车"五大总成"等主要部件的数量、型号、流向等信息并上传至报废机动车回收信息系统的，由负责报废机动车回收管理的部门责令改正，并处1万元以上5万元以下的罚款；情节严重的，责令停业整顿。

第二十四条　报废机动车回收企业违反环境保护法律、法规和强制性标准，污染环境的，由生态环境主管部门责令限期改正，并依法予以处罚；拒不改正或者逾期未改正的，由原发证部门吊销资质认定书。

第二十五条　负责报废机动车回收管理的部门和其他有关部门的工作人员在监督管理工作中滥用职权、玩忽职守、徇私舞弊的，依法给予处分。

第二十六条　违反本办法规定，构成犯罪的，依法追究刑事责任。

第二十七条　报废新能源机动车回收的特殊事项，另行制定管理规定。

军队报废机动车的回收管理，依照国家和军队有关规定执行。

第二十八条　本办法自2019年6月1日起施行。2001年6月16日国务院公布的《报废汽车回收管理办法》同时废止。

国务院关于加快建立健全绿色低碳循环发展经济体系的指导意见

国发〔2021〕4号

各省、自治区、直辖市人民政府，国务院各部委、各直属机构：

建立健全绿色低碳循环发展经济体系，促进经济社会发展全面绿色转型，是解决我国资源环境生态问题的基础之策。为贯彻落实党的十九大部署，加快建立健全绿色低碳循环发展的经济体系，现提出如下意见。

一、总体要求

（一）指导思想。以习近平新时代中国特色社会主义思想为指导，深入贯彻党的十九大和十九届二中、三中、四中、五中全会精神，全面贯彻习近平生态文明思想，认真落实党中央、国务院决策部署，坚定不移贯彻新发展理念，全方位全过程推行绿色规划、绿色设计、绿色投资、绿色建设、绿色生产、绿色流通、绿色生活、绿色消费，使发展建立在高效利用资源、严格保护生态环境、有效控制温室气体排放的基础上，统筹推进高质量发展和高水平保护，建立健全绿色低碳循环发展的经济体系，确保实现碳达峰、碳中和目标，推动我国绿色发展迈上新台阶。

（二）工作原则。

坚持重点突破。以节能环保、清洁生产、清洁能源等为重点率先突破，做好与农业、制造业、服务业和信息技术的融合发展，全面带动一二三产业和基础设施绿色升级。

坚持创新引领。深入推动技术创新、模式创新、管理创新，加快构建市场导向的绿色技术创新体系，推行新型商业模式，构筑有力有效的政策支持体系。

坚持稳中求进。做好绿色转型与经济发展、技术进步、产业接续、稳岗就业、民生改善的有机结合，积极稳妥、韧性持久地加以推进。

坚持市场导向。在绿色转型中充分发挥市场的导向性作用、企业的主体作用、各类市场交易机制的作用，为绿色发展注入强大动力。

（三）主要目标。到2025年，产业结构、能源结构、运输结构明显优化，绿色产业比重显著提升，基础设施绿色化水平不断提高，清洁生产水平持续提高，生产生活方式绿色转型成效显著，能源资源配置更加合理、利用效率大幅提高，主要污染物排放总量持续减少，碳排放强度明显降低，生态环境持续改善，市场导向的绿色技术创新体系更加完善，法律法规政策体系更加有效，绿色低碳循环发展的生产体系、流通体系、消费体系初步形成。到2035年，绿色发展内生动力显著增强，绿色产业规模迈上新台阶，重点行业、重点产品能源资源利用效率达到国际先进水平，广泛形成绿色生产生活方式，碳排放达峰后稳中有降，生态环境根本好转，美丽中国建设目标基本实现。

二、健全绿色低碳循环发展的生产体系

（四）推进工业绿色升级。加快实施钢铁、石化、化工、有色、建材、纺织、造纸、皮革等行业绿色化改造。推行产品绿色设计，建设绿色制造体系。大力发展再制造产业，加强再制造产品认证与推广应用。建设资源综合利用基地，促进工业固体废物综合利用。全面推行清洁生产，依法在"双超双有高耗能"行业实施强制性清洁生产审核。完善"散乱污"企业认定办法，分类实施关停取缔、整合搬迁、整改提升等措施。加快实施排污许可制度。加强工业生产过程中危险废物管理。

（五）加快农业绿色发展。鼓励发展生态种植、生态养殖，加强绿色食品、有机农产品认证和管理。发展生态循环农业，提高畜禽粪污资源化利用水平，推进农作物秸秆综合利用，加强农膜污染治理。强化耕地质量保护与提升，推进退化耕地综合治理。发展林业循环经济，实施森林生态标志产品建设工程。大力推进农业节水，推广高效节水技术。推行水产健康养殖。实施农药、兽用抗菌药使用减量和产地环境净化行动。依法加强养殖水域滩涂统一规划。完善相关水域禁渔管理制度。推进农业与旅游、教育、文化、健康等产业深度融合，加快一二三产业融合发展。

（六）提高服务业绿色发展水平。促进商贸企业绿色升级，培育一批绿色流通主体。有序发展出行、住宿等领域共享经济，规范发展闲置资源交易。加快信息服务业绿色转型，做好大中型数据中心、网络机房绿色建设和改造，建立绿色运营维护体系。推进会展业绿色发展，指导制定行业相关绿色标准，推动办展设施循环使用。推动汽修、装修装饰等行业使用低挥发性有机物含量原辅材料。倡导酒店、餐饮等行业不主动提供一次性用品。

（七）壮大绿色环保产业。建设一批国家绿色产业示范基地，推动形成开放、协同、高效的创新生态系统。加快培育市场主体，鼓励设立混合所有制公司，打造一批大型绿色产业集团；引导中小企业聚焦主业增强核心竞争力，培育"专精特新"中小企业。推行合同能源管理、合同节水管理、环境污染第三方治理等模式和以环境治理效果为导向的环境

托管服务。进一步放开石油、化工、电力、天然气等领域节能环保竞争性业务，鼓励公共机构推行能源托管服务。适时修订绿色产业指导目录，引导产业发展方向。

（八）提升产业园区和产业集群循环化水平。科学编制新建产业园区开发建设规划，依法依规开展规划环境影响评价，严格准入标准，完善循环产业链条，推动形成产业循环耦合。推进既有产业园区和产业集群循环化改造，推动公共设施共建共享、能源梯级利用、资源循环利用和污染物集中安全处置等。鼓励建设电、热、冷、气等多种能源协同互济的综合能源项目。鼓励化工等产业园区配套建设危险废物集中贮存、预处理和处置设施。

（九）构建绿色供应链。鼓励企业开展绿色设计、选择绿色材料、实施绿色采购、打造绿色制造工艺、推行绿色包装、开展绿色运输、做好废弃产品回收处理，实现产品全周期的绿色环保。选择100家左右积极性高、社会影响大、带动作用强的企业开展绿色供应链试点，探索建立绿色供应链制度体系。鼓励行业协会通过制定规范、咨询服务、行业自律等方式提高行业供应链绿色化水平。

三、健全绿色低碳循环发展的流通体系

（十）打造绿色物流。积极调整运输结构，推进铁水、公铁、公水等多式联运，加快铁路专用线建设。加强物流运输组织管理，加快相关公共信息平台建设和信息共享，发展甩挂运输、共同配送。推广绿色低碳运输工具，淘汰更新或改造老旧车船，港口和机场服务、城市物流配送、邮政快递等领域要优先使用新能源或清洁能源汽车；加大推广绿色船舶示范应用力度，推进内河船型标准化。加快港口岸电设施建设，支持机场开展飞机辅助动力装置替代设备建设和应用。支持物流企业构建数字化运营平台，鼓励发展智慧仓储、智慧运输，推动建立标准化托盘循环共用制度。

（十一）加强再生资源回收利用。推进垃圾分类回收与再生资源回收"两网融合"，鼓励地方建立再生资源区域交易中心。加快落实生产者责任延伸制度，引导生产企业建立逆向物流回收体系。鼓励企业采用现代信息技术实现废物回收线上与线下有机结合，培育新型商业模式，打造龙头企业，提升行业整体竞争力。完善废旧家电回收处理体系，推广典型回收模式和经验做法。加快构建废旧物资循环利用体系，加强废纸、废塑料、废旧轮胎、废金属、废玻璃等再生资源回收利用，提升资源产出率和回收利用率。

（十二）建立绿色贸易体系。积极优化贸易结构，大力发展高质量、高附加值的绿色产品贸易，从严控制高污染、高耗能产品出口。加强绿色标准国际合作，积极引领和参与相关国际标准制定，推动合格评定合作和互认机制，做好绿色贸易规则与进出口政策的衔接。深化绿色"一带一路"合作，拓宽节能环保、清洁能源等领域技术装备和服务合作。

四、健全绿色低碳循环发展的消费体系

（十三）促进绿色产品消费。加大政府绿色采购力度，扩大绿色产品采购范围，逐步将绿色采购制度扩展至国有企业。加强对企业和居民采购绿色产品的引导，鼓励地方采取补贴、积分奖励等方式促进绿色消费。推动电商平台设立绿色产品销售专区。加强绿色产品和服务认证管理，完善认证机构信用监管机制。推广绿色电力证书交易，引领全社会提

升绿色电力消费。严厉打击虚标绿色产品行为，有关行政处罚等信息纳入国家企业信用信息公示系统。

（十四）倡导绿色低碳生活方式。厉行节约，坚决制止餐饮浪费行为。因地制宜推进生活垃圾分类和减量化、资源化，开展宣传、培训和成效评估。扎实推进塑料污染全链条治理。推进过度包装治理，推动生产经营者遵守限制商品过度包装的强制性标准。提升交通系统智能化水平，积极引导绿色出行。深入开展爱国卫生运动，整治环境脏乱差，打造宜居生活环境。开展绿色生活创建活动。

五、加快基础设施绿色升级

（十五）推动能源体系绿色低碳转型。坚持节能优先，完善能源消费总量和强度双控制度。提升可再生能源利用比例，大力推动风电、光伏发电发展，因地制宜发展水能、地热能、海洋能、氢能、生物质能、光热发电。加快大容量储能技术研发推广，提升电网汇集和外送能力。增加农村清洁能源供应，推动农村发展生物质能。促进燃煤清洁高效开发转化利用，继续提升大容量、高参数、低污染煤电机组占煤电装机比例。在北方地区县城积极发展清洁热电联产集中供暖，稳步推进生物质耦合供热。严控新增煤电装机容量。提高能源输配效率。实施城乡配电网建设和智能升级计划，推进农村电网升级改造。加快天然气基础设施建设和互联互通。开展二氧化碳捕集、利用和封存试验示范。

（十六）推进城镇环境基础设施建设升级。推进城镇污水管网全覆盖。推动城镇生活污水收集处理设施"厂网一体化"，加快建设污泥无害化资源化处置设施，因地制宜布局污水资源化利用设施，基本消除城市黑臭水体。加快城镇生活垃圾处理设施建设，推进生活垃圾焚烧发电，减少生活垃圾填埋处理。加强危险废物集中处置能力建设，提升信息化、智能化监管水平，严格执行经营许可管理制度。提升医疗废物应急处理能力。做好餐厨垃圾资源化利用和无害化处理。在沿海缺水城市推动大型海水淡化设施建设。

（十七）提升交通基础设施绿色发展水平。将生态环保理念贯穿交通基础设施规划、建设、运营和维护全过程，集约利用土地等资源，合理避让具有重要生态功能的国土空间，积极打造绿色公路、绿色铁路、绿色航道、绿色港口、绿色空港。加强新能源汽车充换电、加氢等配套基础设施建设。积极推广应用温拌沥青、智能通风、辅助动力替代和节能灯具、隔声屏障等节能环保先进技术和产品。加大工程建设中废弃资源综合利用力度，推动废旧路面、沥青、疏浚土等材料以及建筑垃圾的资源化利用。

（十八）改善城乡人居环境。相关空间性规划要贯彻绿色发展理念，统筹城市发展和安全，优化空间布局，合理确定开发强度，鼓励城市留白增绿。建立"美丽城市"评价体系，开展"美丽城市"建设试点。增强城市防洪排涝能力。开展绿色社区创建行动，大力发展绿色建筑，建立绿色建筑统一标识制度，结合城镇老旧小区改造推动社区基础设施绿色化和既有建筑节能改造。建立乡村建设评价体系，促进补齐乡村建设短板。加快推进农村人居环境整治，因地制宜推进农村改厕、生活垃圾处理和污水治理、村容村貌提升、乡村绿化美化等。继续做好农村清洁供暖改造、老旧危房改造，打造干净整洁有序美丽的村庄环境。

六、构建市场导向的绿色技术创新体系

（十九）鼓励绿色低碳技术研发。实施绿色技术创新攻关行动，围绕节能环保、清洁生产、清洁能源等领域布局一批前瞻性、战略性、颠覆性科技攻关项目。培育建设一批绿色技术国家技术创新中心、国家科技资源共享服务平台等创新基地平台。强化企业创新主体地位，支持企业整合高校、科研院所、产业园区等力量建立市场化运行的绿色技术创新联合体，鼓励企业牵头或参与财政资金支持的绿色技术研发项目、市场导向明确的绿色技术创新项目。

（二十）加速科技成果转化。积极利用首台（套）重大技术装备政策支持绿色技术应用。充分发挥国家科技成果转化引导基金作用，强化创业投资等各类基金引导，支持绿色技术创新成果转化应用。支持企业、高校、科研机构等建立绿色技术创新项目孵化器、创新创业基地。及时发布绿色技术推广目录，加快先进成熟技术推广应用。深入推进绿色技术交易中心建设。

七、完善法律法规政策体系

（二十一）强化法律法规支撑。推动完善促进绿色设计、强化清洁生产、提高资源利用效率、发展循环经济、严格污染治理、推动绿色产业发展、扩大绿色消费、实行环境信息公开、应对气候变化等方面法律法规制度。强化执法监督，加大违法行为查处和问责力度，加强行政执法机关与监察机关、司法机关的工作衔接配合。

（二十二）健全绿色收费价格机制。完善污水处理收费政策，按照覆盖污水处理设施运营和污泥处理处置成本并合理盈利的原则，合理制定污水处理收费标准，健全标准动态调整机制。按照产生者付费原则，建立健全生活垃圾处理收费制度，各地区可根据本地实际情况，实行分类计价、计量收费等差别化管理。完善节能环保电价政策，推进农业水价综合改革，继续落实好居民阶梯电价、气价、水价制度。

（二十三）加大财税扶持力度。继续利用财政资金和预算内投资支持环境基础设施补短板强弱项、绿色环保产业发展、能源高效利用、资源循环利用等。继续落实节能节水环保、资源综合利用以及合同能源管理、环境污染第三方治理等方面的所得税、增值税等优惠政策。做好资源税征收和水资源费改税试点工作。

（二十四）大力发展绿色金融。发展绿色信贷和绿色直接融资，加大对金融机构绿色金融业绩评价考核力度。统一绿色债券标准，建立绿色债券评级标准。发展绿色保险，发挥保险费率调节机制作用。支持符合条件的绿色产业企业上市融资。支持金融机构和相关企业在国际市场开展绿色融资。推动国际绿色金融标准趋同，有序推进绿色金融市场双向开放。推动气候投融资工作。

（二十五）完善绿色标准、绿色认证体系和统计监测制度。开展绿色标准体系顶层设计和系统规划，形成全面系统的绿色标准体系。加快标准化支撑机构建设。加快绿色产品认证制度建设，培育一批专业绿色认证机构。加强节能环保、清洁生产、清洁能源等领域统计监测，健全相关制度，强化统计信息共享。

（二十六）培育绿色交易市场机制。进一步健全排污权、用能权、用水权、碳排放权等交易机制，降低交易成本，提高运转效率。加快建立初始分配、有偿使用、市场交易、纠纷解决、配套服务等制度，做好绿色权属交易与相关目标指标的对接协调。

八、认真抓好组织实施

（二十七）抓好贯彻落实。各地区各有关部门要思想到位、措施到位、行动到位，充分认识建立健全绿色低碳循环发展经济体系的重要性和紧迫性，将其作为高质量发展的重要内容，进一步压实工作责任，加强督促落实，保质保量完成各项任务。各地区要根据本地实际情况研究提出具体措施，在抓落实上投入更大精力，确保政策措施落到实处。

（二十八）加强统筹协调。国务院各有关部门要加强协同配合，形成工作合力。国家发展改革委要会同有关部门强化统筹协调和督促指导，做好年度重点工作安排部署，及时总结各地区各有关部门的好经验好模式，探索编制年度绿色低碳循环发展报告，重大情况及时向党中央、国务院报告。

（二十九）深化国际合作。统筹国内国际两个大局，加强与世界各个国家和地区在绿色低碳循环发展领域的政策沟通、技术交流、项目合作、人才培训等，积极参与和引领全球气候治理，切实提高我国推动国际绿色低碳循环发展的能力和水平，为构建人类命运共同体作出积极贡献。

（三十）营造良好氛围。各类新闻媒体要讲好我国绿色低碳循环发展故事，大力宣传取得的显著成就，积极宣扬先进典型，适时曝光破坏生态、污染环境、严重浪费资源和违规乱上高污染、高耗能项目等方面的负面典型，为绿色低碳循环发展营造良好氛围。

国务院

2021 年 2 月 2 日

国家发展改革委 财政部关于开展城市矿产示范基地建设的通知

发改环资〔2010〕977 号

各省、自治区、直辖市及计划单列市、新疆生产建设兵团发展改革委、经贸委（经委、经信委、工信委、工信厅）、财政厅（局）：

为贯彻落实《循环经济促进法》，推动资源循环利用产业发展，促进循环经济形成较大规模，培育新的经济增长点，缓解资源环境瓶颈约束，加快建设资源节约型、环境友好型社会，国家发展改革委、财政部决定组织开展"城市矿产"示范基地建设。现就有关事项通知如下：

一、开展"城市矿产"示范基地建设的重要意义

"城市矿产"是指工业化和城镇化过程产生和蕴藏在废旧机电设备、电线电缆、通讯

工具、汽车、家电、电子产品、金属和塑料包装物以及废料中，可循环利用的钢铁、有色金属、稀贵金属、塑料、橡胶等资源，其利用量相当于原生矿产资源。"城市矿产"是对废弃资源再生利用规模化发展的形象比喻。

（一）开展"城市矿产"示范基地建设是缓解资源瓶颈约束的有效途径。当前我国仍处于工业化和城镇化加快发展阶段，一方面，经济增长对矿产资源的需求巨大，2009 年我国石油消费量由 2000 年的 2.24 亿吨增加到 4 亿吨，钢消费量从 2000 年的 1.4 亿吨增加到 5.3 亿吨。另一方面，国内矿产资源不足，难以支撑经济增长，重要矿产资源对外依存度越来越高。与此同时，我国每年产生大量废弃资源，如有效利用，可替代部分原生资源。2008 年，我国 10 种主要再生有色金属产量约为 530 万吨，占有色金属总产量的 21%，其中再生铜约占铜产量的 50%。

（二）开展"城市矿产"示范基地建设是减轻环境污染的重要措施。"城市矿产"资源已经载有原生资源加工过程中能耗、物耗、设备损耗等。利用"城市矿产"资源就是充分利用废旧产品中的有用物质，变废为宝，化害为利，可产生显著的环境效益。2008 年我国废钢利用量达 7200 万吨，相当于减少废水排放 6.9 亿吨，减少固体废物排放 2.3 亿吨，减少二氧化硫排放 160 万吨。开展"城市矿产"示范基地建设，将拆解、加工环节产生的污染集中处理，能有效减少环境污染。

（三）开展"城市矿产"示范基地建设是发展循环经济的重要内容。发展循环经济的根本目的在于提高资源利用效率，保护和改善环境，实现可持续发展。利用"城市矿产"资源能够形成"资源—产品—废弃物—再生资源"的循环经济发展模式，切实转变传统的"资源—产品—废弃物"的线性增长方式，是循环经济"减量化、再利用、资源化"原则的集中体现。

（四）开展"城市矿产"示范基地建设是培育新的经济增长点的客观要求。随着我国全面建设小康社会任务的逐步实现，"城市矿产"资源蓄积量将不断增加，资源循环利用产业发展空间巨大。同时，利用"城市矿产"资源有助于带动技术装备制造、物流等相关领域发展，增加社会就业，形成新的经济增长点，是发展战略性新兴产业的重要内容。

二、"城市矿产"示范基地建设的主要任务和要求

（一）主要任务

通过 5 年的努力，在全国建成 30 个左右技术先进、环保达标、管理规范、利用规模化、辐射作用强的"城市矿产"示范基地（以下简称示范基地）。推动报废机电设备、电线电缆、家电、汽车、手机、铅酸电池、塑料、橡胶等重点"城市矿产"资源的循环利用、规模利用和高值利用。开发、示范、推广一批先进适用技术和国际领先技术，提升"城市矿产"资源开发利用技术水平。探索形成适合我国国情的"城市矿产"资源化利用的管理模式和政策机制，实现"城市矿产"资源化利用的标志性指标。

（二）示范基地建设要求

示范基地建设要按照可复制、可推广、可借鉴的要求，坚持多元化回收、集中化处

理、规模化利用。具体要求如下：

1. 回收体系网络化。示范基地要积极创新回收方式，通过自建网络或利用社会回收平台，形成覆盖面广、效率高、参与广泛的专业回收网络。

2. 产业链条合理化。示范基地要形成分拣、拆解、加工、资源化利用和无害化处理等完整的产业链条，着力资源化深度加工。推动示范基地内企业之间构建分工明确、互利协作、利益相关的产业链。

3. 资源利用规模化。示范基地要通过吸纳企业入园、重组兼并等方式，实现企业集群、产业集聚效应，提高产业集中度。要结合本地区实际，开展多种"城市矿产"资源的循环利用。

4. 技术装备领先化。示范基地要通过产学研相结合，开展共性关键技术开发，引进、消化、吸收国外先进技术，培育形成具有成套处理装备研发、设计、制造能力的企业。要加快推广应用先进适用技术，淘汰落后工艺、技术，向产品高端化发展。

5. 基础设施共享化。示范基地要加快建设完善的基础设施，实现"五通一平"，建立物流体系，组织搭建促进资源循环利用的公共服务、信息服务、技术服务等平台。

6. 环保处理集中化。示范基地要建立完善的污染防治设施，对废水、废气和固体废物实行集中收集和处理，严禁产生二次污染。支持示范基地开展清洁生产审核、质量管理体系和环境管理体系认证。

7. 运营管理规范化。示范基地要建立完善的规章制度和指标考核体系，建立符合现代企业制度要求的组织结构，实现行业管理规范化、高效化，切实解决单个企业"小、散、乱"的问题。

三、组织实施

（一）示范基地条件。各地推荐的园区（企业）应具备以下基本条件：

1. 已被确立为国家或省级循环经济试点单位；

2. 实行园区化管理；

3. 符合土地利用总体规划和城市总体规划；

4. 有符合标准的各项环保处理设施；

5. 年可利用的资源量不低于30万吨，有合理产业链，加工利用量占"城市矿产"资源量的30%以上，且工艺技术水平国内领先。

（二）地方组织推荐。各地循环经济发展综合管理部门、财政部门根据本地"城市矿产"资源状况，将经营管理规范、规模化回收和加工利用、符合示范基地条件、资源环境效益突出的园区或企业，联合向国家发展改革委（环资司）、财政部（经建司）推荐。推荐截止期为2010年6月15日。

（三）编制实施方案。被推荐园区（企业）要按照"城市矿产"示范基地建设的任务和要求，制定具体的实施方案，包括本地区资源循环利用现状，开展示范基地建设的指导思想、重点任务、重点内容、标志性目标、主要措施（包括重点工程项目和技术进步项目）和实施进度安排等。并经所在地省级循环经济发展综合管理部门、财政部门联合审核后报国家发展改革委、财政部。报送截止期为 2010 年 7 月 15 日。

（四）确定示范基地。国家发展改革委、财政部会同有关部门组织专家分批对被推荐园区（企业）报送的实施方案进行评审，确定纳入国家示范基地建设的名单。对实施方案获得批复的园区（企业），可在适当位置标注"国家循环经济——城市矿产示范基地"标志。标志式样由国家发展改革委、财政部另行发布。

（五）落实建设任务。示范基地要按照批复的实施方案开展建设工作。各地循环经济发展综合管理部门、财政部门要加强跟踪，督促落实，并帮助协调解决示范基地建设中遇到的问题。国家发展改革委、财政部适时开展督查，并帮助示范基地落实相关政策措施。

（六）组织评估验收。对已实现"城市矿产"示范标志性目标的基地，向省级循环经济发展综合管理部门、财政部门提出验收申请，省级循环经济发展综合管理部门、财政部门联合向国家发展改革委、财政部申请验收。国家发展改革委、财政部适时组织专家进行评估验收。

（七）落实支持政策。中央和地方要加强协调配合，共同推进示范基地设施建设、公共信息服务平台建设、技术开发和资源循环利用等相关工作。中央财政资金主要发挥引导和鼓励作用，地方财政应立足自身做好示范基地建设的相关资金支持和政策引导工作。积极落实支持循环经济发展的金融政策措施，同时研究完善土地、税收等优惠政策。对示范基地建设中实施效果好、先进适用的技术、工艺、设备、材料和产品，国家发展改革委将列入国家鼓励的技术、工艺、设备、材料和产品目录，促进示范与推广的有机结合。

（八）加强监督管理。各级循环经济发展综合管理部门、财政部门要加强对示范基地的监督管理，确保示范基地严格执行国家产业政策，环保法规和标准，职业安全的法规和标准。国家发展改革委、财政部将不定期组织抽查，对达不到要求的，责令限期整改，经整改仍达不到要求的，取消示范基地称号。

（九）开展宣传推广。国家发展改革委、财政部对通过评估验收的示范基地进行模式总结和推广，采取制作案例、召开现场会等方式，利用电视、广播、报刊、网络等各种媒介进行宣传推广。

根据资源循环利用产业发展现状及循环经济试点成效，首批选择天津子牙循环经济产业区、宁波金田产业园、湖南汨罗循环经济工业园、广东清远华清循环经济园、安徽界首田营循环经济工业区、青岛新天地静脉产业园、四川西南再生资源产业园区等 7 家区域性资源循环利用园区开展"城市矿产"示范基地建设（建设目标见附件）。请有关园区按本通知要求抓紧编制方案，率先实施。

各地要高度重视"城市矿产"示范基地建设，加强统筹协调，合理优化资源循环利用发展布局，切实提高资源循环利用水平。对工作中出现的新情况、新问题要认真研究解决，并及时向国家发展改革委（环资司）、财政部（经建司）提出意见和建议。

国家发展改革委

财政部

2010 年 5 月 12 日

国家发展改革委关于印发《"十二五"资源综合利用指导意见》和《大宗固体废物综合利用实施方案》的通知

发改环资〔2011〕2919 号

各省、自治区、直辖市及计划单列市、副省级省会城市、新疆生产建设兵团发展改革委、资源综合利用管理部门：

为贯彻《国民经济和社会发展第十二个五年规划纲要》，落实节约资源和保护环境基本国策，深入推进"十二五"时期的资源综合利用工作，促进循环经济发展，我委组织编制了《"十二五"资源综合利用指导意见》和《大宗固体废物综合利用实施方案》，研究提出了"十二五"资源综合利用工作的指导思想、基本原则、主要目标、重点领域以及政策措施，同时提出了在工业、建筑业和农林业等领域选择产生堆存量大、资源化利用潜力大、环境影响广泛的固体废物编制实施方案。现将两份文件印发你们，请认真贯彻执行。

    附件：一、《"十二五"资源综合利用指导意见》
          二、《大宗固体废物综合利用实施方案》

国家发展改革委

2011 年 12 月 10 日

附件一

"十二五"资源综合利用指导意见

开展资源综合利用是国民经济和社会发展中一项长远的战略方针，对于贯彻落实节约资源和保护环境基本国策，缓解工业化和城镇化进程中日趋强化的资源环境约束，提高资源利用效率，加快经济发展方式转变，增强可持续发展能力都具有重要意义。根据《国民经济和社会发展第十二个五年规划纲要》关于"提高资源综合利用水平"的总体要求，特提出"十二五"资源综合利用指导意见。

一、资源综合利用现状

"十一五"期间，资源综合利用推进力度不断增强，利用规模日益扩大，技术装备水平不断提升，政策措施逐步完善，实现了经济效益、社会效益和环境效益的有机统一，资源综合利用取得了积极进展。

（一）利用规模不断扩大。全国共伴生金属矿产约 70%的品种得到了综合开发，矿产资源总回收率和共伴生矿产综合利用率分别提高到 35%和 40%，煤层伴生的油母页岩、高岭土等矿产进入大规模利用阶段。工业固体废物综合利用率达 69%，超额完成规划目标

9 个百分点。累计利用粉煤灰超过 10 亿吨、煤矸石约 11 亿吨、冶炼渣约 5 亿吨，回收利用废钢铁、废有色金属、废纸、废塑料等再生资源 9 亿吨，农作物秸秆综合利用率超过 70%，2 年利用量达 5 亿吨。

（二）利用水平明显提升。钒钛资源、镍矿伴生资源实现综合开发，稀土等元素得到高效利用，高铝粉煤灰提取氧化铝技术研发成功并逐步产业化，废旧家电的全密闭快速拆解和高效率物料分离等资源化利用技术装备实现国产化，废旧纺织品再生利用技术中试成功。年产 5000 万平方米全脱硫石膏大型纸面石膏板生产线投产，利用煤矸石、煤泥混烧发电的大型机组装备投入运行，全煤矸石烧结砖技术装备达到国际先进水平。

（三）法规政策日趋完善。《循环经济促进法》《废弃电器电子产品回收处理管理条例》《再生资源回收管理办法》等法律法规规章陆续颁布实施。国家发展改革委、国土资源部、财政部等部门发布了《中国资源综合利用技术政策大纲》《矿产资源节约与综合利用鼓励、限制和淘汰技术目录》《资源综合利用企业所得税优惠目录（2008 年版）》《关于资源综合利用及其他产品增值税政策的通知》《新型墙体材料专项基金征收使用管理办法》等政策措施，初步形成了资源综合利用的法规政策体系。

（四）综合效益日益显现。资源综合利用已经成为煤炭、电力、钢铁、建材等资源型行业调整结构、改善环境、创造就业机会的重要途径。2010 年，全国煤矸石、煤泥发电装机容量达 2100 万千瓦，相当于减少原煤开采 4000 多万吨，综合利用发电企业达 400 多家，带动就业人数近 10 万人；从钢渣中提取出约 6503 万吨废钢铁，相当于减少铁矿石开采近 2800 万吨；通过综合利用各类固体废物累计减少堆存占地约 16 万亩；资源综合利用产业年产值超过 1 万亿元，就业人数超过 2000 万人。虽然"十一五"期间资源综合利用取得了积极成效，但与加快转变经济发展方式，建设资源节约型、环境友好型社会的要求还有很大差距，存在的问题仍较为突出。一是发展不平衡，资源综合利用往往受到区域经济实力、资源禀赋差异等因素的制约；二是综合利用企业普遍小而散，缺乏具有市场竞争力的大型骨干企业；三是综合利用产品技术含量和应用水平不高，部分共性关键技术亟待突破；四是支撑体系急需完善，资源综合利用管理、培训、标准、信息、技术推广和服务等能力建设有待加强，回收体系亟待规范和完善；五是激励政策有待进一步加强和落实，现有资源综合利用鼓励和扶持政策有待完善。

二、面临的形势

我国自然资源禀赋较差，人均占有量少，45 种主要矿产资源中，有 19 种已出现不同程度的短缺，其中 11 种国民经济支柱性矿产缺口尤为突出；重要资源自给能力不足，石油、铁矿石、铜等对外依存度逐年提高；主要污染物排放量大大超过环境容量，一些地方生态环境承载能力已近极限。"十二五"时期是我国全面建设小康社会的关键时期，随着人口增加，工业化、城镇化进程加快，经济总量不断扩大，资源环境约束将更加突出，气候变化和能源资源安全等全球性问题加剧。资源综合利用是解决可持续发展道路中合理利用资源和减轻环境污染两个核心问题的有效途径，既有利于缓解资源匮乏和短缺问题，又有利于减少废物排放。资源综合利用产业作为发展循环经济的重要载体和有效支撑，是战略性新兴产业的重要组成部分，具有广阔的发展前景，有利于加快构建资源节约、环境友好的生产方式和消费模式，增强可持续发展能力。

三、指导思想、基本原则和主要目标

（一）指导思想

以邓小平理论和"三个代表"重要思想为指导，深入贯彻落实科学发展观，坚持节约资源和保护环境基本国策，按照"十二五"规划《纲要》提高资源综合利用水平的总体要求，强化宏观指导，完善政策措施，加快技术创新和制度创新，加强能力建设，以大宗固体废物综合利用为核心，大力实施重点工程，发展资源综合利用产业，大幅度提高资源利用效率，加快资源节约型、环境友好型社会建设。

（二）基本原则

坚持宏观调控与市场机制相结合，发挥市场配置资源的基础性作用，完善政策体系，建立有利于促进资源综合利用的长效机制；坚持技术创新与高效利用相结合，强化科技创新能力建设，重点研发共性关键技术，推动资源综合利用规模化、清洁化、专业化发展；坚持因地制宜与重点推进相结合，根据资源禀赋和产业构成特点，培育综合利用示范基地和骨干企业，形成资源综合 5 利用产业集群。

（三）主要目标

到 2015 年，矿产资源总回收率与共伴生矿产综合利用率提高到 40%和 45%；大宗固体废物综合利用率达到 50%；工业固体废物综合利用率达到 72%；主要再生资源回收利用率提高到 70%，再生铜、铝、铅占当年总产量的比例分别达到 40%、30%、40%；农作物秸秆综合利用率力争超过 80%。资源综合利用政策措施进一步完善，技术装备水平显著提升，综合利用企业竞争力普遍提高，产品市场份额逐步扩大，产业发展长效机制基本形成。

四、重点领域

1. 能源矿产
（1）煤炭：推进煤层气、矿井瓦斯、煤系油母页岩以及伴生高岭土、残矿的开发利用。
（2）石油天然气：推进油田伴生气、酸性气体等回收利用；逐步推动油砂、油页岩利用产业化；推动高含硫化氢天然气中硫黄的综合利用；开展页岩气、致密砂岩气等综合开发利用。
2. 金属矿产
（3）黑色金属矿产：继续推进多金属钒钛磁铁矿、含稀土型铁矿的深度开发利用；加大中低品位铁矿、弱磁性铁矿、低品位锰矿、硼镁铁矿、锡铁矿等难选资源的综合利用技术研发力度。
（4）有色金属矿产：综合开发利用铝、铜、镍、铅、锌、锡、锑、钽、钛、钼等有色金属共伴生矿产资源，实现有用组分梯级回收。

（5）贵金属矿产：加强铂系金属矿、金矿和银矿等贵金属共伴生矿产资源的综合开发利用。

（6）稀有、稀土金属矿产：开展复杂难处理稀有金属共生矿在选矿和冶炼过程中的综合回收利用，加强稀土金属矿资源综合利用。

3. 非金属矿产

（7）化工非金属矿产：加强磷矿、硫铁矿和硼铁矿的综合利用。

（8）建材非金属矿产：发展石墨、高岭土、膨润土、滑石、硅灰石、石英、萤石、石灰石、花岗石、瓷土矿、珍珠岩等综合利用和深加工。

（9）尾矿：大力推进尾矿伴生有用组分高效分离提取和高附加值利用、低成本生产建材以及胶凝回填利用，开展尾矿在农业领域的利用和生态环境治理。

（10）煤矸石：继续扩大煤矸石发电及生产建材、复垦绿化、井下充填等利用规模；鼓励利用煤矸石提取有用矿物元素制造化工产品和有机矿物肥料等新型利用。

（11）工业副产石膏：继续推广工业副产石膏替代天然石膏的资源化利用，重点发展脱硫石膏、磷石膏生产建材制品和化工 7 原料以及在水泥行业的应用，加快化学法处理磷石膏制备相关产品的研究和应用。

（12）粉煤灰：加强大掺量和高附加值产品技术研发和推广应用，继续推进粉煤灰用于建材生产、建筑和道路工程建设、农业应用、有用组分提取等。

（13）赤泥：加快共性关键技术研发，实现赤泥科学、高效利用，重点发展赤泥提取有用组分、生产建材产品、用作脱硫剂等。

（14）冶炼渣：进一步推广高炉渣和钢渣在生产建材、回收有用组分等综合利用，鼓励有色金属冶炼渣在筑路和生产建材方面的资源化利用以及重金属冶炼渣的无害化处理。

（15）化工废渣：鼓励电石渣生产水泥，氨碱废渣用于锅炉烟气湿法脱硫，硫铁矿制酸废渣用于钢铁、水泥生产，合成氨造气炉渣热能的回收利用；鼓励化工废渣与下游建材产业结合，提高综合利用水平。

（16）建筑和道路废物：推广建筑和道路废物生产建材制品、筑路材料和回填利用，建立完善建筑和道路废物回收利用体系。

（17）生活垃圾：推进垃圾分类，重点开展废弃包装物、餐厨垃圾、园林垃圾、粪便无害化处理和资源化利用，鼓励生活垃圾焚烧发电和填埋气体提纯制燃气或发电等多途径利用，鼓励利用水泥窑协同处置城市生活垃圾。

（18）污水处理厂污泥：推进污泥无害化、资源化处理处置，鼓励采用污泥好氧堆肥、厌氧消化等技术，推动污泥处理处置技术装备产业化，鼓励利用水泥窑协同处置污泥。

（19）农林废物：建设秸秆收储运体系，推广秸秆肥料化、饲料化、基料化、原料化、燃料化利用；鼓励林业"三剩物"、次小薪材、制糖蔗渣及其他林业废弃物的资源化利用；推进畜禽养殖废弃物的综合利用。

（20）海洋与水产品加工废物：开展甲壳质、甲壳素等海洋与水产品加工废物的综合利用。

（21）废水（液）：进一步提高工业废水循环利用和城镇污水再生利用水平；继续推

进矿井水资源化利用；鼓励重点行业开展废旧机油、采油废水、废植物油、废酸、废碱、废液等回收和资源化利用。

（22）废气：基本实现焦炉、高炉、转炉煤气资源化利用；鼓励电力、石油、化工等行业对废气中有用组分进行回收和综合利用；以工业窑炉余热余压发电和低温废水余热开发利用为重点，实现余热余压的梯级利用。

（23）废旧金属：推广采用机械化手段对废旧汽车、废旧船舶、废旧农业和工程机械的拆解、破碎和处理，提高回收利用水平；提高废旧动力电池和废铅酸电池拆解、破碎、分选以及废液的回收处理水平；推进汽车零部件、工程机械机床等再制造。

（24）废旧电器电子产品：继续推进废旧电器电子产品回收、分拣、拆解、高值利用及无害化处理，推动整机拆解和电路板资源化技术的产业化。

（25）废纸：完善废纸回收、分拣、脱墨、加工回收利用体系，鼓励大型废纸制浆技术及成套设备研发。

（26）废塑料：重点开发废塑料回收、分拣、清洗和分离等预处理技术和设备，鼓励废旧塑料瓶、废旧地膜高值利用，推广废塑料再生造粒和改性以及生产木塑制品。

（27）废旧轮胎：规范废旧轮胎回收利用，加快推进废旧轮胎综合利用技术研发和产业升级，提高旧轮胎翻新率，鼓励胶粉生产改性沥青等直接应用，推广环保型再生胶等清洁生产工艺，提升无害化利用水平。

（28）废旧木材：开展废旧木材及木制品回收再利用，加大共性关键技术装备的研发力度。

（29）废旧纺织品：建立废旧纺织品回收体系，开展废旧纺织品综合利用共性关键技术研发，拓展再生纺织品市场，初步形成回收、分类、加工、利用的产业链。

（30）废玻璃：鼓励建立废玻璃回收体系，推广废玻璃作为原料生产平板玻璃等直接应用及生产建筑保温材料等间接利用。

（31）废陶瓷：加强废陶瓷综合利用技术研发和推广应用，鼓励废陶瓷用于生产陶瓷建材产品以及建筑工程等。

五、政策措施

（一）强化宏观引导和政策扶持

各地区、各部门、各行业要根据实际情况，认真落实本指导意见，组织编制地区和行业资源综合利用专项规划。国家发展改革委将继续会同有关部门发挥并完善资源综合利用工作机制作用，分工负责，形成合力，引导资金、政策、人才、技术等资源向综合利用薄弱地区倾斜，推动资源综合利用工作全面、协调发展。建立和完善鼓励资源综合利用的投资、价格、财税、信贷、政府采购等激励措施，强化资源综合利用认定管理，落实资源综合利用优惠政策，进一步调动企业综合利用资源的积极性，各级政府要优先采购符合相关要求的综合利用产品，为企业融资拓宽途径，有条件的地区设立资源综合利用专项资金。推进资源税改革，加大自然资源的开发成本，研究对产生量大、难处理的固体废物开征环境税，推动建立资源综合利用的倒逼机制。

（二）加强资源综合利用制度建设

以《循环经济促进法》为核心，逐步建立完善资源综合利用法律法规体系，修订和发布粉煤灰、煤矸石等重点产业废物综合利用管理办法，制定和完善再生资源回收管理的相关规定；推行生产者责任延伸制，落实《废弃电器电子产品回收处理管理条例》，适时调整《废弃电器电子产品处理目录》范围。推行资源综合利用认定企业管理信息化，逐步建立起资源综合利用数据收集、整理和统计体系，构建废物排放、贮存及综合利用数据统计平台，为宏观调控和制定政策提供科学决策依据。加快推进标准化进程，逐步建立完善矿产资源、产业废物和再生资源综合利用标准体系，重点加强技术标准和管理标准的制修订工作，建立涵盖产生、堆存、检测、原料、生产、使用、产品及应用等多领域的各类标准体系，强化标准宣贯、执行和监督。

（三）实施资源综合利用重点工程

实施资源综合利用"双百"工程，建设共伴生矿产及尾矿、煤矸石、粉煤灰、工业副产石膏、冶炼渣、建筑垃圾、农作物秸秆、废旧轮胎、包装废弃物、废旧纺织品综合利用等十大领域示范重点工程，增强技术支撑能力，加快构建服务体系，建设示范项目，鼓励产业集聚，培育百个示范基地和百家骨干企业。继续推进共伴生矿产及尾矿资源综合利用示范基地建设；加快培育一批产业废物高附加值综合利用示范基地；开展废旧纺织品、废旧轮胎、包装废弃物等再生资源综合利用试点示范，建设一批废旧商品回收体系示范城市。在煤炭、电力、石油石化、钢铁、有色、化工、建材、轻工等行业中选取利用量大、产值高、技术装备先进、引领示范作用突出的资源综合利用骨干企业，予以重点扶持和培育。

（四）加快技术装备创新和成果转化

加快资源综合利用前沿技术的研发与集成，推动科技成果转化为现实生产力，提高资源综合利用技术装备标准化、系列化、成套化和国产化水平。适时修订完善《中国资源综合利用技术政策大纲》，发布和实施《废物资源化科技工程"十二五"专项规划》，引导关键、共性重点综合利用技术的开发，推进高新技术产业示范，推广应用成熟、先进适用的技术与工艺，淘汰落后的生产工艺和装备。加强资源综合利用领域的国际合作，引进国外先进技术，并组织消化吸收和再创新。

（五）营造全社会参与的良好氛围

资源综合利用是一项涉及多个领域、多个行业、多个环节的综合性系统工程。"十二五"期间，要大力倡导文明、节约、绿色、低碳理念，充分发挥各相关行业协会、中介机构作用，通过各种渠道开展政策宣贯、人才培训和技术推广，提高资源节约和环境保护意识，鼓励使用资源综合利用产品，减少一次性用品生产和消费，限制商品过度包装，推广可持续的生产方式和绿色生活模式，营造全社会共同参与的良好氛围。

附件二

大宗固体废物综合利用实施方案

为贯彻《国民经济和社会发展第十二个五年规划纲要》，提高资源综合利用水平，根据《"十二五"资源综合利用指导意见》，制定本实施方案。

一、充分认识大宗固体废物综合利用的重要意义

大宗固体废物产生量大、资源化利用前景好，对环境影响广泛。实施大宗固体废物综合利用对推动循环经济发展，促进节能减排，加快构建可持续的生产方式，具有重要意义。"十一五"时期，在各项政策措施推动下，大宗固体废物综合利用取得积极进展，利用规模、水平均有较大提升。

附表 2-1　大宗固体废物综合利用基本情况

大宗固废种类	2005 年		2010 年	
	产生量/亿吨	利用率/%	产生量/亿吨	利用率/%
尾矿	7.33	7	12.3	14
煤矸石	3.47	53	5.94	61.4
粉煤灰	3.02	66	4.8	68
工业副产石膏	0.55	—	1.37	42
冶金渣	1.17	37	3.15	55
建筑废物	4	—	8	—
农作物秸秆	6	—	6.82	70.6
合计	25.54	—	42.38	37.2

（一）有利于节约和替代原生资源

大宗固体废物综合利用，有利于减少原生资源消耗，实现资源可持续利用。我国煤矸石发电机组装机规模已达 2100 万千瓦，年可减少原煤开采 4000 万吨。天然石膏资源虽然丰富，但品质较低且集中在少数几个地区，燃煤电厂排放的脱硫石膏、湿法磷酸中产生的磷石膏如全部得到利用，年可节约天然石膏 1 亿吨。

（二）有利于缓解突出环境问题

大宗固体废物综合利用，是解决固体废物污染环境、造成安全隐患的有效途径。粉煤灰排放量大、占地多，如果得到合理利用将有效减少由于堆存造成对土壤、大气、水质等环境的影响和对人体健康的危害；农作物秸秆综合利用可以有效解决随意焚烧污染环境，造成交通安全隐患等突出问题；城镇化进程中产生的大量建筑废物的综合利用将减轻"垃圾围城"问题。

（三）有利于促进循环经济发展

大宗固体废物既包括粉煤灰、煤矸石等工业废弃物，也包括秸秆等农林废弃物以及建

筑废物，大力推动大宗固体废物综合利用，将在电力、煤炭、矿产、冶炼、建筑、农业等多个行业探索形成"资源—产品—废弃物—再生资源"的发展模式，延伸和拓宽生产链条，促进产业间的共生耦合，推动循环经济形成较大规模。

二、指导思想、基本原则、总体目标

（一）指导思想

深入贯彻科学发展观，认真落实节约资源和保护环境基本国策，以提高综合利用率为核心，以重点工程为着力点，完善政策措施，加强技术研发和推广，推动大宗固体废物由"低效、分散利用"向"高效、规模利用"转变，形成稳定的利废和资源再生能力，发挥资源综合利用对于保障资源安全和防治环境污染的作用，带动资源综合利用水平的全面提升。

（二）基本原则

坚持政府引导原则。发挥政府的宏观引导作用和市场配置资源的基础性作用，使大宗固体废物综合利用成为企业降成本、提效益、持续发展的内生动力。

坚持规模发展原则。鼓励大掺量、规模化利用，扶持大型骨干企业，积极拓展综合利用方式，通过多渠道、多途径利用，力争做到"吃干榨尽"。

坚持因地制宜原则。充分考虑各地区、各行业资源禀赋和综合利用水平的差异，采用切合实际的技术和模式，分类、有序推进。

坚持技术促进原则。加快先进、适用技术工艺装备的推广应用，提高利用效率，从源头减少废物产生，防止二次污染。

（三）总体目标4

到 2015 年，大宗固体废物综合利用率达到 50%，其中工业固体废物综合利用率达到 72%，通过实施本方案中的重点工程，新增 3 亿吨的年利废能力。基本形成技术先进、集约高效、链条衔接、布局合理的大宗固体废物综合利用体系。

附表 2-2　大宗固体废物综合利用目标（2015 年）

大宗固废种类	产生量/亿吨	利用率/%
尾矿	13	20
煤矸石	7.76	75
粉煤灰	5.8	70
工业副产石膏	1.65	50
冶金渣	4	70
建筑废物	8	30
农作物秸秆	7	80
合计	47.21	50

注：＊指大中城市综合利用率。

三、实施内容

现状

尾矿是目前我国产生量最大的固体废物，主要包括黑色金属尾矿、有色金属尾矿、稀贵金属尾矿和非金属尾矿。2010 年，我国尾矿产生量约 12.3 亿吨，其中主要为铁尾矿和铜尾矿，分别占到 40% 和 20% 左右。2010 年，尾矿综合利用量为 1.72 亿吨，利用率约 14%，利用途径主要有再选、生产建筑材料、回填、复垦等。受资源品位低、利用成本高、经济效益差、利用技术缺乏等问题制约，目前尾矿仍以堆存为主，尾矿库安全隐患问题突出。

目标

到 2015 年，尾矿综合利用率提高到 20%，通过实施重点工程新增 3000 万吨的年利用能力。

主要任务

推进绿色矿山建设，提高矿产资源综合利用率。开展铁矿、铜矿、铝土矿、铅锌矿、钨矿、锡矿、锑矿等尾矿再选、生产建材等资源化利用，重点推动有色金属尾矿资源的高效利用技术发展和工程示范。攻克铁尾矿伴生多金属及有色金属尾矿中残余有用组分的高效提取、非金属矿物高值利用、低成本高效胶结填充等一批尾矿综合利用重大共性关键技术，开发成套装备。完善尾矿整体利用技术的系统化、配套化和工程化。在资源枯竭矿区重点鼓励尾矿回填和尾矿库复垦。

重点工程

1. 在重点地区建设 10 个技术成熟、工艺装备先进的尾矿提取有价元素示范基地；

2. 建设若干尾矿整体开发利用示范基地，支持一批技术创新工程及产业化推广。

现状

煤矸石是煤炭开采和洗选加工过程中产生的固体废弃物，占当年煤炭产量的 18% 左右。2010 年，我国煤矸石产生量约 5.94 亿吨，综合利用率约 61.4%，年利用煤矸石近 3.65 亿吨，主要利用方式为煤矸石发电、生产建材产品、筑基铺路、土地复垦、塌陷区治理和井下充填换煤等，煤矸石井下充填置换煤技术实现了矸石不升井、不占地。目前，受运输、市场环境、发电装机容量限制等因素影响，部分地区煤矸石综合利用率仍不高，相关优惠政策在个别地区难以得到落实。

目标

到 2015 年，煤矸石综合利用率提高到 75%，通过实施重点工程新增 9000 万吨的年利用能力。

主要任务

在大中型矿区，稳步推进煤矸石综合利用发电。扩大煤矸石制砖、水泥等新型建材和筑基铺路的利用规模。探索煤矸石生产增白和超细高岭土、膨润土、聚合氧化铝、陶粒、无机复合肥、特种硅铝铁合金等高附加值利用途径。加大煤矸石用于采空区回填、土地复垦、沉陷区治理力度。鼓励引导大型矿业集团研发适合不同地质条件和矿井开拓方式的井下充填置换煤技术并推广应用。

重点工程

1. 在有条件的矿区建设 4~5 个煤矸石生产铝、硅系精细化工产品，增白和超细高岭土、无机复合肥等示范基地；

2. 建设 15~20 个煤矸石生产砖、砌块等新型建筑材料示范基地；

3. 在稀缺煤种矿区及资源枯竭矿区，扶持建设一批煤矸石井下充填绿色开采示范工程项目。

现状

近年来，随着我国燃煤电厂快速发展，粉煤灰产生量逐年增加，2010年产生量达到4.8亿吨，利用量达到3.26亿吨，综合利用率约68%，主要利用方式有生产水泥、混凝土及其他建材产品和筑路回填、提取矿物高值化利用等，高铝粉煤灰提取氧化铝技术研发成功并逐步产业化，涌现出一批专业化粉煤灰综合利用企业，粉煤灰"以用为主"的格局基本形成。但从整体看，东西部发展不平衡的问题较为突出，中西部电力输出省份受市场和技术经济条件等因素限制，粉煤灰综合利用水平偏低。

目标

到2015年，粉煤灰综合利用率提高到70%，通过实施重点工程新增6000万吨的年利用能力。东部地区继续巩固现有成效，中西部地区扩大利用规模和水平。

主要任务

鼓励电厂完善除灰系统，基本实现粉煤灰干排。推广粉煤灰分选和粉磨等精细加工，提高粉煤灰利用附加值，开发大掺量粉煤灰混凝土技术，提升粉煤灰规模化利用能力。继续推进粉煤灰加气混凝土及其制品、陶粒等利废建材生产应用，大幅提高利用量和利用比例。有序推进高铝粉煤灰提取氧化铝及其配套项目建设。推动煤电基地将粉煤灰用于煤矿井下防治煤自燃、防治水患安全工程，鼓励粉煤灰复垦、回填造地和生态利用。

重点工程

1. 建设5~6个粉煤灰大掺量、高附加值综合利用基地，形成若干煤-电-建材梯级利用产业集群；

2. 支持技术先进、经济实力强的大中型企业，建设一批利用粉煤灰生产加气混凝土制品、轻质墙板、陶粒等新型建材项目；

3. 有序推进内蒙古、山西等地高铝粉煤灰综合利用示范项目建设，重点支持3~4条技术先进、副产物处理能力相配套的生产线；

4. 扶持50家粉煤灰专业化综合利用骨干企业。

现状

工业副产石膏包括脱硫石膏、磷石膏、氟石膏、钛石膏、盐石膏等，2010年产生量约1.37亿吨，其中脱硫石膏5200多万吨，磷石膏约6000万吨，综合利用率分别为69%和20%左右，主要利用途径是用作水泥缓凝剂和用于生产纸面石膏板、石膏砌块等石膏建材。随着工业副产石膏产生量的逐年增加，品质不稳定、标准体系不完善、关键技术缺乏、地区差异较大等因素成为影响其利用的主要障碍。

目标

到2015年，工业副产石膏综合利用率提高到50%以上，其中脱硫石膏、磷石膏综合利用率分别达到80%和30%，通过实施重点工程新增2000万吨的年利用能力。

主要任务

大力推进大掺量利用工业副产石膏技术产业化，鼓励水泥企业改造现有给料系统，推广脱硫石膏、磷石膏用作水泥缓凝剂以及生产纸面石膏板、石膏砌块、石膏商品砂浆等新型建筑材料。利用工业副产石膏开发混凝土复合材料，开展化学法处理磷石膏的技术攻关，推进磷石膏制硫酸联产水泥、磷石膏制硫铵、碳酸钙等先进技术产业化。推动工业副产石膏制备高强石膏及相关产品的研发和应用。进一步完善工业副产石膏综合利用标准体系，加快工业副产石膏及相关产品和应用标准的制修订。积极探索农业领域应用，加快利用工业副产石膏改良盐碱地技术研究。

重点工程

1. 在全国建设 20~30 个脱硫石膏、磷石膏替代天然石膏生产新型建筑材料综合利用基地；

2. 建设一批利用工业副产石膏直接用作水泥缓凝剂示范项目；

3. 在贵州、云南、湖北、四川等磷石膏产生量集中地区建设 4~5 个磷石膏化学法综合利用基地。

4. 在宁夏、甘肃、云南、吉林等地建设 4~5 个脱硫石膏、磷石膏改良土壤试点示范项目；

5. 组织工业副产石膏综合利用技术装备研发及产业化示范，形成一批具有自主知识产权的共性关键技术和装备。

现状

冶炼渣主要包括钢铁冶金渣和有色金属冶金渣两大类。2010 年，我国冶炼渣产生量约为 3.15 亿吨，其中钢渣 0.8 亿吨、铁渣 1.9 亿吨、赤泥 3000 万吨、铜渣 850 万吨、铅锌渣 430 万吨。

目前，主要利用途径有再选回收有价元素、生产渣粉用于水泥和混凝土、建筑和道路材料等，综合利用率约 55%，利用量约为 1.74 亿吨，由于资金投入和技术装备滞后等问题，利用率仍然偏低。

目标

到 2015 年，冶炼渣综合利用率提高到 70%，通过实施重点工程新增 4000 万吨的年利用能力。

主要任务

鼓励钢厂推广应用钢渣"零排放"技术。推动建立技术创新体系，加大钢渣处理、渣钢提纯磁选等先进技术研发力度，突破制约冶炼渣利用的技术瓶颈，重点解决赤泥综合利用等技术难题。大力发展钢渣余热自解稳定化处理，提高金属回收率，推广生产钢铁渣复合粉作水泥和混凝土掺合料，鼓励有色金属冶炼渣在生产建筑、道路材料方面的利用。加快制定冶炼渣综合利用的技术、产品和应用标准，拓宽综合利用产品市场。

重点工程

1. 在重点地区建设 10 个冶炼渣提取有价元素联产新型建材示范基地；

2. 建设一批钢渣预处理和"零排放"示范项目；

3. 建设 10 个利用高炉渣、钢渣复合粉生产水泥和混凝土掺合料示范项目；

4. 建设一批赤泥综合利用示范项目。

现状

我国正处于城镇化加速发展阶段，城镇房屋年竣工面积约 15 亿平方米，城镇改造扩建所产生的建筑废物数量巨大，2010 年，建筑废物产生量约为 8 亿吨。由于技术装备研发推广缓慢、激励政策措施不配套、产品和应用标准缺失等原因，导致资源化利用水平很低，仅有少量用作生产再生建筑骨料制备建材等，基本以填埋和堆放为主，大量占用土地，给周边环境造成很大危害。

目标

到 2015 年，全国大中城市建筑废物利用率提高到 30%，通过实施重点工程新增 4000 万吨的年利用能力。

主要任务

推进建筑废物生产再生骨料并应用于道路基层、建筑基层，生产路面透水砖、再生混凝土、市政设施制品等建材产品。鼓励先进技术装备研发和工程化应用，重点研发再生骨料强化技术、再生骨料系列建材生产关键技术、再生细粉料活化技术、专用添加剂制备工艺技术等以及建筑废物破碎、分选、分类装备，推动建筑废物收集、清运、分拣、利用、市场推广的回收利用一体化及规模化发展。完善建筑废物及其综合利用产品标准和应用技术规范，扩大在工程建设领域的应用规模。

重点工程

1. 在全国大中城市建设 5~10 个百万吨以上的建筑废物生产再生骨料及资源化产品示范基地；

2. 在有条件的地区建设 5~10 个建筑废物综合利用装备生产线示范项目。

现状

我国农作物秸秆数量大、种类多、分布广。2010 年秸秆可收集量约为 7 亿吨，综合利用率 70.6%，其中十三个粮食主产区约为 5 亿吨，约占全国总量的 73%。目前已基本形成了秸秆肥料化、饲料化、基料化、原料化、燃料化多元利用的格局，相关利用技术水平已经达到国际先进水平。但秸秆资源化程度低，综合利用企业规模小，缺乏骨干企业带动，产业化发展缓慢。

目标

到 2015 年，秸秆综合利用率力争超过 80%，通过实施重点工程形成 6000 万吨的年利用能力。

主要任务

进一步扩大机械化秸秆还田和秸秆养畜规模，开展以秸秆综合利用为核心的循环型农业示范，继续推广企业加农户的基料化利用经营模式。科学利用秸秆制浆造纸，积极发展秸秆生产板材、木塑和制作工艺品等代木产品。积极发展秸秆沼气工程、有序发展秸秆固化成型燃料等能源化利用。开发适合农户应用的小型化、简单化装备。加快建立以企业为龙头，专业合作组织为骨干，农户参与，政府推动，市场化运作，多模式互为补充的秸秆收储运体系。

重点工程

1. 在十三个粮食主产省建设千个年利用万吨以上的秸秆循环农业生态工程；

2. 推进秸秆固化成型、秸秆气化等可再生能源发展，加快秸秆纤维乙醇关键技术研发；

3. 建立若干木塑产业示范基地，扶持 4~5 家秸秆人造板、木塑装备生产企业，100~150 家秸秆人造板、木塑生产企业；

4. 在棉花主产区组织开展棉秆综合利用产业化试点建设；

5. 依托现有造纸生产企业，加快推进秸秆清洁制浆项目示范。

四、保障措施

"十二五"期间，国家发展改革委将继续会同有关部门加强宏观指导，从政策、资金、技术、管理等方面多管齐下、多措并举，保障方案的顺利实施。

（一）加强组织实施。各地资源综合利用主管部门要按照《"十二五"资源综合利用指导意见》要求，结合本实施方案的主要任务和重点工程，根据本地区资源禀赋和废物产生情况，选择重点废物，编制专项实施方案，协调有关部门推动落实。

（二）落实激励政策。配合财税部门完善《资源综合利用企业所得税优惠目录》和资源综合利用增值税优惠政策。强化《资源综合利用认定管理办法》和《资源综合利用电厂认定暂行规定》执行，加强认定管理，落实资源综合利用电厂电量上网等相关鼓励政策。鼓励将资源综合利用产品优先纳入政府采购目录。

（三）加大资金支持。国家发展改革委将会同有关部门，结合实施方案，利用中央预算内投资加大对示范基地和骨干企业的支持力度，推动"十二五"期间大宗固体废物综合利用工作。充分利用支持循环经济的投融资政策，积极拓宽资源综合利用融资渠道，鼓励资源综合利用企业上市融资。

（四）推动技术创新。推进粉煤灰提取氧化铝及相关产品，煤矸石制取超细纤维，尾矿、冶炼渣提取有价元素等先进适用技术的研发和产业化；组织对秸秆收储运装备、建筑废物综合利用设备等重大关键共性技术设备进行攻关，增强自主创新能力，提高重大装备的国产化水平。

（五）完善管理体系。适时修订发布《粉煤灰综合利用管理办法》《煤矸石综合利用管理办法》。探索建立生产者责任延伸制，加快建立相关行业标准和重要产品技术标准体系。积极发挥行业协会和中介组织作用，建立大宗固体废物数据统计平台，及时掌握和分析大宗固体废物综合利用产生和利用趋势。

国家发展改革委办公厅 工业和信息化部办公厅关于推进大宗固体废弃物综合利用产业集聚发展的通知

发改办环资〔2019〕44 号

各省、自治区、直辖市及计划单列市、新疆生产建设兵团发展改革委、工业和信息化主管部门：

为落实《中华人民共和国国民经济和社会发展第十三个五年规划纲要》《循环发展引领行动》和《工业绿色发展规划》，促进产业集聚，提高资源综合利用水平，推动资源综合利用产业高质量发展，拟开展大宗固体废弃物综合利用基地建设。

一、重要意义

改革开放 40 年来，我国经济快速发展，煤炭、电力、冶金、化工等行业迅猛发展，产业水平不断提高、规模不断扩大、能力不断增强。随之而来的环境和资源压力也在不断加大，其中，大宗固体废弃物排放已影响和制约着产业经济的高质量发展。因此，不断提高大宗固体废弃物综合利用水平、提高资源利用效率，对缓解资源瓶颈压力、培育新的经济增长点具有重要意义。

开展大宗固体废弃物综合利用基地建设，有助于推进大宗固体废弃物综合利用产业集聚发展，是不断提高和扩大大宗固体废弃物综合利用技术水平、装备能力、应用规模和领域、品质和效益等的有效途径和重要保障。

二、总体要求

（一）指导思想

按照生态文明建设的总体要求，以集聚化、产业化、市场化、生态化为导向，以提高资源利用效率为核心，着力技术创新和制度创新，探索大宗固体废弃物区域整体协同解决方案，推动大宗固体废弃物由"低效、低值、分散利用"向"高效、高值、规模利用"转变，带动资源综合利用水平的全面提升，推动经济高质量可持续发展。

（二）基本原则

坚持政府引导与市场主导相结合。坚持节约资源和环境保护的基本国策，充分发挥市场配置资源的决定性作用，促使大宗固体废弃物资源化利用成为企业降低成本、提高效益、持续发展的内生动力。

坚持源头减量与综合利用相结合。通过优化设计、科学管理，从源头减少固体废弃物排放量；通过提高品质、扩大品种和拓展应用领域，提高资源综合利用水平，不断增加大宗固体废弃物利用量，最终实现大宗固体废弃物增量和存量总和的负增长。

坚持创新驱动与政策激励相结合。创新驱动，鼓励技术创新与模式创新，攻克关键技术、加强平台建设、促进技术集成、产业示范推广。完善政策，研究制定有效推动资源综合利用的产业政策、财税政策和金融政策等。

坚持重点突破与因地制宜相结合。重点突破产生大宗固体废弃物的重点行业和领域；从技术、标准、政策和管理等多个方面，因地制宜，研究和推动大宗固体废弃物综合利用产业发展。

（三）总体目标

探索建设一批具有示范和引领作用的综合利用产业基地，到 2020 年，建设 50 个大宗固体废弃物综合利用基地、50个工业资源综合利用基地，基地废弃物综合利用率达到75%以上，形成多途径、高附加值的综合利用发展新格局。

三、重点任务

以尾矿（共伴生矿）、煤矸石、粉煤灰、冶金渣（赤泥）、化工渣（工业副产石膏）、工业废弃料（建筑垃圾）、农林废弃物及其他类大宗固体废弃物为重点，选择废弃物产生量大且相对集中、具备资源综合利用基础、产业创新能力强、产品市场前景好、规模带动效益明显的地区，通过政策协同、机制创新和项目牵引等综合措施，开发和推广一批大宗固体废弃物综合利用先进技术、装备及高附加值产品；制（修）订一系列大宗固体废弃物综合利用标准和规范；实施一批具有示范作用的重点项目；培育一批具有较强竞争力的骨干企业；构建和延伸跨企业、跨行业、跨区域的综合利用产业链条，促进大宗固体废弃物综合利用产业高质量发展。

（一）尾矿（共伴生矿）

开展尾矿、共伴生矿、非金属矿、废石有用组分高效分离提取和高值化利用，协同生产建筑材料，实现尾矿有效替代水泥原料。鼓励资源枯竭矿区开展尾矿回填和尾矿库复垦，推广低成本高效胶结填充。深化尾矿在农业领域无害化利用、生态环境修复治理方面的利用。鼓励提取有价组分项目与剩余废渣综合利用项目"捆绑式"建设模式，大力推进多种固体废弃物协同利用。

（二）煤矸石

因地制宜，注重煤矸石的整体规划与资源整合；加大采空区煤矸石回填、煤矸石充填和筑基修路的力度；合理推动煤矸石发电、生产建材、复垦绿化等规模化利用。开展煤矸石多元素、多组分梯级利用，推进煤矸石高值化利用，提取有用矿物元素，重点研发煤矸石生产农业肥料、净水材料、胶结充填专用胶凝材料等高附加值产品。

（三）粉煤灰

大力发展粉煤灰规模化利用和高值化利用，重点解决粉煤灰综合利用区域瓶颈问题。开发应用大掺量粉煤灰混凝土技术，改造提升粉煤灰生产砌块等新型建材的技术水平、产品质量，继续扩大在建材领域的应用规模。持续推动粉煤灰有用组分提取及农业领域应用。加强精细化、高科技化产品的研发，推广粉煤灰分离提取高附加值产品，推动高铝粉煤灰提取氧化铝及其配套项目建设。积极培育市场和专业化企业，大幅提高粉煤灰的规模化应用比例。逐步淘汰粉煤灰湿排，强化粉煤灰安全堆存管理。

（四）冶金渣（赤泥）

鼓励冶金渣规模化、高质化利用，加强冶金渣技术研发和装备制造，研究和制定冶金渣综合利用技术标准和工艺规范，高质量发展以冶金渣综合利用为核心的综合利用产业。

积极推动高炉渣、钢渣及尾渣深度研究、分级利用、优质优用和规模化利用。推动有色冶金渣提取有用组分整体利用、含重金属冶金渣无害化处理及深度综合利用；推广技术先进、能耗低、耗渣量大、附加值高的产品，全面实现钢渣"零排放"和有色冶金渣清洁化利用。大力推广低成本赤泥脱碱技术和成套设备的应用。

（五）化工渣（工业副产石膏）

推动电石渣、氨碱废渣、铬盐废渣、黄磷渣、盐泥无害化处置与深度综合利用，强化工业脱硫、生产化工产品等应用，加强化工废渣与水泥、室内装饰等建材方面的应用相结合，提高综合利用水平。推广脱硫石膏、磷石膏等工业副产石膏替代天然石膏的资源化利用，推动副产石膏分级利用，扩大副产石膏生产高强石膏粉、纸面石膏板等高附加值产品规模，鼓励工业副产石膏综合利用产业集约发展。

（六）工业废弃料（建筑垃圾）

推动工业生产中废钢铁、废有色金属、废塑料、废轮胎、化工废弃料等工业废弃料资源化利用。积极推动建筑垃圾的精细化分类及分质利用，推动建筑垃圾生产再生骨料等建材制品、筑路材料和回填利用，推广成分复杂的建筑垃圾资源化成套工艺及装备的应用，完善收集、清运、分拣和再利用的一体化回收系统。

（七）农林废弃物

有效推动农作物秸秆综合利用，强化技术研发和装备制造，完善秸秆处理工艺和收储运体系。鼓励林业"三剩物"、次小薪材、制糖蔗渣、废竹、尾菜及其他农林业废弃物的综合利用。推进畜禽养殖废弃物处理和资源化利用。推进废旧农膜、灌溉器材等以及农林产品加工副产物综合利用。

（八）其他类

合理推动伴随着新的生产、流通和生活方式而产生且对国民经济和人民生活影响较大的固体废弃物的综合利用。例如：快递包装废弃物、废弃共享单车、废旧电池（锂电池、蓄电池等）、废弃水处理膜组件、废太阳能板、风力发电机组的废叶片、大型装备（设备）拆解废弃物等。

四、组织方式

（一）推荐范围和条件

1. 推荐范围

大宗固体废弃物综合利用基地，主要以利用各类产业在生产、流通及使用过程中产生的大宗固体废弃物为主；工业资源综合利用基地，主要以利用工业生产过程中产生的粉煤灰、冶金渣、赤泥、化工渣、工业副产石膏以及新能源汽车动力电池等再生资源类工业固体废弃物为主。基地建设均以地方自主实施为主要建设方式，原则上不新增建设用地。

2. 申报基地应满足以下条件

（1）大宗固体废弃物综合利用基地。符合国家法律法规和产业政策规定，符合相关产业、土地、区域和城市等总体规划；已制定大宗固体废弃物资源综合利用相关规划或工作方案，并纳入地方经济和社会发展规划，具有区位、产业、技术、人才、市场等优势；建设运营责任主体，具有良好的经济效益和社会环境效益，固体废弃物处理量达到一定规模，综合利用率超过65%；具有一定数量的骨干企业，工艺技术和装备先进，主导产品在行业中有重要影响；近3年未发生重大环保、安全事故；鼓励京津冀及周边地区、长江经济带、东北地区老工业基地等重点区域开展跨区域基地建设和协同发展。

（2）工业资源综合利用基地。已制定工业资源综合利用相关规划或工作方案，并纳入当地总体发展规划。具有良好产业发展环境，近三年未发生重大环保、安全事故。工业资源年综合利用总量1000万吨以上，综合利用率65%以上，综合利用年产值超过10亿元。拥有3家以上工业资源综合利用龙头企业，形成协作配套的综合利用产业体系。实施或拟实施跨企业、跨行业、跨区域工业资源综合利用产业化项目，形成一批综合利用产品标准，建立工业资源综合利用技术创新、检验检测、信息咨询、人才培训、融资服务等平台。

（二）工作程序

1. 编制实施方案。基地应结合区域发展实际需求，提出基地3年建设方案，出台相应保障政策（具体编制要求见附件）。

2. 备案申请。备案申请应包括：备案申请文件、基地建设方案和证明材料（一式两份，并附电子版光盘）。备案申请单位应当对备案信息的真实性、合法性和完整性负责。其中，大宗固体废弃物综合利用基地以发展改革部门为主组织报送，工业资源综合利用基地以工业和信息化主管部门为主组织报送。大宗固体废弃物综合利用基地由省级发展改革部门组织报送国家发展改革委，工业资源综合利用基地由省级工业和信息化主管部门组织报送工业和信息化部。各省级发展改革、工业和信息化主管部门于2019年3月31日前报送基地备案申请。

3. 备案确认。国家发展改革委、工业和信息化部将组织专家对各地报送的基地实施方案等材料进行审核并公示确认。国家发展改革委发布大宗固体废弃物综合利用基地名单，工业和信息化部发布工业资源综合利用基地名单。工业和信息化部开展的第一批工业资源综合利用产业基地无须再次备案。

（三）中后期监管

省级发展改革、工业和信息化主管部门应对基地建设加强指导和管理，对基地规划设计、土地保障、资金拨付、项目审批、环保达标等方面出现的问题，及时协调解决。

基地建设期满前，省级发展改革、工业和信息化主管部门应对基地建设运营情况进行评估或验收，提出明确的评估或验收结论，并将评估或验收情况、建设经验和运营成效报送国家发展改革委、工业和信息化部，对评估结果不合格的将取消基地资格。

五、支持政策

（一）支持重点项目建设

经备案的基地，国家发展改革委将依据相关管理办法，对基地公共基础设施及公共平台建设等予以适当支持。鼓励符合条件的基地重点项目积极申报绿色制造、技术改造、工业转型升级等中央财政资金支持的事项。项目申报等事项国家发展改革委、工业和信息化部将另行发文。

（二）鼓励体制机制创新

创新融资方式，积极支持社会资本参与、发行绿色债券等，用于基地基础设施及重大综合利用项目建设。积极支持基地组建产业联盟，形成整体优势，提高市场竞争力。

（三）加强典型经验推广

国家发展改革委、工业和信息化部将适时总结基地建设经验，通过模式分析、宣传报道、召开现场会等方式对基地进行宣传推广。

国家发展改革委办公厅

工业和信息化部办公厅

2019 年 1 月 9 日

财政部　国家税务总局
关于印发《资源综合利用产品和劳务增值税优惠目录》的通知

财税〔2015〕78 号

各省、自治区、直辖市、计划单列市财政厅（局）、国家税务局，新疆生产建设兵团财务局：

为了落实国务院精神，进一步推动资源综合利用和节能减排，规范和优化增值税政策，决定对资源综合利用产品和劳务增值税优惠政策进行整合和调整。现将有关政策统一明确如下：

一、纳税人销售自产的资源综合利用产品和提供资源综合利用劳务（以下称销售综合利用产品和劳务），可享受增值税即征即退政策。具体综合利用的资源名称、综合利用产品和劳务名称、技术标准和相关条件、退税比例等按照本通知所附《资源综合利用产品和劳务增值税优惠目录》（以下简称《目录》）的相关规定执行。

二、纳税人从事《目录》所列的资源综合利用项目，其申请享受本通知规定的增值税即征即退政策时，应同时符合下列条件：

（一）属于增值税一般纳税人。

（二）销售综合利用产品和劳务，不属于国家发展改革委《产业结构调整指导目录》中的禁止类、限制类项目。

（三）销售综合利用产品和劳务，不属于环境保护部《环境保护综合名录》中的"高污染、高环境风险"产品或者重污染工艺。

（四）综合利用的资源，属于环境保护部《国家危险废物名录》列明的危险废物的，应当取得省级及以上环境保护部门颁发的《危险废物经营许可证》，且许可经营范围包括该危险废物的利用。

（五）纳税信用等级不属于税务机关评定的 C 级或 D 级。

纳税人在办理退税事宜时，应向主管税务机关提供其符合本条规定的上述条件以及《目录》规定的技术标准和相关条件的书面声明材料，未提供书面声明材料或者出具虚假材料的，税务机关不得给予退税。

三、已享受本通知规定的增值税即征即退政策的纳税人，自不符合本通知第二条规定的条件以及《目录》规定的技术标准和相关条件的次月起，不再享受本通知规定的增值税即征即退政策。

四、已享受本通知规定的增值税即征即退政策的纳税人，因违反税收、环境保护的法律法规受到处罚（警告或单次 1 万元以下罚款除外）的，自处罚决定下达的次月起 36 个月内，不得享受本通知规定的增值税即征即退政策。

五、纳税人应当单独核算适用增值税即征即退政策的综合利用产品和劳务的销售额和应纳税额。未单独核算的，不得享受本通知规定的增值税即征即退政策。

六、各省、自治区、直辖市、计划单列市税务机关应于每年 2 月底之前在其网站上，将本地区上一年度所有享受本通知规定的增值税即征即退政策的纳税人，按下列项目予以公示：纳税人名称、纳税人识别号，综合利用的资源名称、数量，综合利用产品和劳务名称。

七、本通知自 2015 年 7 月 1 日起执行。《财政部国家税务总局关于资源综合利用及其他产品增值税政策的通知》（财税〔2008〕156 号）、《财政部国家税务总局关于资源综合利用及其他产品增值税政策的补充的通知》（财税〔2009〕163 号）、《财政部国家税务总局关于调整完善资源综合利用产品及劳务增值税政策的通知》（财税〔2011〕115 号）、《财政部国家税务总局关于享受资源综合利用增值税优惠政策的纳税人执行污染物排放标准的通知》（财税〔2013〕23 号）同时废止。上述文件废止前，纳税人因主管部门取消《资源综合利用认定证书》，或者因环保部门不再出具环保核查证明文件的原因，未能办理相关退（免）税事宜的，可不以《资源综合利用认定证书》或环保核查证明文件作为享受税收优惠政策的条件，继续享受上述文件规定的优惠政策。

附件：资源综合利用产品和劳务增值税优惠目录

财政部
国家税务总局
2015 年 6 月 12 日

附件：

资源综合利用产品和劳务增值税优惠目录

类别	序号	综合利用的资源名称	综合利用产品和劳务名称	技术标准和相关条件	退税比例
一、共、伴生矿产资源	1.1	油母页岩	页岩油	产品原料 95% 以上来自所列资源	70%
	1.2	煤炭开采过程中产生的煤层气（煤矿瓦斯）	电力	产品燃料 95% 以上来自所列资源	100%
	1.3	油田采油过程中产生的油污泥（浮渣）	乳化油调和剂、防水卷材辅料产品	产品原料 70% 以上来自所列资源	70%
二、废渣、废水（液）、废气	2.1	废渣	砖瓦（不含烧结普通砖）、砌块、陶粒、墙板、管材（管桩）、混凝土、砂浆、道路井盖、道路护栏、防火材料、耐火材料（镁铬砖除外）、保温材料、矿（岩）棉、微晶玻璃、U 型玻璃	产品原料 70% 以上来自所列资源	70%
	2.2	废渣	水泥、水泥熟料	1. 42.5 及以上等级水泥的原料 20% 以上来自所列资源，其他水泥、水泥熟料的原料 40% 以上来自所列资源； 2. 纳税人符合《水泥工业大气污染物排放标准》（GB 4915—2013）规定的技术要求	70%
	2.3	建（构）筑废物、煤矸石	建筑砂石骨料	1. 产品原料 90% 以上来自所列资源； 2. 产品以建（构）筑废物为原料的，符合《混凝土用再生粗骨料》（GB/T 25177—2010）或《混凝土和砂浆用再生细骨料》（GB/T 25176—2010）的技术要求；以煤矸石为原料的，符合《建设用砂》（GB/T 14684—2011）或《建设用卵石、碎石》（GB/T 14685—2011）规定的技术要求	50%
	2.4	粉煤灰、煤矸石	氧化铝、活性硅酸钙、瓷绝缘子、煅烧高岭土	氧化铝、活性硅酸钙生产原料 25% 以上来自所列资源，瓷绝缘子生产原料中煤矸石所占比重 30% 以上，煅烧高岭土生产原料中煤矸石所占比重 90% 以上	50%

类别	序号	综合利用的资源名称	综合利用产品和劳务名称	技术标准和相关条件	退税比例
二、废渣、废水（液）、废气	2.5	煤矸石、煤泥、石煤、油母页岩	电力、热力	1. 产品燃料60%以上来自所列资源； 2. 纳税人符合《火电厂大气污染物排放标准》（GB 13223—2011）和国家发展改革委、环境保护部、工业和信息化部《电力（燃煤发电企业）行业清洁生产评价指标体系》规定的技术要求	50%
	2.6	氧化铝赤泥、电石渣	氧化铁、氢氧化钠溶液、铝酸钠、铝酸三钙、脱硫剂	1. 产品原料90%以上来自所列资源； 2. 生产过程中不产生二次废渣	50%
	2.7	废旧石墨	石墨异形件、石墨块、石墨粉、石墨增碳剂	1. 产品原料90%以上来自所列资源； 2. 纳税人符合《工业炉窑大气污染物排放标准》（GB 9078—1996）规定的技术要求	50%
	2.8	垃圾以及利用垃圾发酵产生的沼气	电力、热力	1. 产品燃料80%以上来自所列资源； 2. 纳税人符合《火电厂大气污染物排放标准》（GB 13223—2011）或《生活垃圾焚烧污染控制标准》（GB 18485—2014）规定的技术要求	100%
	2.9	退役军用发射药	涂料用硝化棉粉	产品原料90%以上来自所列资源	50%
	2.10	废旧沥青混凝土	再生沥青混凝土	1. 产品原料30%以上来自所列资源； 2. 产品符合《再生沥青混凝土》（GB/T 25033—2010）规定的技术要求	50%
	2.11	蔗渣	蔗渣浆、蔗渣刨花板和纸	1. 产品原料70%以上来自所列资源； 2. 生产蔗渣浆及各类纸的纳税人符合国家发展改革委、环境保护部、工业和信息化部《制浆造纸行业清洁生产评价指标体系》规定的技术要求	50%
	2.12	废矿物油	润滑油基础油、汽油、柴油等工业油料	1. 产品原料90%以上来自所列资源； 2. 纳税人符合《废矿物油回收利用污染控制技术规范》（HJ 607—2011）规定的技术要求	50%

类别	序号	综合利用的资源名称	综合利用产品和劳务名称	技术标准和相关条件	退税比例
二、废渣、废水（液）、废气	2.13	环己烷氧化废液	环氧环己烷、正戊醇、醇醚溶剂	1. 产品原料90%以上来自所列资源； 2. 纳税人必须通过 ISO 9000、ISO 14000 认证	50%
	2.14	污水处理厂出水、工业排水（矿井水）、生活污水、垃圾处理厂渗透（滤）液等	再生水	1. 产品原料100%来自所列资源； 2. 产品符合《再生水水质标准》（SL 368—2006）规定的技术要求	50%
	2.15	废弃酒糟和酿酒底锅水，淀粉、粉丝加工废液、废渣	蒸汽、活性炭、白碳黑、乳酸、乳酸钙、沼气、饲料、植物蛋白	产品原料80%以上来自所列资源	70%
	2.16	含油污水、有机废水、污水处理后产生的污泥，油田采油过程中产生的油污泥（浮渣），包括利用上述资源发酵产生的沼气	微生物蛋白、干化污泥、燃料、电力、热力	产品原料或燃料90%以上来自所列资源，其中利用油田采油过程中产生的油污泥（浮渣）生产燃料的，原料60%以上来自所列资源	70%
	2.17	煤焦油、荒煤气（焦炉煤气）	柴油、石脑油	1. 产品原料95%以上来自所列资源； 2. 纳税人必须通过 ISO 9000、ISO 14000 认证	50%
	2.18	燃煤发电厂及各类工业企业生产过程中产生的烟气、高硫天然气	石膏、硫酸、硫酸铵、硫磺	1. 产品原料95%以上来自所列资源； 2. 石膏的二水硫酸钙含量85%以上，硫酸的浓度15%以上，硫酸铵的总氮含量18%以上	50%
	2.19	工业废气	·高纯度二氧化碳、工业氢气、甲烷	1. 产品原料95%以上来自所列资源； 2. 高纯度二氧化碳产品符合（GB 10621—2006），工业氢气产品符合（GB/T 3634.1—2006），甲烷产品符合（HG/T 3633—1999）规定的技术要求	70%
	2.20	工业生产过程中产生的余热、余压	电力、热力	产品原料100%来自所列资源	100%

续表

类别	序号	综合利用的资源名称	综合利用产品和劳务名称	技术标准和相关条件	退税比例
三、再生资源	3.1	废旧电池及其拆解物	金属及镍钴锰氢氧化物、镍钴锰酸锂、氯化钴	1. 产品原料中95%以上利用上述资源； 2. 镍钴锰氢氧化物符合《镍、钴、锰三元素复合氢氧化物》（GB/T 26300—2010）规定的技术要求	30%
	3.2	废显（定）影液、废胶片、废相纸、废感光剂等废感光材料	银	1. 产品原料95%以上来自所列资源； 2. 纳税人必须通过 ISO 9000、ISO 14000 认证	30%
	3.3	废旧电机、废旧电线电缆、废铝制易拉罐、报废汽车、报废摩托车、报废船舶、废旧电器电子产品、废旧太阳能光伏器件、废旧灯泡（管），及其拆解物	经冶炼、提纯生产的金属及合金（不包括铁及铁合金）	1. 产品原料70%来自所列资源； 2. 法律、法规或规章对相关废旧产品拆解规定了资质条件的，纳税人应当取得相应的资质	30%
	3.4	废催化剂、电解废弃物、电镀废弃物、废旧线路板、烟尘灰、湿法泥、熔炼渣、线路板蚀刻废液、锡箔纸灰	经冶炼、提纯或化合生产的金属、合金及金属化合物（不包括铁及铁合金），冰晶石	1. 产品原料70%来自所列资源； 2. 纳税人必须通过 ISO 9000、ISO 14000 认证	30%
	3.5	报废汽车、报废摩托车、报废船舶、废旧电器电子产品、废旧农机具、报废机器设备、废旧生活用品、工业边角余料、建筑拆解物等产生或拆解出来的废钢铁	炼钢炉料	1. 产品原料95%以上来自所列资源； 2. 炼钢炉料符合《废钢铁》（GB 4223—2004）规定的技术要求； 3. 法律、法规或规章对相关废旧产品拆解规定了资质条件的，纳税人应当取得相应的资质； 4. 纳税人符合工业和信息化部《废钢铁加工行业准入条件》的相关规定； 5. 炼钢炉料的销售对象应为符合工业和信息化部《钢铁行业规范条件》或《铸造行业准入条件》并公告的钢铁企业或铸造企业	30%

类别	序号	综合利用的资源名称	综合利用产品和劳务名称	技术标准和相关条件	退税比例
三、再生资源	3.6	稀土产品加工废料，废弃稀土产品及拆解物	稀土金属及稀土氧化物	1. 产品原料95%以上来自所列资源； 2. 纳税人符合国家发展改革委、环境保护部、工业和信息化部《稀土冶炼行业清洁生产评价指标体系》规定的技术要求	30%
	3.7	废塑料、废旧聚氯乙烯（PVC）制品、废铝塑（纸铝、纸塑）复合纸包装材料	汽油、柴油、石油焦、碳黑、再生纸浆、铝粉、塑木（木塑）制品、（汽车、摩托车、家电、管材用）改性再生专用料、化纤用再生聚酯专用料、瓶用再生聚对苯二甲酸乙二醇酯（PET）树脂及再生塑料制品	1. 产品原料70%以上来自所列资源； 2. 化纤用再生聚酯专用料杂质含量低于0.5mg/g、水分含量低于1%，瓶用再生聚对苯二甲酸乙二醇酯（PET）树脂乙醛质量分数小于等于1μg/g； 3. 纳税人必须通过ISO 9000、ISO 14000认证	50%
	3.8	废纸、农作物秸秆	纸浆、秸秆浆和纸	1. 产品原料70%以上来自所列资源； 2. 废水排放符合《制浆造纸工业水污染物排放标准》（GB 3544—2008）规定的技术要求； 3. 纳税人符合《制浆造纸行业清洁生产评价指标体系》规定的技术要求； 4. 纳税人必须通过ISO 9000、ISO 14000认证	50%
	3.9	废旧轮胎、废橡胶制品	胶粉、翻新轮胎、再生橡胶	1. 产品原料95%以上来自所列资源； 2. 胶粉符合（GB/T 19208—2008）规定的技术要求；翻新轮胎符合（GB 7037—2007）、（GB 14646—2007）或（HG/T 3979—2007）规定的技术要求；再生橡胶符合（GB/T13460—2008）规定的技术要求； 3. 纳税人必须通过ISO 9000、ISO 14000认证	50%
	3.10	废弃天然纤维、化学纤维及其制品	纤维纱及织布、无纺布、毡、黏合剂及再生聚酯产品	产品原料90%以上来自所列资源	50%

续表

类别	序号	综合利用的资源名称	综合利用产品和劳务名称	技术标准和相关条件	退税比例
三、再生资源	3.11	人发	档发	产品原料90%以上来自所列资源	70%
	3.12	废玻璃	玻璃熟料	1. 产品原料95%以上来自所列资源； 2. 产品符合《废玻璃分类》（SB/T 10900—2012）的技术要求； 3. 纳税人符合《废玻璃回收分拣技术规范》（SB/T 11108—2014）规定的技术要求	50%
四、农林剩余物及其他	4.1	餐厨垃圾、畜禽粪便、稻壳、花生壳、玉米芯、油茶壳、棉籽壳、三剩物、次小薪材、农作物秸秆、蔗渣，以及利用上述资源发酵产生的沼气	生物质压块、沼气等燃料，电力、热力	1. 产品原料或者燃料80%以上来自所列资源； 2. 纳税人符合《锅炉大气污染物排放标准》（GB 13271—2014）、《火电厂大气污染物排放标准》（GB 13223—2011）或《生活垃圾焚烧污染控制标准》（GB 18485—2001）规定的技术要求	100%
	4.2	三剩物、次小薪材、农作物秸秆、沙柳	纤维板、刨花板，细木工板、生物炭、活性炭、栲胶、水解酒精、纤维素、木质素、木糖、阿拉伯糖、糠醛、箱板纸	产品原料95%以上来自所列资源	70%
	4.3	废弃动物油和植物油	生物柴油、工业级混合油	1. 产品原料70%以上来自所列资源； 2. 工业级混合油的销售对象须为化工企业	70%
五、资源综合利用劳务	5.1	垃圾处理、污泥处理处置劳务			70%
	5.2	污水处理劳务		污水经加工处理后符合《城镇污水处理厂污染物排放标准》（GB 18918—2002）规定的技术要求或达到相应的国家或地方水污染物排放标准中的直接排放限值	70%

类别	序号	综合利用的资源名称	综合利用产品和劳务名称	技术标准和相关条件	退税比例
五、资源综合利用劳务	5.3	工业废气处理劳务		经治理、处理后符合《大气污染物综合排放标准》（GB 16297—1996）规定的技术要求或达到相应的国家或地方水污染物排放标准中的直接排放限值	70%

备注：

1. 概念和定义。

"纳税人"，是指从事表中所列的资源综合利用项目的增值税一般纳税人。

"废渣"，是指采矿选矿废渣、冶炼废渣、化工废渣和其他废渣。其中，采矿选矿废渣，是指在矿产资源开采加工过程中产生的煤矸石、粉末、粉尘和污泥；冶炼废渣，是指转炉渣、电炉渣、铁合金炉渣、氧化铝赤泥和有色金属灰渣，但不包括高炉水渣；化工废渣，是指硫铁矿渣、硫铁矿煅烧渣、硫酸渣、硫石膏、磷石膏、磷矿煅烧渣、含氰废渣、电石渣、磷肥渣、硫磺渣、碱渣、含钡废渣、铬渣、盐泥、总溶剂渣、黄磷渣、柠檬酸渣、脱硫石膏、氟石膏、钛石膏和废石膏模；其他废渣，是指粉煤灰、燃煤炉渣、江河（湖、海、渠）道淤泥、淤沙、建筑垃圾、废玻璃、污水处理厂处理污水产生的污泥。

"蔗渣"，是指以甘蔗为原料的制糖生产过程中产生的含纤维50%左右的固体废弃物。

"再生水"，是指对污水处理厂出水、工业排水（矿井水）、生活污水、垃圾处理厂渗透（滤）液等水源进行回收，经适当处理后达到一定水质标准，并在一定范围内重复利用的水资源。

"冶炼"，是指通过焙烧、熔炼、电解以及使用化学药剂等方法把原料中的金属提取出来，减少金属中所含的杂质或增加金属中某种成分，炼成所需要的金属。冶炼包括火法冶炼、湿法提取或电化学沉积。

"烟尘灰"，是指金属冶炼厂火法冶炼过程中，为保护环境经除尘器（塔）收集的粉灰状及泥状残料物。

"湿法泥"，是指湿法冶炼生产排出的污泥，经集中环保处置后产生的中和渣，且具有一定回收价值的污泥状废弃物。

"熔炼渣"，是指有色金属火法冶炼过程中，由于比重的差异，金属成分因比重大沉底形成金属锭，而比重较小的硅、铁、钙等化合物浮在金属表层形成的废渣。

"农作物秸秆"，是指农业生产过程中，收获了粮食作物（指稻谷、小麦、玉米、薯类等）、油料作物（指油菜籽、花生、大豆、葵花籽、芝麻籽、胡麻籽等）、棉花、麻类、糖料、烟叶、药材、花卉、蔬菜和水果等以后残留的茎秆。

"三剩物"，是指采伐剩余物（指枝丫、树梢、树皮、树叶、树根及藤条、灌木等）、造材剩余物（指造材截头）和加工剩余物（指板皮、板条、木竹截头、锯末、碎单板、木芯、刨花、木块、篾黄、边角余料等）。

"次小薪材"，是指次加工材（指材质低于针、阔叶树加工用原木最低等级但具有一定利用价值的次加工原木，按《次加工原木》（LY/T 1369—2011）标准执行）、小径材（指长度在2米以下或径级8厘米以下的小原木条、松木杆、脚手杆、杂木杆、短原木等）和薪材。

"垃圾"，是指城市生活垃圾、农作物秸秆、树皮废渣、污泥、合成革及化纤废弃物、病死畜禽等养殖废弃物等垃圾。

"垃圾处理"，是指运用填埋、焚烧、综合处理和回收利用等形式，对垃圾进行减量化、资源化和无害化处理处置的业务。

"污水处理"，是指将污水（包括城镇污水和工业废水）处理后达到《城镇污水处理厂污染物排放标准》（GB 18918—2002），或达到相应的国家或地方水污染物排放标准中的直接排放限值的业务。其中，城镇污水是指城镇居民生活污水，机关、学校、医院、商业服务机构及各种公共设施排水，以及允许排入城镇污水收集系统的工业废水和初期雨水。工业废水是指工业生产过程中产生的，不允许排入城镇污水收集系统的废水和废液。

"污泥处理处置",是指对污水处理后产生的污泥进行稳定化、减量化和无害化处理处置的业务。

2. 综合利用的资源比例计算方式。

(1)综合利用的资源占生产原料或者燃料的比重,以重量比例计算。其中,水泥、水泥熟料原料中掺兑废渣的比重,按以下方法计算:

① 对经生料烧制和熟料研磨阶段生产的水泥,其掺兑废渣比例计算公式为:掺兑废渣比例=(生料烧制阶段掺兑废渣数量+熟料研磨阶段掺兑废渣数量)/(除废渣以外的生料数量+生料烧制和熟料研磨阶段掺兑废渣数量+其他材料数量)×100%;

② 对外购水泥熟料采用研磨工艺生产的水泥,其掺兑废渣比例计算公式为:掺兑废渣比例=熟料研磨阶段掺兑废渣数量/(熟料数量+熟料研磨阶段掺兑废渣数量+其他材料数量)×100%;

③ 对生料烧制的水泥熟料,其掺兑废渣比例计算公式为:掺兑废渣比例=生料烧制阶段掺兑废渣数量/(除废渣以外的生料数量+生料烧制阶段掺兑废渣数量+其他材料数量)×100%。

(2)综合利用的资源为余热、余压的,按其占生产电力、热力消耗的能源比例计算。

3. 表中所列综合利用产品,应当符合相应的国家或行业标准。既有国家标准又有行业标准的,应当符合相对高的标准;没有国家标准或行业标准的,应当符合按规定向质量技术监督部门备案的企业标准。

表中所列各类国家标准、行业标准,如在执行过程中有更新、替换,统一按最新的国家标准、行业标准执行。

4. 表中所称"以上"均含本数。

国家税务总局
关于发布《企业所得税税前扣除凭证管理办法》的公告

国家税务总局公告 2018 年第 28 号

为加强企业所得税税前扣除凭证管理,规范税收执法,优化营商环境,国家税务总局制定了《企业所得税税前扣除凭证管理办法》,现予以发布。

特此公告。

国家税务总局
2018 年 6 月 6 日

企业所得税税前扣除凭证管理办法

第一条 为规范企业所得税税前扣除凭证(以下简称"税前扣除凭证")管理,根据《中华人民共和国企业所得税法》(以下简称"企业所得税法")及其实施条例、《中华人民共和国税收征收管理法》及其实施细则、《中华人民共和国发票管理办法》及其实施细则等规定,制定本办法。

第二条 本办法所称税前扣除凭证,是指企业在计算企业所得税应纳税所得额时,证明与取得收入有关的、合理的支出实际发生,并据以税前扣除的各类凭证。

第三条 本办法所称企业是指企业所得税法及其实施条例规定的居民企业和非居民企业。

第四条　税前扣除凭证在管理中遵循真实性、合法性、关联性原则。真实性是指税前扣除凭证反映的经济业务真实，且支出已经实际发生；合法性是指税前扣除凭证的形式、来源符合国家法律、法规等相关规定；关联性是指税前扣除凭证与其反映的支出相关联且有证明力。

第五条　企业发生支出，应取得税前扣除凭证，作为计算企业所得税应纳税所得额时扣除相关支出的依据。

第六条　企业应在当年度企业所得税法规定的汇算清缴期结束前取得税前扣除凭证。

第七条　企业应将与税前扣除凭证相关的资料，包括合同协议、支出依据、付款凭证等留存备查，以证实税前扣除凭证的真实性。

第八条　税前扣除凭证按照来源分为内部凭证和外部凭证。

内部凭证是指企业自制用于成本、费用、损失和其他支出核算的会计原始凭证。内部凭证的填制和使用应当符合国家会计法律、法规等相关规定。

外部凭证是指企业发生经营活动和其他事项时，从其他单位、个人取得的用于证明其支出发生的凭证，包括但不限于发票（包括纸质发票和电子发票）、财政票据、完税凭证、收款凭证、分割单等。

第九条　企业在境内发生的支出项目属于增值税应税项目（以下简称"应税项目"）的，对方为已办理税务登记的增值税纳税人，其支出以发票（包括按照规定由税务机关代开的发票）作为税前扣除凭证；对方为依法无需办理税务登记的单位或者从事小额零星经营业务的个人，其支出以税务机关代开的发票或者收款凭证及内部凭证作为税前扣除凭证，收款凭证应载明收款单位名称、个人姓名及身份证号、支出项目、收款金额等相关信息。

小额零星经营业务的判断标准是个人从事应税项目经营业务的销售额不超过增值税相关政策规定的起征点。

税务总局对应税项目开具发票另有规定的，以规定的发票或者票据作为税前扣除凭证。

第十条　企业在境内发生的支出项目不属于应税项目的，对方为单位的，以对方开具的发票以外的其他外部凭证作为税前扣除凭证；对方为个人的，以内部凭证作为税前扣除凭证。

企业在境内发生的支出项目虽不属于应税项目，但按税务总局规定可以开具发票的，可以发票作为税前扣除凭证。

第十一条　企业从境外购进货物或者劳务发生的支出，以对方开具的发票或者具有发票性质的收款凭证、相关税费缴纳凭证作为税前扣除凭证。

第十二条　企业取得私自印制、伪造、变造、作废、开票方非法取得、虚开、填写不规范等不符合规定的发票（以下简称"不合规发票"），以及取得不符合国家法律、法规等相关规定的其他外部凭证（以下简称"不合规其他外部凭证"），不得作为税前扣除凭证。

第十三条　企业应当取得而未取得发票、其他外部凭证或者取得不合规发票、不合规其他外部凭证的，若支出真实且已实际发生，应当在当年度汇算清缴期结束前，要求对方补开、换开发票、其他外部凭证。补开、换开后的发票、其他外部凭证符合规定的，可以作为税前扣除凭证。

第十四条　企业在补开、换开发票、其他外部凭证过程中，因对方注销、撤销、依法被吊销营业执照、被税务机关认定为非正常户等特殊原因无法补开、换开发票、其他外部凭证的，可凭以下资料证实支出真实性后，其支出允许税前扣除：

（一）无法补开、换开发票、其他外部凭证原因的证明资料（包括工商注销、机构撤销、列入非正常经营户、破产公告等证明资料）；

（二）相关业务活动的合同或者协议；

（三）采用非现金方式支付的付款凭证；

（四）货物运输的证明资料；

（五）货物入库、出库内部凭证；

（六）企业会计核算记录以及其他资料。

前款第一项至第三项为必备资料。

第十五条　汇算清缴期结束后，税务机关发现企业应当取得而未取得发票、其他外部凭证或者取得不合规发票、不合规其他外部凭证并且告知企业的，企业应当自被告知之日起60日内补开、换开符合规定的发票、其他外部凭证。其中，因对方特殊原因无法补开、换开发票、其他外部凭证的，企业应当按照本办法第十四条的规定，自被告知之日起60日内提供可以证实其支出真实性的相关资料。

第十六条　企业在规定的期限未能补开、换开符合规定的发票、其他外部凭证，并且未能按照本办法第十四条的规定提供相关资料证实其支出真实性的，相应支出不得在发生年度税前扣除。

第十七条　除发生本办法第十五条规定的情形外，企业以前年度应当取得而未取得发票、其他外部凭证，且相应支出在该年度没有税前扣除的，在以后年度取得符合规定的发票、其他外部凭证或者按照本办法第十四条的规定提供可以证实其支出真实性的相关资料，相应支出可以追补至该支出发生年度税前扣除，但追补年限不得超过5年。

第十八条　企业与其他企业（包括关联企业）、个人在境内共同接受应纳增值税劳务（以下简称"应税劳务"）发生的支出，采取分摊方式的，应当按照独立交易原则进行分摊，企业以发票和分割单作为税前扣除凭证，共同接受应税劳务的其他企业以企业开具的分割单作为税前扣除凭证。

企业与其他企业、个人在境内共同接受非应税劳务发生的支出，采取分摊方式的，企业以发票外的其他外部凭证和分割单作为税前扣除凭证，共同接受非应税劳务的其他企业以企业开具的分割单作为税前扣除凭证。

第十九条　企业租用（包括企业作为单一承租方租用）办公、生产用房等资产发生的水、电、燃气、冷气、暖气、通讯线路、有线电视、网络等费用，出租方作为应税项目开具发票的，企业以发票作为税前扣除凭证；出租方采取分摊方式的，企业以出租方开具的其他外部凭证作为税前扣除凭证。

第二十条　本办法自2018年7月1日起施行。

生态环境部　商务部　国家发展和改革委员会　海关总署
关于调整《进口废物管理目录》的公告

生态环境部　商务部　国家发展和改革委员会　海关总署公告 2018 年第 6 号

为进一步规范固体废物进口管理，防治环境污染，根据《中华人民共和国固体废物污染环境防治法》《固体废物进口管理办法》及有关法律法规，生态环境部、商务部、发展改革委、海关总署对现行的《限制进口类可用作原料的固体废物目录》《非限制进口类可用作原料的固体废物目录》和《禁止进口固体废物目录》进行以下调整：

一、将废五金类、废船、废汽车压件、冶炼渣、工业来源废塑料等 16 个品种固体废物（见附件 1），从《限制进口类可用作原料的固体废物目录》调入《禁止进口固体废物目录》，自 2018 年 12 月 31 日起执行。

二、将不锈钢废碎料、钛废碎料、木废碎料等 16 个品种固体废物（见附件 2），从《限制进口类可用作原料的固体废物目录》《非限制进口类可用作原料的固体废物目录》调入《禁止进口固体废物目录》，自 2019 年 12 月 31 日起执行。

《进口废物管理目录》（环境保护部、商务部、发展改革委、海关总署、质检总局 2017 年第 39 号公告）所附目录与本公告不一致的，以本公告为准。

特此公告。

附件：1. 2018 年年底调整为禁止进口的固体废物目录
　　　2. 2019 年年底调整为禁止进口的固体废物目录

生态环境部

商务部

发展改革委

海关总署

2018 年 4 月 13 日

附件 1

附表 2-4　2018 年年底调整为禁止进口的固体废物目录

序号	海关商品编号	废物名称	简称	其他要求或注释
1	2618001001	主要含锰的冶炼钢铁产生的粒状熔渣，含锰量>25%（包括熔渣砂）	含锰大于 25% 的冶炼钢铁产生的粒状熔渣	
2	2619000010	轧钢产生的氧化皮	轧钢产生的氧化皮	
3	2619000030	含铁大于 80% 的冶炼钢铁产生的渣钢铁	含铁大于 80% 的冶炼钢铁产生的渣钢铁	

序号	海关商品编号	废物名称	简称	其他要求或注释
4	3915100000	乙烯聚合物的废碎料及下脚料	乙烯聚合物的废碎料及下脚料，不包括铝塑复合膜	工业来源废塑料（指在塑料生产及塑料制品加工过程中产生的热塑性下脚料、边角料和残次品）
5			铝塑复合膜	
6	3915200000	苯乙烯聚合物的废碎料及下脚料	苯乙烯聚合物的废碎料及下脚料	
7	3915300000	氯乙烯聚合物的废碎料及下脚料	氯乙烯聚合物的废碎料及下脚料	
8	3915901000	聚对苯二甲酸乙二酯废碎料及下脚料	PET 的废碎料及下脚料，不包括废 PET 饮料瓶（砖）	
9			废 PET 饮料瓶（砖）	
10	3915909000	其他塑料的废碎料及下脚料	其他塑料的废碎料及下脚料，不包括废光盘破碎料	
11			废光盘破碎料	
12	7204490010	废汽车压件	废汽车压件	
13	7204490020	以回收钢铁为主的废五金电器	以回收钢铁为主的废五金电器	
14	7404000010	以回收铜为主的废电机等（包括废电机、电线、电缆、五金电器）	以回收铜为主的废电机等	
15	7602000010	以回收铝为主的废电线等（包括废电线、电缆、五金电器）	以回收铝为主的废电线等	
16	8908000000	供拆卸的船舶及其他浮动结构体	废船	

备注：海关商品编号栏仅供参考。

附件 2

附表 2-5　2019 年年底调整为禁止进口的固体废物目录

序号	海关商品编号	废物名称	简称	其他要求或注释
1	4401310000	木屑棒	木废料	
2	4401390000	其他锯末、木废料及碎片		
3	4501901000	软木废料	软木废料	
4	7204210000	不锈钢废碎料	不锈钢废碎料	
5	8101970000	钨废碎料	钨废碎料	
6	8104200000	镁废碎料	镁废碎料	
7	8106001092	其他未锻轧铋废碎料	铋废碎料	
8	8108300000	钛废碎料	钛废碎料	

续附表 2-5

序号	海关商品编号	废物名称	简称	其他要求或注释
9	8109300000	锆废碎料	锆废碎料	
10	8112921010	未锻轧锗废碎料	锗废碎料	
11	8112922010	未锻轧的钒废碎料	钒废碎料	
12	8112924010	铌废碎料	铌废碎料	
13	8112929011	未锻轧的铪废碎料	铪废碎料	
14	8112929091	未锻轧的镓、铼废碎料	镓、铼废碎料	
15	8113001010	颗粒或粉末状碳化钨废碎料	颗粒或粉末状碳化钨废碎料	
16	8113009010	其他碳化钨废碎料，颗粒或粉末除外	其他碳化钨废碎料，颗粒或粉末除外	

备注：海关商品编号栏仅供参考。

生态环境部　国家发展和改革委员会　海关总署　商务部　工业和信息化部关于规范再生钢铁原料进口管理有关事项的公告

生态环境部　国家发展和改革委员会　海关总署　商务部　工业
和信息化部公告 2020 年第 78 号

为规范再生钢铁原料的进口管理，推动我国钢铁行业高质量发展，现将有关事项公告如下：

一、符合《再生钢铁原料》（GB/T 39733—2020）标准的再生钢铁原料，不属于固体废物，可自由进口。

二、根据《中华人民共和国进出口税则》《进出口税则商品及品目注释》，再生钢铁原料的海关商品编码分别为：7204100010、7204210010、7204290010、7204410010、7204490030。

三、不符合《再生钢铁原料》（GB/T 39733—2020）国家标准规定的，禁止进口。

四、本公告自 2021 年 1 月 1 日起实施。

特此公告。

生态环境部
国家发展和改革委员会
海关总署
商务部
工业和信息化部
2020 年 12 月 30 日

《废钢铁加工行业准入条件》
和《废钢铁加工行业准入公告管理暂行办法》

工业和信息化部公告 2016 年第 74 号

为进一步加强废钢铁加工行业事中事后管理，加快行业转型升级和绿色发展，我部对《废钢铁加工行业准入条件》（工业和信息化部公告 2012 年第 47 号）、《废钢铁加工行业准入公告管理暂行办法》（工信部节〔2012〕493 号）进行了修订，现将修订后的《废钢铁加工行业准入条件》《废钢铁加工行业准入公告管理暂行办法》予以公告。

附件：1. 废钢铁加工行业准入条件
      2. 废钢铁加工行业准入公告管理暂行办法

工业和信息化部
2016 年 12 月 29 日

附件 1

废钢铁加工行业准入条件

一、企业的设立和布局

（一）废钢铁加工配送企业应符合有关法律法规规定，符合国家产业政策、土地供应政策及本地区土地利用总体规划、城乡建设规划和主体功能区规划的要求，企业建设应有规范化设计要求。

（二）建设废钢铁加工配送项目时，应根据环境影响评价结论，确定厂址及其与周围人群和敏感区域的距离。新建废钢铁加工配送项目原则上应布局在符合相应功能定位的产业园区。在国家法律、法规、规章和规划确定或县级及以上人民政府规定的自然保护区、风景名胜区、饮用水源保护区、基本农田保护区和其他需要特别保护的区域内，不得新建废钢铁加工配送企业。已在上述区域投产运营的废钢铁加工配送企业要根据该区域规划要求，在一定期限内，通过依法搬迁、转产等方式逐步退出。

（三）废钢铁加工配送企业应符合国家土地管理的相关政策和规定，应符合国家和本地区土地供应政策，以及禁止和限制用地项目目录、工业项目建设用地控制指标等相关土地使用标准的规定。

二、规模、工艺和装备

（一）新建普碳废钢铁加工配送企业年废钢铁加工能力必须在 15 万吨以上；改造、扩建普碳废钢铁加工配送企业年废钢铁加工能力应达到 10 万吨以上；废旧不锈钢及其他废旧特种钢加工配送企业年加工能力应达到 3 万吨以上。

（二）新建普碳废钢铁加工配送企业要求厂区面积不小于 3 万平方米，作业场地硬化面积不小于 1.5 万平方米；改造、扩建普碳废钢铁加工配送企业要求厂区面积不小于 2 万平方米，作业场地硬化面积不小于 1 万平方米；废旧不锈钢及其他废旧特种钢加工配送企业厂区面积不小于 1 万平方米，作业场地硬化面积不小于 5 千平方米。土地使用手续合法（若土地为租用，合同期限不少于 15 年）。

（三）废钢铁加工配送企业应配有打包设备、剪切设备或破碎设备以及配套装卸设备和车辆等，必须配备辐射监测仪器、电子磅和非钢铁类夹杂物分类设备等。废旧不锈钢及其他废旧特种钢加工配送企业应配备成分检测设备。

（四）废钢铁加工配送企业应选择生产效率高、加工工艺先进、能耗低、环保达标和资源综合利用率高的加工生产系统。必须配套有粉尘收集、污水处理和噪音控制等环境保护设施，加工工艺和设备应满足国家产业政策、禁止和限制用地项目目录的有关要求。

（五）鼓励企业积极开发使用节能、环保、高效的新技术、新工艺、新装备，逐步淘汰鳄鱼剪式剪切机。

三、产品质量

（一）废钢铁加工产品达到废钢铁国家标准和行业标准。不得销售给生产建筑用钢的工频炉、中频炉企业，以及使用 30 吨及以下电炉（高合金电炉除外）等落后生产设备的企业。

（二）废钢铁加工配送企业应配备专职质量管理人员，建立质量管理制度。应通过 ISO 质量管理体系认证。

四、能源消耗和资源综合利用

（一）废钢铁加工配送企业加工生产系统综合电耗应低于 30 千瓦时/吨废钢铁，新水消耗应低于 0.2 吨/吨废钢铁。

（二）对加工废钢铁过程中产生的各种夹杂物，如有色金属、塑料、橡胶、木块、纤维、渣土、机油、汽油、氟利昂、电池等，应有相应的回收、处理措施和合法流向，避免二次污染。

五、环境保护

（一）废钢铁加工配送企业应按照《建设项目环境保护管理条例》，严格执行环境影响评价制度、环境保护"三同时"制度和排污许可制度等环境保护要求。应按照规定申领排污许可证，经有管辖权的环境保护行政主管部门审核同意、领取排污许可证后，方可排污。

（二）按照环境保护主管部门和相关制度规定依法履行环境保护义务，应通过 ISO 环境管理体系认证。

（三）废钢铁加工配送企业应有雨水、生产废水、生活废水的收集和循环利用系统，废水经无害化处理后达标排放，或者排入城市污水集中处理系统处理；应有废油回收储存设备和相关处理措施。废钢铁加工配送企业应有突发环境事件或污染事件应急设施和处理预案，消防设施应达到国家相关要求。

六、人员培训

废钢铁加工配送企业应制定完善的岗位操作守则和工作流程，明确人员岗位责任和工作权限，对大型破碎机、门式剪切机、抓钢机等大型设备操作人员和质量检验等关键岗位人员必须进行相关岗位技能培训，取得相关部门或机构颁发的对应工种职业技能证书，逐步实行持证上岗制度。鼓励企业组织人员参加行业培训，提高企业人员素质。

七、安全生产、职业健康和社会责任

（一）废钢铁加工配送企业应符合国家《安全生产法》《职业病防治法》等法律法规规定，具备相应的安全生产、劳动保护和职业危害防治条件，对作业环境的粉尘、噪声等进行有效治理，达到国家卫生标准，配备有相应的安全防护设施和安全管理人员，建立、健全安全生产责任制，开展安全生产标准化建设，并 5 按规定限期达标。

（二）废钢铁加工配送企业安全设施和职业危害防治设施必须与主体工程同时设计、同时施工、同时投入生产和使用；安全设施设计、投入生产和使用前，应依法经过安全生产监督管理部门审查、验收。

（三）废钢铁加工配送企业的作业环境应满足《工业企业设计卫生标准》和《工业场所有害因素职业接触限值》的要求。

（四）废钢铁加工配送企业应有健全的安全生产组织管理体系，应有职工安全生产培训制度和安全生产检查制度。

（五）废钢铁加工配送企业用工制度应符合《劳动合同法》规定。

八、监督管理

（一）废钢铁加工配送企业建设项目应当符合准入条件要求。各有关部门在对废钢铁加工配送企业进行投资管理、土地供应、信贷融资、安全许可、生产许可等工作应以准入条件为依据。

（二）各级工业和信息化主管部门会同环境保护等有关部门对废钢铁加工配送企业执行准入条件的情况进行监督检查。相关行业协会协助国家有关部门做好监督和管理工作，对废钢铁加工配送企业的经营管理模式、技术工艺、发展规划以及与钢铁企业之间建立配送机制进行指导。

（三）各级工业和信息化主管部门要加强对废钢铁加工行业的管理，督促现有企业加快技术改造，规范各项管理，达到准入条件规定的各项标准要求。

（四）工业和信息化部在征求环境保护部等有关部门意见后，负责公告符合准入条件的企业名单，实行社会监督并进行动态管理。

（五）充分发挥社会舆论督导作用，让社会公众广泛参与监督，加快行业淘汰落后产能和产业升级。

九、附则

（一）本准入条件适用于中华人民共和国境内所有类型废钢铁加工配送企业。

（二）本准入条件涉及的法律法规、国家标准和行业政策若进行修订，按修订后的规

定执行。

（三）本准入条件自 2017 年 3 月 31 日起施行，2012 年 9 月 28 日工业和信息化部发布的《废钢铁加工行业准入条件》（工业和信息化部公告 2012 年第 47 号）同时废止。

（四）本准入条件由工业和信息化部负责解释，并根据行业发展情况和宏观调控要求适时进行修订。

附件 2

废钢铁加工行业准入公告管理暂行办法

第一章　总　　则

第一条　为加强废钢铁加工行业准入管理工作，规范废钢铁加工行业发展，提升行业发展水平，依据《废钢铁加工行业准入条件》（以下简称《准入条件》），制定本办法。

第二条　本办法适用于中华人民共和国境内所有废钢铁加工配送企业，企业根据自愿原则申请废钢铁加工行业准入公告。

第三条　工业和信息化部及各地方工业和信息化主管部门负责对符合《准入条件》的企业实行动态管理，加强事中事后监管。中国废钢铁应用协会负责协助做好行业规范管理相关工作，建立和维护废钢铁加工行业信息服务平台。

第二章　申请和核实

第四条　申请公告的废钢铁加工配送企业，应当具备以下条件：

（一）具有一般纳税人资格；

（二）符合国家产业政策和行业发展规划的要求；

（三）符合《准入条件》中有关规定的要求；

（四）企业建设项目的立项申请、土地使用权取得、环境影响评价、竣工环境保护验收、环境保护“三同时”、排污许可等手续符合相关法律法规规定和建设项目管理程序要求；

（五）企业不生产、销售和使用《产业结构调整指导目录》中明令淘汰的落后工艺、技术、装备及产品；

（六）安全生产条件符合有关标准、规定，依法履行各项安全生产行政许可手续。

第五条　符合本办法第四条所列条件的现有废钢铁加工配送企业可向本省（自治区、直辖市）工业和信息化主管部门提出公告申请，如实填报《废钢铁加工行业准入公告申请书》（以下简称《申请书》）及相关报表。《申请书》应对申请企业是否符合《准入条件》中企业布局和建设要求、规模、工艺和装备、产品质量、能源消耗和资源综合利用、环境保护、人员培训、安全生产、职业健康和社会责任等方面要求做出详细说明。

第六条　同一个企业法人拥有多个位于不同地址的厂区或生产车间的，每个厂区或生产车间需要单独填写《申请书》，并在申请准入审查时同时提交。

第七条　各省、自治区、直辖市工业和信息化主管部门会同有关部门依照第四条有关要求，组织专家对申请公告企业的相关情况进行核实并提出具体审核意见，将符合准入条件要求的企业申请材料和审核意见报工业和信息化部。

第三章　复核与公告

第八条　工业和信息化部收到企业申请材料和审核意见后，组织相关行业协会和专家，依据第四条有关要求，对各地报送的企业申请材料进行复审和必要的现场核实，确定符合准入要求的企业名单。同一个企业法人拥有的多个位于不同地址的厂区或生产车间必须都达到第四条有关要求，该企业才可被列入符合准入要求的企业名单。

第九条　经复核符合准入要求的企业，在工业和信息化部网站上进行公示。对公示期间有异议的企业，工业和信息化部将组织进一步核实有关情况，对无异议的企业，以工业和信息化部公告方式予以发布。

第四章　监　督　管　理

第十条　工业和信息化部对已公告企业加强事中事后监管，通过信息管理和公示公开，不断完善企业主体、社会监督、政府监管的信息服务体系。

第十一条　各省、自治区、直辖市工业和信息化主管部门，负责对已公告企业进行日常监督管理，并于每年4月30日前将已公告企业监督检查结果报送工业和信息化部。

第十二条　已公告企业要严格按照《准入条件》的要求组织生产经营活动。应按照有关要求，通过废钢铁加工行业信息服务平台及时填报相关信息和生产经营数据。

第十三条　已公告企业的名称、经营范围及其他与《准入条件》相关的情况发生变化的，应及时报本省（自治区、直辖市）工业和信息化主管部门，由省（自治区、直辖市）工业和信息化主管部门审核后报工业和信息化部。工业和信息化部将组织相关机构和专家进行核实，对仍然符合《准入条件》的，予以公告。

第十四条　有下列情况之一的，各省、自治区、直辖市工业和信息化主管部门要责令企业限期整改，对拒不整改或整改不合格的企业，报请工业和信息化部撤销其公告：

（一）不能保持《准入条件》要求的；

（二）填报相关材料有弄虚作假行为的；

（三）未如实上报相关统计数据及其他弄虚作假行为的；

（四）拒绝接受监督检查的；

（五）发生较大生产安全和环境污染事故，或有重大环境违法行为的；

（六）有其他严重违法行为的。

因前款规定被撤销公告的企业，经整改合格2年后方可重新提出准入公告申请。

工业和信息化部撤销公告应提前告知企业，听取企业的陈述和申辩。

第十五条　欢迎和鼓励社会监督。任何单位或个人发现申请公告企业或已公告企业有不符合本办法有关规定的，可向当地工业和信息化主管部门投诉或举报，也可向工业和信息化部投诉或举报。

第五章　附　则

第十六条　本办法由工业和信息化部负责解释。

第十七条　本办法自 2017 年 3 月 31 日起施行。

工业和信息化部办公厅关于加强废钢铁
加工已公告企业管理工作的通知

工信厅节函〔2016〕761 号

各省、自治区、直辖市工业和信息化主管部门，有关行业协会：

废钢铁综合利用是节约资源能源、减少污染排放、推动钢铁工业转型升级和绿色发展的重要途径和有效措施。2012 年我部发布《废钢铁加工行业准入条件》（工业和信息化部公告 2012 年第 47 号，以下简称《准入条件》），现已公告四批符合《准入条件》的企业名单。为加强对已公告企业的规范管理，促进企业规范经营，进一步推动落实国家资源综合利用产品和劳务增值税优惠政策的执行，提高废钢铁资源综合利用水平，现就有关要求通知如下：

一、加强事中事后监管

要严格按照《准入条件》，对已公告企业动态开展监督检查。对企业废钢铁加工建设项目的建设手续、规模、工艺和装备、产品质量、能源消耗和资源综合利用、环境保护、人员培训、安全生产、职业健康和社会责任等准入要求的保持、变更和改进提升情况，以及企业生产经营状况、增值税优惠政策执行等方面情况进行逐项检查，形成检查报告。

请于 2016 年 12 月 15 日前完成现有已公告企业的监督检查，并将监督检查结果报工业和信息化部（节能与综合利用司）。此后每年 4 月底前将已公告企业年度监督检查结果报工业和信息化部（节能与综合利用司）。工业和信息化部将组织相关机构和行业专家，对监督检查报告进行审查，并抽取部分企业进行现场复核。

二、完善行业信息管理

要加快推进废钢铁加工行业信息服务平台（http：//www.Chinascrap.org.cn，以下简称平台）的应用，通过信息管理和公示公开，不断完善企业主体、社会监督、政府监管的信息服务体系。已公告企业应按照要求，按时填报月度生产经营数据、增值税即征即退政策享受情况及年度审查等相关信息，保证数据的准确性、可靠性，主动接受监督。各地工业和信息化主管部门要指导已公告企业认真做好平台各项信息的报送工作，并及时对信息进行跟踪汇总；要加快推进平台共享共用和信息公示公开，发挥好公众舆论的监督作用。中国废钢铁应用协会负责协助工业和信息化部进行平台的建设和维护。鼓励相关行业协会、产业联盟等中介组织加强引导，严格行业自律。

三、加强政策协调配合

要统筹推进废钢铁加工行业规范管理工作，主动开展协调和服务，加强与财政、税务以及发改、国土、环保、安监、金融等部门的沟通配合，做好政策衔接，形成部门合力。加快推进资源综合利用产品增值税优惠政策的落地实施，保障符合条件的已公告企业合理享受税收优惠政策，积极协助税务部门查处违法和违规行为。在土地供应、备案核准、贷款融资等方面，对已公告企业给予适当政策倾斜，积极营造有利行业发展的政策环境。

四、建立长效管理机制

《准入条件》是促进废钢铁加工行业转型升级、提升行业发展质量的重要措施。要把已公告企业的规范管理作为一项常态工作，建立健全废钢铁加工行业规范管理长效机制，对已公告企业实施有进有出的动态管理。督促现有企业加快技术改造，改进生产条件，尽快达到《准入条件》的各项标准要求；对申请公告企业严格把关，做好材料审核工作，确保符合条件；做好日常监督检查，定期开展现场核查，对已公告企业变更、整改和撤销资格等方面进行管理；加强对企业规划布局、技术工艺、经营管理等方面的指导，提升产业集中度，促进废钢行业持续健康快速发展。

工业和信息化部办公厅

2016 年 11 月 23 日

工业和信息化部办公厅关于做好已公告再生
资源规范企业事中事后监管的通知

工信厅节函〔2017〕434 号

各省、自治区、直辖市及计划单列市、新疆生产建设兵团工业和信息化主管部门：

发展再生资源产业对于提高资源能源利用效率、培育经济新增长点、促进生态文明建设具有重要意义。近年来，工业和信息化部积极推进再生资源产业规范化、规模化发展，先后发布了轮胎翻新、废轮胎综合利用、废钢铁加工、再生铅和铜铝、再生化学纤维（涤纶）、废塑料综合利用、废矿物油综合利用、建筑垃圾资源化利用等行业规范条件（以下简称规范条件），以及符合规范条件企业名单。为加强已公告再生资源企业事中事后监管，促进企业规范经营，引导产业持续健康发展，现就有关要求通知如下：

一、开展已公告企业专项监督检查

有关省级工业和信息化主管部门要严格按照规范条件要求，重点对已公告企业开展监督检查。内容包括：一是建设项目的规划布局、规模、工艺和装备、产品质量、能源消耗和资源综合利用、环境保护、安全生产、人员培训、职业健康和社会责任等情况；二是规范条件的保持、变更和改进提升，以及企业发生兼并、重组重大变化的情况；三是企业生产经营状况、税收优惠政策执行等方面情况。

请有关省级工业和信息化主管部门于 2017 年 9 月 30 日前完成对现有已公告企业的监督检查，形成检查报告，报工业和信息化部。此后每年按规范条件要求定期开展已公告企业年度监督检查工作，并将检查结果报工业和信息化部。工业和信息化部将组织相关机构和行业专家，对监督检查报告进行审查，并抽取部分企业进行现场复核。

二、建立公告企业动态监管长效机制

规范条件是促进再生资源综合利用行业转型升级、提升行业发展质量的重要措施。各地工业和信息化主管部门要把已公告企业的规范管理作为一项常态工作，建立健全再生资源综合利用行业规范管理长效机制，对已公告企业实施动态管理。对于监督检查中发现的问题，有关省级工业和信息化主管部门要按照规范条件的各项标准要求，督促企业进行整改，尽快达到规范条件要求；对于整改后仍不能达到规范条件要求，以及企业主业发生重大变更等情况，依照程序撤销规范企业资格。同时，各地工业和信息化主管部门要积极培育再生资源行业骨干企业，对拟申请公告企业严格把关，做好材料审核工作，确保企业符合规范条件相关要求。

三、积极营造有利于行业发展的政策环境

各地工业和信息化主管部门要统筹推进再生资源综合利用行业规范管理工作，主动开展协调和服务，加强与财政、税务以及发展改革、国土、环保、安监、金融等部门的沟通配合，做好政策衔接。加快推进资源综合利用产品增值税、所得税等优惠政策的落地兑现，保障符合行业规范条件的已公告企业充分享受税收优惠政策。争取在土地供应、备案核准、贷款融资、项目建设等方面，对已公告企业给予适当政策倾斜，积极营造有利于行业发展的政策环境。

特此通知。

工业和信息化部办公厅

2017 年 7 月 26 日

商务部 财政部关于加快推进再生资源回收体系建设的通知

商商贸发〔2009〕142 号

为贯彻落实《国务院办公厅关于搞活流通扩大消费的意见》（国办发〔2008〕134 号）要求，推行资源节约，鼓励循环消费，商务部、财政部决定加快推进再生资源回收体系建设有关工作。现通知如下：

一、原则及目标

随着我国经济的快速发展，能源和资源瓶颈问题日益凸现，再生资源回收在提高资源利用率，减少污染，保护环境方面的作用愈加重要。目前我国再生资源回收行业规模小、回收率低、技术落后、二次污染严重，部分企业和从业人员经营行为不规范等问题十分突出，与建设资源节约型、环境友好型社会的要求不相适应。因此，各地务必要从落实科学发展观的高度认识再生资源回收体系建设的重要性，把推动再生资源回收体系建设作为节能减排的重要措施，抓紧、抓实、抓出成效。

（一）指导原则

政府引导支持，企业市场化运作，以有利于提高再生资源回收利用率，有利于环境保护，有利于方便居民生活，有利于行业管理和培育规模化、规范化的龙头企业为出发点，以回收企业和集散市场为载体，立足于整合规范现有回收网络资源，通过政策支持推动改造、提升；试点先行，以点带面，实现全国再生资源回收体系建设的平稳较快发展。

（二）总体思路和目标

以城市为重点，率先选择在直辖市、计划单列市和省会城市开展试点（以下简称"试点城市"），取得经验后再逐步向地级及以下城市推开。通过完善再生资源回收的法律、标准和政策，形成再生资源回收促进体系；通过建立回收企业和从业人员培训体系，规范改造社区居民回收站点、分拣中心和集散市场，使城市90%以上回收人员纳入规范化管理，90%以上的社区设立规范的回收站点，90%以上的再生资源进入指定市场进行规范化的交易和集中处理，再生资源主要品种回收率达到80%，逐步形成符合城市建设发展规划，布局合理、网络健全、设施适用、服务功能齐全、管理科学的再生资源回收体系，实现再生资源回收的产业化。

二、主要工作

（一）建立和完善再生资源回收管理机制

各地要结合城市建设规划制定再生资源回收体系建设规划，并通过政府或立法机关发布，使之具有法律效力；制定并形成包括法律法规、标准及财税、土地等政策在内的再生资源回收促进体系；建立对再生资源回收体系建设指导、监督和管理的组织机构和管理制度。

（二）建立和规范再生资源回收体系

各地要选择确定承担再生资源回收体系建设的龙头企业，充分发挥龙头企业作用，在充分利用、规范和整合现有再生资源回收渠道的基础上，统一规划，合理布局，规范建设，形成以社区回收站点和分拣中心为基础，集散市场为核心，加工利用为目的的再生资源回收网络体系，逐步提高回收集散加工能力，促进再生资源行业健康、有序发展。

1. 引导回收企业运用连锁经营的方式，对目前"散兵游勇"式的走街串巷回收方式进行整合和规范，按照"便于交售"的原则，合理规划布局，建设统一规划、统一标识、统一着装、统一价格、统一衡器、统一车辆、统一管理、经营规范的固定或流动社区回收点。

2. 按照再生资源回收体系建设规划，提升废纸、废塑料（废饮料瓶）、废金属等主要再生资源回收品种的综合分拣加工能力，形成运营规范、专业化、符合环保要求的分拣加工中心。

3. 对于再生资源集中度较高、交易规模较大、有较好基础、具有一定的区域辐射能力的大型跨地区的集散市场要进行规范和提升，完善其储存、集散、初级加工、交易、信息收集发布等功能，加强拆解、仓储等基础设施、环境保护设施和劳动保护设施等方面的建设。

（三）宣传教育培训

各地要根据本地的实际情况，组织编写相应的培训教材，对行政管理人员、企业管理人员和回收拆解工人进行培训，提高再生资源回收行业的管理水平和专业化、组织化、规范化程度。

（四）规范行业监督管理

建立再生资源回收统计制度，开发、完善再生资源管理信息系统，扎实推进企业及从业人员备案工作，加强对行业的监管。商务部将会同财政部对再生资源回收体系建设进行阶段性审核验收，对符合验收规范的项目，授权使用全国统一的再生资源回收体系标识，逐步形成规范完善的再生资源回收体系。

中央财政促进服务业发展专项资金将对再生资源回收体系建设给予支持，具体办法另发。

三、工作要求

各地商务主管部门要加强对再生资源回收体系建设的组织领导与管理，指导企业完善经营设施、环境保护和劳动保护设施建设，提升技术水平，组织相关从业人员培训，推动回收行业的产业化发展；财政部门要与商务主管部门加强沟通与协调，统筹安排资金使用与管理，提高资金使用效率；要加强对项目执行和资金落实情况的监督、检查工作，严禁任何单位骗取、挪用、截留资金，或擅自改变专项资金用途。有关工作进展情况请及时报商务部（商贸服务司、财务司）、财政部（经济建设司）。

特此通知

附件：试点城市再生资源回收体系建设规范

商务部

财政部

2009 年 3 月 27 日

附件

试点城市再生资源回收体系建设规范

一、再生资源回收站（点）建设规范

第一条 严格按照"七统一、一规范"（统一规划、标识、着装、价格、计量、车辆、管理及经营规范）的要求进行建设。

第二条 回收站（点）经营证照及资质齐全，负责人有个人身份证明资料，无违法犯罪记录。

第三条 按照"便于交售"的原则，城区每2000户居民设置1个回收站（点）；乡、镇每2500户居民设置1个回收站（点）。

第四条 回收站（点）面积原则上不少于10平方米，门面招牌采用统一规范的站名和设计。

第五条 回收站（点）建设要符合当地城市总体规划，设计及装修与社区环境相符，社区回收站（点）采用绿色环保轻型建筑材料进行全封闭处理。

第六条 社区回收站（点）的从业人员须经过培训学习，持证上岗。

第七条 不影响当地市容市貌和环境卫生，排污设施完善，符合当地的环境保护要求。

第八条 社区回收站（点）至中转站至再生资源集散市场间配备相应的封闭式运输设备。

第九条 保证社区回收站（点）再生资源能及时运出，避免造成新的环境污染和火灾隐患，同时配备消防安全设施，符合消防安全管理规定要求。

二、再生资源集散市场建设规范

根据网络体系整体功能配置要求，市场应由"五区一中心"构成，即：商品交易区、分拣加工区、仓储配送区、商品展示区、配套服务区和培训中心。

第一条 再生资源集散市场的设置应在符合城市总体规划、土地利用总体规划和当地固体废物污染防治规划的前提下，在交通便利、基础设施齐全的近郊地区选址。

第二条 再生资源集散市场规划、设计及建设要符合环保、市容和消防安全等标准，设有隔离围墙，园区绿化，保持较好的外观环境。

第三条 市场要完善集散、交易、储存、初加工、治污减排等功能，并与再生资源综合利用相配套。市场内加工区、交易区、仓储配送区与服务区、办公区分离，加工区与交易区配备相应的环保、安全等作业设施，集中治理废弃物排放，消除二次污染。

第四条 市场的建设用地规模根据国家产业政策、城市规划要求和当地再生资源总量确定，集约用地。

第五条 市场建设要符合环保部门环保评估及生产技术标准的资质认定，具备相关废弃物的处理资质。开展易污染废物拆解加工的市场内应铺设具有防止地面水、雨水及油类混入或渗透功能的硬化地面，处理设施周围应有油类或液体的截流、收集及油水分离的环保设施或措施。

第六条　市场内各区域须符合以下要求：

1. 商品交易区应依交易产品种类进行细分，形成集约化经营，整体设计、装修及建设要符合当地环保及消防的管理要求。

2. 分拣加工区建筑面积根据当地再生资源总量而定，采用轻型建筑材料进行全封闭处理，在设计、装修方面必须符合环保及消防的要求，着重防止废弃物溢散、散发恶臭、污染地面及影响四周环境。

3. 仓储配送区建筑面积根据市场交易量而定，采用标准化、系列化、规范化的运输、仓储、装卸、搬运、包装机具设施及条形码等技术。提高整体资源利用率，降低企业运作成本。

4. 商品展示区在设计与装修上以现代化、科技化为标准，为场内交易提供商品展示服务。

5. 信息中心负责场内交易、加工等信息的统计，定期发布国内外再生资源供求信息，为当地再生资源回收各网点以及全市居民与企业提供信息服务。鼓励设立在线收废网站、统一公开的服务电话及互联网络设施，以方便居民及企事业单位预约投售。

6. 配套服务区与培训中心以培训及其他服务功能为主，按照消防、环保管理要求进行施工建设。

以上各区域应按有关法律、法规和规定，经有关部门验收、批准后运营。

商务部关于进一步推进再生资源回收行业发展的指导意见

商商贸发〔2010〕187号

各省、自治区、直辖市、计划单列市及新疆生产建设兵团商务主管部门：

近年来，随着我国资源节约型、环境友好型社会建设的深入推进，再生资源回收行业得到了快速发展，但与发展循环经济的要求相比仍有较大差距，发展潜力巨大。为进一步推动再生资源回收行业发展，促进经济发展方式转变和经济结构调整，现提出以下意见：

一、充分认识再生资源回收行业发展的重要意义

我国人口众多、人均资源占有量远低于世界平均水平，重要资源短缺已成为制约经济社会发展的主要因素，加快转变经济发展方式、保持经济平稳较快发展已刻不容缓。再生资源回收不仅有助于解决我国资源短缺问题，有利于保护生态环境，而且使用再生资源具有比使用原生资源消耗低、污染物排放少的特点，对于转变经济发展方式和调整经济结

构，促进经济又好又快发展具有重大的现实意义。

二、促进再生资源回收行业发展的指导思想、主要目标和任务

（一）指导思想

深入贯彻落实科学发展观，按照保增长、扩内需、调结构、惠民生的总体要求，以"政府推动、市场运作、社会参与"为原则，以构建再生资源回收体系、提高回收利用率为核心，以科技创新和管理创新为动力，以发展循环经济和实现节能减排为目标，转变再生资源回收发展方式，加强环保无害化配套措施，推进产业结构调整和优化升级，实现再生资源回收行业健康、有序发展。

（二）总体目标

围绕经济社会发展需求，制定完善的法律、法规和标准，形成再生资源回收政策促进体系；探索灵活的再生资源收购方式，力争通过五年左右的努力，在全国大中城市建成完善的覆盖城乡、多品种的再生资源回收网络体系，规范建设 50 个左右区域性集散市场，使再生资源主要品种回收率达到 80％以上，实现再生资源回收的产业化发展。

（三）主要任务

1. 加快推进再生资源回收体系建设。各地要在规范和整合现有再生资源回收渠道基础上，采取"先试点、后推广，先局部、再全局"的原则，科学规划，合理布局，分步实施，规范建设，在总结试点地区经验的基础上，逐步推开，形成回收、分拣、集散为一体的再生资源回收体系。

一是规范回收网络。引导回收企业采取连锁经营方式，整合个体回收人员，按照"便于购销、保护环境"的原则，采取现代流通方式，改造和建设统一、规范的回收站点；

二是探索多元化回收机制。根据地方实际和再生资源品种特性，积极采用多样化的收购方式，研究探索灵活的回收办法，完善"以旧换新"回收机制；

三是提高分拣加工能力。采用现代化机械设备，提升再生资源分拣加工能力，形成符合环保要求的专业化分拣加工中心；

四是完善市场功能。要加强集散市场基础设施和环境设施建设，完善其仓储、集散、初加工、交易、信息发布等功能，逐步将功能单一的交易市场升级为集交易、加工、集散于一体的再生资源市场，实现再生资源产需高效衔接。

2. 建立和完善现代化信息系统。要加强信息统计工作，研究建立再生资源回收行业管理信息系统和统计指标体系。同时，积极引导企业利用信息技术改造传统回收方式，以信息化促进再生资源回收行业发展。

3. 培育龙头企业。充分发挥骨干企业在再生资源回收体系建设中的带动作用和辐射效应，推动龙头企业按市场规律收编和整合个体经营户，规范回收网络，提升再生资源产

业化经营水平。同时，鼓励龙头企业技术创新，提高行业科技水平。

4. 加强行业管理。要进一步加强对再生资源回收行业的监督管理，规范企业行为和行业经营秩序。要多部门联合，对再生资源回收过程中的违法违规行为进行严肃查处，采取相应防范措施，促进回收行业有序发展。

5. 强化从业人员培训。要加强培训工作和培训制度建设，组织开展不同层次的培训。针对不同层次人员有针对性地开展回收政策、法规和职业技能培训，提高从业人员的职业道德、服务意识和业务水平。

三、进一步完善促进再生资源回收行业发展的政策措施

（一）健全行业管理机制

各地要结合当地实际，建立由商务主管部门牵头，发展改革、公安、财政、环保、工商等部门共同参与的再生资源回收行业管理工作机制，建立再生资源回收行业指导、监督和管理的组织机构和管理制度。

（二）制定行业发展规划

加快发展再生资源回收行业涉及多个方面，是一项十分复杂的系统工程。要结合本地"十二五"经济社会发展规划，提出再生资源回收行业发展的总体思路、目标和具体措施，有步骤、有计划、有重点地推进。要将再生资源回收体系建设规划纳入城市总体发展规划，实现合理布局，争取社会效益和经济效益最大化。

（三）完善法律法规标准

各地要依据《再生资源回收管理办法》，加快研究制定和完善相关法律法规，逐步将再生资源回收工作纳入法制化轨道。同时，加强再生资源回收标准化工作，制定相关技术标准，努力提高再生资源回收的规范化水平。

（四）加大政策支持力度

要制定促进再生资源回收行业发展的财税政策，积极争取地方人民政府和有关部门对再生资源回收体系建设及加工利用重点项目给予投资配套资金和贷款贴息支持，并在土地使用、融资、发展规划等方面给予扶持。

（五）发挥行业协会作用

要积极发挥行业协会作用，推动再生资源回收行业协会的发展，发挥其在服务企业、行业自律、加强企业与政府沟通等方面的作用，并支持行业协会开展行业标准制定、统计分析与预测预警，为企业提供信息咨询、宣传培训、国际交流与合作等方面的服务。

（六）加强宣传教育和舆论引导

再生资源回收涉及各行各业和千家万户，需要动员全社会的力量积极参与。要组织

开展多种形式节约资源和保护环境的宣传活动，提高全社会对开展再生资源回收重要意义的认识，把再生资源回收变成全体公民的自觉行为，在全社会形成资源节约的良好氛围。

商务部

2010 年 5 月 28 日

附录三　全国废钢铁加工准入企业名单

附表 3-1　废钢铁加工准入企业名单（前八批）

序号	省	企 业 名 称	批次
1	北京	北京博坤再生资源开发有限公司	3
2		北京首鑫盛贸易有限公司	1
3	天津	天津振泓再生资源有限公司	1
4		天津物产化轻旭阳国际贸易有限公司	2
5		天津振东继泰物资回收有限公司	2
6		天津城矿再生资源回收有限公司	5
7		格林美（天津）城市矿产循环产业发展有限公司	6
8		天津新亿兴再生资源回收有限公司	6
9		天津富华泰金属制品有限公司	7
10		天津静通再生资源有限公司	7
11		天津神洲再生物资回收有限公司	7
12		天津新能再生资源有限公司	7
13		天津子牙亚飞再生资源回收有限公司	7
14		万绿达（天津）再生资源利用有限公司	7
15		天津启顺科技有限公司	8
16	河北	河北联港废钢铁回收有限公司	1
17		滦县首龙通力再生资源利用有限公司	1
18		遵化市石门物资回收有限公司	1
19		北方鼎业再生资源开发有限公司	2
20		河北再戈再生资源开发有限公司	2
21		河间市乔联钢铁有限责任公司	2
22		秦皇岛环盛炉料有限公司	2
23		唐山隆昊实业集团有限公司	2
24		中节能保定废旧汽车回收拆解有限公司	2
25		保定中天废钢回收有限公司	3
26		唐山成益实业有限公司	5
27		中再生（唐山）金属资源开发有限公司	5
28		邯郸市永海废旧汽车拆解有限公司	6
29		唐山富鑫再生资源有限公司	6
30		东光县聚鑫物资回收有限公司	7
31		河北聚亿再生资源利用有限责任公司	7
32		河北利德源再生资源利用有限公司	7
33		河北联坤再生物资回收有限公司	7

序号	省	企 业 名 称	批次
34		涉县弘远再生资源回收有限公司	7
35		迁安市泓承瑞再生资源利用有限公司	7
36		鼎业再生资源回收利用有限公司	7
37		滦县力行再生资源回收有限公司	7
38		唐山鸿拓再生资源回收利用有限公司	7
39		唐山盛港物贸有限公司	7
40		天津德邦（唐山）再生资源利用有限公司	7
41	河北	天津德邦（邢台县）再生资源利用有限公司	7
42		武安市永鑫再生资源利用有限公司	7
43		中联铁运物流（井陉）有限公司	7
44		河北富山再生资源回收有限公司	8
45		河北泓瑞再生资源利用有限公司	8
46		衡水天宝废旧物资回收有限公司	8
47		唐山闽顺再生资源有限公司	8
48		唐山市广晟废旧金属回收有限公司	8
49		山西兴业钢铁炉料有限责任公司	1
50		山西中周钢铁炉料有限公司	1
51		太原钢铁集团金属回收加工贸易有限公司	1
52		晋城市煜盛废旧物资回收有限公司	6
53		山西建龙再生资源利用有限公司	6
54	山西	介休市永焱废弃资源综合利用有限公司	7
55		山西晋邦废旧物资回收有限公司	7
56		山西利昇原废旧金属回收有限公司	7
57		黎城永恒物贸有限公司	7
58		山西瑞赛格废弃资源综合利用有限公司	7
59		山西中钢再生资源回收利用有限公司	7
60		曲沃县鹏发废旧物资回收有限公司	8
61		葛洲坝环嘉（大连）再生资源有限公司包头分公司	1
62		葛洲坝兴业包头再生资源有限公司	1
63		包头市中金铁鑫物资回收有限责任公司	3
64		内蒙古中诚再生资源有限公司	6
65	内蒙古	中国水电十一局三门峡千禧商贸有限公司包头分公司	6
66		包头市平远物资回收有限责任公司	7
67		包头市成峰再生资源有限公司	8
68		包头市腾亿工贸有限责任公司	8
69		内蒙古共赢再生资源有限公司	8
70		内蒙古泰孚再生资源有限公司	8

续附表 3-1

序号	省	企 业 名 称	批次
71		本溪市远通物资回收有限公司	1
72		朝阳议通金属再生资源有限公司	1
73		辽宁大府集团恒锐再生资源有限公司	3
74		葛洲坝环嘉（大连）再生资源有限公司抚顺分公司	4
75		环嘉集团有限公司	5
76		鞍山市再生资源交易市场经营有限责任公司	6
77		本溪钢联金属资源有限公司	6
78		金禾再生资源有限公司	6
79		辽宁恒通再生资源有限公司	6
80		辽宁宏鑫再生资源有限公司	6
81		辽宁前杜废弃资源综合利用有限公司	6
82		辽宁智兴达再生资源有限公司	6
83		鞍钢废钢资源（鞍山）有限公司	7
84		鞍山和四利科技有限公司	7
85		鞍山迈威再生资源有限公司	7
86		鞍山民利物资回收有限公司	7
87		辽宁吉和源再生资源有限公司	7
88		辽宁建发物资有限公司	7
89	辽宁	凌源鸿盛废钢收购加工有限公司	7
90		凌源市鑫联再生资源有限公司	7
91		抚顺星环实业有限公司	7
92		辽宁鑫业再生资源有限公司	7
93		辽宁省金回资源再生有限公司	7
94		辽宁鹏渤再生资源有限公司	7
95		辽宁新澎辉钢铁有限公司	7
96		辽宁鑫通再生资源回收有限公司	7
97		辽宁衍鑫再生资源有限公司	7
98		辽宁元坤再生资源有限公司	7
99		辽阳县辽盛再生物资回收有限公司	7
100		辽阳县刘二堡长宇再生物资回收有限公司	7
101		辽宁永祺再生资源有限公司	7
102		沈阳仁泰再生资源有限公司	7
103		中融睿嘉能源有限公司	7
104		阜新市博大再生资源有限公司	8
105		辽宁德鑫再生资源有限公司	8
106		辽阳市宝泓再生物资回收有限公司	8
107		鞍山众拓再生资源回收有限公司	8
108		抚顺宏祥泰再生资源开发有限公司	8

序号	省	企 业 名 称	批次
109	吉林	吉林市胜亚循环经济开发股份有限公司	5
110		安图县明兴金属回收有限公司	6
111		图们市奋发物资回收有限公司	6
112		长春东北金属交易中心有限公司	6
113		长春市欣鼎再生资源物资回收有限公司	7
114		吉林盛祥再生资源利用有限公司	7
115	黑龙江	黑龙江省中再生资源开发有限公司	3
116		哈尔滨市乾兴再生资源有限公司	5
117		哈尔滨市双东恒业再生资源有限公司	5
118		黑龙江省首龙再生资源利用有限公司	5
119		大庆再生资源开发有限公司	6
120		哈尔滨国金供销再生资源利用有限公司	6
121		哈尔滨环嘉再生资源连锁收购有限公司	6
122		黑龙江康卫绿色再生资源有限公司	6
123		绥化再生资源开发有限公司	6
124		黑龙江泰能环保科技有限公司	7
125		哈尔滨晟昊再生物资回收有限公司	7
126		哈尔滨松润金属制品有限公司	7
127		黑龙江华清再生资源利用有限公司	7
128		黑龙江建龙废旧物资回收利用有限公司	7
129		黑龙江新时代再生资源科技有限公司	7
130		七台河市隆达报废汽车回收拆解有限公司	7
131		黑龙江建龙北满再生资源利用有限公司	7
132		七台河市鑫盛机械制造有限责任公司	8
133	上海	上海宝钢钢铁资源有限公司	1
134		上海槎南再生资源有限公司	2
135		鑫广再生资源（上海）有限公司	8
136	江苏	江苏星丰金属资源有限公司	1
137		江阴市夏港长江拆船厂	1
138		江阴市宇联物资再生利用有限公司	1
139		苏州日益升实业有限公司	1
140		张家港市沙钢废钢加工供应有限公司	1
141		江苏福江炉料加工有限公司	2
142		江苏福联钢铁资源有限公司	2
143		南京宏伟资源综合利用有限公司	2
144		常州中再钢铁炉料有限公司	3
145		江苏和瑞升金属资源有限公司	3
146		江阴澄东炉料有限公司	3
147		盐城市新田物资有限公司	3
148		镇江市泰鑫废旧物资回收有限公司	3

序号	省	企 业 名 称	批次
149		靖江市新民拆船有限公司	4
150		连云港中再钢铁炉料有限公司	4
151		中再生盱眙资源开发有限公司	4
152		东海县华宏再生资源有限公司	5
153		连云港赣榆华信废旧物资回收有限公司	5
154		盐城市锦田物资有限公司	5
155		中再生盐城资源开发有限公司	5
156		常州富邦恒冠再生物资有限公司	6
157		东台市和田物资有限公司	6
158		东台市宏达金属废品回收有限公司	6
159		江苏鑫龙再生资源有限公司	6
160		江阴市海江废金属加工有限公司	6
161		无锡新三洲再生资源有限公司	6
162		常州市从江再生资源利用有限公司	7
163		常州同正再生资源有限公司	7
164	江苏	常州源通再生资源有限公司	7
165		灌南圣瑞再生物资回收有限公司	7
166		连云港市镔钰再生资源有限公司	7
167		无锡合盛城市矿产有限公司	7
168		沛县长胜物资贸易有限公司	7
169		徐州佳禾再生资源有限公司	7
170		扬州源胜达物资回收有限公司	7
171		张家港华仁再生资源有限公司	7
172		江苏辰龙再生资源股份有限公司	7
173		常州仟可宏晟炉料有限公司	7
174		常熟市聚沙城市矿产资源综合利用有限公司	8
175		江苏福跃科技有限公司	8
176		江苏汇鑫金属材料有限公司	8
177		江苏联航工贸有限公司	8
178		江苏申源金属资源有限公司	8
179		宿迁市翔兆再生资源有限公司	8
180		连云港科创废旧金属回收有限公司	8
181		舟山长宏国际船舶再生利用有限公司	2
182		台州市丰欣物资利用有限公司	3
183		云和县丽宏废旧金属回收有限公司	4
184	浙江	浙江德清杭钢再生资源有限公司	4
185		嘉善宝聚废旧金属回收有限公司	5
186		缙云县兴达废旧金属物资回收有限公司	5
187		嘉兴陶庄城市矿产资源有限公司	6
188		浙江融合再生资源有限公司	6

序号	省	企 业 名 称	批次
189	浙江	浙江翔嵊金属材料科技有限公司	6
190		浙江新世纪再生资源开发有限公司诸暨分公司	6
191		杭州抱团科技有限公司	7
192		杭州富阳汇丰废旧物资回收有限公司	7
193		德清泰鑫金属制品有限公司	7
194		浙江新程再生资源有限公司	7
195		宁波昊阳再生资源有限公司	7
196		舟山市宝舟钢铁加工有限公司	7
197		湖州富盈再生物资回收有限公司	8
198		金华市永兴废旧物资回收有限公司	8
199	安徽	安徽双赢再生资源集团有限公司	1
200		安庆市吉宽再生资源有限公司	1
201		华成金属资源（马鞍山）有限公司	1
202		安徽省通达再生资源有限公司	2
203		欧冶链金再生资源有限公司	2
204		马鞍山市亿雄物资有限公司	2
205		芜湖荻港荻利物资回收有限公司	2
206		安徽诚兴金属材料集团有限公司	3
207		安徽福茂环保科技有限公司	3
208		安徽省鸿新再生物资回收有限公司	4
209		泾县金鼎物资回收利用有限公司	4
210		安徽双赢集团东南再生资源有限公司	5
211		安徽中再生资源开发有限公司	5
212		滁州市洪武报废汽车回收拆解利用有限公司	5
213		安徽凤杰金属资源有限公司	6
214		池州市永泽废旧金属回收有限公司	6
215		歙县四方能源再生利用有限公司	6
216		安徽省胜德再生资源有限公司	7
217		安徽润业再生资源利用有限公司	7
218		马钢诚兴金属资源有限公司	7
219		芜湖市荣建再生资源科技有限公司	7
220		安徽省方大再生资源有限责任公司	8
221		安徽双东建业再生资源有限公司	8
222		池州市星鑫再生资源有限公司	8
223		广德玉苍废旧物资回收有限公司	8
224		合肥信诺再生资源有限公司	8
225	福建	福建凯航再生资源有限责任公司	6
226		漳州鼎鑫工贸有限公司	6
227		福建盛潮再生物资有限公司	7
228		福州盛鑫再生资源利用有限公司	7

序号	省	企 业 名 称	批次
229	福建	国投（福建南平）城市资源循环利用有限公司	7
230		福建青拓再生资源开发有限公司	7
231		国投闽光（三明）城市资源有限公司	7
232		三明市八闽废旧物资回收有限公司	7
233		福建环朝工贸有限公司	8
234		福建康泰再生资源利用有限公司	8
235		福建铭起再生物资有限公司	8
236		福建南平凯盛供销再生资源有限公司	8
237		福建省泉鑫再生资源有限公司	8
238		福州鑫广泰工贸有限公司	8
239		三明市合鑫冶金材料有限公司	8
240	江西	江西和信发实业有限公司	2
241		江西普盛实业有限公司	2
242		江西省金迪再生资源发展有限公司	2
243		江西中再生环保产业有限公司	2
244		新余市恒通物资有限公司	2
245		新余市嘉锐工贸有限公司	2
246		萍乡华溪再生资源回收利用开发有限公司	3
247		新余市银利物资有限公司	4
248		江西保太有色金属集团有限公司	5
249		新余市嘉盛物资有限公司	5
250		新余市永扬物资有限公司	5
251		新余市再生资源有限公司	5
252		江西格林美报废汽车循环利用有限公司	6
253		江西省润通工贸有限公司	6
254		江西百盛达金属有限公司	7
255		新余市联翔物资有限公司	7
256		湖口宏鑫金属材料有限公司	8
257		江西辽燚环保产业有限公司	8
258		江西铃瑞再生资源开发有限公司	8
259		龙南县福昌隆废旧物资回收有限公司	8
260		欧冶链金（萍乡）再生资源有限公司	8
261		宜丰县利民再生利用有限责任公司	8
262		浙商中拓集团江西再生资源有限公司	8
263	山东	山东兴业炉料有限公司	1
264		山东玉玺炉料有限公司	1
265		海阳市鸿达钢材购销中心	2
266		山东临沂中再生联合发展有限公司	2
267		山东永平再生资源有限公司	2
268		山东恒天再生资源有限公司	3

序号	省	企 业 名 称	批次
269		山东绿能再生资源开发有限公司	3
270		淄博厉拓再生资源有限公司	3
271		济南华龙金属有限公司	4
272		梁山通达钢材商贸有限公司	4
273		山东省德泰再生资源有限公司	4
274		烟台福乐物资回收有限公司	4
275		山东西王再生资源有限公司	5
276		德州立辉再生资源有限公司	6
277		惠民县闽鑫废旧物资回收有限公司	6
278		山东太通再生资源有限公司	6
279		山东永锋资源综合利用有限公司	6
280		威海铭峰物资再生有限公司	6
281		烟台市百汇物资有限公司	6
282		山东惠民蓝星炉料有限公司	7
283		山东方达再生资源利用有限公司	7
284		山东金脉再生资源有限公司	7
285		山东玫源再生资源有限公司	7
286	山东	山东闽源再生资源有限公司	7
287		莱芜钢铁集团泰东实业有限公司	7
288		梁山鑫泰再生资源有限公司	7
289		莘县德玛新材料有限公司	7
290		青岛兆岭钢铁有限公司	7
291		烟台市双辰再生资源有限公司	7
292		淄博博达再生资源有限公司	7
293		淄博大亚再生资源有限公司	7
294		聊城一明五金科技有限公司	8
295		青岛硕达金属回收有限公司	8
296		山东博纳新报废汽车拆解有限公司	8
297		山东上元再生资源有限公司	8
298		山东神州再生资源有限公司	8
299		山东水发达丰再生资源有限公司	8
300		山东中联钢信电子商务有限公司	8
301		滕州市瑞锋报废汽车回收有限公司	8
302		威海市鲁源再生资源有限公司	8
303		淄博青合再生资源有限公司	8
304		葛洲坝兴业商城再生资源有限公司	1
305		河南丰泰再生资源有限公司	2
306	河南	郑州市中原商再生资源有限公司	2
307		葛洲坝兴业长葛再生资源有限公司	3
308		郑州易达钢铁炉料有限公司	3

续附表 3-1

序号	省	企 业 名 称	批次
309	河南	河南明阳再生资源股份有限公司	4
310		河南钰泰金属资源综合利用有限公司	4
311		永城市和信金属回收有限公司	4
312		中再生洛阳再生资源开发有限公司	4
313		河南沐桐环保产业有限公司	5
314		安阳市融雪实业有限公司	6
315		安阳武丁物流园有限公司	6
316		河南葛天再生资源有限公司	6
317		西峡龙成再生资源有限公司	6
318		河南高延轨道焊网科技有限公司	7
319		河南金亿融实业有限公司	7
320		巩义市晟泽废旧物资回收有限公司	7
321		中明泰再生资源有限公司	7
322		南阳钰龙再生资源回收有限公司	7
323		沁阳市鸿发金属废品回收有限公司	7
324		荥阳市宏翔废旧金属购销有限责任公司	7
325		长葛市长津再生资源有限公司	7
326		扶沟中钢再生资源有限公司	7
327		河南创景再生资源有限公司	8
328		河南恒奕晟实业有限公司	8
329		河南冀物再生资源有限公司	8
330		河南中经再生资源有限公司	8
331		沈丘县广亿源再生资源回收有限公司	8
332		新郑市福盛金属回收有限公司	8
333	湖北	葛洲坝兴业安陆再生资源有限公司	1
334		葛洲坝兴业再生资源有限公司	1
335		武汉中周钢铁炉料有限公司	1
336		武汉市宏昌炉料有限公司	2
337		鄂州新拓废旧金属回收有限公司	3
338		湖北鑫隆冶金科技发展有限公司	3
339		武汉顺鑫废旧金属回收有限公司	3
340		云梦县诚丰金属回收有限公司	3
341		鄂州天中物资有限公司	4
342		湖北蕲春中再再生资源有限公司	4
343		襄阳天龙发再生资源市场投资有限公司	4
344		葛洲坝环嘉（大连）再生资源有限公司襄阳分公司	5
345		湖北广源废旧金属回收有限公司	5
346		荆州市百佳物资回收有限公司	5
347		孝感市科伟达废旧回收有限公司	5
348		北京奥博（湖北）炉料有限公司	6

序号	省	企 业 名 称	批次
349	湖北	格林美（武汉）城市矿产循环产业园开发有限公司	6
350		湖北环科再生资源有限公司	6
351		十堰福乐废旧金属回收有限公司	6
352		武汉市全顺物资回收有限公司	6
353		宜昌市福龙废旧金属回收有限公司	6
354		湖北国丰再生资源有限公司	7
355		十堰市郧阳区荣顺废旧物资回收有限公司	7
356		大冶聚安再生资源回收有限公司	7
357		十堰市再生资源有限公司	7
358		武汉风神冲压件有限公司	7
359		宜昌宜美城市矿产资源循环利用有限公司	7
360		谷城东华再生资源有限公司	8
361		湖北绿邦再生资源有限公司	8
362		湖北鑫合达钢铁炉料有限公司	8
363		湖北云再生实业有限公司	8
364		湖北中硕再生资源有限公司	8
365		武汉城市圈（仙桃）城市矿产资源大市场有限公司	8
366		中兴拓湖北再生资源有限公司	8
367		中再生襄阳循环资源利用有限公司	8
368		中再物产孝感有限公司	8
369	湖南	汨罗万容报废汽车回收拆解有限公司	2
370		邵阳鑫鹏科技有限公司	3
371		湖南华信再生资源有限公司	5
372		湖南省同力循环经济发展有限公司	5
373		葛洲坝环嘉（大连）再生资源有限公司娄底分公司	6
374		冷水江金弘再生资源有限公司	6
375		娄底市聚宏环保科技有限公司	7
376		娄底市森泰再生资源有限公司	7
377		中冶京诚（湘潭）重工设备有限公司	7
378		湖南博宏达再生资源有限公司	7
379		湖南瑞嘉金属资源综合利用有限公司	8
380		衡阳中再再生资源有限公司	8
381		冷水江金大路环保科技有限公司	8
382	广东	广州市金属回收有限公司	1
383		广州市万绿达集团有限公司	1
384		江门市嘉能再生资源回收市场有限公司	1
385		江门市新会双水拆船钢铁有限公司	1
386		江门市中新拆船钢铁有限公司	2
387		广州市花都供销再生资源有限公司	3
388		广州市绿亿物资金属回收有限公司	6

续附表 3-1

序号	省	企 业 名 称	批次
389	广东	佛山市三水泰利来金属制品有限公司	7
390		广东合润再生资源有限公司	7
391		吴川凯庆废钢铁配送中心有限公司	7
392		宝裕（佛山）再生资源有限公司	8
393		佛冈顺应金属材料有限公司	8
394		广东南粤生态环境科技有限公司	8
395		广东韶润金属有限公司	8
396		广州广汽商贸再生资源有限公司	8
397		化州市宏丰再生资源实业有限公司	8
398		惠州市创星再生资源有限公司	8
399		连平昕新再生资源有限公司	8
400		韶关市曲江区鼎兴再生资源利用有限公司	8
401		英德市伟胜再生资源回收有限公司	8
402		英德市英东废旧金属回收有限责任公司	8
403		肇庆市宏一再生资源利用有限公司	8
404	广西	柳州市龙昌再生资源回收有限责任公司	3
405		广西贺州市桂鑫废旧金属回收有限公司	6
406		广西贺州市恒信废旧金属回收有限公司	6
407		广西欣贸再生资源回收有限公司	7
408		广西贵港钢铁集团新源废旧金属回收有限公司	7
409		广西贺州市桂都废旧金属回收有限公司	7
410		广西鑫之源再生资源回收有限公司	7
411		柳州市钢裕科技有限公司	7
412		广西梧州永达废旧金属回收有限公司	7
413		广西桥哥再生资源利用有限公司	8
414		桂林鑫奥再生资源有限公司	8
415		陆川县金之源再生资源回收有限责任公司	8
416	海南	海南铭鑫废旧金属回收有限公司	2
417	重庆	重庆市报废汽车回收处理利用有限公司	3
418		重庆瑞银再生资源有限公司	6
419		重庆汇集再生资源有限公司	7
420		重庆佳航废旧金属回收有限公司	7
421		重庆净景环保科技有限公司	7
422		重庆市蓝泰再生资源回收有限公司	7
423		重庆市鑫联鑫再生资源有限公司	7
424		重庆交运新天地环循科技有限公司	8
425		重庆攀华再生资源有限公司	8
426		重庆瑞渝物资再生利用有限公司	8
427	四川	成都汇流废旧金属回收有限公司	5
428		都江堰市兴达废旧物资回收有限公司	5

续附表 3-1

序号	省	企 业 名 称	批次
429		广汉市福兴再生物资回收有限公司	5
430		射洪川中建材金属回收有限公司	5
431	四川	泸州市益鑫金属回收有限公司	6
432		四川省绵竹圣泉废旧金属收购有限公司	7
433		四川中鑫再生资源回收有限公司	7
434		六盘水华栋再生资源利用有限公司	3
435		黔东南州万顺钢铁有限责任公司废旧金属回收分公司	3
436		贵阳市花溪福顺废旧物资回收有限公司	5
437		遵义县兴业金属回收有限公司	5
438		贵阳白云长乐废旧物资回收有限公司	6
439	贵州	贵阳天惠商贸有限公司	6
440		贵州闽遵物资有限公司	6
441		黔西南州金锐废旧物资回收有限公司	6
442		贵阳市顺荣鑫再生资源回收有限公司	7
443		贵州博宏实业有限责任公司	7
444		贵州汇智成再生资源回收有限公司	7
445		贵州天惠再生资源利用有限公司	7
446		马龙县豪杰再生资源回收有限公司	5
447		宣威市博能再生资源有限公司	5
448		玉溪富能再生资源有限公司	6
449		玉溪益福再生资源有限公司	6
450	云南	宣威市源恒金属贸易有限公司	7
451		云南太标再生资源利用有限公司	7
452		保山双鑫物资回收利用有限公司	8
453		宾川鸿顺再生资源回收利用有限公司	8
454		曲靖拓润废旧物品回收有限公司	8
455		玉溪保家再生资源有限公司	8
456		宝鸡市丰茂物资再生利用有限责任公司	2
457		陕西隆兴物资贸易有限公司	2
458		华阴市万华重工有限公司	6
459		龙钢集团宝鸡轧钢有限公司	6
460		陕西博兴源再生资源有限公司	6
461	陕西	龙钢集团宝鸡轧钢有限公司韩城分公司	7
462		龙钢集团宝鸡轧钢有限公司汉中分公司	7
463		西安聚实废旧金属再生利用有限公司	7
464		汉中顺和嘉业再生资源有限公司	8
465		陕西鑫辉钢铁有限公司	8
466		甘肃亨润德金属循环科技有限公司	7
467	甘肃	皋兰杰林废钢集散有限公司	7
468		兰州市利源报废汽车回收拆解有限公司	8

序号	省	企 业 名 称	批次
469	青海	青海泓悦再生资源开发有限公司	7
470	宁夏	宁夏江河再生资源有限责任公司	7
471	新疆	阿拉山口镇宇商贸有限公司	2
472		奎屯华强资源利用有限公司	2
473		新疆巴州万方物资再生利用有限公司	2
474		新疆金业报废汽车回收（拆解）有限公司	2
475		新疆米东供销物资有限公司	2
476		新疆再生资源集团有限公司	2
477		新疆闽新再生物资有限责任公司	8
478		博尔塔拉蒙古自治州物资再生利用有限责任公司	8